H. Rietschels Lehrbuch der Heiz- und Lüftungstechnik

Zwölfte, verbesserte Auflage

Von

Prof. Dr.-Ing. Heinrich Gröber

Vorsteher der Versuchsanstalt für Heizungs- und Lüftungswesen
an der Technischen Universität Berlin

Unter Mitarbeit von
Dr. habil. F. Bradtke

Mit 317 Abbildungen
17 Zahlentafeln und den Hilfstafeln I—VII

Berichtigter Neudruck 1950

Springer-Verlag Berlin Heidelber

1950

T0239515

Copyright 1930, 1934, 1938, 1948 by Springer-Verlag Berlin Heidelberg.
Ursprünglich erschienen bei Springer-Verlag OHG in Berlin, Göttigen and Heidelberg 1948.
Softcover reprint of the hardcover 1st edition 1948
Additional material to this book can be downloaded from http://extras.springer.com.

ISBN 978-3-662-37404-7   ISBN 978-3-662-38154-0 (eBook)
DOI 10.1007/978-3-662-38154-0

Vorwort zur zwölften Auflage.

Ein planvoller und geordneter Wiederaufbau unserer zerstörten Städte wird das Bauwesen und damit auch das Heizungsfach vor völlig neuartige Aufgaben stellen. Diesem Umstande wird auch die heiztechnische Literatur Rechnung tragen müssen, wobei aber den Zeitschriften mit ihrer raschen Erscheinungsfolge und den Lehrbüchern mit ihrer mehrjährigen Gültigkeitsdauer wesentlich verschiedene Aufgaben zufallen.

Solange die städtebaulichen Ziele und insbesondere alle wirtschaftlichen Verhältnisse noch so im ungewissen liegen und stetem Wechsel unterworfen sind, fällt die Erörterung vordringlicher Tagesfragen allein den Zeitschriften zu. Im Gegensatz dazu dürfen die Lehrbücher nur Erprobtes und Bewährtes bringen, insbesondere haben sie die Aufgabe, die Erfahrungen und Erkenntnisse der ruhigen Entwicklung früherer Jahrzehnte zu sammeln und dem Neuaufbau des Faches als feste Grundlage zur Verfügung zu stellen. Darin sehe ich in erster Linie die Aufgabe der vorliegenden, zwölften Auflage des Rietschel.

Dem Leser wird schon aufgefallen sein, daß das Buch nicht mehr als „Leitfaden", sondern als „Lehrbuch" bezeichnet ist. Schon bei den älteren, von Rietschel selbst noch herausgegebenen Auflagen war die Bezeichnung nicht mehr ganz zutreffend, und das Buch ist inzwischen längst zu einem Lehrbuch geworden.

Ich war bei den früheren Auflagen stets bestrebt, den Umfang des Buches im Interesse der Leser in den bestehenden Grenzen zu halten. Bei der vorliegenden Auflage war dies aber nicht mehr möglich. Außer einigen völlig neuen Aufgaben waren Ergänzungen in vielen Abschnitten notwendig. Auch erschien es angebracht, neben den rein technischen Fragen in vermehrtem Maße auch wirtschaftliche Gesichtspunkte zu erörtern.

Zum Schlusse muß ich noch folgende Bemerkung einschalten: Bei vielen Abschnitten läßt sich das Berechnungsverfahren nur an Hand von Zahlenbeispielen erläutern, und ich war dann bei der Auswahl der Zahlen hierfür auf die stabilen Verhältnisse der Vorkriegszeit angewiesen, insbesondere gilt dies in Geldfragen, also für Handelspreise und Betriebskosten.

Berlin, im Mai 1948.

Dr. Gröber.

Vorwort
zum Neudruck der zwölften Auflage.

Die im Mai 1948 erschienene, neu bearbeitete zwölfte Auflage war schon nach $1^1/_2$ Jahren wieder vergriffen.

Der schmerzliche Tod des Herrn Professor Gröber macht die Wahl eines neuen Herausgebers für die nächste Auflage notwendig. Bis zu deren Erscheinen dürfte daher längere Zeit vergehen. Aus diesem Grund legt der Verlag hiermit zunächst einen photomechanischen Neudruck der zwölften Auflage vor um so der dauernden Nachfrage nach dem Buch zu entsprechen.

Die letzte Auflage enthielt leider zahlreiche Druckfehler und Unstimmigkeiten, die in diesem Neudruck sämtlich berichtigt sind. Im Interesse der Leser erscheint es daher notwendig, einen ausführlichen Berichtigungsnachtrag zusammenzustellen, der den Käufern der zwölften Auflage auf Wunsch unberechnet zur Verfügung steht. Erwähnt sei, daß für den Nachtrag die Seite 280 des Buches mit dem Beispiel einer Wärmebedarfsberechnung und die Zahlentafel 12 mit den Gewichten von $1\,\mathrm{m}^3$ Warmwasser völlig neu gesetzt wurden.

Den Lesern, die auf Fehler in der letzten Auflage aufmerksam machten, sei an dieser Stelle, auch im Namen des Verlages, gedankt. Bei der Zusammenstellung der Berichtigungen hat mich Herr Dipl.-Ing. Lenz vom Lehrstuhl für Heizung und Lüftung der Technischen Universität in Berlin in dankenswerter Weise unterstützt.

Berlin, im Mai 1950.

Dr. habil. F. Bradtke.

Inhaltsverzeichnis.

Seite

Ernleitung 1

Erster Teil
Beschreibung der Heiz- und Lüftungsanlagen.

Erster Abschnitt. Ofenheizung.

I. Kachelöfen 2
   A. Allgemeines 2
   B. Verschiedene Ofenbauarbeiten 4
II. Eiserne Öfen 8
   A. Allgemeines 8
   B. Verschiedene Ofenbauarten 10
III. Der Schornstein 12
   A. Der Schornsteinzug 12
   B. Ausführung des Schornsteines 12
   C. Lage des Schornsteines 14

Zweiter Abschnitt. Verwendung von Gas und Elektrizität.

I. Verwendung des Gases 15
   A. Abführung der Abgase und Sicherung des Auftriebes 15
   B. Gasöfen 16
   C. Gaskessel 17
   D. Wirtschaftliche Gesichtspunkte 19
II. Verwendung der Elektrizität 21

Dritter Abschnitt. Zentralheizung.

I. Allgemeines 22
II. Bauelemente der Warmwasser- und Dampfheizungen. (Kessel, Heizkörper und Rohrnetze) 23
   A. Kessel der Heizungsanlagen 23
   B. Kessel- und Koksräume 28
   C. Heizkörper 41
   D. Rohrleitungen 47
III. Warmwasserheizungen 59
   A. Allgemeines 59
   B. Schwerkraftheizung 60
   C. Stockwerksheizung 69
   D. Pumpenheizung 70
   E. Deckenheizung. Von Dr. Bradtke 74
   F. Betriebseigenschaften der Warmwasserheizungen 98
IV. Heißwasserheizungen 100
V. Niederdruckdampfheizungen 101
   A. Begriff der Niederdruckdampfheizung 101
   B. Verhalten des Dampfes im Heizkörper 101
   C. Rohrführung 102
   D. Dampferzeugung 104
   E. Rückspeisung des Kondensates in die Kessel 106
   F. Zentrale Regelung der Niederdruckdampfheizung 110

Seite

VI. Hochdruckdampfheizungen 114
VII. Vakuumheizungen 115
VIII. Luftheizungen 118
    A. Allgemeines 118
    B. Feuerluftheizung 118
    C. Dampf- und Wasser-Luftheizung 120
IX. Vor- und Nachteile sowie Anwendungsgebiete der Zentral-
    heizungssysteme 121

Vierter Abschnitt. Die Warmwasserversorgung.

    A. Normale Anlagen 123
    B. Sonderbauarten 125
    C. Steinablagerung und Korrosion 127

Fünfter Abschnitt. Fernheizung.

I. Allgemeines 130
    A. Beispiele von Fernheizungen 130
    B. Abgrenzung des Begriffes Fernheizung 132
II. Fernleitungen 132
III. Die Umformer 133
IV. Dampffernheizung 136
    A. Erzeugung und Speicherung des Hochdruckdampfes 136
    B. Ermittlung des wirtschaftlichsten Leitungsdurchmessers 137
    C. Verlegung und Ausstattung längerer Dampfleitungen 140
    D. Die Nachteile der Kondensatbildung in der Leitung 141
V. Heißwasserfernheizung 141
    A. Die Heißwasserfernleitung 141
    B. Die Erzeugung des Heißwassers 142
    C. Druck- und Ausdehnungsgefäß 143
    D. Heißwasserspeicher 149
    E. Regelung der Wärmeabgabe an die Verbrauchsstellen 149
VI. Warmwasserfernheizung 150
VII. Zentralen 151
    A Allgemeines 151
    B. Die Gesetze der Speicherung 154
    C. Niederdruck-Heizzentralen 156
    D. Heizkraftwerk (Abdampfverwertung) 158
    E. Wärmepumpe 162

Sechster Abschnitt. Lüftungsverfahren.

I. Allgemeines 164
    A. Einteilung der Lüftungsverfahren 164
    B. Ursachen der Luftverschlechterung 165
    C. Die zeitliche Änderung des Luftzustandes 166
    D. Die erforderliche Luftmenge 167
    E. Die beiden Grundforderungen des Lüftens 171
    F. Die natürliche Druckverteilung im Innern von Gebäuden 171
II. Freie Lüftung 176
    A. Selbstlüftung eines Raumes 176
    B. Fensterlüftung 177
    C. Lüftungsschächte 179
III. Lüftungsanlagen (einfache Lüftungsanlagen) 181
    A. Entnahme der Luft 183
    B. Reinigung von Außen- und Umluft 183

Seite

C. Die Lüftungszentrale 185
D. Kanalanlage 188
E. Bauliche Ausführung der Luftöffnungen im Saal 189
F. Führung der Luft durch den Raum 190
G. Frischluft- und Umluftbetrieb 196
H. Meß- und Regeleinrichtungen 196
J. Luftheizung 197
IV. Klimaanlagen. Von Dr. F. Bradtke 197
A. Vorbemerkung 197
B. Kennzeichnung der Klimaanlagen 197
C. Einteilung der Klimaanlagen 198
D. Raumklimatische Forderungen an Klimaanlagen 199
E. Ausführung der Klimaanlagen 202
F. Die Luftaufbereitung im $i-x$-Schaubild 206
G. Die erforderliche Luftmenge 207
H. Allgemeine Gesichtspunkte für die Planung 210

Zweiter Teil
Grundlagen und Berechnungen.

Siebenter Abschnitt. Physikalische Grundlagen für das Rechnen mit feuchter Luft.
Von Dr. F. Bradtke.

I. Das Daltonsche Gesetz 213
II. Die relative Feuchtigkeit 214
III. Der Wassergehalt 215
IV. Wärmeinhalt feuchter Luft 216
V. Das $i-x$-Bild nach Mollier 216
A. Die Grundlagen des Schaubildes 216
B. Die Richtung von Zustandsänderungen im $i-x$-Bild und der Randmaßstab 218
C. Zustandsänderung der Luft unterhalb der Sättigungskurve ... 219
D. Mischung zweier Luftmengen 220

Achter Abschnitt. Metereologisch-klimatische Grundlagen.
Von Dr. F. Bradtke.

I. Einleitung 222
A. Allgemeines 222
B. Wetter und Klima 222
C. Die für Heizung und Lüftung wichtigen Wetter- und Klimaelemente 223
II. Die Temperatur der Außenluft 223
A. Lufttemperatur und Sonnenstrahlung 223
B. Ermittlung der Lufttemperatur 224
C. Der tägliche Gang der Lufttemperatur 224
D. Folgerungen aus dem täglichen Gang der Lufttemperatur für den Heizbetrieb 226
E. Der jährliche Gang der Lufttemperatur und seine Abhängigkeit von den Klimafaktoren 228
F. Die Heizgradtage als heiztechnische Folgerung aus dem Jahresgang der Lufttemperatur 229
G. Mittlere absolute Jahresextreme der Lufttemperatur 232
III. Die Feuchtigkeit der Außenluft 234
A. Allgemeines 234
B. Die Ermittlung der Luftfeuchtigkeit 235
C. Täglicher und jährlicher Gang des Dampfdruckes und der relativen Feuchtigkeit 236
D. Berücksichtigung der Außenluftfeuchtigkeit bei Lüftungsanlagen 237

Seite

IV. Der Wind 241
   A. Windgeschwindigkeit und Windrichtung 241
   B. Der tägliche und jährliche Gang der Windgeschwindigkeit 242
   C. Häufigkeit der Windrichtungen in Deutschland 243
   D. Folgerungen für die Heizungstechnik 244
V. Die Sonnenstrahlung 245
   A. Allgemeines 245
   B. Physikalische Feststellungen 245
   C. Die durch Wände und Dachflächen eindringende Wärme 247
   D. Die durch die Fenster eindringende Sonnenwärme 248

Neunter Abschnitt. Hygienische Grundlagen.
Von Dr. Bradtke.

I. Einleitung 249
II. Wärmeregelung des menschlichen Körpers 249
III. Durch die Haut vermittelte Einflüsse von Umgebungsluft auf
    den menschlichen Körper. Behaglichkeitsmaßstäbe 250
   A. Die Hauttemperatur als Behaglichkeitsmaßstab 250
   B. Der Katawert als Behaglichkeitsmaßstab 254
   C. Die effektive Temperatur als Behaglichkeitsmaßstab 259
   D. Einfluß des Außenklimas auf das Behaglichkeitsempfinden in Innenräumen 260
   E. Wärme- und Wasserdampfabgabe des menschlichen Körpers 261
IV. Durch die Atmung vermittelte Einflüsse der Umgebungsluft
    für den menschlichen Körper 263
   A. Die Bedeutung der Kohlensäure 263
   B. Die Bedeutung des Wasserdampfes 264
   C. Die Bedeutung der sonstigen Beimengungen der Luft 265

Zehnter Abschnitt. Wirtschaftliche Grundlagen des Heizens.

I. Die Begriffe: Aufgewendete Wärme, Nutzwärme und Verlust-
   wärme 266
II. Die Kosten des Heizens 268
   A. Der jährliche Wärmebedarf 268
   B. Die jährlichen Kosten des Heizens 270
III. Der Belastungsgrad einer Zentrale 271
   A. Die Häufigkeitslinie der Tagesmittel 271
   B. Die Belastungsdauer-Linien 272

Elfter Abschnitt. Wärmeübertragung.

I. Die Gesetze des Wärmedurchganges 272
II. Die Wärmebedarfsrechnung nach DIN 4701 275
   A. Der Aufbau der Rechnung 275
   B. Die Zuschläge 276
   C. Durchführung der Rechnung 279
III. Berechnung der Kesselheizflächen nach DIN 4702 281
IV. Berechnung von Raumheizkörpern nach DIN 4703 282
V. Berechnung von Wärmeaustauschapparaten 283
VI. Berechnungen von Rohrisolierungen 287
   A. Die wirtschaftliche Isolierstärke 287
   B. Berechnung der Wärmeverluste 288

Zwölfter Abschnitt. Strömungsfragen.

I. Die Gesetze für die Strömung in Leitungen 296
   A. Der Strömungszustand und die Reynoldssche Zahl 296
   B. Die Begriffe „statischer und dynamischer Druck" 298

Seite

C. Die Strömung einer idealen Flüssigkeit 298
D. Die Strömung einer wirklichen Flüssigkeit 299

II. Ventilatoren und Kreiselpumpen 303
   A. Die Ventilatoren 303
   B. Verhalten der Ventilatoren im Betriebe................................ 304

Dreizehnter Abschnitt. Die Berechnung von Rohrnetzen.

I. Allgemeines 312
II. Berechnung von Fernleitungen 314
   A. Warmwasser- und Heißwasserfernleitungen 314
   B. Dampffernleitungen 318
III. Berechnung der Strangnetze von Warmwasserheizungen 322
   A. Der Grundgedanke der Rechnung 322
   B. Zweirohrsystem ohne Berücksichtigung der Wärmeverluste der Rohrleitung 324
   C. Zweirohrsystem mit Berücksichtigung der Wärmeverluste der Rohrleitung 333
   D. Stockwerksheizung 341
   E. Einrohrsystem ohne Berücksichtigung der Wärmeverluste 343
   F. Einrohrsystem mit Berücksichtigung der Wärmeverluste 344
   G. Pumpenheizung 348
IV. Berechnung der Strangnetze von Niederdruckdampfheizungen 354
   A. Das verfügbare Druckgefälle 354
   B. Die Gleichung für den Rohrdurchmesser 355
   C. Beschreibung der Hilfstafel III 355
   D. Berechnung der vorläufigen Rohrdurchmesser der Dampfleitungen 356
   E. Nachrechnung der Dampfleitungen 356
   F. Bemessung der Kondenswasserleitungen 356
   G. Beispielsrechnung 357
V. Berechnung der Rohrnetze von Hochdruckdampfheizungen .. 357
   A. Die Gleichung für den Rohrdurchmesser 360
   B. Beschreibung der Hilfstafel IV 361
   C. Berechnung der vorläufigen Rohrdurchmesser der Dampfleitungen 362
   D. Nachrechnung der Dampfleitungen 362
   E. Vakuumheizungen 363

Vierzehnter Abschnitt. Berechnung von Lüftungsnetzen.

   A. Berechnung der Luftverteilungsleitungen 363
   B. Der Druckverlust in einer Lüftungskammer 372
   C. Berechnung von Lüftungsschächten 373

Dritter Teil
Zahlentafeln.

I. Gruppe: Wärmetechnische Werte 376
   Zahlentafel 1: Zahlenwerte für Rechnungen mit feuchter Luft usw. 377
   Zahlentafel 2: Spannung, Temperatur usw. des Wasserdampfes 379
   Zahlentafel 3a: Feste und flüssige Brennstoffe 380
   Zahlentafel 3b: Gasförmige Brennstoffe 380
II. Gruppe: Wärmebedarfsrechnung 381
   Zahlentafel 4a: Angaben über tiefste Außentemperaturen 381
   Zahlentafel 4b: Temperaturen angrenzender unbeheizter Nebenräume und des
      Erdreiches 381
   Zahlentafel 4c: Wahl der Raumtemperaturen 382
   Zahlentafel 5: Zuschläge Z_D, Z_W und Z_H 382
   Zahlentafel 6a: Wärmedurchgangszahlen für Fenster und Türen 382

Seite

Zahlentafel 6b: k-Werte für Normalwände 383
Zahlentafel 6c: k-Werte für Isolierwände 384
Zahlentafel 6d: k-Werte für Dächer 384
Zahlentafel 6e: k-Werte für Decken- und Fußbodenkonstruktionen 385
Zahlentafel 7: Wärmeübergangszahlen 385
Zahlentafel 8: Mittlere Wärmeleitzahlen von Baustoffen 386
Zahlentafel 9: Wärmedurchlässigkeitswiderstände von Luftschichten 388
Zahlentafel 10: k-Werte und Wärmeabgabe für gußeiserne Gliederheizkörper
nach DIN 4720 und Stahlgliederheizkörper nach DIN 4722 ... 388
III. Gruppe: Rohrnetzberechnungen 389
Zahlentafel 11: Rohre nach DIN 2440 U und DIN 2449 389
Zahlentafel 12: Gewicht von 1 m³ Wasser in kg zwischen 40 und 100° C 389
Zahlentafel 13: Auftriebwerte $\gamma_R - \gamma_V$ [kg/m³] 392
Zahlentafel 14: Zusätzlicher Druck und Vergrößerung der Heizflächen bei
„oberer Verteilung" und Berücksichtigung der Wärmeverluste
der Rohrleitung (für den Kostenanschlag) 393
A. Zusätzlicher Druck in mm WS 393
B. Vergrößerung der Heizflächen, ausgedrückt in vH der ohne
Berücksichtigung der Rohrabkühlung berechneten Werte . 394
Zahlentafel 15: Vorläufiger wirksamer Druck und Vergrößerung der Heiz-
körper bei Stockwerksheizungen (für den Kostenanschlag) .. 395
A. Vorläufiger wirksamer Druck in mm WS 395
B. Vergrößerung der Heizflächen in vH der ohne Berücksich-
tigung der Rohrabkühlung berechneten Werte 395
Zahlentafel 16: Anteil der Einzelwiderstände und der Rohrreibung an dem
Gesamtwiderstand des Rohrnetzes 396
Zahlentafel 17: Durchmesser der Kondenswasserleitungen für Dampfheizungen 396

Anhang: Regeln, Richtlinien und Normen 397
Sachverzeichnis 399

In der Tasche am Schluß des Buches die Hilfstafeln I bis VII.

Einleitung.

Von den Heizanlagen unserer Wohn- und Arbeitsräume wird verlangt, daß sie auch bei tiefsten Außentemperaturen eine Innentemperatur von etwa 20° C aufrechterhalten. Die Heizeinrichtungen müssen also im Beharrungszustand dem Raum diejenige Wärme ersetzen, die er durch seine Begrenzungsflächen nach außen verliert. Die Größe dieser Wärmeverluste ist somit entscheidend für die Größe der Heizeinrichtungen und für die Höhe der Betriebskosten.

Zwei gänzlich verschiedene Vorgänge sind es, welche die Wärme aus dem Raum entführen. Der erste Vorgang ist der sogenannte Wärmedurchgang, welcher darin besteht, daß die Wärme vom Raum an die Innenfläche der Mauer, die Innenfläche der Glasscheiben usw. übertritt, diese dann bis zur Außenseite durchsetzt und von hier an die Außenluft übergeht, wobei bei dem letzteren Vorgang der Windanfall eine ausschlaggebende Rolle spielt. Die Wärme, welche auf diesem ersten Wege dem Raum verlorengeht, läßt sich mit genügender Genauigkeit berechnen. Über diesen eben geschilderten Vorgang lagert sich aber ein zweiter und leider völlig unkontrollierbarer Vorgang, indem durch die Undichtheiten der Umfassungswände warme Luft hinaus- und kalte Luft hereinströmt. Dieser Luftwechsel ist in außerordentlich hohem Maße vom Windanfall und von der Güte der Bauausführung abhängig. Es ist eine sehr häufige Erscheinung, daß Heizanlagen zwar bei den tiefsten Außentemperaturen vollständig ausreichen, solange Windstille herrscht, daß aber die Erwärmung der Räume schon bei + 5° C Außentemperatur völlig ungenügend ist, sobald sich Windanfall einstellt. In solchen Fällen liegt die Schuld nicht an der Heizung, sondern an schlechter baulicher Ausführung des Gebäudes. In dieser Hinsicht können als Fehler des Gebäudes in Frage kommen: ungenügende Ausfüllung der Mörtelfugen mit Mörtel, schlechter Anschluß der Fensterstöcke an das Mauerwerk, undichte Falze an den Fensterflügeln, schlechte Dichtung der Rolladenkästen nach innen zu, ungenügendes Anpressen der Fenster durch die Schließvorrichtungen, so daß der Winddruck das Fenster nach innen zu etwas abheben kann, und anderes mehr.

Die starke Abhängigkeit des Wärmebedarfes von der Güte der Bauausführung ist ein Umstand von solcher Wichtigkeit, daß ich ihn in diesem Lehrbuch mit Absicht an erste Stelle gesetzt habe.

Erster Teil

Beschreibung der Heiz- und Lüftungsanlagen.

Erster Abschnitt.

Ofenheizung.

Der Heizungsingenieur soll auch mit den Grenz- und Nachbargebieten seiner täglichen Berufsarbeit einigermaßen Bescheid wissen. In diesem Sinne sind die nachstehenden Seiten als eine erste Einführung zu bewerten oder, richtiger gesagt, als Anregung zu eingehenderer Beschäftigung mit diesen Gebieten.

I. Kachelöfen.

A. Allgemeines[1].

In den letzten Jahrzehnten hat der Kachelofen eine durchgreifende Umgestaltung erfahren. Schon äußerlich fällt die veränderte Form der Öfen auf, wie die Abb. 1 und 2 zeigen. Sehr schädlich waren bei den alten Öfen die vorspringenden Gesimse, welche ein Stauen und Abschneiden der darunter befindlichen Luftschichten bewirkten und so Teile der Kachelwand von der Wärmeabgabe an den Raum fast ausschalteten. Ferner war es verfehlt, die Öfen auf Sockel zu stellen, welche bis an die Wand reichen. Heute werden die Öfen ohne Gesimse ausgeführt. Die Rückseite ist vollständig glatt und muß 15—20 cm von der Wand abstehen. Die Öfen werden auf Füße gesetzt, um auch die untere Fläche als Heizfläche ausnutzen zu können. Damit eine bessere Erwärmung des Zimmers in der Nähe des Fußbodens erzielt wird, werden ferner die Öfen auch nicht mehr in schmaler und hoher Form, sondern in niederer und breiter Form ausgeführt. Um Ablagerungen von Staub zu vermeiden, erhalten die Öfen nur wenige, ganz flache Verzierungen.

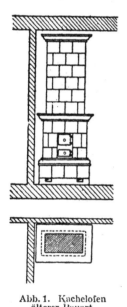

Abb. 1. Kachelofen älterer Bauart.

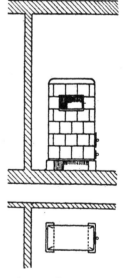

Abb. 2. Kachelofen neuerer Bauart.

Auch der Innenausbau hat wesentliche Änderungen erfahren, die durch den Übergang von der vorwiegenden Holz- und Torffeuerung zur vorwiegenden Kohlen-

---

[1] B r u n n e r: Der Kachelofen. Berlin: Lüdtke 1942.

feuerung und durch die verschärfte Forderung nach Brennstofferparnis bedingt waren. Als man seinerzeit vom rostlosen Ofen zum Ofen mit Rost überging, baute man anfangs die Roste viel zu groß, so daß bei der im normalen Betrieb benötigten Brennstoffmenge die Roste nicht vollständig überdeckt wurden und durch die unbedeckten Rostspalten ein viel zu hoher Luftüberschuß sich einstellte. Da dies bekanntlich zu Brennstoffverschwendung führt, wählt man heute die Roste viel kleiner, etwa ¹/₇₀ der Heizfläche, nach mancher Anschauung sogar nur ¹/₁₅₀ der Heizfläche. Unter Heizfläche versteht man dabei die gesamte äußere wärmeabgebende Oberfläche des Ofens. Um ein vollständiges Ausbrennen der Schwelgase zu erreichen und um die Strahlung der Flammen möglichst auszunutzen, werden die Feuerräume sehr hoch gewählt, bei Kohlenfeuerungen mindestens 50 cm hoch.

Bei der Beurteilung des gewöhnlichen Kachelofens ohne Dauerbrandeinsatz und seiner Wirkungsweise muß man sich stets vor Augen halten, daß es sich dabei um einen Wärmespeichervorgang handelt. Der Brennstoff wird einmal täglich, bei großer Kälte zweimal täglich aufgegeben und muß dann ziemlich rasch abgebrannt werden, soll nicht aus feuerungstechnischen Gründen die Verbrennung unwirtschaftlich sein. Die Kachelwandung des Ofens hat dann die Aufgabe, diese in verhältnismäßig kurzer Zeit freiwerdende Wärme aufzuspeichern und langsam an den Raum abzugeben. Also muß nach dem Abbrennen des Feuers der Ofen vollständig dicht abgeschlossen werden können, damit nicht kalte Luft einströmt, den Ofen von innen heraus kühlt und die Wärme durch den Schornstein entführt. Es muß darum durch sorgfältige Ausführung dafür gesorgt werden, daß die Türen des Ofens, die Kachelwand und alle Anschlußstellen der Eisenteile an die Wand vollständig dicht sind. Eingetretene Schäden sind durch gründliche Instandsetzung sofort zu beheben.

Das deutsche Töpfer- und Ofensetzergewerbe hat unter dem Titel „Reichsgrundsätze für Kachelofen- und Kachelherdbau" eine Schrift herausgegeben [1], in welcher alle jene Forderungen zusammengestellt sind, denen ein Ofen genügen muß, wenn er nach dem heutigen Stande des gewerblichen Wissens und Könnens in bezug auf Konstruktion und Ausführung für vollwertig angesprochen werden soll. Das Gewerbe hat seine Mitglieder auf die Einhaltung dieser Vorschriften verpflichtet, und es bemüht sich, darauf hinzuwirken, daß alle Auftraggeber, vor allem Staat und Gemeinden, diese Reichsgrundsätze zur Grundlage für Lieferverträge machen.

Die nächsten Bestrebungen des Gewerbes waren darauf gerichtet, die Öfen so weit zu verbilligen und die Zeit für die Aufstellung so weit zu kürzen, als dies ohne Einbuße an Güte möglich ist. In erster Linie soll dazu die Normung dienen. Ausgehend von der quadratischen Kachel 22×22 cm wurde die Normung der Eisenteile, d. i. der Roste, Feuerungstüren, Durchsichten usw., bearbeitet. Wie alle Eisenteile der Öfen, sind auch die Roste genormt. Beim Einbau der Roste ist für genügende Ausdehnungsmöglichkeit zu sorgen, wobei zu beachten ist, daß sich der Rost nicht nur während der Erwärmung dehnt, sondern daß er wie alle Gußeisenstücke nach einer mehrmaligen, starken Erwärmung eine bleibende Dehnung von einigen Prozenten erleidet. Eine Lagerung des Rostes nach Abb. 3a wäre falsch, weil sich die Rillen bei A sehr bald mit Asche verlegen

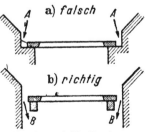

Abb. 3a und 3b. Rostlagerung.

[1] Reichsgrundsätze für Kachelofen- und Kachelherdbau. Berlin: Lüdtke 1937. 5. Aufl.

würden. Der Rost ist deshalb nach Abb. 3 b so zu lagern, daß die Asche bei *B* durchfallen kann.

Die Berechnung der Kachelöfen erfolgt auf Grund einer Wärmebedarfsberechnung nach DIN 4701 (vgl. S. 275) sowie auf Grund von Erfahrungszahlen über die Wärmeabgabe je 1 m² Kachelofenfläche. Diese Zahlen sind in den erwähnten Reichsgrundsätzen für Kachelöfen und Kachelherde angegeben.

B. Verschiedene Ofenbauarten.

a) Gewöhnliche Kachelöfen.

Die Abb. 4 zeigt einen Ofen neuerer Bauart in Ansicht und Schnitt. Schon äußerlich fallen sofort die obenerwähnten Merkmale eines neuzeitlichen Kachelofens, die glatte Form, die niedere und breite Bauart und der Aufbau auf Füßen, auf. Die breite Bauart einerseits und die kleine Rostgröße andererseits geben den Raum frei

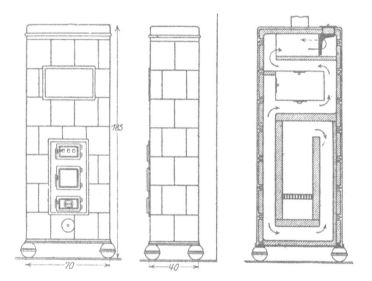

Abb. 4. Kachelofen mit Unterzug.

für einen steigenden und einen fallenden Zug zu beiden Seiten der Feuerung, so daß durch einen Unterzug der untere Teil des Ofens kräftig erwärmt werden kann. Der Einbau einer Durchsicht im oberen Teil des Ofens ist von den älteren Bauarten übernommen.

Abb. 5 stellt einen Ofen ganz ähnlicher Bauart dar, nur ist die Feuerung nicht an der Breitseite, sondern an der Schmalseite des Ofens. Statt eines Unterzuges ist hier ein Sturzzug und ein steigender Zug an derselben Seite des Feuerraumes angeordnet.

b) Kachelöfen mit zwangläufiger Luftführung (Abb. 6).

Der Ofen entspricht in seinem inneren Ausbau ungefähr dem letztgenannten Ofen. Auch die äußere Form ist ähnlich, nur ist der Ofen nicht auf vier Füße gestellt, sondern auf zwei Sockelleisten, die zusammen mit der verlängerten Seitenwand des Ofens einen Luftführungskanal bilden. Dadurch wird eine verstärkte Wärmeabgabe an der Rückseite des Ofens erzielt, wodurch besonders bei Öfen für

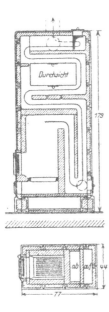

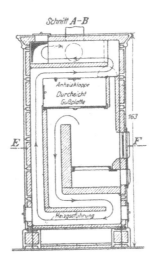

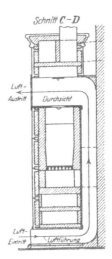

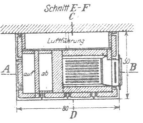

Abb. 6.
Kachelofen mit
zwangläufiger Luft-
zuführung.

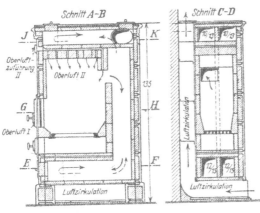

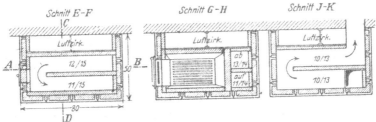

Abb. 7.
Kachelofen für Holz
und Torf.

große Räume an Ofengröße gespart werden kann. Bei der Ausführung ist auf gute Reinigungsmöglichkeit des Luftführungskanals zu achten.

c) Kachelöfen für Holz und Torf (Abb. 7).

Holz und Torf bedürfen zu ihrer Verbrennung sehr viel Oberluft. Deshalb ist außer der Oberluftzuführung *I* in der Feuertür noch eine zweite Oberluftzuführung *II* durch die Decke des Feuerraumes hindurch angeordnet. Diese letzt-

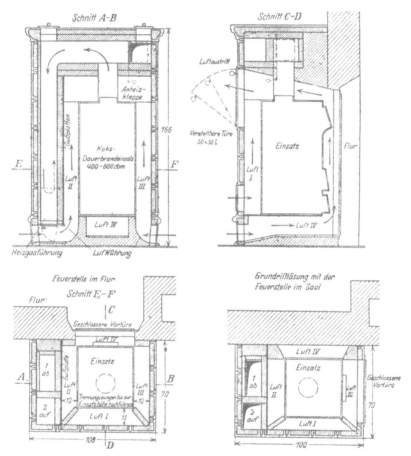

Abb. 8. Kachelofen mit Dauerbrandeinsatz.

genannte Oberluft gelangt stark vorgewärmt in den Feuerraum und bewirkt dadurch eine sichere Nachverbrennung der aus dem Feuer abziehenden Schwelgase. In der Gesamtanordnung ähnelt der Ofen dem vorgenannten Ofen, indem er mit zwangläufiger Luftführung ausgestattet ist.

d) Kachelöfen mit Dauerbrandeinsatz (Abb. 8).

Ein eiserner Dauerbrandofen irgendwelcher Konstruktion mit glatten kastenförmigen Außenwänden ist frei so in eine Kachelummantelung eingesetzt. daß die Zimmerluft unten in den Mantel eintreten, in dem Zwischenraum zwischen Mantel und Eisenkasten hochsteigen und oben erwärmt in das Zimmer austreten kann. Es sind dies die in der Abb. 8 mit Luft *I* bis Luft *IV* gekennzeichneten Wege. Getrennt von diesen Wegen der Zimmerluft sind die Wege der Heizgase aus dem Feuer. Sie werden entweder nach dem Verlassen des Eisenofens sofort in den Schornstein geleitet, oder sie werden zwecks besserer Ausnutzung ihres Wärmeinhaltes nochmals durch gesonderte Züge im Kachelmantel geführt. Vgl. in der Abb. 8 die mit „*1 ab*"

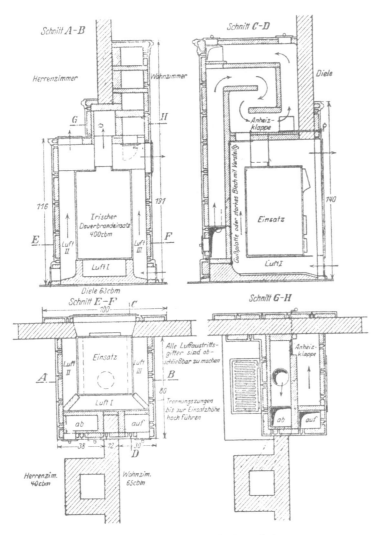

Abb. 9.   Kachelofen für Mehrzimmerheizung.

und „*2 auf*" bezeichneten Wege. Der in der Abbildung gekennzeichnete Ofen ist vom Flur aus heizbar. Meist ist jedoch die Anordnung so getroffen, daß die Feuertür im Zimmer selbst ist und der Ofen also vom Zimmer aus bedient werden muß.

e) Die Kachelofen-Mehrzimmerheizung[1].

Abb. 9 zeigt das Beispiel einer Kachelofen-Mehrzimmerheizung, wobei in diesem besonderen Falle die Bedienung vom Flur aus erfolgt und der Ofen in die Tren-

---

[1] S a c k e r m a n n, W.: Die Kachelofen-Warmluft-Mehrzimmerheizung. Wärmewirtsch. i. Städtebau. Heft 5/6 (1942) S. 29. — B o l l e, A.: Kachelofen-Mehrzimmerheizung. Wärmewirtsch. i. Städtebau. Heft 2/3 (1943) S. 11.

nungswand zwischen zwei Zimmer eingebaut ist. Meist werden diese Öfen mit
Dauerbrandeinsatz ausgerüstet. Solche Mehrzimmerheizungen können in der verschiedensten Weise ausgeführt werden. Auch wird vielfach eine Vereinigung des
Küchenherdes mit dem Ofen des anstoßenden Zimmers durchgeführt. An besonders
kalten Tagen wird der Nebenofen von einem eigenen Rost aus bedient, an mäßig
kalten Tagen werden durch geeignete Klappenstellung lediglich die Abgase des
Küchenherdes durch die Züge des Ofens geleitet.

II. Eiserne Öfen.

A. Allgemeines.

Im gleichen Schritt mit der Vervollkommnung der Kachelofenheizung in den
letzten Jahrzehnten war auch die Eisenofenindustrie bemüht, den eisernen Ofen den
erhöhten Ansprüchen anzupassen, die heute an unsere Heizvorrichtungen in wärme-
technischer, hygienischer und ästhetischer Hinsicht gestellt werden. Da an den be-
währten Bauarten der üblichen Größe und Gestalt der Öfen kaum etwas zu ändern
war, richteten sich die neueren Bestrebungen hauptsächlich auf eine einwandfreie
und gediegene Ausführung der Öfen. Denn es wurde rechtzeitig erkannt und auch
durch Versuche bestätigt, daß durch eine erhöhte Qualität nicht nur die Heizleistung
der Öfen verbessert, sondern auch der Heizbetrieb sicherer und einfacher gestaltet
wird.

Die für die Herstellung hochwertiger Öfen notwendigen Maßnahmen ergeben sich
aus der Eigenart des eisernen Ofens, die am besten durch einen Vergleich mit dem
Kachelofen verdeutlicht werden kann. Bei der Kachelofenheizung wird die Wärmeabgabe an den Raum vorwiegend aus der in den Ofenwänden während des Heizens
aufgespeicherten Wärme gedeckt. Ist dieser Wärmevorrat verbraucht, so muß der
Ofen von neuem beheizt werden. Die Anpassung der Raumerwärmung an die Außentemperatur erfolgt nicht durch künstliche Regelung der Wärmeabgabe mittels besonderer Reguliervorrichtungen, sondern lediglich durch richtige Bemessung der
zum täglichen Heizen benutzten Brennstoffmenge oder bei tiefer Außentemperatur
durch zweimaliges Heizen an einem Tage. Im Gegensatz zu dem zeitweisen
Feuerungsbetrieb und der Wärmespeicherung bei der Kachelofenheizung ist die
Eisenofenheizung durch den Dauerbrand und das Fehlen der Wärmespeicherung
gekennzeichnet. Letztere ist durch Brennstoffstapelung im Innern des Ofens ersetzt.
Von der im Füllschacht oder Fülltrichter untergebrachten Brennstoffmenge wird
bei ständigem Abbrand durch Einstellung der Verbrennungsluftmenge immer nur so
viel verbraucht, als für die Raumerwärmung jeweils erforderlich ist. Für den Eisenofen ist daher die Ausbildung seiner Reguliervorrichtungen von allergrößter Bedeutung. Sie müssen eine genaue und zuverlässige Regelung des Abbrandes und
damit der Raumerwärmung ermöglichen, ohne an die Überwachung zu große Ansprüche zu stellen. Die Qualität eines eisernen Ofens wird demnach in erster Linie
durch die Beschaffenheit seiner Regulierorgane bestimmt.

Von einem hochwertigen Ofen ist ferner zu verlangen, daß er an allen Stellen, wo
Wandteile aneinandergesetzt sind, vollkommen dicht ist, daß die Ofentüren fest
schließen und mit guten Verschlüssen ausgerüstet sind. Sind diese Bedingungen
nicht erfüllt, so wird einerseits durch das Eindringen von Falschluft der Wirkungsgrad des Ofens herabgesetzt, andererseits wird damit der Hauptvorzug des eisernen

Ofens, seine Regulierbarkeit, so beeinträchtigt, daß die Einstellung eines bestimmten Abbrandes schwierig oder unmöglich ist.

Das Fehlen der Wärmespeicherung bietet den Vorteil, daß der Eisenofen dünn-wandiger und in geringeren Raumabmessungen als der Kachelofen von gleicher Wärmeleistung hergestellt werden kann. So ergibt sich die Möglichkeit, eiserne Öfen von erheblichen Wärmeleistungen noch transportabel auszuführen. Mit der kleineren Heizfläche muß aber eine höhere Oberflächentemperatur als bei dem Kachelofen in Kauf genommen werden. Wegen dieses Zusammenhanges zwischen der Heizflächengröße und ihrer Temperatur empfiehlt es sich, den Ofen für einen gegebenen Wärmebedarf lieber etwas zu reichlich als zu knapp zu bemessen, weil zu hohe Oberflächentemperaturen aus gesundheitlichen Gründen vermieden werden müssen und weil dabei der Ofen erfahrungsgemäß bald undicht wird. Außerdem führt die bei zu klein gewählten Öfen notwendige Überlastung immer zu einem un-wirtschaftlichen Heizbetrieb, d. h. zur Brennstoffverschwendung.

Die Rücksichtnahme auf die hygienischen Anforderungen muß besonders auch in der Ausbildung der Ofenheizfläche hervortreten. Diese soll möglichst wenig Ge-legenheit zur Ablagerung und Versengung von Staub bieten und überall leicht zu-gänglich und reinigungsfähig sein. Im Gegensatz zu den früher üblichen, mit Ver-zierungen überladenen Öfen zeichnen sich daher die neueren Ausführungen durch große Einfachheit und vorwiegend ebene Wandflächen aus. Für diejenigen Ofen-käufer, welche farbige Heizflächen bevorzugen, ist durch die Herstellung emaillierter Öfen gesorgt, deren glatte Oberfläche auch in hygienischer Beziehung vorteilhaft ist.

Bei der Aufstellung eines eisernen Ofens ist darauf zu achten, daß die von seiner Oberfläche ausgehende Wärmestrahlung den zu beheizenden Raum nach möglichst vielen Richtungen ungehindert durchdringen kann. Es ist daher verfehlt, den Ofen in einer versteckten Ecke oder Nische oder von irgendwelchen Möbeln verdeckt unterzubringen. Außerdem wird bei einer solchen Aufstellung leicht die nötige Sauberhaltung des Ofens vergessen, und zu den heiztechnischen Nachteilen kommen dann noch die schädlichen Wirkungen der Staubversengung. Verkehrt ist ferner auch die Anordnung eines die Strahlung abfangenden Ofenschirmes. Wenn die Heizwirkung eines eisernen Ofens lästig wird, so ist dies immer ein Beweis dafür, daß er mit zu hohen Oberflächentemperaturen arbeitet, daß er also entweder un-richtig bedient oder wegen zu geringer Heizfläche überanstrengt wird.

Das häufig zu beobachtende, übermäßig lange und mehrfach gewundene Rauch-rohr, das die aus dem Ofen abziehenden Verbrennungsgase noch für die Raum-erwärmung nutzbar machen soll, hat so schwerwiegende Nachteile und wirkt so un-schön, daß von der Verwendung einer solchen übertriebenen Zusatzfläche abzuraten ist. Nach neueren Untersuchungen soll die Rauchrohroberfläche höchstens gleich der halben Oberheizfläche sein.

Seitens der Vereinigung Deutscher Eisenofenfabrikanten und ihrer Wärme-technischen Abteilung in Kassel wird seit einer Reihe von Jahren durch Vorträge, Aufklärungsschriften[1] u. dgl. daran gearbeitet, die Kenntnis von den Eigenschaften und Vorzügen hochwertiger eiserner Öfen in die breitere Öffentlichkeit zu bringen. Insbesondere werden auch die Eisenhändler, die zwischen den Lieferwerken und

---

[1] Der eiserne Zimmerofen. München: R. Oldenbourg. Heft 1—16 der Aufklärungs-schriften der Wärmetechnischen Abteilung der Vereinigung Deutscher Eisenofen-fabrikanten in Kassel.

den Ofenkäufern stehen und letzteren beratend zur Seite stehen sollen, in der erforderlichen Weise aufgeklärt. Ferner sind „Richtlinien für die Auswahl der Größe
eiserner Zimmeröfen irischer und amerikanischer Bauart"[1] ausgearbeitet worden.
Nach den darin befindlichen Heizleistungstafeln kann für jeden zu beheizenden
Raum auf Grund seines Wärmebedarfes die richtige Ofengröße bequem ermittelt
werden. Diese Richtlinien sind in letzter Zeit noch wesentlich erweitert worden in
zwei Schriften mit dem gemeinsamen Titel: „Technische Richtlinien für eiserne
Dauerbrandöfen"[2]. Der erste Teil behandelt Konstruktion und Ausführung, der
zweite Heizleistungsangaben und Größenauswahl der Öfen.

B. Verschiedene Ofenbauarten.

Bei der Entwicklung des Eisenofens haben sich in den letzten Jahrzehnten zwei
verschiedene Konstruktionstypen herausgebildet. Die Öfen der einen Bauart werden
als „irische", die der anderen Bauart als „amerikanische" Dauerbrandöfen bezeichnet. Diese beiden Gruppen umfassen alle heut auf dem Ofenmarkt vorkommenden Eisenöfen, und selbst Spezialkonstruktionen können leicht der einen oder
anderen Gruppe zugeordnet werden.

a) Irische Dauerbrandöfen.

Die Öfen irischer Bauart, von denen Abb. 10a die einfachste Bauart veranschaulicht, werden am häufigsten angetroffen. Ihr Hauptkennzeichen ist der geräumige,
zur Aufnahme eines größeren Brennstoffvorrates dienende Füllschacht A. Der

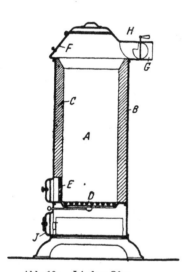
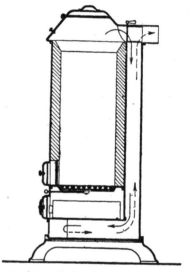

Abb. 10a. Irischer Ofen.   Abb. 10b. Irischer Ofen mit Sturzzug.

diesen umschließende Ofenmantel B, der bei Vierkantöfen aus vier gußeisernen
Platten, bei Rundöfen auch aus starkem Eisenblech hergestellt wird, trägt auf der
Innenseite eine starke Schamotteausfütterung C, die den Eisenmantel vor zu starker
Erhitzung schützen und damit auch die Strahlungswirkung des Ofens in den
hygienisch zulässigen Grenzen halten soll. Der Füllschacht ist unten durch den

---

[1] Heft 11 der genannten Aufklärungsschriften.
[2] Hefte 16 und 16 der Aufklärungsschriften.

Schüttelrost *D* abgeschlossen, dessen Ausbildung eine leichte Reinigung der Rostfläche von Asche und Schlacke ermöglicht. Der Stehrost *E* hinter der Feuertür soll das Anliegen und Herausfallen von Brennstoff verhindern. Über dem Füllschacht am Kopf des Ofens befindet sich einerseits die Fülltür *F* zum Nachfüllen von Brennstoff, andererseits der Rauchabzug *G* mit einer Drosselklappe *H*. Zur Regulierung des Abbrandes dient die in der Aschfalltür angebrachte Öffnung *J* mit einer Rosette oder einem Regulierschieber zum genauen Einstellen der Verbrennungsluftmenge.

Als verbesserte irische Öfen sind solche zu bezeichnen, bei welchen zwischen Füllschacht und Rauchrohranschluß ein Zugsystem mit Sturzzug eingeschaltet ist, wodurch eine bessere Ausnutzung der Verbrennungsgase erzielt wird. Dieses Zugsystem kann neben dem Füllschacht wie in der Abb. 10 b oder oberhalb desselben, in dem dann notwendigerweise erhöhten Ofenkopf, angeordnet sein. Bei Öfen nach Abb. 10 b werden die Züge entweder nur vertikal geführt oder noch durch einen sogenannten Sockelzug unterhalb des Aschfallraumes ergänzt. Befindet sich das Zugsystem im Ofenkopf, so ist es bei manchen Ausführungen um einen Wärmespeicher oder um eine Kochkachel herumgelegt.

Bei allen irischen Öfen mit Sturzzug muß zur Erleichterung des Anheizens ein Kurzschlußweg zum Rauchrohr vorhanden sein, der durch eine Klappe geöffnet und nach Inbetriebsetzung des Ofens wieder verschlossen wird.

Im irischen Ofen können alle Arten von festen Brennstoffen verfeuert werden, doch wird man im Dauerbetrieb am zweckmäßigsten die hochwertigen gasarmen Brennstoffe: Anthrazit, Magerkohle und Koks verwenden.

b) Amerikanische Dauerbrandöfen.

Ein amerikanischer Dauerbrandofen ist in Abb. 11 dargestellt. Die wesentlichsten Kennzeichen dieser Ofenbauart sind ein Korbrost über dem gewöhnlichen Schüttelrost und ein vom Ofenkopf bis nahe an den Korbrost heranreichender Fülltrichter. Im Gegensatz zu dem gleichzeitig als Verbrennungsraum dienenden Füllschacht des irischen Ofens hat der Fülltrichter nur die Rolle eines Brennstoffbehälters, da sich der Verbrennungsvorgang nur innerhalb des Korbrostes abspielt. In dem Maße, wie hier der Brennstoff wegbrennt, sinkt neuer Brennstoff aus dem Fülltrichter herab. Das Nachfüllen von Brennstoff geschieht durch die mit Deckel verschließbare Füllöffnung im Ofenkopf. Die Regelung des Abbrandes wird in derselben Weise wie bei irischen Öfen vorgenommen, und zwar entweder durch eine Regulieröffnung in der Aschfalltür oder durch eine besondere Zentralregulierung, die gleichzeitig auch zur Ein- oder

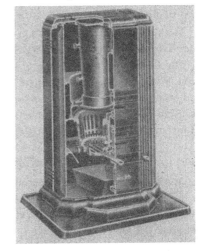

Abb. 11. Amerikanischer Dauerbrandofen.

Ausschaltung eines Zugsystems mit Sturz- und Sockelzug und eines Kurzschlußweges zum Schornstein dient.

Für einen einwandfreien Betrieb des amerikanischen Ofens muß der Brennstoff eine geeignete Korngröße besitzen, weil größere Stücke im Trichter leicht hängenbleiben und so das weitere Nachsinken von Brennstoff zum Rost verhindern. Ferner dürfen gasreiche Brennstoffe, die schon im Fülltrichter in Brand geraten können, nicht verwendet werden. Anthrazit und magere, nicht backende Steinkohle sind die besten Brennstoffe für diesen Ofen, da sie auch bei schwachem Ofenbetrieb gut weiterbrennen, während Koks wegen seiner hohen Entzündungstemperatur leicht erlischt.

III. Der Schornstein.

Der Schornstein dient dazu, die in der Feuerung entstehenden Abgase in die Außenluft abzuleiten. Gleichzeitig muß der Schornstein durch seine Zugstärke der Feuerung die nötige Luft zuführen. Da der Rost und das Brennstoffbett dem Luftdurchtritt einen erheblichen Widerstand entgegensetzen, ist eine genügende Zugstärke unter allen Umständen sicherzustellen.

A. Der Schornsteinzug.

Der Schornsteinzug entsteht durch den Unterschied zwischen dem spezifischen Gewicht der kalten Außenluft und dem spezifischem Gewicht der heißen Gase. Die Zugstärke errechnet sich aus der Gleichung

$$H = h\,(\gamma_a - \gamma_i) \cong h \cdot c \cdot (t_i - t_a).$$

Es bedeuten:

H den Schornsteinzug in mm WS,

h die lotrechte Schornsteinhöhe in m,

γ_i das spezifische Gewicht der Rauchgase in kg/m³,

γ_a das spezifische Gewicht der Außenluft in kg/m³,

c ein Zahlenfaktor,

t_i die Temperatur der Rauchgase in ° C,

t_a die Temperatur der Außenluft in ° C.

Der Schornsteinzug ist also um so größer, je höher der Schornstein und je größer der Temperaturunterschied zwischen der heißen Gassäule und der Außenluft ist.

Die Gasmenge, welche eine bestimmte Zugstärke zu fördern vermag, hängt von den Widerständen des gesamten Strömungsweges ab, also von den Widerständen innerhalb des Ofens und innerhalb des Schornsteines. In letzter Hinsicht ist von Einfluß die Länge des Schornsteines, seine Weite, die Rauhigkeit der Innenseite, die Zahl und Schärfe von Richtungsänderungen usw.

B. Ausführung des Schornsteines.

Aus diesen Überlegungen ergeben sich für die Praxis folgende Gesichtspunkte:

1. Da die Schornsteine um so besser ziehen, je höher sie sind, müssen die Öfen in den verschiedenen Stockwerken dem verschiedenen Schornsteinzug angepaßt werden. Bei einem Ofen im vierten Stockwerk müssen die Züge kürzer und weiter sein als bei einem Ofen im Erdgeschoß.

2. Die Abkühlung der Rauchgase innerhalb des Schornsteines ist möglichst einzuschränken; deshalb dürfen Schornsteine nicht in die Außenwand gelegt werden. Ist dies in keiner Weise zu vermeiden, so ist die Außenseite des Schornsteines zu isolieren. Aus dem gleichen Grunde sind eiserne Verlängerungsrohre zu isolieren; noch besser ist es, die Schornsteinverlängerung in Mauerwerk auszuführen.

3. Zwecks Erzielung geringen Strömungswiderstandes sollen die Schornsteine eine möglichst glatte Innenfläche erhalten. Dies wird am sichersten durch sauberes Ausfugen bei Verwendung nur guter Mauersteine erreicht. Ein Innenputz würde zwar die Glätte erhöhen, trägt aber die Gefahr des Abbröckelns in sich. Die Verwendung von fertigen Formsteinen für den Bau der Kamine ist zu empfehlen.

Richtungsänderungen (das sogenannte Ziehen der Schornsteine) sind möglichst zu vermeiden, weil dadurch die Länge des Schornsteines wächst, vor allem aber, weil die Richtungsänderung selbst schon Zugverlust bewirkt. Ist ein Ziehen nicht zu vermeiden, so darf die Ablenkung nicht mehr als 30° betragen. Der Steinverband ist gemäß Abb. 12 auszuführen.

Der lichte Querschnitt des Schornsteines ist hinsichtlich seiner Größe und Form überall beizubehalten, also auch im gezogenen Teil. Besonderes Augenmerk ist darauf zu richten, daß nicht durch Träger, durch zu tief eingesetzte Rauchrohre oder durch Schornsteinabdeckungen eine Drosselung der Rauchgase an einzelnen Stellen bewirkt wird.

4. Bei der Hochführung des Schornsteines über Dach ist dem Windanfall Rechnung zu tragen. Alle Arten von Abdeckungen, wie sie zum Zwecke des Regenschutzes oder als Verzierung manchmal verwendet werden, sind zu vermeiden, da sie in unkontrollierbarer Weise zu Windstörungen Veranlassung geben können. Am besten ist eine glatte Ausführung gemäß Abb. 13. Der Schornstein ist so weit über die Dachhaut hinauszuführen, daß er den Dachfirst überragt. Das Maß von

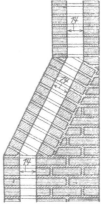

Abb. 12. Steinverband beim „Ziehen" eines Schornsteines.

¹/₂ m, welches manche Bauordnungen dafür vorschreiben, genügt nicht, um bei Windanfall mit Sicherheit Zugstörungen durch die Dachflächen zu vermeiden. Steht der Schornstein weit seitwärts vom Dachfirst, so ergibt sich ein hoher freistehender Mauerpfeiler. Für den Schornsteinfeger sind in diesem Falle Steigeisen oder Lauf-

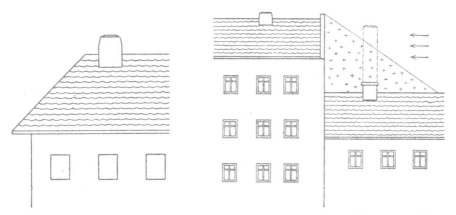

Abb. 13. Günstig gelegener Schornstein.   Abb. 14. Staudruck über einer Schornsteinmündung.

bretter anzubringen; bei sehr großer freiragender Höhe ist auch noch eine Verankerung des Schornsteines notwendig. Aus alledem folgt, daß weit vom Dachfirst abstehende Schornsteine zu unschönen und unzweckmäßigen Ausführungen zwin-

gen. Am besten ist die Lage des Schornsteins im Dachfirst selbst (Abb. 13). Recht
unangenehme Zugstörungen treten dann auf, wenn der Schornstein von benach-
barten Gebäudeteilen überragt wird (vgl. Abb. 14). Wind, welcher gegen diese Ge-
bäudeteile strömt, erzeugt einen Staudruck (erhöhten Luftdruck), der dem Schornsteinzug entgegenwirkt. Starke Windstöße, welche gegen die Mauer prallen, können
auf diese Weise zu einem Zurückschlagen der Flamme aus dem Ofen ins Zimmer
führen.

Gegen die Wirkung dieses Staudruckes hilft nur das Hochführen des Schornsteines bis über das Gebiet höheren Druckes hinaus. Drehbare Schornsteinaufsätze
haben in diesem Falle keine Wirkung.

5. Im Laufe des Betriebes treten häufig Zugstörungen durch Eindringen sogenannter Falschluft in den Schornstein auf. Man versteht darunter kalte Luft, die
durch irgendwelche Undichtheiten in den Schornstein gelangt, dort die Temperatur
der Rauchgassäule herabsetzt und gleichzeitig den Schornstein überlastet. Solche
Undichtheiten treten erfahrungsgemäß auf:

a) durch Offenlassen oder schlechtes Schließen der am Schornsteinfuß an-
gebrachten Reinigungstüren;

b) durch Offenlassen oder schlechtes Schließen anderer an denselben Schornstein angeschlossener und nicht betriebener Öfen (Auflassen von Schütt-, Feuer-
und Aschetüren);

c) durch schadhafte Außenwände des Schornsteines;

d) durch schadhafte Schornsteinzungen.

C. Lage des Schornsteines.

Ein großer Teil der Fehler an Schornsteinen ist auf falsche Anordnung des
Schornsteines im Grundriß zurückzuführen. Diese Fehler sind deshalb besonders
schwerwiegend, weil sie sich später durch Umbauten selten mehr beheben lassen.
Der Architekt muß deshalb, um wirklich einwandfreie Lösungen zu erzielen, schon
bei Einteilung der Räume und Anordnung der Öfen auf nachstehende Gesichtspunkte Rücksicht nehmen.

1. Die Lage des Schornsteins ist so zu wählen, daß die Durchdringung der Dachhaut bautechnisch leicht auszuführen ist (regendicht), und daß keine Zugstörungen
durch Windstau eintreten können. Ein Schrägführen — ein Ziehen — der Schornsteine zu diesem Zwecke ist möglichst zu vermeiden.

2. Die Schornsteine dürfen nicht in der Außenmauer liegen.

3. Auf gute Zugänglichkeit der Reinigungsöffnungen im Dachgeschoß und
Kellergeschoß ist Rücksicht zu nehmen.

4. Nach Möglichkeit sollen die Schornsteine zu Gruppen, sogenannten „Bündeln",
vereinigt werden. Dadurch erreicht man den feuerungstechnischen Vorteil, daß die
Schornsteine sich gegenseitig erwärmen, wobei der Zug stärker ist, und den bau-
technischen Vorteil, daß die Schornsteinanlagen billiger werden, und daß man
weniger Durchdringungen der Dachhaut auszuführen hat.

5. Die lichte Weite nicht besteigbarer Schornsteine für Kleinöfen und Herde
soll mindestens betragen[1]:

---

[1] Die Bestimmungen der Länder-Bauordnungen sind in diesem Punkte nicht gleich.
Eine Vereinheitlichung ist im Gange.

a) wenn nur eine Feuerung einmündet: 200 cm²,

b) wenn zwei Feuerungen einmünden: 300 cm²,

c) wenn drei Feuerungen einmünden: 450 cm²,

d) wenn vier Feuerungen einmünden: 600 cm².

Mehr als vier Feuerungen sollen nicht in einen Kamin eingeleitet werden.

6. Für das im Innern eines Gebäudes liegende Schornsteinmauerwerk ist eine Mindeststärke von einem halben Stein vorgeschrieben, für außenliegendes Mauerwerk eine Mindeststärke von einem Stein.

Zweiter Abschnitt.

Verwendung von Gas und Elektrizität.

I. Verwendung des Gases.

A. Abführung der Abgase und Sicherung des Auftriebes[1].

Während bei kleineren Gasfeuerungen, wie etwa den Gasflammen von Wohnungsherden, die Abgase unbedenklich in den Raum ausströmen dürfen, ist es bei größeren Anlagen, und zwar schon bei gewöhnlichen Zimmergasöfen, notwendig, die Abgase aus dem Raum abzuführen, da sonst eine unzulässige Verschlechterung der Raumluft eintreten könnte.

Bei Feuerungen für feste Brennstoffe hat der Schornstein zwei Aufgaben zu erfüllen. Einmal muß er die zur vollkommenen Verbrennung nötige Luftmenge durch den Rost und die Brennstoffschicht hindurchziehen, dann aber auch die Verbrennungsgase abführen. Bei der Gasfeuerung hat der Schornstein nur die zweite Aufgabe zu erfüllen, nämlich die entstandenen Verbrennungsgase fortzuleiten. Ein Ansaugen der Verbrennungsluft kommt hier nicht in Frage, da das Gas sich selbst mit der erforderlichen Luftmenge mischt. Ein bis in die Flammenzone wirkender Schornsteinzug würde nur einen unnötigen Luftüberschuß hervorrufen und damit den Wirkungsgrad der Gasfeuerung herabsetzen.

Um den Schornsteinzug von dem Verbrennungsraum des Gasheizofens fernzuhalten, werden in die Abgasleitung Zugunterbrecher eingebaut, in denen der Druckausgleich mit der Atmosphäre stattfindet. Diese Zugunterbrecher können einfache Beiluftöffnungen sein, die entweder in die Abgasleitung eingefügt oder mit dem Ofen selbst zusammengebaut sind.

Man muß befürchten, daß Windstöße, die auf den Schornstein auftreffen, sich durch diesen bis zur Verbrennungskammer fortpflanzen und dort Störungen der Verbrennung oder sogar ein Auslöschen der Flammen hervorrufen, so müssen Rückstausicherungen entweder in den Gasapparat selbst oder in die Abgasleitung eingebaut werden. Die Abb. 15a bis 15c zeigen verschiedene Rückstausicherungen.

Die ausgezogenen Pfeile kennzeichnen den normalen Weg der Abgase, die gestrichelten Pfeile den Weg bei Windstößen.

Häufig sind die in den Gasheizöfen vorhandenen Zugunterbrecher auch als Rück-

---

[1] Deutscher Verein von Gas- und Wasserfachmännern e. V.: Gas-Feuerstätten und Geräte für Niederdruckgas. München: R. Oldenbourg 1928; ferner Richtlinien für die Abgasabführung von häuslichen Gasfeuerstätten, herausgegeben vom Deutschen Verein von Gas- und Wasserfachmännern e. V. Berlin, Juni 1931.

stausicherung ausgebildet, wie es z. B. Abb. 16 zeigt. Wie die folgenden Überlegungen zeigen, ist der Zugunterbrecher noch in anderer Weise nützlich.

1 m³ normales Stadtgas liefert bei der Verbrennung etwa 700 g Wasserdampf.
Der Taupunkt der Abgase hängt natürlich vom verwendeten Luftüberschuß ab. Bei
doppelter theoretischer Luftmenge liegt der Taupunkt
bei etwa 50° C. Mit steigendem Wirkungsgrad steigt der
Taupunkt, wächst also die Gefahr der Abscheidung

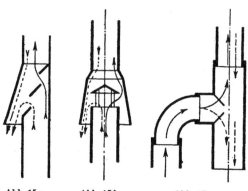

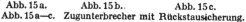

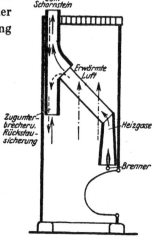

Abb. 15 a.   Abb. 15 b.   Abb. 15 c.
Abb. 15 a—c. Zugunterbrecher mit Rückstausicherung.

Abb. 16. Gasofen mit
eingebautem Zugunterbrecher.

von Kondenswasser. Dieses nimmt aus den Heizgasen Kohlensäure auf und auch
schweflige Säure, falls das Gas trotz Reinigung noch Spuren von Schwefel enthält.
Die entstehende Säurelösung greift Metalle an und kann somit leicht die Apparate
und Abgasleitungen zerstören und die Schornsteinwände durchnässen. Ein weiterer
Nachteil der Ausscheidung von Wasser ist die Verringerung des Auftriebes, da durch
die „Trocknung" der Abgase, die auch durch kalte Schornsteinwände erfolgen
kann, das spezifische Gewicht derselben vergrößert wird. Die Ausscheidung von
Wasser wird unter normalen Verhältnissen, wenn die Abgastemperaturen nicht
allzu niedrig sind, durch die im Zugunterbrecher eintretende „Falschluft" verhindert; diese setzt zwar die Temperatur der Abgase herunter, gibt aber dem Abgas-
Luftgemisch eine geringere relative Feuchtigkeit, so daß die Gefahr der Erreichung
des Taupunktes verringert wird. Damit übernimmt der Zugunterbrecher gleichzeitig
die Aufgabe einer vielleicht durch Wasserausscheidungen in Frage gestellten
S i c h e r u n g   d e s   A u f t r i e b e s[1].

Es ist nicht zweckmäßig, den Wirkungsgrad von Gasfeuerstätten zu hoch zu
treiben, da durch die zu weit gehende Kühlung der Gase leicht Wasser abgeschieden
werden kann und damit Schwierigkeiten in der Abführung der Abgase eintreten
können.

B. Gasöfen.

Die Übertragung der Wärme in den Raum erfolgt wie bei anderen Heizvorrichtungen auch bei den Gasöfen teils durch Strahlung, teils durch Konvektion. Die
Unterteilung der Gasöfen in Strahlungsöfen und Konvektionsöfen ist daher nicht
zweckmäßig, weil stets beide Arten der Wärmeangabe wirksam sind und sich
schwer entscheiden läßt, welche von beiden das Übergewicht besitzt.

[1] Wunsch, W.: Die Abführung der Abgase bei Gasheizöfen. Gas- und Wasserfach
Bd. 69 (1926) S. 852.

1. Reflektoröfen (Abb. 17).

Manche Gasöfen sind mit einem sogenannten Reflektor ausgestattet. Das ist eine hohlspiegelartige, meist gewellte Fläche aus poliertem Kupfer oder Messing, die unterhalb der Flammen angeordnet ist und die von ihnen ausgehende Wärme zum Teil in den Raum strahlt. Solche Öfen werden gewöhnlich Reflektoröfen genannt. Ein Beispiel dafür ist der in Abb. 17 dargestellte Ofen. Die Heizung erfolgt durch Leuchtflammbrenner. Ein Reflektor R strahlt einen Teil der Wärme in den Raum. Über dem Reflektor befindet sich ein Heizregister e, durch das die Abgase zum Abzugsrohr c abziehen. Bei a tritt Zimmerluft in den Ofen, durchströmt die Rohre f des Heizregisters und erwärmt sich dabei. b—g ist Zugunterbrecher und Rückstausicherung. Bei umgekehrtem Zug im Schornstein (Rückstau) treten die Abgase nicht bei c aus, sondern bei b—g ins Zimmer. Die Flammen bleiben ungestört. Ein Abdecken des Ofens durch Marmorplatten usw. verschönert zwar

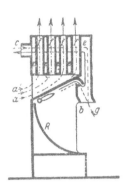

Abb. 17. Reflektorofen.

denselben, setzt aber den Wirkungsgrad herab durch Versperrung des Luftweges.

2. Radiatoröfen (Abb. 18).

Diese werden entweder aus Schmiede- oder Gußeisen hergestellt. Sie sind nach Art der Zentralheizungsradiatoren aus einzelnen Gliedern zusammengesetzt (Abb. 18). Die Glieder haben die Form flachgedrückter Rohre. Die einzelnen Elemente münden oben und unten in Abgassammelkanäle, werden mittels Anker zusammengehalten und durch Ringe mit Asbesteinlage abgedichtet. Am Gasabzug befindet sich ein Kondenswassersammler, der mit Hilfe einer Nebenluftöffnung als Zugunterbrecher und Rückstausicherung arbeitet.

3. Mantelöfen (Abb. 19).

Um die bei den üblichen Gasöfen häufig bei Vollast auftretenden hohen Heizflächentemperaturen zu vermeiden, sind Gasöfen mit indirekter Heizfläche gebaut worden. Wie aus Abb. 19 zu ersehen ist, wird dabei das Heizrohr B mit einem Mantel D umgeben, der als indirekte Heizfläche wirkt. Damit wird die Gefahr einer Staubversengung bedeutend verringert.

Abb. 18. Radiatorofen.

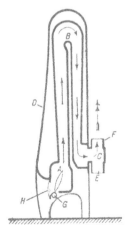

Abb. 19. Mantelofen.

C. Gaskessel.

Bei den guten Brenneigenschaften des Gases ist der Gedanke, diesen Brennstoff zu Beheizung von Zentralheizungskesseln zu verwenden, naheliegend. Der im Vergleich zum Koks hohe Preis des Gases läßt aber nur Kesselbauarten zu, die mit möglichst hohem Wirkungsgrad arbeiten. Um Abstrahlungs- und Abgasverluste auf einen Mindestwert zu bringen, muß einerseits für eine besonders gute Kesselisolierung gesorgt werden, andererseits muß die Verbrennungsluftmenge der theoretisch notwendigen möglichst angepaßt werden. Die Abgastemperatur jedoch darf nicht nach Belieben erniedrigt werden, sondern es sind hierbei die unter A erwähnten Grundsätze für die Abführung der Abgase und die Sicherung des Auftriebes zu beachten, damit Wasserniederschlag im Schornstein vermieden und der Schornsteinzug nicht über das zulässige Maß hinaus geschwächt wird.

Gaskessel müssen dann noch eine Reihe weiterer Anforderungen erfüllen. Sie sollen leicht reinigungsfähig sein, ferner müssen sie gegen das Ausbleiben von Gas, gegen Fehlzündungen und gegen Wassermangel gesichert sein. Durch zuverlässige, selbsttätige Regler soll außerdem ein wirtschaftlicher, dem Heizbetrieb angepaßter Feuerungsbetrieb ermöglicht werden. Bei den Kesseln für Gasheizung unterscheidet man Hochleistungskessel und Schornsteinzugkessel.

1. Hochleistungskessel.

Diese Kessel sind für größere Wärmeleistungen bestimmt und hauptsächlich dadurch gekennzeichnet, daß sie mit künstlichem Zug arbeiten. Hierdurch können die feuerungstechnischen Maßnahmen zur Erzielung eines hohen Wirkungsgrades mit größerer Sicherheit beherrscht werden als bei gewöhnlichem Schornsteinzug. Als Stromkosten für den künstlichen Zug werden 1—2 vH der Gaskosten angegeben. Solche Hochleistungskessel sind bereits für Wärmelieferungen bis zu 2 000 000 kcal/h je Kessel gebaut worden. Die Bauart der Kessel entspricht meist derjenigen der Siederohrkessel. Die einzelnen Brenner sind an der Stirnwand des Kessels vor den einzelnen Rohrenden angeordnet, so daß die Verbrennungsgase sich in horizontaler Richtung durch den Kessel bewegen müssen. Die Außenansicht eines Hochleistungskessels zeigt Abb. 20.

Abb. 20. Hochleistungskessel.

2. Schornsteinzugkessel.

Kessel für kleinere Leistungen werden an einen Schornstein angeschlossen. Gewöhnlich wird mit einem gleichbleibenden Auftrieb von 0,5 mm WS gearbeitet, um eine gleichmäßige Verbrennungsluftzufuhr zu erzielen. Der geringe Auftrieb bedingt eine senkrechte Flammenführung, und die Schornsteinzugkessel werden daher ausschließlich in stehender Ausführung gebaut, obwohl diese den Nachteil hat, daß sich Kesselstein und Schlamm leicht an den am stärksten beheizten

Kesselböden absetzen. Ein wesentlicher Bestandteil des Schornsteinzugkessels ist der Zugunterbrecher mit Rückstausicherung. Er hat die Aufgabe, die Feuerung von den Schwankungen des Schornsteinzuges unabhängig zu machen und Windstöße durch den Schornstein mit ihrer nachteiligen Wirkung auf die Verbrennung abzufangen. Die Abgastemperatur muß aber höher als bei Hochleistungskesseln gehalten werden, um die Abgase mit Sicherheit durch den Schornstein abzuführen

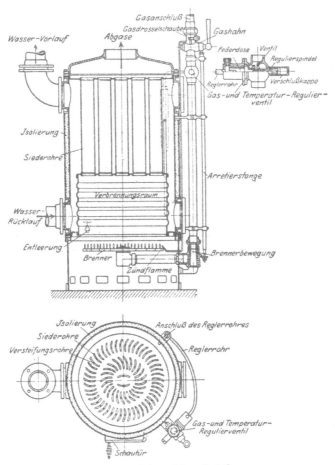

Abb. 21. Schornsteinzugkessel.

und den Wasserniederschlag an den Schornsteinwänden zu verhindern. Infolgedessen werden sich mit Schornsteinzugkesseln nicht so hohe Wirkungsgrade wie mit Hochleistungskesseln erreichen lassen. Auch der Leistung der Kessel ist eine Grenze gezogen, da sich bei dem erforderlichen geringen Luftüberschuß Gas und Luft nicht gleichmäßig über einen größeren Querschnitt des Verbrennungsraumes verteilen lassen. Die Bauart eines Schornsteinzugkessels ist aus Abb. 21 ersichtlich.

D. Wirtschaftliche Gesichtspunkte.

Unter dem „reinen Wärmepreis" eines Brennstoffes versteht man eine Angabe über den Preis der im Brennstoff enthaltenen Energie. Er errechnet sich als Quotient aus dem Preis der Mengeneinheit eines Brennstoffes und seinem Heizwert.

Der reine Wärmepreis liegt bei Gas stets erheblich höher als bei Kohle oder Koks, wie dies das nachstehende Zahlenbeispiel zeigt.

Unter Annahme eines Kokspreises von 2,1 RM. je Zentner (= 4,2 Rpf. je kg) bei einem Heizwert von 6700 kcal/kg sowie eines Gaspreises von 5 Rpf. je m³ bei einem unteren Heizwert von 3800 kcal/m³ errechnet sich der reine Wärmepreis von 100 000 kcal

bei Koks . . . . zu 0,63 RM.

bei Gas . . . . zu 1,31 RM.

Der reine Wärmepreis berücksichtigt aber in keiner Weise die Ausnutzung der im Brennstoff enthaltenen Energie und führt deshalb leicht zu falschem Urteil. Um zu einem richtigen Vergleich zu kommen, sind alle Begleitumstände zu erfassen, welche die wirtschaftliche Ausnutzung der Brennstoffe beeinflussen.

Die Vorzüge des Gases sind in erster Linie feuerungstechnischer Art und bestehen in der Unabhängigkeit von der Geschicklichkeit und Achtsamkeit des Heizers, in der leichten Möglichkeit selbsttätiger Regelung, in sofortiger Einsatzbereitschaft mit voller Feuerleistung sowie der Möglichkeit sofortiger Abstellung der Wärmeentwicklung. Zu diesen feuerungstechnischen Vorteilen kommen als weitere Vorzüge die größere Bequemlichkeit und Sauberkeit des Betriebes, der Fortfall des Brennstofflagers usw. Es sind dies Vorteile des Gases, die bei jedem wirtschaftlichen Vergleich zwischen Gas und festem Brennstoff zu berücksichtigen sind, die sich aber nur selten in Mark und Pfennig angeben lassen. Eine solche Angabe ist nur dort möglich, wo die Bedienung der Anlage ausschließlich bezahlten Kräften, die außerdem keinerlei Nebenbeschäftigung haben, übertragen wird, wie das in dem nachstehenden Beispiel vorausgesetzt wird.

Beispiel. Für die Heizung eines Gebäudes mit einem Wärmebedarf von 200 000 kcal/h (nach DIN 4701 s. S. 275) soll der Vergleich zwischen den Heizkosten bei Koks und Gas durchgeführt werden unter der Annahme eines Kokspreises von 42 RM. je Tonne frei Kesselhaus und eines Gaspreises von 5 Rpf. je m³. Dabei sind an Stelle des mit der Außentemperatur schwankenden Wärmebedarfes in üblicher Weise 200 Heiztage mit einem gleichbleibenden Wärmebedarf gleich der Hälfte des oben angegebenen Höchstwertes anzunehmen. Die Betriebszeit der Heizung ist mit 14 Stunden anzusetzen. Alle übrigen Annahmen sind aus dem Beispiel selbst zu ersehen.

Koks.	Gas.
Heizwert . . . . 6700 kcal/kg	Heizwert . . . . 3800 kcal/m³
Wirkungsgrad der Kessel . . 73 vH	Wirkungsgrad der Kessel . . 80 vH
Ausnutzung der Wärme im Heizsystem . . . . . 80 vH	Ausnutzung der Wärme im Heizsystem . . . . . 85 vH
Ausnutzung der Wärme im Gesamten . . . . . . 58,3 vH	Ausnutzung der Wärme im Gesamten . . . . . . 68 vH
Ausgenutzter Heizwert . . . 3910 kcal/kg	Ausgenutzter Heizwert . . . 2580 kcal/m³
14 Std. tagsüber (Normalleistung) . . . . . 14 Std. normal	14 Std. tagsüber (Normalleistung) . . . . . 14 Std. normal
7 Std. nachts (ein Drittel Leistung) . . . . . 2,3 Std. normal	8 Std. nachts (abgestellt) . — Std. normal
3 Std. aufheizen (10 vH Zuschlag) . . . . . 3,3 Std. normal	2 Std. aufheizen (100 vH Zuschlag) . . . . . . 4 Std. normal
19,6 Std. normal	18 Std. normal

Koks für 1 Std. normal: $\frac{100\,000}{3910}$. 25,6 kg	Gas für 1 Std. normal: $\frac{100\,000}{2\,580}$ 38,8 m³
Koks für 1 Tag zu 19,6 Std. . . 502 kg	Gas für 1 Tag zu 18 Std. . . . 698 m³
Koks für 1 Winter zu 200 Tagen . 100,4 t	Gas für 1 Winter zu 200 Tagen 139 600 m³

Koks.

Kokskosten $100{,}4 \cdot 42 = \ldots$	4220 RM./Jahr
Gewichtsverlust (2 vH der Menge)	84 RM./Jahr
Zinsverlust für Vorauszahlung des Kokses . . .	30 RM./Jahr
Aschenabfuhr 8 t $\times$ 6 RM./t	48 RM./Jahr
Bedienung: 200 Tage $\times$ 6 RM./Tag .	1200 RM./Jahr
Holz- und Zündmaterial . .	30 RM./Jahr
Reinigung von Kessel und Schornstein	200 RM./Jahr
Kapitaldienst für die Kesselanlage	200 RM./Jahr
Mietwert des Koksraumes .	200 RM./Jahr
	6212 RM./Jahr

Gas.

Gaskosten $139\,600 \cdot 0{,}05 = $.	6980 RM./Jahr
Gasmessermiete	50 RM./Jahr
Bedienung: 200 Tage $\times$ 1 RM./Tag . .	200 RM./Jahr
Reinigung von Kessel und Schornstein	100 RM./Jahr
Kapitaldienst für die Kesselanlage	260 RM./Jahr
	7590 RM./Jahr

Unter den angenommenen Verhältnissen würde also die Heizung mit Gas um etwa 1380 RM. im Jahr teurer kommen als mit Koks.

Es muß jedoch ausdrücklich davor gewarnt werden, aus diesem Zahlenbeispiel irgendwelche allgemeingültigen Schlüsse zu ziehen, etwa eine feste obere Grenze für den wirtschaftlichen Gaspreis ableiten zu wollen. Einen solchen festen Wert gibt es überhaupt nicht. Vielmehr ist jeder vorkommende Fall unter Beachtung aller Begleitumstände sorgfältig und gewissenhaft durchzurechnen. Das vorstehende Beispiel soll lediglich eine Anleitung für die Durchführung einer derartigen Rechnung sein.

Je mehr die Heizung nebenamtlich bedient wird, oder je mehr es sich um nur kurzzeitige Heizungen handelt, um so mehr fallen die erwähnten Vorzüge des Gases ins Gewicht, um so schwieriger aber ist es, sie zahlenmäßig zu erfassen. Damit wird sehr bald eine einwandfreie Vergleichsrechnung unmöglich, und es kann sich ein Urteil über die wirtschaftliche Verwendbarkeit des Gases in den einzelnen Fällen nur aus der Erfahrung heraus gewinnen lassen. So hat es sich gezeigt, daß die Beheizung von Kirchen, Versammlungsräumen, von einzelnen Büroräumen, Läden usw. in weitem Umfange wirtschaftlich möglich ist.

Bei Badeöfen, Warmwasserbereitern, Kochherden usw. sind die Bequemlichkeit, Sauberkeit und ständige Betriebsbereitschaft ganz besonders wichtige Forderungen. Deshalb liegt hier das ausgedehnteste Anwendungsgebiet des Gases vor, und zwar nicht nur in Wohnungen, sondern auch in Gaststätten und Großküchen.

II. Verwendung der Elektrizität.

Der reine Wärmepreis liegt für elektrische Energie noch wesentlich höher als für Gas. Unter der Annahme eines Preises von 4 Rpf. für die kWh ergänzt sich die Gegenüberstellung von S. 20 wie folgt:

Koks	0,63 RM. für je 100 000 kcal
Gas	1,31 RM. für je 100 000 kcal
Elektrizität	4,65 RM. für je 100 000 kcal

Andererseits sind bei elektrischer Energie die technischen Vorzüge und die Annehmlichkeit in der Verwendung nicht nur in gleicher Weise wie beim Gas vorhanden, sondern sogar in verstärktem Maße. Bekannt ist die weitgehende Verwendung des elektrischen Stromes im Haushalt und in der Großküche (Warmwasserspeichergeräte, elektrische Kochgeräte usw.).

Aber auch der Raumheizung wird heute von seiten der Elektrizitätswerke vermehrte Beachtung geschenkt. Im Hinblick auf den Betrieb der Kraftwerke und auf eine möglichst wirtschaftliche Ausnutzung der Maschinen sucht man die Täler der Belastungskurve der Werke durch Hereinbeziehung der Raumheizung möglichst aufzufüllen. Hierzu soll entweder von keramischen Speicheröfen oder von der gewöhnlichen Warmwasserheizung mit Speicherung des Heißwassers Anwendung gemacht werden.

Der zweite Anlaß für die Elektrizitätswerke, die elektrische Raumheizung zu fördern, liegt in dem hohen Kapitaldienst ihrer Verteilnetze, der durch eine oft ungenügende Belastung der Netze bedingt ist. Besonders stark tritt dies bei Siedlungs- und Villengelände in Erscheinung, wo Beleuchtung, Küchengeräte, Warmwasserbereiter usw allein nur eine sehr schwache Belastung der Netze ergeben. Hier sucht man durch Ausbildung besonderer Heizverfahren den Stromabsatz zu fördern. Der eine Weg besteht in der Verwendung von Raumheizkörpern besonders geringer Trägheit unter weitgehender Ausnutzung der guten Regelfähigkeit der elektrischen Energie. Der andere Weg besteht in der Ausbildung besonderer Bauweisen von Decken-, Wand- und Fußbodenheizung.

Für eine Bewertung der Heizkosten ist der Aufbau der für Gas gezeigten Vergleichsrechnung maßgebend. Man vergleiche ferner S. 151 Wirtschaftliche Anforderungen bei Zentralen und S. 162 Wärmepumpe.

Dritter Abschnitt.

Zentralheizung.

I. Allgemeines.

Der Begriff Zentralheizung umfaßt die Warmwasser-, die Dampf- und die Luftheizung. In allen drei Fällen wird die für die Beheizung vieler Räume nötige Wärme an einem Ort (Zentrale) erzeugt und durch den Wärmeträger (Wasser, Dampf, Luft) in die einzelnen Räume getragen.

Hieraus ergeben sich gemeinsam für alle drei Heizarten nachstehende Vorteile. Infolge der Zusammenfassung der Wärmeerzeugung in einer einzigen Feuerung kann diese technisch besser durchgebildet sein, und es wird meist auch bei der Bedienung etwas größeres technisches Verständnis vorhanden sein als bei der Einzelfeuerung. Bei mittleren und kleineren Heizungsanlagen wird meist Koks verbrannt, wodurch eine rauch- und rußfreie Feuerung auch bei weniger verständiger Bedienung gewährleistet ist. Ein weiterer Vorteil der Zentralisierung der Feuerung liegt in dem Fortfall aller Brennstoff- und Ascheförderung in den Zimmern. Hervorzuheben ist ferner der geringe Platzbedarf der Heizkörper und die große Einfachheit ihrer Bedienung. Angenehm empfunden wird die Möglichkeit, Treppe, Vorraum, Badezimmer usw. bequem mit Heizung versehen zu können.

II. Bauelemente der Warmwasser- und Dampfheizungen
(Kessel, Heizkörper und Rohrnetze).

A. Kessel der Heizungsanlagen.

1. Gußeiserne Gliederkessel.

Der erste und sehr zweckmäßig eingerichtete Kessel dieser Art ist durch Ingenieur S t r e b e l († 1898) gebaut worden. Seine Leitgedanken waren: Schaffung eines Massenerzeugnisses — Anwendung des billigen Gußeisens — Bildung von Kesseln verschiedener Heizflächengröße durch Aneinanderreihen gleichartiger Glieder — Vermeidung der Kesseleinmauerung — kleiner Platzbedarf bei geringer Höhe — Erzielung eines Dauerbetriebes bei möglichst seltener und einfacher Bedienung und Erzwingung eines wirtschaftlichen, rauch- und rußlosen Betriebes.

Abb. 22.
Oberer Abbrand.

Abb. 23.
Unterer Abbrand.

Die Notwendigkeit, einen guten Dauerbetrieb auch mit ungeschultem Heizer durchführen zu können, ist der Grund, weshalb die meisten Feuerungen der Gußkessel auf gasarmen Brennstoff, also vor allem Koks, eingestellt sind. Man unterscheidet Kessel mit unterem Abbrand und Kessel mit oberem Abbrand. Bei oberem Abbrand durchstreichen gemäß Abb. 22 die Verbrennungsgase den ganzen Brennstoffschacht von unten nach oben, erhitzen somit die im oberen Teil des Schachtes befindlichen Brennstoffvorräte, so daß auch diese meist ins Glühen geraten. Die Verbrennungsgase verlassen den Brennstoffschacht oben, daher der Name oberer Abbrand. Bei Kesseln mit unterem Abbrand (Abb. 23) wird der Brennstoffvorrat nicht von den Heizgasen durchströmt, so daß er bei geordnetem Betrieb niemals zum Glühen kommt. Die Heizgase werden im unteren Teile des Brennstoffschachtes durch seitliche Kanäle abgeleitet. Der feuerungstechnische Vorteil besteht im Vergleich zum oberen Abbrand in der gleichbleibenden Höhe der Glühschicht und damit in einem konstanten Strömungswiderstand für die Verbrennungsgase.

Die Kessel werden hinsichtlich der Größe ihrer Heizfläche in Gruppen geteilt. Man unterscheidet:

Zimmerkessel bis 3 m² Heizfläche,
Kleinkessel   bis 5 m² Heizfläche,
Normalkessel je nach Gliederzahl etwa 5—15 m²
Mittelkessel je nach Gliederzahl etwa 10—30 m²
Großkessel I je nach Gliederzahl etwa 20—50 m²
Großkessel II je nach Gliederzahl etwa 30—70 m²

Die Zimmer- und Kleinkessel werden stets mit oberem Abbrand, die Mittel- und Großkessel stets mit unterem Abbrand ausgeführt. Bei den Normalkesseln sind beide Feuerungsarten vertreten.

a) Zimmerkessel und Kleinkessel.

Eine Bauart dieses Kessels zeigt Abb. 24. Die Zimmerkessel finden für Stockwerksheizungen (vgl. S. 69) Verwendung, die Kleinkessel für die Heizungsanlagen von kleinen Gebäuden und für Warmwasserbereitungen mittlerer Größe.

Abb. 24. Zimmerkessel.

b) Normalkessel.

Die Abb. 25 stellt den obenerwähnten Strebel-Originalkessel dar. Er besteht hier z. B. aus acht gleichartigen Mittelgliedern. Jedes dieser Glieder weist alle Teile eines

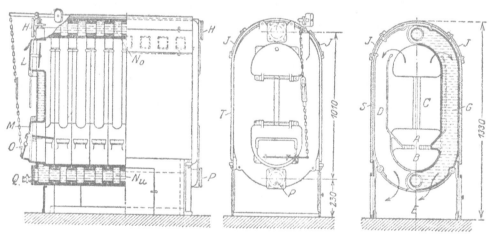

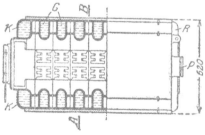

Abb. 25. Gußeiserner Gliederkessel.

Kessels in sich auf, und zwar: A Rost, B Aschfall, C Füllschacht, D Rauchzüge, E Abgassammelraum, von dem der Fuchs entweder links, rechts oder unten abgeht. Das abgekühlte Wasser kommt bei P aus

der Leitung zurück, strömt durch die untere Nippelreihe N_u, gelangt durch die
hohlen Kesselglieder G im Gegenstrom zu den durch D streichenden Abgasen nach
der oberen Nippelreihe N_o und von dieser bei H (entweder am Vorder- oder am
Endglied) in den Vorlauf der Heizung. Der Kessel weist bei J zwei Öffnungen auf,
durch die die Reinigung der Rauchzüge D, selbst im Betriebe, möglich ist. Die
Mittelglieder erhalten ein Vorderglied K angesetzt, das die Schüttür L für den

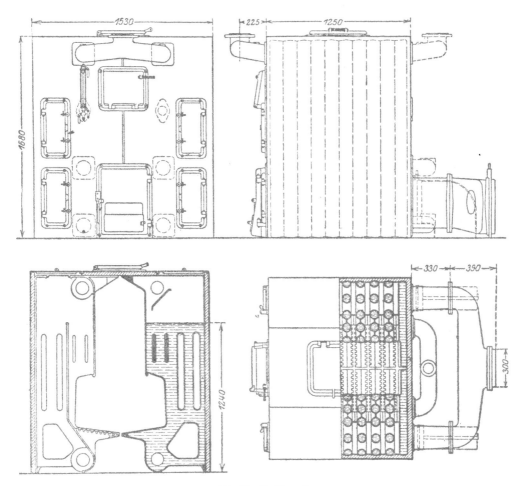

Abb. 26. Großkessel.

Brennstoffeinwurf, die Schür- und Aschtür M, die Frischluftklappe O, die Anschlüsse H bzw. P für Heizwasser und schließlich den Füll- oder Entleerhahn Q
enthält. In ähnlicher Weise bekommt der Kessel rückwärts das Endglied R, das die
zweiten Anschlußstutzen für die Heizung (H bzw. P) aufweist.

Sämtliche Glieder werden durch konische Nippel verbunden, die, durch starke
Pressen eingedrückt, metallisch dichten. Der Kessel wird ohne Einmauerung aufgestellt und vor Wärmeverlusten durch eine Schutzschicht S bewahrt. Ein Blechmantel T schließt den Kessel nach außen sauber ab. Durch Veränderung der Anzahl
der Mittelglieder entstehen Kessel von verschiedener Größe.

c) Mittel- und Großkessel.

Alle Großkessel und auch die meisten Mittelkessel erhalten außer der Tür in der Vorderwand noch eine obere Schüttöffnung, so daß die Beschickung gegebenen-

falls durch kleine Rollwagen oder Hänge-wagen von oben erfolgen kann. Ferner werden die einzelnen Kesselglieder nicht als geschlossene wasserführende Ringe in einem Gußstück aus-geführt, sondern jedes Kesselglied besteht aus zwei völlig getrennten Hälften, wie das Abb. 26 bei einem Großkessel für Niederdruckdampf-heizung zeigt. Am unteren Teil der Rückseite des Kessels ist ein Verteilungsstück angebracht, welches das Kondensat oder das Rücklaufwasser beiden Kesselhälften getrennt zuführt. In gleicher Weise ist im oberen Teile des Vordergliedes oder des Rückgliedes ein Sammelstutzen angeschraubt, der aus beiden Kesselhälften zu einer gemein

Abb. 27a. Vorderansicht.

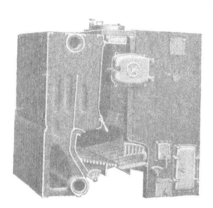

Abb. 27b. Vorderansicht — teilweise geöffnet.

Abb. 27c. Rückansicht.

samen Vorlaufleitung führt. Jede Kesselgliedhälfte trägt die Hälfte des Rostes, welcher bei den meisten Bauarten als wassergekühlter Rost ausgebildet ist.

Die Abb. 27a bis c zeigen die Ansicht eines Großkessels. Abb. 27a gibt die Vorder-ansicht des Kessels mit seiner Ausrüstung, Abb. 27c die Rückansicht mit dem An-schluß der beiden Kesselhälften an den Fuchs. Auch die beiden gemeinsam verstell-baren Rauchgasschieber sind zu erkennen.

d) Bauarten für gashaltige Brennstoffe.

Kohle und Braunkohlenbrikett verbrennen wegen ihres Gasgehaltes unter Flammenbildung. Sie brauchen außer der Unterluft, die durch den Rost von unten her ins Brennstoffbett gelangt, auch noch Oberluft, die dicht oberhalb des Brenn-stoffbettes zugeführt werden muß. In diesem Sinne wurden im Laufe der Zeit eine große Zahl von Sonderbauweisen entwickelt. Um jedoch die Zahl der Modelle wieder zu beschränken, beschloß die Kesselverständigung vor einigen Jahren, nur mehr die eine — früher als Brikettkessel bezeichnete — Bauart beizubehalten. Sie wird in den Katalogen unter der Benennung „Kohlenkessel" geführt und als geeignet für verschiedene nichtbackende Kohlensorten, Brikett usw., bezeichnet. Das Wort Allesbrenner wurde vermieden. Die Abb. 27b zeigt links vom Rost den erwähnten Oberluftkanal. Die Regelung der Oberluftmenge erfolgt durch einen Drehschieber am unteren Ende des Kanales.

2. Schmiedeeiserne Kessel.

Bei Zentralen mit einer stündlichen Wärmeleistung bis herauf zu etwa 3 bis $6 \cdot 10^6$ kcal/h, entsprechend etwa 10 bis 20 Großkesseln, verwendet man meist gußeiserne, darüber schmiedeeiserne, geniete oder geschweißte Kessel. Die Grenze ist jedoch keineswegs starr, denn es wird immer Fälle geben, in denen sie sich stark nach der einen oder anderen Seite verschiebt. Insbesondere spielt die Frage eine Rolle, ob die Kessel im Keller eines größeren Gebäudes aufgestellt werden müssen oder ob ein eigenes Kesselhaus gebaut werden soll. Bei dem Entwurf einer größeren Kesselanlage wird man meist von der Wahl des Brennstoffes ausgehen, indem man unter Berücksichtigung von Zechenpreis, Frachtkosten, Heizwert und anderen feuerungstechnischen Eigenschaften die bei den örtlichen Verhältnissen wirtschaftlichste Brennstoffart bestimmt. Ferner hat man sich zu entscheiden, ob man eine selbsttätige Feuerung oder Handbeschickung vorsehen will.

Nun erst kommt die Wahl der Kesselbauart. Hierfür ist außer den Anforderungen der Feuerung die Betriebsweise der Anlage maßgebend. Soll die Anlage plötzlichen starken Schwankungen im Wärmebedarf rasch folgen können, so verwendet man Kessel mit geringem Wasserraum, z. B. Wasserrohrkessel. Da aber solche Kessel ein geringes Speichervermögen haben, erfordern sie ständige und aufmerksame Bedienung oder selbsttätige Feuerungsregelung. Dort, wo die Schwankungen nur kurze

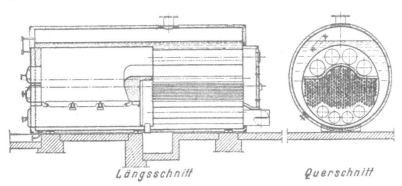

Längsschnitt   Querschnitt

Abb. 28.   Kombinierter Flammrohr-Siederohr-Kessel.

Zeit anhalten, ist es darum meist zweckmäßig, den entgegengesetzten Weg zu gehen und der Kesselanlage große Trägheit zu verleihen, indem man Kessel mit großem Wasserraum verwendet.

Die schmiedeeisernen Kessel entsprechen in ihrer Bauart im allgemeinen den Hochdruckkesseln[1]. Flammrohrkessel haben einen sehr großen Wasserraum. In ihrer üblichen Bauart haben sie aber den Nachteil, daß sie wegen der außenliegenden Züge eine Einmauerung verlangen, die viel Platz beansprucht und eine

[1] S c h u l z e, R.: Kleindampfkessel. Z. VDI 1935, S. 280. — S c h m i d t, O.: Kleinkessel verlangen Beachtung. Arch. Wärmewirtsch. 1935, S. 58.

sehr sorgfältige Instandhaltung erfordert, soll nicht durch große Mengen Falschluft
der Wirkungsgrad der Feuerung stark sinken. Außerdem bewirkt das warme
Mauerwerk beachtliche Wärmeverluste und eine hohe Kesselhaustemperatur. Man

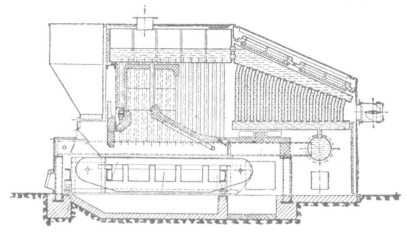

Abb. 29. Wanderrost.

verwendet deshalb für Heizungsanlagen mit Vorliebe Siederohrkessel oder kom-
binierte Flammrohr-Siederohr-Kessel ohne Einmauerung (Abb. 28). Einen Kessel
anderer Art mit Wanderrost stellt Abb. 29 dar[1].

B. Kessel- und Koksräume.

Unter dem Titel „Anforderungen an zweckmäßige Heiz- und Brennstoffräume"[2]
hat die Arbeitsgemeinschaft Heizungs- und Lüftungstechnik des Vereins Deutscher
Ingenieure im Jahre 1937 sehr eingehende Richtlinien aufgestellt, die sich sowohl
an den Heizungsfachmann als besonders an den Architekten wenden und auf die
wegen weiterer Einzelheiten verwiesen werden muß. Desgleichen sei verwiesen auf
die behördliche Vorschrift „Richtlinien für den Bau und die Einrichtung von
Heizungsräumen für Zentralheizungs- und Warmwasserbereitungsanlagen"[3].

1. Lage des Kesselraumes im Gebäude.

Bei der Bearbeitung größerer Bauvorhaben soll der Architekt den Kesselraum
schon in einem möglichst frühen Stadium des Vorprojektes festlegen, da eine Verlegung in einem späteren Stadium der Projektierung meist mit Nachteilen erkauft
werden muß.

Mit Hilfe von Überschlagsrechnungen wird zuerst der voraussichtliche Platzbedarf von Kessel- und Koksraum bestimmt, wobei man vom stündlichen Wärmebedarf ausgeht. Da jedoch dessen genaue Berechnung zu dieser Zeit noch nicht vorliegt, muß man sich mit seiner überschlägigen Ermittlung begnügen. Man nimmt
bei Bauten üblicher Ausführung einen stündlichen Wärmebedarf von 40 kcal je 1 m³
beheizter Raum an. Die Abb. 30 a und b geben dann die erforderliche Grund-

[1] Neussel, L: Leistungsversuche an einem Strebel-Stahlkessel mit Zonenwanderrost.
Wärme Bd. 64 (1941) S. 107.
[2] Berlin: VDI-Verlag 1940.
[3] Erlaß des Reichsarbeitsministers IV c 9 Nr. 8627 b 8/39 vom 5. März 1940 — veröffentlicht in Reichsarb.-Bl. 20 (N. F.) Nr. 10 (1940) S. I 130/I 131.

fläche, und zwar in den gestrichelten Linien für den Heizraum und in den ausgezogenen Linien für den Koksraum.

Ist auf diese Weise die erforderliche Grundfläche der Heizzentrale bestimmt, so
wird sie an geeigneter Stelle im Grundriß des Gebäudes eingezeichnet. Eine zentrale

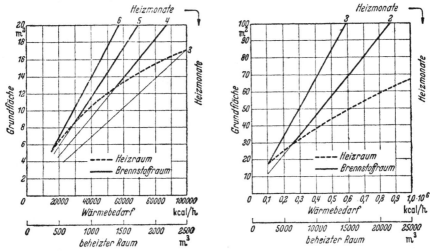

Abb. 30a und b. Grundfläche von Heiz- und Koksraum.

Lage zwecks Verkürzung der Rohrleitungen ist nicht von entscheidendem Einfluß.
Wichtig dagegen sind folgende Forderungen:

1. Die Schornsteinanlage muß sich in bautechnischer und feuerungstechnischer
Hinsicht einwandfrei ausführen lassen. Hierzu gehören: Lage des Schornsteines
nicht an der Außenwand, Ausmündung des Schornsteines möglichst nahe dem
Dachfirst, um vor störenden Windstauungen sicher zu sein, Hochführen des Schornsteines ohne Knickung, kurzer Fuchs.

2. Der Betrieb der Heizungsanlage, insbesondere das Anfahren des Kokses und
Aufladen der Asche, darf den übrigen Gebäudebetrieb nicht stören.

3. Der Kesselraum muß ausreichend Tageslicht erhalten.

4. Der Kesselraum muß vom Hause aus leicht zugänglich sein.

Bei größeren Anlagen kommen noch weitere drei Forderungen hinzu:

5. Ab 20 m² Kesselheizfläche ist außer dem Ausgang nach dem Hause auch ein
Notausgang unmittelbar ins Freie vorgeschrieben. Diese Kesselheizfläche entspricht
etwa 4000 m³ beheiztem Raum.

6. Von derselben Größe der Anlage an ist obere Beschickung der Kessel zweckmäßig. Es ist dann mit einer Höhe des Kesselraumes von etwa 5 m zu rechnen.

7. Bei größeren Anlagen ist ferner ein Aschenaufzug in der Nähe der Abfuhr-
stelle zweckmäßig.

2. Ausstattung des Kesselraumes.

Sobald der erste Entwurf des Kesselraumes und die Berechnung des Wärmebedarfes vorliegt, sind die Pläne für den Kesselraum weiter auszuarbeiten. Man beginnt mit der endgültigen Ermittlung der erforderlichen Kesselheizfläche und der
Festsetzung der Zahl und Größe der Kessel.

Über die genaue Berechnung der erforderlichen Kesselheizfläche vgl. man II. Teil, S. 281.

Ist die Gesamtkesselfläche bekannt, so hat man zu entscheiden, auf wieviel Kessel man diese Heizfläche verteilen will. Ist die Anlage so klein, daß nur ein Kessel möglich ist, so ist die Anpassung des Betriebes an Schwankungen im Wärmebedarf schwierig. Damit nicht der Kessel für die Mehrzahl der Wintertage unnötig groß und damit unwirtschaftlich im Betriebe wird, wählt man die Kesselgröße etwas kleiner als errechnet und schafft während der wenigen Tage strenger Kälte die nötige Leistung durch Überlastung des Kessels.

Bei zwei Kesseln hat man früher die erforderliche Heizfläche F derart unterteilt, daß man einen Kessel mit $^1/_3 F$, den anderen mit $^2/_3 F$ ausführte. Man konnte dadurch bei mildem Wetter den ersten, bei tieferer Außentemperatur den zweiten und bei strenger Kälte beide Kessel zusammen benutzen. Diesem Vorteil steht aber der erhebliche Nachteil gegenüber, daß bei Schadhaftwerden des größeren Kessels der kleinere auch bei Überlastung nicht in der Lage ist, die erforderliche Wärme zu schaffen. Man zieht daher meistens vor, zwei gleich große Kessel vorzusehen, von denen jeder für zwei Drittel des gesamten Wärmebedarfes ausgelegt ist. Man erreicht so den Vorteil, daß für den größten Teil der Heizzeit ein Kessel mit günstigster Belastung läuft und daß bei Ausfallen eines Kessels in Zeiten stärksten Frostes der andere zur Not die Heizung allein übernehmen kann.

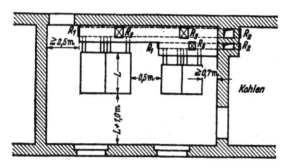

Abb. 31. Anordnung im Kesselraum.

Die beste Unterteilung der Kessel ist bei größeren Anlagen möglich, welche drei gleich große Einheiten zu bilden gestatten. Zwei von diesen sind dann bei noch annehmbarer Überbelastung imstande, die insgesamt nötige Wärmeleistung zu erreichen.

Für die Aufstellung der Kessel gibt Abb. 31 ein Beispiel. Als Abmessungen der Kessel können die untenstehenden Werte angenommen werden.

Für den Abstand von der Kesselrückseite bis zur Rückwand des Raumes ist 1 bis 2 m anzusetzen, damit für alle Fälle genügend Platz zu einer einwandfreien Ausbildung der Füchse bleibt.

Wenn irgend angängig, sind die Kessel in Gruppen zu zweien anzuordnen. Die häufig an-

Heizfläche F m²	Höhe H m	Breite B m	Länge L m
5—12	1,2	0,9	0,6—1,1
12—25	1,5	1,3	0,7—1,5
25—40	1,7	1,5	1,2—1,8

zutreffende Aufstellung von drei oder mehr Kesseln in einer Reihe ohne Zwischenräume hat den Nachteil, daß bei Schadhaftwerden des mittleren Kessels auch einer der beiden Nebenkessel außer Betrieb gesetzt werden muß. Die Kessel sind ferner so aufzustellen, daß sie dem Fenster gegenüberstehen, damit die Kesselvorderseite gut beleuchtet ist. Der Schornstein soll möglichst nahe beim Kessel liegen, da ein langer Fuchs zu Störungen der verschiedensten Art Veranlassung geben kann. Beim Fuchs muß für eine genügende Zahl leicht zugänglicher Reinigungsöffnungen ge-

sorgt werden. Die Hauptreinigungsöffnung R_1 ist möglichst an die Stirnseite des
Fuchses zu legen. Damit die Reinigungsarbeit bequem ausgeführt werden kann,
muß der Abstand zur nächsten Wand mindestens 1¹/₂ m betragen. Die gegenüberliegende Reinigungsöffnung R_2, die im Schornstein angebracht ist, dient zugleich
zum Anschüren eines Lockfeuers. Reinigungsöffnungen R_3 in der oberen Seite des
Fuchses sind nicht bequem, lassen sich aber oft nicht vermeiden.

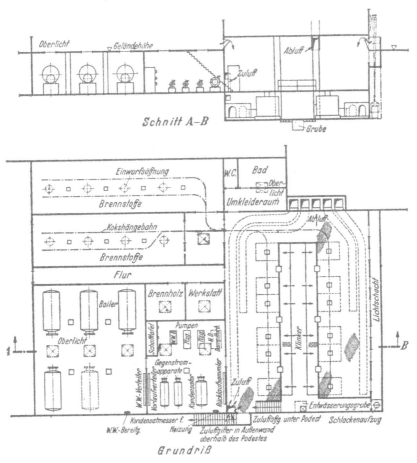

Abb. 32. Beispiel einer größeren Anlage.

Besondere Beachtung erfordert in jedem Falle die **Lüftungsfrage.** In erster
Linie ist dafür zu sorgen, daß die Luft, die das Feuer braucht, in den Kesselraum
eintreten kann. Bei kleinen Anlagen bis zu etwa 1000 m³ beheiztem Raum genügt
eine Öffnung von etwa 1 dm². Sie muß unverschließbar sein, kann im Fenster, in
der Außenwand oder in der nach dem Vorraum gelegenen Innenwand angebracht
sein. Bei größeren Anlagen, bei denen sich der Heizer länger oder ständig im Kesselhaus aufzuhalten hat, würde er die Luftzufuhr auf diesem Wege als Zug empfinden
und erfahrungsgemäß die Öffnung sehr bald zustopfen. Es ist deshalb bei größeren
Anlagen ein besonderer Zugluftkanal erforderlich, der bis hinter die Kessel führen
muß, so daß die Luft hier vorgewärmt wird. Für je 500 m³ beheizten Raum ist 1 dm²
freier Kanalquerschnitt zu rechnen.

Ein Abluftschacht ist bei kleineren Anlagen nicht notwendig (vgl. Lüftungsgrundsätze VDI-Verlag, S. 14), sofern nicht baupolizeiliche Vorschriften ihn verlangen.
Bei großen Anlagen ab 80 000 kcal/h Nennleistung ist dagegen ein Abluftschacht erforderlich, der neben oder zwischen dem Schornstein liegen soll. Der Querschnitt
des Abluftschachtes soll ein Viertel des gesamten Schornsteinquerschnittes betragen.
Die Abzugsöffnung muß in Deckennähe angeordnet sein.

Um bei **Entleerungen** der Anlage das heiße Wasser nicht unmittelbar in die Kanalanlage leiten zu müssen (oft polizeilich verboten), sind am besten Kühlgruben anzulegen, deren Größe dem Wasserinhalt der Anlage entsprechen muß.

Schaltplatz. Bei größeren Anlagen ist im Kesselhaus oder in der Nähe desselben
ein Schaltplatz vorzusehen, der die Vorlauf- und Rücklaufverteiler, die Fern- und
gewöhnlichen Thermometer, die Anlasser und Fernsteller für die Lüftung und alle
sonstigen, für die übersichtliche Betriebsführung von Fall zu Fall erforderlichen
Einrichtungen enthalten soll.

Die eingangs erwähnten VDI-Richtlinien „Anforderungen an zweckmäßige Heiz-
und Brennstoffräume" enthalten eine Reihe von Ausführungsbeispielen, von denen
eines hier wiedergegeben ist (Abb. 32).

3. Schornsteine.

Für die **Schornsteine** von Zentralheizungsanlagen gelten sinngemäß dieselben
Gesichtspunkte wie für die kleineren Schornsteine von Kachelöfen und Herden
(s. S. 12 bis 14). Auch die Schornsteine der Kessel sollen nicht an die Außenwand
gelegt werden, vor allem nicht bei kleinen und mittleren Anlagen. Wegen der baulichen Ausführung der Schornsteine sei auf die oben (S. 28) erwähnte Schrift „Anforderungen an zweckmäßige Heiz- und Brennstoffräume" verwiesen. Zufolge
behördlicher Bestimmungen dürfen die Abgase irgendwelcher anderer Feuerung,
z. B. von Zimmeröfen, Herden oder gewerblichen Feuerungen, nicht in die Schornsteine von Zentralheizungsanlagen eingeleitet werden.

Die baupolizeilichen Bestimmungen verlangen vielfach, daß jeder Kessel einen
eigenen Schornstein bekommen soll, jedoch ist die Baupolizei bereit, von dieser
Forderung abzugehen, wenn ihr einwandfreie Vorschläge für die Zusammenfassung
von Feuerungen gemacht werden. Bei großen Anlagen mit sehr vielen Kesseln
empfiehlt es sich, drei, vier oder mehr Gruppen zu bilden, indem man einige Kessel
zu einer Einheit vereint und dieser einen gemeinsamen Schornstein gibt. Bei mittel-
großen Anlagen ist es zweckmäßig, eine Drei- oder Zweiteilung der Schornsteinanlage anzustreben, wie das schon bei der Aufteilung der Heizfläche besprochen
wurde (s. S. 30). Der Kessel der Warmwasserversorgungsanlage soll stets einen
eigenen Schornstein bekommen.

4. Schornsteinberechnung[1].

Zur Berechnung der Schornsteinweiten wird meist die R e d t e n b a c h e r s c h e
Formel

$$f(\text{m}^2) = \frac{1}{m} \cdot \frac{\text{stündl. Rauchgasgewicht (in kg)}}{\sqrt{\text{Höhe des Schornsteines (in m)}}}$$

empfohlen. Für den Wert m werden Zahlen zwischen 900 und 1800 genannt, aber
ohne klare Richtlinien für die Wahl innerhalb dieser weiten Grenzen.

---

[1] Im Zuge der Bearbeitung des Normblattes DIN 4705 ist dieser Abschnitt schon im
März 1943 in der Zeitschrift Heizg. u. Lüftg. Heft 3 als Aufsatz erschienen.

Bevor im folgenden näher auf die Grundlagen der Schornsteinberechnung eingegangen werden kann, muß vorausgeschickt werden, daß von einer Genauigkeit der Rechnung, wie sie sonst in der Technik angestrebt wird, hier nicht die Rede sein kann, da beim Betrieb von Feuerungen stets mit Unsicherheiten und Störungen in hohem Maße zu rechnen ist. Hiervon seien folgende genannt:

1. Über die Rauchgastemperaturen, die voraussichtlich im Schornstein auftreten, können nur sehr unsichere Annahmen gemacht werden. Die Temperaturen der Abgase beim Verlassen der Feuerungen, die selbst schon unsicher sind, bieten wegen der verschiedenen Abkühlungsverhältnisse in Fuchs und Schornstein keinen zuverlässigen Anhalt für die zu erwartende mittlere Rauchgastemperatur im Schornstein.

2. Falschluft, die in den Schornstein eintritt, vermehrt die Rauchgasmenge und senkt die Rauchgastemperatur, vermindert also aus zwei Gründen die Leistung des Schornsteines. Selbst bei bestgepflegten Anlagen sind Undichtheiten unvermeidbar, bei Anlagen durchschnittlicher Beschaffenheit sind die Undichtheiten beträchtlich und zahlenmäßig in keiner Weise zu erfassen, ja kaum zu schätzen.

3. Jede Feuerung muß eine mäßige Überlastung gestatten. Der Schornstein muß also bei Bedarf mehr Rauchgase fördern können, als der Regelleistung der Feuerung entspricht.

4. Andererseits darf für eine nicht näher festlegbare Mindestleistung der Schornstein nicht zu weit werden.

5. Die volle Durchwärmung eines Schornsteines erfordert viele Stunden. Es muß aber der Schornstein gegebenenfalls schon vor seiner vollen Durchwärmung die verlangte Rauchgasmenge fördern können.

6. Durch Wetter, Wind und andere Einflüsse kann der Schornsteinzug in völlig unkontrollierbarer Weise beeinflußt werden.

Die obengenannte außergewöhnlich geringe Genauigkeit bei der Schornsteinberechnung ist also nicht etwa dadurch bedingt, daß irgendwelche physikalischen Gesetze noch unbekannt wären oder es sonst noch etwas zu erforschen oder auf dem Versuchswege zu klären gäbe, sondern allein aus dem Grunde, daß schon die Aufgabenstellung so unklar ist.

a) Die drei Grundbegriffe.

Um einen richtigen Einblick in die Zusammenhänge zu gewinnen, muß man in erster Linie die folgenden drei Begriffe klar unterscheiden:

Zugbedarf der Feuerung,

Kraft des Schornsteines und

Eigenverbrauch des Schornsteines.

α) Zugbedarf der Feuerung.

Verbrennungsluft bzw. Rauchgase haben auf ihrem Weg durch die Feuerungsanlage eine Reihe von Widerständen zu überwinden, nämlich: Luftklappe in der Aschfalltür, Brennstoffbett, Züge der Feuerung und Krümmungen des Fuchses. Zur Aufrechterhaltung der Strömung ist ein Druckunterschied zwischen dem Freien und dem Ende des Fuchses notwendig, der außer von der Gestalt der Wege sehr stark von der Rauchgasmenge abhängt. Als „Zugbedarf der Feuerung" bezeichnet man jenen Druckunterschied, der bei der Nennleistung der Feuerung, also bei normaler Rauchgasmenge, erforderlich ist, um diese Widerstände zu überwinden. Dieser

Wert, der mit Z bezeichnet sei, ist eine Eigenschaft allein der Feuerung und hat vorerst mit dem Schornstein gar nichts zu tun. Er läßt sich rechnerisch nicht ermitteln, sondern er ist vom Ersteller der Anlage auf Grund der Angabe der Kesselfirma unter Berücksichtigung des meist geringen Zugverlustes im Fuchs anzunehmen. Der Zugbedarf hält sich im allgemeinen in den Grenzen von 2 bis 6 mm WS.

β) Kraft des Schornsteines.

Diese entsteht aus dem Auftrieb der Rauchgase im Schornstein und läßt sich aus der Höhe h des Schornsteines und den spezifischen Gewichten γ_a und γ_i der Außenluft und der Rauchgase nach der bekannten Gleichung berechnen:

$$H \text{ [mm WS]} = h \cdot (\gamma_a - \gamma_i). \quad \text{(A)}$$

In der nebenstehenden Zahlentafel ist für fünf Schornsteinhöhen der Wert $h \cdot (\gamma_a - \gamma_i)$ berechnet. Dabei ist die Temperatur der Rauchgase gemäß Spalte 2 je nach der Höhe des Schornsteines verschieden angenommen, die Außentemperatur dagegen fest zu $+ 10 \degree$ C. Für die Gaskonstante ist bei Luft der Wert 29,3, bei Rauchgasen der Wert 28,0 eingesetzt.

Kraft des Schornsteines in Abhängigkeit von seiner Höhe.

1	2	3	4	5	6
h	t_i	γ_i	γ_a	$\gamma_a - \gamma_i$	$h \cdot (\gamma_a - \gamma_i)$
12	200°	0,78	1,24	0,46	5,5
15	180°	0,82	1,24	0,42	6,3
20	170°	0,84	1,24	0,40	8,0
25	160°	0,86	1,24	0,38	9,5
30	150°	0,87	1,24	0,37	11,1

γ) Eigenverbrauch des Schornsteines.

Ein Teil der Kraft des Schornsteines wird innerhalb des Schornsteines aufgezehrt. Dieser Betrag E heißt der „Eigenverbrauch". Er läßt sich aus den Abmessungen des Schornsteines und der Rauchgasgeschwindigkeit berechnen nach der Gleichung (59a) S. 302.

$$E \text{ [mm WS]} = \left(\lambda \cdot \frac{h}{s} + \Sigma \zeta\right) \cdot \frac{w_s^2}{2} \cdot \frac{\gamma}{g}.$$

Darin bedeutet:

λ die Widerstandszahl,

$\Sigma \zeta$ die Summe aller Einzelwiderstände,

s die Seite des quadratisch angenommenen Schornsteinquerschnittes [m],

w_s die Strömungsgeschwindigkeit der Rauchgase [m/sec].

An Stelle der sekundlichen Rauchgasgeschwindigkeit sei mit Hilfe der Gleichung $R_h = s^2 \cdot 3600 \cdot w_s \cdot \gamma_i$ das stündliche Rauchgasgewicht R_h eingeführt. Die Gleichung für den Eigenverbrauch des Schornsteines lautet dann:

$$\left. \begin{aligned} E &= \left(\lambda \frac{h}{s} + \Sigma \zeta\right) \cdot \frac{1}{2g \cdot 3600^2 \cdot \gamma_i} \cdot \frac{R_h^2}{s^4} \\ &= \left(\lambda \frac{h}{s} + \Sigma \zeta\right) \cdot \frac{1}{2,54 \cdot 10^8 \cdot \gamma_i} \cdot \frac{R_h^2}{s^4} \cdot \end{aligned} \right\} \quad \text{(B)}$$

δ) Die Messung dieser drei Größen.

Als Ergänzung zu der vorstehenden Erläuterung der drei Größen sei eine Bemerkung über ihre Messung eingeschaltet. Baut man am Fuße des Schornsteines in üblicher Weise einen Zugmesser ein, so mißt dieser bei einer im Dauerbetrieb auf Normalleistung eingestellten Feuerung den Zugbedarf der Feuerung. Unterbindet man durch Einschieben des Rauchgasschiebers die Strömung, so steigt die Anzeige, und das Gerät gibt die Kraft des Schornsteines an. Der Unterschied zwischen den beiden Ablesungen ist der Eigenverbrauch des Schornsteines.

b) Schornsteinberechnung, allgemein.

(Annahme, daß von seiten des Baues hinsichtlich der Höhe des Schornsteines keine Bindungen bestehen.)

Die Aufgabe, einen Schornstein zu berechnen, lautet: Es ist der Schornstein in seiner Höhe und Weite so zu bemessen, daß von seiner Kraft H nach Abzug des Eigenverbrauches E noch der Zugbedarf Z der Feuerung verbleibt. Als Gleichung ausgedrückt lautet die Bedingung $H - E = Z$ oder

$$h \cdot (\gamma_a - \gamma_i) - \left(\lambda \cdot \frac{h}{s} + \Sigma \zeta\right) \cdot \frac{1}{2{,}54 \cdot 10^8 \cdot \gamma_i} \cdot \frac{R_h^2}{s^4} = Z. \tag{C}$$

In dieser Gleichung sind Z u n d R Eigenschaften der Feuerung und somit als bekannt anzunehmen. λ, $\Sigma \zeta$, γ_a und γ_i sind Werte, über die man zweckmäßige Annahmen oder Vereinbarungen treffen kann. Die Höhe h und die Weite s sind die zwei Unbekannten der Gleichung. Zur eindeutigen Lösung der Aufgabe ist also noch eine zweite Gleichung für h und s nötig. Diese ergibt sich aus der Forderung, daß der Eigenverbrauch des Schornsteines im richtigen Verhältnis zu den beiden anderen Größen stehen muß.

Der Eigenverbrauch darf nicht zu klein angenommen werden, da dies zu unnötig großen Schornsteinweiten führen würde. Noch weniger darf er zu groß angenommen werden, da sonst der Schornstein zu empfindlich gegen Störungen und vor allem Überlastung würde. Man darf nicht außer acht lassen, daß sich der Eigenverbrauch nur mit geringer Sicherheit vorausberechnen läßt. Jede ungewollte Überschreitung geht auf Kosten des für die Feuerung verbleibenden Zuges. In welcher Weise man die Kraft des Schornsteines aufteilen soll, läßt sich nicht aus irgendwelchen Gesetzen ableiten. Die nachstehenden Rechnungen beruhen auf der Annahme, daß die Kraft des Schornsteines zu $^1/_4$ auf den

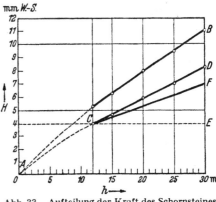

Abb. 33. Aufteilung der Kraft des Schornsteines.

Eigenverbrauch und zu $^3/_4$ auf den Zug der Feuerung verteilt wird. Geht man vom Zugbedarf Z der Feuerung aus, so muß die Kraft H des Schornsteines $^4/_3 Z$ und der Eigenverbrauch $^1/_3 Z$ sein. Damit zerfällt die Gleichung (C) in die beiden Teile:

$$h \cdot (\gamma_a - \gamma_i) = \frac{4}{3} Z, \tag{D}$$

$$\left(\lambda \cdot \frac{h}{s} + \Sigma \zeta\right) \frac{1}{2{,}54 \cdot 10^8 \cdot \gamma_i} \cdot \frac{R_h^2}{s^4} = \frac{1}{3} Z. \tag{E}$$

α) Die Ermittlung der Schornsteinhöhe.

In Abb. 33 zeigt die Ordinate bis zur oberen Kurve $A B$ die Kraft der Schornsteine in Abhängigkeit von ihrer Höhe gemäß Spalte 6 der letzten Zahlentafel und die

Ordinate bis zur mittleren Kurve *A C D* den Zugbedarf, gemäß der obengenannten
Aufteilung. Hält man an der Aufteilung ¹/₄ : ³/₄ fest, so gibt es zu jeder Schornstein-
höhe nur einen zweckmäßigen Zugbedarf oder umgekehrt zu jedem Zugbedarf der
Feuerung nur e i n e zweckmäßige Höhe des Schornsteines. Zum Beispiel gehört zu
einer Feuerung mit einem Zugbedarf von 4 mm WS ein Schornstein von 12 m Höhe,
(Über Abweichungen davon später unter Ziffer c.)

β) Die Ermittlung der Schornsteinweite.

Hierzu dient die Gleichung (E). Die einzusetzenden Zahlenwerte wurden wie folgt
gewählt (vgl. nachstehende Zahlentafeln):

1. Die Schornsteinhöhen wurden zu 10 bis 30 m angesetzt.

2. Für die Weiten der als quadratisch angenommenen Schornsteine wurden verschiedene zwischen 20 und 85 cm liegende, aus dem Steinverband sich ergebende
Maße gewählt.

3. Es wurden nur diejenigen Schornsteine berücksichtigt, deren Verhältnis *h/s*
kleiner als 25 ist, denn bei Schornsteinen mit allzu großer Weite im Vergleich zu
ihrer Höhe besteht die Gefahr einer unsicheren Strömung, insbesondere die Gefahr,
daß bei schwacher Belastung die Rauchgase den Querschnitt nicht ganz ausfüllen
und kalte Luft in den Schornstein hereinfällt. Ebenso wurden Schornsteine außer
Betracht gelassen, deren Verhältnis *h/s* größer als 75 ist, da solch enge, hohe Schornsteine sehr empfindlich gegen Störungen sind. Demgemäß scheiden in den nachstehenden Zahlentafeln die rechten oberen und linken unteren Ecken aus.

4. Die Widerstandszahl λ wurde mit 0,085 bis 0,06 angesetzt. Es mußte ein
ziemlich hoher Wert genommen werden in Anbetracht der trotz der beachtlichen
Weiten großen relativen Rauhigkeit und in Anbetracht der geringen Strömungsgeschwindigkeiten.

5. Die Summe der ζ-Werte ist zu 3,0 bis 4,0 angenommen, nämlich zwei scharfe
Krümmungen zu je etwa 1,25 und der Verlust des dynamischen Druckes beim Ausströmen aus der Schornsteinmündung mit 1,00.

6. Da es nicht möglich ist, alle vorkommenden störenden Einflüsse auf Grund
physikalisch einwandfreier Überlegungen zahlenmäßig zu erfassen, wurde durch
einen einzigen Zuschlag die nötige Reserve sichergestellt. Zu diesem Zweck wird
der Wert des Eigenverbrauches in Gleichung (E) um 70 vH erhöht. Um die Bedeutung der 70 vH aufzuzeigen, sei erwähnt, daß durch einen Zuschlag in dieser
Höhe die Wirkung einer Vermehrung der Rauchgase um 30 vH ausgeglichen würde
(es ist $1{,}3^2 = 1{,}69 = 1{,}70$). Mit diesen Werten lautet die Gleichung (E):

$$1{,}7 \cdot \frac{\lambda \cdot \dfrac{h}{s} + \Sigma \zeta}{2{,}54 \cdot 10^8 \cdot \gamma_i} \cdot \frac{R_h^2}{s^4} = \frac{1}{3} Z.$$

Übernimmt man aus Gleichung (D) den Wert: $^1/_3 Z = {}^1/_4 \cdot h \, (\gamma_a - \gamma_i)$, so erhält man

$$\frac{\lambda \cdot \dfrac{h}{s} + \Sigma \zeta}{1{,}50 \cdot 10^8 \cdot \gamma_i} \cdot \frac{R_h^2}{s^4} = \frac{1}{4} \cdot h \cdot (\gamma_a - \gamma_i). \qquad (F_1)$$

Diese Gleichung ist wieder der rechnerische Ausdruck für die Bedingung, daß der
Eigenverbrauch des Schornsteines ¹/₄ der Kraft des Schornsteines sein soll. Die
Gleichung (F) läßt sich nicht nach *s* auflösen. Von den verschiedenen möglichen

Wegen soll der nachstehende gewählt werden, weil er wieder auf die Redtenbachersche Form führt. Wir bringen s^2 auf die eine Seite und erhalten für den
lichten Querschnitt des Schornsteines

$$f\,[\mathrm{m^2}] = s^2 = \sqrt{4} \cdot \sqrt{\frac{\lambda \cdot \dfrac{h}{s} + \Sigma\,\zeta}{1{,}50 \cdot 10^8 \cdot \gamma_i \cdot (\gamma_a - \gamma_i)} \cdot \frac{R_h}{\sqrt{h}}} = \frac{1}{m} \cdot \frac{R_h}{\sqrt{h}}. \qquad (\mathrm{F_2})$$

Die nachstehende Zahlentafel gibt die Werte für m in Abhängigkeit von Schornsteinhöhe und Schornsteinweite. Zur Benutzung der Zahlentafel müßte also die
Schornsteinweite schon bekannt sein, was nicht der Fall ist. Man hilft sich dadurch,
daß man mit dem Werte $m = 1400$, der ungefähr dem Mittelwert der Zahlentafel
entspricht, einen vorläufigen Wert s errechnet, mit diesem dann einen verbesserten
Wert m aus der Zahlentafel entnimmt und damit die endgültige Schornsteinweite s
ermittelt. Die Durchführung der Rechnung zeigt das Beispiel auf S. 40.

Zahlentafel für die Werte m.
Keine bauseitige Bindung für die Höhe des Schornsteines.

Lichte Weite		Höhe des Schornsteines					
$s \times s$ (cm) d (cm)	f (m²)	10 m Z = 3,8 mm	12 m Z = 4,1 mm	15 m Z = 4,7 mm	20 m Z = 6,0 mm	25 m Z = 7,1 mm	30 m Z = 8,3 mm
20 × 20 23	0,040	1300	1200	1000	—	—	—
20 × 27 26	0,054	1400	1300	1250	1250	1150	—
27 × 27 30	0,073	1500	1400	1300	1200	1100	1050
27 × 40 37	0,108	1550	1450	1350	1300	1200	1150
40 × 40 45	0,160	1600	1550	1450	1350	1250	1200
40 × 53 52	0,212	—	1600	1550	1450	1350	1300
53 × 53 60	0,28	—	—	1650	1500	1400	1350
53 × 66 67	0,35	—	—	1650	1550	1450	1400
66 × 66 75	0,44	—	—	—	1600	1550	1450
66 × 85 84	0,56	—	—	—	—	1550	1500
72 × 92 92	0,66	—	—	—	—	1600	1550
85 × 85 96	0,72	—	—	—	—	1600	1550

Das hier gekennzeichnete Verfahren führt also nicht nur wieder auf die Redtenbachersche Form der Schornsteingleichung, sondern es liefert für den Beiwert m
auch Werte, die mit den bisher üblichen Zahlen im großen und ganzen übereinstimmen. Der Wert der geschilderten Gedankengänge ist ein zweifacher. Erstens
zeigt die oben angeführte Vorschrift über die Aufteilung der Kraft des Schornsteines, daß es zu jedem Zugbedarf der Feuerung nur eine zweckmäßige Schornsteinhöhe gibt, und zweitens gibt das Verfahren in seiner Zahlentafel Anhaltspunkte
für die Wahl des Wertes m.

c) Schornsteine für gußeiserne Gliederkessel
bei Zentralheizungen.
(Annahme, daß die Schornsteinhöhe durch die Gebäudehöhe vorgeschrieben ist.)

Für gußeiserne Gliederkessel mit einer Heizfläche von 5 m² und darüber wird seitens der Lieferfirmen der Zugbedarf der Feuerung bei allen Bauarten einschließlich eines Fuchses normaler Ausführung einheitlich mit 4 mm WS angegeben. Hieraus ergäbe sich nach früherem als zweckmäßige Schornsteinhöhe bei allen Anlagen 12 m. Diese Höhe kann aber nur in seltenen Fällen eingehalten werden, weil bei Zentralheizungen die Schornsteinhöhe im wesentlichen durch die Gebäudehöhe festgelegt ist. Bei außergewöhnlich niedrigen Gebäuden wird eine Erhöhung auf 12 m meist keine Schwierigkeit bereiten. Anders ist es, wenn die Gebäudehöhe zu größeren Schornsteinhöhen zwingt.

Bei einem zu hohen Schornstein, dessen Querschnitt nach Gleichung (F₂) mit den Werten m aus der Zahlentafel berechnet ist, würde sich ein zu starker Zug am Fuchs einstellen. Zum Beispiel gäbe nach Abb. 33 (Linie A D) ein 30 m hoher Schornstein einen Zug von 8,3 mm WS statt der gewünschten 4 mm WS. Müßte man das Übermaß an Zugstärke ein für allemal mit dem Rauchgasschieber abdrosseln, so ergäben sich Schwierigkeiten bei der weiteren Regelung im Betriebe. Der andere Weg, den ganzen überschüssigen Zug durch eine Verringerung der Schornsteinweite fest abzudrosseln (Linie C E in Abb. 33), läuft auf eine Erhöhung des Eigenverbrauches hinaus und würde nach früherem den Schornstein sehr empfindlich gegen Störungen machen.

Zahlentafel für die Werte n.
Höhe des Schornsteines bauseitig festgelegt.

Lichte Weite		Höhe des Schornsteines					
s × s (cm) / d (cm)	f (m²)	10 m / Z = 3,8 mm	12 m / Z = 4,0 mm	15 m / Z = 4,5 mm	20 m / Z = 5,4 mm	25 m / Z = 6,2 mm	30 m / Z = 7,0 mm
20 × 20 / 23	0,040	1300	1200	1100	—	—	—
20 × 27 / 26	0,054	1400	1300	1250	1200	1100	—
27 × 27 / 30	0,073	1500	1450	1400	1350	1300	1250
27 × 40 / 45	0,108	1550	1500	1450	1400	1400	1350
40 × 40 / 45	0,160	1600	1600	1550	1500	1450	1400
40 × 53 / 52	0,212	—	1700	1650	1600	1550	1500
53 × 53 / 60	0,28	—	—	1750	1700	1650	1600
53 × 66 / 67	0,35	—	—	1850	1800	1750	1700
66 × 66 / 75	0,44	—	—	—	1850	1800	1750
66 × 85 / 84	0,56	—	—	—	—	1850	1800
72 × 92 / 92	0,66	—	—	—	—	1900	1850
85 × 85 / 96	0,72	—	—	—	—	1900	1850

Es empfiehlt sich deshalb, nur einen Teil des überschüssigen Zuges durch Verminderung der Weite aufzubrauchen und den Rest dann durch Abdrosseln mit dem Schieber von der Feuerung fernzuhalten. In diesem Sinne soll die Verteilung der Kraft des Schornsteines auf Eigenverbrauch und Zugbedarf der Feuerung gemäß der Linie CF in Abb. 33 vorgenommen werden. Es ist dann der Eigenverbrauch des Schornsteines bei einer auszuführenden Schornsteinhöhe von

12 m gleich $^1/_{4,0}$ der Kraft des Schornsteines,

15 m gleich $^1/_{3,5}$ der Kraft des Schornsteines,

20 m gleich $^1/_{3,1}$ der Kraft des Schornsteines,

25 m gleich $^1/_{2,9}$ der Kraft des Schornsteines,

30 m gleich $^1/_{2,7}$ der Kraft des Schornsteines.

Setzt man in der Gleichung (F_2) statt der Wurzel aus 4 die Wurzeln 3,5, 3,1 usw. ein, so erhält man neue Redtenbachersche Faktoren. Um Verwechslungen mit den früheren Zahlen zu vermeiden, seien sie mit n bezeichnet. Vorstehende Zahlentafel gibt die Werte dafür.

d) Schornsteine mit rundem Querschnitt.

Ersetzt man den errechneten, quadratischen Querschnitt durch den flächengleichen Kreisquerschnitt, so bleibt die Rauchgasgeschwindigkeit die gleiche. Der Betrag des Eigenverbrauches in Gleichung (C) ändert sich also nicht, wenn man für s^4 das Quadrat der Fläche des Kreises einsetzt. Dagegen müßte man den anderen Wert s, der in der Gleichung neben dem λ steht, etwas ändern. Der Einfluß dieser Änderungen ist jedoch neben dem Einfluß des s^4 so gering, daß die Korrektur keine Rolle spielt. Ist also ein Schornstein mit rundem Querschnitt verlangt, so berechnet man zuerst den quadratischen Querschnitt und ersetzt dann das Quadrat durch den flächengleichen Kreis.

Das gleiche Verfahren ist anzuwenden, wenn statt eines quadratischen ein rechteckiger Querschnitt verlangt wird. Man soll jedoch das Seitenverhältnis nicht höher als 1 : 1,5 ansetzen.

e) Ermittlung der stündlichen Rauchgasmenge.

Es bezeichne:

R_h die Rauchgasmenge .... kg/h

Q_h die Wärmeleistung der Feuerung ......,. kcal/h

B_h das verfeuerte Brennstoffgewicht .... kg/h

H_u den unteren Heizwert .... kcal/kg

r das Rauchgasgewicht je kg Brennstoff ... kg/kg

η den Wirkungsgrad der Feuerung .... —/—

Aus den beiden Gleichungen

und

Wärmeleistung: $Q_h = B_h \cdot H_u \cdot \eta$

Rauchgasgewicht: $R_h = r \cdot B_h$

folgt

$$R_h = \frac{Q_h \cdot r}{\eta \cdot H_u}.$$

Die wichtigsten Brennstoffe für Heizungskessel sind Koks, Briketts, westfälische und schlesische Steinkohle, böhmische Braunkohle und Anthrazit. Für alle diese

Kohlensorten schwankt der Wert des Bruches r/H_u nur zwischen 0,0020 und 0,0025, so daß er mit 0,00225 angesetzt werden kann. Nimmt man außerdem für η den Wert 0,7, so erhält man für Rauchgasmenge und Wärmeleistung die einfache Beziehung:

$$R_h = \frac{0,002\,25}{0,7} \cdot Q_h = 3,2 \cdot \frac{Q_h}{1000}. \qquad \text{(G)}$$

Beispiel 1. Für eine Kesselgruppe von zwei gußeisernen Gliederkesseln mit je 12 m² Heizfläche ist der Schornstein zu berechnen unter den beiden Annahmen, daß

a) über die Schornsteinhöhe keine Bindungen vorliegen,

b) die Gebäudehöhe zu einer Schornsteinhöhe von 24 m zwingt.

Lösung: Bei einer Heizflächenbelastung von 10 000 kcal/m²h ist die Regelleistung der Gruppe gleich 240 000 kcal/h. Das stündliche Rauchgasgewicht errechnet sich nach Gleichung (G) zu

$$R_h = 3,2 \frac{240\,000}{1000} = 770 \text{ kg/h.}$$

Fall a) Zu einem Zugbedarf von 4 mm WS gehört nach früherem eine zweckmäßige Schornsteinhöhe von 12 m. Mit dem Wert $m_{\text{vorl}} = 1400$ ergibt die Gleichung (F_2):

$$(S_{\text{vorl}})^2 = \frac{1}{1400} \cdot \frac{770}{\sqrt{12}} = 0,159 \text{ [m}^2\text{]},$$

$$S_{\text{vorl}} = 0,40 \text{ m.}$$

Nach der Zahlentafel für m gehört zu einer Schornsteinhöhe von 12 m und einer Weite von 0,4 m der endgültige Wert $m = 1550$. Damit wird die endgültige Weite

$$S^2 = \frac{1}{1550} \cdot \frac{770}{\sqrt{12}} = 0,143 \text{ [m}^2\text{]},$$

$$S = 0,37 \text{ m.}$$

Fall b) Da der Schornstein höher werden muß als an sich wünschenswert ist, gilt Zahlentafel für n. Mit dem Mittelwert $n_{\text{vorl}} = 1600$ errechnet sich

$$(S_{\text{vorl}})^2 = \frac{1}{1600} \cdot \frac{770}{\sqrt{24}} = 0,098 \text{ [m}^2\text{]},$$

$$S_{\text{vorl}} = 0,31 \text{ m.}$$

Nach der Zahlentafel für n gehört zu einer Schornsteinhöhe von 24 m und einer Weite von 0,3 m der endgültige Wert $n = 1400$. Damit wird die endgültige Weite:

$$S^2 = \frac{1}{1400} \cdot \frac{770}{\sqrt{24}} = 0,113 \text{ [m}^2\text{]},$$

$$S = 0,33 \text{ m.}$$

5. Kokslager.

Der Brennstoffraum ist so groß wie irgend möglich zu bemessen, denn die hierfür aufgewendeten Kosten machen sich dadurch reichlich bezahlt, daß erhebliche Koksmengen im Sommer trocken und billiger eingekauft werden können. Es hängt von der Art des Gebäudes, insbesondere von der sonstigen Zweckbestimmung der Kellerräumlichkeiten ab, wie groß man den Brennstoffraum tatsächlich ausführen kann. Im allgemeinen wird man die Lagerung eines zweimonatigen Bedarfes anstreben. Der Lagerraum soll für eine Schütthöhe von 1,5 m bis höchstens 2,0 m vorgesehen und durch Verschläge so abgeteilt sein, daß gleiche und bekannte Raummaße entstehen. Damit kann der Benutzer der Anlage, falls Raumteil um Raumteil entleert wird, mit einem Blick die noch vorhandenen Brennstoffmengen abschätzen.

Der Koksraum liegt bei Anlagen, deren Kessel vor vorne beschickt werden, auf gleicher Höhe mit dem Kesselraum. Bei größeren Anlagen, deren Kessel von oben beschickt werden, liegt die Sohle des Koksraumes in Höhe der Kesseloberkante. Zur

Heranschaffung des Kokses werden Hängebahnen oder Fahrbahnen verwendet. Zu empfehlen sind Riffelblechbahnen, auf denen die Wagen mit Gummirädern laufen. Gleisanlagen sind nicht zweckmäßig, da hierdurch die oberen Reinigungsöffnungen der Kessel versperrt werden.

6. Kokswahl[1].

Die Wahl der Koksart, ob Gas- oder Zechenkoks, ob von diesem oder jenem Revier usw., hängt von dem Kokspreise einschließlich Frachtkosten und von anderen Umständen ab.

Von besonderer Wichtigkeit ist die richtige Wahl der Korngröße. Die untenstehende Tabelle über Kokskörnung gilt allgemein für Gaskoks und für viele Sorten Zechenkoks.

Bezeichnung der Korngrößen	Siebung
Brechkoks I . . .	über 60 mm
Brechkoks II . .	von 40 bis 60 mm
Brechkoks III . .	von 20 bis 40 mm
Perlkoks	von 10 bis 20 mm
Koksgrus . . .	bis 10 mm

Die Wahl der Korngröße wird durch die Höhe der Glühschicht sowie durch die Größe der Kessel- bzw. Rostgröße bestimmt. Bei Kesseln mit oberen Abbrand rechnet man die Glühschichthöhe von Oberkante Rost bis Unterkante Fülltür, bei Kesseln mit unterem Abbrand von Oberkante Rost bis Unterkante Füllschacht. Auf Seite 42 sind in der Barlachschen Tabelle die Korngrößen von Ruhr-Zechenkoks für Kesselheizflächen von 0,5 bis 50 m² in Abhängigkeit von der Glühschichthöhe angegeben.

C. Heizkörper.

1. Heizkörperformen.

a) Rohrheizkörper.

Die Rohrheizschlange (Abb. 34) ist eine der ältesten Heizkörperformen. Eine Abart ist das Rohrregister (Abb. 35), bei dem mehrere Rohre durch Endkästen zu einer Einheit verbunden werden. Auch stehende Rohrregister finden Anwendung.

Sowohl Heizschlange als Rohrregister galten in den letzten Jahrzehnten im wesentlichen als veraltet und wurden nur mehr dort verwendet, wo aus Platzgründen eine außergewöhnlich geringe Bautiefe verlangt

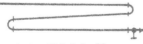
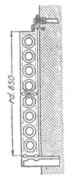

Abb. 34. Rohrheizschlange.

Abb. 35. Rohrregister.

wurde. Seit kurzem kommen sie aber wieder stark in Aufnahme, und zwar durch eine Neuerung im Bauwesen. Viele unserer neuen Büro- und Geschäftshäuser haben statt getrennt liegender Fenster durchlaufende Fensterbänder. Damit entsteht im Innenraum die durchlaufende glatte Fensterbank, und es fehlt die Fensternische

[1] Barlach, H.: Bessere Brennstoffausnutzung bei Zentralheizungen. Wärmewirtsch. im Städtebau u. Siedlungswes. Jg. 10 (1937) S. 111.

Barlachsche Tabelle

zur Bestimmung der Korngröße von Ruhr-Brechkoks für gußeiserne Kokskessel von 0,5 bis 50 m² Heizfläche mit 100 bis 600 mm Glutschichthöhe, gültig für Dampf- und Wasserkessel mit oberem und unterem Abbrand bei Heizleistungen von 7000 bis 8000 kcal/m²h und für Stockwerkskessel usw. von 12 000 kcal/m²h.

Spalten 4–22: **Kesselheizfläche in Quadratmetern bei 7000—8000 kcal/m²h Leistung.** Spalten 15–22 zugleich: *bei 12 000 kcal/m²h Leistung.* Spalten 4–14 zugleich: *mittlere Korngröße in mm.*

Spalte 1 Reihe	Höhe der Glutschicht in mm	Spalte 2 Körnung Brechkoks	Spalte 3 Körnung in mm	4	5	6	7	8	9	10	11	12	13	14	15	16	17	18	19	20	21	22	Spalte 23 Körnung in mm	Spalte 24 Brechkoks
			bei 12 000 kcal/m²h Leistung →	0,5	1	1,5	2	2,5	3	4	6	8	10	12	16	20	25	30	35	40	45	50		
			mittlere Korngröße in mm	0,3	0,7	1,0	1,3	1,7	2,0	2,7	4,0	5,3	6,7	8,0										
2	100	IV	10—20	10	10	11	11	11	11	12	12	13	14	14	15	16	17	19	19	19	20	20	15—30	III
3	150	IV	10—20	15	16	16	16	17	17	18	19	20	21	22	23	24	26	27	28	29	29	30	20—40	III
4	200	III	15—30	20	21	21	22	22	22	23	25	26	28	29	31	33	34	36	38	39	39	40	30—50	II
5	250	III	15—30	25	26	27	27	28	28	29	31	33	35	36	38	41	43	45	47	48	49	50	40—60	II
6	300	III	20—40	30	31	32	33	34	34	35	37	40	41	43	46	50	51	54	56	58	59	60	50—80	I
7	350	III	20—40	35	36	37	38	39	40	41	43	46	48	50	54	57	60	63	66	67	69	70	60—90	I
8	400	II	30—50	40	42	43	44	45	46	47	50	52	55	57	61	65	68	72	75	77	78	80	70—100	I
9	450	II	30—50	45	47	48	49	50	51	53	56	59	62	64	69	73	77	81	85	86	88	90	70—100	I
10	500	II	40—60	50	52	53	54	56	57	59	62	66	69	72	77	81	86	90	94	96	98	100	80—120	I
11	550	II	40—60	55	57	58	60	62	63	64	68	72	76	79	84	89	94	99	103	106	109	110	80—120	I
12	600	I	50—80	60	62	64	66	67	68	70	74	79	83	86	92	97	103	108	113	115	118	120	80—120	I

Bei langsambrennendem Koks wählt man die Körnung . . . . 10 bis 20 vH kleiner
Bei schnellbrennendem Koks wählt man die Körnung . . . . 10 bis 30 vH größer
Bei Feuerungen mit Schamotteausmauerung wählt man die Körnung 20 bis 40 vH größer

für die Aufstellung des Heizkörpers. Eine richtige Wärmeverteilung im Raum verlangt ferner statt getrennt liegender Einzelheizkörper eine über die ganze Fensterwand durchlaufende Heizfläche. Für Räume mit Fensterbändern ist der Rohrheizkörper die gegebene Heizkörperform.

Gußeiserne Rippenrohre finden wegen ihres Aussehens und ihrer schlechten Reinigungsmöglichkeiten nur für untergeordnete Räume Verwendung.

b) Gliederheizkörper (Radiatoren).

Der Leitgedanke bei ihrer Erfindung war die Schaffung eines Massenerzeugnisses, das durch Aneinanderfügen gleicher Glieder Heizkörper beliebig großer Fläche ergibt.

Die Verbindung der einzelnen Glieder erfolgt nach Abb. 36 durch Nippel, die mit zylindrischem oder konischem Rechts- und Linksgewinde versehen sind und die Abdichtung metallisch herbeiführen.

Für die Abmessungen der Gliederheizkörper sind nebenstehenden Bezeichnungen üblich (Abb. 37).

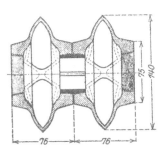

Abb. 36. Nippelverbindung.

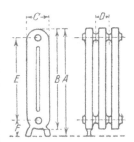

Abb. 37. Maßbezeichnung an Heizkörpern.

Bezeichnung:
A = Fußgliedhöhe, B = Mittelgliedhöhe, C = Tiefs, D = Baulänge, E = Nabenabstand, F = untere Nabenhöhe.

Um die Unzahl von Modellen, die früher hergestellt und auf Lager gehalten werden mußten, zu beschränken, wurden durch den Deutschen Normenausschuß die Hauptmaße der Gliederheizkörper festgelegt. Es gibt heute nur mehr die vier Höhen mit den Nabenabständen:

300 mm: vor niedrigen Fensterbrüstungen, z. B. bei Schaufenstern,

500 mm: vor normalen Fensterbrüstungen (von etwa 800 mm Höhe),

600 mm: vor höheren Fensterbrüstungen und an Innenwänden,

1000 mm: an Innenwänden.

Weitere Einzelheiten, wie Bautiefen, Baulängen, Anschlußgewinde usw., sind aus den Normblättern zu ersehen:

DIN 4720 „Gußeiserne Gliederheizkörper (Radiatoren)",

DIN 4722 „Stahlgliederheizkörper (Stahlradiatoren)".

Abb. 38.
Glattes Normalmodell.

Eine weitere Vereinheitlichung erfolgte bei den gußeisernen Gliederheizkörpern durch eine freiwillige Vereinbarung der Herstellerfirmen. Es gibt künftig nur mehr ein Modell, das zur Unterscheidung von den früheren Bauarten als „glattes

Normalmodell mit ein bis drei wasserführenden Kanälen" bezeichnet wird (vgl. Abb. 38).

Bei den Stahlgliederheizkörpern war eine so weitgehende Vereinheitlichung noch nicht durchführbar. Man hört vielfach die Ansicht, daß die schmiedeeisernen Radiatoren infolge ihrer geringen Wandstärke eine höhere Wärmeleistung haben müßten als die dickwandigen, gußeisernen Radiatoren. Die Ansicht ist unrichtig, denn das Temperaturgefälle, das in der Wand aufgezehrt wird, ist auch bei guß-eisernen Modellen so gering, daß es gegenüber dem Temperaturgefälle von der Oberfläche nach der Raumluft keine Rolle spielt.

c) Keramische Heizkörper.

In letzter Zeit werden erneut keramische Heizkörper hergestellt und bereits in größerer Zahl verwendet. Sie sind ebenfalls unter die Gliederheizkörper einzureihen, auch wenn bei einigen Erzeugnissen zwei und mehr Glieder zu einem Block vereint sind. Durch einen Erlaß des Reichsarbeitsministers vom 11. März 1940 sind Prüf-bestimmungen für solche Heizkörper aufgestellt worden, die sich nicht nur auf die Prüfung der einzelnen Glieder, sondern auch der zusammengebauten Heizkörper erstrecken. Die Bruchgefahr, die auf den ersten Blick gegen die Verwendung keramischen Materials zu sprechen scheint, ist im wesentlichen beseitigt, da nur genau gekennzeichnete Porzellan- und Steinzeugsorten verwendet werden dürfen, die eine ausreichende Stoß- und Schlagfestigkeit besitzen. Die Anschlußmaße müssen den Normblättern DIN 4720 und 4721 entsprechen. Die k-Zahlen der keramischen Heizkörper dürfen nur um 0,3 niedriger sein als die der genormten Guß- und Stahlgliederheizkörper.

2. Der Anstrich der Heizkörper.

Die Heizkörper erhalten einen Grundanstrich, der als Rostschutz dient, und darüber einen Lackanstrich, der eine glatte und gut abwaschbare Oberfläche gibt.

Über den Einfluß des Lackes auf die Strahlung des Heizkörpers und damit seine Wärmeabgabe herrschen vielfach falsche Vorstellungen. Versuche haben gezeigt, daß die Strahlzahlen aller üblichen Heizkörperanstriche praktisch gleich, also unabhängig von der Farbe (ob weiß, schwarz oder farbig), und sehr hoch, sogar noch etwas höher als die Strahlzahl der rohen Gußoberfläche, sind.

Häufig werden Heizkörper mit Aluminiumbronze gestrichen. Die Strahlzahl dieses Anstriches ist wesentlich geringer als diejenige von Heizkörperlacken, und es wird deshalb die gesamte Wärmeabgabe des Heizkörpers um 5—15 vH herabgesetzt.

3. Die Aufstellung der Heizkörper.

Bei Aufstellung der Heizkörper ist auf gute Reinigungsfähigkeit, auf möglichst ungehinderte Luftbewegung und auf freie Abstrahlung zu achten.

Die untere Kante des Heizkörpers soll mindestens 12 cm über Boden liegen, und von der Rückwand soll der Heizkörper mindestens 5 cm entfernt sein.

Die Radiatoren werden am besten auf entsprechend geformte Stützen gelagert und durch Halter gesichert (Abb. 39—41). Die Aufstellung auf Füßen ist nicht zu empfehlen, da sie die Reinigung des Fußbodens erschwert. Außerdem muß bei Neu-bauten mit dem Aufstellen der Heizkörper gewartet werden, bis der Fußboden gelegt ist, was meist sehr störend ist. Bei der Aufhängung der Heizkörper an Wand-konsolen kann dagegen die ganze Heizung fertiggestellt werden, ehe der Fußboden gelegt wird. Für Rabitzwände werden Stützen und Halter in besonderer Form geliefert.

Im übrigen ist bei der Aufstellung eines Heizkörpers folgendes zu beachten:

a) Der Heizkörper an einer Innenwand.

Muß der Heizkörper aus räumlichen Gründen in eine Wandnische zurückgedrängt werden, so soll die Nische (Abb. 39) nicht tiefer als unumgänglich notwendig sein. Ein geringes Vorstehen des Radiators ist häufig zulässig. Die obere Wölbung der Nische soll möglichst weit nach oben gerückt werden, um die Reinigungsmöglichkeit zu verbessern und das Luftabströmen zu erleichtern. Die Aufstellung frei vor der Wand ist die günstigste, da hier Reinigungsfähigkeit, Luftdurchspülung und Wärmeausstrahlung am besten gesichert sind.

b) Der Heizkörper in der Fensternische.

Der Normungsentwurf für Radiatoren sieht für Fensterradiatoren nur mehr zwei Höhen, nämlich mit den Nabenabständen 500 und 600 mm, vor. Das erste Modell ist bestimmt für lichte Fensterbretthöhen von 750 mm an aufwärts, das zweite Modell

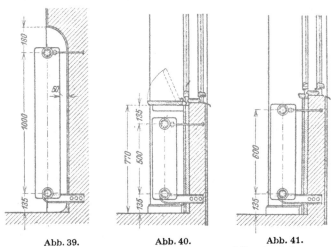

Abb. 39.   Abb. 40.   Abb. 41.
Abb. 39—41. Der Heizkörper in Wand- und Fensternischen.

von 850 mm an aufwärts sowie für Fenster ohne Fensterbrett. Entsprechend der Forderung einer guten Reinigungsfähigkeit und guter Luftbewegung ist es stets zu empfehlen, die lichten Abstände über und unter dem Heizkörper größer zu wählen, als die Mindestmaße des Normblattes verlangen, also etwa die Maße aus Abb. 40 und 41 zu wählen. Am besten ist es, wenn kein Fensterbrett vorhanden ist da dann Reinigungsfähigkeit und Wärmeabgabe am günstigsten sind.

Wenn die Fensterbrüstung nicht mindestens einen Stein stark ist, muß eine Isolierplatte aufgesetzt werden, denn gerade dort, wo die Wand durch den Heizkörper unmittelbar geheizt wird, muß ihr Wärmeschutz ausreichend sein.

Durch die obenstehenden Maßbedingungen ist also die Höhe des Heizkörpers gegeben, die Gesamtheizfläche ist durch den Wärmebedarf festgelegt. Frei ist dagegen noch die Wahl der Tiefe des Radiators und damit seine Gesamtlänge. Häufig wählt man ein möglichst tiefes Modell, um damit einen kleinen Heizkörper zu erhalten. Der Radiator kann dann aber so kurz werden, daß er die Fensternische der Breite

nach nur zum geringen Teil ausfüllt — eine Lösung, die weder schön noch heiztechnisch günstig ist. Der Radiator soll vielmehr die Fensternische in ihrer ganzen
Breite ausfüllen, denn die Stirnfläche des Radiators soll möglichst groß sein, um
durch einen möglichst großen Anteil der Strahlung eine gute Erwärmung der
unteren Raumhälfte zu erzielen.

c) Der Heizkörper in der Heizkörperverkleidung.

Verkleidungen sind, wenn irgend möglich, zu vermeiden. Ihr schwerster Nachteil
ist die ungenügende Reinigungsfähigkeit von Radiator, Wand und Boden. Selbst
wenn die Verkleidung noch so leicht und bequem abzunehmen ist, hat sie doch
erfahrungsgemäß zur Folge, daß die Reinigung unterbleibt.

Ferner beeinträchtigt jede Heizkörperverkleidung die Wärmeabgabe des Heizkörpers, indem sie die Strahlung fast ganz unterdrückt, die Konvektion merklich
behindert. Bei gut ausgebildeter Verkleidung beträgt die Gesamtminderung etwa
10 vH, bei schlechten Verkleidungen bis zu 30 vH. Um also die verlangte Wärmeleistung zu erzielen, muß die Heizfläche vergrößert wer-
den, so daß zu den Kosten der Verkleidung noch die
Kosten für die vermehrte Heizfläche hinzukommen. Auch
bei richtig vermehrter Heizfläche bleibt immer noch der
Nachteil, daß die Wärme jetzt fast ausschließlich durch
Konvektion und nicht mehr durch Strahlung dem Raum
zugeführt wird.

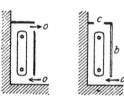

Abb. 42.   Abb. 43.
Heizkörperanordnungen.

Lassen sich Heizkörperverkleidungen nicht vermeiden,
so muß der Architekt davon dem Heizungsfachmann
rechtzeitig Kenntnis geben. Für die Ausführung der Verkleidung gelten folgende
Richtlinien:

1. Das Abnehmen der Verkleidung soll so bequem und einfach als möglich sein,
denn nur dann ist mit einiger Wahrscheinlichkeit eine zeitweilige Reinigung zu
erwarten.

2. Liegen bei der Verkleidung die Luftöffnungen an der Vorderseite (Abb. 42),
sind also keine Gitter notwendig, so soll ihre Länge gleich der Heizkörperlänge
sein, ihre Höhe mindestens gleich zwei Drittel der Heizkörpertiefe.

3. Liegt die Austrittsöffnung an der Oberseite (Abb. 43), so daß sie mit einem
Gitter abgedeckt sein muß, so muß ihre Tiefe gleich der ganzen Tiefe des Heiz-
körpers sein, und die Summe der Öffnungen des Gitters soll nicht weniger als zwei
Drittel der ganzen Gitterfläche betragen.

4. Ob die Stirnfläche der Verkleidung (b in Abb. 43) als Gitter oder als volle
Fläche ausgeführt ist, spielt keine sehr große Rolle.

d) Der Aufstellungsort des Heizkörpers.

Bei den ältesten Zentralheizungsanlagen hatte man gewohnheitsgemäß die Heizkörper dort aufgestellt, wo die Kachelöfen standen, d. h. in einer Ecke an der Innenseite des Zimmers. Sehr bald trat aber der Wunsch auf, die Zimmerecken zum Aufstellen von Möbeln frei zu bekommen, und man stellte die Heizkörper in die Fensternische, da diese anderweitig meist nicht verwendbar ist. Es waren also reine Platz-
gründe, welche diese Umstellung herbeiführten. Verhältnismäßig spät erst erkannte
man, daß diese Umstellung des Heizkörpers auch einen heiztechnischen Vorteil mit

sich gebracht hatte. Die unnötig großen Zimmerhöhen, welche in der zweiten Hälfte des 19. Jahrhunderts bei Neubauten in Mode waren, bedingten auch große und hohe Fenster. Damit war aber eine starke Abkühlung der Zimmerluft an den Fenstern gegeben, und es traten Zugluft- und andere Belästigungen ein. Es zeigte sich nun, daß der Heizkörper, wenn er in der Fensternische aufgestellt wurde, hier Abhilfe schaffte (vgl. Abb. 44).

Da man heute wieder zu zweckmäßigen Zimmerhöhen und damit Fenstergrößen zurückgekehrt ist, spielt der geschilderte Umstand nicht mehr die große Rolle wie früher, und die Frage nach dem besten Platz für den Heizkörper ist neuerdings aufgetreten. Für

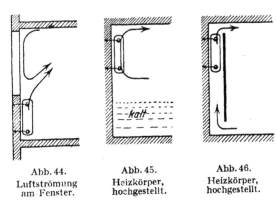

Abb. 44.
Luftströmung
am Fenster.

Abb. 45.
Heizkörper,
hochgestellt.

Abb. 46.
Heizkörper,
hochgestellt.

Aufstellung am Fenster spricht außer der Platzersparnis die oben geschilderte gleichmäßigere Erwärmung des Zimmers. Für die Aufstellung an der Zimmerinnenseite spricht nur die Verbilligung des Rohrnetzes durch Verkürzung der waagerechten Verteilleitungen im Keller.

Man ist manchmal gezwungen, die Heizkörper in der oberen Hälfte des Raumes anzubringen. Dann besteht die Gefahr, daß der Luftumlauf und damit die Erwärmung sich hauptsächlich auf die oberen Schichten des Raumes erstreckt, so daß die unteren Schichten sich nur ungenügend erwärmen (Abb. 45). Ist das Hochstellen des Heizkörpers in keiner Weise zu umgehen, so kann man sich mit einer zwangsläufigen Luftführung nach Abb. 46 behelfen.

Bei Räumen mit außergewöhnlich großen Abkühlungsflächen (Kirchen mit großen Fenstern, Hallen mit Oberlichten, Glas- oder Wellblechdächern) ist zur Vermeidung von Zugerscheinungen die Anordnung von gesonderten Heizflächen unmittelbar unter diesen Abkühlungsflächen erforderlich.

D. Rohrleitungen[1].

Die nachstehende Darstellung ist nur als kurze Einführung für den Anfänger gedacht. Es sei deshalb auf die in der Fußnote angegebene Literatur[1] verwiesen.

1. Rohre.

Mit der Normung der Rohre ist als Bezeichnungsweise die „Nennweite" der Rohre eingeführt worden, welche mit kleinen Abweichungen dem Innendurchmesser der Rohre entspricht.

Für Heizanlagen kommen fast ausschließlich die in den Normblättern

DIN 2440 bzw. 2440 U als gewöhnliche Gewinderohre und

DIN 2449 als nahtlose Flußstahlrohre

gekennzeichneten Rohre in Betracht.

---

[1] Schwedler, F., und H. v. Jürgensonn: Handbuch der Rohrleitungen. 2. Aufl. Berlin: Springer 1939. — Ferner die kleine Schrift: Eignung von Rohrleitungen im Kraft- und Wärmebetrieb. Berlin: VDI-Verlag 1938.

a) Gewinderohre gemäß DIN 2440 und DIN 2440 U.

Bei diesen Rohren ist die Wanddicke so bemessen, daß die Rohre mit Gewinde versehen und durch Muffen oder andere Gewindeformstücke verbunden werden können. Als Gewinde wird das Withworth-Rohrgewinde nach den Normblättern DIN 259 und DIN 2999 verwendet, und zwar als Außengewinde das kegelige, als Innengewinde das zylindrische.

Diese Rohre sind in den Normblättern außer nach „Nennweiten in mm" auch nach „Nennweiten in Zoll" bezeichnet. Der für die Heizungstechnik in Frage kommende Bereich erstreckt sich von $^3/_8''$ bis 2" bzw. 10 bis 50 mm Nennweite. Der Buchstabe U bedeutet „Umstellnorm". Die Rohre nach 2440 U haben für die einzelnen Nennweiten bei gleichem Außendurchmesser etwas geringere Wanddicken als die Rohre nach DIN 2440.

Eine weitere Sorte von Rohren, die nach DIN 2441 genormten Rohre, haben bei den einzelnen Nennweiten ebenfalls die gleichen Außendurchmesser als die nach DIN 2440, aber noch etwas größere Wanddicken. Sie finden im Heizungsfach nur in Sonderfällen Verwendung.

b) Nahtlose Rohre gemäß DIN 2449.

Bei dieser Rohrart ist die Wanddicke so gering, daß das Aufschneiden eines Gewindes nicht zulässig ist. Die Verbindung der Rohre muß daher durch Flanschen oder Schweißung geschehen. Letztere ist bei Rohren unter 50 Nennweite möglichst zu vermeiden, weil bei den engeren Rohren unsaubere Schweißstellen erhebliche Druckverluste verursachen können.

Diese Rohre, im Heizungsfach kurz „nahtlose Rohre" genannt, sind im Normblatt nach ganzzahligen Nennweiten von 4 bis 550 unter Fortlassung der Zollbezeichnung geordnet. Bei ihrer Bestellung ist der Außendurchmesser und die Wandstärke anzugeben, z. B. für ein Rohr von Nennweite 50: „Nahtloses Rohr 57 × 2,75 DIN 2449."

2. Rohrverbindungen.

a) Muffenverbindungen und Verschraubungen.

Die einfachste Verbindung erfolgt durch die Muffe (Abb. 47). Sie besteht aus Temperguß (Weichguß) und weist nur Rechtsgewinde auf. Muffe M wird unter Verwendung von Hanf und Dichtungskitt (Mangankitt) auf Rohr A aufgeschraubt und in gleicher Weise das Rohr B in M gedichtet. Die Verbindung setzt voraus, daß mindestens das Rohr B frei drehbar ist. Andernfalls erlaubt die Muffenverbindung kein Lösen eines fertig verlegten und befestigten Rohrstranges.

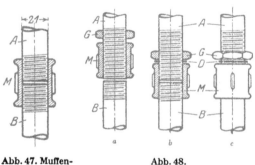

Abb. 47. Muffen-
verbindung.

Abb. 48.
Langgewinde.

Liegen jedoch beide Rohre fest, oder will man in langen Rohrstrecken eine lösbare Verbindung schaffen, so wird das Langgewinde (Abb. 48 a, b, c) benutzt. Die Rohre A und B werden in die richtige Lage gebracht, A trägt auf sich die Muffe M und den Gegenring G. Zur Rohrverbindung wird (Abb. 48 a) M auf B heruntergeschraubt (Abb. 48b) und gedichtet. Hierauf wird auf das Rohr *A* bei *D* Hanf gewickelt, Kitt gestrichen und nunmehr die Dichtung durch Nachziehen des Gegenringes *G* bewirkt. Die Außenansicht zeigt Abb. 48c. Die Lösung der Ver-

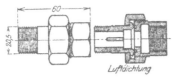

Abb. 49. Gerade Verschraubung. 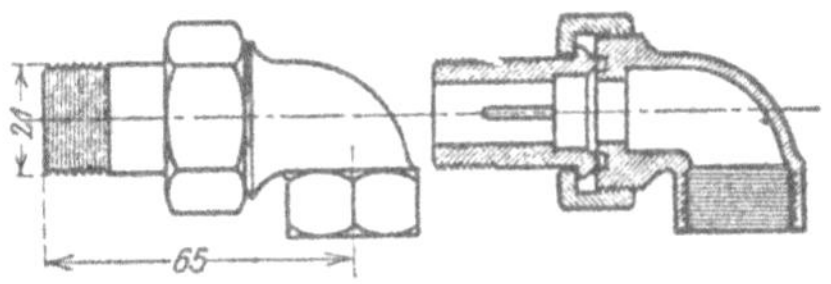   Abb. 50. Winkelverschraubung.

bindung ist höchst einfach. *G* wird auf *A* bis zur höchsten Stelle hinaufgeschraubt, die Dichtung *D* entfernt, *M* wie in Abb. 48a völlig auf *A* zurückgezogen, wodurch beide Rohrenden frei werden.

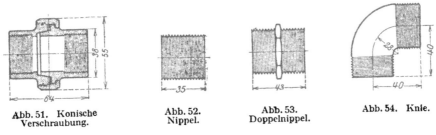

Abb. 51. Konische Verschraubung.   Abb. 52. Nippel.   Abb. 53. Doppelnippel.   Abb. 54. Knie.

Das Gegenstück zu diesen sogenannten festen Verbindungen bilden die leicht lösbaren Verschraubungen. Diese werden entweder mit ebenen Dichtungsflächen (Abb. 49 und 50) oder mit konischer Dichtung (Abb. 51) ausgeführt.

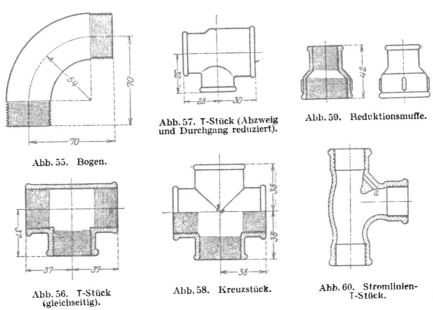

Abb. 57. T-Stück (Abzweig und Durchgang reduziert).

Abb. 59. Reduktionsmuffe.

Abb. 55. Bogen.

Abb. 56. T-Stück (gleichseitig).   Abb. 58. Kreuzstück.   Abb. 60. Stromlinien-T-Stück.

Die Abb. 52—60 bringen eine Reihe Formstücke aus Temperguß, die für das Verbinden und Abzweigen von Muffenrohren verwendet werden. Abb. 60 zeigt ein T-Stück, bei dem durch Anpassung der Wandung an die Strömungsform eine Ver-

ringerung des Widerstandes gegenüber den gewöhnlichen T-Stücken erzielt wird.
Die Bohrung *a* ist notwendig, damit bei senkrechtem Einbau des T-Stückes die Luft
aus dem Heizkörper entweichen kann.

b) Flanschenverbindung.

Die Flanschenverbindung von Rohren ist grundsätzlich bei allen gebräuchlichen
Heizungsrohren möglich.

Wird sie bei verstärkten Gewinderohren benutzt, was seltener vorkommt, so
müssen Gewindeflanschen verwendet werden, die rund oder oval und mit oder ohne

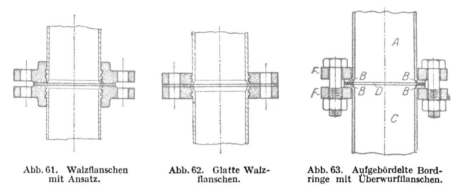

Abb. 61. Walzflanschen   Abb. 62. Glatte Walz-   Abb. 63. Aufgebördelte Bord-
     mit Ansatz.   flanschen.   ringe mit Überwurfflanschen.

Ansatz hergestellt werden. Näheres über die genormten Flanschen dieser Art enthalten die Normblätter.

Bei nahtlosen Rohren ist die Flanschenverbindung neben der Schweißung die
einzig mögliche Verbindungsart von Rohren. Die hierbei am häufigsten verwendeten
Flanschen sind Walzflanschen in glatter Ausführung oder mit Ansatz.

In den Abb. 61 bis 63 sind drei verschiedene Flanschenverbindungen von Rohren
dargestellt.

c) Rohrverbindungen durch Schweißen.

In den letzten Jahren hat sich das Schweißen auch in der Heizungsindustrie in
weitgehendem Maße eingebürgert, allerdings herrscht bei den verschiedenen Firmen
noch keine Einheitlichkeit darüber, in welchen Fällen bzw. in welchem Ausmaß die
Verbindung durch Flanschen bzw. Muffen durch die Verbindung mittels Schweißen
ersetzt werden soll.

Im allgemeinen kann man sagen, daß die Flanschenverbindung nach Möglichkeit
durch die Schweißung ersetzt werden soll, weil erstere stets die Gefahr des Undicht-
werdens in sich trägt, weil die Anbringung der Isolierung verteuert wird und weil
selbst bei Verwendung von Flanschenkappen die Flanschverbindung einen höheren
Wärmeverlust bedingt. Man wird darum nur so viel Flanschen zulassen, daß keine
allzu langen Rohrstrecken entstehen, welche bei Erweiterungs- oder Instand-
setzungsarbeiten unbequem würden. Häufig genügen dafür aber schon die Flanschen
an Ventilen und anderen Formstücken.

Bei engen Rohren, den sogenannten Muffenrohren, wird man mit der Verwendung
der Schweißung bedeutend vorsichtiger sein müssen, da beim engen Rohr die
Schweißung nicht nur viel schwieriger auszuführen ist, sondern sich auch Fehler in
der Schweißung, z. B. Querschnittsverengungen, weit stärker bemerkbar machen.

In weit höherem Maße als bei anderen Rohrverbindungen hängt bei der
Schweißung alles von der Gewissenhaftigkeit und Tüchtigkeit des Arbeiters ab. Die
Abb. 64 und 65 sind den Lehrmitteln von Schweißerkursen entnommen.

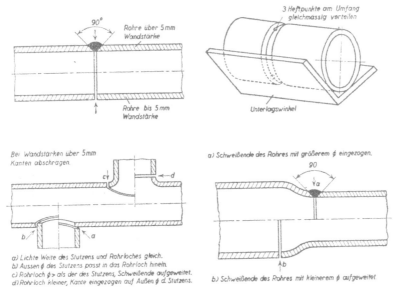

Abb. 64. Rohrverbindungen durch **Schweißen**.

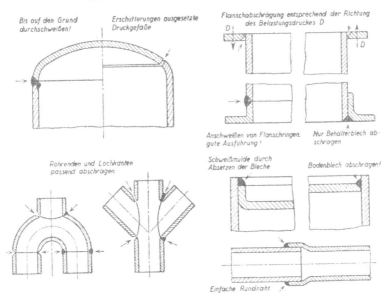

Abb. 65. Rohrverbindungen durch **Schweißen**.

d) Druckprobe der fertigen Leitungen.

Nach Fertigstellung aller Rohrverbindungen ist die ganze Anlage, einschließlich
Kessel und Heizkörper, zunächst mit kaltem Wasser unter einem Druck zu prüfen,
der 2 at mehr beträgt als der höchste Betriebsdruck. Hierbei ist anzunehmen, daß
Undichtigkeiten nicht vorhanden sind, wenn das Manometer der Druckpumpe inner-

halb 15 Minuten keinen Rückgang zeigt. Alsdann sind unter kräftigem Heizen nicht nur die tropfenden, sondern sämtliche Verschraubungen und Flanschen nach- zuziehen. Nach mehrtägiger einwandfreier Probeheizung können die Mauerschlitze hohl zugemauert werden. Es empfiehlt sich, über die geschlossenen Schlitze ein grobmaschiges Drahtgewebe zu legen und hierauf erst den Putz aufzutragen. Flanschen dürfen nicht unter Putz verlegt werden, sondern sind stets zugänglich zu belassen.

Alle Mauerschlitze, Decken- und Wanddurchbrüche sollen schon bei der Aus- führung des Gebäudes berücksichtigt werden. Hierdurch lassen sich sehr erhebliche Ersparnisse an Maurerarbeiten erzielen. Naturgemäß ist dies nur bei rechtzeitiger Vergebung der Heizungsanlagen möglich.

3. Rohrhülsen, Rohrlagerung, Ausdehnung.

Bei Durchführung der Rohre durch Mauern oder Decken sind fest einzumauernde schmiede- oder gußeiserne Rohrhülsen (Abb. 66—68) anzuwenden, in denen sich

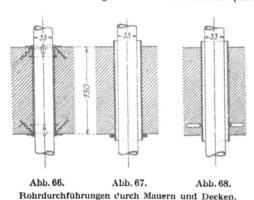

Abb. 66.   Abb. 67.   Abb. 68.
Rohrdurchführungen durch Mauern und Decken.

die Rohre mit genügendem Spiel frei bewegen können. Der Wand- oder Deckenaustritt kann zweckmäßig durch einen einfachen Wandver- schluß verkleidet werden, der meist einteilig, wenn nötig zweiteilig ge- liefert wird. Bei der Anbringung die- ser Einrichtungen ist große Sorgfalt darauf zu verwenden, daß das Rohr unter keinen Umständen an den Hül- sen oder Verschlüssen anliegt. Ist dies der Fall, so treten — sowohl beim Anheizen als auch beim Ab-

kühlen der Rohre — äußerst unangenehme Geräusche auf, die infolge des Vorbei- schiebens des Rohres an den festsitzenden Hülsen entstehen. Ebenso ist zu be-

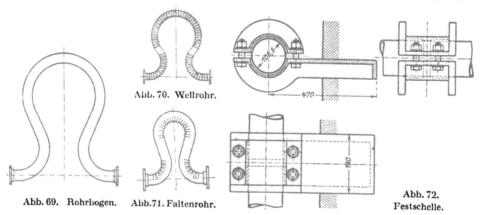

Abb. 70. Wellrohr.

Abb. 69. Rohrbogen.   Abb. 71. Faltenrohr.

Abb. 72.
Festschelle.

achten, daß durch unsachgemäßes Anbringen der Wandanschlüsse der anliegende Putz von der Wand abplatzen kann.

Besondere Maßnahmen sind erforderlich, um die durch Erwärmung hervorgerufene Längenausdehnung der Rohre auszugleichen [1]. Bei Warmwasserheizungen ist mit einer Dehnung von etwa 1 mm für 1 m Rohr zu rechnen.

Bei größeren Leitungen braucht man besondere Ausdehnungsstücke. Meist verwendet man sogenannte Omegabogen, die entweder als glatte Rohre (Abb. 69), als Wellrohre (Abb. 70) oder als Faltenrohre (Abb. 71) ausgeführt sein können.

Zwischen je zwei Ausdehnungsstücken muß ein Festpunkt eingeschaltet werden, der den Rückdruck aufnimmt. Eine Festschelle für Leitungen mittlerer Größe zeigt Abb. 72. Die Kräfte, die aufgenommen werden müssen, sind zum Teil sehr erheblich.

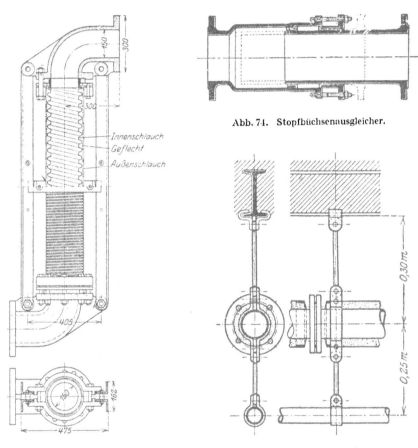

Abb. 74. Stopfbüchsenausgleicher.

Abb. 73. Metallschlauchausgleicher.

Abb. 75. Hängeschelle.

und es gibt Fälle, in denen diese starken Kräfte vermieden werden müssen. Dann kann man entweder einen Metallschlauchausgleicher (Abb. 73) oder einen Stopfbüchsenausgleicher (Abb. 74) verwenden. Die Unterstützungen des Rohres außerhalb der Festpunkte müssen ein Ausweichen nach allen Richtungen ermöglichen. Abb. 75 stellt eine Hängeschelle für zwei Rohrleitungen da, Abb. 76 einen Rollenstuhl.

Bei den kleineren Rohrleitungen, wie sie im Innern von Gebäuden bei den Heizungen vorkommen, sind häufig besondere Dehnungsausgleicher nicht not-

[1] B l e c h , K.: Betriebseignung von Dehnungsausgleichern. Arch. Wärmewirtsch. 1937, H. 8, s. auch H. 9. — S c h i l l i n g , H.: Bauvorschriften für Fernheizwerke. Gesundh.-Ing. 1936, H. 52. — W e c k w e r t h , F.: Praktische Erfahrung mit Dehnungsstücken. Gas- u. Wasserfach 1937, S. 320.

wendig, da diese Rohre selten über sehr
große Strecken in einer Geraden fort-
geführt werden. Man gewinnt dann eine genügende Nachgiebigkeit des Rohrstranges,
wenn man die Schellen (Abb. 77) nicht an
den Ecken anbringt, sondern in der Mitte
der geraden Rohrstrecken (vgl. Abb. 78).

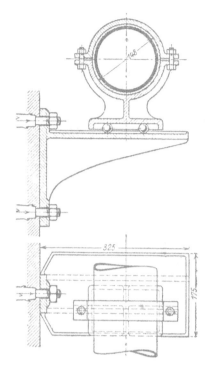

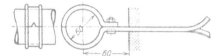

Abb. 77. Rohrschelle
für kleine Rohrdurchmesser.

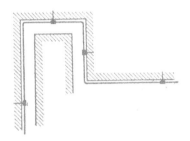

Abb. 76. Nach allen Seiten bewegliche
Kugelschelle.

Abb. 78. Dehnungsausgleichung
bei kleinen Rohrdurchmessern.

4. Wärmeschutz.

Die Ausführung der Rohrisolierung ist je nach dem verwendeten Isoliermittel
ganz verschieden. So werden z. B. Isolierzöpfe einfach um das Rohr gewickelt.
In gleicher Weise verfährt man mit Juteschläuchen, die mit Korkmehl oder pulverförmigem Stoff gefüllt sind. Kieselgur und ähnliche Stoffe werden
zu einem Brei angerührt und dann zwecks langsamer Trocknung in
dünnen Schichten auf das geheizte Rohr aufgetragen. In neuerer
Zeit hat sich auch ein Trockenstopfverfahren eingeführt; dabei wird
ein Blechmantel in vorgeschriebenem Abstand um das Rohr gelegt
und befestigt und dann der Zwischenraum zwischen Rohr und
Mantel mit pulverförmigem Stoff so fest ausgestopft, daß kein Zu-
sammensacken eintreten kann. Die Ausführung ist sowohl bei
waagerechten als senkrechten Rohren möglich. Feste Isoliermittel,
wie Korksteine, gebrannte Kieselgursteine, werden als zweiteilige
Schalen um das Rohr gelegt und befestigt. Ist die Isolierung aufgetragen, so wird das Ganze zum Schutze gegen Beschädigung mit
einer Bandage umwickelt. Von den Flanschen müssen die Iso-
lierungen so weit abstehen, daß die Flanschenschrauben nicht nur
angezogen, sondern auch ausgewechselt werden können. Bei senkrechten Rohren wird häufig vergessen, die Isolierung unten gegen den Flansch ab-
zustützen. Dann tritt nach einiger Zeit ein Abreißen und Herunterrutschen der
Isolierung entsprechend Abb. 79 ein.

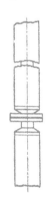

Abb. 79. Rohr-
isolierung ohne
Abstützung.

Die frei bleibenden Teile Flansch und Rohransatz würden einen sehr großen Wärmeverlust bedingen, wenn sie unisoliert blieben. Eine nackte Flanschenverbindung hat etwa den gleichen Wärmeverlust wie eine 3 bis 4 m lange nackte Leitung. Die Isolierung der Flanschen ist eine unbedingt notwendige Arbeit, wenn sie auch keineswegs einfach auszuführen ist. Erstens muß ein Undichtwerden der Flanschen sofort von außen bemerkbar sein, zweitens müssen die Flanschenisolierungen leicht abgenommen und wieder befestigt werden können, drittens sollen die Kosten nicht zu hoch sein. Es gibt verschiedene Ausführungsformen der Flanschenisolierung. Entweder man umwickelt die Flanschen mit Seidenzöpfen, Juteschläuchen und ähnlichem oder man umgibt sie mit Glasgespinstmatten, die mit Draht befestigt werden. Andere Ausführungsformen sind zweiteilige Formstücke aus Isolierstein oder doppelwandige Blechkappen, deren Hohlwandung mit einem Isoliermittel gefüllt wird. — Über die Berechnung der Isolierung s. S. 287.

5. Absperrorgane in Leitungen.

Als Absperrorgane in Rohrleitungen kommen in erster Linie Ventile und Schieber in Frage. Der Normenausschuß der Deutschen Industrie sowie die verschiedenen Herstellerfirmen haben sich bemüht, die Ventile in ihrer Konstruktion und werkstattmäßigen Ausführung gegenüber früher wesentlich zu verbessern. Insbesondere wurde dabei eine Verminderung des Widerstandes angestrebt, was durch geeignete

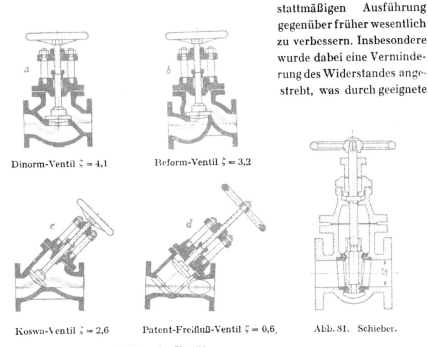

Dinorm-Ventil $\zeta = 4{,}1$ Reform-Ventil $\zeta = 3{,}2$

Koswa-Ventil $\zeta = 2{,}6$ Patent-Freifluß-Ventil $\zeta = 0{,}6$.   Abb. 81. Schieber.

Abb. 80a—d. Entwicklung der Ventilformen.

Formgebung der Strömungswege, in den meisten Fällen durch Schräglegen des Ventilsitzes, erreicht wurde (vgl. Abb. 80a bis d). Die Bedeutung des dort angegebenen ζ-Wertes ist auf S. 301 erläutert. Einen sehr geringen Strömungswiderstand bieten die Schieber (Abb. 81).

Über Ventile vor Heizkörpern vgl. S. 67. Über Sicherheitswechselventile vgl. S. 65.

6. Reduzierventile (Druckminderer).

Die Reduzierventile können entweder gewichts- oder federbelastet ausgeführt werden (Abb. 82 und 83). Zu beachten ist, daß durch die Druckminderung eine geringe Überhitzung entsteht (Dampftrocknung).

Zu den Abbildungen ist folgendes zu bemerken:

Abb. 82. Gewichtsbelasteter Druckminderer. Der Dampf kommt von *a* und trifft das Ventil *b*. Besonders zu beachten ist, daß dies Ventil als ein entlastetes Ventil konstruiert sein muß. Dieses

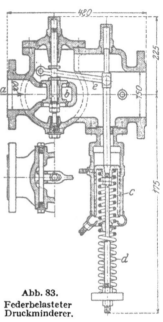

Abb. 83.
Federbelasteter
Druckminderer.

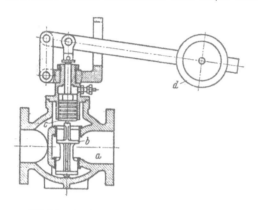

Abb. 82. Gewichtsbelasteter Druckminderer.

Ventil wird vom Kolben *c* (Labyrinthdichtung) gesteuert. Er steht unter dem Einfluß des reduzierten Druckes, dessen Höhe die Gewichtsbelastung *d* bestimmt.

Abb. 83. Federbelasteter Druckminderer. Der Dampf kommt von *a* und trifft das entlastete Ventil *b*. Dieses wird durch den Hebel *e* gesteuert, der die Bewegung des Kolbens *c* aufnimmt. Letzterer steht unter dem Einfluß des reduzierten Druckes, dessen Höhe die Federbelastung *d* bestimmt.

7. Entwässerung von Dampfleitungen[1].

Besondere Beachtung verdient bei Dampfleitungen die Entwässerung der Leitung, d. h. die Trennung des im Rohr gebildeten Kondensates vom Dampf durch den **Wasserabscheider** und die Entfernung des Kondensates aus der Leitung durch den **Wasserableiter** oder **Kondenstopf**.

a) Wasserabscheider.

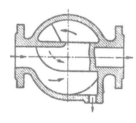

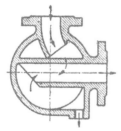

Abb. 84. Wasserabscheider.

Der Feuchtigkeitsgehalt des Dampfes in einer Leitung wird nach Prozenten gerechnet, und zwar besagt eine Angabe von beispielsweise 10 vH Feuchtigkeit, daß die Strömung 90 Gewichtsteile trockenen Dampf und 10 Gewichtsteile Wasser mit sich

[1] Kästner, H.: Richtiger Einbau von Absperrorganen in Dampfleitungen sowie zweckmäßige Entwässerung. Wärme 1942 Heft 47/48 S. 415.

führt, wobei dieses Wasser teils als geschlossener Strom an der Sohle der Leitung
strömt, teil als fein verteilte Tropfen im Dampfstrom schwebt. Wiederholte Versuche haben gezeigt, daß der Anteil des Wassers in Tropfenform den geringen Betrag von 1 vH nicht überschreitet. Soll eine Leitung entwässert werden, so genügt es
deshalb meistens, wenn man das an der Sohle fließende Wasser entfernt. Deshalb
ist es meist nicht notwendig, die in Abb. 84 dargestellten Bauarten zu verwenden,

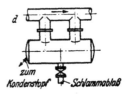

Abb. 85a u. b. Kondensatableitung.   Abb. 85c. Wassersack.   Abb. 85d. Wasserblase.

welche einen ziemlich hohen Widerstand haben. Es genügt eine Ableitung des
Kondensates nach Abb. 85a oder b. Besser ist freilich der Einbau eines sogenannten
Wassersackes nach Abb. 85c bei einer Richtungsänderung der Leitung. Der Dampf
kommt hier von links und wird nach oben weitergeleitet. Bei sehr großen Anlagen
mit stark schwankendem Kondensatanfall verwendet man zwecks kurzzeitiger
Speicherung des Kondensates sogenannte Wasserblasen nach Abb. 85d.

Dampfleitungen sollen grundsätzlich mit Gefälle in Richtung der Dampfströmung
verlegt werden, damit Dampf und Kondensat in der gleichen Richtung fließen. Da
dies bei Steigleitungen nicht möglich ist, soll die Hauptleitung vor dem Beginn der
Steigung durch einen Wasserabscheider entwässert werden. Ferner soll in die
Hauptleitung vor jeden Dampfverbraucher ein Wasserabscheider eingebaut werden,
damit den Heizflächen nur trockener Dampf zugeführt wird.

b) Kondenstöpfe.

Das Kondensat, das den Wasserabscheidern entströmt, und das Kondensat, das
die dampfverbrauchenden Wärmeapparate liefert, stehen zunächst noch unter
Kesseldruck. Dagegen steht die Kondensatleitung, in die es übergeführt werden soll,
unter Atmosphärendruck. Der Kondenstopf ist die Schleuse, die das Kondensat
übertreten läßt, den Dampf jedoch zurückhält.

Die Größe des Kondenstopfes muß der im normalen Betrieb anfallenden Kondensatmenge angepaßt sein, da sowohl ein zu groß als ein zu klein gewählter
Kondenstopf unwirtschaftlich arbeitet. Beim Anheizen einer kalten Anlage entstehen jedoch außergewöhnlich große Kondensatmengen, die ein für die normale
Betriebszeit richtig bemessener Kondenstopf meist nicht zu fördern vermag. Es ist
deshalb in jedem Kondenstopf eine Umgehungsleitung oder ähnliche Vorrichtung
eingebaut, die nur während der Anwärmung der Anlage eingeschaltet ist, beim
Übergang zum normalen Betrieb aber wieder ausgeschaltet wird.

Abb. 86 zeigt einen sogenannten Becherkondenstopf (mit offenem Schwimmer,
auch Freifalltöpfe genannt). Das bei a ankommende Kondensat tritt in den Hohlraum b, den es immer weiter anfüllt. In dem in b sich sammelnden Kondensat steht
der Schwimmer c (Freifalltopf) in seiner obersten Lage und schließt dadurch das
Nadelventil d. Das in b ansteigende Kondensat erreicht endlich die Oberkante von c
und tritt nun in den Freifalltopf c selbst ein. Sobald das Gewicht des sich mit

Wasser füllenden Schwimmern c größer ist als sein Auftrieb, senkt sich c und öffnet
dadurch das Nadelventil d. Der hinter a stehende Dampfdruck treibt nun das
Wasser durch die hohle Achse in den Deckelteil und dann bei e fort. Ist so viel

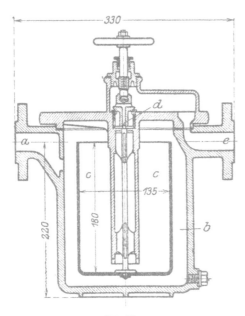

Wasser aus c fortgeschafft, daß der
Auftrieb den Topf c hochtreibt, so
schließt sich damit das Nadelventil,
und das Spiel beginnt von neuem.

Einen Kondenstopf mit geschlossenem Schwimmer zeigt Abb. 87. Eine
Abart dieser Ausführung hat statt
des Ventils als Auslaßorgan einen
Schieber.

Eine andere Gruppe von Kondens-
töpfen besitzt keine beweglichen
Teile. Bei ihnen ist in den Weg, den
das Kondensat bzw. der Dampf
nimmt, eine Drosselstelle, z. B. in Gestalt eines Labyrinthes, eingebaut.
Eine Drosselstelle hat die Eigenschaft, daß sie — dem Gewichte nach
verglichen — viel Wasser, aber wenig
Dampf durchläßt. Einen Vertreter
dieser Bauart zeigt Abb. 88.

Abb. 86.
Kondenstopf mit offenem Schwimmer
(Freifalltopf).

Kondenstöpfe sind aus zweierlei
Ursache eine Quelle dauernden
Wärmeverlustes. Die erste Ursache
liegt darin, daß jeder Kondenstopf etwas Dampf durchläßt. Diese Menge ist bei
einem einwandfrei arbeitenden Kondenstopf nicht so groß, daß sie ernstlich ins Gewicht fallen würde. Erfahrungsgemäß neigen aber die Kondenstöpfe sehr zu

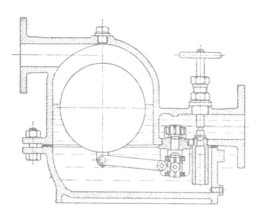

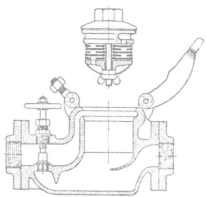

Abb. 87. Kondenstopf mit geschlossenem Schwimmer.   Abb. 88. Prallplatten-Kondenstopf.

Störungen, und dann können große Mengen Dampf unbemerkt und dauernd in die
Kondensableitung übertreten. Alle Kondenstöpfe bedürfen deshalb einer sorgfältigen
Überwachung und leider auch sehr häufiger Reparatur. In großen Betrieben braucht

man hierfür eigene Arbeitertrupps. Um die Kontrolle und die Reparaturen der Kondenstöpfe leicht durchführen zu können, müssen sie übersichtlich angeordnet, richtig bezeichnet und so aufgestellt sein, daß sie leicht zugänglich sind. Jeder Kon-

denstopf an wichtiger Stelle muß eine Umgehungsleitung nach Abb. 89 besitzen, damit er ohne Störung des Betriebes ausgebaut werden kann. Die Umgehungsleitung kann dann vorübergehend die Aufgabe des Kondenstopfes übernehmen, indem das Absperrventil entsprechend gedrosselt wird.

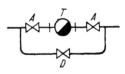

Abb. 89.
T = Kondenstopf, A = Absperrventil. D = Absperrventil in der Umgehungsleitung.

Die zweite Quelle für Wärmeverlust darf man eigentlich nicht dem Kondenstopf zur Last legen, da sie mit dem Übertritt des Kondensates aus dem Gebiet höheren Druckes vor dem Kondenstopf in das Gebiet niederen Druckes hinter dem Kondenstopf naturnotwendig verbunden ist, denn bei dieser Druckentlastung tritt immer ein Nachverdampfen aus dem Kondensat ein. Der Wärmeinhalt des so gebildeten Dampfes geht meist für den Betrieb verloren. Auf 1 kg Kondensat bezogen sind dies bei 3 ata Dampfdruck 34 kcal, bei 5 ata Dampfdruck 54 kcal.

Bei diesem Vorgang geht aber nicht nur die Wärme, sondern auch das Kondensat selbst verloren und muß durch Zusatzspeisewasser ersetzt werden. Bei 3 ata sind dies 6 vH, bei 5 ata 10 vH Kondensatverlust. Zur Erhöhung der Wirtschaftlichkeit des Betriebes werden deshalb häufig die im Kondensatsammelgefäß sich bildenden Wrasen durch einen Kühler geleitet. In einigen Fällen wird auch das Kondensat gekühlt, bevor es in den Kondenstopf eintritt.

III. Warmwasserheizungen.

A. Allgemeines.

Die Begriffe „Warmwasser" und „Heißwasser" sind im Sprachgebrauch der Heizungstechnik durch den Wert 100 ° C für die Wassertemperatur gegeneinander abgegrenzt. In diesem Sinne unterscheidet man zwischen „Warmwasserheizungen" und „Heißwasserheizungen". Eine andere Unterscheidung ist die in offene und geschlossene Wasserheizungen. Beide Arten der Unterscheidung decken sich nicht völlig, wie später bei Besprechung der behördlichen Sicherheitsvorschriften gezeigt werden wird (S. 62).

Die Wasserheizungen werden ferner in Schwerkraft- und Pumpenheizungen eingeteilt. Bei der Schwerkraftheizung wird der Wasserumlauf dadurch bewirkt, daß das abgekühlte (schwerere) Fallstrangwasser das heiße (leichtere) Steigstrangwasser hochdrückt. Man findet manchmal den Umlauf so erklärt, daß dem wärmeren Wasser ein natürliches Bestreben innewohne, in die Höhe zu steigen. Sinngemäß spricht man dann von „Auftriebsheizungen". Diese Erklärung ist natürlich nicht richtig, denn auch das heiße Wasser unterliegt der Wirkung der Schwerkraft. In den weitaus meisten Fällen schadet diese falsche Vorstellung nicht, in einigen Sonderfällen aber vermag sie doch zu falschen Schlüssen zu verleiten, und es ist darum gut, sich nur an das Wort „Schwerkraftheizung" und an die erste Erklärung zu gewöhnen.

Bei Schwerkraftheizungen beträgt die Kraft, die das Wasser in Umlauf hält, etwa 50 bis 100 mm WS, ein Druck, der bei nicht zu großen Gebäuden zur Unterhaltung eines genügenden Wasserumlaufes ausreicht. Mit zunehmender waagerechter Ausdehnung des Gebäudes wachsen jedoch die Rohrwiderstände sehr stark, und man gelangt nicht nur zu unwirtschaftlich großen Rohrweiten, sondern es wird auch immer schwieriger, einen gleichmäßigen Betrieb des Rohrnetzes zu erzielen. In solchen Fällen schaltet man eine Pumpe in das Rohrnetz ein und wählt dabei den Pumpendruck zu etwa 1 bis 4 m WS.

Oftmals wird bei einer Pumpenheizung die Pumpe nur zum Anheizen benutzt. Dies setzt voraus, daß der Pumpendruck so niedrig angenommen wird, daß sich die Strömungsverhältnisse der Pumpenheizung nur wenig von den durch die Schwerkraftwirkung hervorgebrachten Strömungsvorgängen unterscheiden. Bei der Berechnung der Pumpenheizung darf dann die Schwerkraftwirkung nicht vernachlässigt werden.

B. Schwerkraftheizung.

1. Führung der Rohrstränge.

a) Obere Verteilung, Zweirohrsystem (Abb. 90).

Vom Kessel K wird das heiße Wasser durch den Hauptsteigstrang zur oberen Verteilleitung OV geführt. An diese schließen sich die Fallstränge an, die das heiße

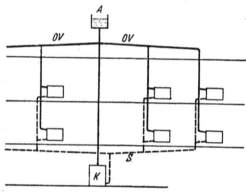

Abb. 90. Obere Verteilung. Zweirohrsystem.

Wasser nach den Heizkörpern führen. Aus ihnen strömt das abgekühlte Wasser durch den anderen Teil der Falleitungen nach dem Keller zur gemeinsamen Sammelleitung S und aus dieser zum Kessel.

Am höchsten Punkt der oberen Verteilleitung ist das Ausdehnungsgefäß angeschlossen, das beim Anwärmen der Anlage die überschüssigen Wassermengen aufnehmen muß. Durch das Ausdehnungsgefäß hindurch erfolgt ferner die Entlüftung des ganzen Rohrnetzes. Zu diesem Zwecke müssen, wie Abb. 90 zeigt, alle Leitungen vom tiefsten Punkt beginnend bis zum Ausdehnungsgefäß ansteigen, damit beim Füllen des Systems die Luft aus Kessel, Rohrleitung und Heizkörper entweichen kann. Diese Rohranordnung heißt Zweirohrsystem, weil jeder Heizkörpergruppe zwei Fallstränge zugeordnet sind.

b) Obere Verteilung, Einrohrsystem (Abb. 91).

Die Anordnung ist sinngemäß dieselbe wie in Abb. 90, nur wird hier das aus dem Heizkörper austretende Wasser in denselben Fallstrang zurückgeführt, daher der Name Einrohrsystem.

c) Untere Verteilung (Abb. 92).

Hier erfolgt die Wasserverteilung schon im Keller. Von den verschiedenen

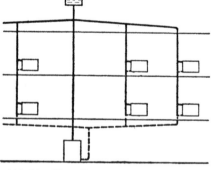

Abb. 91. Obere Verteilung. Einrohrsystem.

Stellen der unteren Verteilleitung UV steigt das heiße Wasser durch die Steigstränge hoch, tritt aus den Heizkörpern abgekühlt in die Fallstränge F, gelangt hier in den Keller und kommt über die gemeinsame Sammelleitung S wieder zum Kessel. Auf eine der Steigleitungen ist das Ausdehnungsgefäß aufgesetzt. Zum Zwecke der Entlüftung wird die untere Verteilleitung sowie auch die Sammelleitung mit Neigung verlegt. Von dem obersten Ende einer jeden Steigleitung ist durch ein Entlüftungsrohr die Verbindung mit dem Ausdehnungsgefäß hergestellt. Bei der einen Ausführungsform werden die Entlüftungsleitungen im Dachraum verlegt, und sie werden dann von oben her zu dem Ausdehnungsgefäß geführt. Bei ungeheizten Dachräumen besteht dann aber die Gefahr, daß die in den Dachraum hereinragenden ruhenden Wassersäulen (E in Abb. 92) einfrieren. Man muß deshalb häufig die Entlüftungsleitungen in das oberste, noch beheizte Stockwerk verlegen (Abb. 93). Ohne

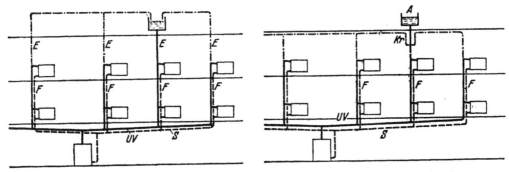

Abb. 92. Untere Verteilung.   Abb. 93. Untere Verteilung mit gekröpften
                                                        Entlüftungsleitungen.

die Kröpfungen an der Stelle *Kr* würden sich die Entlüftungsleitungen mit Wasser füllen, und es könnten Zirkulationen zwischen Teilen des Systems eintreten, die man vermeiden muß. Durch die Kröpfungen erzielt man Luftsäcke in den Entlüftungsleitungen, die eine Zirkulation verhindern. Vielfach wird am oberen Ende eines jeden Steigstranges eine Kröpfung eingebaut.

d) Anwendung von oberer und unterer Verteilung sowie von Zwei- und Einrohrsystem.

Die Erfahrung lehrt, daß die Wasserbewegung bei oberer Verteilung schneller in Gang kommt als bei unterer Verteilung und im allgemeinen auch kräftiger ist. Sie gibt ferner kühlere Keller, da weniger Rohrleitungen den Keller durchziehen. Die Erwärmung des Dachraumes durch die oberen Verteilleitungen ist nicht restlos als Verlust zu bewerten, in manchen Fällen ist sie sogar erwünscht. Die Anlagekosten sind bei unterer Verteilung im allgemeinen etwas niedriger.

Es ergeben sich so eine Reihe von Überlegungen, die nach dem jeweils vorkommenden Falle die Entscheidung beeinflussen werden. Unter sonst gleichen Verhältnissen wird untere Verteilung bei kleinen und mittleren Anlagen, obere Verteilung hingegen bei waagerecht weit ausgedehnten Bauten mit schlechtem Umtriebsverhältnissen angewendet.

In der Regel kommt das Zweirohrsystem zur Anwendung. Das Einrohrsystem hat als Vorteil die besonders einfache Rohrführung. Seine Nachteile sind: Notwendigkeit der Vergrößerung der unteren Heizflächen und gegenseitige Beeinflussung der im gleichen Strang angeordneten Heizkörper.

Da jedoch mit dem Abstellen einzelner Heizkörper im allgemeinen nicht gerechnet zu werden braucht, wirkt sich der letztere Nachteil nicht allzu schwer aus.

2. Sicherheitsvorschriften.

Die Volumänderungen des Wassers, die sich im normalen Betrieb bei Änderung
der Vorlauftemperatur ergeben, werden vom Ausdehnungsgefäß über die Aus-
dehnungsleitung glatt aufgenommen. Im Betrieb sind aber Störungen möglich, die
zu einer Gefährdung der Anlage führen können, wenn nicht besondere Vorkehrungen
getroffen sind. Diese Vorkehrungen sind in den behördlichen Sicherheitsvorschriften
niedergelegt. Um für das Verständnis dieser Bestimmungen eine bessere Grundlage
zu schaffen, seien nachstehend einige dieser Störungen angeführt. Es kann vorkommen, daß durch Unachtsamkeit ein Kessel angefeuert wird, der im Vor- und im
Rücklauf abgesperrt ist, so daß gar keine Ausdehnungsmöglichkeit besteht. Der
Kessel wird dann schon gesprengt, ehe das Wasser Siedetemperatur erreicht.
Wichtiger sind die Fälle, in denen es zur Dampfbildung kommt. Dies kann eintreten, wenn ein Kessel vom Umlauf ausgeschaltet ist, weil er im Vor- oder im Rücklauf abgesperrt ist, oder bei einer Pumpenheizung, wenn die Umwälzpumpe aussetzt.
Das Wasser kann ferner zum Sieden kommen, wenn ein größerer Teil des Heiz-
netzes abgestellt wird, ohne daß das Kesselhaus davon in Kenntnis gesetzt wird, und
endlich, wenn der Feuerungsregler versagt.

Die nachstehenden Ausführungen sind nur als eine Einführung in Sinn und
Zweck dieser Vorschriften gedacht und sollen ein eingehendes Studium derselben
keineswegs ersetzen. Um die Darstellung möglichst einfach halten zu können, soll
nur jener Teil der Bestimmungen berücksichtigt werden, der sich auf Anlagen mit
direkt gefeuerten Kesseln bezieht, also nicht auf solche, in denen das Wasser in
Gegenstromapparaten usw. erwärmt wird.

Die behördlichen Bestimmungen gebrauchen statt der Unterscheidung in „Warm-
wasser- und Heißwasserheizungen" die Unterscheidung in „offene und geschlossene
Wasserheizungen". Bei den offenen Wasserheizungen steht das Ausdehnungsgefäß mit der Atmosphäre in freier Verbindung. Trotzdem kann die Temperatur im
Rohrnetz über $100°$ C betragen, wenn das Ausdehnungsgefäß genügend hoch liegt.
Steht z. B. der höchste Heizkörper der Anlage 20 m und das Ausdehnungsgefäß 30 m
über Kesselmitte, so herrscht im höchsten Heizkörper ein Überdruck von 10 m WS,
also ein absoluter Druck von 2 ata, dem eine Siedetemperatur von $100°$ C entspricht. Die Wassertemperatur im höchsten Heizkörper kann also erheblich höher
als $100°$ C liegen, ohne daß Dampfbildung eintritt. Daraus ergibt sich, daß die
Unterscheidung in offene und geschlossene Wasserheizung wesentlich schärfer ist
als die Angabe einer Wassertemperatur im Kessel.

Die wichtigste Maßnahme, die die Bestimmungen vorschreiben, ist der Einbau
von Sicherheitsleitungen, bei denen man die Sicherheitsvorlauf- und die Sicherheitsrücklaufleitung unterscheidet. Die ältere Bezeichnung „Sicherheitsausdehnungs-
leitung" ist also jetzt durch die Bezeichnung „Sicherheitsvorlaufleitung" ersetzt.
Die Sicherheitsvorlaufleitung soll das entstehende Dampf-Wasser-Gemisch zuverlässig nach dem Ausdehnungsgefäß abführen, so daß der Druck im Kessel nicht
über die statische Höhe des Ausdehnungsgefäßes ansteigen kann, und die Sicherheitsrücklaufleitung soll das ausgeblasene Wasser wieder nach dem Kessel zurückführen, um ein Leerkochen und damit Ausglühen des Kessels zu verhindern.

Beide Sicherheitsleitungen müssen unabsperrbar sein, dürfen keine Verengungen
(z. B. Kreisel-, Drehkolben-, Strahlpumpen, Drosselvorrichtungen u. ä.) aufweisen

und müssen stets mit Steigung zum Ausdehnungsgefäß verlegt werden. Die Sicherheitsvorlaufleitung muß oben vom Kessel abgehen und kann sowohl von oben als von unten in das Ausdehnungsgefäß einmünden. Die Sicherheitsrücklaufleitung muß den u n t e r e n Teil des Ausdehnungsgefäßes mit dem Kesselrücklauf verbinden.

Für beide Leitungen sind Mindestdurchmesser vorgeschrieben, die nach den untenstehenden Gleichungen zu berechnen sind. Der lichte Durchmesser der Sicherheitsvorlaufleitung muß mindestens

$$d_{SV} = 15 + 1{,}5 \cdot \sqrt{\frac{Q}{1000}}$$

sein, darf jedoch nicht weniger als 25 mm betragen. Der lichte Durchmesser der Sicherheitsrücklaufleitung muß mindestens

$$d_{SR} = 15 + \sqrt{\frac{Q}{1000}}$$

sein, darf jedoch nicht weniger als 25 mm betragen. Hierin bedeuten:

d_{SV} und d_{SR} lichter Durchmesser der Leitungen in mm,

Q Kesselleitung in kcal/h (Regelleistung).

Die Größenbemessung der Sicherheitsleitungen in Abhängigkeit von der Kesselleistung ergibt sich aus folgender Zahlentafel.

Weitere Einzelheiten der Vorschriften werden getrennt für Anlagen mit einem und mit mehreren Kesseln besprochen werden.

Anlagen mit einem Kessel. Erhält, wie es bei solchen Anlagen üblich ist, der Kessel weder im Vorlauf noch im Rücklauf ein Absperrventil, so ergeben sich besonders einfache Verhältnisse. Es wird nämlich nicht verlangt, daß diese Sicherheitsleitungen immer in ihrer ganzen Länge als eigene Leitungen neben den schon bestehenden Strängen ausgeführt werden, vielmehr können Vorlauf-

Sicherheitsleitungen d_{SV} und d_{SR} Nennweite	bis zu einer Kesselleistung von kcal/h	
	für Sicherheitsvorlaufleitung	für Sicherheitsrücklaufleitung
25	50 000	100 000
32	130 000	290 000
40	280 000	630 000
50	550 000	1 230 000
60	900 000	2 000 000
70	1 400 000	3 000 000
80	1 900 000	4 200 000
90	2 500 000	5 600 000
100	3 200 000	7 200 000
110	4 000 000	9 000 000
125	5 400 000	12 100 000
140	6 900 000	15 600 000
150	8 100 000	18 200 000

und Steigstrang bzw. Rücklauf und Fallstrang zur Herstellung dieser Verbindungen mitbenutzt werden, vorausgesetzt nur, daß in dem betreffenden Zug der Rohrführung keine Absperrung möglich ist, die Leitung überall mit Steigung verlegt ist und der lichte Durchmesser der Vorschrift entspricht.

Für die Sicherheitsvorlaufleitung verwendet man bei oberer Verteilung meist die Steigleitung (Abb. 94a), bei unterer Verteilung einen der Steigstränge (Abb. 94b). Die Sicherheitsrücklaufleitung führt man gewöhnlich in den oberen Teil eines Rücklaufstranges (Abb. 94c) ein. Man kann auch einen Vorlauffallstrang verwenden (Abb. 94d), hat dann aber dafür zu sorgen, daß keiner der Heizkörper dieses Stranges ein Absperrventil erhält.

Anlagen mit mehreren Kesseln. Als Kesselgruppe bezeichnet man die Gesamtheit der Kessel, die an einen Vorlaufverteiler und Rücklaufsammler angeschlossen sind.

Werden die Kessel ohne Absperrventil im Vorlauf und Rücklauf eingebaut, was allerdings selten der Fall ist, so genügt es, wenn Verteiler und Sammler mit dem Ausdehnungsgefäß durch eine Sicherheitsvorlauf- und eine Sicherheitsrücklauf-leitung verbunden werden. Die lichten Weiten dieser Leitungen sind nach den

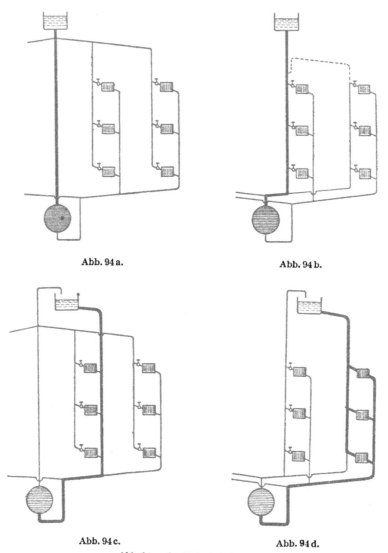

Abb. 94 a.   Abb. 94 b.

Abb. 94 c.   Abb. 94 d.

Abb. 94 a—d. Sicherheitsleitungen.

obigen Gleichungen zu berechnen, wobei für Q die Regelleistung der ganzen Gruppe einzusetzen ist.

Meist wird aber jeder Kessel sowohl an seinem Anschluß an den Vorlauf als an den Rücklauf ein Absperrorgan erhalten, um ihn vorübergehend vom Wasserumlauf ausschalten und bei Reparaturen ausbauen zu können. Gerade beim Wiedereinbau nach Reparaturen wird leicht das Öffnen der Absperrventile vergessen, was zu Kesselexplosionen führt.

Eine erste Sicherungsmöglichkeit besteht in der Anwendung eines sogenannten Sicherheitswechselventils mit angebauter Ausblaseleitung (vgl. Abb. 95a). Das Wechselventil ist nach dem Gedanken des Dreiwegehahnes gebaut (Abb. 96). Es ge-

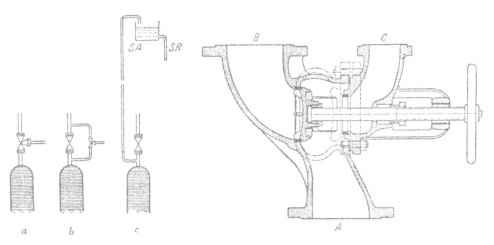

Abb. 95a—c. Zu Abschnitt „Sicherheitsvorschriften".

Abb. 96. Wechselventil.

stattet nur zwei Verbindungen. Bei der Betriebsstellung ist der Durchgang von A nach B freigegeben, d. h. der Kessel mit dem Vorlauf verbunden und die Verbindungen des Kessels und des Vorlaufes mit dem Ausblaserohr vollständig auf-

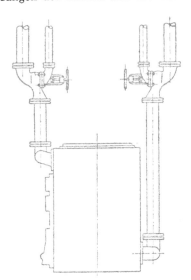

gehoben. Bei der zweiten Stellung AC ist der Kessel mit dem Ausblaserohr und damit auch mit der Atmosphäre verbunden, dagegen ist der Vorlauf abgesperrt. Den Einbau solcher Ventile veranschaulicht Abb. 97. Während des

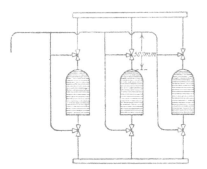

Abb. 97. Einbau zweier Ventile in die Hauptleitungen des Kessels.

Abb. 98. Wechselventile im Vor- und Rücklauf.

Umstellens geht Wasser durch die Ausblaseleitung verloren. Dieser Wasserverlust läßt sich vermindern, indem man gemäß Abb. 95b als Hauptabsperrorgan ein gewöhnliches Ventil einbaut, eine Umgehungsleitung von kleinerem Durchmesser anordnet und in diese ein kleines Sicherheitswechselventil einsetzt. Der in den Gleichungen vorgeschriebene Durchmesser muß jedoch eingehalten wrden.

Die Anordnung dreier Kessel mit Wechselventilen im Vorlauf und im Rücklauf zeigt Abb. 98. Es ist nicht notwendig, daß die Ausblaseleitungen sämtlicher Wechselventile getrennt geführt werden, sie können auch zu einer gemeinsamen Ausblasesammelleitung zusammengezogen werden. Diese Ausblasesammelleitung ist 500 mm über Kesseloberkante zu legen, damit zeitweise ausgeschaltete Kessel mit Wasser gefüllt bleiben.

Auch bei Vorhandensein der Sicherheitswechselventile müssen vom Verteiler und Sammler der Kesselgruppe aus eine Sicherheitsvorlauf- und eine Sicherheitsrücklaufleitung nach dem Ausdehnungsgefäß geführt werden. Bei Berechnung der lichten Weiten der Leitungen ist die Summe der Regelleistung aller Kessel der Gruppe einzusetzen.

Eine andere Möglichkeit, die Kessel zu sichern, besteht darin, daß man jeden Kessel der Gruppe durch eine Sicherheitsvorlauf- und eine Sicherheitsrücklaufleitung mit dem Ausdehnungsgefäß verbindet. Die Leitungen müssen zwischen dem Kessel und seinen Absperrorganen angeschlossen werden (Abb. 95 c). Sehr häufig ist die Anordnung, bei der die Kessel getrennte Sicherheitsvorlaufleitungen erhalten, aber eine gemeinsame Sicherheitsrücklaufleitung mit eingebauten Wechselventilen.

3. Ausdehnungsgefäß.

Das Ausdehnungsgefäß ist als ein fest verschlossenes Gefäß auszuführen, also entweder als ein allseitig verschweißter Kessel oder als ein Gefäß mit einem aufgeschraubten Deckel. Oben muß es ein Entlüftungsrohr tragen, dessen Öffnung nach unten zeigen muß und dessen lichte Weite gleich der Weite der Sicherheitsvorlaufleitung sein muß.

Das Gefäß muß so groß sein, daß es zwischen höchstem und niederstem Wasserstand die zweifache Ausdehnung des Wasserinhaltes der Anlage aufnehmen kann.

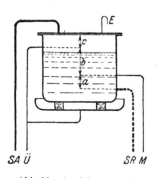

Um die Gefahr des Einfrierens nach Möglichkeit zu beseitigen, ist das Gefäß entsprechend aufzustellen und seine Wandungen und Zuleitungen zu isolieren.

Abb. 99 zeigt das Ausdehnungsgefäß mit den verschiedenen Anschlüssen. Ein Überlaufrohr U sorgt dafür, daß ein festgesetzter Höchstwasserstand nicht überschritten werden kann. Um auch einen niedersten Wasserstand nach Möglichkeit zu sichern, gibt ein Melderohr M dem Kesselwärter die Möglichkeit, vom Kesselhaus aus zu kontrollieren, ob ein vorgeschriebener Mindestwasserstand nicht unterschritten ist. Zu diesem Zweck führt dieses Melderohr bis zum Kesselhaus und ist dort mit einem Hahn verschlossen. Wenn

Abb. 99. Ausdehnungsgefäß bei Sicherheitsleitung Bauart B.

nach dem Öffnen dieses Hahnes nur kurze Zeit Wasser ausfließt, so war nur das Melderohr voll Wasser,, der Wasserstand im Ausdehnungsgefäß aber unter den Anschluß des Melderohres gesunken, und es muß sofort Wasser nachgefüllt werden. Diese Probe ist jedoch nicht ganz sicher, denn schließt der Kesselwärter den Hahn wieder zu früh, so kann dies zu Fehlschlüssen führen. Es ist deshalb zweckmäßig, an das untere Ende des Melderohres keinen Ablaßhahn, sondern ein empfindliches Manometer zu setzen, welches den Druck der Wassersäule im Melderohr mißt. Um die Empfindlichkeit dieser Anzeige zu steigern, wird in diesem Fall ein Ausdehnungsgefäß mit kleiner Grundfläche und großer Höhe gewählt. Sicherheitsvorlauf- sowie Sicherheitsrücklaufleitung sind gemäß den früher erwähnten Bestimmungen angeschlossen.

4. Strangabsperrung.

Es ist wichtig, das Rohrnetz so auszubilden, daß bei etwaiger Beschädigung eines Heizkörpers der größte Teil der übrigen Heizflächen in Betrieb bleiben kann. Dies

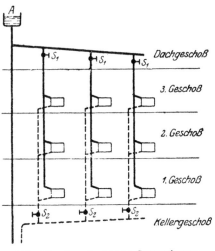

Abb. 100. Anordnung von Strangabsperrvorrichtungen bei Warmwasserheizungen.

läßt sich dadurch erreichen, daß jeder Heizkörper im Vor- und Rücklaufanschluß eine Absperrvorrichtung erhält, wovon die eine gleich zur „Voreinstellung" benutzt werden kann. Eine solche Ausführung ist infolge der großen Zahl der erforderlichen Ventile (Hähne) teuer. In den meisten Fällen wird daher von der Möglichkeit der Ausschaltung der einzelnen Heizkörper Abstand genommen und dafür Strangabsperrung vorgesehen. Zu diesem Zwecke erhält jeder Strang (Abb. 100) zwei Absperrvorrichtungen S_1 und S_2, wobei die oberen Absperrvorrichtungen mit Lufteinlaß, die unteren mit Wasserablaßstutzen versehen sind. Bei Beschädigung eines Heizkörpers wird der betreffende Strang entleert, während die ganze übrige Anlage ungestört in Betrieb bleibt. Als Strangabsperrungen werden statt gewöhnlicher Ventile, die einen großen Strömungswiderstand aufweisen, mit Vorteil Schrägsitzventile oder Strangschieber benutzt.

5. Heizkörperventile.

Die heute üblichen Heizkörperventile entstanden durch konstruktive Vereinigung zweier Regelorgane, nämlich der Handregelung und der Voreinstellung.

1. Die Handregelung benutzt der Bewohner des Raumes, um seine Heizkörper anzustellen oder abzustellen.

2. Die Voreinstellung braucht der Monteur, wenn er bei der Probeheizung die einzelnen Heizkörper auf gleichmäßige Erwärmung einregeln will.

Abb. 101 zeigt ein solches Ventil im Schnitt. Der Ventilkegel mit der Ventilspindel und dem Handrad bildet zusammen mit seinem Ventilsitz das Organ der Handregelung. Der gesamte engschraffierte Teil ist die Voreinstellung. Ihr wesentlicher Bestandteil ist der Schirm A, der die Form eines Halbzylinders hat, und der so verdreht werden kann, daß er die Ausströmöffnung B mehr oder weniger verdeckt. Die Verdrehung erfolgt durch einen Steckschlüssel, der bei C in einer Nut angreift. Die Lage dieser Nut läßt den Grad der Voreinstellung von außen erkennen.

In Abb. 102 ist eine ähnliche Konstruktion dargestellt, bei welcher jedoch das Handregelorgan nicht als Ventil, sondern als Hahn ausgebildet ist.

Eine andere Ausführung der Voreinstellung zeigt Abb. 103. Die Einstellung geschieht hier durch einen vom Inneren der Hohlspindel aus verstellbaren Regelkonus. Dieser Konus hat eine sehr geringe Steigung und gestattet somit eine sehr feine Einregulierung der Voreinstellung.

Die Forderungen, die man an ein gutes Heizkörperventil stellt, sind:

1. Die Ventilspindel soll im Gehäuse gut abgedichtet sein, bei eingetretener Undichtheit muß eine Reparatur bequem und schnell ausführbar sein.

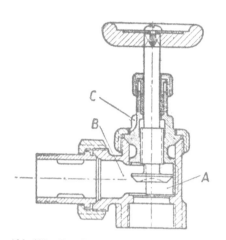

Abb. 101.   Regulierventil mit Voreinstellung.

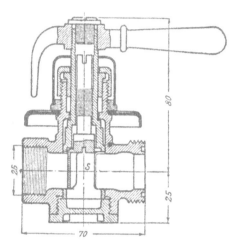

Abb. 102.   Regelhahn mit Voreinstellung.

2. Das Einregeln der Voreinstellung muß bequem und mit wenig Zeitaufwand
möglich sein. Da die Ventile meist mit waagerechter Spindel eingebaut werden, ist es
am besten, wenn das Einregeln von vorne, also von der Handradseite aus erfolgt.

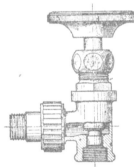

Abb. 103.   Regulierventil mit
Voreinstellung.

3. Der Stand der Voreinstellung muß entweder ohne
weiteres von außen zu erkennen sein, oder er muß
mindestens schnell und bequem nachgeprüft werden
können. Eine Änderung der Voreinstellung durch Laien
muß nach Möglichkeit verhindert sein.

6. Zubehör für Warmwasserkessel.

Vorlaufthermometer. Jeder Kessel soll im Vorlauf
ein Thermometer besitzen, das die Wassertemperatur
anzeigt. Dazu muß die Quecksilberkugel unmittelbar im
Wasserstrom liegen oder in eine im Wasserweg liegende
Kapsel eingebettet sein, die mit Quecksilber gefüllt wird.

Füllung bzw. Entleerung. Am tiefsten Punkt der Kesselanlage ist ein abschließ-
barer Füll- bzw. Entleerstutzen vorzusehen. Dieser wird mit der Wasserleitung
durch einen Schlauch verbunden. Fehlt die Druckwasserleitung, so erfolgt die
Füllung unter Benutzung einer Handpumpe. Die Füll- bzw. Entleerleitung soll ab-
nehmbar sein, damit der Heizer die Dichtheit der Abschlußvorrichtungen über-
prüfen kann und vor falschen Handgriffen bewahrt bleibt.

Verbrennungsregler. Jeder gußeiserne Gliederkessel erhält einen Verbrennungsregler, welcher das Feuer so regelt, daß eine eingestellte Vorlauftemperatur selbsttätig eingehalten wird. Er besteht z. B., wie Abb. 104 zeigt, aus einer Stahlrohr-
anordnung A, die vom Vorlaufwasser von B her durchflossen wird. Die Querdrehung
ist durch die Zugstange C verhindert. Steigt die Wassertemperatur über den ein-

gestellten Wert so dehnt sich die Anordnung in lotrechter Richtung. Diese Dehnung bewirkt ein Entfernen der exzentrisch angreifenden Druckstangen *DD* voneinander. Das Gewicht *E* bewegt den Hebel *F* mit seinem rechten Ende abwärts und steuert

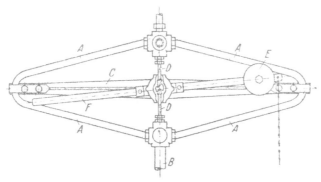

Abb. 104. Verbrennungsregler für Warmwasserkessel.

mit Hilfe einer dort eingehängten Kette die Zuluftklappe. Fällt die Wassertemperatur unter den eingestellten Wert, so bewirken die Druckstangen *DD* ein Anheben des Gewichtes *E* und ein Drehen des Hebels *F* in entgegengesetzter Richtung. Der Regler wird nun von Hand aus dadurch eingestellt, daß der Heizer mittels einer einfachen Stellvorrichtung die Länge der Kette verändert. Außer dem besprochenen Verbrennungsregler gibt es noch eine große Anzahl anderer Bauarten.

C. Stockwerksheizung.

Für die Einzelbeheizung von Wohnungen hat sich eine besondere Ausführungsform der Schwerkraft-Warmwasserheizung ausgebildet, die durch folgende Merkmale gekennzeichnet ist:

Erstens die Verwendung eines Kleinkessels besonderer Bauart, sogenannter Zimmerheizkessel (vgl. S. 24), der nicht im Keller, sondern in einem der zu be-

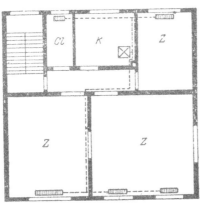

Abb. 105. Heizkörper unter den Fenstern.

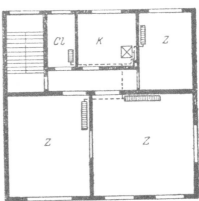

Abb. 106. Heizkörper an den Innenwänden.

heizenden Räume selbst aufgestellt wird. Man wählt dafür ein größeres Zimmer, die Diele oder auch die Küche.

Das zweite Merkmal ist die Aufstellung der Heizkörper nicht am Fenster, sondern an der Innenseite der Zimmer. Da kleinere Wohnungen, Siedlungshäuser usw. meist

niedere Zimmerhöhen und damit auch kleinere Fenster haben, kann nach den Ausführungen auf S. 47 von einer Aufstellung der Heizkörper unter den Fenstern Abstand genommen werden. Dadurch ergibt sich der Vorteil, daß die Rohrlängen
kürzer, die Rohrweiten enger und damit die Rohrnetze billiger werden, und daß
trotz der geringen Auftriebshöhe ein einwand-
freier Wasserumlauf erzielt wird. Abb. 105
und 106 zeigen, wieviel gedrängter das Rohrnetz durch die Aufstellung der Heizkörper an
der Innenseite wird. In Abb. 107 ist eine zu-
sammengebaute Heizung dargestellt. In dieser
Abbildung hat man sich zwischen dem Heizkessel und den drei Heizkörpern die vier
Wände zu denken, welche die vier Räume
trennen.

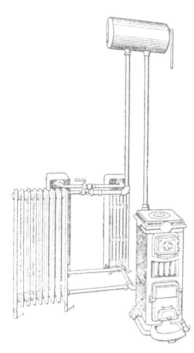

Abb. 107.   Kleinheizung „Narag“.

D. Pumpenheizung.

1. Allgemeines.

Schon auf S. 59 wurde darauf hingewiesen,
daß bei Schwerkraftheizungen der Druck, der
das Wasser in Umlauf hält, nur etwa 50 bis
100 mm WS beträgt, während man bei Pumpenheizungen einen Druck bis 1 bis 4 m WS
wählt. Außer der schon erwähnten Möglichkeit, Anlagen mit sehr großer waagerechter
Ausdehnung sicher betreiben zu können,
bringt der hohe Pumpendruck noch eine Reihe
weiterer Vorteile:

1. Die Rohrweiten werden wesentlich kleiner und damit die Rohrnetze billiger.

2. Bei der Planung der Rohrnetze besteht eine viel größere Freiheit bezüglich
der Führung der Rohre. Kleinere Luftsäcke werden durch den hohen Pumpendruck durchgedrückt, und es können auch Heizkörper ohne Schwierigkeit angeschlossen werden, die etwas tiefer als der Kessel liegen.

3. Die Pumpenheizung ist viel weniger träge als die Schwerkraftheizung, so daß
Anheizen und Abheizen der Räume wesentlich rascher vor sich geht. Es ist dies ein
Umstand, der sich sehr günstig auf den Brennstoffverbrauch der Anlage auswirkt.

Diesen Vorteilen stehen auch eine Reihe Nachteile gegenüber:

1. Pumpe und Motor, einschließlich eines Reserversatzes, erhöhen die Anlagekosten.

2. Es besteht die Gefahr der Geräuschbildung in Motor und Pumpe und ihrer
Übertragung in das Gebäude. Zwar kann diese Gefahr zuverlässig vermieden werden,
jedoch wieder nur unter Erhöhung der Anlagekosten.

3. Der Antrieb der Pumpe erfordert dauernd Betriebskosten, sofern nicht als
Antriebsmotor eine Abdampfturbine Verwendung finden kann.

4. Der Einbau eines Maschinensatzes in die Heizung bedeutet eine Komplizierung
der Anlage. Jedoch darf dieser Umstand nicht allzu schwer gewertet werden, da es

sich doch meist um größere Anlagen handelt, für die an sich eine sorgfältigere und sachkundigere Bedienung vorgesehen ist.

Die Nachteile lassen erkennen, daß Pumpenheizungen nur von einer gewissen Gebäudegröße an zweckmäßig sind, wofür sich allerdings eine allgemeingültige Grenze nicht aufstellen läßt.

2. Ausführung.

Kesselanlage, Heizkörper und Ausführung der Rohrleitungen sind dieselben wie bei der Schwerkraftheizung. Auch die Rohrführung in ihren beiden Hauptformen der oberen und unteren Verteilung ist im wesentlichen dieselbe. Besondere Beachtung ist der Entlüftung zuzuwenden, da durch die hohen Strömungsgeschwindigkeiten das Ausscheiden der Luft aus dem Wasserstrom bedeutend erschwert wird. Man bringt deshalb im oberen Verteilpunkt (vgl. Abb. 108) eine Erweiterung an, das

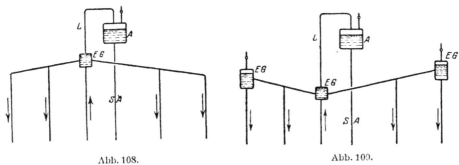

Abb. 108.   Abb. 109.

Abb. 108 u. 109. Pumpenheizung. Entlüftung bei oberer Verteilung.

sogenannte Entlüftungsgefäß *EG*, in der das Wasser zur Ruhe kommt und die Luft sich ausscheiden kann.

Eine andere Ausführungsform gibt Abb. 109. Vom Kessel strömt das Wasser durch ein Steigleitung zu einem Entlüftungsgefäß, das sich seinerseits wieder in das Ausdehnungsgefäß entlüftet. Die Vorlaufleitungen führen steigend bis zum letzten Strang, woselbst wieder jeweils ein Entlüftungsgefäß angebracht ist. Die letztgenannten Entlüftungsgefäße sind von Zeit zu Zeit von Hand zu entlüften.

Der Betrieb der Pumpe[1] ist unter allen Umständen sicherzustellen. Bei ihrem Ausfall würde der Wasserumlauf aussetzen und den Kesseln die entwickelte Wärme nicht mehr abgenommen werden. Die Folge wäre ein Überkochen der Kessel und die Notwendigkeit, das Feuer herauszureißen — eine schwierige und nicht ungefährliche Arbeit. Es wird manchmal vorgeschlagen, eine Umgehungsleitung der Pumpe anzuordnen und hier eine Rückschlagklappe einzubauen, die vom aussetzenden Pumpendruck freigegeben wird. Die Anlage läuft dann bei Stillstand der Pumpe als Schwerkraftheizung weiter. Nur in manchen Fällen jedoch genügt der so erzielte Wasserumlauf, um ein Überkochen der Kessel zu verhindern. Es sollen deshalb stets zwei Pumpen mit voneinander unabhängigen Antriebskräften vorgesehen werden, z. B. eine Abdampfturbine für den normalen Betrieb und ein Elektromotor als Reserve oder ein Elektromotor als Betriebsmaschine und ein Verbrennungsmotor als Reserve.

----

[1] Jungbluth, M.: Niederdruck-Kleindampfturbine für Umwälzpumpen bei W. W.-Heizungen. Heizg. u. Lüftg. 1936 S. 152.

Bei Pumpenheizungen ist stets mit der Gefahr der Geräuschbelästigung zu
rechnen. In erster Linie gehen die Geräusche von dem Motor und von der Pumpe
aus. Es sind deshalb nur geräuscharme Sonderbauarten zu verwenden. Auch solche
Maschinen sind durch Schalldämpfer von ihrem Fundament zu isolieren und dieses
ist getrennt vom Gebäudemauerwerk aufzuführen. Außerdem ist die Pumpe ge-
räuschdämpfend mit dem Rohrnetz zu verbinden. In zweiter
Linie können auch Geräusche im Wasserstrom auftreten,
wenn die Wassergeschwindigkeit zu hoch gewählt war. Man
geht deshalb im allgemeinen nicht über 2 m/sec.

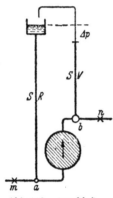

Abb. 110. Anschluß-
steller von Sicherheits-
leitungen und Pumpe.

3. Anschluß von Pumpe und Ausdehnungsgefäß.

Die neuen Sicherheitsvorschriften für offene Wasserheizungen gelten mit gleichem Wortlaut sowohl für Schwer-
kraft- als für Pumpenheizungen. Gegenüber den alten Vorschriften ist zu beachten, daß in allen Fällen sowohl Sicher-
heitsvorlauf- als Sicherheitsrücklaufleitungen vorgeschrieben
sind. Die Sicherheitsrücklaufleitung muß unten am Ausdehnungsgefäß angeschlossen werden, bei der Sicherheitsvorlaufleitung besteht in dieser Hinsicht keine Vorschrift.
Wird sie von oben her in das Ausdehnungsgefäß eingeführt,
so steht das Wasser in ihr etwas niederer als in der Rücklaufleitung, und zwar um
das Maß Δp des Strömungswiderstandes durch den Kessel (Abb. 110). Wird sie
ebenfalls von unten in das Ausdehnungsgefäß geführt, so entsteht ein dauernder
Wasserdurchfluß durch das Ausdeh-
nungsgefäß.

Für die Pumpenheizung ist eine Bestimmung der Vorschriften von besonderer Bedeutung, welche besagt, daß
beide Leitungen keine Verengungen
enthalten dürfen, und daß zu den Verengungen auch alle Arten von Pumpen
(Kreisel-, Drehkolben- und Strahlpumpen) gehören. Die Pumpe darf
also nicht zwischen Kessel und dem
Anschluß der Sicherheitsleitungen angeschlossen werden, sondern nur an
den Stellen m oder n (Abb. 110).

Die Frage, ob man die Pumpe in den
Vorlauf oder in den Rücklauf setzen
soll, wird von den Sicherheitsvorschriften offengelassen. Sie ist im Hinblick
auf die Forderung zu entscheiden, daß
an keiner Stelle des Netzes ein Unterdruck auftreten darf. Die Rohrnetze

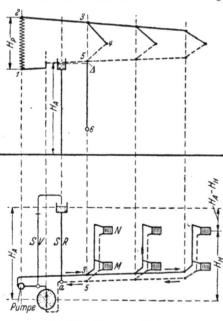

Abb. 111. Pumpe im Vorlauf.

lassen sich nämlich nicht vollkommen luftdicht ausführen, vor allem wegen der
Stopfbüchsen in den Heizkörperventilen. Steht ein Heizkörper unter Unterdruck,
so zieht er durch seine Stopfbüchse Luft ein, und die Folgen sind Betriebsstörungen.

Man findet manchmal statt dessen die Forderung, daß an keiner Stelle des Netzes Dampfbildung eintreten darf. Es bedeutet dies, daß an keiner Stelle der Druck niedriger sein darf, als der Sättigungsdruck ist, welcher der dort herrschenden Wassertemperatur entspricht. Rechnet man mit einer höchsten Wassertemperatur von 90° C, so entspricht dem ein absoluter Druck von 7,3 m WS. Wenn die zweite Forderung entscheidend wäre, dürfte also ein Vakuum von etwa 3 m WS zugelassen werden. Man sieht daraus, daß der Schutz gegen eindringende Luft die schärfere Forderung darstellt, und es gilt deshalb der Grundsatz, daß in keinem Heizkörper ein Unterdruck herrschen darf.

Die Abb. 111 und 112 zeigen jeweils im unteren Teil das Schema einer Anlage mit unterer Verteilung, im oberen Teil den Druckverlauf. In der Abb. 111 ist die Pumpe in den Vorlauf, in der Abb. 112 in den Rücklauf gelegt.

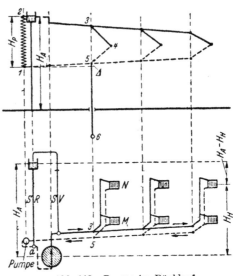

Abb. 112.   Pumpe im Rücklauf.

a) Pumpe im Vorlauf (Abb. 111).

An der Anschlußstelle a des Ausdehnungsgefäßes herrscht der Druck H_A entsprechend der Höhenlage dieses Gefäßes. In der Pumpe steigt der Druck um den Pumpendruck H_P an und sinkt dann im Netz nach Maßgabe der Widerstände wieder auf den Druck am Saugstutzen ab. Die Linie 1, 2, 3, 4, 5, 1 zeigt den Druckverlauf längs des Wasserkreislaufes durch den tiefstgelegenen Heizkörper M des ersten Steigstranges. Die Lage des Punktes 4 im Schaubild gibt den Druck im Heizkörper M. Die größte Gefahr des Lufteintrittes besteht aber nicht, wenn Wasser durch den Heizkörper fließt, sondern wenn das Heizkörperventil geschlossen ist, weil sich dann der Heizkörper auf den Druck in seinem Rücklaufanschluß einstellt. Maßgebend für den Heizkörper M ist also nicht der Punkt 4, sondern der Punkt 5, der um einen kleinen Betrag Δ höher liegt, als der Höhenlage H_A des Ausdehnungsgefäßes entspricht. Dem Punkt 5 entspricht also der Druck $H_A + \Delta$. Eine weitere Überlegung zeigt, daß nicht der tiefstgelegene, sondern der höchstgelegene Heizkörper des Stranges der gefährdetste ist, denn der Druck ist hier um die Höhenlage H_H dieses Heizkörpers noch kleiner. Man gewinnt so den Punkt 6. Der zugehörige Druck ist

$$H_A + \Delta - H_H = (H_A - H_H) + \Delta.$$

Der Ausdruck $(H_A - H_H)$ ist der Höhenunterschied zwischen dem Ausdehnungsgefäß und dem höchstgelegenen Heizkörper. Selbst im meistgefährdeten Heizkörper ist also der Druck stets positiv.

b) Pumpe im Rücklauf (Abb. 112).

Der Linienzug 1 bis 5 ist von gleicher Gestalt wie in Abb. 112, nur liegt er um den Betrag des Pumpendruckes tiefer. Der Druck im Punkt 5 ist gleich $H_A - H_P + \Delta$.

Der Druck im gefährdetsten, also höchsten Heizkörper ist auch hier wieder um seine Höhenlage H_H kleiner und beträgt:

$$H_A - H_P + \Delta - H_H = (H_A - H_H) - H_P + \Delta.$$

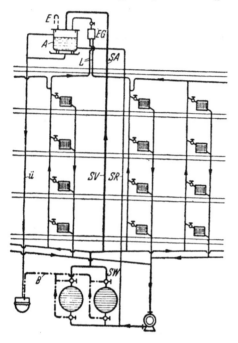

Abb. 113. Pumpenheizung.

Soll dieser Wert nicht negativ werden, und betrachtet man den Druckverlust Δ als einen Sicherheitszuschlag, den man außer Betracht läßt, so darf der Pumpendruck nicht größer als $H_A - H_H$ gewählt werden, also nicht größer als der Höhenunterschied zwischen dem Ausdehnungsgefäß und dem höchsten Heizkörper. Bei den meisten Gebäuden wird dieser Unterschied etwa 3 bis 5 m betragen, und ein Pumpendruck dieser Höhe reicht bei Heizungen für ein einzelnes Gebäude in den meisten Fällen aus.

Die Frage, ob man die Pumpe in den Vorlauf oder den Rücklauf setzen soll, läßt sich nun wie folgt beantworten:

Die Pumpe kann nur dann in den Rücklauf gesetzt werden, wenn es möglich ist, das Ausdehnungsgefäß mindestens um den Betriebsdruck der Pumpe über dem höchsten Heizkörper aufzustellen. Ist dies nicht möglich, so muß die Pumpe in den Vorlauf gesetzt werden. Der Vorteil ist, daß man an keiner Stelle des Netzes Unterdruck zu befürchten hat. Als geringer Nachteil sind dabei die höheren Drücke im Rohrnetz zu werten. Sie sind gleich der statischen Höhe des Ausdehnungsgefäßes vermehrt um den Pumpendruck.

Die Abb. 113 gibt das Strangschema einer Pumpenheizung mit unterer Verteilung und mit Anschluß der Pumpe im Rücklauf. Die Kessel sind gesichert durch Sicherheitswechselventile und durch eine Sicherheitsvorlauf- und eine Sicherheitsrücklaufleitung.

E. Deckenheizung.

Von Dr. F. Bradtke.

1. Allgemeines.

In den letzten 30 Jahren ist eine Raumbeheizungsart entwickelt worden, der man die Bezeichnung „Strahlungsheizung" gegeben hat. In ihrer vorherrschenden Ausführungsweise als Deckenstrahlungsheizung (kurz Deckenheizung genannt) hat diese neue Heizungsart ständig an Bedeutung gewonnen und das Interesse der Heizungstechnik wie des Bauwesens auf sich gelenkt.

Die Bezeichnung Strahlungsheizung bedeutet nicht, daß dieses Heizverfahren allein auf der Wärmeabgabe durch Strahlung beruht sondern ist so zu verstehen, daß die Raumerwärmung dabei zum größten Teil durch Strahlung erfolgt. Kon-

vektion, d. h, Wärmeleitung und Strömung, ist auch bei der Strahlungsheizung vorhanden, nur ist sie wesentlich schwächer als bei der Konvektionsheizung, zu der
insbesondere die Heizkörperheizung zu rechnen ist, weil die üblichen Gliederheizkörper je nach dem Abstand und der Tiefe der Glieder etwa 70 bis 85 vH ihrer Ge-
samtwärmeleistung durch Konvektion an den Raum übertragen.

Gerade die Erkenntnis, daß bei Gliederheizkörpern infolge der Zusammen-
drängung der Heizfläche die Wärmeabgabe durch Strahlung stark behindert wird,
hat zur Entwicklung der Strahlungsheizung beigetragen, denn sie führte zu dem
Bestreben, den Strahlungsanteil der Heizkörper zu erhöhen. Zu diesem Zweck
mußten die Heizkörperflächen gestreckt werden. So entstand der flache Wandheiz-
körper, der eine Erhöhung des Strahlungsanteiles bis zu etwa 50 vH. erbrachte,
dessen große Baulänge aber seiner Verwendung hinderlich war. Der für die Strahlungsheizung entscheidende und erfolgreiche Schritt aber wurde damit getan, daß
man es wagte, die Raumumfassungen selbst durch zweckmäßig hineinverlegte Heizrohre als Heizflächen auszubilden. Hierdurch ergaben sich drei verschiedene Aus-
führungsarten der Strahlungsheizung: die Wand-, Fußboden- und Deckenheizung.

Die Anwendungsmöglichkeit der beiden erstgenannten Strahlungsheizungen ist
nur gering, weil die Benutzung der Wände oder des Fußbodens als Heizflächen nur
selten mit den Raumerfordernissen in Einklang zu bringen ist. In ihrer Bedeutung
für die Heizungstechnik stehen sie daher im Vergleich zur Deckenheizung sehr
zurück. Aus diesem Grunde soll in den folgenden Ausführungen nur auf diese
Heizungsart näher eingegangen werden.

2. Der Vorgang der Raumerwärmung.

Die Raumerwärmung bei der Deckenheizung läßt sich am besten durch einen
Vergleich mit der Heizkörperheizung veranschaulichen. Bei dieser gibt der unter
dem Fenster oder an der Innenwand aufgestellte Gliederheizkörper den größeren
Teil seiner Wärme durch Konvektion an die Raumluft ab. Hierdurch wird eine
Luftzirkulation im Raum hervorgerufen, bei der warme Luft vom Heizkörper zur
Decke und kühlere Luft über dem Fußboden zum Heizkörper strömt. Infolgedessen
ist die Luft in der oberen Raumzone immer wesentlich wärmer als in Fußboden-
nähe. Da der Strahlungsanteil der Gliederheizkörper gering ist, werden die Raumumfassungen hauptsächlich durch Konvektion von der vorbeistreichenden Luft und
nur wenig durch Strahlung erwärmt.

Bei der Deckenheizung findet die Raumerwärmung in grundsätzlich anderer
Weise statt. Aus später zu erörternden Gründen darf die Raumdecke nur mäßig
erwärmt werden. Bei guten Anlagen wird gewöhnlich mit einer Deckentemperatur
von 35° bei niedrigster Außentemperatur gerechnet. Die Deckenheizfläche muß
daher wesentlich größer sein als die für den gleichen Raum erforderliche Fläche
eines Gliederheizkörpers. Meist nimmt sie den größeren Teil der Decke in Anspruch.

Die ausgedehnte Deckenheizfläche gibt nun Wärme teils durch Konvektion, teils
durch Strahlung an den Raum ab. Durch Konvektion erwärmt sie aber nur die
anliegende Luft, die infolge ihres Auftriebes unter der Decke hängenbleibt. Wegen
der mangelnden Luftbewegung in dieser Schicht und wegen des kleinen Temperatur-
gefälles ist die Konvektionswärmeabgabe der Deckenfläche nur gering.

Um so größer aber ist ihre Wärmeabgabe durch Strahlung. Sie strahlt jeder der übrigen Raumbegrenzungsflächen eine bestimmte Wärmemenge zu, die von den Temperaturen der im Strahlungsaustausch befindlichen beiden Flächen, ihren Strahlzahlen und ihrer Lage zueinander abhängig ist. Die bestrahlten Flächen werden daher nicht gleich hoch und auch nicht ganz gleichmäßig erwärmt. Fußboden und Innenwände erreichen dabei eine Temperatur, die etwas über der Lufttemperatur liegt. Nur Außenwand und Fenster bleiben infolge der Wärmeableitung nach außen kühler als die übrigen Flächen, denen sie daher Wärme durch Strahlung entziehen. Der Gesamtstrahlungsaustausch im Raum ist mithin ziemlich verwickelt.

Gleichzeitig übertragen die über Lufttemperatur erwärmten Flächen auch Wärme durch Konvektion an die Raumluft, während die kühlere Außenwand- und Fensterfläche Konvektionswärme von der Luft empfangen. Da nirgends stärkere Temperaturunterschiede als treibende Kräfte vorhanden sind, so können die an verschiedenen Stellen des Raumes auftretenden konvektiven Luftbewegungen auch nur schwach sein. Dennoch genügen sie, um eine recht gleichmäßige Lufttemperaturverteilung im Raum herbeizuführen. Bei völliger Luftruhe, wie sie der Deckenheizung mitunter zugesprochen wird, wäre ein solcher Temperaturausgleich nicht möglich.

Nach den vorstehenden Ausführungen über die Raumerwärmung bei der Heizkörper- und Deckenheizung unterscheiden sich die beiden Heizverfahren vor allem in den Wärmeübergangsvorgängen, die sich erstens zwischen der Heizkörper- bzw. Deckenfläche und dem Raum und zweitens zwischen den Raumumfassungen und der Raumluft abspielen.

3. Raumklima und Behaglichkeit.

Unter den Begriff „Raumklima" fallen alle physikalischen Bedingungen innerhalb eines Raumes, von denen das Wohlbefinden der Rauminsassen abhängig ist. Dazu gehören Temperatur, Feuchte und Bewegung der Raumluft sowie deren räumliche Verteilungen, ferner die Oberflächentemperaturen der Raumumfassungen und der Heizflächen und schließlich auch die Reinheit der Luft. Hieraus ist schon ersichtlich, daß zur Beurteilung der Behaglichkeit eines Raumklimas die gewöhnlich in Raummitte und 1,5 m über Fußboden gemessene Lufttemperatur keinesfalls ausreicht. Die außerordentlichen Schwierigkeiten, die der Herleitung eines alle Einflüsse erfassenden Behaglichkeitsmaßstabes entgegenstehen, zwingen dazu, bei der Aufstellung raumklimatischer Bewertungsziffern nur zwei oder drei der wirksamsten Einflüsse zu berücksichtigen.

a) Die empfundene Temperatur.

Für schwachbesetzte Räume, die durch Heizflächen erwärmt werden, läßt sich eine sehr einfache Bewertungsziffer ableiten. In solchen Räumen ist die Luftbewegung so gering, daß ihr Einfluß auf die Behaglichkeit vernachlässigt werden kann. Ferner darf auch die Luftfeuchtigkeit unberücksichtigt bleiben, weil ihre Änderungen in den vorkommenden Grenzen für das Wohlbefinden bedeutungslos sind. Die Wärmeempfindung der Rauminsassen und damit die Behaglichkeit wird also im wesentlichen von der Lufttemperatur t_l und der mittleren Temperatur t_u der

Umgebungsflächen bestimmt. Als Bewertungsziffer benutzt man die der Wärme-empfindung entsprechende „empfundene Temperatur" t_e. Nach neueren Unter-suchungen gilt für sie der Ausdruck [1]:

$$t_e = \frac{a_k \cdot t_l + a_s \cdot t_u}{a_k + a_s} = \frac{t_l + \dfrac{a_s}{a_k} \cdot t_u}{1 + \dfrac{a_s}{a_k}} .$$

Hierin bedeuten a_k und a_s die Wärmeübergangszahlen durch Konvektion und Strahlung am menschlichen Körper. Der Verhältniswert a_s/a_k ist von der Luft-geschwindigkeit im Raum abhängig. Bei sehr geringer Luftbewegung und dem bei der Raumheizung einzuhaltenden Temperaturbereich kann $a_s = a_k$ gesetzt werden. Daraus folgt:

$$t_e = \frac{t_l + t_u}{2} ,$$

d. h. die Empfindungstemperatur ist gleich dem Mittelwert aus der Lufttemperatur und der mittleren Umgebungstemperatur. Für den Sonderfall übereinstimmender Luft- und Umgebungstemperatur ergibt sich:

$$t_e = t_l = t_u .$$

Zur unmittelbaren Messung der empfundenen Temperatur soll das Vernonsche Kugelthermometer [2] brauchbar sein.

Schon die Art der Raumerwärmung, insbesondere der Wärmeaustausch zwischen der Luft und den Umgebungsflächen, lassen darauf schließen, daß

bei der Deckenheizung $t_u > t_l$,

bei der Heizkörperheizung $t_u < t_l$

sein wird. Vernon [3] nimmt auf Grund einiger Messungen an, daß t_u bei dem ersten Heizverfahren durchschnittlich um 1,7° C (3° F) größer und bei dem zweiten um den gleichen Betrag kleiner ist als t_l. Bei eigenen Messungen in zwei deckenbeheizten Räumen fand ich für $t_u - t_l$ Werte von 1,3 bis 1,8° bei Außentemperaturen von + 7° Der fragliche Temperaturunterschied wird bei 0° Außentemperatur im Durchschnitt 2° betragen und bei tiefster Außentemperatur auf 3 bis 4° ansteigen.

Nach Ansicht der meisten Fachleute auf dem Gebiet der Deckenheizung wird bei dieser ein behagliches Raumklima mit einer Lufttemperatur von $t_l = 18°$ erzielt. Dagegen ist bei der Heizkörperheizung zur Herstellung behaglicher Verhältnisse mit $t_l = 20°$ zu rechnen. Diese Verschiedenheit der Raumtemperaturen erhält ihre physiologische Begründung durch die Tatsache, daß sich in beiden Fällen die gleiche empfundene Temperatur t_e ergibt. Zahlenwerte sind nachstehend zusammengestellt:

Gleiche empfundene Tempe-ratur setzt gleiche Gesamt-wärmeabgabe des Körpers durch Konvektion und Strah-lung bei beiden Heizverfahren

	t_l	t_u	$t_u - t_l$	t_e
Deckenheizung . . .	18°	20°	+2°	19°
Heizkörperheizung . .	20°	18°	−2°	19°

[1] Gini, A.: Die physikalische Bedeutung der effektiven Temperaturlinien. Gesundh.-Ing. Bd. 63 (1940) H. 36 S. 449.

[2] Gesundh.-Ing. Bd. 63 (1940) H. 36 S. 449.

[3] Vernon, H. M.: The Principles of Heating and Ventilation. London 1934 S. 100.

voraus. Jedoch ist zu beachten, daß bei der Deckenheizung der Körper etwas mehr
Wärme durch Konvektion als durch Strahlung abgibt, während bei der Heizkörperheizung das Umgekehrte der Fall ist. Es ist kaum denkbar, daß dieser Unterschied
der Entwärmungsanteile innerhalb des schmalen Temperaturbereiches von 18 bis 20°
die Behaglichkeit in fühlbarer Weise beeinflußt[1]. Erfahrungsgemäß werden ja auch
durch gute und einwandfrei betriebene Anlagen der einen wie der anderen Art behagliche Aufenthaltsbedingungen in den beheizten Räumen erzielt. Der Hygieniker
von Gonzenbach[2] hebt in einem Aufsatz über die Strahlungsheizung zwar
mehrmals hervor, daß der menschliche Körper die Wärmeabgabe durch Konvektion
bevorzugt, vermeidet aber doch die Schlußfolgerung, daß man deshalb der Heizkörperheizung eine geringere Behaglichkeitswirkung zusprechen müsse.

b) Die räumliche Verteilung der Lufttemperatur.

Neben der Raumtemperatur selbst ist ihre Verteilung in lotrechter und waagerechter Richtung für das Raumklima von Bedeutung. In dieser Hinsicht muß der
Deckenheizung eine ausgesprochene Überlegenheit gegenüber der Heizkörperheizung zugesprochen werden. Besonders günstig ist bei der Deckenheizung die
waagerechte Temperaturverteilung. Wie ich bei Untersuchung zweier Räume feststellen konnte, wichen die Temperaturen in Wandnähe nur um 0,2 bis 0,3° von derjenigen in Raummitte ab. Auch vor den doppelverglasten Fenstern war kein
stärkeres Absinken der Temperatur zu beobachten. Die Abweichung von der Temperatur in Raummitte war:

bei 1,00 m Entfernung vom Fenster —0,2°,

bei 0,15 m Entfernung vom Fenster —0,3°.

Die lotrechte Verteilung ist um so besser, je tiefer die Deckentemperatur liegt
und je weniger Wärme durch den Fußboden nach unten strömt. In den 4 m hohen
Räumen, deren waagerechte Temperaturverteilung soeben angegeben wurde, war in
Raummitte ein Temperaturunterschied von 1,0 bis 1,5° zwischen zwei Punkten in
0,5 und 3,5 m Höhe festzustellen, und zwar bei Deckentemperaturen von 25 bis 28°.
Die räumliche Verteilung der Lufttemperatur bei der Deckenheizung ist auch von
Roose[3] und ferner von Beck[4] untersucht worden. Beide sind dabei zu gleich
günstigen Ergebnissen gelangt. Die nachstehende Abb. 114, die der Arbeit von
Beck entnommen wurde, zeigt die lotrechte Verteilung der Lufttemperatur in zwei
Räumen mit Decken- und Heizkörperheizung. Bei letzterer befand sich der Heiz-
körper unter dem Fenster. Die Temperaturmessungen wurden auf Veranlassung

---

[1] Gröber, H.: Gesichtspunkte für die Bewertung der Deckenheizung. Gesundh. Ing.
Bd. 61 (1938) S. 58.

[2] Von Gonzenbach, W.: Physiologische und hygienische Betrachtungen zur Strahlungsheizung. Gesundh.-Ing. Bd. 61 (1938) H. 39 S. 557—560.

[3] Roose, H.: Neue elektro-thermische Meßmethode zur Kennzeichnung eines Raumklimas. Diss. Zürich: Eidg. Techn. Hochschule 1937.

[4] Beck, P.: Decken-Strahlungsheizung. Ein Beitrag zur Klärung. Gesundh.-Ing. Bd. 61
(1938) H. 32 S. 437—442.

von Beck vom Institut für technische Physik der Technischen Hochschule Stuttgart unter folgenden Bedingungen durchgeführt: bei der Deckenheizung bei einer Deckentemperatur von 22,7° und einer Außentemperatur von 2,5°, bei der Heizkörperheizung bei einer Heizwassertemperatur von 45° und einer Außentemperatur von 7°. Die wesentlich bessere lotrechte Temperaturverteilung bei der Deckenheizung wird durch die in der Abb. 114 dargestellten Meßergebnisse deutlich bewiesen.

c) Die Temperatur des Fußbodens und der Wände.

Die Oberflächentemperatur des Fußbodens und der Wände sind bei der Deckenheizung infolge der verschiedenen Wärmeaufnahme der Flächen durch Strahlung gerade so verteilt, daß sich günstige Aufenthaltsbedingungen im deckenbeheizten Raum ergeben. Der Fußboden wird wegen seiner bevorzugten Lage zur Decke am meisten erwärmt. Seine Temperatur liegt im Durchschnitt um 1 bis 2° über Raumtemperatur. Die schädliche oder zumindest unangenehme Wirkung eines kalten Fußbodens ist bei der Deckenheizung

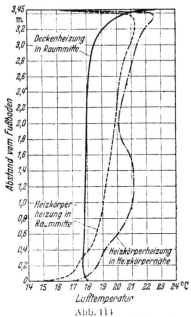

Abb. 114
Temperaturverteilung der Höhe nach.

auch dann nicht zu erwarten, wenn ein unbeheizter Raum darunterliegt. Ferner verursacht der warme Fußboden die im Raum auftretenden konvektiven Luftbewegungen, die für das Wohlbefinden der Insassen erfahrungsgemäß zuträglicher sind als vollkommene Luftruhe. Nicht nur im Hinblick auf die Temperaturverteilung im Raum, sondern auch in physiologischer Hinsicht wäre es daher ein Nachteil wenn bei der Deckenheizung die ihr oft nachgesagte Luftruhe tatsächlich vorhanden wäre.

Nach den Gesetzen des Strahlungsaustausches werden die Wände des deckenbeheizten Raumes nach oben zu mehr erwärmt als unten. Im Mittel liegt die Temperatur der Innenwände nahe bei der Lufttemperatur. Nur Außenwände und Fenster bleiben wegen der Wärmeableitung nach außen kühler als die Raumluft. Da aber auch diese Flächen oben wärmer sind als unten, können an ihnen keine herabfallenden kalten Luftströme, d. h. Zugerscheinungen, auftreten. Dieser besondere Vorzug der Deckenheizung ist durch verschiedene Untersuchungen bestätigt worden[1]. Bei Messungen mit dem Katathermometer vor dem Fenster erhielt ich die vorstehenden Ergebnisse.

	Lufttemperatur	Katawert	Luftgeschwindigkeit m/s
Raummitte	18,0°	4,92	0,022
1,00 m vom Fenster	17,8°	5,04	0,028
0,15 m vom Fenster	17,7°	5,10	0,029

Die aus den Katawerten errechneten Luftgeschwindigkeiten lassen erkennen, daß unmittelbar am Fenster die Luftbewegung nicht stärker war als in 1 m Abstand

[1] Gesundh.-Ing. Bd. 61 (1938) S. 439, und Wirth, P. E.: Die wahren Eigenschaften der Strahlungsheizung. Gesundh.-Ing. Bd. 62 (1939) H. 3 S. 33.

davon. Bei Windanfall und schlecht schließenden Fenstern aber müssen vor diesen
ebenso Zugerscheinungen auftreten wie in jedem anders beheizten Raum.

d) Die physiologische Wirkung der Deckentemperatur.

Ein höchst wichtiger Punkt für die Behaglichkeitswirkung der Deckenheizung ist
die Deckentemperatur, weil sie zu lästigen Strahlungswirkungen der Decke auf die
Köpfe der Rauminsassen führen kann. Die Berechtigung der deswegen gegen die
Deckenheizung erhobenen Einwände ist nicht zu bestreiten. Willner[1] hat festgestellt, daß bereits ein einstündiger Aufenthalt in einem Raum, dessen Deckentemperatur 38° betrug, für ihn und seinen Mitbeobachter unerträglich wurde,
während er andererseits angibt, „daß bis zu einer Grenze von 32 bis 33° die
Strahlungsheizung vollständig einwandfrei ist". Da diese Grenztemperatur etwa mit
der Temperatur der Kopfhaut übereinstimmt, so muß aus den Beobachtungen
Willners geschlossen werden, daß die Wärmezustrahlung auf den Kopf überhaupt
vermieden werden sollte. Die früher genannte Deckentemperatur von 35° bei
niedrigster Außentemperatur würde daher schon an der Grenze des Zulässigen
liegen, erscheint aber insofern noch berechtigt, als tiefe Außentemperaturen nur
selten vorkommen. Im Grenzfall dürfte eine etwas unter 18° liegende Raumtemperatur zweckmäßig sein. Die wichtige Frage der zulässigen Deckenhöchsttemperatur ist von den Hygienikern leider noch nicht beantwortet worden.

e) Luftfeuchtigkeit und Luftbewegung.

Die Luftfeuchtigkeit in einem Raum, der durch Heizflächen erwärmt wird, ist
von der Außenluftfeuchtigkeit und von der Raumtemperatur abhängig. Für eine
mittlere Wintertemperatur von + 4° und eine relative Feuchtigkeit der Außenluft
von 80 vH ergibt die Erwärmung der Luft auf 18° bei der Deckenheizung eine
relative Feuchtigkeit von 32 vH, die Erwärmung auf 20° bei der Heizkörperheizung
eine relative Feuchtigkeit von 29 vH. Der geringe Unterschied von 3 vH ist für die
Behaglichkeit des Raumklimas bedeutungslos und die beiden Heizverfahren können
daher hinsichtlich der Raumfeuchtigkeit als gleichwertig betrachtet werden.

Ähnlich verhält es sich mit der Luftbewegung. Bei der Deckenheizung beträgt die
Luftgeschwindigkeit bis nahe an die Raumumfassungen nur 0,02 bis 0,03 m/s, und
sie wird auch bei der Heizkörperheizung im Aufenthaltsgebiet des Raumes von
etwa gleicher Größe sein. Eine unterschiedliche Behaglichkeit bei beiden Heizverfahren als Folge der dabei im Raum auftretenden Luftbewegung ist daher höchst
unwahrscheinlich.

f) Die Staubfrage.

Ein besonderer Vorzug der Strahlungsheizung ist nach von Gonzenbach „die
dabei zu beobachtende Reinheit (Staubfreiheit) der Luft". In dieser Hinsicht über-
trifft die Deckenheizung sicher alle anderen Heizverfahren mit tiefliegenden senkrechten Heizflächen. Auch am Warmwasserheizkörper ist der aufsteigende Warm-
luftstrom kräftig genug, um die während der nächtlichen Betriebseinschränkung
auf der Heizfläche und in der nächsten Umgebung abgelagerten Staubteilchen
wieder in Bewegung zu bringen und mit sich fortzuführen. Die langsame Ver-

[1] Bericht über den XV. Kongreß für Heizung und Lüftung, S. 173. München: R. Oldenbourg 1938.

schmutzung der Flächen oberhalb des Heizkörpers bis zur Decke hinauf liefert den Beweis dafür. Da die Luft- und Staubzirkulation aber vorwiegend in Nähe der Raumumfassungen vor sich geht, wird die Luft im mittleren Raumteil nur wenig davon betroffen und daher auch nicht wesentlich staubhaltiger sein als in einem Raum mit Deckenheizung, wenn die Räume sonst in der erforderlichen Weise saubergehalten werden.

4. Die Ausführung der Deckenheizung.

a) Allgemeines.

Bei der Deckenheizung wird die Raumdecke durch Rohrschlangen erwärmt, die in geringem Abstand von der Deckenoberfläche in den Deckenbaustoff eingebettet werden. Als Heizmittel für die Rohrschlangen kommt lediglich Warmwasser in Frage. Wegen ihrer Trägheit ist die Warmwasserheizung für die Deckenheizung besonders geeignet, weil bei der langsamen Aufwärmung des Wassers Wärmespannungen, die zu Rissebildungen in der Decke führen könnten, vermieden werden. Ferner ermöglicht die Warmwasserheizung in einfacher Weise die Einhaltung der aus physiologischen Gründen notwendigen niedrigen Deckentemperatur sowie deren Anpassung an die Außentemperatur (zentrale Regelung). Schließlich ist bei Warmwasser die Haltbarkeit der Rohrschlangen in hohem Grade gewährleistet. Da der Wasserinhalt der Anlage nicht erneuert wird, brauchen Korrosionserscheinungen nicht befürchtet zu werden.

Die Gesamtanlage ist wie jede andere Warmwasserheizung ausgebildet, nur sind dabei die Gliederheizkörper durch waagerecht angeordnete Rohrschlangen ersetzt. Obwohl die Möglichkeit besteht, kleinere Anlagen bei ausreichender Bemessung und Parallelschaltung der Deckenrohre auch als Schwerkraftheizungen zu betreiben, werden doch die meisten Deckenheizungen als Pumpenheizungen ausgeführt. Hierzu zwingt vor allem die Forderung geringer Temperaturunterschiede in den Rohrschlangen, um möglichst gleichmäßige Deckentemperaturen zu erzielen, sodann aber auch der mit dem kleinen Temperaturgefälle zusammenhängende hohe Widerstand der Rohrschlangen, die zur Verminderung der Anlagekosten und des Eisenverbrauches vorwiegend aus $1/2''$-Rohr hergestellt werden.

Zur Wärmeerzeugung werden die üblichen Warmwasserkessel benutzt. Soll Dampf oder Heißwasser Verwendung finden, so muß die Wärmelieferung für die Deckenheizung über einen Gegenstromapparat erfolgen. Da die Deckenheizung infolge der Miterwärmung des Deckenbaustoffes eine noch größere Trägheit als die gewöhnliche Warmwasserheizung besitzt, kann eine einmal erfolgte Überwärmung der Decken und Räume nur langsam wieder rückgängig gemacht werden. Diese Heizungsart erfordert daher eine besonders sorgfältige Einstellung der Vorlauftemperatur, die am besten durch eine zuverlässige selbsttätige Regelung erzielt wird. Das im Vorlauf befindliche gesteuerte Ventil muß die Wärmezufuhr zur Deckenheizung absperren, sobald die höchstzulässige Vorlauftemperatur überschritten wird. Es ist aber zu beachten, daß bei geschlossenem Ventil, d. h. abgestelltem Wärmeverbrauch, die Kesselanlage nicht gefährdet wird, was dann leicht möglich ist, wenn die Wärmeerzeugung ganz oder zum größten Teil für die Deckenheizung bestimmt ist. In diesem Falle muß ein Speicher zur Aufnahme der von der Deckenheizung nicht benötigten Wärme in die Anlage eingebaut werden. Der Speicher erbringt zugleich den Vorteil eines gleichmäßigeren und damit wirtschaftlicheren Kesselbetriebes.

Die im Schrifttum erwähnte Hintereinanderschaltung einer Heizkörper- und Deckenheizung, wobei das Rücklaufwasser der Heizkörperheizung zur weiteren Wärmeabgabe der Deckenheizung zugeführt werden soll, kann nicht befürwortet werden; denn bei niedrigster Außentemperatur hat man hinter den Heizkörpern mit Wassertemperaturen von 60 bis 65 ° zu rechnen, die bei der üblichen Ausführung der Deckenheizung physiologisch nicht mehr zu rechtfertigende Deckentemperaturen von 45 bis 50 ° ergeben würden.

b) Die Rohrschlangen.

Aus Sicherheitsgründen müssen die Rohrschlangen aufs sorgfältigste und aus bestem Rohrmaterial hergestellt werden. Hierzu werden entweder nahtlose Rohre gemäß DIN 2440 oder in letzter Zeit noch häufiger Fretz-Moon-Rohre [1] in Sonderausführung für Strahlungsheizungen benutzt. Diese Rohre besitzen eine sehr gleichmäßige Wandstärke, lassen sich gut biegen, aufweiten und durch autogene Schweißung verbinden. Ihre Wärmedehnung entspricht etwa der des Betons, so daß bei ihrer Einbettung in diesen Baustoff und bei vorschriftsmäßiger Betriebsweise der Deckenheizung Risse in der Decke nicht zu befürchten sind. Von der Selbstanfertigung der Schlangen aus geraden Rohrstrecken in der Werkstatt oder auf dem Bau kommt man heute immer mehr ab, da fertige Schlangen in den gewünschten Abmessungen und bis zu einer Länge von 60 m vom Rohrlieferwerk bezogen werden können. Sie haben gegenüber selbstgefertigten Schlangen den Vorzug, frei von Schweißstellen zu sein. Außerdem werden sie bereits auf dem Werk einer Druck- und Dichtigkeitsprüfung unter Wasser mit Luft von 40 at unterworfen.

Wie bereits erwähnt, benutzt man für Deckenheizungen gewöhnlich Rohrschlangen aus 1/2″-Rohr. Durch zweckmäßige Unterteilung und Parallelschaltung der Schlangen ist es meist möglich, den Widerstand der Stromkreise dem Pumpendruck anzupassen. Nur bei großen Deckenflächen lassen sich Schlangen von größerer Länge nicht immer vermeiden. Sie müssen dann zur Verminderung ihres Widerstandes aus 3/4″-Rohr hergestellt werden.

Für die Schlangen hat sich ein Rohrabstand von 15 cm als am zweckmäßigsten erwiesen. Liegen die Rohre weiter auseinander, so ergeben sich größere Temperaturunterschiede und damit Wärmespannungen im Deckenbaustoff, die Risse in ihm hervorrufen können.

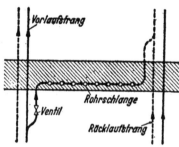

Abb. 115. Anordnung der Rohrschlange und Anschlüsse.

Zwecks guter Entlüftung werden Deckenheizungen mit unterer Wasserverteilung ausgeführt. Die Rohrschlangen werden unterhalb der Decke, in der sie liegen, mit ihrem Vorlauf an den nächstliegenden Vorlaufstrang angeschlossen, während ihr Rücklauf zum nächstliegenden Rücklaufstrang hochgeführt wird (Abb. 115). Die Rücklaufstränge steigen zu einer im Dachboden angeordneten Rücklaufsammelleitung empor.

[1] Inden, P.: Herstellung feuergeschweißter Gas-, Wasser- und Dampfrohre nach dem Fretz-Moon-Verfahren. Z. VDI Bd. 81 (1938) S. 1489—1491.

Für jede Schlange ist ein leicht zugängliches, in den Vorlaufanschluß einzubauendes Absperr- und Regelventil erforderlich.

Um zu verhindern, daß sich Luft in den Schlangen festsetzt, müssen diese genau waagerecht verlegt werden. Ihren Anschlüssen an das Rohrnetz der Anlage ist besondere Sorgfalt zu widmen, damit Undichtigkeiten oder zusätzliche Widerstände durch schlechte Schweißarbeit vermieden werden. Zur Sicherheit sollen die Rohrzüge vor ihrer Einbetonierung noch einem Prüfdruck von 30 at unterworfen werden.

c) Die Deckenbauweise.

Durch den Einbau der Rohrschlangen in die Raumdecke wird diese zu einem Bestandteil der Heizungsanlage, und sie muß daher so ausgebildet werden, daß sie nicht nur die baulichen, sondern auch die heiztechnischen Anforderungen erfüllt.

Letztere erkennen wir am deutlichsten, wenn wir nach dem Vorschlag von Kalous die Decke, wie es die Abb. 116 zeigt, in zwei Schichten A und B unterteilen, deren Trennebene an der Oberkante der Heizrohre liegt. Die untere Schicht A hat dann die Aufgabe, einen möglichst hohen Betrag der ihr von den Heizrohren durch Leitung übermittelten Wärme an den darunterliegenden Raum zu übertragen, während der oberen Schicht B die Aufgabe zufällt, möglichst wenig Wärme von der Schicht A nach dem darüberliegenden Raum gelangen zu lassen. Hinweise für die zweck-

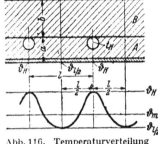

Abb. 116. Temperaturverteilung zwischen den Rohren.

mäßigste Ausbildung der Wärme abgebenden Schicht A ergeben sich, wenn wir sie als eine die Heizrohre verbindende Rippe betrachten. Die Heizwirkung einer solchen Rippe ist abhängig:

1. von der Güte der Verbindung zwischen Heizrohr und Rippe,
2. von ihrer Wärmeleitzahl,
3. von der Rippendicke,
4. von der Rippenhöhe (also vom Abstand der Heizrohre).

Zu 1 bis 2. Als Deckenbaustoff, der eine innige Verbindung mit den Heizrohren ermöglicht und gleichzeitig eine hohe Wärmeleitzahl besitzt, kommt lediglich Beton in Frage, der auch deswegen besonders geeignet ist, weil seine Wärmedehnung derjenigen des Eisens sehr nahekommt. Zur Erhöhung der Zug- und Biegefestigkeit dieses Baustoffes muß bei Betondecken die Betonschicht durch Eiseneinlagen verstärkt werden. Diese Maßnahme ist auch für die Heizwirkung der Betonrippe von Vorteil, weil die Eiseneinlage die Wärmeleitzahl des Betons erhöht. Die Bewehrung muß aber im Hinblick auf die nach unten zu leitende Wärme unterhalb der Heizrohre liegen. Auch durch die Anordnung von Streckmetall oder Drahtgeflecht unter den Rohren läßt sich die Heizwirkung verbessern.

Zu 3. Die Dicke der Betonschicht, in welche die Heizrohre eingebettet werden, wird nach Maßgabe der verlangten Festigkeit und Tragfähigkeit der Decke vom Bauingenieur bestimmt. Sie ist immer größer als der Außendurchmesser der Rohre, und es ist daher unvermeidlich, daß der gut leitende Beton außer der Heizschicht A auch noch einen Teil der Wärmeschutzschicht B in Anspruch nimmt. Auch nach unten hin geht man heute mit der Betonschicht über die Unterkante der Heizrohre hinaus, während man früher die Rohre unmittelbar auf die Betonverschalung legte, so daß sie bei der fertigen Decke nur durch den Putz von der Deckenoberfläche getrennt waren. Diese Bauweise erforderte einen sehr haltbaren und kostspieligen Verputz und hatte den Nachteil, daß die Bewehrung oberhalb der Heizrohre angeordnet werden mußte[1].

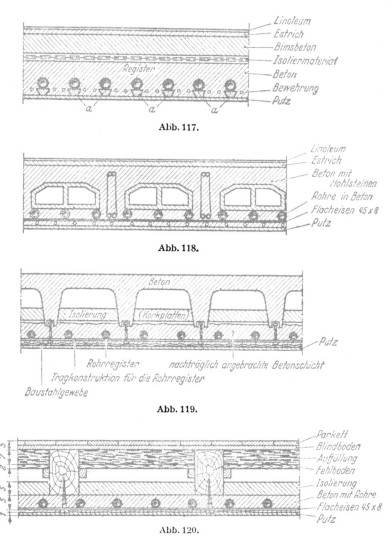

Abb. 117.

Abb. 118.

Abb. 119.

Abb. 120.

Abb. 117—120.

Zu 4. Die Höhe der Betonrippe für ein Einzelrohr ist gleich der Hälfte des Rohrabstandes *l*. Auf der Rippe, also auf der Strecke *l*/2, fällt, wie es Abb. 116 zeigt, die Temperatur beiderseit der Heizrohre ab, und zwar um so mehr, je weiter die Rohre auseinanderliegen. Bei gleicher Heizwassertemperatur ergibt daher ein größerer Rohrabstand eine geringere mittlere Deckentemperatur und somit auch eine geringere Wärmeabgabe der Deckenfläche. Andererseits ist es möglich, durch Änderung der Wassertemperatur die gleiche Deckentemperatur und Wärmeabgabe bei ver-

---

[1] XV. Kongreß-Bericht S. 152.

schiedenen Rohrabständen zu erzielen. Auf Grund praktischer Erfahrungen wird der schon genannte Rohrabstand von 15 cm heute am meisten benutzt.

Die Deckenschicht *B* oberhalb der Heizrohre kann ihrer Aufgabe als Wärmeschutzschicht nur dann genügen, wenn sie aus Baustoffen geringer Wärmeleitzahl hergestellt wird. Über den aus der Schicht *A* nach *B* hinübergreifenden Beton wird daher gewöhnlich eine Schicht Bimsbeton (Wärmeleitzahl $\lambda = 0,3$) oder von Beton umkleideten Hohlsteinen gelegt. Zur weiteren Wärmeabdämmung ist der Decke dann noch eine Lage aus hochwertigem Wärmeschutzstoff einzufügen.

Die Berücksichtigung der vorstehend beschriebenen Grundsätze für die Deckenausbildung kann an den Abb. 117 bis 120 verfolgt werden, die verschiedene Ausführungen beheizter Decken veranschaulichen. Die Abb. 117 und 118 zeigen zwei Betondecken, bei deren Herstellung die Rohrschlangen gleich mit eingebaut werden, die Abb. 119 und 120 eine Betonrippendecke und eine Holzbalkendecke, bei denen die Betonschicht mit den Heizrohren nachträglich an der Tragkonstruktion befestigt werden kann [1].

Der naheliegende Gedanke, die Heizrohre selbst als Bewehrung der Betondecke zu benutzen, um Eisen einzusparen, ist im Ausland schon mehrfach, in Deutschland bis jetzt wohl nur einmal verwirklicht worden. Unter besonderen Vorsichtsmaßnahmen können nach den vorliegenden Untersuchungen gegen eine solche Verwendung der Rohre keine Bedenken erhoben werden. Ein Haupterfordernis ist, daß die zur Bewehrung dienenden Rohre erst auf dem Auflager der Decke endigen, und daß die hier befindlichen Stirnflächen der Decke durch eine Dämmschicht gegen seitliche Wärmeableitung geschützt werden [2].

5. Die mittlere Temperatur der Deckenheizfläche.

Zur Ermittlung der Wärmeabgabe einer beheizten Deckenfläche ist die Kenntnis ihrer mittleren Oberflächentemperatur erforderlich. Diese hängt in verwickelter Weise von einer ganzen Reihe von Einflüssen ab. Dazu gehören: die Heizwassertemperatur, die Lufttemperaturen und Wärmeübergangszahlen auf beiden Seiten der Decke, die Deckenbauweise, der Durchmesser und vor allem der Abstand der eingebetteten Heizrohre voneinander und von der Deckenoberfläche. Bei der Vielzahl und nicht sicheren Erfassung einiger Einflüsse ist daher nur eine angenäherte Berechnung der mittleren Deckentemperatur möglich. Es ist das Verdienst von Kalous[3], ein solches Annäherungsverfahren zu ihrer Bestimmung angegeben zu haben. Die Lösung der Aufgabe und ihr Ergebnis stimmt überein mit der aus der technischen Wärmelehre bekannten Berechnung des Temperaturverlaufes längs einer Kühlrippe oder eines Stabes von endlicher Länge, der an einem Ende auf einer bestimmten Temperatur gehalten wird [4].

Zur Berechnung der mittleren Deckentemperatur unterteilt Kalous die Decke in zwei Schichten *A* und *B*, deren Trennebene an der Oberkante der Rohre liegt.

[1] Die Abb 117—120 sind entnommen aus Heid und Kollmar: Die Strahlungsheizung. Halle: C. Marhold 1938.
[2] Graf, O.: Über die Verwendung der Rohre von Deckenheizungen als Bewehrung von Eisenbetondecken. Gesundh.-Ing. 1940 S. 145.
[3] Kalous, K.: Allgemeine Theorie der Strahlungsheizung. Forsch. Ing.-Wes. 1937 S. 179—182.
[4] Gröber, H.: Einführung in die Lehre von der Wärmeübertragung, S. 27 und S. 159. Berlin: Springer 1926.

Gemäß Abb. 116 bezeichne:

a die Stärke der Schicht A in m,

b die Stärke der Schicht B in m,

l den Abstand der Heizrohre in m,

t_H die mittlere Heizwassertemperatur in $^\circ$ C,

ϑ_H die Deckenoberflächentemperatur unter einem Rohr in $^\circ$ C,

$\vartheta_{l/2}$ die Deckenoberflächentemperatur im Abstand $l/2$ von ϑ_H in $^\circ$ C,

t_l die Lufttemperatur unterhalb der Decke in $^\circ$ C,

$t_{l'}$ die Lufttemperatur oberhalb der Decke in $^\circ$ C,

a die Wärmeübergangszahl der Deckenoberfläche in kcal/m² · h · $^\circ$ C,

a' die Wärmeübergangszahl der Fußbodenoberfläche in kcal/m² · h · $^\circ$ C,

λ_a die Wärmeleitzahl der Schicht a in waagerechter Richtung in kcal/m · h · $^\circ$ C,

$\varkappa_b$ die Teilwärmedurchgangszahl durch die Schicht b nach dem darüberliegenden

Raum in kcal/m² · h · $^\circ$ C, zu berechnen aus: $\dfrac{1}{\varkappa_b} = \dfrac{\delta_1}{\lambda_1} + \dfrac{\delta_2}{\lambda_2} + \cdots + \dfrac{1}{a'}$.

Zu den bezeichneten Größen kommt noch die dimensionslose Kenngröße:

$$K = m \cdot \frac{l}{2}, \text{ worin } m = \sqrt{\frac{a + \varkappa_b}{a \cdot \lambda_a}} .$$

Für die Deckentemperatur $\vartheta_{l/2}$ ergeben sich nach K a l o u s die beiden Gleichungen:

$$\vartheta_{l/2} = \frac{\vartheta_H - t_l}{\mathfrak{Cof}\, K} + t_l , \tag{A}$$

$$\vartheta_{l/2} = \frac{\vartheta_H - t_l}{\mathfrak{Cof}\, K} + t_l - \frac{\varkappa_b}{a + \varkappa_b}\left(1 - \frac{1}{\mathfrak{Cof}\, K}\right) \cdot (t_l - t_{l'}) . \tag{B}$$

Gleichung (A) gilt für eine Decke zwischen zwei gleich beheizten Räumen ($t_l = t_{l'}$) und Gleichung (B) für eine Decke, die an das Dachgeschoß oder die Außenluft grenzt. Die Werte der Hyperbelfunktion $\mathfrak{Cof}\, K$ können für $K = m \cdot \dfrac{l}{2}$ aus der Hütte, 27. Auflage, S. 47 bis 50, entnommen werden.

Aus den Temperaturen ϑ_H und $\vartheta_{l/2}$ ergibt sich die mittlere Temperatur ϑ_m der Deckenoberfläche nach der Formel

$$\vartheta_m = \vartheta_{l/2} + \frac{1}{3} \cdot (\vartheta_H - \vartheta_{l/2}) . \tag{C}$$

Dabei ist angenommen, daß die Kurve des Temperaturverlaufes zwischen den Rohren angenähert durch eine Parabel ersetzt werden kann.

Zu den Gleichungen (B) und (C) sei noch bemerkt, daß K a l o u s nicht berücksichtigt, daß die Deckentemperatur ϑ_H tiefer als die Wassertemperatur t_H liegt. Die Berichtigung dieser Unstimmigkeit durch H e i d und K o l l m a r ist von K a l o u s später als eine Weiterentwicklung seiner Gleichungen anerkannt worden [1].

Die zu einer gewählten Oberflächentemperatur ϑ_H gehörige Heizwassertemperatur t_H läßt sich aus der folgenden Beziehung berechnen:

$$\frac{t_H - t_l}{\vartheta_H - t_l} = \frac{a}{\varkappa_c} . \tag{D}$$

Darin ist $\varkappa_c$ die Teilwärmedurchgangszahl von der Unterkante Rohr nach dem darunterliegenden Raum.

---

[1] Gesundh.-Ing. Bd. 63 (1940) H. 7 S. 76.

Für die Auswertung der Gleichungen (A) bis (D) sind die Zahlenwerte von a, a', λ_a, $\varkappa_b$ und $\varkappa_c$ von Bedeutung. Die Wärmeübergangszahl a der Decke, die sich aus a-Strahlung und a-Konvektion zusammensetzt ($a = a_s + a_k$), ist:

nach **Kalous**: $\qquad\qquad a = 4{,}8 + 3{,}0 = 7{,}8$,
nach **Heid** und **Kollmar**: $a = 5{,}3 + 4{,}0 = 9{,}3$.

Nach **van Dooren** ist darin $a_k = 3{,}0$ bis $4{,}0$ viel zu hoch angenommen. Er erwähnt die Angaben von **Bruce**, der Höchstwerte von $a_k = 0{,}8$ fand. Bei eigenen Versuchen erhielt er etwas höhere Werte als **Bruce**[1]. **Van der Held**[2], der sich sehr eingehend mit der Theorie der Deckenheizung beschäftigt hat, rechnet neuerdings mit $a_k = 1{,}2$. Nach meinen Überlegungen und Berechnungen ist die Kritik **van Doorens** zutreffend. Ich rechne mit einem Durchschnittswert von $a = a_s + a_k = 6{,}2$.

Der Zahlenwert für die Wärmeübergangszahl a' des darüberliegenden Fußbodens beträgt nach **Kalous** 10,1, nach **Heid** und **Kollmar** 9,6. Diese Werte sind wegen der im Vergleich zur Decke wesentlich höheren Konvektion am Fußboden berechtigt. Es kann mit einem Durchschnittswert von $a' = 10$ gerechnet werden. Die Wärmeleitzahl der Schicht a, die zum größten Teil aus Beton mit Eisenbewehrung besteht, kann im Mittel zu $\lambda_a = 1{,}3$ angenommen werden.

Die Teilwärmedurchgangszahl $\varkappa_b$ ist von dem durch die Schicht b bewirkten Wärmeschutz abhängig. Nach **Heid** und **Kollmar** ist je nach der Güte des Wärmeschutzes mit Werten von $\varkappa_b = 0{,}5$ bis $1{,}5$ zu rechnen. Für die nachfolgende Ermittlung der Kenngröße K soll ein Durchschnittswert von $\varkappa_b = 1{,}0$ benutzt werden.

Die Teilwärmedurchgangszahl $\varkappa_c$ muß kleiner sein als die Wärmeübergangszahl $a = 6$ der Deckenfläche. Bei einer angenommenen Dicke der Heizschicht von $a = 50$ mm und dem meistbenutzten Rohrdurchmesser $1/2''$ ($d_a = 21{,}75$ mm) hat die Schicht von Rohrunterkante bis zur Deckenfläche eine Stärke von $50{,}0 - 21{,}75 = 28{,}25$ mm. Sie werde gebildet aus 18,25 mm bewehrtem Beton ($\lambda = 1{,}3$) und 10 mm Verputz ($\lambda = 0{,}7$). Dann ist:

$$\frac{1}{\varkappa_c} = \frac{0{,}018\,25}{1{,}5} + \frac{0{,}01}{0{,}7} + \frac{1}{6{,}2} = 0{,}189,$$

$$\varkappa_c = 5{,}3.$$

Die Werte $\qquad\qquad a = 6{,}2 \qquad a = 0{,}05 \qquad \varkappa_b = 1{,}0$
$\qquad\qquad\qquad\quad a' = 10 \qquad \lambda_a = 1{,}3 \qquad \varkappa_c = 5{,}3$

sollen für die weitere Rechnung benutzt werden.

Nunmehr kann die Kenngröße $K = m \cdot \dfrac{l}{2}$ für Rohrabstände von 10 15, 20, 25 und 30 cm berechnet werden. Darin ist:

$$m = \sqrt{\frac{a + \varkappa_b}{a \cdot \lambda_a}} = \sqrt{\frac{6{,}2 + 1{,}0}{0{,}05 \cdot 1{,}3}} = \sqrt{111} = \text{rd. } 10{,}5.$$

Damit ergeben sich folgende Werte für K und $\mathfrak{Cof}\, K$.

l	0,10	0,15	0,20	0,25	0,30
$K = m \cdot \dfrac{l}{2}$ ...	0,525	0,788	1,050	1,313	1,575
$\mathfrak{Cof}\, K$	1,141	1,327	1,604	1,993	2,519

[1] XV. Kongreßbericht S. 153—154.
[2] Gesundh.-Ing. Bd. 63 (1940) H. 7 S. 76.

Für den Fall $t_l = t_{l'} = 18°$ (gleich beheizte Räume über und unter der Decke) erhält man mit den Zahlenwerten von $\mathfrak{Cof}\, K$ nach Gleichung (A) zunächst die Temperatur $\vartheta_l/2$ und dann nach Gleichung (C) die mittlere Deckentemperatur ϑ_m für beliebige Werte von ϑ_H. Die dazugehörigen Heizwassertemperaturen t_H ergeben sich nach Gleichung (D). Die berechneten Werte sind in der folgenden Zahlentafel zusammengestellt.

$\vartheta_l/2$ und ϑ in Abhängigkeit von t_H oder ϑ_H und l.

t_H	ϑ_H	Mindestdeckentemperatur $\vartheta_l/2$ für Rohrabstände von					Mittlere Deckentemperatur ϑ_m für Rohrabstände von				
		10	15	20	25	30	10	15	20	25	30
55	49,6	45,7	41,8	37,7	33,9	30,6	47,0	44,4	41,9	39,1	36,9
50	45,3	41,9	38,6	35,0	31,7	28,8	43,0	40,8	38,4	36,2	34,1
45	41,0	38,2	35,4	32,3	29,5	27,1	39,1	37,2	35,2	33,3	31,7
40	36,0	34,5	32,2	29,7	27,4	25,5	35,3	33,7	32,1	30,5	29,3
35	32,5	30,7	28,9	27,0	25,3	23,8	31,3	30,1	28,8	27,7	26,7
30	28,2	26,9	25,7	24,4	23,1	22,0	27,3	26,5	25,7	24,8	24,1
25	24,0	23,3	22,5	21,7	21,0	20,4	23,5	23,0	22,5	22,0	21,6

In Abb. 121 ist die mittlere Deckentemperatur ϑ_m in Abhängigkeit vom Rohrabstand l für verschiedene Heizwassertemperaturen dargestellt. Das Kurvenbild zeigt das Absinken der mittleren Deckentemperatur bei zunehmendem Rohrabstand. Die Temperaturabnahme ist um so stärker, je höher die Wassertemperatur liegt.

In einer weiteren Zahlentafel sind die zeichnerisch ermittelten Heizwassertemperaturen t_H enthalten, die für bestimmte Deckentemperaturen ϑ_m bei verschiedenen Rohrabständen erforderlich sind.

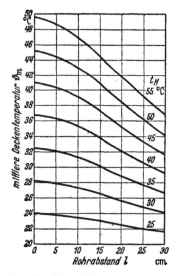

Abb. 121. Einfluß des Rohrabstandes auf die Deckentemperatur.

t_H bei verschiedenen Werten von ϑ_m und l.

ϑ_m	Mittlere Heizwassertemperatur t_H bei Rohrabständen von				
	10	15	20	25	30
50	59,0	62,9	67,8	74,0	81,3
45	52,6	55,9	60,1	65,2	71,4
40	46,3	48,9	52,5	56,5	61,4
35	39,9	42,0	44,6	47,8	51,5
30	33,4	34,9	36,8	39,0	41,6
25	27,0	27,9	29,0	30,2	31,7

Zu einer mittleren Deckentemperatur von 35°, die nicht überschritten werden sollte, gehört nach der Zahlentafel bei dem üblichen Rohrabstand von 15 cm eine mittlere Heizwassertemperatur von 42°. Bei größerem Rohrabstand ist die Heizwassertemperatur entsprechend der Zahlentafel zu erhöhen.

Liegt über der Decke ein nichtbeheizter Raum oder grenzt sie als Flachdach an die Außenluft, so muß ϑ_m nach den Gleichungen (B) und (C) berechnet werden. Die sich ergebende Absenkung der mittleren Deckentemperatur gegenüber dem Normalfall $(t_l = t_{l'})$ ist aber wegen des guten Wärmeschutzes der Schicht B sehr gering und beträgt nur:

$$0,3° \text{ bei } t_{l'} = +\ 5°,$$
$$0,7° \text{ bei } t_{l'} = -15°.$$

6. Die Wärmeabgabe der beheizten Decke.

Zunächst sei festgestellt, daß nach Ansicht aller Fachleute auf dem Gebiete der Deckenheizung der Wärmeverlust eines deckenbeheizten Raumes in gleicher Weise zu ermitteln ist wie für einen Raum mit Heizkörperheizung. Es ist also der Wärmebedarfsrechnung in beiden Fällen eine Lufttemperatur von 20° im Raum zugrunde zu legen. Die gleiche Temperatur ist auch für die Wärmeabgabe der Heizkörper maßgebend. Dagegen muß die von der beheizten Decke abgegebene Wärme auf eine Raumlufttemperatur von 18° bezogen werden.

Um die für den errechneten Wärmebedarf eines Raumes notwendige Deckenheizfläche ermitteln zu können, ist die Kenntnis der stündlichen Wärmeabgabe von 1 m² beheizter Deckenfläche erforderlich. Die hierfür im Schrifttum vorhandenen Unterlagen sind sehr widersprechend. Dazu kommt noch, daß die angegebenen Werte der Wärmeabgabe auf zu hohe Deckentemperaturen bezogen und mit zu hohen Konvektions-Wärmeübergangszahlen α_k der Decke berechnet sind.

Bei einer theoretischen Behandlung der Wärmeaustauschvorgänge im deckenbeheizten Raum muß nicht nur die zwischen der Decke und den einzelnen Umgebungsflächen, sondern auch die zwischen den Umgebungsflächen selbst ausgetauschte Strahlungswärme berücksichtigt werden. Ebenso ist bei der Konvektion außer dem Wärmeaustausch zwischen der Decke und der Raumluft auch derjenige zwischen den Umgebungsflächen und der Raumluft in Rechnung zu stellen. Durch Aufstellung von Wärmebilanzen und unter gewissen vereinfachenden Annahmen kann so die durch die Außenwand abwandernde Wärme und die erforderliche Deckentemperatur ermittelt werden. Die Lösung der Aufgabe ist ziemlich verwickelt und für einen Raum von beliebigen Abmessungen von van der Held[1] durchgeführt worden. Einfacher gestaltet sich die von Eckert[2] gegebene Lösung für einen würfelförmigen Raum. Auf diese Arbeiten muß hier verwiesen werden.

In folgendem soll zur Ermittlung der Wärmeabgabe der Decke eine einfachere Berechnungsweise dienen, auf die Kalous aufmerksam gemacht hat. Sie besteht darin, die beheizte Decke „als eine vollkommen von der Umgebung umschlossene Fläche" zu betrachten. Für die durch Strahlung von der Decke an die übrigen Raumbegrenzungsflächen stündlich abgegebene Wärme gilt dann die Gleichung:

$$Q_S = C \cdot F_D \left[\left(\frac{\vartheta_D}{100} \right)^4 - \left(\frac{\vartheta_U}{100} \right)^4 \right] \text{ in kcal/h.} \qquad \text{(E)}$$

Darin ist nach Nusselt:

$$C = \frac{1}{\dfrac{1}{C_D} + \dfrac{F_D}{F_U} \cdot \left(\dfrac{1}{C_U} - \dfrac{1}{C_c} \right)} . \qquad \text{(F)}$$

Es bezeichnet

F_D die Deckenheizfläche in m² (nicht die ganze Decke),

F_U die Summe der Umgebungsflächen in m²,

---

[1] Van der Held, E. F. M.: Wärmeübertragung durch Strahlung bei Deckenheizung. Gesundh.-Ing. Bd. 62 (1939) H. 6 S. 73—76.

[2] Eckert, E.: Beitrag zur Berechnung der Strahlungsheizung. Heizg. u. Lüftg. Bd. 13 (1939) H. 7 S. 97—100.

$\vartheta_D = \vartheta_m$ die mittlere Temperatur der Deckenheizfläche in ° K,

ϑ_U die mittlere Temperatur der Umgebungsflächen in ° K,

$C_D = C_U$ die Strahlzahl der Decke und der Umgebungsflächen,

C_s die Strahlzahl des schwarzen Körpers.

Für die Strahlzahlen sind in Gleichung (F) folgende Zahlenwerte einzusetzen:

$$C_s = 4,96,$$
$$C_D = C_U = 0,9\, C_s = \text{rd. } 4,5.$$

Das Flächenverhältnis F_D/F_U beträgt durchschnittlich $^1/_8$ bis $^1/_9$. Der zweite Summand im Nenner der Gleichung (F) wird daher so klein, daß er gegenüber dem ersten vernachlässigt werden kann. Es ist daher:

$$C = C_D.$$

Wird noch in Gleichung (E) der folgende Temperaturbeiwert eingeführt:

$$\beta = \frac{\left(\dfrac{\vartheta_D}{100}\right)^4 - \left(\dfrac{\vartheta_U}{100}\right)^4}{\vartheta_D - \vartheta_U}, \qquad (G)$$

so erhält sie die bequemere Form:

$$Q_S = C_D \cdot F_D \cdot \beta \cdot (\vartheta_D - \vartheta_U). \qquad (H)$$

Mit dieser Gleichung kann die stündliche Wärmeabgabe Q_S von 1 m² Deckenheizfläche berechnet werden, wenn die zu den Deckentemperaturen ϑ_D gehörigen mittleren Temperaturen ϑ_U der Umgebungsflächen (Wände + Fußboden) bekannt sind. Nach sorgfältiger Abschätzung der erfahrungsgemäß auf den einzelnen Flächen sich einstellenden Temperaturen fand ich, daß im Bereich der Deckentemperaturen von

$$\vartheta_D = 50 \text{ bis } 25°$$

die mittleren Umgebungstemperaturen sich ändern von

$$\vartheta_U = 17,3 \text{ bis } 17,8°.$$

Dabei entspricht dem Bereich der Deckentemperaturen ein solcher der Außentemperaturen von: $\qquad t_a = -15 \text{ bis } +9,6°.$

Zur Vereinfachung kann für ϑ_U ein Mittelwert von 17,5° zugrunde gelegt werden. In der folgenden Zahlentafel sind die mit Gleichung (H) berechneten Werte von Q_S für $F_D = 1$ m² und verschiedene Deckentemperaturen zusammengestellt.

ϑ_D	25	30	35	40	45	50
$\vartheta_D - \vartheta_U$	7,5	12,5	17,5	22,5	27,5	32,5
β	1,017	1,043	1,075	1,099	1,130	1,156
$\beta \cdot C_D$	4,58	4,70	4,84	4,94	5,09	5,20
Q_S	34,3	58,7	84,7	111	140	169

Für die Konvektionswärmeabgabe der Decke an die Raumluft gilt die Gleichung:

$$Q_k = \alpha_k \cdot F_D \ (\vartheta_D - t_l) \text{ in kcal/h}. \qquad (I)$$

Darin ist α_k die Wärmeübergangszahl durch Konvektion in kcal/m² h ° C. Sie ist von dem Temperaturunterschied $\vartheta_D - t_l$ abhängig. An ebenen Flächen ist:

$$\alpha_k = b \sqrt[4]{\vartheta_D - t_l}. \qquad (K)$$

Dem vorhergehenden Abschnitt 5 gemäß soll ein Durchschnittswert von $\alpha_k = 1,2$ bei höheren Deckentemperaturen angenommen werden. Dieser wird mit dem Beiwert $b = 0,54$ erzielt. Man erhält dann die nachstehend zusammengestellten Werte von a_k nach Gleichung (K) und von Q_k für $F_D = 1$ m² nach Gleichung (I)

ϑ_D	25	30	35	40	45	50
$\vartheta_D - t_l$	7	12	17	22	27	32
a_k	0,88	1,01	1,10	1,17	1,23	1,28
Q_k	6,2	12,1	18,7	25,7	33,2	40,9

Die Gesamtwärmeabgabe der Deckenheizfläche ist: $Q = Q_S + Q_K$.

Damit erhält man für Q in kcal/m² h bei verschiedenen Deckentemperaturen ϑ_D die nebenstehenden Werte.

ϑ_D	25	30	35	40	45	50
Q_s	34	59	85	111	140	169
Q_K	6	12	19	26	33	41
Q	40	71	104	137	173	210

Die Zahlen für Q bezeichnen aber noch nicht die endgültige Wärmeabgabe von 1 m² Deckenheizfläche, wenn unter Deckenheizfläche der von einer Rohrschlange beanspruchte Teil der Decke verstanden wird. Die Decke wird auch in der Umgebung der Schlangen durch Wärmeleitung erwärmt. Die Ränder eines beheizten Deckenfeldes geben daher noch eine nicht zu vernachlässigende Wärmemenge an den Raum ab. Die Randwirkung ist zahlenmäßig nur schwer erfaßbar; sie kommt um so mehr zur Geltung, je kleiner das beheizte Feld ist, weshalb auch die Aufteilung der erforderlichen Heizfläche in mehrere Teilheizfläche zweckmäßig ist. Haben die einzelnen Rohrschlangen keinen zu großen Abstand voneinander, so sinkt in den Gebieten zwischen den Schlangen die Temperatur nicht so ab wie in den äußeren Randgebieten. Die Praxis muß daher bemüht sein, durch eine geschickte Aufteilung und Anordnung der Deckenheizfläche eine möglichst hohe Wärmeabgabe derselben zu erzielen. Auch die Führung der Anschlußleitungen spielt dabei eine Rolle. Wegen der seitlichen Wärmeableitung ist es selbstverständlich verkehrt, mit den Rohrschlangen bis an die Wände und zumal bis an die Außenwand heranzugehen.

Die Wärmeabgabe von 1 m² Deckenheizfläche mit Berücksichtigung der Randwirkung kann nur als Durchschnittswert angegeben werden, von dem je nach der Größe der Heizflächen mehr oder minder große Abweichungen möglich sind. Im Schrifttum sind nur spärliche Zahlenwerte dafür zu finden. Eine ganz eindeutige Angabe hat van Dooren[1] gemacht. Nach ihm gibt 1 m² Deckenheizfläche bei einer Heizwassertemperatur $t_H = 55°$ und einer Raumtemperatur $t_l = 18°$ eine Wärmemenge von 226 kcal/m² h ab[1]. Diese Zahl bezieht sich auf einen Rohrabstand von 15 cm. Nach der auf Seite 88 befindlichen Zahlentafel beträgt dabei die mittlere Deckentemperatur $\vartheta_D = \vartheta_m = 44,4°$, wozu nach obiger Zahlentafel eine Wärmeabgabe von $Q = 168$ kcal/m² h gehört. Bezeichnet man die Wärmeabgabe der Ränder des Deckenheizfeldes mit Q_R, so ist:

$$\frac{Q + Q_R}{Q} = \frac{226}{168} = \text{rd. } 1,35.$$

Diese Verhältniszahl wird sich bei anderen Deckentemperaturen nicht wesentlich ändern. Sie kann daher als Umrechnungszahl benutzt werden, um aus den Zahlen für Q die tatsächliche durchschnittliche Wärmeabgabe $Q + Q_R$ zu bestimmen. Da 1 m² Deckenfläche bei einem Rohrabstand von 15 cm einer Rohrlänge von

---

[1] Gesundh.-Ing. Bd. 63 (1940) H. 7 S. 77.

$^{100}/_{15} = 6{,}67$ m entspricht, sind in der nachstehenden Zusammenstellung unter den Werten von $Q + Q_R$ gleich die zugehörigen Wärmeabgaben für 1 m Rohrlänge angegeben.

Wärmeabgabe $Q + Q_R$ von 1 m² Deckenheizfläche und 1 m Rohrlänge ($l = 15$ cm).

Deckentemperatur ϑ_D . .	25	30	35	40	45	50
Heizwassertemperatur t_H .	28	35	42	49	56	63
Wärmeabgabe Q	40	71	104	137	173	210
Wärmeabgabe $Q + Q_R$ . .	54	96	140	185	234	284
$Q + Q_R$ für 1 m Rohr . .	8	14,5	21	28	35	42,5

In Abb. 122 sind die Werte von Q_S, Q und $Q + Q_R$ in Abhängigkeit von der Temperatur ϑ_D aufgetragen.

Früher glaubte man mit der Deckentemperatur bis zu 50° gehen zu dürfen, und die Praxis rechnete dabei mit einer Wärmeabgabe von 280 kcal/m² h oder mit 40 bis 45 kcal je 1 m Rohr. Die in der vorstehenden Tabelle enthaltenen Werte für $\vartheta_D = 50$ stimmen gut damit überein. Ferner hat Marcard[1] bei Versuchen über den Anheizvorgang bei einer Deckenheizung auch die Wärmeabgabe seiner Versuchsdecke gemessen. In diese war eine Schlange aus $^1/_2''$ Rohr mit 25 cm Rohrabstand eingebettet. Als Wärmeabgabe der $1{,}7 \times 1{,}7$ m großen Deckenfläche, von der die Schlange $1{,}5 \times 1{,}25$ m in Anspruch nahm, fand Marcard 122 kcal/m² h, bezogen auf 20° Raumtemperatur. Die von ihm nicht gemessene Deckentemperatur habe ich für die angegebene Deckenbauweise zu 34° berechnet. Auf 18° Raumtemperatur bezogen beträgt die Wärmeabgabe:

$$122 \cdot \frac{34 - 18}{34 - 20} = 139{,}5 \text{ kcal/m}^2\text{h}.$$

Die Kurve für $Q + Q_R$ in Abb. 122 ergibt für $\vartheta_D = 34°$ eine Wärmeabgabe von 130 kcal/m² h. Wenn man berücksichtigt, daß in dem gemessenen Wert die wenn auch geringe Wärmeabgabe nach oben enthalten ist, und daß die Randgebiete des beheizten Feldes wegen ihrer geringen Breite eine etwas höhere

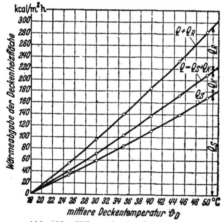
Abb. 122. Wärmeabgabe der Decke.

Mitteltemperatur und damit eine höhere Wärmeabgabe Q_R als im Normalfall besitzen, so kann der gemessene Wert als eine befriedigende Bestätigung des Kurvenwertes betrachtet werden.

Bei den bisherigen Berechnungen der Wärmeabgabe von 1 m² Deckenheizfläche, wie sie Kalous, Heid-Kollmar und Hottinger durchgeführt haben, ist die Randwirkung Q_R nicht beachtet worden[2]. Um Übereinstimmung mit den Erfahrungswerten der Praxis zu erhalten, war man genötigt, der Rechnung zu hohe

[1] Marcard, W., und H. Huppert: Versuche über den Anheizvorgang bei einer Deckenheizung. Gesundh.-Ing. Bd. 61 (1938) S. 199—207.

[2] Hottinger, M.: Beitrag zur Berechnung und Beurteilung der Strahlungsheizung. Gesundh.-Ing. Bd. 61 (1938) H. 33 S. 449—454 und H. 34 S. 465—472.

Konvektions-Wärmeübergangszahlen zugrunde zu legen. In Wirklichkeit beruhen diese angeblichen a_K-Werte nur zum kleineren Teil auf Konvektion, zum größeren Teil jedoch auf der Heizwirkung der Randgebiete.

7. Die Frage der Eisenersparnis bei der Deckenheizung.

Im Schrifttum wird immer wieder betont, daß bei der Deckenheizung im Vergleich zur Heizung mit gußeisernen Heizkörpern eine beachtliche Eisenersparnis erzielt werde. Nach Angaben von B r a n d t[1] beträgt die Ersparnis rd. 43 vH bei einem Rohrabstand von 15 cm und rd. 55 vH bei einem Rohrabstand von 20 cm.

Auch v a n D o o r e n[2] spricht von einer Ersparnis von 40 vH bei 15 cm Rohrabstand, die sich auf eine Wärmeabgabe von 34 kcal/h je m Rohr und eine Heizwassertemperatur $t_H = 55°$ bezieht.

Für die vorliegende Frage ist ausschlaggebend,. welche Deckentemperatur bei niedrigster Außentemperatur zugelassen wird. V a n D o o r e n rechnet mit $t_H = 55°$, wozu nach der Zahlentafel auf S. 88 eine Deckentemperatur $\vartheta_D = 44,4°$ gehört. B r a n d t gibt die Temperaturen, auf die sich seine Angaben beziehen, nicht an; vermutlich sollen sie ebenfalls für $t_H = 55°$ gelten.

Nachstehend sei der Eisenbedarf bei der Heizkörper- und Deckenheizung für eine Wärmeleistung von 1000 kcal/h berechnet.

Heizkörperheizung.

Wäremedurchgangszahl des Heizkörpers .... $k = 7,0$ kcal/m²h°C
Wärmeabgabe des Heizkörpers .... $Q = 420$ kcal/m²h
Eisengewicht je m² Heizfläche .... $G_H = 28$ kg/m²
Eisengewicht für 1000 kcal/h $= \frac{1000}{420} \cdot 28$ .... $G_H = 66,7$ kg

Deckenheizung.

$^{1}/_{2}''$-Sonderstahlrohr von 1 m Länge wiegt 1,35 kg. Zu einer Deckenheizfläche von 1 m² werden gebraucht:

bei 15 cm Rohrabstand $^{100}/_{15} \cdot 1,35 = 9,0$ kg Eisen,
bei 20 cm Rohrabstand $^{100}/_{20} \cdot 1,35 = 6,5$ kg Eisen.

Deckentemperatur .... $\vartheta_D = 35°$ 40°   45°
Wärmeabgabe von 1 m² Deckenfläche .... $Q + Q_R = 140$ 185   234 kcal/m²h
Deckenheizfläche für 1000 kcal/h .... $F_D = 7,14$ 5,41   4,27 m²
Rohrgewicht für 1000 kcal/h ($l = 15$ cm) ...... $G_R = 64,3$ 48,7   38,4 kg
Rohrgewicht für 1000 kcal/h ($l = 20$ cm) ...... $G_R = 46,4$ 35,1   27,8 kg

Für die Eisenersparnisse bei der Deckenheizung gegenüber der Heizkörperheizung gilt der Ausdruck:

$$\text{Ersp.} = \frac{G_H - G_R}{G_H} \cdot 100 \text{ in vH.}$$

Damit ergeben sich die folgenden Werte für die Eisenersparnis in vH für die Rohrabstände von 15 und 20 cm:

ϑ_D	$l = 15$ cm		$l = 20$ cm	
	t_H	Eisenersparnis	t_H	Eisenersparnis
35°	42,0°	4 vH	44,6°	30 vH
40°	48,9°	27 vH	52,5°	47 vH
45°	55,9°	42 vH	60,1°	58 vH

---

[1] XV. Kongreßbericht S. 162.
[2] XV. Kongreßbericht S. 155.

Bei einer Deckentemperatur von 45° werden die von B r a n d t und v a n D o o r e n angegebenen Ersparniswerte durch die vorstehenden Zahlen bestätigt. Diese Deckentemperatur liegt aus physiologischen Gründen sicherlich zu hoch. Geht man bei niedrigster Außentemperatur mit der Deckentemperatur auf 35° herunter, so werden bei einem Rohrabstand von 15 cm nur 3,5 vH, dagegen bei 20 cm bereits 30 vH an Eisen erspart. Die Frage der Eisenersparnis, die zugleich eine Kostenfrage ist, weist auf die Notwendigkeit hin, durch weitere Untersuchungen festzustellen, welche Deckenhöchsttemperatur in verschiedenartigen Räumen (Personen sitzend oder bewegt) zulässig ist, und ob die Vergrößerung des Rohrabstandes von 15 auf 20 cm für die Decke bereits nachteilige Folgen haben kann. Außerdem ist zu prüfen, ob der gewichtsmäßige Vergleich von Gußeisen und Stahlrohr berechtigt ist.

Werden dem Vergleich an Stelle von gußeisernen Heizkörpern solche aus Stahlblech zugrunde gelegt, deren Eisenbedarf nur 24 kg für 1000 kcal/h beträgt, so zeigt sich, daß die Deckenheizung einen erheblichen Mehrverbrauch an Eisen erfordert.

8. Der Strömungswiderstand der Rohrschlangen.

Die Kenntnis des Strömungswiderstandes der Rohrschlangen ist für die Bemessung des Pumpendruckes erforderlich. Der Gesamtwiderstand einer Schlange setzt sich aus den Reibungswiderständen der geraden Rohrstrecken und den Einzelwiderständen der Rohrkrümmer zusammen. Beträgt die Zahl der geraden Rohrstrecken n, so gehören dazu $n-1$ Rohrkrümmer. Für den Gesamtwiderstand einer Rohrschlange gilt daher die Gleichung (vgl. S. 302):

$$p_1 - p_2 = n\,Rl + (n-1)\,Z \tag{L}$$

oder nach Einsetzen der Formeln für R und Z:

$$p_1 - p_2 = \left[n\,\lambda\,\frac{l}{d} + (n-1)\,\zeta\right]\frac{w^2}{2}\cdot\frac{\gamma}{g}. \tag{M}$$

Bezeichnet L die Gesamtlänge der Schlange, so ist das auf 1 m Länge bezogene Druckgefälle:

$$\frac{p_1 - p_2}{L} = \frac{1}{L}\left[n\,\lambda\,\frac{l}{d} + (n-1)\,\zeta\right]\frac{w^2}{2}\cdot\frac{\gamma}{g}. \tag{N}$$

Die Widerstandszahl λ für die Rohrreibung habe ich nach der Gleichung (57) auf S. 300 für die zur Deckentemperatur $\vartheta_D = 35$ gehörige Heizwassertemperatur $t_H = 42°$ berechnet. Die Widerstandszahl für weite 180°-Rohrkrümmer kann nach Messungen der Versuchsanstalt für Heiz- und Lüftungswesen zu $\zeta = 0,9$ angesetzt werden. Die lichten Durchmesser von $^1/_2$"- und $^3/_4$"-Rohr betragen 15,75 und 21,25 mm.

Die Zahl n der geraden Rohrstrecken hat keinen Einfluß mehr auf das Druckgefälle, wenn $n > 10$ wird, was in der Praxis wohl immer der Fall ist. Dagegen nimmt das Druckgefälle mit zunehmender Länge l der geraden Rohrstücke ein wenig ab, weil dabei der Einfluß der Einzelwiderstände ζ weniger ins Gewicht fällt. Um sicher zu rechnen, ist es zweckmäßig, das Druckgefälle für eine Schlange mit kurzen geraden Rohrstrecken (Scheitelpunktabstand der Krümmer = 2 m) zu bestimmen. Für diese Schlangengröße enthält die nachstehende Zahlentafel die Werte des Druckgefälles $(p_1 - p_2)/L$ bei Durchflußmengen von 100 bis 300 kg/h. Gleichzeitig sind die dazugehörigen Wassergeschwindigkeiten angegeben.

Druckgefälle in $^1/_2''$- und $^3/_4''$-Rohrschlangen.

Durchfluß-menge G/h	Wassergeschwindigkeit w in m/s		Druckgefälle $(p_1 - p_2)/L$ in mm WS/m	
	$^1/_2''$	$^3/_4''$	$^1/_2''$	$^3/_4''$
100	0,143	0,078	3,2	0,8
120	0,171	0,094	4,4	1,1
140	0,200	0,110	5,8	1,4
160	0,228	0,125	7,3	1,8
180	0,257	0,141	9,0	2,2
200	0,285	0,157	10,9	2,6
220	0,313	0,172	13,0	3,1
240	0,343	0,188	15,4	3,7
260	0,371	0,204	17,8	4,3
280	0,400	0,219	20,3	4,9
300	0,428	0,235	23,0	5,6

Beispiel. Eine $^1/_2$zöllige Schlange von 50 m Länge und 15 cm Rohrabstand hat nach der Zahlentafel auf S. 92 bei $t_H = 42°$ eine Wärmeabgabe von

$$(Q + Q_R) L = 21 \times 50 = 1050 \text{ kcal/h}.$$

Bei einem Temperaturabfall in der Schlange von 7° beträgt die Durchflußmenge $1050/7 = 150 \text{ kg/h}$ und das Druckgefälle 6,55 mm WS/m. Der Gesamtwiderstand der Schlange ist daher:

$$p_1 - p_2 = 6,55 \cdot 50 = 328 \text{ mm WS}.$$

Die vorstehende Zahlentafel kann bis zu Deckentemperaturen von 45° oder Heiz-wassertemperaturen von 56° benutzt werden, weil das Druckgefälle bei einer Temperatur-steigerung von 42—56° nur wenig abnimmt.

9. Trägheit und Regelung der Deckenheizung.

Die Deckenheizung muß eine wesentlich größere Trägheit als die Heizkörper-Warmwasserheizung besitzen, weil bei ihr nicht nur der Wasserinhalt und das Eisen-gewicht der Anlage, sondern zusätzlich der Deckenbaustoff so weit erwärmt werden muß, daß seine Oberfläche die erforderliche Wärme an den Raum abgeben kann. Um einen Anhaltspunkt für die verschiedene Trägheit der beiden Heizarten zu gewinnen, genügt es, wenn man lediglich die Wärmemengen vergleicht, die zum Hochheizen von 1 m² Heizkörperfläche von 20 auf 80° Heizkörpertemperatur und 1 m² Deckenheizfläche von 18 auf 35° Deckentemperatur notwendig sind. Die End-temperaturen gelten für die niedrigste Außentemperatur, und bezüglich der An-fangstemperaturen ist angenommen, daß die Heizflächen auf die übliche Raum-temperatur abgekühlt seien. Das Hochheizen erfordert dann, wie eine einfache Rechnung ergibt:

für den genormten gußeisernen Heizkörper rund 500 kcal/m²,
für die Deckenheizfläche . . . . rund 750 kcal/m².

Die Deckenheizschicht ist dabei als 5 cm starke Betonplatte mit eingebetteten $^1/_2''$-Rohren von 15 cm Abstand und einer darunter befindlichen Putzschicht von 1 cm Stärke gedacht. Da die Wärmeabgabe des Heizkörpers 420 kcal/m² h und die Wärmeabgabe der Deckenheizfläche 140 kcal/m² h beträgt, so muß für den gleichen Raumwärmebedarf die Deckenheizfläche dreimal so groß sein wie die Heizkörper-fläche. Die zum Hochheizen benötigten Wärmemengen verhalten sich daher wie:

$$500 : (3 \cdot 750) = 500 : 2250 = 1 : 4,5.$$

Für eine Vollbetondecke würde der Vergleich noch ungünstiger ausfallen. Wenn sich das errechnete Verhältnis der Wärmespeicherung auch nur auf die Heizflächen bezieht, so vermittelt es doch eine Vorstellung von der Trägheit der Deckenheizung gegenüber der Heizkörperheizung und erklärt die langen Anheiz- und Abkühlzeiten, die zum Wesen der Deckenheizung gehören. Die Trägheit macht sich besonders unangenehm bemerkbar, wenn Bedienungsfehler zu einer Überheizung der Decke und des Raumes geführt haben. Die erwünschte Abkühlung kann auch nach Abstellung der Heizung dann nur durch längeres Fensteröffnen erzielt werden.

Bei Gebäuden mit starken Wänden, d. h. hoher Wärmespeicherung, ist die Trägheit der Deckenheizung am wenigsten nachteilig, weil solche Bauten wegen ihrer eigenen Trägheit ohnehin nur langsam aufgeheizt werden können. Ungünstig dagegen erweist sie sich für Gebäude leichterer Bauart, denen sie einen schwerfälligen Heizbetrieb aufzwingt. Zur Abschwächung dieses Nachteiles muß in solchem Falle für eine möglichst geringe Trägheit der Anlage gesorgt werden. Allgemein ist also zu fordern, daß die Wärmespeicherung der Decke auf die des Gebäudes abgestimmt wird.

Bei richtiger Betriebsweise kann die Trägheit der Deckenheizung sogar in vorteilhafter Weise ausgenutzt werden. So ist es möglich, die Heizung über eine von der Außentemperatur abhängige Zahl von Stunden ganz abzustellen, ohne ein stärkeres Abfallen der Raumtemperatur befürchten zu müssen. Decke, Fußboden und Wände geben unterdessen die in ihnen aufgespeicherte Wärme an die Raumluft ab. Bei Wiedereinschaltung der Heizung kann die den Raumumfassungen entzogene Speicherwärme durch zeitweilige Einstellung einer etwas höheren Heizwassertemperatur in kürzerer Zeit wieder ersetzt werden. Ein derartiger Heizbetrieb setzt natürlich eine sorgsame Überwachung und große Vertrautheit mit den Eigenschaften der Heizung voraus.

Die Regelung der Deckenheizung, soweit es sich dabei um ihre Anpassung an die Außenluftverhältnisse handelt, macht in den meisten Fällen keine Schwierigkeiten. Den gewöhnlich langsam verlaufenden Änderungen der Außentemperatur vermag die Regelung bei aufmerksamer Bedienung gut zu folgen, und auch bei plötzlich auftretenden Wärme- oder Kälteeinwirkungen von außen wirkt die Wärmespeicherung des Gebäudes so weit ausgleichend, daß die Regelung nachkommen kann. Nur bei Räumen mit wechselnder innerer Wärmeerzeugung infolge Änderung der Besucherzahl oder Wirkung von Wärmequellen ist die Regelung der Deckenheizung unmöglich. Aus diesem Grunde wird auch die Heizungsart in solchen Räumen nicht benutzt.

Im Zusammenhang mit der Regelung sei auf eine günstige Eigenschaft der Deckenheizung hingewiesen, die als Selbstregelung bezeichnet wird. Sie beruht auf folgendem Vorgang: Ändert sich aus irgendeinem Grunde die Temperatur des Fußbodens und der Wände, so wird ihnen bei fallender Temperatur von der Decke mehr Wärme, bei steigender Temperatur dagegen weniger Wärme zugestrahlt, d. h. die Deckenheizfläche ist bemüht, die Raumtemperatur konstant zu halten. Die Selbstregelung verhindert z. B., daß die Räume in der Übergangszeit durch Sonneneinstrahlung überwärmt werden, was bei anderen Heizungsarten wegen mangelnder Abdrosselungsmöglichkeit häufig der Fall ist. Andererseits verhindert sie auch ein stärkeres Absinken der Raumtemperatur bei geöffnetem Fenster, weil die Decke mehr Wärme an den Fußboden abgibt, wenn er durch die einfallende Außenluft gekühlt wird.

10. Anwendungsbereich der Deckenheizung.

Bei Entscheidungen über die Frage, ob für die Beheizung eines Gebäudes oder Raumes die Deckenheizung verwendet werden soll, müssen gewissenhaft und unter Zusammenarbeit von Architekt und Heizungsingenieur alle Umstände geprüft werden, die für eine befriedigende Lösung der gestellten Heizungsaufgabe von Bedeutung sind. Dabei sind zu beachten:

a) die höheren Kosten der Deckenheizung im Vergleich zu anderen Heizungsarten,

b) die hygienischen Ansprüche unter Berücksichtigung der Zahl der in den Räumen sich aufhaltenden Personen und ihrer Betätigungsweise (sitzende Beschäftigung erfordert geringere Deckentemperaturen als Bewegung der Personen durch den Raum),

c) die Trägheit der Deckenheizung und im Zusammenhang damit die Bauweise und Speicherfähigkeit des Gebäudes (leichtere Bauweisen verlangen eine geringe Trägheit der Deckenheizung),

d) die Bedienung und Überwachung der Anlage, die schwieriger ist als bei anderen Heizungsarten.

Die Deckenheizung besticht zunächst immer durch den besonderen Vorteil, daß sie im Raum selbst keinen Platz beansprucht. Der Raum kann daher für andere Zwecke voll ausgenützt und in ästhetischer Hinsicht ohne Rücksicht auf heiztechnische Erfordernisse gestaltet werden. Für Prunk- und Repräsentationsräume aller Art, bei denen sichtbare Heizeinrichtungen störend wirken würden, wird der Architekt wohl immer die Deckenheizung bevorzugen, zumal in diesem Fall die höheren Kosten der Anlage keine ausschlaggebende Rolle spielen.

Ein weiteres aussichtsreiches Anwendungsfeld für die Deckenheizung werden größere, jedoch nicht zu hohe Räume bilden, die — wie Willner sagt — „durchwandert" werden. Dahin gehören Museen, Gemäldegalerien, Ausstellungsräume, Schalterhallen, Kaufhäuser usw. In solchen Räumen können mit Rücksicht auf die Eisenersparnis und Verbilligung der Anlage noch etwas höhere Deckentemperaturen als 35° zur Anwendung kommen, weil die Besucher bei kurzem Aufenthalt und ständigem Ortswechsel im Raum keine lästige Wirkung der Deckenstrahlung spüren.

Größere Vorsicht bei der Verwendung der Deckenheizung ist geboten, falls es sich um Räume handelt, deren Insassen auf einem festen Platz dauernd mit geistiger Arbeit beschäftigt sind, wie dies in Räumen von Verwaltungsgebäuden, Bürohäusern, Schulen u. dgl. der Fall ist. Sollen hier Deckenheizungen eingebaut werden, so muß zur Vermeidung lästiger Deckenstrahlung für möglichst geringe Deckentemperaturen gesorgt werden. Im Grenzfall, d. h. bei niedrigster Außentemperatur, sollte eine Deckentemperatur von 35° nicht überschritten werden.

Gleiche Vorsicht ist bei dem Einbau von Deckenheizungen in Krankenhäusern notwendig. In diesem Falle dürfte die Selbstregelung der Deckenheizung, welche die Fensterlüftung ohne wesentliche Raumabkühlung ermöglicht, von besonderem Wert sein.

Bei einfachen Bauten, z. B. Wohn- und Mietshäusern, wird die Verwendung der Deckenheizung wohl immer an der Kosten- und Bedienungsfrage scheitern. Die billigere und einfacher zu bedienende Warmwasserheizung, deren Heizkörper nach Bedarf an- oder abgestellt werden können, ist für die Beheizung von Wohnräumen geeigneter als die Deckenheizung. Daran wird sich auch in Zukunft nichts ändern.

Die Deckenheizung kommt ferner für solche Räume nicht in Frage, die nur zeitweise beheizt werden oder stärkeren Schwankungen der Raumtemperatur infolge wechselnder Raumbesetzung (Kinos, Versammlungsräume) oder der Wirkung von Wärmequellen ausgesetzt sind.

In manchen Fällen ist für die Wahl der Deckenheizung der Umstand entscheidend, daß ihr Rohrschlangensystem im Sommer zur Raumkühlung benutzt werden kann. Zu diesem Zweck muß die Anlage auf einen Gegenstromapparat umschaltbar sein, in dem ihr Wasserinhalt durch Leitungs- oder Brunnenwasser gekühlt wird. Dabei darf aber die Deckentemperatur nicht den Taupunkt der Raumluft unterschreiten, wenn ein Feuchtwerden des Deckenputzes vermieden werden soll. Im Schrifttum wird erwähnt, daß durch Deckenkühlung angenehme Aufenthaltsverhältnisse in sonst überwärmten Räumen erzielt worden sind.

F. Betriebseigenschaften der Warmwasserheizungen.

Die Begriffe: zentrale Regelung, Heizkörperregelung und Selbstregelung.

Unter zentraler Regelung versteht man die vom Kesselhaus, also von zentraler Stelle aus betätigte Anpassung der Heizung an die schwankende Außentemperatur. Das Mittel dazu ist die Veränderung der Vorlauftemperatur am Kessel. Da jedes Gebäude und auch jede Heizungsanlage ihre Besonderheiten hat, läßt sich der Zusammenhang zwischen Kesselvorlauftemperatur und Außentemperatur nicht allgemeingültig feststellen. Als Anhalt kann gelten:

Außentemperaturen von rd.	—15	—10	±0	±10	+15° C
Vorlauftemperaturen von rd.	90	83	67	49	38° C

Weisen mehrere Raumgruppen gegeneinander verschiedene Betriebsverhältnisse, z. B. Lage nach Süden und Norden oder Windangriff und geschützt Lage usw., auf, so soll man jeder Gruppe getrennten Vorlauf geben, um durch verschiedene Vorlauftemperaturen in den einzelnen Systemen eine Teilregelung der ganzen Gebäudeheizung durchführen zu können. Häufig sind dann auch getrennte Rückläufe nötig.

Die Warmwasserheizung vermag zwar dem schwankenden Wärmebedarf mit hinreichender Genauigkeit zu folgen, aber nicht immer mit hinreichender Schnelligkeit. Wegen des großen Speichervermögens des Wassers dauert es geraume Zeit, ehe sich eine veränderte Feuerführung in einer veränderten Wassertemperatur auswirkt. Man spricht deshalb von einer großen Trägheit der Warmwasserheizung. Durch die Verwendung von Radiatoren mit kleinerem Wasserraum an Stelle der alten Modelle konnte hierin eine nicht unerhebliche Besserung gegen früher erzielt werden. Bei den Schwerkraftheizungen dauert es ferner wegen der geringen Umlaufgeschwindigkeit auch noch lange, ehe in weit entfernt liegenden Heizkörpern sich eine Temperaturänderung bemerkbar macht. Pumpenheizungen mit ihrer größeren Wassergeschwindigkeit haben diesen Nachteil in viel geringerem Maße.

Unter Heizkörperregelung versteht man die durch Verstellung des Heizkörperventiles betätigte Änderung der Wärmelieferung eines einzelnen Heizkörpers. Die Änderung wird eingeleitet durch eine Änderung der Wassermenge. Abb. 123 zeigt den Verlauf der Wassertemperatur längs der Heizfläche und die Wärmelieferung des Heizkörpers bei konstanter Eintrittstemperatur (90° C), aber veränderter Wassermenge. Die Wärmelieferung im Normalfall (also mit 70° C Austrittstemperatur) ist mit 100 vH bezeichnet. Es wurde zur Darstellung eine waage-

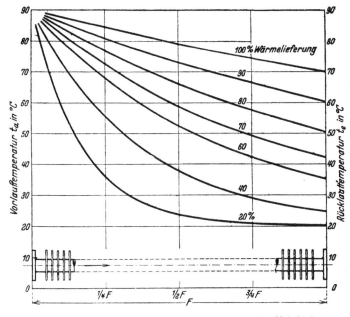

Abb. 123. Verlauf der Wassertemperatur längs der Heizfläche
bei verschiedener Wärmelieferung.

rechte Heizkörperform gewählt, weil dann das Diagramm sinnfälliger ist als bei einem stehenden Heizkörper. Dem Wesen nach gilt jedoch der Zusammenhang für alle Heizkörperformen in gleicher Weise.

Aus der nächsten Abb. 124 ist zu erkennen, in welchem Ausmaß die Wassermenge abgedrosselt werden muß, damit eine gewünschte Minderung der Wärmeleistung erzielt wird. Will man die Wärmelieferung um nur 20 vH vermindern, so muß man die Wassermenge um 60 vH drosseln. Von einer Proportionalität zwischen Wärmelieferung und Wassermenge kann also gar keine Rede sein. Damit ist auch eine Proportionalität zwischen Wärmelieferung und Verstellwinkel des Heizkörperventiles nicht vorhanden. Dies gilt schon für die Pumpenheizung, in vermehrtem Maße aber für die Schwerkraftheizung, bei der noch eine weitere störende Ursache hinzukommt. Bei Minderung der Wärmelieferung z. B. um 20 vH geht — gemäß Abb. 123 — die Austrittstemperatur von 70° auf 51° zurück. Damit wächst der Gewichtsunterschied im Fall- und Steigstrang, und rückwirkend zieht nun der Fallstrang wieder mehr Wasser durch den Heizkörper.

7*

In der Erkenntnis dieser Umstände werden heute bei den Heizkörperventilen die Bezeichnungen $^1/_4$, $^1/_2$, $^3/_4$ und Volleistung weggelassen und durch die beiden Aufschriften „offen", „zu" ersetzt. Unser Heizkörperventil ist also kein Regulierventil, sondern nur ein Absperrventil.

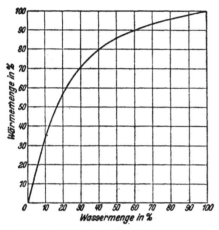

Abb. 124. Abhängigkeit der gelieferten Wärmemenge von der durchfließenden Wassermenge.

Eine wichtige Betriebseigenschaft der Schwerkraftheizung bezeichnet man mit dem Wort „Selbstregelung". Wir knüpfen dazu an die obige Bemerkung bei der Regelung durch das Heizkörperventil an. Hier sahen wir, daß bei einer verhältnismäßig großen Veränderung der Wassermenge sich die Wärmelieferung nur wenig ändert, und daß sich ferner bei der Schwerkraftheizung sofort innere Kräfte auslösen, die eine durch das Ventil eingeleitete Veränderung der Wassermenge wieder rückgängig zu machen trachten, so daß also die Schwerkraftheizung ein sehr stabiles System darstellt. Wir haben bisher, als wir von der Regelung sprachen, diese Eigenschaft als Nachteil kennengelernt, dürfen nun aber nicht übersehen, daß diese Eigenschaft in anderer Hinsicht auch überaus wertvoll ist, denn sie macht die Warmwasserheizung auch unempfindlich gegen unbeabsichtigte Veränderungen und Störungen. Wenn z. B. bei der Berechnung der Anlage sich ein Rechenfehler eingeschlichen hat, oder wenn bei der Montage eine größere Unachtsamkeit unterlaufen ist, so macht sich dies aus dem obengenannten Grunde nur in stark abgeschwächtem Ausmaße bemerkbar. Der Selbstregelung ist es zu danken, daß Heizungsanlagen mit beachtlichen Fehlern bei hoher Vorlauftemperatur annähernd befriedigend arbeiten können. Mit abnehmender Vorlauftemperatur nimmt allerdings die Selbstregelung in ihrer Wirkung stark ab, und die Fehler der Anlage treten dann erst in Erscheinung. Man ist gezwungen, solche Heizungen in der Übergangzeit mit unnötig hoher Temperatur zu betreiben, um einen annähernd gleichmäßigen Gang der Anlage zu erzielen. Daraus folgt die bekannte Regel, daß man das Arbeiten einer Schwerkraftheizung nicht bei hohen, sondern bei niedrigen Vorlauftemperaturen prüfen und beurteilen soll.

IV. Heißwasserheizungen.

Über die Abgrenzung der Begriffe „Warmwasser" und „Heißwasser" vergleiche man die Ausführungen auf S. 59. Das Heißwasser findet in der Heizungstechnik hauptsächlich Verwendung zur Verteilung der Wärme über ein größeres Gelände. An den Endpunkten des Verteilnetzes erfolgt dann meist die Umformung in Warmwasser oder Niederdruckdampf, mit denen dann die Raumheizkörper gespeist werden.

Zur unmittelbaren Erwärmung von Heizflächen dient das Heißwasser meist nur bei gewerblichen oder industriellen Apparaten (Koch-, Destillier-, Trockenapparate usw.). Die Erwärmung von Räumen durch Heizkörper, in denen unmittelbar das heiße Wasser Verwendung findet, beschränkt sich auf Ausnahmefälle. Ein solcher Fall kann eintreten, wenn an das Heißwassernetz einer industriellen Anlage einige wenige Raumheizkörper angeschlossen werden müssen. Wegen des hohen Druckes im Heißwassernetz ist dann meist die Verwendung von besonders druckfesten Heizkörperbauarten erforderlich. (Weiteres siehe Heißwasserfernheizung S. 141.)

V. Niederdruckdampfheizungen.

A. Begriff der Niederdruckdampfheizung.

Nach den behördlichen Bestimmungen sind Dampfkessel, die so gesichert sind, daß die Dampfspannung 0,5 atü nicht übersteigen kann, von den behördlichen Bestimmungen über die Anlegung von Landdampfkesseln und Schiffsdampfkesseln befreit. So dürfen sie z. B. unter bewohnten Räumen aufgestellt werden. Solche Kessel werden als Niederdruckdampfkessel bezeichnet. Sinngemäß nennt man Heizungen, deren Kessel oder deren Hauptverteiler gegen eine Überschreitung des Druckes von 0,5 atü gesichert sind, „Niederdruckdampfheizungen".

Bei reinen Raumheizungen bleiben die erforderlichen Kesseldrücke erheblich unterhalb der genannten Grenze. Als Anhalt kann gelten: bei einer waagerechten Ausdehnung der Heizungsanlage

bis zu 200 m: ein Kesseldruck von 0,10 atü,
bis zu 300 m: ein Kesseldruck von 0,15 atü,
bis zu 500 m: ein Kesseldruck von 0,20 atü.

Müssen die Dampfkessel außer für die Raumheizung auch noch Dampf für gewerbliche Betriebe liefern (Großküchen, Wäschereien, Molkereien usw.), so ist wegen dieser Geräte meist ein Kesseldruck von 0,4 bis 0,5 atü erforderlich. Die Raumheizung wird dann von einem Niederdruckverteiler gespeist, der über ein Druckminderventil an den Kessel angeschlossen ist. Man spricht dann von einem Vordruck und einem Niederdruck.

B. Verhalten des Dampfes im Heizkörper.

Wir denken uns einen vollständig kalten und mit Luft gefüllten Heizkörper. Das Heizkörperventil A (Abb. 125) soll vorerst ganz geschlossen und die Leitung vor dem Ventil mit Dampf von geringem Überdruck gefüllt sein. Öffnet man nun langsam das Ventil, so tritt Dampf in den Heizkörper ein. Für sein Verhalten im Heizkörper ist in erster Linie die Tatsache wesentlich, daß das spezifische Gewicht der Luft sogar bei 100° C noch das Anderthalbfache desjenigen des Dampfes ist, daß also der Dampf auf der Luft schwimmt. Der Dampf wird also von oben her den Heizkörper anfüllen und dabei die Luft nach unten aus dem Heizkörper herausdrängen. Damit dies möglich ist, muß die aus dem Heizkörper herausführende Leitung, die Kondens-

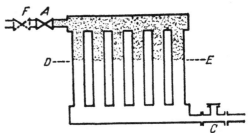

Abb. 125. Niederdruckdampfheizkörper, halb gefüllt.

leitung, mit der Atmosphäre in Verbindung stehen. Indem der Dampf so vordringt, bespült er immer mehr Heizfläche, und schließlich ist die Heizfläche so groß geworden, daß sie gerade hinreicht, die eintretende Dampfmenge vollständig niederzuschlagen, d. h. die Trennungsfläche zwischen Dampf und Luft (Linie $D-E$ der Abb. 125) kommt zum Stillstand. Dreht man nun das Regulierventil noch etwas weiter auf, so strömt mehr Dampf ein, die Trennungslinie $D-E$ rückt weiter nach unten, die Heizfläche und damit auch die Wärmeabgabe des Heizkörpers nimmt zu. Umgekehrt ist der Vorgang, wenn man das Regulierventil stärker schließt. Die Trennungslinie $D-E$ rückt nach oben, und die Heizfläche sowie die Wärmeabgabe wird kleiner. Bei diesem Zurückgehen des Dampfes wird durch die Kondensleitung, die ja, wie oben erwähnt, mit der Atmosphäre in Verbindung stehen muß, wieder Luft angesaugt. Die Wärmeabgabe des einzelnen Heizkörpers kann also verändert werden, d. h. die Niederdruckdampfheizung ist am Heizkörper regulierbar.

An der Sohle aller waagerechten Kondensleitungen strömt Kondensat, darüber liegt ruhende Luft, die nur während eines Reguliervorganges etwas nach dem Heiz-körper zu- oder von ihm wegwandert. Bei einer einwandfreien Anlage darf kein Dampf in die Kondensleitung übertreten, da sonst mannigfache Störungen, vor allem das bekannte knatternde Geräusch, auftreten würden. Um das Übertreten des Dampfes zu vermeiden, darf nicht mehr Dampf in den Heizkörper einströmen, als seine Heizfläche niederzuschlagen vermag. Dies läßt sich erreichen, wenn vor dem Regulierventil nur ein geringer Überdruck herrscht. Die Versuche haben ergeben, daß etwa 200 mm WS am zweckmäßigsten sind. Das Rohrnetz muß also so be-rechnet sein, daß infolge der Reibungsverluste der Druck von der Kesselspannung am Anfang der Leitung bis auf 200 mm vor dem Heizkörper abfällt. Da sich dies aber infolge Ungenauigkeiten in der Rohrnetzberechnung nicht immer vollständig durchführen läßt, wird vor dem Regulierventil A ein Voreinstellventil F eingebaut. Meist sind, wie schon auf S. 68 gezeigt, Voreinstellventil und Regulierventil kon-struktiv in einem einzigen Organ vereint. Für Niederdruckdampfheizkörper werden meist die gleichen Regulierventile verwandt wie für Warmwasserheizkörper. Das Voreinstellventil wird vom Monteur bei der Probeheizung so einreguliert, daß bei ganz offenem Handrad kein Dampf in die Kondensleitung übertritt. Um dies beob-achten zu können, wird in die Kondensleitung unmittelbar nach dem Heizkörper ein T-Stück C mit verschließbarem Abzweig eingesetzt (vgl. Abb. 125). Den Ver-schluß nimmt der Monteur bei der Probeheizung heraus, um feststellen zu können, ob die Kondensleitung frei von Dampf ist.

Oft nützt man den Heizkörper nicht ganz aus und stellt die Voreinstellung des Ventils so ein, daß auch beim höchsten Druck ein kleiner Heizkörperteil kalt bleibt. Dieser Restteil soll bei unvermutet hohen Druckschwankungen ein „Durchschlagen" des Heizkörpers verhindern.

C. Rohrführung.

Bei der Anordnung der Rohre ist vor allem darauf zu achten, daß das Kondensat, welches sich in den Dampfleitungen bildet, möglichst in der gleichen Richtung wie der Dampf strömt. Man wird darum die waagerechten Dampfrohre stets, im Sinne der Dampfströmung gerechnet, mit Gefälle und nicht mit Steigung verlegen. Bei Steigleitungen läßt es sich nicht vermeiden, daß das Kondensat dem Dampf ent-gegenströmt, man soll deshalb den waagerechten Hauptstrang vor der Abzweigung der Steigleitung entwässern.

1. Obere Verteilung (Abb. 126).

Der Dampf wird vom Kessel aus in einem starken Steigstrang nach dem Dachgeschoß geführt, dort verteilt und in den Fallsträngen F_1 abwärts zu den Heizkörpern geleitet. Das Kondensat wird durch den zweiten Teil der Fallstränge F_2 nach dem Keller und über die Sammelleitung S nach dem Kessel geleitet. Das Wasser steht bei b um den Betrag ab höher als im Kessel, wobei die Strecke ab dem Kesseldruck — ausgedrückt in Meter Wassersäule — entspricht. Die Verbindung der Kondensatleitung mit der Atmosphäre, deren Notwendigkeit auf S. 101 erläutert wurde, ist durch das bei c eingezeichnete Rohr gegeben. Die Öffnung dieses Rohres soll nach unten weisen, damit durch sie keine Schmutzteilchen in die Leitung fallen können. Die Entlüftung c muß um etwa 300 mm über der Stelle b liegen.

2. Untere Verteilung mit hochliegender Kondensatleitung (Abb. 127).

Die Verteilung erfolgt im Kellergeschoß, und zwar müssen, wie schon oben erwähnt, die Verteilleitungen mit Gefälle in der Dampfrichtung verlegt werden. Die Steigstränge S_1 und S_2 führen den Dampf den Heizkörpern zu, und die Fallstränge F_1 und F_2 leiten das Kondensat nach dem Keller zurück in die gemeinsame Sammel-

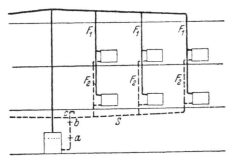

Abb. 126. Niederdruckdampfstrangschema, obere Verteilung.

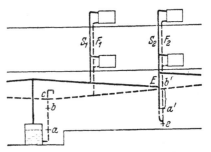

Abb. 127. Niederdruckdampfstrangschema, untere Verteilung, hochliegende Kondensleitung.

leitung, die mit Gefälle nach dem Kessel zu verlegt ist. Bei sehr ausgedehnten Anlagen kann die untere Verteilung sägeförmig verlegt werden. Die Entwässerung der Verteilleitung an der Stelle E erfolgt durch eine Wasserschleife. Diese ist ein U-Rohr, in dessen beiden Schenkeln das Kondensat entsprechend dem Kesseldruck verschieden hoch steht und in dem sich so viel Kondensat ansammelt, bis bei b' ein Übertreten des Kondensates in die Kondensatsammelleitung erfolgen kann. Die Schleife muß stets etwas länger ausgeführt werden, als dem Betriebsdruck entspricht, um ein Durchschlagen der Wasserschleife bei vorkommenden Druckschwankungen zu vermeiden. Die Wasserschleifen haben also genau dieselbe Aufgabe zu erfüllen wie ein Kondenstopf, haben aber den Vorteil, daß sie keinerlei bewegliche Teile besitzen, also immer einwandfrei arbeiten, und daß sie beliebig große und kleine Kondensatmengen einwandfrei abzuführen vermögen.

3. Untere Verteilung mit tiefliegender Kondensatleitung (Abb. 128).

Die Dampfverteilung erfolgt wie bei hochliegender Kondensleitung. Die Kondensleitung liegt unter dem Kesselwasserstand, steht also immer bis zur Linie bb voll Wasser. Man glaubte, daß sie dadurch vor Zerstörung (Rosten) besser geschützt sei als die in Abb. 127 dargestellte hochliegende Leitung. Nach neueren Erfahrungen

werden die tiefliegenden Leitungen aber nicht weniger zerstört als die hoch-
liegenden.

Die Entwässerung der Dampfleitung geschieht durch einfache Verbindung mit
der Kondensleitung, Wasserschleifen sind mithin überflüssig. Die Entlüftung erfolgt
bei c. Damit alle Teile der Anlage einwandfrei be- und entlüftet werden können,
müssen sämtliche Kondensatfallstränge an eine horizontale Entlüftungsleitung d—d
angeschlossen werden. Die Leitung d—d muß 300 mm über dem Wasserstand b—b
liegen. Bei tiefliegender Leitung müssen die Türen unterfahren werden (Fußbodenkanal), wobei eine besondere Luftleitung f (Abb. 128) nötig wird. Die im Fußboden
liegenden Rohrteile können bei Außentüren leicht einfrieren.

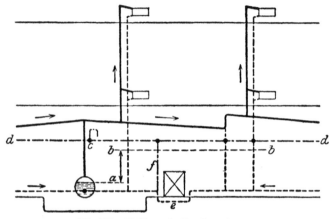

Abb. 128. Tiefliegende Kondensleitung.

Die Kesselhaushöhe ist von der Wahl der Rohrführung abhängig. Die kleinste
Kesselhaushöhe ergibt sich bei oberer Verteilung, hierauf folgt untere Verteilung mit
tiefliegender Kondensleitung, während die untere Verteilung mit hochliegender
Kondensleitung die größte Kellerraumhöhe erfordert. Sie errechnet sich z. B. für
Abb. 126 wie folgt:

Höhe des Wasserstandes a .... 1200 mm
Betriebsdruck $a\,b$ .... 1500 mm
Zuschlag bis c .... 300 mm
Gefälle der Kondensleitung = je 5 mm auf 1 m, daher z. B.
   bei 50 m .... 250 mm
Zuschlag zwischen Oberkante Rohr und Kellerdecke .... 200 mm

Daher lichte Kesselhaushöhe 3450 mm

D. Dampferzeugung.

In Industriebetrieben wird der Niederdruckdampf für Heizzwecke oft aus Hochdruckdampf gewonnen, indem man diesen in einem Reduzierventil oder besser in
einer Kraftmaschine (Abdampfverwertung) sich auf 1,0 bis 1,5 ata entspannen läßt.
Hierüber vgl. S. 158.

Im allgemeinen jedoch wird der Niederdruckdampf in den auf S. 23 bis 28 beschriebenen Kesseln erzeugt.

Gemäß der Niederdruckdampfkesselverordnung vom 27. August 1936 sind Niederdruckdampfkessel weder genehmigungs- noch revisionspflichtig. Sie unterliegen
aber einer erstmaligen Abnahmeprüfung, sofern sie nicht typenmäßig hergestellt
werden.

Über die vorgeschriebene Ausrüstung der Kessel gibt die obige Verordnung nähere Angaben, die hier nur auszugsweise angeführt seien:

Es wird verlangt:

1. ein Standrohr,
2. ein Wasserstandsglas,
3. eine Strichmarke für den Wasserstand,
4. ein Druckmesser für den Bereich 0 bis höchstens 1 kg/cm² Überdruck,
5. ein Kesselschild nach genauen Vorschriften.

Nicht vorgeschrieben, aber im Hinblick auf einen geordneten Betrieb zu empfehlen ist:

6. ein Verbrennungsregler,
7. eine Alarmvorrichtung, die bei zu hohem Druck einsetzt, noch bevor das Standrohr abbläst,
8. einer Alarmvorrichtung, die bei zu niederem Wasserstand (Wassermangelpfeife) einsetzt.

Verbrennungsregler. Eine der Hauptforderungen eines einwandfreien Betriebes ist die möglichst genaue, selbsttätige Einhaltung der von Hand aus eingestellten Dampfspannung. Diesem Zweck dienen die Verbrennungsregler. Abb. 129 zeigt einen sogenannten Membranregler. Der von *a* kommende Dampf drückt bei wachsender Spannung stärker auf die Membran *b*, wodurch der entlastete Hebel *c* gesteuert wird. Dieser drosselt mit Hilfe einer (verstellbaren) Kette die Zuluftklappe des Kessels. Bei zu stark abfallendem Druck hebt ein Gewicht

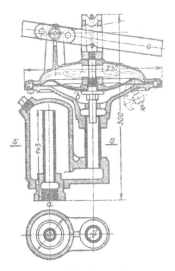

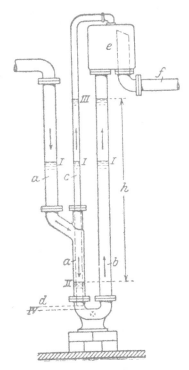

Abb. 129. Membranregler.   Abb. 130. Standrohr.

den Hebel an, worauf sich die Luftzufuhr zum Rost weiter öffnet. Zwischen *a* und *b* befindet sich Sperrwasser, wodurch die Lebensdauer der Membran verlängert wird. Die Einstellung des gewünschten Dampfdruckes erfolgt durch Verschiebung des Gewichtes und Längenänderung der obenerwähnten Kette.

Standrohr. Die behördlichen Vorschriften verlangen, daß Niederdruckdampfkessel gegen Überschreitung des genehmigten Höchstdruckes durch ein Standrohr gesichert werden. Die zugelassenen Bauarten der Standrohre enthält das Normblatt DIN 4750 „Standrohre für Niederdruckdampfkessel", das auch Einzelheiten über die Abmessung der Standrohre, die Sicherung von Kesselgruppen usw. enthält[1].

Standrohre sind stehende U-Rohre mit Wasser als Sperrflüssigkeit. Der kürzere Schenkel ist mit dem Dampfraum des Kessels verbunden, der längere Schenkel, der in seiner Länge dem zugelassenen Höchstdruck entspricht, ist offen. Wird der Höchstdruck überschritten, so wird das Sperrwasser herausgedrückt, und der Kessel kann durch das Standrohr abblasen.

Meist werden die Standrohre so ausgeführt, daß das Sperrwasser nicht ins Freie, sondern in ein Gefäß tritt, aus dem es beim Sinken des Druckes wieder in das Standrohr zurückfließt. Eine solche Ausführung, die außerdem eine Vorausströmung besitzt, stellt Abb. 130 dar. Das Rohr *a* steht mit dem Dampfraum des Kessels in Verbindung. Es bildet mit dem Rohr *b* zusammen ein U-Rohr, in dem das Wasser zunächst in beiden Schenkeln gleich hoch steht (I). Im unteren Teile von *a* steckt noch das nach oben verlängerte Rohr *c*, das den gleichen Wasserstand I aufweist. Tritt nun Dampfdruck auf, so sinkt das Wasser in *a* bis II, dagegen steigt es in *b* und *c* bis III. Die Höhe *h* der Wassersäule ist gleich der Betriebsspannung des Kessels. Steigt diese nun weiter, so fällt das Wasser in *a* bis unter die tiefste Kante *d* des Rohres *c* und stößt aus *c* das Wasser in das Gefäß *e* aus. Nunmehr bläst Dampf durch *c* über *e* und das Rohr *f* ins Freie. Fällt hierauf die Kesselspannung, so geht das Wasser aus *e* durch das Rohr *b* wieder nach *a* bzw. *c*, und der alte Stand ist hergestellt. Steigt aber die Dampfspannung weiter, so gelangt Dampf schließlich in die Ebene IV, worauf das Hauptstandrohr *b* abbläst. Fällt nun der Druck, so tritt das im Gefäß *e* befindliche Wasser wieder in die Standrohre zurück. Durch das vorherige Abblasen des Nebenstandrohres *c* werden die bedeutenden Wasserverluste, die beim Entleeren des Hauptstandrohres eintreten, vermieden.

E. Rückspeisung des Kondensates in die Kessel.

Bei Anlagen mit einem Druck von nur 0,05 bis 0,2 atü kann das Kondensat von selbst in die Kessel zurückfließen, wie das in den Abb. 126 und 127 gezeigt ist. Da die Druckhöhe h_D (Strecke *ab* in Abb. 126) nur 0,5 bis 2 m beträgt, ist meist der nötige Höhenunterschied zwischen Kondensatrückkehr und Kellerfußboden gegeben. Bei Kesseln mit höheren Drücken bis herauf zur gesetzlichen Grenze von 0,5 atü müßte jedoch der Kellerboden 5 m und mehr unter Kondensatrückkehr vertieft werden, was selten möglich ist. Man muß deshalb bei höheren Kesseldrücken zur zwangsweisen Rückspeisung übergehen. Die Einrichtungen, die dazu notwendig sind, sind ungemein vielgestaltig, und es ist darauf hinzuweisen, daß viele der Verfahren durch Patente geschützt sind.

Der Besprechung einiger Rückspeiseverfahren[2] sei vorausgeschickt, daß bei größeren Heizungsanlagen die Rückkehr des Kondensates aus dem Netz nicht zu allen Zeiten mit dem Speisewasserbedarf der Kessel zusammenstimmt und deshalb

---

[1] Grellert, M.: Mehrschenkelige Standrohre. Haustechn. Rdsch. 1939 H. 19 S. 299.
[2] Kolbe, H.: Beachtliches bei der unterbrochenen Kondensatrückspeisung. Heizg. u. Lüftg. Bd. 16 (1942) S. 151.

ein Kondensatsammelgefäß erforderlich ist, dem die Aufgabe der Speicherung zufällt. Um Kondensatverluste in der Anlage, die sich nie ganz vermeiden lassen,
automatisch zu ersetzen, wird oft das Sammelgefäß über ein Schwimmerventil an
das städtische Wassernetz angeschlossen. Diese Maßnahme bedeutet aber eine Ge-

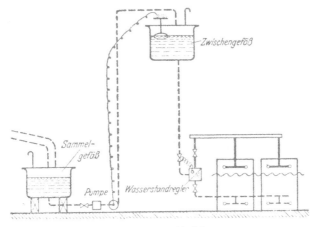

Abb. 131. Zum 1. Verfahren.

fahr für die Kessel, denn bei starken Kondensatverlusten im Betrieb oder bei einem
Undichtwerden des Schwimmerventiles gelangt dauernd ungereinigtes Speisewasser
in die Kessel.

    1. Verfahren (Abb. 131). Aus dem Kondensatsammelgefäß entnimmt eine elek-
trisch angetriebene Pumpe das Wasser und drückt es in ein Zwischengefäß, das so

hoch aufgestellt ist, daß das
Wasser aus ihm von selbst
in die Kessel einströmen
kann.

    Der Motor der Pumpe
wird von einem Schwimmer
im Zwischengefäß gesteuert.
Das Zwischengefäß soll so
groß gewählt werden, daß
es bei Aussetzen des Stromes für einige Zeit den
Speisewasserbedarf der Kessel decken kann.

    Der erforderliche Höhen-
unterschied zwischen dem
Wasserstand im Zwischen-
gefäß und in den Kesseln ist

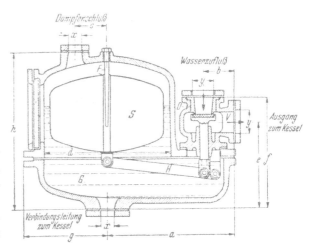

Abb. 132. Wasserstandsregler.

gegeben durch die Druckhöhe h_D des Dampfdruckes, vermehrt um den Strömungswiderstand h_W des Wassers in der Zuleitung vom Gefäß zu den Kesseln. In die Zuleitung zum Kessel wird ein Wasserstandsregler — auch Kesselfüller oder Rück-
speiser genannt — eingebaut, der nach Maßgabe des Kesselwasserstandes dem
Speisewasser den Zutritt freigibt.

Die Wasserstandsregler sind geschlossene Schwimmertöpfe (Abb. 132), die außen am Kessel in Höhe des Wasserstandes montiert werden. Sie sind mit dem Wasserraum und dem Dampfraum des Kessels verbunden, so daß sich der Wasserspiegel in ihnen und damit der Schwimmer auf den Wasserstand im Kessel einstellen kann. Der Schwimmer steuert dann das Wasserzutrittsventil zum Kessel.

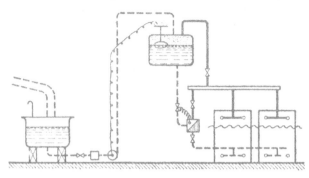

Abb. 133. Zum 1. Verfahren.

Abb. 133 zeigt eine Abart des Verfahrens, bei der das Zwischengefäß in geringerer Höhe über den Kesseln aufgestellt ist. Mindestens jedoch muß der Abstand über den Kesseln gleich dem Strömungswiderstand h_W sein. Das Gefäß wird als geschlossenes Gefäß ausgeführt und durch Zuführung von Kesseldampf unter Druck gehalten. Durch den Dampfdruck auf die Wasserfläche wird die Druckhöhe h_D ausgeschaltet.

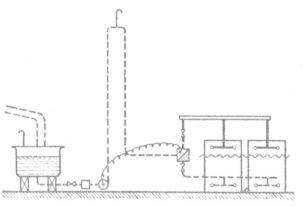

Abb. 134. Zum 2. Verfahren.

2. Verfahren (Abb. 134). Kann man auf die Speicherung in einem Zwischengefäß verzichten — etwa weil man mit einer Unterbrechung des Stromes nicht zu rechnen braucht —, so kann man aus dem Kondensatsammelgefäß unmittelbar in die Kessel speisen. Der Motor der Speisepumpe wird vom Kesselwasserstand gesteuert. Der Schwimmer des

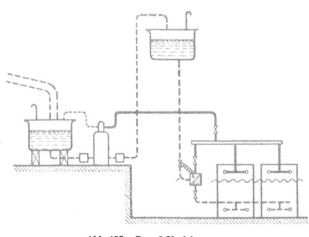

Abb. 135. Zum 3. Verfahren.

Wasserstandsreglers steuert dann einen elektrischen Kipp- oder Schnappschalter, der den Motor aus- und einschaltet. Um zu vermeiden, daß bei stillstehender Pumpe das Kesselwasser durch den Dampfdruck nach dem Sammelgefäß zurückgedrückt wird, ist nach der Pumpe ein Rückschlagventil einzubauen. Noch sicherer ist es, die Leitung zwischen Kessel und Pumpe über die Druckhöhe h_D hinaus hochzuziehen. Sie muß oben mit der Atmosphäre in Verbindung stehen.

3. Verfahren (Abb. 135). Bei diesem Verfahren wird das Kondensat nicht durch eine Pumpe in das Zwischengefäß gehoben, sondern durch einen Kondensatheber, der eine kolbenlose Dampfpumpe ist. Als Energiequelle dient hier der Dampf der eigenen Kesselanlage, so daß dieses Verfahren von der Zufuhr elektrischer Energie unabhängig macht. Die Kondensatheber, auch Kondensatförderer (Abb. 136), arbeiten wie folgt:

Das Kondensat tritt bei A in den Apparat ein, füllt das Gefäß und hebt dabei den Schwimmer B, der auf einer Stange gleitet, bis er an dem Stellring C anliegt. Bei weiterem Wasserzulauf wird schließlich der Auftrieb so groß, daß das Kippgewicht im oberen Teil des Apparates umschlägt und die Dampfzuleitung bei D freigibt. Der einströmende Dampf drückt dann das

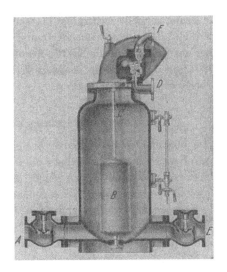

Abb. 136. Kondensatförderer.

Kondensat über das Ventil E in die Leitung. Mit sinkendem Wasserspiegel sinkt auch der Schwimmer, und kurz vor Entleerung des Gefäßes schaltet der Schwimmer zurück, wobei er die Dampfzuleitung schließt und die Dampfabzugsleitung F öffnet. Das Spiel kann dann von neuem beginnen.

Die Schaltung ist aus Abb. 135 zu ersehen. Der Apparat fördert das Kondensat aus dem Sammelgefäß in ein Zwischengefäß, aus dem es in der früher beschriebenen Weise über einen Wasserstandsregler den Kesseln zugeführt wird. Steht das Sammelgefäß so tief, daß der Dampfdruck nicht ausreicht, das Wasser bis ins Zwischengefäß zu heben, so kann man zwei Kondensatheber hintereinanderschalten.

Auch bei diesem Verfahren ist es möglich, ohne Zwischengefäß zu arbeiten, indem man den Kondensatförderer unmittelbar in die Kessel speisen läßt.

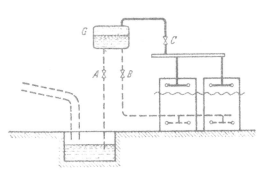

Abb. 137. Zum 4. Verfahren.

4. Verfahren (Abb. 137). Dieses Verfahren macht ebenfalls von elektrischer Energie unabhängig und arbeitet mit dem eigenen Kesseldampf. Es benutzt zum Heben des Kondensates das Vakuum, das in einem geschlossenen Dampfgefäß entsteht, wenn der Dampf kondensiert[1]. Das Dampfgefäß G muß mindestens um den Strömungswiderstand h_W über dem Wasserstand der Kessel

[1] K r a u s l a c h , G.: Die Rückführung des Kondensates bei Niederdruckdampfheizungsanlagen. Haustechn. Rdsch. 1939 H. 12 S. 177.

liegen. Durch drei Leitungen mit den Ventilen *A, B* und *C* steht es mit der Speise-
wassergrube, der Kondensatrückführung in die Kessel und dem Dampfverteiler in
Verbindung. Wir beginnen die Betrachtung des Arbeitsspieles in einem Augenblick,
in dem im Gefäß Vakuum herrscht und das Ventil *A* offen ist. Dann saugt das
Vakuum aus der Kondensatgrube Wasser an, und das Gefäß füllt sich. Eine
Steuerung schließt rechtzeitig das Ventil *A* und öffnet kurz nacheinander die Ventile *C* und *B*. Der einströmende Dampf füllt das Gefäß an und drückt das Kondensat
über das Ventil *B* in die Kessel. Rechtzeitig schließt die Steuerung wieder die Ventile *B* und *C*. Der Dampf kondensiert, und es bildet sich ein Vakuum, worauf das
Arbeitsspiel von vorne beginnt.

F. Zentrale Regelung der Niederdruckdampfheizung[1].

Im allgemeinen herrscht die Ansicht, daß die Niederdruckdampfheizung nicht
zentral regelbar sei. Da jedoch eine Ablehnung in dieser Kürze und Schroffheit
keineswegs von allen Seiten geteilt wird, soll im nachstehenden geprüft werden,
„inwieweit eine gewöhnliche, sogenannte offene Niederdruckdampfheizung zentral
regelbar gemacht werden kann, nur durch geschickte Verteilung der Widerstände
im Netz und durch sorgfältige Berechnung, sorgfältige Montage und sorgfältige Bedienung, also ohne irgendwelche Maßnahmen oder zusätzliche Einrichtungen, die
das Wesen der Heizungsart verändern".

Wir gehen davon aus, daß der Begriff des Niederdruckdampfes an einen eindeutig
festgelegten und eng begrenzten Druckbereich gebunden ist und deshalb der Niederdruckdampf einen Wärmeträger mit konstanter Temperatur und konstantem
Wärmeinhalt darstellt. Die Wärmeabgabe irgendeines Heizkörpers kann also nur
von der Menge des einströmenden Dampfes abhängen. Diese ist ihrerseits bestimmt
durch den freien Querschnitt des Heizkörperventiles, durch den Druck im Heizkörper und durch den Druck vor dem Heizkörperventil.

Da die unveränderte Stellung des Ventiles eine Bedingung der zentralen Regelung
ist, ist der freie Querschnitt beim Regelvorgang konstant. Der Druck in allen Heizkörpern einer Anlage ist bei einwandfrei ausgeführten Kondensleitungen im Beharrungszustand gleich dem Druck in der freien Atmosphäre, also ebenfalls konstant.

Die Veränderlichkeit der Wärmeabgabe eines Heizkörpers ist also nur durch die
Veränderlichkeit des Druckes vor dem Heizkörper bedingt, und die Frage nach der
zentralen Regelung heißt jetzt: „Ist es bei einer offenen Niederdruckdampfheizung
möglich, durch Veränderung des Druckes im Kessel oder am Hauptverteiler den
Druck vor allen Heizkörperventilen gleichmäßig zu heben und zu senken?"

Es soll bezeichnen:

Q_h die stündliche Wärmeleistung des Heizkörpers,

G_h die stündliche Dampfmenge des Heizkörpers,

r die Kondensationswärme des Niederdruckdampfes,

ζ die Widerstandsziffer des Heizkörperventile,

p_1 den Druck vor dem Heizkörperventil,

p_2 den Druck im Heizkörper.

---

[1] Gröber, H.: Die allgemeine Regelung der Niederdruckdampfheizung. Heizg. u. Lüftg.
Bd. 14 (1940) S. 1.

Für die Wärmeabgabe des Heizkörpers gilt die nachstehende Gleichung:

$$Q_h \left[\frac{\text{kcal}}{\text{h}}\right] = G_h \cdot r = \text{const } \zeta \cdot \sqrt{p_1 - p_2}.$$

Bezeichnet man ferner durch den Zeiger „min" den Zustand geringsten Wärmebedarfes, durch den Zeiger „max" denjenigen höchsten Wärmebedarfes, so folgt
aus der letztgeschriebenen Gleichung, daß

$$\frac{(p_1 - p_2)_{\min}}{(p_1 - p_2)_{\max}} = \left(\frac{Q_{\min}}{Q_{\max}}\right)^2.$$

Der wünschenswerte Regelbereich $Q_{\min} : Q_{\max}$ einer Heizung ist im wesentlichen
durch die Veränderlichkeit der Temperatur im Freien gegeben, wobei Wind- und
andere Einflüsse außer acht gelassen seien. Rechnen wir mit einem Beginn der
Heizperiode bei $+12°$ Außentemperatur, mit einer stärksten Winterkälte von $-15°$,
ferner mit einer Raumtemperatur von $+20°$, so verhält sich der Mindestwärme-
bedarf zum Höchstwärmebedarf etwa wie

$$\frac{20 - 12}{20 + 15} = \frac{8}{35} = 1 : 4,4.$$

Eine Regelung in diesem Ausmaß ist bei der Warmwasserheizung ohne weiteres
möglich. Bei der Niederdruckdampfheizung wollen wir uns von vornherein mit
einem kleineren Regelbereich begnügen, z. B. 3,5 statt 4,4. Dann ergibt sich:

$$(p_1 - p_2)_{\min} : (p_1 - p_2)_{\max} = 1 : 3,5^2 = 1 : 12,2.$$

Wird der Druck vor dem Heizkörperventil bei Volleistung in üblicher Weise zu
200 mm WS angesetzt, so darf er bei Mindestleistung nur 16 mm WS betragen.

Die allgemeine Regelung verlangt, daß der Druck an allen Heizkörperventilen in
gleicher Weise sinkt. Die Voraussetzung dafür ist, daß sich die Drücke an allen
Knotenpunkten des Netzes und am Kessel in demselben Verhältnis ändern. Allerdings ist nicht zu erwarten, daß die Forderung sehr genau erfüllt wird; denn die
Widerstandsgesetze für gerade Rohrstrecken und Einzelwiderstände stimmen nicht
vollkommen überein. Jedoch ist der Unterschied nicht so groß, daß er im Rahmen
der vorliegenden Überlegungen eine ausschlaggebende Rolle spielen würde.

Sehr eingehend hat diese Zusammenhänge v. d. M a r e l VDI[1] geprüft, indem er
ein ziemlich ausgedehntes Rohrnetz, dessen waagerechte Verteilleitung isoliert,
dessen Steigleitungen nicht isoliert sind, bei verschiedenen Belastungsstufen durch-
rechnete. In dieser Rechnung ist die Minderung der Dampfmenge durch die Ab-
kühlungsverluste berücksichtigt. V. d. M a r e l zeigt an diesem Beispiel, daß Druck-
änderungen am Anfang der Leitung sich tatsächlich annähernd in demselben Verhältnis durch das ganze Rohrnetz hin bis zu den Heizkörperventilen auswirken, so
daß die Leistung der Heizkörper mit einer für viele Fälle ausreichenden Genauigkeit
gleichmäßig absinkt.

Wenn nun trotz dieses nicht gerade ungünstigen Ergebnisses der Rechnung in
Wirklichkeit immer wieder Schwierigkeiten bei der zentralen Regelung sich einstellen, so liegt der Grund hierfür in der Kleinheit der Drücke, die bei eingeschränktem Betrieb eingehalten werden müssen. Es wurde bereits erwähnt, daß der Druck
vor dem Heizkörperventil von 200 mm WS bis auf etwa 16 mm WS absinken muß.
Ungefähr in demselben Verhältnis 1 : 12.2 muß auch der Druck am Kessel gesenkt
werden, also z. B. von $^1/_{10}$ auf $^1/_{122}$ atü. Es sind dies nur 80 mm WS. Daß bei so

[1] Haustechn. Rdsch. Bd. 44 (1939) S. 403—407 u. 427—430.

kleinen Drücken der Betrieb des Netzes gegen Störungen äußerst empfindlich ist, dürfte selbstverständlich sein. Von den verschiedenen Möglichkeiten störender Einflüsse sollen nur drei erwähnt werden.

Ein erster störender Einfluß liegt in dem verschiedenen spezifischen Gewicht des Dampfes in den Steigsträngen und der Luft in den Kondensleitungen ($\gamma_D = 0,50$ gegen $\gamma_L = 1,1$). Dieser Gewichtsunterschied, der je nach der Höhe des Gebäudes etwa 5 bis 10 mm WS ausmachen kann, bewirkt bei stark eingeschränktem Betrieb eine beachtlich stärkere Füllung der Heizkörper in den oberen Stockwerken als in den unteren. Eine zweite Störungsquelle ergibt sich als Folge der geringen Strömungsgeschwindigkeiten in der Möglichkeit des Umschlages des turbulenten Strömungszustandes in einen laminaren und umgekehrt. Eine dritte Quelle für die Störung der Druckverteilung im Netz liegt in dem willkürlichen An- und Abstellen von Heizkörpern oder Heizkörpergruppen.

Die Anlagen sind um so weniger empfindlich gegen Störungen, je kleiner der Druckabfall im Rohrnetz und je größer er in den Heizkörperventilen ist. Es ist ohne weiteres einzusehen, daß bei einer außergewöhnlich weiten Rohrleitung, die fast keinen Druckabfall bedingt, der Druck vor den Ventilen gleichmäßig mit dem Kesseldruck sich ändert. Freilich führt dieses Verfahren bald an die Grenze des wirtschaftlich Zulässigen. Die andere Bedingung einer Steigerung des Druckabfalles im Ventil findet ebenfalls bald ihre Grenze, da sonst die lichten Querschnitte im Ventil zu klein werden und außerdem die Strömungsgeschwindigkeit des Dampfes zu Geräuschbildung führen würde. Schon bei einem Druckabfall von 200 mm WS errechnet sich eine Dampfgeschwindigkeit von 80 m/sec.

Besonders wichtig für eine gute zentrale Regelung ist eine sehr sorgfältige Einregelung der Voreinstellung bei der Probeheizung. Dies führt zu der Frage, ob es zweckmäßig ist, wie meist vorgeschlagen wird, bei der Rohrnetzberechnung sämtliche Heizkörperanschlüsse für denselben Druck zu berechnen, unabhängig von der Größe des Heizkörpers. Zur Entscheidung dieser Frage vergleichen wir zwei Heizkörper mit 5 bzw. 20 Gliedern, also einem Verhältnis der Heizflächen und damit auch des Dampfbedarfes von 1 : 4. Bei gleichem Druck vor den Ventilen müßten dann die bei der Voreinstellung eingeregelten Durchgangsquerschnitte sich wie 1 : 4 verhalten.

Da auch die größeren Heizkörper eine kleine Abdrosselung der Voreinstellung erhalten müssen, um bei der Probeheizung einen kleinen Spielraum zum Wiederöffnen zu haben, ergeben sich für die kleinen Heizkörper äußerst geringe Durchgangsquerschnitte, die das Einregeln sehr erschweren.

Aus dieser Überlegung folgt, daß man bei Anlagen, von denen man später eine gute zentrale Regelung verlangt, den Druck vor den Heizkörperventilen nicht einheitlich festsetzen darf. Bei den größeren Heizkörpern kann er mit 200 mm WS angesetzt werden, bei den kleineren entsprechend niederer.

Für die zentrale Regelung ist ferner der Druck im Heizkörper wichtig, da er dem einströmenden Dampf entgegenwirkt. Er soll bei allen Heizkörpern gleich, und zwar bei dem offenen Heizsystem gleich dem Druck in der freien Atmosphäre, sein. Dies verlangt, daß die Kondensleitungen genügend weit und ohne alle Fehler verlegt sind.

Um eine möglichst gute Entlüftung zu erzielen, werden oft statt einer zentralen Entlüftung mehrere getrennte Entlüftungen vorgesehen. Dadurch kann aber eine neue Störungsquelle in die Anlage hereingebracht werden, denn bei dem geringen Druck, der bei abgedrosseltem Betrieb im Netz herrscht, ist die Möglichkeit einer Beeinflussung durch den Wind zu beachten. Der Staudruck des Windes an der Gebäudemauer kann unter Umständen bis zu 10 mm WS betragen. Er pflanzt sich entsprechend abgeschwächt in das Innere des Gebäudes fort. Aus diesem Grunde ist die zentrale Entlüftung im allgemeinen vorzuziehen, denn bei dieser wirkt sich der Staudruck des Windes auf die ganze Anlage gleichmäßig aus.

Zusammenfassend ist zu sagen:

Eine Niederdruckdampfheizung üblicher Ausführung, also eine solche, die nicht ausdrücklich im Hinblick auf zentrale Regelung bestellt und gebaut ist, gestattet nahezu gar keine zentrale Regelung.

Wird eine zentrale Regelung angestrebt, so ist bei Entwurf, Bau und Betrieb folgendes zu beachten:

1. das Rohrnetz darf nicht allzu ausgedehnt und allzu reich gegliedert sein,

2. alle Dampfleitungen, auch die Steigstränge, müssen sehr gut isoliert sein,

3. die Dampfleitungen und die Kondensatleitungen müssen größere Durchmesser erhalten als bei einer Anlage, die nicht zentral regelbar sein soll,

4. der Druckabfall im Heizkörperventil muß so hoch als möglich sein,

5. Berechnung, Montage und Einregelung der Anlage müssen mit besonderer Sorgfalt ausgeführt sein,

6. Feuerung und Verbrennungsregler müssen ein sehr genaues Einhalten niedriger Druckstufen ermöglichen,

7. es muß die Gewähr gegeben sein, daß nicht bei eingeschränktem Betrieb eine größere Anzahl Heizkörper abgestellt werden,

8. die Bedienung muß ein besonderes Maß von Verständnis und Gewissenhaftigkeit aufbringen.

Aber selbst eine solche unter günstigen Umständen entstandene und betriebene Heizung wird gegenüber einer Warmwasserheizung üblicher Ausführung zurückstehen hinsichtlich

Umfang des Regelbereiches, Gleichmäßigkeit der Wärmeverteilung, Einfachheit der Anlage, Einfachheit der Betriebsführung.

Bei der Entscheidung, ob bei einem Bauvorhaben Niederdruckdampf- oder Warmwasserheizung gewählt werden soll, sind unter anderem folgende Gesichtspunkte zu beachten:

1. Eine im Hinblick auf zentrale Regelung erstellte Niederdruckdampfanlage ist teurer als eine Niederdruckdampfheizung üblicher Ausführung, aber sie ist immer noch erheblich billiger als eine Warmwasserheizung.

2. Die Unvollkommenheit in der zentralen Regelung führt während der Übergangszeit leicht zu einer Überheizung der Räume. Dies ist nicht nur für die Rauminsassen lästig, sondern es führt auch zu einem Brennstoffaufwand, der vor allem deswegen beachtlich ist, weil die Übergangszeit für den jährlichen Koksverbrauch von entscheidendem Einfluß ist.

Bei Gebäuden jedoch mit kurzzeitiger Benutzung der Räume bringt die geringe Trägheit der Niederdruckdampfheizung eine Brennstoffersparnis, die den obigen Mehraufwand mehr als aufwiegen kann.

3. Wird eine Niederdruckdampfheizung in Auftrag gegeben, so ist stets klar zu

vereinbaren, ob das erreichbare Maß an zentraler Regelung angestrebt werden soll oder ob im Hinblick auf möglichste Billigkeit der Anlage darauf verzichtet wird.

Die Frage nach der Möglichkeit einer zentralen Regelung der Niederdruckdampfheizung wird nie zur Ruhe kommen, solange man versucht, sie mit einem glatten Nein oder mit einem glatten Ja zu beantworten. Besser ist es im Einzelfall, zu prüfen, ob sich das erzielbare, gegenüber der Wasserheizung geringere Maß einer zentralen Regelung mit den Forderungen des Einzelfalles verträgt.

VI. Hochdruckdampfheizungen.

Ähnlich wie Heißwasser wird auch Hochdruckdampf im allgemeinen nur zur Verteilung der Wärme über ein größeres Gelände verwendet (vgl. Dampffernheizung S. 136). Wird ausnahmsweise Hochdruckdampf zur Raumheizung benutzt, so ist zu beachten, daß der Dampf im Heizkörper eine höhere Spannung als 1 ata besitzt, etwa 1,5 bis 3 ata. Damit ergeben sich dann Heizflächentemperaturen von 110 bis 130 ° C. Da solche Temperaturen vom hygienischen Standpunkte aus nicht zulässig sind, soll diese Heizungsart für Wohn- und Arbeitsräume nicht verwendet werden. Nur Ausnahmefälle rechtfertigen die Verwendung der Hochdruckdampfheizung.

Das Verhalten des Dampfes im Heizkörper ist hier wesentlich anders als bei der Niederdruckheizung. Es ist nicht möglich, die Heizkörper nur teilweise mit Dampf zu füllen, denn bei den hohen Drücken müßten die Durchgangsquerschnitte der Heizkörperventile so klein werden, daß dies praktisch nicht ausführbar ist. Die Hochdruckheizkörper erhalten deshalb keine Regulier-, sondern nur Absperrventile. Eine Heizkörperregelung ist nur in der Weise möglich, daß man den Heizkörper unterteilt und eine veränderliche Zahl von Teilheizflächen in Betrieb nimmt. Der Dampf füllt aber nicht nur den Heizkörper, sondern er tritt auch in die Kondensleitung über und füllt auch diese mit Dampf unter hohem Druck. Aus diesem Grunde muß der Heizkörper nicht nur ein Absperrventil am Dampfeintritt, sondern auch ein Absperrventil am Dampfaustritt erhalten, da er sonst auf dem Umweg über die anderen nichtabgestellten Heizkörper von rückwärts geheizt würde. Es ist zweckmäßig, den Heizkörpern Ent- und Belüftungsventile (Abb. 138) zu geben. Der Ventilkegel sitzt auf einem Ausdehnungskörper, welcher am Boden der Hülse *a* befestigt ist. Der Entlüfter wird derart aufgeschraubt, daß der Ausdehnungskörper von dem Heiz-

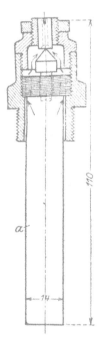

Abb. 138. Selbsttätiger Entlüfter.

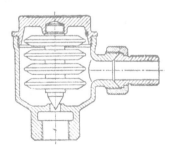

Abb. 139.
Ausdehnungsdampfstauer.

mittel umspült werden kann. Beim Anheizen entweicht die Luft in der Pfeilrichtung. Tritt Dampf an den Ausdehnungskörper, so wird das am Austritt befindliche Ventil geschlossen und der Luft der Weg versperrt. Beim Abheizen geht der Vorgang umgekehrt vor sich.

Will man das Übertreten von Dampf in die Kondensleitung vermeiden, so muß hinter jedem Heizkörper ein Dampfstauer (Abb. 139) oder doch hinter einzelnen Heizkörpergruppen ein Dampfstauer oder ein Kondenstopf eingebaut werden.

Führung der Heizstränge. Die beste Strangführung ergibt sich bei oberer Verteilung. Der ankommende Dampf wird entwässert und durch einen Druckminderer auf die Heizspannung gebracht. Der Dampf steigt dann hoch und versorgt mit oberer Verteilung die einzelnen Stränge. Das Kondensat fließt stets in der Strömungsrichtung des Dampfes. — Ungünstiger ist die untere Verteilung, da die Steigstränge nicht einwandfrei entwässert werden können und in ihnen das Kondensat dem Dampf entgegenströmt.

VII. Vakuumheizungen.

Unter dem Namen „Vakuumheizung" findet man die verschiedenartigsten Systeme vereint, von denen aber ein großer Teil den Namen zu Unrecht führt. Deshalb ist in Abb. 140 eine Bauart dargestellt, die das Wesen der echten Vakuumheizung möglichst deutlich zu erläutern gestattet. Dabei ist nur ein einziger Heizkörper gezeichnet, um die besonderen Verhältnisse eines verzweigten Rohrnetzes vorerst auszuschalten.

Es stellt dar: K den Kessel, L die Luftpumpe,
H den Heizkörper, M den Motor der Luftpumpe,
St den Dampfstauer, R_1 und R_2 zwei Regler.
S das Kondensatsammelgefäß,

Den Zusammenhang zwischen Druck des Dampfes und seiner Temperatur, also auch der Temperatur der Heizfläche, gibt nachstehende Zusammenstellung:

Druck ata	0,1	0,2	0,3	0,4	0,5	0,6	0,7	0,8	0,9	1,0
Temp. °C	45	60	69	75	81	86	89	93	96	99

Für das Verständnis der Betriebsweise der Vakuumheizung ist es notwendig, sich stets zu vergegenwärtigen, daß das Dampfvakuum nicht durch die Luftpumpe (fälschlich Vakuumpumpe genannt) erzeugt wird, sondern nur durch die Kondensationswirkung der Heizflächen im Zusammenwirken mit einer geregelten, also begrenzten Dampfzufuhr zum Heizkörper.

In nachstehender Tabelle sind einige zur Beurteilung des Vakuumverfahrens wichtige Zahlenwerte für zwei Betriebszustände, die man als die Grenzfälle bei der Vakuumheizung betrachten kann, nämlich 95 und 65° C Dampftemperatur, an dem Beispiel eines Heizkörpers mit 6,0 m² Heizfläche zusammengestellt.

Betriebs-zustand	Temperatur der Heizfläche	Temperatur-unterschied gegen den Raum	Wärme-durchgangs-zahl	Heizfläche	Wärme-leistung	Dampf		
						Druck	Konden-sations-wärme	Stündliche Menge
—	°C	°C	$\frac{kcal}{m^2 \cdot h \cdot °C}$	m²	$\frac{kcal}{h}$	ata	$\frac{kcal}{kg}$	kg/h
I	95	75	7,25	6	3260	0,862	542,4	6,00
II	65	45	6,22	6	1680	0,255	559,7	3,00

Die Zahlentafel zeigt, daß der gewählte Heizkörper eine Dampfmenge von 6 kg/h bei 95° Dampftemperatur braucht, dagegen nur 3 kg Dampf, wenn er mit 65° arbeiten soll. Würde ihm im zweiten Fall mehr als 3 kg Dampf zugeführt werden, so könnten die Heizflächen die einströmende Dampfmenge nicht verarbeiten, der Dampfdruck würde steigen und damit auch die Temperatur, und zwar so lange, bis nun bei der höheren Heizflächentemperatur die vermehrte Dampfmenge aufgezehrt werden kann. Die Einhaltung eines bestimmten Vakuums ist also in erster Linie von der richtigen Begrenzung der Dampfzufuhr abhängig. Der Heizer muß das Feuer so zurückhalten, daß nicht mehr Dampf erzeugt wird, als die Heizflächen zu kondensieren vermögen. Als Kennzeichen dient dem Heizer natürlich der Druck im Kessel. Dieser muß um das Maß des — allerdings sehr geringen — Druckabfalles im Rohrnetz höher sein als der im Heizkörper gewünschte Druck. Um von der Geschicklichkeit des Heizers unabhängig zu sein, kann eine automatische Regelung (Regler R_1 in Abb. 140) eingeführt werden, welche die Feuerführung entweder vom Vakuum im Kessel oder noch besser unmittelbar vom Vakuum im Heizkörper aus steuert. In vielen Fällen ist man nicht gezwungen, die Dampfzumessung mit der Feuerführung zu betätigen, sondern man betreibt den Kessel mit beliebig höherem Druck und schaltet ein Reduzierventil zwischen Kessel und Rohrnetz, wobei dann dieses die Begrenzung der Dampfzufuhr übernimmt.

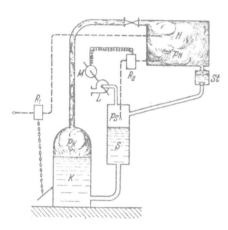

Abb. 140.   Schema einer Vakuumheizung.

Nun erst kommen wir zu den beiden Aufgaben, die der Luftpumpe zufallen. Erstens muß sie für eine hinreichende Luftleere im Kondensatsammelgefäß sorgen, um das Abfließen des Kondensates aus dem Heizkörper zu ermöglichen. Hierbei ist folgendes zu beachten: Wenn das Kondensat, das sich unten im Heizkörper angesammelt hat, genügend abgekühlt ist, öffnet sich zwar der Dampfstauer, aber das Kondensat kann nur dann aus dem Heizkörper nach dem Sammelgefäß abfließen, wenn der Druck p_S im Kondensatsammelgefäß noch etwas niedriger ist als der Druck p_H im Heizkörper. Die Druckdifferenz $(p_H — p_S)$ ist von der Länge und Weite der Kondensatleitung abhängig und wird durch den Regler R_2 automatisch geregelt, indem dieser bei Über- oder Unterschreiten bestimmter Grenzwerte den Elektromotor der Luftpumpe ein- oder ausschaltet. Die Schaffung und Erhaltung der Druckdifferenz $(p_H — p_S)$ ist die eine Aufgabe der Luftpumpe.

Solange im Kondensatsammelgefäß der eben gekennzeichnete Unterdruck herrscht, ist auch die andere Aufgabe der Luftpumpe erfüllt, nämlich die Fortschaffung der Luft aus dem Heizkörper. Die damit erzielte Luftleere ist für das einwandfreie Arbeit der Anlage zwar unbedingt notwendig, sie ist aber nicht die Ursache des Dampfvakuums — wie vielfach geglaubt wird —, sondern nur die Voraussetzung dafür, daß sich der Heizkörper mit dem Dampf niedriger Spannung füllen kann. Die Arbeitsweise ist folgende: Die durch Undichtheiten des Rohrnetzes eingedrungene Luft sammelt sich, da sie schwerer als der Dampf gleichen Drucke ist, immer im unteren Teil des Heizkörpers, und sie wird deshalb zugleich mit dem Kondensat nach dem Sammelgefäß abgeführt und dort durch die Luftpumpe ins Freie gefördert.

Von Interesse ist noch der Unterschied zwischen den Wasserspiegeln im Kondensatsammelgefäß und im Kessel. Er ergibt sich aus dem Unterschied $(p_K - p_S)$, vermehrt um den kleinen Betrag, der dem Strömungswiderstand des Kondensates in der Rückleitung entspricht.

Ein Standrohr ist behördlicherseits auch bei der Vakuumheizung vorgeschrieben, denn es kann auch hier durch Betriebsstörungen vorübergehend Überdruck in der Anlage entstehen, der aber mit 0,5 atü automatisch und unbedingt verläßlich begrenzt sein muß. Das Standrohr muß bei der Vakuumheizung besonders ausgebildet sein, damit nicht im normalen Betrieb durch dasselbe Luft in den Kessel eingesaugt werden kann.

Wie schon erwähnt, ist in Abb. 140 der Einfachheit halber vorerst nur ein einziger Heizkörper gezeichnet. In Wirklichkeit ist zwischen Kessel und Kondensatsammelgefäß ein verzweigtes Rohrnetz mit vielen Heizkörpern geschaltet. Dem Wesen nach ändert sich dadurch nicht sehr viel. Der Druck im Sammelgefäß wird noch etwas niedriger gehalten werden müssen, weil die längeren Kondensatrückleitungen dem abfließenden Kondensat einen größeren Widerstand entgegensetzen. Ferner wird der Kesseldruck etwas höher gewählt werden müssen, da bei den längeren Dampfzuführungsleitungen nach den Heizkörpern ein größerer Druckabfall eintreten wird.

Die Vakuumheizung tritt in erster Linie mit der Warmwasserheizung in Wettbewerb, denn sie besitzt mit dieser gemeinsam die Vorteile einer generellen Regelbarkeit und niedriger, also hygienisch einwandfreier Oberflächentemperatur. Darüber hinaus hat sie den Vorteil geringer Trägheit. Die Vakuumheizung ist überall dort, wo sie als Abwärmeheizung mit Kraftanlagen gekuppelt wird, besonders wirtschaftlich (vgl. S. 160).

Einer ausgedehnteren Verbreitung steht entgegen, daß sie an das technische Können und die Zuverlässigkeit nicht nur der ausführenden Firma, sondern vor allem des Betriebspersonals doch recht hohe Anforderungen stellt. Im praktischen Betriebe ist ferner ein dauerndes Dichthalten des ganzen Rohrnetzes, vor allem der Heizkörperventile, sehr schwer erreichbar, denn das Auffinden von undichten Stellen ist weit schwieriger als bei einer Heizung mit innerem Überdruck. Aus diesem sowie auch noch anderen Gründen ist ein Dampfdruck von 0,25 ata schon sehr schwer zu halten, und damit ergibt sich als untere Grenze des Regelbereiches eine Temperatur von 65 ° C — ein Wert, der bei der Warmwasserheizung noch erheblich unterschritten werden kann.

Zum Schlusse soll noch kurz von einer Abart der Niederdruckdampfheizung gesprochen werden, die ebenfalls als Vakuumheizung bezeichnet wird, aber das Prinzip der Vakuumheizung nicht rein verkörpert. Es wird dabei an Heizungen gedacht, die im wesentlichen den Niederdruckdampfheizungen gleichen, bei denen aber am Ende der Kondensatrückführung eine Pumpe eingebaut ist, welche die Luft aus dem Heizkörper entfernt. Man erreicht dadurch mit Sicherheit, daß der Dampf alle Heizkörper gleichmäßig erfüllt, auch wenn gegebenenfalls bei der Berechnung oder bei der Montage des Rohrnetzes Fehler unterlaufen sein sollten. Bis hierher wäre die Heizung noch nicht als Vakuumheizung anzusprechen. Zu beachten bleibt aber folgender Umstand. Da an der Austrittsstelle der Heizkörper im allgemeinen keine Dampfstauer eingebaut sind, saugt die Pumpe auch Dampf an und bewirkt damit einen Unterdruck im System. Die Unterdrücke, die auf diese Weise erzielt werden können, sind aber nur sehr gering. Ein offenkundiger Nachteil der Anlagen ist, daß sie grundsätzlich unwirtschaftlich arbeiten müssen, denn es ist sinnwidrig, den Dampf zuerst mit großem Brennstoffaufwand zu erzeugen, um ihn dann zum Teil wieder in der Pumpe unausgenutzt zu vernichten.

VIII. Luftheizungen.

A. Allgemeines.

Unter Luftheizungen werden jene Heizarten verstanden, bei denen heiße Luft als Wärmeträger nach den Räumen geführt wird. Die Erwärmung der Luft geschieht an Heizflächen, die entweder durch Rauchgase oder durch Dampf oder Wasser erhitzt werden. Man unterscheidet deshalb Feuerluftheizungen und Dampf- bzw. Wasserluftheizungen. Alle erwähnten Arten können in dreierlei Weise betrieben werden:

a) Ansaugen von Frischluft, Ausstoßen der Abluft = Frischluftheizung.

b) Wiederansaugen der Abluft, keine Erneuerung der Raumluft = Umluftheizung.

c) Verbindung der Frischluft- und Umluftheizung.

Da bei der Umluftheizung fortwährend die schlechte und mit Staub durchsetzte Raumluft an die Heizfläche geführt wird und von dort weiter verschlechtert den Räumen zuströmt, ist Umluftheizung hygienisch nachteilig.

Wird die Bewegung der Luft allein durch ihren natürlichen Auftrieb bewirkt, so spricht man von „Auftriebsheizung". Diese ist stets stark vom Wind abhängig. Ein unter allen Umständen gesicherter Betrieb ist nur bei Verwendung von Ventilatoren zu erreichen.

B. Feuerluftheizung.

Die Feuerluftheizung wird in der Regel nur als Auftriebsheizung ausgeführt. Die sehr starke Abhängigkeit des Luftumlaufes von den Wind- und Temperaturverhältnissen der Außenluft ist unbestreitbar. Reinigen der Luft durch Filter ist infolge des hohen Widerstandes solcher Einrichtungen ausgeschlossen. Die Heizkammer muß möglichst tief liegen, damit günstige Auftriebsverhältnisse für die Heizluft entstehen. Im allgemeinen haben alle Ausführungen über gewöhnliche Luftheizkammern (s. S. 185) sinngemäß auch hier Geltung.

Über die Einzelteile dieser Heizart ist folgendes zu sagen:

a) Luftheizöfen.

Als Luftheizofen kann grundsätzlich jeder beliebige Ofen verwendet werden. Da indessen meist große Heizleistungen erforderlich sind, müssen die Öfen eine diesem Zweck besonders angepaßte Bauart erhalten. Die hierbei zu erfüllenden Bedingungen sind: zusammengedrängte Form, nirgends zu hohe Oberflächentemperaturen, gleichmäßige Verteilung der Wärme, gutes Umspülen aller Heizflächen mit Luft, Ausdehnungsfähigkeit sämtlicher Teile, geringe Fugenzahl, leichte Zugänglichkeit, einfache und dennoch gründliche Reinigungsmöglichkeit von Staub, Entfernung von Ruß und Asche ohne Betreten der Heizkammer, Schüttfeuerung, selbsttätige Verbrennungsregler.

Sorgfältig ist darauf zu achten, daß das Ausströmen unverbrannter Gase (Kohlenoxyd) in die Heizkammer unbedingt verhindert wird, aus welchen Gründen auch die Verwendung völlig abschließender Rauchschieber bedenklich erscheint. Ausreichende Mindestöffnungen in den Schiebern dürften allerdings so groß ausfallen, daß eine wirksame Abschwächung der Feuerung kaum zu erzielen ist. Man muß deshalb den Abbrand durch Drosselung der Luftzufuhr zum Rost regeln.

Von den gangbaren Bauarten von Luftheizöfen ist in Abb. 141 eine Ausführung in Gußeisen dargestellt. Der Brennstoff gelangt durch den Füllschacht F auf den Rost. Die Verbrennungsgase durchziehen den inneren Heizzylinder H und treten dann in die strahlenförmig angeordneten Heizkästen K, die mit ihrem unteren Ende auf dem keilförmigen Ringkanal RK aufsitzen. Das Rauchrohr R leitet die Rauchgase zum Schornstein. Die Raumluft streicht von unten her durch die Heizkammer, umspült dabei die Heizflächen des Heizzylinders und der Heizkästen, um so erwärmt oben die Heizkammer zu verlassen.

Eine andere Ausführung aus rostbeständigem Stahl, autogen zusammengeschweißt, ist in Abb. 142 dargestellt. Der Lufterhitzer ist innen mit Schamotte ausgekleidet.

b) Kanalanlage.

Die Kanäle einer Luftheizung sind genau so wie die Kanäle jeder Lüftungsanlage zu behandeln. Um den inneren Zusammenhang der Darstellung nicht zu beeinträchtigen, soll hier auf den Abschnitt „Kanalanlage“ S. 188 verwiesen werden. Da die Leitungen

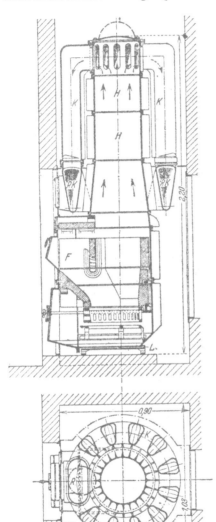

Abb. 141. Luftheizofen.

Abb. 142. Luftheizofen.

aber verhältnismäßig hoch erwärmte Luft führen, ist für einen guten Schutz vor Abkühlung zu sorgen. Zu beachten ist dabei, daß der Wärmeverlust der Luft erheblich werden kann, weshalb die bezüglichen Verhältnisse rechnerisch verfolgt werden müssen.

Umluftkanäle sind, wie erwähnt, aus hygienischen Gründen und mit Rücksicht auf schwierige Leitungsführung bedenklich. Für sehr große Räume werden sie zwecks rascheren Hochheizens und zur Erzielung von Brennstofferparnissen dennoch angewendet, z. B. beim Beheizen von Kirchen.

C. Dampf- und Wasser-Luftheizung.

1. Ausführung.

Eine gut durchgebildete Dampf- oder Wasser-Luftheizung unterscheidet sich in ihrem ganzen technischen Aufbau so wenig von einer Lüftungsanlage, daß in allen wesentlichen Punkten auf den späteren Abschnitt „Lüftungsanlagen" verwiesen werden darf. Ein Unterschied besteht darin, daß die Luft den Räumen mit etwa 40 bis 50° zuströmt, also bedeutend wärmer ist als bei Lüftungsanlagen. Daher sind die Wärmeverluste der Kanäle beträchtlich, so daß hier auf guten Wärmeschutz zu sehen ist.

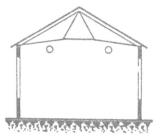

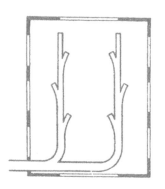

Abb. 143. Hallenheizung.
(Zentrale Lufterwärmung.)

Abb. 144. Einzellufterhitzer.

Die Vermeidung hohen Wärmeverlustes zwingt manchmal dazu, Luftheizanlagen für weiter auseinanderliegende Räume zu trennen und statt einer gemeinsamen mehrere örtlich auseinanderliegende Heizkammern anzuordnen. Das erscheint auch dann nötig, wenn die für die einzelnen Räume erforderlichen Lufttemperaturen verschieden sind (z. B. Tresorheizung bei einer sonst nur Lüftungszwecken dienenden Anlage).

Zur Erwärmung der Luft werden heute im allgemeinen Rohrbündel mit glattem Rohr nicht mehr verwendet, sondern nur mehr die später (S. 186) erwähnten Lamellenheizkörper (vgl. Abb. 219). Bei der Verwendung von Dampf als Heizmedium besteht die Gefahr der Staubversengung, und zwar ist hier nicht viel Unterschied zwischen Hochdruckdampfheizung und Niederdruckdampfheizung. Wenn auch während des Betriebes sich wegen der hohen Luftgeschwindigkeit nur wenig Staub auf den Flächen festsetzen wird, so ist dies doch anders während der Betriebs-

pause, und dadurch ergibt sich ein Einblasen verdorbener Luft nach längeren Betriebspausen. Besser als Dampf ist die Verwendung von Warmwasser als Wärmeträger. Dabei ist aber die Gefahr des Einfrierens gegeben. Es kann nämlich vorkommen, daß bei unachtsamer Bedienung die Lüftung angestellt wird, bevor das
das Wasser in den Heizkörpern ordentlich durchwärmt ist.
Um die Anwärmzeit zu verkürzen, ist der Einbau von Pumpen
zu empfehlen. Bei Dampfheizung ist die Gefahr des Einfrierens
bedeutend geringer, vorausgesetzt, daß die Kondensatleitung
einwandfrei ausgeführt ist.

Für die Ausbildung der Zentrale und des Kanalnetzes sind
die später (S. 185) bei den einfachen Lüftungsanlagen besprochenen Gesichtspunkte maßgebend.

2. Hallen- oder Großraumheizung.

Große Hallen, Kirchen, Ausstellungshallen, Werkstätten,
Montagehallen usw. werden oft zweckmäßig mit Heißluft beheizt. Wo man auf geringe Baukosten Wert legt, wie bei
Werkstätten, werden die Luftkanäle oft nicht in die Wand
oder vor die Wand gelegt, sondern als einfache Blechrohre mit
Ausströmstutzen waagerecht durch den Raum gezogen und an
der Decke aufgehängt (Abb. 143). Laufen aber im Raum viele

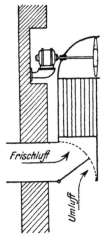

Abb. 145.
Einzellufterhitzer für
Um- und Frischluft.

Transmissionen, oder braucht ein Kran freie Bahn, so ist diese Bauart nicht anwendbar. In solchen Fällen wird eine größere Anzahl einzelner mit Gebläse und
Elektromotor versehener Heizapparate im Raum aufgestellt und an die Dampf- und
Kondensatleitung angeschlossen. Diese Apparate sind entweder nur für reinen Umluftbetrieb eingerichtet, wie der in Abb. 144 gezeigte Wandapparat, oder zugleich
für Frischluft und Umluft, wie der in Abb. 145 schematisch gezeigte Apparat.

IX. Vor- und Nachteile sowie Anwendungsgebiete
der einzelnen Zentralheizungssysteme.

1. Warmwasser- und Niederdruckdampfheizung.

Bei sehr vielen Bauten ist von vornherein nur die Wahl zwischen Warmwasser-
und Niederdruckdampfheizung zu treffen, weshalb beide Heizungsarten gemeinsam
behandelt werden sollen. Für die Bewertung eines Heizsystems sind nachstehende
Eigenschaften wichtig:

a) Regelung am Heizkörper. Gemäß den Ausführungen auf S. 100 und 102 ist
eine Regelung der Wärmeabgabe am einzelnen Heizkörper durch Verstellen des
Ventiles bei der Warmwasserheizung fast nicht, bei der Niederdruckdampfheizung
dagegen sehr gut möglich.

b) Regelung vom Kessel aus. Hier liegen die Verhältnisse umgekehrt. Die Warmwasserheizung ist bekannt durch eine vorzügliche zentrale Regelung. Bei der
Niederdruckdampfheizung üblicher Ausführung kann von einer zentralen Regelung
nicht wohl gesprochen werden. Nur bei Anlagen, die daraufhin ausdrücklich bestellt
und besonders berechnet und entworfen sind (s. S. 110), ist ein beschränktes Maß

zentraler Regelung möglich, das aber hinter der zentralen Regelung einer Warmwasserheizung erheblich zurückbleibt.

c) Trägheit der Anlage. Es handelt sich dabei um die Frage, wie rasch Veränderungen in der Heizleistung — sei es am einzelnen Heizkörper oder an der ganzen Anlage vom Kessel aus — vorgenommen werden können. Besonders träge ist die Schwerkraftheizung, erheblich weniger die Pumpenheizung und am geringsten die Niederdruckdampfheizung.

d) Hygienische Eigenschaften. Hier ist vorauszuschicken, daß die Staubverschwelung auf dem Heizkörper bei etwa 60 bis 70 ° C einsetzt, und daß bei der gleichen Temperaturen auch die Wärmestrahlung lästig stark zu werden beginnt. Unsere Warmwasserheizungen werden zwar für eine Vorlauftemperatur von 90 ° berechnet, in Wirklichkeit aber beträgt diese selbst an sehr kalten Tagen nur 75 bis 85 °, und bei einer durchschnittlichen Wintertemperatur von etwa + 3 ° C beträgt die Vorlauftemperatur sogar nur etwa 50 ° Unsere Warmwasserheizungen laufen also fast während des ganzen Winters mit hygienisch völlig einwandfreien Temperaturen. Ganz anders ist dies bei der Niederdruckdampfheizung, welche starr an eine Heizflächentemperatur von 100 ° gebunden ist. Die hygienischen Verhältnisse können bei der Niederdruckdampfheizung als „gerade noch zulässig" bezeichnet werden.

e) Die Anlagekosten. Die Berechnung der Heizkörpergrößen ergibt, daß bei gleicher Heizleistung sich die Heizflächen bei Warmwasser- und Niederdruckdampf wie 100 : 75 verhalten. Bei den Strangnetzen verhalten sich die aufzuwendenden Rohrgewichte ebenfalls wie die genannten Zahlen. Die Erfahrung zeigt auch, daß die Anlagekosten von Warmwasser- und Niederdruckdampfheizungen etwa im Verhältnis 100 : 75 stehen.

f) Jährliche Brennstoffkosten. Diese Frage läßt sich nicht allgemein zugunsten des einen oder anderen Systems entscheiden. Überlegt man, welche von den vorgenannten fünf Eigenschaften der beiden Systeme einen Einfluß auf den Brennstoffverbrauch ausüben, so erkennt man, daß dies nur bei der zentralen Regelung und bei der mehr oder weniger großen Trägheit der Fall ist. Das Ausmaß der zentralen Regelung wird in den kalten Wintermonaten nur von geringem Einfluß sein. Aber während der Übergangsjahreszeit wird bei schlechter zentraler Regelung ein Überheizen der Räume und damit ein unnötiger Brennstoffverbrauch nicht zu vermeiden sein. Die Übergangszeiten sind aber wegen ihrer langen Dauer von entscheidendem Einfluß auf die jährlichen Heizkosten.

In Fällen, in denen nur die zentrale Regelung einen entscheidenden Einfluß ausübt, wird deshalb die Warmwasserheizung immer den erheblich geringeren Brennstoffverbrauch aufweisen. Die Verhältnisse können sich jedoch umkehren bei Gebäuden, deren Räume täglich nur kurzzeitig beheizt werden. Die große Trägheit der Warmwasserheizung verlangt dann schon sehr früh vor Benutzung der Räume eine Steigerung der Wassertemperatur, und sie bewirkt, daß auch nach Schluß der Heizzeit immer noch Wärme in den Raum geliefert wird.

Will man Grundsätze für die Verwendung der beiden Heizungsarten aufstellen, so muß man beachten, daß die ausgeführten sechs Eigenschaften von ganz verschiedenem Gewicht bei der Wahl zwischen den beiden Systemen sind. In erster Linie werden die hygienischen Eigenschaften und die jährlichen Brennstoffkosten maßgebend sein. Die Anlagekosten werden demgegenüber schon erheblich zurücktreten, und die drei zuerst genannten Eigenschaften werden nur indirekt einen Einfluß auf die Entscheidung ausüben, indem sie den Brennstoffverbrauch beeinflussen.

Die Warmwasserheizung kommt in erster Linie in Betracht für Wohngebäude aller Art (Miethäuser, Einfamilienhäuser, Siedlungen), für Krankenhäuser, Schulen, Bürogebäude, Hotels usw.

Die Niederdruckdampfheizung ist besonders zweckmäßig für alle kurzzeitig beheizten Gebäude, wie etwa Kirchen, Versammlungsräume usw. Bei Schulen würde an sich die Niederdruckdampfheizung wegen des geringeren Brennstoffverbrauches das Zweckmäßigste sein. Da aber bei Schulen die hygienischen Forderungen den Vorrang vor den wirtschaftlichen Forderungen haben, wird fast stets Warmwasserheizung gewählt. Unabhängig von der Entscheidung bei kurzzeitig beheizten Räumen wird die Niederdruckdampfheizung dort verwendet, wo auf geringe Anlagekosten besonderer Wert gelegt wird und gleichzeitig die hygienischen Forderungen nicht so sehr im Vordergrund stehen, vor allen bei großen Hallen, wie z. B. Ausstellungshallen, Fabrikhallen usw.

2. Die Vakuumheizung

findet nur in Sonderfällen Verwendung.

3. Hochdruckdampfheizung

gibt zwar eine äußerst billige Anlage, ist aber wegen der hohen Oberflächentemperaturen vom hygienischen Standpunkte aus abzulehnen. Nur ganz seltene Fälle rechtfertigen ihre Verwendung.

4. Die Luftheizung

ist zur Beheizung von Gebäuden mit vielen einzelnen kleineren Räumen nicht sehr geeignet, weil es schwierig ist, viele Räume aus einem stark verzweigten Netz gleichmäßig mit Luft zu versorgen. Wenn Wind auf dem Gebäude steht, wird die geplante Luftverteilung vollständig gestört. Die Luftheizung hat sich dagegen sehr gut bewährt bei großen hallenartigen Räumen, wie etwa Werkstätten und Montagehallen, Ausstellungs- und Festhallen, Kirchen usw. Ob eine Anlage mit einer Zentrale und mit Verteilung der Luft durch ein Kanalnetz oder die getrennte Lufterhitzung in räumlich verteilten Apparaten gewählt wird, hängt von den örtlichen Verhältnissen ab.

Vierter Abschnitt.

Die Warmwasserversorgung.

A. Normale Anlagen.

Da der Warmwasserverbrauch von Wohngebäuden starken zeitlichen Schwankungen unterworfen ist, muß mit der Warmwasserbereitungsanlage immer eine Speicherung verbunden sein. Der in Abb. 146 mit B bezeichnete große Kessel stellt, diesen Speicher dar. Da in ihm zugleich die Erwärmung erfolgt, erhielt er den leider sehr unschönen und auch unrichtigen Namen „Boiler". Das kalte Wasser aus dem

städtisches Netz tritt von unten her ein und oben als erhiztes Gebrauchswasser aus.
Die Erwärmung im Boiler erfolgt an einem Rohrbündet (meist Rohrregister genannt), das in seinem Innern von heißem Wasser durchströmt wird. Die Erhitzung
dieses Wassers, kurz „Heizwasser" genannt, erfolgt in den meisten Fällen in einem
gewöhnlichen koksbeheizten gußeisernen Kessel. Das Heizwasser strömt oben aus
dem Kessel, durchfließt das Rohrregister und kehrt abgekühlt unter der Wirkung
seiner Schwere nach dem Kessel zurück. Natürlich ist auch hier, wie bei der gewöhnlichen Schwerkraftheizung, ein Ausdehnungsgefäß notwendig, da der Druck
des Heizwassers aus Sicherheitsgründen nicht über eine Atmosphäre steigen darf.

Einen Überblick über das Strangschema gibt Abb. 147. Die Vorlaufleitung, die
aus dem Boiler oben herausführt, leitet mit unterer oder mit oberer Verteilung nach
den einzelnen Zapfstellen. Die in der Abb. 147 gestrichelte Linie nennt man die

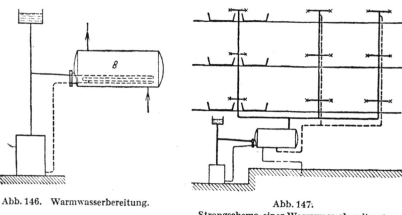

Abb. 146. Warmwasserbereitung.   Abb. 147.
                              Strangschema einer Warmwasserbereitung.

Zirkulationsleitung. Sie hat folgenden Zweck: Wenn längere Zeit nicht mehr gezapft wurde, hat sich in den Leitungen das Wasser abgekühlt, und es dauert geraume Zeit, bis nach dem Aufdrehen des Hahnes vom Boiler her heißes Wasser
nachgeströmt ist. Man vermeidet dies, indem man vom oberen Ende des Steigstranges eine Leitung nach dem Boiler zurückführt. Infolge der Abkühlung in den
Rohren tritt dann im Rohrsystem eine Strömung ein, ähnlich derjenigen in einer
Schwerkraftheizung. Solche Zirkulationsleitungen sind natürlich nur dort notwendig, wo häufig geringe Wassermengen gezapft werden. Bei Steigsträngen, an
welche nur Bäder angeschlossen sind, ist die Zirkulationsleitung unnötig.

Für den Anschluß des Boilers an das städtische Netz sind zwei Ausführungen
üblich. Entweder schließt man den Boiler an ein Schwimmkugelgefäß an, das im
Dachraum aufgestellt und an das städtische Netz angeschlossen ist, oder man
schließt den Boiler unmittelbar an das Netz an. Das letztere Verfahren (geschlossene
Anlage) verlangt die Beachtung einer Reihe behördlicher Vorschriften (Einbau eines
Rückschlagventils usw.), die den Zweck haben, ein Zurücktreten von Wasser aus
dem Boiler in das Netz unter allen Umständen zu vermeiden, gibt aber sonst die
einfachere Anordnung. Das erste Verfahren (offene Anlage) mit dem Schwimmkugelgefäß hat den Vorteil, daß das Verteilungsnetz unter stets gleichem Druck
steht, und daß Wasserschläge aus dem städtischen Netz auf den Boiler vermieden
sind. Ferner sollen Anlagen dieser Anordnung eine längere Lebensdauer haben, da

die Korrosion geringer ist. Jedoch trifft dies mindestens nicht bei allen Eigenschaften des Wassers zu. Das Verfahren hat aber den Nachteil, daß im Schwimmkugelgefäß eine Verunreinigung des Wassers möglich ist, und es ist daher in vielen Städten verboten.

Es ist im allgemeinen nicht zweckmäßig, von demselben Kessel, der die Heizungsanlage versorgt, auch die Warmwasseranlage zu betreiben, denn die Warmwasserversorgungsanlage braucht eine konstante, über das ganze Jahr gleichbleibende Heizwassertemperatur, während die Gebäudeheizung infolge der Notwendigkeit einer zentralen Regelung eine veränderliche Wassertemperatur verlangt. Es besteht zwar die Möglichkeit, den Kessel mit der jeweils höheren Temperatur zu betreiben und in demjenigen System, das die niedrigere Temperatur verlangt, diese durch Zumischen von kälterem Rücklaufwasser zu erzeugen, jedoch haben sich die hierauf beruhenden Bauarten nicht sehr eingebürgert.

Bei größeren Anlagen, wie sie z. B. in Krankenhäusern vorkommen, verwendet man meist stehende Warmwasserbereiter. Das Heizregister, das in den unteren Teil der Kessel eingebaut ist, wird mit Hochdruckdampf, Niederdruckdampf oder Heißwasser vom Hauptverteiler der Zentrale aus gespeist. In manchen Fällen wird Erzeugung und Speicherung des warmen Wassers getrennt, indem man das Kaltwasser in Gegenstromapparaten erhitzt und dann das warme Wasser in großen Auffüll- und Entleerungsspeichern oder in Verdrängungsspeichern (S. 149) lagert.

B. Sonderbauarten.

Diese haben in erster Linie das Ziel, Steinablagerung und Korrosion zu vermeiden, erstreben aber nebenbei noch einige andere Vorteile.

Eine erste Abart des ursprünglichen Systems ist in Abb. 148 dargestellt. Die Heizflächen sind aus dem Speicher S herausgenommen und in Form eines stehenden Gegenstromapparates G zwischen Kessel K und Speicher S aufgestellt. Dadurch erzielt man eine kräftigere Bespülung der Heizflächen und kann sie deshalb kleiner ausbilden. Auch der Speicher wird jetzt günstiger ausgenutzt. Bei der älteren Bauart mischt sich nämlich im Speicher kaltes und warmes Wasser, was ein Absinken der Temperatur bei stärkerer Entnahme an warmem Wasser bedingt und im praktischen Betriebe zu großer Verschwendung an Wasser und Wärme führt. Bei der abgeänderten Anordnung arbeitet der Speicher als Verdrängungs- oder Schichtspeicher, und es steht deshalb bei geladenem und bei fast entladenem Speicher im oberen Teil, also am Anschluß der Zapfleitung, immer Wasser von annähernd gleich hoher Temperatur bereit.

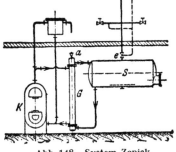

Abb. 148. System Zopick.

Das Verfahren erstrebt ferner bei denjenigen Wassersorten, bei welchen die Korrosion in erster Linie auf Gasausscheidungen zurückzuführen ist, einen weitgehenden Schutz gegen Korrosion. Bei dem beschriebenen Verfahren sollen Gasausscheidungen in erster Linie dadurch vermieden werden, daß man das Wasser über seine Gebrauchstemperatur hinaus erwärmt und dann vor Eintritt ins

Netz wieder rückkühlt. Die Erhitzung des Wassers und damit die Gasausscheidung vollzieht sich im Gegenstromapparat, und deshalb ist auf dessen oberes Ende ein automatischer Luftausscheider *a* aufgesetzt. Die Rückkühlung des Wassers auf Gebrauchstemperatur erfolgt bei kleineren Anlagen durch Zumischen von Zirkulationswasser in einem Düsenstock (Buchstabe *e* in Abb. 148), bei größeren Anlagen ist hierfür nach Abb. 149 ein besonderer Rückkühler *R* vorgesehen.

Da durch die Überhitzung die Luft nicht restlos entfernt wird, könnte noch nachträglich sowohl im Speicher als im Verteilrohrnetz Luft sich ausscheiden, wenn der

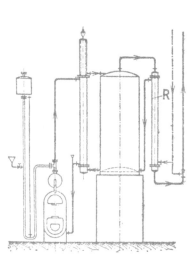

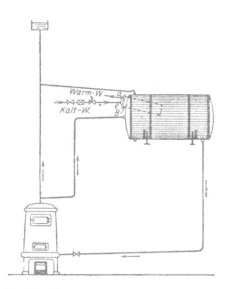

Abb. 149. System Zopick mit Rückkühler.   Abb. 150. Warmwasserbereiter mit eingebauter Durchflußbatterie.

Druck im Speicher oder im Netz vorübergehend sinken würde. Um solche Druckentlastungen, die beim Zapfen eintreten, möglichst zu mindern, wird die Anschlußleitung des Speichers an die Kaltwasserleitung so groß wie möglich ausgeführt, jedenfalls erheblich stärker als die Zapfleitungen.

Das Wesen der zweiten Abart des ursprünglichen Systems besteht darin, daß man nicht mehr das erwärmte Gebrauchswasser speichert, sondern die Speicherung auf das Heizwasser verlegt. Man vertauscht nämlich die Strömungswege des Heiz- und des Gebrauchswassers, indem man das Heizwasser durch den Boiler, das zu erwärmende Gebrauchswasser durch das Rohrregister führt (vgl. Abb. 150). Das Rohrregister erhält dann eine etwas andere Ausbildung und wird als „Heizbatterie" oder Durchflußerwärmer bezeichnet (vgl. Abb. 151). Die Vorteile dieses Verfahrens (bekannt unter den Firmennamen CTC und Etaka) sind:

Abb. 151. Heizbatterie (CTC).

1. In den Boiler, dessen Inneres bisher am stärksten der Korrosion ausgesetzt war, gelangt jetzt nur mehr das Heizwasser, das sich nicht erneuert und dessen Steinablagerung sowie Gasabscheidung deshalb sehr bald aufhört.

2. Das Gebrauchswasser, das stets aufs neue gelöste Stoffe und Gase in die Anlage hereinbringt, durchströmt jetzt die Heizbatterie in so kurzer Zeit, daß eine Ablagerung und Schädigung der Rohrwandungen nicht zu erwarten ist. Während der Betriebspausen, vor allem während der Nacht, kommt zwar das Wasser in der Batterie zur Ruhe, aber der Wasserinhalt dieser Batterie ist hinreichend gering, so daß keine nennenswerten Schädigungen eintreten können.

3. Das Wasser wird erst kurz vor seiner Verwendung erwärmt, so daß die Zapfstellen das Wasser in unabgestandenem und einwandfreiem Zustand liefern.

4. Der Boiler steht nur mehr unter einem Druck, der der Höhenlage des Ausdehnungsgefäßes entspricht. Dafür steht jetzt die Heizbatterie unter dem Drucke des städtischen Netzes. Diese ist aber gegen hohen Druck nicht so empfindlich, so daß selbst starke Wasserschläge im städtischen Netz der Anlage keinen Schaden zufügen können.

Diesen unzweifelhaften Vorteilen des neuen Systems steht allerdings ein Hauptnachteil gegenüber: Nach dem Beginn des Zapfens sinkt die Gebrauchswassertemperatur rasch und nähert sich einem konstanten Wert, der um so niedriger liegt, je größer die gezapfte Wassermenge ist. Es ist daher bei Projektierung einer solchen Anlage von Fall zu Fall zu prüfen, ob dieser Nachteil in Kauf genommen werden kann.

Das geschilderte Verfahren wird nicht nur für kleine Anlagen in Wohngebäuden, sondern auch für große Anlagen verwendet, wobei dann meist die Heizbatterie aus dem Kessel herausgenommen, nach Art der Gegenstromapparate neben dem Speicher aufgestellt und als Durchlauferhitzer geschaltet wird.

C. Steinablagerung und Korrosion[1].

Maßgebend für die Stärke der Kesselsteinbildung ist in erster Linie die Härte des Rohwassers. Man versteht darunter seinen Gehalt an Kalzium und Magnesium. Ein deutscher Härtegrad entspricht einem Gehalt von 10 g Kalk (CaO) in 1000 Liter Wasser — Magnesium wird hierbei auf Kalzium umgerechnet. Die durchschnittliche Härte liegt zwischen 6 und 12 Härtegraden. Wasser mit weniger Kalk wird als weich, solches mit mehr Kalk als hart bezeichnet.

Der Vorgang der Steinbildung ist folgender: Im Rohwasser ist das Kalzium im allgemeinen in Form des wasserlöslichen Kalziumbikarbonates — $Ca(HCO_3)_2$ — enthalten. Das Kalziumbikarbonat bleibt aber nur in Lösung, wenn das Wasser eine dem Gehalt und der Temperatur entsprechende Menge freier Kohlensäure gelöst enthält. Man spricht dann von einem Kalk-Kohlensäure-Gleichgewicht. Meist enthält das Wasser mehr Kohlensäure, als zu diesem Gleichgewicht notwendig ist, und man bezeichnet das Übermaß als aggressive oder freie Überschußkohlensäure. Diese

---

[1] VDI-Richtlinien zur Verhütung von Korrosion und Steinablagerung in Warmwasser- und Niederdruckdampfheizungen. VDI-Verlag 1943. — Ulrich, K.: Die Wasserveredlung und ihre Dienste im Vierjahresplan. Gesundh.-Ing. 1939 S. 713 u. 729. — Haase, L. W.: Korrosions- und Werkstofffragen auf dem Gebiete des Warmwassers und der Heizung. Gesundh.-Ing. 1939 S. 86. — Umstellnorm DIN 4809 U. Maßnahmen zur Korrosionsverhütung. Mai 1937. — Seelmeyer, G.: Korrosionsverhütung in Warmwasserversorgungsanlagen. Z. VDI 1941. S. 859.

ist für den Ablauf der Korrosion, insbesondere bei kaltem Wasser, von Bedeutung
Bei Erwärmung des Rohwassers wird zuerst die freie Überschußkohlensäure aus-
geschieden und dann ein Teil der zum Kalk-Kohlensäure Gleichgewicht notwendigen
Kohlensäure, so daß nicht mehr alles Kalziumbikarbonat in Lösung bleiben kann.
Nach der Gleichung

$$Ca(HCO_3)_2 = CaCO_3 + CO_2 + H_2O$$

fällt ein Teil als Kalziummonokarbonat — $CaCO_3$ — aus, wobei zugleich neue
Kohlensäure gebildet und das Kalk-Kohlensäure-Gleichgewicht wiederhergestellt
wird. Das Kalziumkarbonat ist in Wasser unlöslich und schlägt sich auf den Kessel-
wandungen und in den Rohren als Stein nieder. Auf die Bedeutung anderer im Rohwasser gelöster Salze soll hier nicht weiter eingegangen werden.

Weit vielgestaltiger sind die Vorgänge, die sich bei der Korrosion abspielen.
Die Zerstörung des Werkstoffes ist im wesentlichen auf elektrolytische Vorgänge
zurückzuführen. Bei Anlagen, die nur aus Eisenteilen derselben Zusammensetzung
bestehen, ist der Ablauf folgender: Das technische Eisen ist kein einheitlicher Stoff,
sondern besteht in seinem Gefüge aus Ferrit (= reines Eisen) und Eisenkarbid.
Wird die Oberfläche von Wasser bespült, so entstehen galvanische Elemente
kleinster Abmessungen. In der Spannungsreihe Eisenkarbid-Wasser-Ferrit bildet
letzteres die Kathode und wird aufgelöst.

Wesentlich wirksamer ist der elektrolytische Vorgang, wenn die Anlage aus
Teilen verschiedener Metalle zusammengebaut ist, also z. B. der Boiler aus Kupfer
und die Rohrleitung aus Eisen besteht. Da die Metalle in Wasser löslich sind, wenn
auch nur in äußerst geringem Maße, gehen aus dem Boiler geringe Mengen Kupfer
in Lösung. Sie setzen sich an bevorzugten Stellen der Eisenoberfläche in den Rohren
fest und bilden dort kleine galvanische Elemente. Kupfer ist das edlere, Eisen das
unedlere Metall, und es bildet deshalb das Eisen die Kathode, so daß es zerstört
wird. Das Kupferteilchen bleibt unverändert liegen und wirkt ständig weiter. Da
die Ablagerung des Kupfers nur an einzelnen Stellen erfolgt, kommt es nicht zu
einem gleichmäßigen Aufzehren der Wandung, sondern zu der bekannten Knollen-
bildung oder dem Lochfraß. Ähnlich dem Kupfer können auch im Wasserstrom
mitgeführte Rostteilchen oder aus den Armaturen abgelöste Metallteilchen wirken.

Die Löslichkeit der Metalle in Wasser und die Stärke der elektrolytischen Kräfte
hängt in hohem Maße von der Temperatur der benetzten Fläche und vom Gehalt
des Wassers an Säuren und an gelösten Gasen, vor allem an gelöstem Sauerstoff ab.
Auch noch viele andere Einflüsse können die Zerstörung des Werkstoffes ver-
zögern oder beschleunigen. Auch besteht in vieler Hinsicht eine Wechselwirkung
zwischen Steinbildung und Korrosion. Bei dem weitgehenden Einfluß der Wasser-
eigenschaften auf den Ablauf der Korrosion ist es verständlich, daß die Verhältnisse
je nach der Gegend sehr verschieden sind. Es gibt Gebiete, in denen entweder von
vornherein keine nennenswerten Schäden auftreten oder in denen es genügt, die
Wassertemperatur unter 50° zu halten. In anderen Gebieten wieder sind die
Schäden überaus schwerwiegend, und sie lassen sich bei größtm Aufwand an Sach-
kenntnis und Sorgfalt notdürftig einschränken.

Von den Maßnahmen zum Schutze der Warmwasserbereitungsanlagen seien
nachstehend die bekanntesten angeführt:

1. Schutz durch Verwendung korrosionsbeständiger Werkstoffe. Da der Bau rein kupferner Anlagen schon der Kosten wegen ausscheidet, ist nur noch der Vorschlag zu erwähnen, Boiler und Rohre innen mit einer Schutzschicht, z. B. aus Kunstharz, zu versehen. Über den Erfolg dieser Bestrebungen läßt sich ein Urteil heute noch nicht gewinnen.

2. Schutz der Anlage durch ihre konstruktive Gestaltung. Hier ist zuerst die Verwendung der offenen Anlage an Stelle der geschlossenen zu erwähnen (S. 124). Beim Übertritt des Wassers aus der Leitung in das offene Schwimmergefäß wird es vom Druck, der im Netz herrscht, entlastet, wobei ein Teil des gelösten Sauerstoffes entweicht. Die Verringerung des Sauerstoffgehaltes soll eine Erhöhung der Lebensdauer der Anlage bewirken.

Auch die in Abb. 148 bis 150 dargestellten Ausführungsformen erstreben neben anderen Vorteilen einen Schutz teils gegen Steinablagerung, teils gegen Korrosion.

3. Schutz durch chemische Verfahren. Diese bezwecken eine Beseitigung des gelösten Sauerstoffes, so z. B. das Natriumsulfitverfahren mit der Dosiermaschine „Desoxygen", dann das Rostexfilter und das Magnoverfahren. In anderer Weise wirkt das K-C-S-Verfahren, welches auf chemischem Wege eine Schutzschicht im Innern des Boilers und des Rohrnetzes erzeugt. An dieser Stelle sei auch das „Elektroschutz"-Verfahren angeführt. Eine Aluminiumelektrode wird hier als Anode und der Boiler als Kathode geschaltet. Es entsteht dann an der Innenseite des Boilers freier Wasserstoff, der den Sauerstoff unwirksam macht.

Von all den angeführten Verfahren kann gesagt werden, daß sie in manchen Fällen zu einem vollen Erfolg geführt, in anderen Fällen aber ebenso versagt haben, ohne daß es in jedem Falle möglich war, eine zuverlässige Begründung dafür zu geben. In erster Linie muß davor gewarnt werden, gute oder schlechte Erfahrungen, die mit einem der Verfahren in einer Stadt gemacht wurden, ohne weiteres auf Neuanlagen in einer anderen Stadt zu übertragen oder allgemeingültige kurze Urteile für oder gegen einzelne Verfahren aufstellen zu wollen. Nur der auf dem Gebiete der Wasserpflege und der Korrosion erfahrene Chemiker ist imstande, auf Grund der Untersuchung einer ihm eingesandten Wasserprobe[1] zu entscheiden, welches Verfahren im vorliegenden Falle die meiste Aussicht auf dauernden Erfolg verspricht.

---

[1] Reichsanstalt für Wasser- und Luftgüte, Berlin-Dahlem, Corrensplatz 1. — Ferner die chemischen Laboratorien der zuständigen Überwachungsvereine oder private Laboratorien.

Fünfter Abschnitt.

Fernheizung.
I. Allgemeines[1].

Wird eine größere Anzahl von Gebäuden von einer Stelle aus beheizt, so spricht man von einer Fernheizung. Als Wärmeträger kommen in Betracht: Dampf, Heißwasser (über 100° C) und Warmwasser (unter 100° C).

A. Beispiele von Fernheizungen.

Fernheizungen kommen zur Ausführung bei großen Krankenhäusern, die aus mehreren Gebäuden bestehen, bei großen Fabriken, bei Siedlungen usw. Man muß das Wort „Heizung" hier in seiner allgemeineren Bedeutung nehmen, denn in vielen Fällen ist die Wärmeversorgung zum Zwecke der Raumheizung nur eine Teilaufgabe der Anlage; so braucht man in Krankenhäusern in den verschiedensten Gebäuden außerdem noch Warmwasser zu Badezwecken, Heißwasser für die Küche und Wäscherei, Dampf verschiedener Spannung für Küche, Wäscherei, Desinfektion usw. Ähnliche Verhältnisse gelten bei Fabriken und anderen Bauten.

In solchen Fällen kann es zweckmäßig sein, die verschiedenen Wasser- und Dampfarten nicht schon in der Zentrale einzeln zu erzeugen und durch getrennte Netze den Verbrauchsstellen zuzuführen, sondern in einem einzigen Wärmeträger die Wärme über das Gelände zu verteilen und in den Gebäuden erst durch Umformung die gewünschte Art des Dampfes oder Heißwassers zu erzeugen. (Daß man häufig eine Zwischenlösung anwenden muß, soll hier nur angedeutet, aber nicht weiter ausgeführt werden.)

Stadtheizung[2].

Die größten Fernheizwerke sind die sogenannten Stadtheizungen — fälschlich Städteheizungen genannt —, bei denen Stadtgebiete von der Ausdehnung eines oder mehrerer Quadratkilometer in einer einzigen Heizungsanlage zusammengefaßt werden. Unter den Fernheizungen nehmen die Stadtheizungen dadurch eine besondere Stellung ein, daß sie nicht Hilfsbetriebe sind, wie die Fernheizungen in großen Krankenhäusern und Fabriken, sondern selbständige, auf Erwerb eingestellte Unternehmungen.

Die Einführung der Stadtheizung bringt die mannigfachsten Vorteile mit sich, von denen der wichtigste die Verminderung der Rauch- und Rußentwicklung ist. Die heutige starke Rauchentwicklung in den Städten ist nämlich nicht in erster Linie auf das Anwachsen der Industrie zurückzuführen, sondern auf das enge Zusammendrängen vieler Tausender von Haushaltfeuerungen in unseren großen und dicht bebauten Städten. Da durch Einführung der Stadtheizung diese Verhältnisse bedeutend besser werden, wird mit Recht verlangt, daß man die Fernheizungen

---

[1] Willner, M.: Der Betrieb von Fernheizwerken. München-Berlin: Verlag Oldenbourg 1941.
[2] Schulz, E.: Öffentliche Heizkraftwerke und Elektrizitätswirtschaft in Städten. Berlin: Springer 1933.

nicht **n u r** vom Standpunkte eines Erwerbsunternehmens betrachten solle. Als weiterer Vorzug sei das starke Zurückgehen des Kohlentransportes und der Ascheabfuhr im Innern der Städte erwähnt. Zu diesen Vorteilen, welche in erster Linie der Allgemeinheit zugute kommen, treten eine Reihe weiterer Vorzüge für Hauseigentümer und Mietparteien.

Wenn trotz dieser vielen Vorzüge die Entwicklung des Fernheizwesens nur langsam fortschreitet und selbst in Städten mit Fernheizung nur ein sehr kleiner Teil des Stadtgebietes angeschlossen ist, so liegen die Gründe dafür allein in den hohen Kosten des Rohrnetzes. Diese setzen sich zusammen aus den Kosten für die Erdarbeiten bis zur Fertigstellung des Kanals und den Kosten für die eigentlichen Rohrstränge samt Isolierung, unter denen die Erdarbeiten den größten Betrag ausmachen und bis heute das hauptsächliche Hindernis für eine stärkere Ausbreitung der Stadtheizung[1] bilden.

Die Frage, ob man eine Stadtheizung als Abwärmeverwertungsanlage an ein Kraftwerk anschließen oder als reines Heizwerk mit Frischdampf betreiben soll, läßt sich nicht allgemein entscheiden. Die bedeutend größere Einfachheit des reinen Heizbetriebes ist ein wichtiges Moment zu seinen Gunsten, und zwar handelt es sich dabei nicht nur um die einfachere technische Betriebsführung, sondern auch um die einfachere kaufmännische Verwaltung und die einfacheren organisatorischen Verhältnisse. Andererseits ist die Wirtschaftlichkeit des gekoppelten Betriebes so viel günstiger und die dabei erzielten Kohlenersparnisse vom volkswirtschaftlichen Standpunkte aus so wichtig, daß man wohl künftig nur mehr in Sonderfällen reine Heizwerke bauen wird. In erster Linie kommen die Elektrizitätswerke für Heizkraftwerke in Betracht. Der Umstand, daß die Spitze des Wärmebedarfes in die Morgenstunden, die Spitze des Strombedarfes in die Abendstunden fällt, bedeutet kein Hindernis, da selbst bei sehr starkem Ausbau der Stadtheizung die Elektrizitätswerke den ganzen in den Morgenstunden anfallenden Strom aufnehmen können. Es sind also keine teuren Speicheranlagen erforderlich.

Die zweite Frage ist, ob man als Wärmeträger im Fernnetz Warmwasser, Heißwasser oder Dampf von 3 bis 5 ata verwenden soll.

Werden nur Wohnungsheizungen und keine industriellen und gewerblichen Betriebe angeschlossen, so verdient Warmwasser wegen der Möglichkeit einer zentralen Regelung im ganzen Netz den Vorzug. Dem Wohnungsinhaber ist hierbei ein Überheizen der Wohnung und Verschwenden mit Wärme nicht so leicht möglich als bei den anderen beiden Systemen, und es kann deshalb hier mit den Abnehmern eine Pauschale je Heizperiode und Wohnung vereinbart werden. Die Werbung neuer Teilnehmer am Heizwerk ist aber viel leichter und darum auch erfolgreicher, wenn man eine feste Summe nennen kann, als wenn man, wie es bei der Zählerberechnung der Fall ist, nur versichern kann, daß bei vernünftiger Sparsamkeit die Kosten nicht höher werden als bei eigener Kesselanlage. Die Vorteile des Warmwasserheizwerkes liegen also auf rein wirtschaftlichem oder, besser gesagt, kauf-

---

[1] W e l l m a n n, W. E.: Fernheizung großer Städte durch Heizdampfabgabe aus Elektrizitätswerken. Z. VDI 1941 S. 881. — S i m o n, W.: Bau und Betrieb von Stadtheizwerken im Anschluß an Elektrizitätswerke. Arch. Wärmew. 1942 H. 1 S. 1.

männischem Gebiet und sind in der Eigenschaft des Stadtheizwerkes als einem ge-
schäftlichen Unternehmen begründet.

Sollen auch gewerbliche und industrielle Betriebe an das Fernnetz angeschlossen
werden, so verlangen diese eine konstante Temperatur des Wärmeträgers, und es
verbietet sich damit die zentrale Regelung. Zudem muß die Temperatur nun wesentlich höher liegen. Aus beiden Gründen besteht für den Abnehmer die Möglichkeit,
Wärme zu verschwenden, und dadurch verbietet sich die Pauschalabrechnung.

B. Abgrenzung des Begriffes Fernheizung.

Eine scharfe Grenze zwischen den früher besprochenen Zentralheizungen und
den nunmehr zu erörternden Fernheizungen ist schwer zu ziehen. Die räumliche
Ausdehnung allein liefert jedenfalls in konstruktiver Hinsicht kein scharfes Unter-
scheidungsmerkmal. Auch der Umstand, ob ein oder mehrere Gebäude an die
Kesselanlage angeschlossen sind, ist kein in allen Fällen zutreffendes Unter-
scheidungsmerkmal, denn es ist sehr wohl möglich, daß eine Anlage, die mehrere
nahe beisammenliegende Gebäude umfaßt, in ihrem Aufbau noch zu den Zentralheizungen zu rechnen ist.

Am besten eignet sich noch als Kennzeichen das Vorhandensein oder Fehlen von
Unterstationen. Diese können entweder als Umformstationen ausgebildet sein,
indem in ihnen etwa die Wärme von Hochdruckdampf auf Heißwasser oder von
Heißwasser auf Niederdruckdampf übertragen wird, oder als reine Reglerstationen,
indem bei Dampfheizungen der Dampfdruck durch Druckminderventile oder bei
Wasserheizungen die Wassertemperatur durch Beimischen kälteren Wassers gesenkt und fest eingestellt wird.

Das Rohrnetz gliedert sich dann in zwei Teile, nämlich das Fernnetz von der
Zentrale zu den Unterstationen und die Strangnetze von den Unterstationen zu den
Heizkörpern. Für die Strangnetze gelten unverändert die bei den Zentralheizungen
erörterten Gesichtspunkte. Die Ausbildung der Fernnetze und der Zentralen bildet
den Gegenstand der nachstehenden Abschnitte.

II. Fernleitungen[1].

Im allgemeinen werden die Leitungen im Boden innerhalb gemauerter oder
betonierter Kanäle verlegt[2]. Über die Versuche, die isolierten und durch einen
harten Mantel geschützten Rohre ohne Kanäle unmittelbar ins Erdreich zu verlegen,
liegen noch keine genügend langen Erfahrungen vor. In Sonderfällen werden die
Fernleitungen auch als Freileitungen an Masten hoch über dem Boden oder auf
Sockeln dicht über dem Boden verlegt.

Die Regel bildet jedoch, wie schon erwähnt, die Verlegung im Boden. Bei Stadtheizungen sind wegen des starken und schweren Straßenverkehrs besonders schwere

---

[1] Zusammenfassende Darstellungen enthalten: Fernheizung der Wärme. Vorträge auf
der Hauptversammlung 1936 des Vereins deutscher Heizungsingenieure. Berlin: VDI-
Verlag 1936. — W i e s e , Fr. F.: Die Ausführung von Fernheizleitungen und Anschlüssen.
Die Fernheizleitung zum Flughafen Berlin. Heizg. u. Lüftg. 1939 S. 81 u. 103.

[2] B ö h m , Dr.: Rohrkanäle. Heizg. u. Lüftg. Bd. 17 (1943) S. 1.

Ausführungen der Kanäle erforderlich (Abb. 152 und 153). Bei Fernheizungen in Krankenhäusern und bei ähnlichen Anlagen können leichtere Ausführungen gewählt werden. Die Wirtschaftsgruppe „Elektrizitätsversorgung" hat im Einvernehmen mit anderen Verbänden Richtlinien für den Bau von Fernleitungen aufgestellt[1]. Diese geben ausführliche Anweisungen für den Bau der Kanäle, die Schweißverbindung der Rohre, ihre Lagerung und Isolierung sowie über die Entlüftung und Entwässerung der Leitungen.

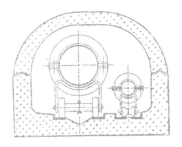

Abb. 152. Fernheizkanal.
(Charlottenburger Fernheizwerk.)

Als Dehnungsstücke können die in den Abb. 69 und 70 dargestellten Omega- und U-Bogen wegen ihres großen Platzbedarfes häufig nicht verwendet werden. Man nimmt dann gerade Wellrohrausgleicher (Abb. 153). Diese Abbildung zeigt zugleich einen Festpunkt, der hier wegen der sehr hohen Dehnungskräfte besonders stark sein muß.

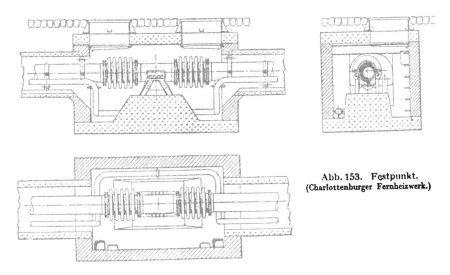

Abb. 153. Festpunkt.
(Charlottenburger Fernheizwerk.)

III. Die Umformer.

Bezüglich des Anschlusses von Gebäudeheizungen an das Fernnetz sei auch auf das Buch von S c h u l z (Fußnote 1 S. 130 dieses Buches) verwiesen. Für die Umformung des Wärmeträgers an der Verbrauchsstelle kommen vier Fälle in Frage:

a) Umformer: Hochdruckdampf ⟶ Niederdruckdampf.

Abb. 154 stellt eine Dampfverteilstelle mit Druckminderung dar, bei der aus einer Dampfleitung mit 5 ata zwei Verbraucher mit 5 ata und zwei Verbraucher mit 1,1 ata zu versorgen sind. *St* ist ein Standrohr, das durch ein Sicherheitsventil ersetzt werden kann, wenn behördlicherseits nicht ausdrücklich die Verwendung eines

---

[1] Technische Richtlinien: Heft 1 für den Bau von Fernheizkanälen. Heft 2 für den Bau von Fernheizleitungen. Heft 3 für den Wärmeschutz von Fernheizleitungen. Berlin C 2: Verlag Franz Weber.

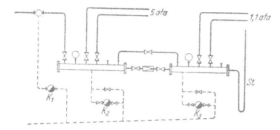

Abb. 154. Umformstation;
Hochdruckdampf → Niederdruckdampf.

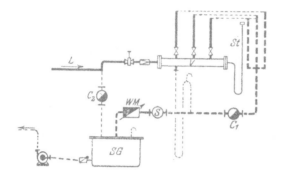

Abb. 155. Anschluß einer Niederdruckdampfheizuug.

Standrohres vorgeschrieben ist. K_1, K_2 und K_3 sind drei Kondenstöpfe mit und ohne Umgehungsleitung. Parallel mit dem Reduzierventil ist eine Umgehungsleitung mit einem Drosselventil vorgesehen, um bei vorübergehendem Ausbau des Reduzierventils dessen Aufgabe dem handgesteuerten Ventil übertragen zu können.

Soll an einer solchen Verteilstelle auch die verbrauchte Wärme gemessen werden, so kann man entweder die zugeführte Dampfmenge mit einem Dampfmesser oder — was meist zweckmäßiger ist — das Kondensat mit einem Wassermesser bestimmen. Die Schaltung ergibt sich aus Abb. 155. Die Leitung L führt über einen Absperrschieber und ein Reduzierventil dem Verteiler V der Heizung den Dampf zu. Das Kondensat aus der Heizung wird direkt, das Kondensat aus dem Verteiler über eine Wasserschleife zu einem Schlammsammler S und dann zum Wassermesser WM geführt. Durch die Messung des Kondensats erfolgt die Messung der an das Gebäude gelieferten Wärme. Aus dem Kondensatsammelgefäß SG wird dann das gemessene Kondensat zusammen mit dem nicht gemessenen Kondensat des Kondenstopfes C_2 wieder der Zentrale zugeführt. Abb. 156 zeigt einen Hausanschluß des Charlottenburger Fernheizwerkes.

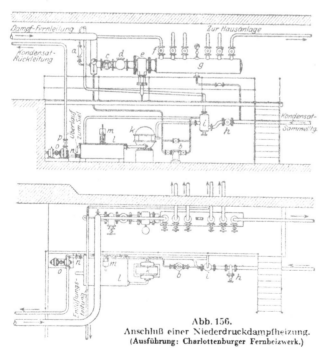

Abb. 156.
Anschluß einer Niederdruckdampfheizung.
(Ausführung: Charlottenburger Fernheizwerk.)

Erläuterung: a = Ent- und Belüfter, b = Entwässerung, c = Absperrventil, d = Schlammfang, e = Druckminderer, f = Umgehungsventil, g = Verteiler, h = Absperrschieber, i = Druckausgleichs- und Entlüftungsgefäß, k = Kondenswassermesser, l = Kondensatsamm lgefäß, n = Schwimmerschalter, n = Rückschlagventil, o = Elektropumpe, p = Absperrventil.

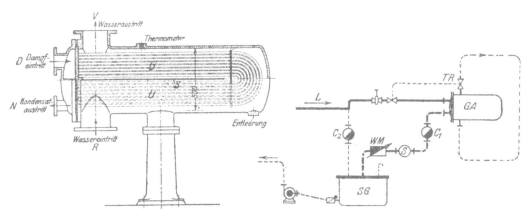

Abb. 157. Gegenstromapparat. Umformung: Abb. 158. Anschluß einer Warmwasserheizung.
Dampf → Warmwasser.

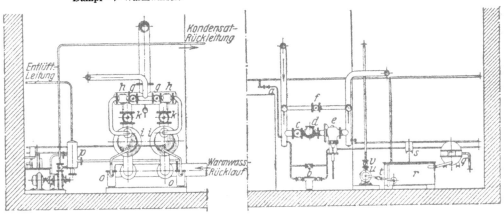

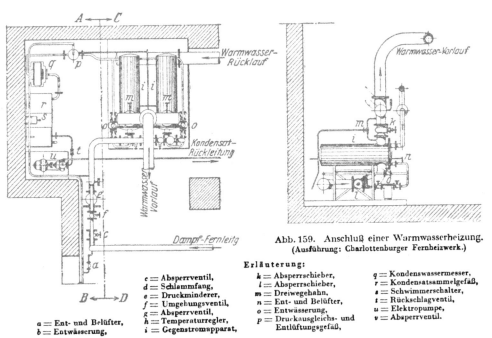

Abb. 159. Anschluß einer Warmwasserheizung.
(Ausführung: Charlottenburger Fernheizwerk.)

Erläuterung:

c = Absperrventil,	k = Absperrschieber,	q = Kondenswassermesser,
d = Schlammfang,	l = Absperrschieber,	r = Kondensatsammelgefäß,
e = Druckminderer,	m = Dreiwegehahn,	s = Schwimmerschalter,
f = Umgehungsventil,	n = Ent- und Belüfter,	t = Rückschlagventil,
g = Absperrventil,	o = Entwässerung,	u = Elektropumpe,
h = Temperaturregler,	p = Druckausgleichs- und	v = Absperrventil.
a = Ent- und Belüfter,	i = Gegenstromapparat,	Entlüftungsgefäß,
b = Entwässerung,		

b) Umformer: Hochdruckdampf ➡ Warmwasser.

Eine Ausführungsform der Dampfwarmwasserbereiter ist in Abb. 157 dargestellt. Der Dampf kommt bei *D* an, durchströmt die Rohre *U* und tritt durch *N* als Kondensat (bzw. als Wasser-Dampf-Gemisch) aus. Das Heizungswasser strömt im Rücklauf *R* zu, streicht, durch die Scheidewand *S* gezwungen, im Gegenstrom zum Dampf und verläßt den Apparat durch die Vorlaufleitung *V*. Die U-Form der Rohre ist deswegen beliebt, weil die Rohrausdehnung dadurch in einfachster Weise gesichert ist. Nach Abnahme der Dampf- und Kondensatanschlüsse kann das gesamte Rohrbündel aus dem Gegenstromapparat leicht herausgezogen werden. Die Regelung der Wassertemperatur kann durch entsprechendes Drosseln der Dampfmenge erfolgen. Hierzu können auch selbsttätige Regler benutzt werden.

Abb. 158 zeigt den Anschluß einer Warmwasserheizung an das Dampffernnetz. Bei dem Gegenstromapparat *GA* ist unten der Rücklauf, oben der Vorlauf der Heizung angeschlossen. Der Temperaturregler *TR* hält die eingestellte Vorlauftemperatur selbsttätig konstant.

Die Abb. 159 zeigt in ausführlicher Darstellung die Hausanschlüsse des Charlottenburger Fernheizwerkes.

c) Umformer: Heißwasser ➡ Warmwasser.

Dazu verwendet man Gegenstromapparate, die den in Abb. 157 dargestellten gleich sind, nur haben die beiden Anschlüsse *D* und *N* gleichen Durchmesser.

Ein anderer Weg besteht in dem Zumischen von kaltem Rücklaufwasser zum Heißwasser. Das Verfahren ist in der Ausführung sehr bequem und einfach, ist aber nur dort anwendbar, wo im Warmwassernetz der hohe Druck des Heißwassernetzes zulässig ist.

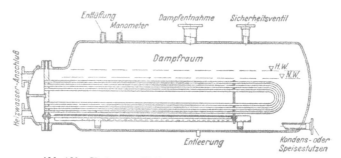

Abb. 160.   Umformer: Heißwasser → Niederdruckdampf.

d) Umformer: Heißwasser ➡ Niederdruckdampf.

Hierzu werden Apparate gemäß Abb. 160 verwendet. Sie sind den Gegenstromapparaten nach Abb. 157 ähnlich, haben aber großen Durchmesser, damit ein ausreichend großer Wasser- und Dampfraum geschaffen wird.

IV. Dampffernheizung.

A. Erzeugung und Speicherung des Hochdruckdampfes.

Für die Fernverteilung wird im allgemeinen ein Druck von etwa 2 bis 12 ata gewählt. Der Dampf wird entweder als Frischdampf erzeugt oder er wird als Abdampf bei Kraftmaschinenanlagen gewonnen. Im letzteren Falle gelten die auf S. 158 unter

Abdampfverwertung dargelegten Grundsätze. Für die Speicherung des Dampfes können sowohl Gleichdruck- als Gefällespeicher (Ruthsspeicher) Verwendung finden.

B. Ermittlung des wirtschaftlichsten Leitungsdurchmessers.

Die Ermittlung der Rohrdurchmesser ist nur gemeinsam mit der Wahl des Druckes am Anfang der Leitung zu lösen. Beide Fragen lassen sich nicht trennen, wie folgende Überlegung zeigt:

Wird der Durchmesser der Rohre sehr klein gewählt, so wird das Rohrnetz billig und damit der Kapitaldienst niedrig. Mit kleiner werdendem Durchmesser wächst aber der Druckverlust in der Leitung und zwingt zu hohem Dampfdruck am Beginn der Leitung. Dies bedeutet meist hohe Betriebskosten. Wird umgekehrt der Durchmesser sehr groß gewählt, so wird zwar der Anfangsdruck niedrig, die Kosten des Rohrnetzes und damit der Kapitaldienst aber sehr hoch. Die Entscheidung erfolgt nach dem Grundsatz, daß die Summe aus dem Kapitaldienst der Anlage und den laufenden Betriebskosten ein Minimum wird.

Bei den Überlegungen ist es wesentlich, ob das Netz mit Frischdampf oder mit Abdampf gespeist wird. Bei Frischdampf kann der Anfangsdruck ziemlich hoch gewählt werden, ohne daß damit die Wirtschaftlchkeit der Anlage sehr stark sinkt. Das erklärt sich daraus, daß die Erzeugungswärme des Dampfes nur sehr wenig mit der Spannung zunimmt. Anders liegen die Verhältnisse, wenn das Netz mit Abdampf aus einer Kraftanlage gespeist wird. Dann bedeutet hoher Anfangsdruck in der Leitung auch hohen Gegendruck an der Maschine und damit starke Einbuße der Maschine an Leistung. Es gibt bei jedem Projekt nur einen einzigen wirtschaftlich günstigsten Durchmesser. Die Gedanken, die zu seiner Ermittlung führen, sollen nachstehend an einem besonders einfachen Beispiel gezeigt werden:

„Von einer Zentrale aus soll Dampf nach einem 1000 m entfernten Verteilpunkt geleitet werden. Am Verteilpunkt soll 5 ata Druck herrschen und der stündliche Dampfbedarf 10 000 kg betragen. Zur weiteren Vereinfachung der Aufgabe soll angenommen sein, daß diese Dampfmenge während der ganzen 8760 Stunden des Jahres unverändert bleibt.“

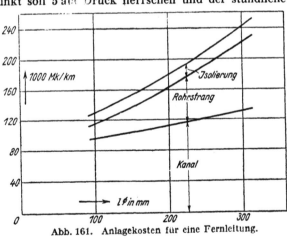

Abb. 161. Anlagekosten für eine Fernleitung.

a) Ermittlung des Kapitaldienstes.

Die Kosten für 1000 m Rohrleitung samt Kanalbau sind weitgehend von der gewählten Ausführungsweise, insbesondere auch von der Art des Baugrundes und den Grundwasserverhältnissen, abhängig, so daß sich keine allgemeingültigen Preisangaben machen lassen. Nach Mitteilungen, die ich der Firma Rud. Otto Meyer und Herrn Margolis verdanke, können als ungefähre Mittelwerte die in Abb. 161 graphisch dargestellten Kosten gesetzt werden. Die Kosten sind dabei in die drei Teilbeträge für Kanalherstellung, Rohrstrang und

Isolierung unterteilt, und man sieht, daß jeder dieser Teilbeträge mit dem Durchmesser wächst. Die Abbildung läßt ablesen, daß z. B. bei 200 mm Rohrdurchmesser eine Strecke von 1000 m etwa 180 000 RM kostet. Unter der Annahme von 8 vH Verzinsung, 1 vH Instandhaltung und zwanzigjähriger Abschreibungsdauer errechnet sich der in Abb. 162 dargestellte Kapitaldienst.

b) Ermittlung der Wärmeverluste.

Um die stündlichen Wärmeverluste berechnen zu können, ist der Zusammenhang zwischen Ioslierstärke und Rohrdurchmesser nach der von Cammerer angegebenen Tabelle (II. Teil, S. 288) gewählt. Abb. 163 gibt den stündlichen Wärmeverlust von 1000 m Rohrlänge in Abhängigkeit vom Rohrdurchmesser wieder. Unter der Anahme, daß die Leitung das ganze Jahr in Betrieb ist, und daß 1 000 000 kcal mit 5 RM Selbstkosten angesetzt werden, ergeben sich die in der zweiten senkrechten Teilung angegebenen Werte für den jährlichen Wärmeverlust.

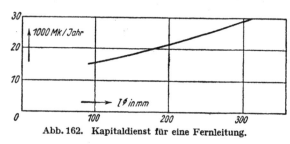

Abb. 162. Kapitaldienst für eine Fernleitung.

c) Wirkung des Druckverlustes.

Es bleibt noch zu ermitteln, wie sich die Einbuße der Kraftmaschine durch den erhöhten Gegendruck wirtschaftlich auswirkt, wobei der Selbstkostenpreis für die Kilowattstunde mit 3 Rpf. angesetzt wird.

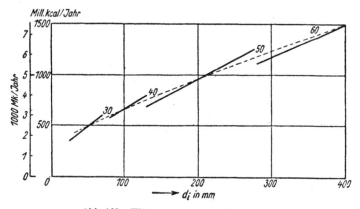

Abb. 163. Wärmeverluste einer Fernleitung.

Würde die Dampfmaschine am Verteilpunkt aufgestellt werden, so könnte sie unmittelbar mit 5 ata Gegendruck arbeiten. Ist dagegen, wie verlangt, die Maschine am Anfang der Leitung aufgestellt, so ist der Gegendruck um den Betrag des Druckverlustes höher zu wählen, und diese Erhöhung des Gegendruckes bzw. ihre wirtschaftliche Auswirkung ist der Fernleitung zur Last zu legen. Eine Maschine mit 20 ata Eintrittsspannung würde bei 5 ata Gegendruck und 10 t stündlichem Dampfverbrauch etwa 595 kW leisten.

Die gesamten jährlichen Ausgaben für den Transport der Wärme summieren sich aus dem Kapitaldienst (Abb. 162), den jährlichen Wärmeverlusten (Abb. 163) und der Einbuße an Maschinenleistung durch den Druckabfall im Rohrstrang (Abb. 164). Diese Summierung ist in Abb. 165 ausgeführt, und man sieht daraus, daß bei dem Durchmesser 255 mm die Summe ihren Kleinstwert hat, so daß also dieser Durchmesser sich als der wirtschaftlich günstigste Durchmesser ergibt. Der Verlauf der Kurve läßt ferner erkennen, daß ein zu groß gewählter Durchmesser die Wirtschaftlichkeit der ganzen Anlage nur wenig herabdrückt, daß dagegen ein zu klein gewählter Durchmesser wegen des rasch steigenden Druckverlustes sich sofort sehr ungünstig äußert. Man darf also den Durch-

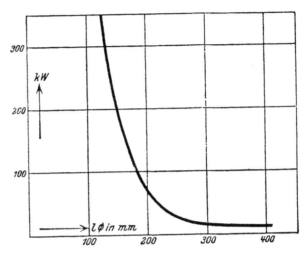

Abb. 164. Leistungseinbuße der Gegendruckmaschine, abhängig vom Rohrdurchmesser.

messer eher etwas zu groß als zu klein wählen, auch aus dem anderen Grunde, weil sich dann gegebenenfalls eine spätere Verstärkung des Betriebes leichter ermöglichen läßt.

Abb. 165 läßt auch ablesen, um wieviel der Dampf durch die Übertragung sich verteuert. Dividiert man die jährlichen Ausgaben durch die Zahl der Stunden im Jahre (8760 bei Dauerbetrieb), so ergibt sich, daß die verwendeten 10 000 kg Dampf an der Verwendungsstelle (also in 1 km Entfernung) um 4,20 RM teurer sind als an der Erzeugungsstelle.

Für die Berechnung des wirtschaftlichsten Durchmessers ist nachstehender Umstand zu beachten. Bei einer bestehenden Anlage sind alle Größen, die der Wirtschaftlichkeitsberechnung zugrunde gelegt sind, im wesentlichen konstant. Nur die stündliche Dampfmenge wird während des Betriebes stark schwan-

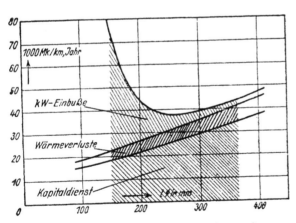

Abb. 165. Gesamtkosten des Wärmetransportes, abhängig vom Rohrdurchmesser.

ken. Man darf nun nicht die Höchstdampfmenge der Rohrstrecke einsetzen, sondern nur einen Mittelwert. Da in der Formel für den Druckverlust (vgl. S. 302) das Dampfgewicht in der 2. Potenz auftritt, so muß man bei der Mittelwertsbildung die großen Dampfmengen stärker berücksichtigen als die niedrigen.

C. Verlegung und Ausstattung längerer Dampfleitungen.

Wie schon auf S. 102 erwähnt wurde, sollen Dampfleitungen stets mit Gefälle im Sinne der Strömung des Dampfes verlegt werden, damit das Kondensat mit dem Dampf in gleicher Richtung strömt. Vor jeder Verwendungsstelle des Dampfes, sei

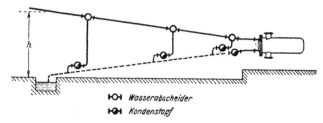

Abb. 166. Entwässerung einer Dampfleitung.

dies eine Kraftmaschine oder ein Wärmeaustauschapparat, muß in die Leitung ein Wasserabscheider eingebaut werden. Bei sehr langen Leitungen muß auch an einigen Zwischenstellen entwässert werden (Abb. 166).

Erlauben es die Verhältnisse nicht, die Leitung in einer geraden Linie mit stetigem Gefälle zu verlegen, so muß gemäß Abb. 167 die Leitung sägeförmig verlegt werden. Vor jedem Anstieg der Leitung muß neu entwässert werden.

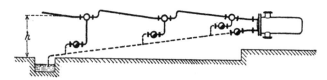

Abb. 167. Entwässerung einer Dampfleitung.

Das Kondensat darf man in den meisten Fällen nicht abfließen lassen, sondern muß es wieder zum Kessel zurückführen. Am einfachsten ist es, wenn man die ganze Kondensatleitung mit Gefälle nach dem Kesselhaus verlegt, das Kondensat dort in einem Gefäß sammelt und von hier aus mit Speisepumpen in den Kessel zurückführt. Wenn es aber die Geländeverhältnisse nicht gestatten, die Kondensleitung in dieser Weise mit durchgehendem Gefälle zu verlegen, so muß man am Ende der

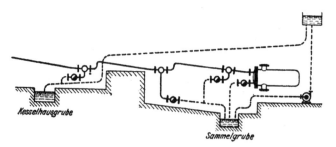

Abb. 168. Entwässerung einer Dampfleitung.

Leitung das Kondensat in einem Behälter sammeln, von wo es durch eine Pumpe zum Kesselhaus gedrückt wird. Oft schaltet man einen Hochbehälter dazwischen, so daß von hier aus das Kondensat mit Gefälle nach dem Kesselhaus geleitet werden kann (Abb. 168). Die Pumpen werden meist elektrisch angetrieben, und zwar schalten sich die Pumpen selbst ein, wenn im Sammelbehälter ein gegebener Höchstwasserstand erreicht ist.

D. Die Nachteile der Kondensatbildung in der Leitung.

Es ist zu beachten, daß man bei Fernverteilung von Dampf meist Dampfleitung und Kondensatleitung in einem verhältnismäßig niedrigen Rohrkanal unterbringen muß, und daß es dabei nicht leicht ist, den Dampf- und Kondensatleitungen die oben verlangten Neigungen zu geben. Vermehrt können die Schwierigkeiten werden, wenn ungünstige Geländeverhältnisse vorliegen.

Schon früher ist davon gesprochen worden, daß die Forderung einer einwandfreien Entwässerung der Dampfleitungen und einer möglichst restlosen Rückführung des Kondensates zum Kesselhaus im praktischen Betriebe nur bei schärfster Überwachung des Netzes erfüllt werden kann. Bei den Fernleitungen kommt hinzu, daß infolge der großen räumlichen Entfernungen die Zahl der Störungsquellen vermehrt und die einwandfreie Überwachung der Anlage erschwert ist.

In diesen baulichen und betrieblichen Schwierigkeiten der Entwässerung und Kondensatrückführung liegt der größte Nachteil der Dampffernnetze gegenüber den nun zu besprechenden Heißwassernetzen begründet.

V. Heißwasserfernheizung[1].

Je nach den besonderen Aufgaben der Anlage wählt man als Vorlauftemperatur 120 bis 180°, was einem Sättigungsdruck von etwa 2 bis 10 ata entspricht.

Die Vorteile des Heißwasserfernnetzes gegenüber dem Dampffernnetz ergeben sich fast alle aus dem Wegfall der Kondensatbildung in der Leitung mit den schon früher geschilderten Wasser- und Wärmeverlusten.

Ein weiterer Vorteil der Heißwasserheizung ist bei industriellen Wärmeverbrauchern wichtig, indem sich hier eine genaue Einhaltung der Temperatur an den Heizflächen und eine größere Gleichmäßigkeit der Temperaturverteilung über die Heizflächen bei Heißwasser leichter als bei Dampf erzielen läßt.

A. Die Heißwasserfernleitung.

Wie schon oben erwähnt, können hier im Vergleich zum Dampfnetz die Rohrstränge und damit auch der Rohrkanal völlig frei nach den Forderungen des Geländes verlegt werden.

Zur Bestimmung des Rohrdurchmessers[2] muß man die umzuwälzende Wassermenge kennen. Diese ergibt sich bei bekannter Wärmelieferung des Netzes aus dem Temperaturunterschied zwischen Vorlauf- und Rücklauftemperatur. Um die Wassermenge möglichst klein zu erhalten, wird man den Temperaturunterschied möglichst groß wählen.

Ist die Wassermenge ermittelt, so geht man zur Bestimmung des Rohrdurchmessers über, wobei man von der Überlegung ausgeht, daß kleine Rohrdurchmesser zwar ein billiges Rohrnetz, aber einen hohen Strömungswiderstand bedingen. Die Entscheidung ergibt sich wieder wie früher S. 137 aus der Forderung, daß die

---

[1] Bormann, K.: Die neuzeitliche Heißwasserheizung — Entwicklungsstand und Zukunftsaufgaben — Arch. für Wärmewirtschaft (24) 1943 H. 9 S. 169.

[2] Schenk, E.: Der wirtschaftliche Pumpendruck für Rohrleitungen von Pumpen-, Warmwasser- und Heißwasserheizungen. Gesundh.-Ing. 1942 H. 27/28 S. 213.

Summe aus Kapitaldienst und laufenden Betriebsausgaben ein Minimum sein muß. Als laufende Betriebsausgaben gelten hier der Geldwert der Wärmeverluste und vor allem die Kosten des Stromes für die Umwälzpumpen[1].

B. Die Erzeugung des Heißwassers.

1. Erwärmung des Wassers in Heißwasserkesseln.

Wasserkessel haben gegenüber Dampfkesseln dadurch günstigere Betriebsbedingungen, daß die notwendige Menge Zusatzspeisewasser sehr gering ist und deshalb die Heizflächen sehr rein bleiben.

Als Heißwasserkessel verwendet man die verschiedensten Bauarten, wie Flammrohrkessel oder Siederohrkessel, bei großen Anlagen auch Zwangumlaufkessel (La Mont-Kessel, Abb. 180).

Wenn die Kessel ganz mit Wasser gefüllt sind, ist stets ein Ausdehnungsgefäß in der Anlage erforderlich. Anders ist es, wenn der Kessel nicht ganz mit Wasser gefüllt ist, so daß ein Dampfraum entsteht (Abb. 172), der als Ausdehnungsraum wirkt. Das Vorlaufwasser wird mittels eines Tauchstutzens entnommen, der von oben her bis dicht unter den niedrigsten Wasserspiegel reicht. Das Rücklaufwasser wird an der untersten Stelle des Kessels wieder zugeführt. Dem Dampfraum kann, wenn erforderlich, auch Dampf zum Betriebe einer Kraftmaschine oder zu anderen Zwecken entnommen werden.

Werden mehrere Wasserkessel mit Dampfraum parallelgeschaltet, so bereitet es stets Schwierigkeiten, die Wasserstände in den Kesseln gleichzuhalten. Gleiche Wasserstände setzen gleichen Druck in den Dampfräumen voraus und diese wieder gleiche Temperatur des Kesselwassers. Letzteres ist aber nur möglich, wenn in jedem Kessel die zuströmende Wassermenge stets gleich der abströmenden ist und wenn der Wasserdurchtritt durch die einzelnen Kessel proportional der augenblicklichen Wärmeentwicklung der Feuerungen gehalten wird. Wie scharf diese Forderungen sind, zeigen nachstehende Zahlen: Läßt man einen Unterschied im Wasserstand von 10 cm zu, so darf der Druckunterschied in den Dampfräumen nur $1/100$ at und damit nach den Dampftabellen der Unterschied in den Temperaturen des Kesselwassers nur $1/100°$ C betragen. Da eine so genaue Steuerung auch mit selbsttätigen Regeln nicht möglich ist, sichert man den Ausgleich der Wasserstände, indem man die Dampfräume der verschiedenen Kessel untereinander und ebenso die Wasserräume untereinander verbindet. Als Verbindung der Wasserräume kann man die Tauchstutzen der Vorläufe verwenden (DRP.). Dagegen sind für den Druckausgleich der Dampfräume immer eigene Leitungen nötig. Bei Kesselanlagen, die nur Raumheizungen versorgen, ist wegen der langsamen Verbrauchsschwankungen mit dieser Einrichtung eine geordnete Betriebsführung möglich.

In anderen Fällen jedoch, in denen mit starken und unerwarteten Verbrauchsschwankungen zu rechnen ist, umgeht man die Schwierigkeiten am besten dadurch, daß man die Kessel nicht parallel-, sondern hintereinanderschaltet und nur dem letzten einen Dampfraum gibt. Die Anordnung hat den weiteren Vorteil, daß man bei geeigneter Rohrschaltung einen der ganz gefüllten Kessel zeitweise ausschalten und als Heißwasserspeicher benutzen kann. Der Nachteil, daß der Dampfraum, der ja als Ausdehnungsraum dienen muß, verhältnismäßig klein wird, fällt meist nicht

---

[1] Schelnemann, W.: Antrieb der Umwälzpumpen bei Wasserheizungen. Heizg. u. Lüftg. Bd. 17 (1943) S. 45.

allzu schwer ins Gewicht, weil in den meisten Fällen an sich ein geschlossenes Speichergefäß in die Anlage eingebaut werden muß.

2. Erwärmung des Wassers in Wärmeaustauschern.

Bei der Planung von Fernheizzentralen erweist es sich häufig als zweckmäßig, das Heizwasser mittels Hochdruckdampf zu erzeugen. Die Wärme wird dann in Wärmeaustauschern vom Dampf auf das Wasser übertragen. Als Wärmeaustauscher wurden früher fast stets Gegenstromapparate verwendet (Abb. 157). Der Wärmedurchgang durch die Heizflächen erfordert jedoch ein nicht unbedeutendes Temperaturgefälle zwischen dem Heizdampf und dem zu erhitzenden Wasser. Wird der Temperaturunterschied mit 10° angenommen, so muß der Dampfdruck um etwa 1,5 at höher gewählt werden, wie die nachstehenden Zahlen zeigen. Nach den Dampftabellen entspricht

einer Dampftemperatur von 151° C ein Dampfdruck von 5,0 ata,
einer Dampftemperatur von 161° C ein Dampfdruck von 6,5 ata.

Kann durch Verbesserung des Wärmeaustausches die erforderliche Dampftemperatur um 5°, also auf 156° C, gesenkt werden, so kann der Druck des Heizdampfes um 0,7 at niederer angesetzt werden. In allen jenen Fällen, in denen der Dampf als Abdampf einer Kraftmaschine anfällt, bedeutet jedes unnötige Temperaturgefälle beim Wärmeaustausch eine Einbuße in der Leistung der Kraftmaschine und somit eine Energieverschwendung. In solchen Fällen verwendet man besser Wärmeaustauscher ohne Heizflächen, d. h. man bringt Dampf und Wasser miteinander unmittelbar in Berührung. Hierbei bläst man entweder den Dampf in das Wasser ein (Abb. 176) oder man läßt das Wasser in Form kleiner Wasserfälle durch einen Dampfraum fallen (Abb. 177). Die Apparate entsprechen in Bau und Wirkungsweise den Mischkondensatoren bei Kraftmaschinen. Wegen der erwähnten Wasserfälle werden solche Heißwasserbereiter als Kaskaden-Umformer bezeichnet.

C. Druck- und Ausdehnungsgefäß.

Beim Entwurf einer Heißwasserheizung ist darauf zu achten, daß an keiner Stelle in der Leitung sich Dampf bilden kann, und daß dem sich erwärmenden und abkühlenden Wasser die Möglichkeit gegeben ist, sich auszudehnen und zusammenzuziehen.

Die Mannigfaltigkeit der Forderungen, welche die Heizbetriebe, sei es Raumheizung oder Apparateheizung, an die Gestaltung des Netzes stellen, führte zusammen mit den obigen beiden Forderungen und den Bindungen, die sich aus den behördlichen Sicherheitsvorschriften ergeben, zu einer Vielzahl von Ausführungsformen. Da ein großer Teil davon durch Patente geschützt ist, sei auf zwei Aufsätze in der Zeitschrift „Heizung und Lüftung" verwiesen[1]. Nur an einigen Stellen sind auch nachstehend Patentnummern angeführt.

1. Vermeidung von Dampfbildung in der Leitung.

Um Dampfbildung zu vermeiden, muß an jeder Stelle des Netzes der Druck höher gehalten werden, als der Sättigungsdruck ist, der nach den Dampftabellen der dort

---

[1] B o r m a n n: Die Schutzrechte auf dem Gebiete der Heißwasserheizung Heizg u. Lüftg. 1939 H. 1 S. 1. — L u k o w s k y: Die Berücksichtigung der Patentlage beim Entwurf von Heißwasserheizungen. Heizg. u. Lüftg. 1940 H. 3 S. 25.

herrschenden Temperatur entspricht. Man muß sich also stets ein klares Bild über die Temperaturen und Drucke an den einzelnen Stellen des Netzes verschaffen.

Die Temperaturen an den Enden der einzelnen Leitungszweige sind in der Hauptsache durch die Forderungen des Betriebes bestimmt. Unter Berücksichtigung der Wärmeverluste sind damit auch die Temperaturen an den verschiedenen Stellen der Zuleitungen festgelegt. Zur Besprechung der Druckverhältnisse im Netz ist in

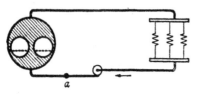

Abb. 169. Schema eines einfachen Heißwassernetzes.

Abb. 169 ein einfaches Heißwassernetz dargestellt. Nach den üblichen Verfahren der Rohrnetzberechnung kann jederzeit der Druckunterschied zwischen zwei Stellen eines solchen Leitungsringes berechnet werden, z. B. zwischen Anfang und Ende einer Teilstrecke oder zwischen Saug- und Druckstutzen der Pumpe. Über die absolute Höhe des Druckes an irgendeiner Stelle kann ohne weitere Angaben keine Aussage gemacht werden. Durch eine zusätzliche Maßnahme muß erst dem Rohrnetz an irgendeiner Stelle, z. B. an der Stelle „a" in der Abb. 169, ein bestimmter statischer Druck aufgezwungen werden, von dem aus dann die Druckanstiege und Absenkungen zu zählen sind.

Das Aufzwingen des Druckes geschieht durch den Anschluß eines den Druck erzeugenden oder unter Druck stehenden Gefäßes. Daß dieses Gefäß auch noch die Aufgabe hat, die Ausdehnung des Wassers aufzunehmen, spielt in diesem Zusammenhang vorerst noch keine Rolle, weshalb auch zunächst nur von einem Druckgefäß gesprochen werden soll.

Bei Anlagen mit vollständig gefüllten Kesseln gibt es folgende Ausführungsformen des Druckgefäßes:

1. Offenes Gefäß in entsprechend hoher Aufstellung. Bei unmittelbarem Anschluß des Gefäßes an das Netz nach Abb. 170a besteht bei häufiger und starker Schwankung der Wassertemperatur die Möglichkeit, daß das Wasser im Gefäß sich ebenfalls stark erwärmt und ausdampft. Um dies zu vermeiden, wird die Anschlußleitung über eine genügend große Heißwassersperre in Gestalt eines Verdrängungsgefäßes nach Abb. 170b angeschlossen.

2. Geschlossenes Gefäß mit einem Luft- oder Gaspolster, das von einer Stahlflasche gespeist wird (Abb. 171a). Selbsttätige Regelung des Gasdruckes, ein Sicherheitsventil und eine Warneinrichtung bei Aussetzen des Gasdruckes gehören zu einer vollständigen Einrichtung. Um Kor-

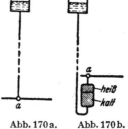

Abb. 170a.   Abb. 170b.
Offenes Ausdehnungsgefäß.

rosionen zu vermeiden, empfiehlt es sich, statt der sauerstoffhaltigen Luft ein chemisch unwirksames Gas zu verwenden.

3. Geschlossenes Gefäß mit einem Dampfpolster. Der Dampf kann entweder von einem Hochdrucknetz oder einem besonderen kleinen Kessel, der mit Gas oder elektrisch geheizt wird, geliefert werden (Abb. 171b). Das Dampfpolster kann aber auch durch eine in den Wasserraum des Gefäßes gelegte Dampfschlange oder einen elektrischen Heizkörper erzeugt werden (Abb. 171c). Der Druck des Heizdampfes für die Dampfschlange muß etwas höher gewählt werden, als der Druck ist, den man mit dem Gefäß erzeugen will.

Hat der Wasserkessel einen Dampfraum, so ist ein besonderes Druckgefäß nicht erforderlich, weil der Kesseldruck dem Netz an dieser Stelle einen eindeutig bestimmten Druck aufzwingt. Der Kessel stellt dann zugleich das Druckgefäß dar (Abb. 172).

Dampfbildung im Netz läßt sich besonders einfach vermeiden bei Anlagen mit einem Ausdehnungsgefäß, das unter fremdem Druck steht, z. B. dem Druck einer

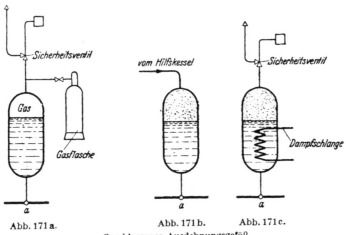

Abb. 171a.   Abb. 171b.   Abb. 171c.

Geschlossenes Ausdehnungsgefäß.

Gasflasche. Hier kann dem Netz immer ein Druck aufgezwungen werden, der an allen Stellen des Netzes höher ist, als der Wassertemperatur entspricht.

Bei Kesseln mit Dampfraum sind besondere Maßnahmen notwendig. Im Kessel stimmen Druck und Wassertemperatur überein. Sobald jedoch das Wasser den Kessel verlassen hat, kommt es unter niederen Druck, sei es durch Abnahme des statischen Druckes infolge Höherführung der Vorlaufleitung, sei es infolge Abnahme des Gesamtdruckes durch die Strömungswiderstände der Leitung. Zwar kühlt sich das Wasser längs der Leitung ab, jedoch gleicht dies den Druckverlust fast nie aus.

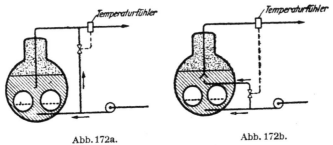

Abb. 172a.   Abb. 172b.

Heißwasserkessel mit Dampfraum.

Der Druck in der Leitung wird dann niederer als der der Wassertemperatur entsprechende Sättigungsdruck, und die Folge ist Dampfbildung im Netz. Auch Temperaturschichtungen innerhalb des Kesselwasserraumes sind zu beachten.

Man kann die Schwierigkeiten vermeiden, indem man dem Vorlaufwasser gleich nach seinem Austritt aus dem Kessel einen Teilstrom des kälteren Rücklaufwassers beimischt (Abb. 172 a). Besser ist es, das zuzumischende Wasser direkt in den Entnahmestutzen (Abb. 172 b), also noch im Kessel selbst, beizufügen (DRP. 531 148 und 645 002). Während also bei einem Ausdehnungsgefäß mit Preßgas der Druck im Kessel über den Sättigungsdruck des Kesselwassers gesteigert wird, wird hier umgekehrt die Wassertemperatur des Kesselwassers bei Austritt aus dem Kessel unter die Sättigungstemperatur gesenkt.

2. Die Ausdehnung des Wassers.

Hier ist zu unterscheiden zwischen der starken Volumänderung des Wassers beim Anheizen der kalten und Abstellen der heißen Anlage und den geringen Volumänderungen des Wassers infolge von Schwankungen der Wassertemperatur im laufenden Betrieb.

Hat z. B. eine Anlage im kalten Zustand, also etwa bei 10° C, einen Wasserinhalt von 100 m³, so nimmt dieselbe Wassermasse bei 130° C einen Raum von 107 m³ und bei 140° C einen Raum von 108 m³ ein. Die Größe des Ausdehnungsraumes müßte dann, wenn er die gesamte Ausdehnung aufnehmen sollte, einschließlich der Zuschläge etwa 10 bis 12 m³ betragen. Meist ist es wünschenswert, mit einem kleineren Ausdehnungsgefäß auszukommen. Man erreicht dies, indem man dem eigentlichen Ausdehnungsraum nur die durch Betriebsschwankungen bedingten geringeren Ausdehnungen überträgt und die großen Volumänderungen dadurch abfängt, daß man beim Anheizen Wasser aus dem Netz abzapft, um es beim Abstellen der Heizung wieder in das Netz zurückzuspeisen. Das Gefäß, das diese Wassermengen aufnimmt, sollte man aber nicht als Ausdehnungsgefäß, sondern als Heizwasserspeichergefäß bezeichnen.

Ein Speichergefäß, das nur die Wassermengen beim Anheizen und Abstellen der Heizung aufzunehmen hat, kann offen und damit nicht druckfest ausgeführt werden, wenn man wegen der Seltenheit des Vorkommnisses den Wasserverlust durch Nachverdampfung in Kauf nehmen kann oder wenn das abgezapfte Wasser vor Eintritt in das Speichergefäß unter 100° C abgekühlt wird. Ein Gefäß dagegen, das öfter im Betrieb stärkere Volumänderungen aufzunehmen hat, muß — ebenso wie ein Ausdehnungsgefäß — druckfest gebaut werden.

Das offene Speichergefäß (Abb. 175) erhält eine Zuflußleitung vom Kessel mit eingebautem Ventil und eine Speiseleitung nach dem Kessel mit einer Speisepumpe.

Das geschlossene Speichergefäß (Abb. 176) brauchte grundsätzlich zwei Pumpen, eine Lade- und eine Entladepumpe. Es lassen sich jedoch unschwer Schaltungen finden, bei denen man mit einer Pumpe und einem Ventil oder sogar mit zwei Ventilen ohne Pumpe auskommt (DRP. 631 525).

Die Betätigung der Schalteinrichtungen erfolgt nach Maßgabe der Wasserstände im Kessel bzw. im Ausdehnungsgefäß. Ob die Betätigung von Hand oder selbsttätig geschieht, richtet sich nach der Häufigkeit der Eingriffe. Man wird bei reiner Raumheizung meist mit Handbedienung auskommen, dagegen verlangt die Apparateheizung in größeren Fabriken wegen der raschen und nicht vorauszusehenden Schwankungen häufig selbsttätige Regelung.

Eine klare Unterscheidung zwischen Ausdehnungs- und Speichergefäß ist für das Verständnis der Heizwasserheizung und der behördlichen Sicherheitsvorschriften sowie auch der Patentansprüche unbedingt erforderlich. Vor allem im Hinblick auf die Vorschriften sei folgendes hervorgehoben:

Während beim Speichergefäß die **Wassermasse**, die abgezapft **wurde**, abgesperrt vom Netz so lange lagert, bis sie wieder **zurück**gespeist wird, bleibt das Wasser im Ausdehnungsgefäß in ständiger freier **Verbindung** mit dem Netz, ja es darf sogar, um vollkommene Sicherheit zu gewährleisten, in die Leitung zwischen Kessel und Ausdehnungsgefäß überhaupt kein Absperrorgan eingebaut werden. In diesem Zusammenhang ist daran zu erinnern, daß mit dem Ausdehnungsgefäß die **andere**

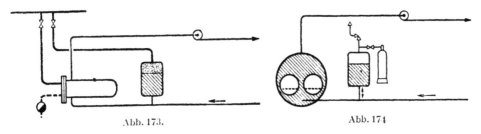

Abb. 173.   Abb. 174

Aufgabe untrennbar gekoppelt ist, dem Netz an einer bestimmten Stelle dauernd einen bekannten statischen Druck aufzuzwingen. Das Speichergefäß, das oft lange Zeit vom Netz getrennt ist, kann diese Aufgabe niemals erfüllen.

3. Ausführungsbeispiele.

Abb. 173 zeigt eine Anlage, bei der das Wasser mittels eines Gegenstromapparates durch Dampf erhitzt wird. Von einem Dampfnetz, dessen Druck höher ist als der Sättigungsdruck des Wassers im Heiznetz, wird nicht nur der Gegenstromapparat gespeist, sondern auch das Dampfpolster im Druck-, Ausdehnungs- und Speichergefäß.

Abb. 174 und 175 stellen Anlagen mit Wasserkesseln ohne Dampfraum dar. Die Umwälzpumpe der Heizung kann sowohl in den Vor- als in den Rücklauf gesetzt werden, da durch das

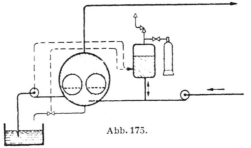

Abb. 175.

Druckgefäß immer ein Druck erzeugt werden kann, der ausreicht, im ganzen Netz Dampfbildung zu vermeiden.

Nach Abb. 174 hat das Gefäß eine dreifache Aufgabe zu erfüllen: es ist Druckgefäß, Ausdehnungsgefäß und Speichergefäß. In Abb. 175 ist ein gesondertes offenes Speichergefäß vorgesehen, so daß das Druck- und Ausdehnungsgefäß nunmehr kleiner ausgeführt werden kann. Das Ablassen von Wasser nach dem Speichergefäß und seine Rückspeisung in den Kessel erfolgt nach Maßgabe des Wasserstandes im Ausdehnungsgefäß, meist von Hand, seltener selbsttätig.

Abb. 176 und 177 stellen zwei Anlagen mit Wärmeaustauschern ohne Heizfläche dar. Nach Abb. 176 wird der Dampf in das Wasser eingeblasen, nach Abb. 177 umgekehrt das Wasser in den Dampfraum eingespritzt. Das sich bildende Kondensat fließt meist durch den Überlauf von selbst zum Kessel zurück. Da der Wasserraum des Kessels wegen des geringen Unterschiedes zwischen höchstem und niederstem Wasserstand nur sehr wenig veränderlich ist, fällt die Aufgabe des Ausdehnungs-

gefäßes dem Wärmeaustauscher zu. Aber auch dieser ist unter Umständen nicht in
der Lage, alle im Betrieb vorkommenden Schwankungen aufzunehmen, so daß dann
ein Speichergefäß vorgesehen werden muß (Abb. 176 und 177).

Der Wasserstand im Speichergefäß, gleichgültig ob offener (Abb. 177) oder geschlossener Speicher (Abb. 176),
wird vom Wasserstand im Umformer gesteuert. In beiden
Fällen übernimmt der Wärmeaustauscher, der bereits Ausdehnungsgefäß ist, auch die
Aufgabe des Druckgefäßes.

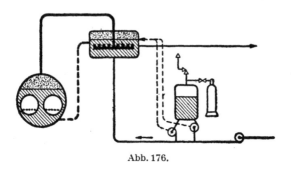

Abb. 176.

Die Anlage nach Abb. 178
hat einen Wasserkessel mit
Dampfraum. Es ist dies die
Grundform der Caliqua-Aus-
führung (DRP. 423 618 und 480 804). Der Dampfraum dient hier als Druck- und
Ausdehnungsraum. Auch hier vermag der Kessel wegen der geringen Schwankungen,
die der Wasserspiegel zuläßt, nur geringe Volumänderungen des Wassers auf-

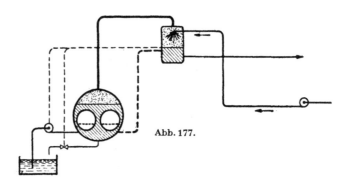

Abb. 177.

zunehmen. In der Abbildung ist ein geschlossenes Speichergefäß für die kleineren
Änderungen im laufenden Betrieb und ein offenes für große Volumänderungen beim
An- und Abstellen der Anlage vorgesehen. Der Einbau zweier Speichergefäße kann
natürlich auch bei anderen An-
ordnungen vorteilhaft sein. Es
ist angenommen, daß das
geschlossene Rückspeisegefäß
selbsttätig vom Kesselwasserstand gesteuert wird, das offene
Speichergefäß dagegen von
Hand nach Maßgabe des
Wasserstandes im geschlossenen Gefäß.

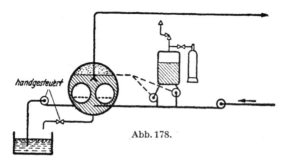

handgesteuert

Abb. 178.

Im geschlossenen Speichergefäß kann entweder ein Gaspolster, das von einer
Stahlflasche gespeist wird, oder ein Dampfpolster, das vom Dampfraum des Kessels
gespeist wird, vorgesehen werden.

D. Heißwasserspeicher.

Kleinere Schwankungen des Wärmebedarfes im Betriebe werden durch die Wärmespeicherung der großen Wassermassen im Kessel und Rohrnetz von selbst überbrückt. Bei größeren Schwankungen zwischen dem Anfall der Abwärme und dem Wärmeverbrauch ist ein Speicher in die Anlage einzugliedern. Bei Betrieben, welche größere Mengen Gebrauchswasser benötigen, kann in Zeiten des Wärmeüberschusses das Gebrauchswasser aufgewärmt und in sogenannten Auffüll- und Entleerungsspeichern gestapelt werden. Muß jedoch die Speicherung durch das Wasser der Heizung erfolgen, so werden Verdrängungsspeicher in den Wasserumlauf des Netzes eingeschaltet. Es sind dies stehende Kessel, in denen das heißere Vorlaufwasser über dem kälteren Rücklaufwasser geschichtet liegt. Sie werden nach Abb. 179 in das Netz eingegliedert.

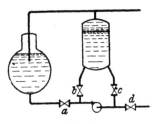

Abb. 179.
Verdrängungsspeicher.

Um die Betriebsweise der Anlage zu zeigen, sollen drei Grenzfälle besprochen werden:

Erster Fall. Die Heizung soll nur aus dem Kessel gespeist werden, der Speicher soll ausgeschaltet sein. Dann ist Ventil a und d zu öffnen, b und c zu schließen.

Zweiter Fall. Der Kessel soll bei abgeschalteter Heizung den Speicher aufladen. Dann ist Ventil a und c zu öffnen, b und d zu schließen. Die Saugleitung der Pumpe holt hierbei kaltes Wasser aus dem Speicher heraus, und die Vorlaufleitung drückt über das Ventil a Kesselwasser von oben in den Speicher hinein.

Dritter Fall. Die Heizung soll bei abgeschaltetem Kessel nur mit dem Speicher betrieben werden. Dann ist Ventil a und c zu schließen, b und d zu öffnen. Die Druckleitung der Pumpe preßt durch das Ventil b hindurch kaltes Rücklaufwasser von unten her in den Speicher und drängt so das warme Speicherwasser in das Netz hinaus.

Die normalen Betriebszustände liegen zwischen diesen Grenzfällen, indem z. B. der Kessel gleichzeitig die Heizung versorgt und den Speicher auflädt, oder indem die Heizung teils aus dem Kessel, teils aus dem Speicher mit Wasser gespeist wird.

E. Regelung der Wärmeabgabe an die Verbrauchsstellen.

Für die Regelung der Wärmeabgabe des Heizwassers an die Heizflächen der Wärmeverbraucher genügt in manchen Fällen die einfache Drosselung des Wasserdurchlaufes durch den Apparat. Mit abnehmender Menge kühlt sich das Wasser stärker ab (Abb. 123 dient hierfür als Anhalt) und der mittlere Temperaturunterschied zwischen Heizmittel und Heizgut nimmt ab. Der Zusammenhang zwischen Wassermenge und Wärmelieferung ist jedoch, wie die Abb. 124 zeigt, sehr ungünstig für eine Regelung, so daß dieses Verfahren nur bei sehr geringen Ansprüchen brauchbar ist.

Es ist stets besser, nicht mit der Wassermenge, sondern mit der Zulauftemperatur zu regeln. Es sei dies an dem Beispiel eines La Mont-Kessels gezeigt (Abb. 180). Vom Druckstutzen k der Umlaufpumpe führt eine Mischleitung m kühleres Rücklaufwasser dem Vorlauf zu. Über das Ventil n kann das ganze Netz zentral geregelt werden, und über die drei anderen Ventile kann die Zulauftemperatur zu den einzelnen Heizsträngen oder Apparaten nochmals gesondert geregelt werden. Ob diese Regelventile selbsttätig oder von Hand gesteuert werden, hängt vom einzelnen Fall ab.

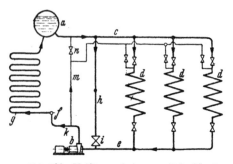

Abb. 180. Heißwasserheizung mit La Mont-Kessel von der Zentrale aus.

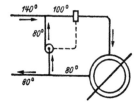

Abb. 181. Temperaturregelung vor dem Verbraucher.

Liegen die Verbrauchsstellen so weit von der Zentrale entfernt, daß die Verlegung einer solchen Mischleitung nicht zweckmäßig erscheint, so wird Rücklaufwasser in der Nähe des zu regelnden Apparates aus dem Netz entnommen und durch Pumpen oder Strahlapparate wieder auf so hohen Druck gebracht, daß es in die Vorlaufleitung einströmen kann (Abb. 181).

Eine andere Lösung besteht darin, daß man einen Kühler vor den zu regelnden Apparat schaltet und den Wasserdurchlauf durch den Kühler von der zu regelnden Temperatur steuert.

VI. Warmwasserfernheizung.

Wasser unter $100°$ wird als Wärmeträger nur bei reinen Gebäudeheizanlagen verwendet. Es besteht dabei der Vorteil der zentralen Regelung des ganzen Fernheizwerkes (vgl. Stadtheizung S. 130).

Die Abb. 182 zeigt den Anschluß dreier Gebäudeheizungen an eine Zentrale. Die Punkte $V_1 R_1$ bzw. $V_2 R_2$ bzw. $V_3 R_3$ sind die Anschlußstellen von Vor- und Rücklauf der Gebäudeheizungen an die Fernleitungen. Um die Druckverhältnisse im Netz besprechen zu können, sind in Abb. 182 in schematischer Weise Hauptvorlauf und Hauptrücklauf in einer Geraden ausgestreckt, und darüber sind die jeweiligen Drucke aufgetragen. p_2 bedeutet hierin den Druck im Saugstutzen der Pumpe, p_1 im Druckstutzen der Pumpe. Für die Wahl der Pumpendrücke sind folgende Überlegungen maßgebend. Der Druck p_2 vor der Pumpe muß so hoch gewählt werden, daß bei der Temperatur des Rücklaufwassers sicher keine Verdampfung durch Druckentlastung eintreten kann. Die Druckdifferenz $(p_1 - p_2)$, unter der die Pumpe arbeitet, wird meist aus wirtschaftlichen Erwägungen, d. h. im Hinblick auf die entstehenden Stromkosten, für den Betrieb der Pumpe gewählt.

Die Druckdifferenz $p_1 - p_2$ wird im Fernnetz durch die Widerstände aufgebracht, wobei im Schema der Druckabfall als geradlinig angenommen ist. Die Ordinaten über den Punkten V bzw. R bedeuten die Drücke, die an den betreffenden Stellen in der Hauptleitung herrschen. Die Druckdifferenz zwischen V_3 und R_3 ergibt sich aus den Erfordernissen des Rohrnetzes der Heizung im Gebäude 3. Man sieht ohne weiteres aus dem Schema, daß dann die näher am Kesselhaus liegenden Gebäudeheizungen unter einer viel höheren Druckdifferenz stehen. Nicht immer gelingt es, durch genügend enge Bemessung der Rohrnetze in der Gebäudeheizung diese große Druckdifferenz aufzubrauchen, und man muß darum an den Stellen V_1

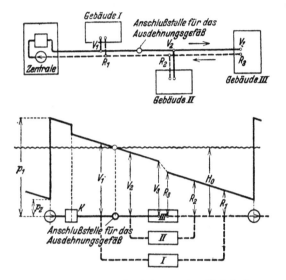

oder R_1 Drosselstellen einbauen. [Die verschiedene Höhe des Betriebsdruckes der einzelnen Gebäudeheizungen läßt sich von vornherein vermeiden, wenn man Hauptvorlauf und Hauptrücklauf nach dem Tichelmanschen Verfahren anordnet (Abb. 183).] Um die richtige Anschlußstelle für das Ausdehnungsgefäß zu finden,

Abb. 182. Pumpenfernheizung. Anschluß dreier Gebäude. Druckverhältnisse.

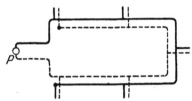

Abb. 183. Rohrführung nach Tichelmann.

gehen wir von der Überlegung aus, daß der Druck an dieser Stelle sich nicht wesentlich ändern darf, wenn die Pumpe in Betrieb genommen wird oder wenn sie stillgelegt wird. Bedeutet H_0 die Höhenlage des Ausdehnungsgefäßes, die in den meisten Fällen durch die Gebäudehöhe vorgeschrieben sein wird, so stellt die im Schema Abb. 182 gezogene horizontale Wellenlinie den Druck im Rohrnetz dar, wenn die Pumpe stillsteht. Der Schnitt dieser Wellenlinie mit der Linie des Druckabfalles kennzeichnet dann diejenige Stelle, an der das Ausdehnungsgefäß an dem Hauptstrang angeschlossen werden muß. Da hierbei das Ausdehnungsgefäß entgegen den Bestimmungen auf S. 143 angeschlossen wird, muß der Kessel in anderer Weise gesichert werden.

VII. Zentralen.

A. Allgemeines.

Bei der Frage nach der zweckmäßigsten Gestaltung mittlerer und großer Zentralen liegen bei jeder neuen Aufgabe besondere Verhältnisse und Betriebsbedingungen vor, und es ist selbst für scheinbar ähnlich gelagerte Fälle nicht möglich, feste Richtlinien oder gar Musterbeispiele aufzustellen. Wir müssen uns deshalb mit einer allgemeinen Erläuterung des Grundsatzes begnügen, daß nur diejenige Lösung befriedigt, die den geldwirtschaftlichen, den energiewirtschaftlichen und den volkswirtschaftlichen Forderungen in gleicher Weise gerecht wird.

Geldwirtschaftliche Forderungen. In allen Gebieten der Technik gilt der Satz, daß von den möglichen Lösungen einer Aufgabe diejenige die wirtschaftlichste ist, bei der die Summe aus Kapitaldienst und laufenden Betriebsausgaben am kleinsten wird. In welcher Weise dieser Gedanke als Richtschnur bei der Beurteilung von Teilaufgaben dienen kann, zeigen die Abschnitte über die Verwendung des Gases als Brennstoff für Heizkessel (S. 19), über die Ermittlung des wirtschaftlichsten Rohrdurchmessers bei Dampffernleitungen (S. 137) und über die Ermittlung der wirtschaftlichsten Isolierstärke von Rohrleitungen (S. 287). Nach dem gleichen Gedanken ist auch die Wirtschaftlichkeit von Zentralen zu beurteilen.

Der Kapitaldienst errechnet sich in bekannter Weise aus den Kosten der Anlage, dem Zinsfuß und der Abschreibungsquote. Bei Festsetzung der letzteren ist die wahre Lebensdauer der Anlage anzunehmen und nicht etwa die Zeit, in der das Unternehmen die Anlage aus finanzpolitischen Gründen abschreibt. Wesentlich schwieriger ist die einwandfreie und vollständige Erfassung der laufenden Betriebskosten. Den Hauptbetrag werden stets die Brennstoffkosten und die Bedienung ausmachen. Dazu kommen je nach Sachlage die Stromkosten für den Antrieb der Pumpen, die Ausgaben für das Abfahren der Schlacken, für Instandhaltung der Anlage und anderes mehr.

Es ist bekannt, daß solche Überlegungen viel zu selten angestellt und noch seltener durch eine sorgfältige und saubere Wirtschaftlichkeitsberechnung begründet werden [1]. Und doch sollte die vergebende Stelle, vor allem beim Vergleich von Konkurrenzangeboten, nicht auf einen einwandfreien Nachweis der Wirtschaftlichkeit verzichten. Die Rechnung allein läßt erkennen, wo beim Projekt falsch gespart und wo unnötiger Luxus getrieben wurde.

Energiewirtschaftliche Forderungen. Diese treten in erster Linie in Gestalt wärmewirtschaftlicher Forderungen auf. Sie sind zweifacher Art.

Zum ersten soll mit der aufgewendeten Wärme sparsam umgegangen und alle Verluste vermieden werden. Damit rückt die feuerungstechnisch einwandfreie Durchbildung der Kesselanlage in die erste Reihe der Forderungen. Weitere Forderungen sind: ein ausreichender Wärmeschutz aller größeren Rohrleitungen einschließlich ihrer Flanschen, eine möglichst restlose Rückführung allen anfallenden Kondensates und eine wirtschaftliche Verwendung der Wärme beim Heizbetrieb. Die Einhaltung dieser Bedingungen ist natürlich in erster Linie Sache der Betriebsführung. Jedoch ist es schon die Aufgabe einer vorausschauenden Planung, die Durchführung dieser Vorschriften zu erleichtern. Wie dies gemeint ist, soll an dem Beispiel der Kondensatrückführung gezeigt werden. Bekanntlich erfordern Kondenstöpfe bei Hochdruckanlagen eine sorgfältige Wartung und sind trotzdem selbst bei bester Pflege eine Quelle ständiger mehr oder minder großer Verluste. Im Gegensatz dazu arbeitet die Wasserschleife einer Niederdruckanlage auch ohne jede Wartung völlig einwandfrei. Man soll deshalb überall dort, wo Dampf als Heizmittel gebraucht wird, bestrebt sein, mit Niederdruckdampf unter 0,2 atü auszukommen, selbst wenn damit kleinere Nachteile, wie z. B. etwas größere Heizflächen, verbunden sein sollten. Zudem hat dieser Dampfdruck den Vorteil, daß freie Rückspeisung des Kondensates in die Kessel möglich ist und somit die etwas umständlichen Rückspeiseeinrichtungen sich erübrigen.

Die bisher genannten Forderungen, die sich unter dem Begriff der Sparsamkeit zusammenfassen lassen, bilden nur die eine Seite der Energiewirtschaft. Daneben

[1] S c h n e i d e r, K. F.: Wirtschaftlichkeitsberechnungen im Heizungsfach. Gesundh.-Ing. 1939 H. 23 S. 317. — S c h e l t z, H. J.: Die Kostenanteile bei Heizkraftwerken. Arch. Wärmew. 1941 H. 12 S. 255.

tritt eine andere Forderung, die man etwa als höhere Energiewirtschaft bezeichnen könnte und die besagt, daß man keine hochwertigere Energie verwenden solle, als zur Erfüllung der gestellten Aufgabe unbedingt erforderlich ist. Die Bedeutung dieses Satzes soll an dem Beispiel der Verwendung elektrischer Energie zur Raumheizung gezeigt werden. In den weitaus meisten Fällen wird elektrische Energie aus Wärme gewonnen, und zwar durch mehrfache Umsetzungen, die zum Teil mit ganz beträchtlichen Verlusten verknüpft sind. Außerdem ist zu bedenken, daß der elektrischen Energie Aufgaben zufallen, die von anderen Energiearten überhaupt nicht übernommen werden können, oder in denen sie mit anderen Energiearten gleichwertig ist. Glüh- und Schmelzvorgänge bei metallurgischen Prozessen, also Arbeitsgänge bei sehr hohen Temperaturen, seien hier als Beispiel angeführt. Elektrische Energie ist stets als eine sehr hochwertige Energieform anzusprechen. Ihre Verwendung zur Raumheizung, also in einem Temperaturniveau unter 100° C, widerspricht den Forderungen der Energiewirtschaft. Es müssen schon erhebliche Vorteile in anderer Hinsicht vorliegen, wenn ihre Verwendung zu diesem Zwecke gerechtfertigt sein soll. Der Nachweis einer rein geldmäßigen Wirtschaftlichkeit ist nicht immer stichhaltig.

Aber auch innerhalb des Gebietes der reinen Wärmewirtschaft gilt die Forderung, die Wärmeenergie nicht nur mengenmäßig, sondern auch ihrem Werte nach zu beurteilen. Es darf deshalb keine Wärmemenge bei höherer Temperatur verwendet werden, als die betreffende Aufgabe unbedingt erfordert. Diese Forderung besagt also, man soll nicht nur mit der Wärmemenge sparsam, sondern auch mit der Entropie schonend umgehen. Für das Gebiet der Heizung führt dies zur Koppelung von Kraft- und Wärmeerzeugung oder Abdampfverwertung.

Zu deren Erläuterung sei folgender Zahlenvergleich aufgestellt: Eine Fernheizung benötigt eine Dampfmenge von 1000 kg/h bei einem Druck von 3 ata. Zu deren Erzeugung ist laut Dampftabelle eine Wärmemenge von 651 600 kcal/h erforderlich. Erzeugt man statt dieses Dampfes geringer Spannung die gleiche Menge hochgespannten Dampfes von 30 ata, so sind dazu 668 600 kcal/h erforderlich, also nur um 3 vH mehr. Aus dem hochgespannten Dampf lassen sich aber bei seiner Entspannung von 30 auf 3 ata in einer Kraftmaschine 75 kW gewinnen, eine Leistung, die nahezu ohne einen Mehraufwand an Brennstoff anfällt. Grundsätzlich sollte also immer eine Koppelung von Kraft- und Wärmebetrieb vorgenommen werden. Durch eine saubere Wirtschaftlichkeitsberechnung ist jedoch in jedem einzelnen Falle festzustellen, von welcher Größe der Anlage an und unter welchen sonstigen Bedingungen die Koppelung der Heizung mit einer Krafterzeugung wirklich berechtigt ist.

Volkswirtschaftliche Forderungen. Ein Teil der hier einschlägigen Fragen gehört in das Gebiet der bereits angedeuteten energiewirtschaftlichen Forderungen. Ein anderer Teil bezieht sich auf die Verwendung einheimischer Brennstoffe und einheimischer Werkstoffe. Die Bedeutung dieser Forderungen kann heute als bekannt vorausgesetzt werden. Ein letzter Teil der Forderungen bezieht sich auf die zum Betrieb der Anlage einzusetzenden Arbeitskräfte. Die von ihnen zu leistende Arbeit kann gesenkt werden durch geschickte Anordnung der Anlage, durch selbsttätige Beschickung der Kessel, selbsttätige Regelung einzelner Teile und anderes mehr. Es darf aber nicht außer acht gelassen werden, daß damit die Anlage nicht

nur teurer wird, sondern auch komplizierter und deshalb hochwertigere Arbeitskräfte zu ihrer Bedienung verlangt. So scharf man sich gegen die häufig an-
zutreffende Ansicht wenden muß, daß für die Bedienung einer Heizung eine beliebige angelernte Arbeitskraft genügen würde, so muß doch auch vor einer Über-
treibung gewarnt werden. Es ist vom volkswirtschaftlichen Standpunkte aus nicht
zu verantworten, wenn eine Anlage ohne zwingende Gründe so kompliziert angelegt
wird, daß zu ihrer Bedienung Arbeitskräfte erforderlich sind, die an anderen Stellen
der Wirtschaft mit größerem Erfolge eingesetzt werden können. Auch ist daran zu
erinnern, daß unter zwei sonst gleichwertigen Lösungen einer Aufgabe die einfachere immer vom Ingenieurstandpunkte aus als die wertvollere anzusprechen ist.

B. Die Gesetze der Speicherung.

Wir beginnen mit dem Beispiel der Dampflieferung aus einer mit Speicher verbundenen Kesselanlage. Der Bedarf an Dampf sei starken zeitlichen Schwankungen
unterworfen, dagegen soll die Dampflieferung konstant sein, indem sie aus einer

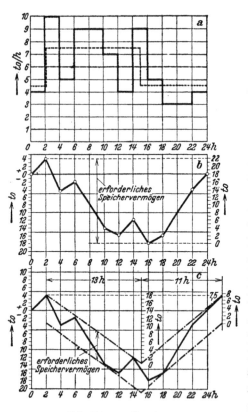

Kesselanlage mit konstanter Feuerführung erfolgt. In der Abb. 184a ist
durch die stark ausgezogene Linie über
einen Zeitraum von 24 Stunden der
schwankende Dampfbedarf in Tonnen
pro Stunde gegeben. In dieser Abbildung ist statt des allgemeinen Falles
einer Kurve eine gebrochene Linie gewählt, um dem Leser ein Planimetrieren
zu ersparen und statt dessen ein Ab-
zählen der Flächenteile zu ermöglichen.
Zur Bestimmung der Dampflieferung
des Kessels brauchen wir nur die Fläche
unter der stark ausgezogenen Linie zu
bestimmen und dann durch ein Rechteck gleicher Grundlinie zu ersetzen. Die
Höhe des Rechteckes ist im vorliegenden
Falle 6 t/h, und damit ist die Größe des
Kessels gegeben. Dagegen ist die notwendige Größe des Speichers und sein
Ladezustand in einem gegebenen Augenblick aus diesem Bild nicht unmittelbar
abzulesen. Wir brauchen dazu noch eine
zweite Darstellung, die in Abb. 184b gegeben ist. Darin bedeutet die Ordinate

Abb. 184a—c. Speicherung.

den Ladezustand des Speichers in Ton-
nen. Wir setzen den Ladezustand am linken Rande des Schaubildes vorerst einmal
willkürlich gleich Null. In den ersten 2 Stunden haben wir gemäß dem oberen
Schaubild einen stündlichen Dampfüberschuß von 2 t, also nimmt der Speicher in
den ersten 2 Stunden 4 t auf. Das drückt sich im mittleren Schaubild in einem Anstieg der Linie um 4 t aus. Für die nächstfolgenden 2 Stunden ergibt sich ein Dampf-

mehrbedarf von 4 t/h. Die Kurve des Ladezustandes fällt deshalb um 8 t. Durch Fortsetzung dieses Verfahrens ist die gebrochene Linie entstanden. Man sieht aus ihr, daß der Speicher im Ende der 2. Stunde vollständig aufgeladen, am Ende der 16. Stunde vollkommen entladen ist, und man kann an der Teilung auf der rechten Seite des Bildes ablesen, daß ein Gesamtspeichervermögen von 22 t erforderlich ist.

Der Speicher läßt sich verkleinern, wenn man auf die Forderung einer stets gleichbleibenden Feuerführung verzichtet. Abb. 184a zeigt, daß von der 2. bis etwa zur 16. Stunde im allgemeinen viel, von der 16. bis zur 2. Stunde im allgemeinen wenig Dampf gebraucht wird. Man kann also den Kessel im ersten Zeitraum etwas überlasten, im zweiten Zeitraum nicht voll ausnutzen. Durch das in Abb. 184c dargestellte zeichnerische Verfahren läßt sich die in beiden Zeiträumen notwendige Dampflieferung sowie die neue Speichergröße ermitteln. Man zeichnet zuerst wieder wie im mittleren Bild die gebrochene Linie und schließt diese dann zwischen zwei gebrochene parallele Linienzüge (strichpunktiert) ein. Der senkrechte Abstand beider Linien kennzeichnet das nunmehr erforderliche Speichervermögen. Wir lesen auf der Teilung an der rechten Seite des Bildes etwa 7,5 t ab. Die verlangte Dampflieferung für beide Zeiträume ergibt sich aus folgender Überlegung. Während des ersten Zeitraumes, der von der·2. bis zur 15. Stunde reicht, also 13 Stunden umfaßt, hat der Kessel nicht nur wie im ersten Fall 6 t Dampf pro Stunde zu liefern, sondern außerdem noch 18 t. Das gibt bei konstanter Feuerführung eine Mehrlieferung von 18 : 13 = 1,4 t/h. Von der 15. bis zur 2. Stunde, also im Verlauf von 11 Stunden, braucht er um 18 : 11 = 1,6 t/h weniger als 6 t zu liefern. Durch Übertragen dieser Werte in die Abb. 184a zeigt sich, daß die Kesselanlage von der 2. bis zur 15. Stunde stündlich 7,4 t/h und von der 15. bis zur 2. Stunde stündlich 4,4 t/h

Dampf liefern muß. Das Verfahren läßt sich noch dadurch erweitern, daß man statt mit zwei, mit drei oder mehr Betriebszuständen der Kesselanlage rechnet. Dann wird natürlich das strichpunktierte Linienpaar statt zweifach gebrochen, mehrfach gebrochen.

Bei den bisherigen Fällen war nur der zeitliche Verlauf des Dampfbedarfes vorgeschrieben, während der zeitliche Verlauf der Dampflieferung nach Zweckmäßigkeitsgründen frei gewählt werden konnte. Die Aufgabe ändert sich grundsätzlich, wenn auch die Kurve der Dampflieferung vorgegeben ist, wie das z. B. der Fall ist, wenn der Dampf als Abdampf von Gegendruckturbinen anfällt. Ein solches

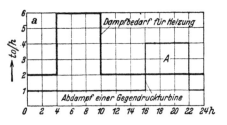

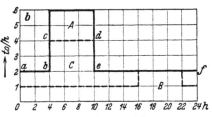

Abb. 185a und b. Speicherung.

Beispiel zeigt Abb. 185a. Hier ist sofort zu erkennen, daß in den Abendstunden ein Überschuß an Abdampf eintritt, der gespeichert werden kann, um am nächsten Morgen zur Deckung der Spitze· des Heizdampfbedarfs herangezogen zu werden. Wir sehen aber auch sofort, daß er zur vollständigen Deckung nicht ausreicht und daß Dampfmangel eintritt, der aus anderen Quellen gedeckt werden muß. In Abb. 185b ist nochmals der Verlauf des Heizdampfbedarfs dargestellt. Die Spitze, die aus dem Speicher gedeckt werden kann, ist durch die Fläche *A* gekennzeichnet, die der Fläche *A* in Abb. 185a gleich sein muß. Die Fläche *B* stellt jene Dampfmenge dar, die zuerst in der Turbine und dann unmittelbar darauf in der Heizung verwendet wird. Die Fläche *C* ist die fehlende Dampfmenge, die entweder von einer besonderen Niederdruckkesselanlage geliefert werden muß oder über ein Reduzierventil aus dem Hochdruckkessel zu entnehmen ist. Der Linienzug *a, b, c, d, e, f* stellt im letzteren Falle die Belastung der Hochdruckkesselanlage dar. Um diese gleichmäßiger zu gestalten, kann man den Speicher größer ausführen, als es der Fläche *A* entspricht, und kann dann unmittelbar aus dem Hochdruckkessel den Speicher aufladen.

Die vorstehenden Ausführungen gelten nicht nur für die besprochenen Fälle der Speicherung von Dampf, sondern sie gelten in sinngemäßer Anwendung auch für die Speicherung von Wärme in Gestalt von Heißwasser, für die Speicherung in den Wasser- und Gasbehältern der städtischen Werke, für die Speicherung elektrischer Energie in Akkumulatoren sowie überhaupt für alle Aufgaben der Speicherung.

C. Niederdruck-Heizzentralen.

Wenn die Zentrale Wärmeträger verschiedener Art liefern muß, z. B. Warmwasser (zwischen 40 und 90°) für die Raumheizung, Niederdruckdampf (0,05 bis 0,15 atü) ebenfalls für die Raumheizung und Niederdruckdampf (0,4 bis 0,5 atü) für Gebrauchszwecke, so ist man vor die Frage gestellt, ob man sowohl Wasser- als Dampfkessel aufstellen oder versuchen soll, mit nur einer Art von Kesseln — näm

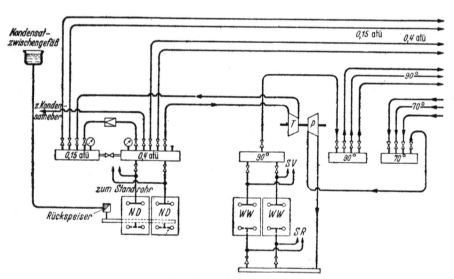

Abb. 186.   Zweierlei Kessel.

lich Dampfkesseln — auszukommen. Die Schaubilder 186 und 187 stellen beide Möglichkeiten dar. Der besseren Übersichtlichkeit wegen sind nur die wichtigsten Teile der Anlage gezeichnet. Nicht eingetragen oder nur angedeutet sind nachstehende Geräte und Leitungen:

a) Kondenstöpfe, Kondensatleitungen, Kondensatsammelgefäß, Kondensatheber und Kesselrückspeiser, Sauerstoffilter und Wärmeausnutzung der Wrasen,

b) Ausdehnungsgefäß, Sicherheitsvorlauf- und -rücklaufleitungen, Standrohre,

c) Entlüftungs- und Entleerungsleitungen,

d) Reservepumpe und Umgehungsleitungen für die Pumpen,

e) auch ist nur ein Gegenstromapparat gezeichnet. Meist verteilt man die erforderliche Heizfläche auf mehrere kleinere Apparate, um sie zwecks besserer
Regelung nach Bedarf hinter- oder nebeneinanderschalten zu können.

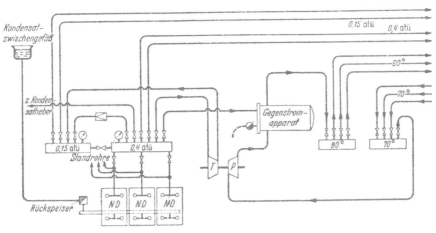

Abb. 187. Einheitliche Kesselanlage.

Abb. 186 entspricht der Annahme, daß sowohl Wasser- als Dampfkessel aufgestellt werden. Die Dampfkessel, die einen Druck von 0,4 atü haben, liefern ihren
Dampf in einen Vordruckverteiler. Dieser versorgt direkt die 0,4-atü-Verbraucher
sowie über ein Druckminderventil und einen Niederdruckverteiler die Dampfheizung. Die Turbinen[1] der Umwälzpumpen (Abb. 188) sind zwischen Vor- und

Niederdruckverteiler geschaltet. Bei dieser Lösung stellen
Wasser- und Dampfheizung
zwei fast vollständig ge-
trennte Systeme dar. Die Leitungen zu und von der Turbine sind die einzige Verbindung zwischen den beiden
Systemen.

Im Gegensatz dazu besteht
bei der in Abb. 187 getroffenen Anordnung, bei der nur
Dampfkessel vorgesehen sind,
eine weitgehende Verbindung
zwischen beiden Systemen.

Abb. 188. Umwälzpumpe,
von Niederdruckdampfturbine angetrieben.

Die Dampfkessel versorgen, wie im ersten Falle, dieselben Dampfverbraucher, dazu
noch über den Vordruckverteiler den Gegenstromapparat, der das Warmwasser für
die Heizung liefert.

---

[1] J u n g b l u t h , M.: Niederdruck-Kleindampfturbinen für Umwälzpumpen bei Warmwasserheizungen. Heizg. u. Lüftg. 1936 S. 152. (Mit Berechnungsunterlagen.)

Jede der beiden Lösungen hat ihre Vor- und Nachteile. Die erste Anordnung gibt meist etwas geringere Anlagekosten. Dafür hat die zweite Anordnung den Vorteil einer einheitlichen Kesselanlage, was den Betrieb erleichtert. Außerdem kommt man dabei mit einer kleineren Gesamtkesselfläche aus, weil sich die Bedarfsschwankungen bei den Verbrauchern weitgehend ausgleichen lassen. Man wird zweierlei Kessel meist nur anwenden, wenn die Wasserkessel mehr als die Hälfte der Gesamtkesselfläche ausmachen, weil erst dann die Verminderung der Anlagekosten die Entscheidung beeinflußt.

D. Heizkraftwerk (Abdampfverwertung).

In Anlehnung an die Schaltbilder der Elektrotechnik hat sich auch für Schaltbilder größerer Dampfanlagen eine einheitliche Darstellungsweise herausgebildet, von der im nachstehenden Gebrauch gemacht wird. Die Bedeutung der einzelnen Zeichen gibt die Übersicht in Abb. 189. Das Schaltbild wird so angeordnet, daß die waagerechten Linien gleichen Wärmeinhalt des Stoffes angeben, und zwar von oben nach unten mit abnehmendem Wärmeinhalt. Der Kreislauf des Wärmeträgers geht im Uhrzeigersinne, so daß der Kessel stets in der linken oberen Ecke der Zeichnung, der Kondensator in der rechten unteren Ecke erscheint.

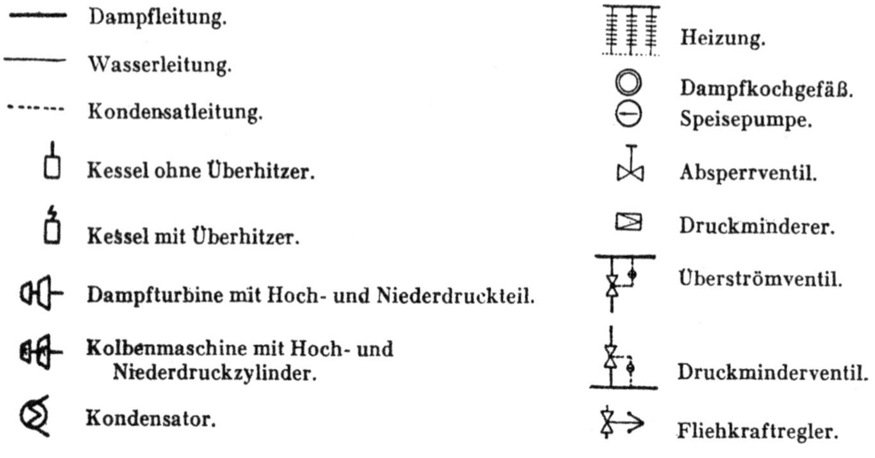

Dampfleitung.

Wasserleitung.

Kondensatleitung.

Kessel ohne Überhitzer.

Kessel mit Überhitzer.

Dampfturbine mit Hoch- und Niederdruckteil.

Kolbenmaschine mit Hoch- und Niederdruckzylinder.

Kondensator.

Heizung.

Dampfkochgefäß.

Speisepumpe.

Absperrventil.

Druckminderer.

Überströmventil.

Druckminderventil.

Fliehkraftregler.

Abb. 189. Zeichenerklärung.

Das Wesen der Abdampfverwertung kann als bekannt vorausgesetzt werden[1]. Es soll hier nur an einigen Beispielen gezeigt werden, wie sich die Heizungsanlage in einen allgemeinen Abwärmebetrieb eingliedert.

Die Heizung selbst wird in gewöhnlicher Weise ausgeführt, nur wird jetzt der Hauptverteiler der Heizung nicht an eine eigene Kesselanlage, sondern an die Abdampfleitung der Kraftmaschine angeschlossen. Um die Leistungseinbuße der Kraft-

[1] W e w e r k a, A.: Wirtschaftliche Krafterzeugung in Heizkraftwerken. Wärme Bd. 58 (1935) S. 61. — S t a c k, H.: Leistungssteigerung von Heizkraftwerken durch Drucksenkung im Heiznetz bei Teillast. Arch. f. Wärmewirtschaft Bd. 23 1942 H. 12 S. 259. — S t a c k, H.: Die wirtschaftliche Größe der Kondensationsturbinen bei Heizkraftwerden. Arch. f. Wärmewirtschaft Bd. 24 1943 H. 2 S. 39 — S t a c k, H.: Versuch einer rechnerischen Erfassung der mittleren Außentemperatur während der Heizperiode. Arch. f. Wärmewirtschaft Bd. 25 1944 H. 2 S. 29.

maschine durch den Anschluß der Heizung möglichst klein zu halten, wird man den Druck am Hauptverteiler der Heizung so niedrig halten, als es mit Rücksicht auf den Druckabfall im Leitungsnetz irgend möglich ist. Im allgemeinen wird man bei nicht allzu großen Anlagen mit 1,5 bis 2 at im Hauptverteiler auskommen können.

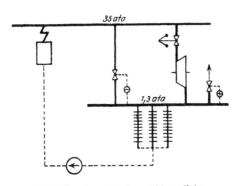

Abb. 190. Gegendruckmaschine allein.

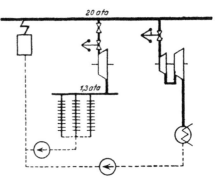

Abb. 191. Gegendruckmaschine und Kondensationsmaschine.

Abb. 190 zeigt den reinen Gegendruckbetrieb bei Vorhandensein einer einzigen Kraftmaschine. Der Druck im Hauptverteiler der Heizung und damit der Gegendruck der Maschine richtet sich, wie oben erwähnt, nach der Größe des Heizungsnetzes. Die Kesselspannung errechnet sich aus der Überlegung, daß die von der Heizung benötigte Dampfmenge bei dem Druckabfall von Kesselspannung auf Gegendruck die gewünschte Leistung zu liefern vermag. Ist Kesselspannung und Gegendruck gewählt, so ist damit auch das Verhältnis von Kraftleistung und Wärmelieferung ein für allemal festgelegt. Braucht die Heizung mehr Dampf, als die Dampfmaschine Abdampf liefert, so muß der Heizung durch ein Reduzierventil aus der Hochdruckleitung Frischdampf zugeführt werden. Braucht umgekehrt die Heizung weniger Dampf, so muß der Überschuß an Abdampf durch ein Sicherheitsventil ins Freie auspuffen. Da sowohl das Reduzieren von Hochdruckdampf als auch das Auspuffen von Abdampf unwirtschaftlich ist, so stellt das reine Gegendruckverfahren keine sehr günstige Lösung der Koppelung von Heiz- und Kraftbetrieb dar.

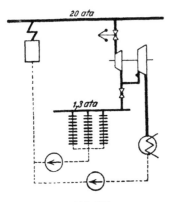

Abb. 192. Entnahmemaschine.

Abb. 191 zeigt das Zusammenarbeiten von einer Gegendruckmaschine mit einer Kondensationsmaschine, und zwar ist angenommen, daß der Betrieb wesentlich mehr Kraft braucht, als die Gegendruckmaschine allein zu liefern vermag. Die Regelung der Gegendruckmaschine ist so getroffen, daß sie nur so viel Energie abgibt, als der augenblicklichen Heizdampfmenge entspricht. Alle darüber hinausgehende Energie liefert die Kondensationsmaschine. An Stelle der Kondensationsmaschine kann auch Fremdstrombezug treten.

Eine Mittelstellung zwischen den beiden geschilderten Anordnungen nimmt die in Abb. 192 dargestellte Entnahmemaschine ein. Nach der Hochdruckstufe der Turbine wird der Dampf geteilt. Der eine Teil geht in den Hauptverteiler der Heizung, der andere in die Niederdruckstufe der

Turbine. Die Regelung der Anlage ist folgende: Steigt bei unverändertem Kraftbedarf der Dampfbedarf der Heizung, so sinkt zuerst der Druck im Hauptverteiler
der Heizung. Das Entnahmeventil läßt dann mehr Dampf in diesen übertreten.
Infolgedessen bekommt der Niederdruckteil der Turbine zuwenig Dampf, und die
Drehzahl der Maschine geht zurück. Sofort läßt der Fliehkraftregler mehr Dampf in
die Maschine treten, und allmäh-
lich stellt sich ein neuer Gleich-

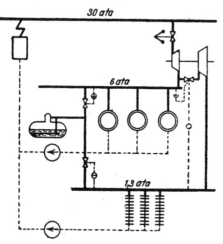

Abb. 193.
Entnahmemaschine und Dampfspeicher.

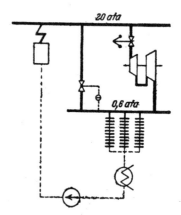

Abb. 194.   Vakuumheizung.

gewichtszustand ein. Umgekehrt erfolgt die Regelung, wenn bei gleichbleibendem
Kraftbedarf der Heizdampfbedarf sinkt.

Bei sehr stark schwankendem Kraft- und Heizdampfbedarf kann der Einbau
eines D a m p f s p e i c h e r s wirtschaftlich sein. Dieser kann entweder als
Gleichdruckspeicher mit der Kesselanlage verbunden sein oder als Gefällespeicher (Ruths-Speicher) in das Dampfnetz eingefügt sein. (Abb. 193 zeigt das
Schema einer größeren Anlage, bei der drei Dampfnetze verschiedenen Druckes
vorhanden sind, nämlich 30 ata, 6 ata und 1,3 ata. Die Dampfmaschine ist als Entnahmemaschine ausgebildet und verwertet das Druckgefälle zwischen Hochdruck
und Mitteldruck sowie zwischen Mitteldruck und Niederdruck. Mehrere Dampf-
kochgefäße sind an das Mitteldrucknetz, die Heizung an das Niederdrucknetz angeschlossen. Der Ruths-Speicher ist zwischen Mittel- und Niederdrucknetz eingeschaltet und kann bei seinem Aufladen von 1,3 ata auf 6 ata je Kubikmeter
Wasserinhalt etwa 90 kg Dampf speichern (vgl. Hütte, 27. Aufl. Bd. I S. 575).

Abb. 194 zeigt das Schaltschema einer V a k u u m h e i z u n g. Die Heizung ist hierbei als Vorkondensator vor den eigentlichen Kondensator geschaltet. Durch Änderung
des Vakuums im Kondensator läßt sich die Temperatur der Heizflächen der Außentemperatur anpassen. Das Beispiel einer größeren Anlage mit Vakuumheizung und
Zwischendampfverwertung zeigt Abb. 195 [1].

Der Frischdampf wird, nachdem er in dem Hochdruckzylinder gearbeitet hat,
dem Niederdruckzylinder zugeführt. Bei d_1 befindet sich ein Druckregler. An dieser
Stelle wird Anzapfdampf abgenommen, der nach Entölung und Wasserabscheidung
zu einem Verteiler geleitet wird, um von hier aus den verschiedenen Verwendungs-

_____

[1] Entnommen S c h u l z e: Die Vakuumdampfheizung. Mitteilungen der Wärmestelle des
Vereins deutscher Eisenhüttenleute.

zwecken zugeführt zu werden. Der Verteiler kann auch mit Zusatzdampf aus den Kesseln gespeist werden. An dem Verteiler befindet sich ein Stutzen mit der Leitung a, um je nach Bedarf Dampf in die Unterdruckheizung einführen zu können.

Der von d_1 aus in den Niederdruckzylinder geleitete Dampf wird, nachdem er hier wiederum Arbeit geleistet hat, dem Einspritzkondensator zugeführt. Vorher ist noch ein Dampfentöler und bei d_2 ein Druckregler angeordnet, von dem aus der Vakuumdampf in die Heizungsanlage geht. In der Zeichnung sind noch zu erkennen:

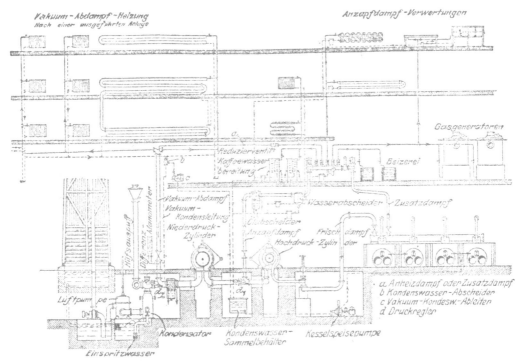

Abb. 195. Vakuum- und Anzapfdampfheizung.

der Hilfsauspuff, der Kühlturm, die Luftpumpe und das Differentialmanometer. Letztere nicht zu entbehrende Meßvorrichtung dient zur Beobachtung des eingestellten Vakuums.

Der Druckregler d_2 hat verschiedene Aufgaben zu erfüllen. Er dient an kalten Tagen zur Verschlechterung des Vakuums, um mit höheren Dampftemperaturen arbeiten zu können. Bei milder Witterung wird aber der Regler so eingestellt, daß der Dampf in erforderlicher Menge in die Heizung strömt, die dann als Kondensator wirkt. Ferner hat der Regler noch die Aufgabe, bei den verschiedenen Belastungsschwankungen der Maschine die Dampfzufuhr zur Heizung zu sichern und überschüssigen Dampf in den Kondensator abzuführen.

Abb. 196 zeigt das zu dieser Anlage gehörige Schaltschema, und zwar bedeuten:

A Gasgenerator. C Wärmeschränke. E Niederdruckheizung.
B Beizerei. D Kaffeewasserbereitung. F Vakuumheizung.

Wenn im Vakuumdampfnetz der Druck über ein vorgeschriebenes Maß steigt, so öffnet sich das Überstromventil M und läßt mehr Dampf nach dem Kondensator.

entweichen. Wenn umgekehrt der Dampfdruck unter eine vorgeschriebene Grenze sinkt, so läßt das Reduzierventil *N* aus dem Niederdrucknetz Dampf zuströmen. In gleicher Weise wie hier der Druck im Vakuumnetz durch die beiden Ventile *M* und *N* in engen Grenzen gehalten wird, wird auch der Druck im Niederdrucknetz durch die beiden Ventile *O* und *P* in engen Grenzen gehalten. Das Ventil *O* und der Fliehkraftregler *Q* sorgen für richtige Verteilung des Dampfes auf Hochdruck- und Niederdruckteil der Kraftmaschine.

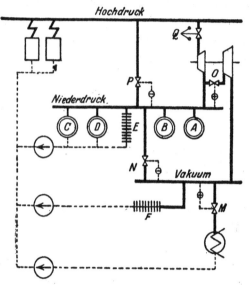

Abb. 196. Schaltbild zur Abbildung 195.

E. Wärmepumpe[1].

Bei Besprechung der energiewirtschaftlichen Anforderungen an eine Zentrale (S. 152) wurde darauf hingewiesen, daß die Wärme, die technisch ausgenutzt werden soll, je nach dem Temperaturniveau bewertet werden muß, bei dem sie zur Verfügung steht. Wärme, die bei Umgebungstemperatur anfällt, ist technisch wertlos. Sie kann aber in einem thermodynamischen Arbeitsgang durch Aufwendung mechanischer Energie auf ein höheres Temperaturniveau gebracht und damit technisch verwertbar gemacht werden. Der Arbeitsgang, durch den dies erreicht wird, ist der umgekehrte Carnotsche Kreisprozeß, der von der Kältetechnik her bekannt ist (vgl. Hütte, 27. Aufl. Bd. 1 S. 576).

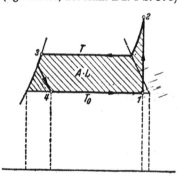

Abb. 197. Kältemaschinenprozeß.

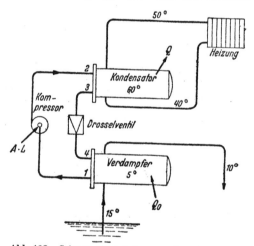

Abb. 198. Schema einer Anlage zur Durchführung des umgekehrten Carnotschen Kreisprozesses.

Abbildung 197 gibt die Darstellung des Kältemaschinenprozesses im Entropie-Temperatur-Diagramm und Abb. 198 das Schema einer Anlage zur Durch-

---

[1] Egli, M.: Bull. schweiz. elektrotechn. Ver. Bd. 29 (1938) H. 11 S. 261. Im Auszug: Heizg. u. Lüftg. Bd. 12 (1938) S. 146. — Ferner Gesundh.-Ing. 1940 S. 26. — Mack, G.: Heizung mittels Kältemaschinen. Gesundh.-Ing. 1940 S. 121. — Kämper, H.: Die Wärmepumpe. Haustechn. Rdsch. 1942 H. 14/15 S. 207 u. 221.

führung dieses Prozesses. Als Arbeitsmittel dient ein leicht zu verflüssigendes Gas bzw. eine leicht zu verdampfende Flüssigkeit, z. B. Kohlensäure (CO_2), Ammoniak (NH_3), Freon (Dichlor-difluor-methan $= CCl_2F_2$) usw. Ein Kompressor saugt aus dem Verdampfer das Arbeitsmittel in Form nahezu trockenen Dampfes an (Punkt *1*) und bringt diesen Dampf auf höheren Druck, wobei er meist überhitzt wird (Punkt *2*). Der Dampf strömt weiter in den Kondensator, wo er sich unter Abgabe von Wärme Q an ein Kühlmittel verflüssigt (Punkt *3*). Die noch unter hohem Druck stehende Flüssigkeit wird beim Strömen durch ein Drosselventil entspannt und gelangt in den Verdampfer zurück (Punkt *4*). Unter Aufnahme der Wärme Q_0 aus einem Heizmittel verdampft sie hier und erreicht so wieder den Anfangszustand (Punkt *1*). Der Prozeß ist bei der Kältemaschine und der Wärmepumpe genau der gleiche, nur wird im ersten Falle auf den Entzug der Wärme Q_0 Wert gelegt, im zweiten Falle auf die Gewinnung der Wärme Q. Der Wärmespender, der im Verdampfer die Wärme zuführt, ist bei der Kältemaschine die Sole, bei der Wärmepumpe ist es z. B. Grundwasser oder atmosphärische Luft. Das Kühlmittel, das im Kondensator die frei werdende Wärme aufnimmt, ist bei der Kältemaschine das Kühlwasser, bei der Wärmepumpe im Falle einer Warmwasserheizung das Rücklaufwasser, im Falle einer Luftheizung die aus dem Freien entnommene Luft.

Im weiteren soll nur die Wärmepumpe besprochen werden. Sind z. B. in einer Anlage die Drücke so eingestellt, daß das Arbeitsmittel bei der Temperatur $t_0 = +5°$ C verdampft und bei der Temperatur $t = +60°$ C kondensiert, so kann etwa das Grundwasser von 15 auf $10°$ gekühlt und das Wasser der Heizung von 40 auf $50°$ erwärmt werden. Von der im Kondensator für Heizzwecke gewonnenen Wärme Q stammt der Teil Q_0 aus dem Grundwasser, der andere Teil AL ist die dem Kompressor zugeführte mechanische Energie. Der erste Teil fällt kostenlos an, der zweite Teil muß aufgewendet werden. Das Verhältnis der aufgewendeten Energie $A \cdot L$ zur ausnutzbaren Wärme Q entspricht dem Bruch $(T - T_0) : T$. Die wirtschaftlichen Aussichten liegen deshalb für die Wärmepumpe um so günstiger, je kleiner die Temperaturstufe ist, um welche die Wärme gehoben werden muß.

Man kann die Zusammenhänge auch in anderer Form darstellen. Die aufgewendete Energie wird um die aus dem Grundwasser gewonnene Wärme vermehrt, so daß die zur Heizung zur Verfügung stehende Wärmeenergie ein Mehrfaches der aufgewendeten mechanischen Energie beträgt. Besonders sinnfällig ist dies, wenn zum Betrieb des Kompressors elektrische Energie verwendet wird. Während bei elektrischer Widerstandsheizung aus 1 kWh nur 860 kcal gewonnen werden können, ist es bei Anwendung der Wärmepumpe möglich, mit 1 kWh je nach Wahl der Temperaturen T und T_0 das Drei- bis Fünffache dieses Betrages für die Heizung zu gewinnen. Es sei darauf hingewiesen, daß es leicht zu falschen Vorstellungen führt, wenn man die Wärmepumpe mit Antrieb durch Elektromotor als „elektrische Heizung" bezeichnet, so sehr dies naheliegt und rein wirtschaftlich betrachtet auch berechtigt ist.

Obwohl die Wärmepumpe nach Vorstehendem sehr günstig erscheint und eine äußerst interessante Lösung des Heizproblems darstellt, ist doch ihr Anwendungsgebiet für die Heizung aus folgendem Grunde sehr beschränkt. Eine Zentrale mit Wärmepumpe ist ziemlich kompliziert und teuer. Sie verlangt deshalb hochwertige Arbeitskräfte zur Bedienung, und sie belastet den Betrieb mit einem hohen Kapitaldienst. Damit widerspricht sie in mehrfacher Hinsicht den früher aufgestellten Anforderungen an eine Heizzentrale, und es ist stets eine sehr sorgfältige Überlegung und Berechnung darüber anzustellen, ob die Anwendung des Verfahrens im jeweils vorliegenden Falle berechtigt ist. Die Entscheidung kann unter folgenden Umständen zugunsten der Wärmepumpe ausfallen:

1. in einem Lande, das über billige Wasserkräfte verfügt, die Kohle aber einführen muß (z. B. Schweiz, Oberitalien, Norwegen),

2. in einer Gegend mit mäßigen Wintertemperaturen, so daß auch niedere Heizflächentemperaturen zulässig sind (z. B. Oberitalien),

3. bei Aufgaben, die aus anderen Gründen nur eine sehr geringe Erhöhung des Temperaturniveaus der Wärme verlangen (z. B. bei Luftheizung mit 35 bis 40° Lufttemperatur. Ein weiterer günstiger Fall liegt vor bei Schwimmhallen zur Erwärmung des frischen Badewassers unter Verwendung des Wärmeinhaltes des abzulassenden alten Badewassers),

4. bei einer Raumheizung, die in irgendeiner Weise mit einer Kühlanlage verbunden werden kann, weil dann ein großer Teil des Kapitaldienstes der Kühlaufgabe angerechnet werden kann, die stets einen viel höheren Kapitaldienst verträgt (z. B. bei einer Raumheizung, die mit einer Klimaanlage oder einer auf Kühlwirkung umstellbaren Deckenheizung verbunden werden kann[1]).

Sehr vielgestaltig sind die Anwendungsmöglichkeiten der Wärmepumpe in der Verfahrenstechnik bei Trockenanlagen, Destilliereinrichtungen usw.

Sechster Abschnitt.

Lüftungsverfahren.

I. Allgemeines.

A. Einteilung der Lüftungsverfahren.

Man unterscheidet:

Freie Lüftung:

1. Selbstlüftung — bei geschlossenen Fenstern und Türen,
2. Fensterlüftung,
3. Lüftungsschächte — mit und ohne Nachhilfe;

Zwanglüftung:

4. Lüftungsanlagen — gewöhnliche Anlagen,
5. Klimaanlagen.

Die Worte freie Lüftung und Zwanglüftung sollen an Stelle der früheren Bezeichnungen natürliche und künstliche Lüftung treten, da die Erfahrung gezeigt hat, daß sich keine Einigung darüber erzielen läßt, welche Vorgänge noch als natürlich anzusprechen sind und welche nicht.

Bei den drei Verfahren der freien Lüftung wird die Strömung der Luft und damit der Luftwechsel nur durch Temperaturunterschiede und Windanfall hervorgerufen. Stärke und Richtung der Luftströmung sind deshalb schwankend, und es ist nicht

---

[1] Gini, Dr. Aldo, Mailand: Neuere Anwendungen der Wärmepumpe für Gebäudeheizung. Heizg. u. Lüftg. 1941 H. 7. — Linge, Dr. K.: Die Wärmepumpe im Rahmen der Energiewiertschaft. Z. d. VDI. 1944 Nr. 5/6 S. 57.

möglich, sich ein bei allen Witterungsverhältnissen gültiges Bild vom Strömungsfeld der Luft im Raum zu machen. Bei der Zwanglüftung dagegen wird durch die Kraft eines Lüfters eine stets gleichbleibende Luftmenge zugeführt und der Raumluft ein vorbedachtes Strömungsfeld a u f g e z w u n g e n. Daher der Name Zwanglüftung.

B. Ursachen der Luftverschlechterung.

In gewerblichen und Fabrikbetrieben wird eine Luftverschlechterung häufig durch das Arbeitsverfahren hervorgerufen. Von besonderer Bedeutung ist für uns die Luftverschlechterung, die durch den Menschen selbst hervorgerufen wird. Infolge physiologischer Vorgänge beim Lebensprozeß gibt der Mensch dauernd Wärme, Kohlensäure, Wasserdampf und die sogenannten Riech- oder Ekelstoffe an die ihn umgebende Luft ab. Im Hinblick auf die gesundheitliche Schädlichkeit sind diese vier Ursachen der Luftverschlechterung ganz verschieden zu bewerten.

1. Die Kohlensäure. Durch den Atmungsprozeß des Menschen tritt im Raum eine Abnahme des Sauerstoffgehaltes und eine Zunahme des Kohlensäuregehaltes ein. Selbst in den kleinsten und dichtestbesetzten Räumen erreicht jedoch der Kohlensäuregehalt nur wenige Promille. Nach Angabe der Hygieniker können jedoch 1 bis 2 vH Kohlensäure wochenlang ohne Schädigung ertragen werden. Die Kohlensäureanreicherung der Luft und die Abnahme des Sauerstoffes sind also vom hygienischen Standpunkte aus ohne Bedeutung.

2. Die Riech- und Ekelstoffe. Diese Stoffe sind komplizierte organische Verbindungen, die teils durch die Haut, teils durch den Atem abgegeben werden. Ihre Mengen sind so gering, daß sie chemisch nicht oder nur äußerst schwer nachzuweisen oder gar zu messen sind, selbst dann nicht, wenn sie sich durch den Geruch schon deutlich bemerkbar machen. In dieser Erkenntnis hat schon P e t t e n k o f e r zu ihrer Bestimmung auf den Kohlensäuremaßstab zurückgegriffen, indem er annahm, daß die Anreicherung mit Kohlensäure und die Anreicherung mit Riechstoffen parallellaufen, und er glaubte feststellen zu können, daß bei einem Anwachsen des Kohlensäuregehaltes auf 1 $^0/_{00}$ die Anreicherung an Riechstoffen die hygienisch zulässige Grenze erreicht hat, also lange bevor der Kohlensäuregehalt an sich bedenklich wäre.

3. Wärme und Feuchtigkeit. Die dritte und vierte Wirkung, nämlich die Wärmeentwicklung und Wasserdampfabgabe, müssen wir gemeinsam besprechen. Sie haben zur Folge, daß in einem gefüllten Saal Temperatur und Feuchtigkeit gleichzeitig ansteigen, so daß die Wärmeabgabe des Körpers durch Leitung und Konvektion seitens der umgebenden Luft und die Wärmeabgabe durch Verdunstung des Wassers auf der Haut gleichzeitig zurückgehen. Daraus ergibt sich eine Wärmestauung im Körper, die in überfüllten Sälen zu ähnlichen Erscheinungen führt, wie sie im Freien an schwülen Sommertagen als Hitzschlag bekannt sind. Es gilt heute als ziemlich feste Tatsache, daß die größeren und kleineren gesundheitlichen Störungen in überfüllten Räumen nicht auf Sauerstoffmangel oder Kohlensäureübermaß, auch nicht auf ein Übermaß an Riech- oder Ekelstoffen, sondern fast allein auf die hohen Temperaturen, verbunden mit zu hoher Feuchtigkeit, zurückzuführen sind.

Demgemäß wird auch für Versammlungsräume die nötige Zuluftmenge allein nach diesem Maßstab bemessen. Eine ausreichende Beseitigung der Riechstoffe ist damit von selbst gegeben.

C. Die zeitliche Änderung des Luftzustandes.

Der Verschlechterung der Luft muß durch Zufuhr frischer und Abfuhr der verunreinigten Luft entgegengearbeitet werden. In Abb. 199 ist der zeitliche Verlauf des Luftzustandes dargestellt, indem als Abszisse die Zeit aufgetragen ist, als Ordinate die Luftbeschaffenheit, wobei irgendeine Eigenschaft der schlechten Luft als Kennzeichen gewählt sei. Die Ordinate OA gibt den Anfangszustand der Luft, die Ordinate OB die hygienisch zulässige Grenze der Luftverschlechterung an. Den nachstehenden Ausführungen liegt als Beispiel ein Versammlungsraum zugrunde, und es sollen dabei auch die Begriffe „zeitweise und Dauerlüftung" erläutert werden.

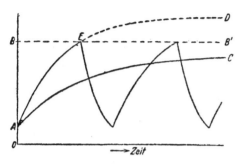

Abb. 199. Zeitlicher Verlauf des Luftzustandes.

Die Luftverschlechterung im gefüllten Saal nimmt entsprechend den Kurven AC oder AD stetig zu und nähert sich asymptotisch einem Beharrungszustand. Dieser ist nur vom Betrag der stündlichen Luftzufuhr pro Kopf abhängig, dagegen von der Saalgröße unabhängig. Für den ersten Teil der Kurven und damit für die Schnelligkeit der Luftverschlechterung am Anfang ist außerdem noch der Rauminhalt des Saales pro Kopf entscheidend. Über die angenäherte Berechnung der Kurven s. S. 169.

Man unterscheidet hinsichtlich des zeitlichen Verlaufes der Luftzufuhr zwischen zeitweiser Lüftung und Dauerlüftung.

1. Zeitweise Lüftung.

Ist die Luftzufuhr gering und die Besetzung des Saales sehr stark, so wird die Verschlechterung der Luft sehr schnell zunehmen (Kurve AD in Abb. 199) und bald die hygienisch zulässige Grenze erreichen (Punkt E). Nach Erreichen dieser Grenze muß zu einem kräftigen Luftwechsel übergegangen werden, der den Saal gründlich durchspült, damit möglichst bald wieder der Anfangszustand der Luft erreicht wird. Meist muß dazu der Saal von den Menschen verlassen werden (Lüftungspausen). Wenn es sich nur darum handeln würde, den Luftinhalt zu erneuern, so wäre dazu nur kurze Zeit erforderlich. Man muß aber bedenken, daß während der Besetzung des Raumes sich die Stoffe der Luftverschlechterung, also die Atemstoffe, der Zigarrenrauch, der Essensdunst usw., auf den Raumwänden und den Einrichtungsgegenständen festgesetzt haben und von diesen später wieder abgegeben werden. Dem Durchspülen des Raumes fällt darum auch die Aufgabe zu, die Gegenstände mit frischer Luft zu reinigen, gleichsam abzuwaschen. Dies wird verhältnismäßig schnell erreicht werden können bei Räumen, deren Ausstattung nur aus Mauerwerk und Holz besteht, wie z. B. bei Schulzimmern, und darum ist hier eine Pause von $1/4$ Stunde ausreichend. Die Lüftungszeit muß aber viel länger sein bei Räumen mit tapezierten Wänden, mit Polstermöbeln usw. Es ist darum nicht berechtigt, wenn manche Siedlungsverwaltungen zum Zwecke der Brennstoffersparnis von den Mietern verlangen, daß sie im Winter morgens nur $1/4$ Stunde lüften dürften. Vom hygienischen Standpunkte aus ist hierfür 1 Stunde Mindestdauer zu verlangen.

2. Dauerlüftung.

Ist der Luftwechsel hinreichend groß oder die Besetzung sehr schwach, so wird die hygienisch zulässige Grenze nicht überschritten. In unserer Abb. 199 verläuft also die Kurve *AC* ganz unterhalb der Linie *BB'*. Bei so ausreichender Luftzufuhr kann deshalb der Saal beliebig lange benutzt werden, ohne daß Lüftungspausen eingelegt werden müssen.

D. Die erforderliche Luftmenge.
1. Die Fabrikräume.

Für jene Fabrikräume, gewerblichen Räume usw., in denen außergewöhnliche Quellen der Luftverschlechterung vorhanden sind, ist die stündiche Luftmenge von Fall zu Fall zu errechnen. Als Rechnungsgrundlage dient in allen Fällen eine Bilanz, die Durchführung der Rechnung ist jedoch bei Dauerlüftung und bei der zeitweisen Lüftung verschieden.

a) Dauerlüftung. Einhaltung einer vorgeschriebenen
Lufttemperatur.

In diesem Falle sei angenommen, daß infolge starker Wärmequellen, z. B. Industrieöfen, eine Überwärmung des Raumes zu erwarten ist, der durch ausreichenden Luftwechsel entgegengearbeitet werden soll. Die Wärmebilanz des Raumes lautet dann folgendermaßen: Die Ergiebigkeit aller Wärmequellen, vermehrt um den Wärmeinhalt der Zuluft, muß gleich sein dem Wärmeverlust durch die Umfassungswände, vermehrt um den Wärmeinhalt der Abluft.

Im einzelnen soll bezeichnen:

t_a [° C] die Außentemperatur,

t_i [° C] die Innentemperatur,

$Q_1 \left[\dfrac{kcal}{h} \right]$ die Ergiebigkeit sämtlicher Wärmequellen,

$Q_2 \left[\dfrac{kcal}{h} \right]$ den Wärmeverlust des Raumes im Beharrungszustand bei der Temperatur t_i (berechnet in Anlehnung an die Wärmebedarfsrechnung),

$0,3 \left[\dfrac{kcal}{m^3 \, °C} \right]$ die spezifische Wärme der Luft je Raumeinheit,

V [m³/h] die stündliche Luftzufuhr.

Damit nimmt die Wärmebilanz die Form an:

$$Q_1 + 0,3 \cdot V \cdot t_a = Q_2 + 0,3 \cdot V \cdot t_i.$$

Daraus folgt für die stündliche Luftmenge:

$$V = \frac{Q_1 - Q_2}{0,3 \, (t_i - t_a)} \ [\text{m}^3/\text{h}].$$

b) Dauerlüftung. Einhaltung einer vorgeschriebenen
Luftzusammensetzung.

Hier sei angenommen, daß durch Entwicklung schädlicher Gase oder Dämpfe, durch Staubentwicklung oder in ähnlicher Weise eine stetige Luftverschlechterung bewirkt wird, der durch Luftwechsel eine vorgeschriebene Grenze gesetzt werden soll. Wir nehmen als Beispiel an, daß erhebliche Mengen Kohlensäure erzeugt werden und in den Raum gelangen. Unter der Annahme, daß keine Kohlensäure·

absorption an den Wänden eintritt, lautet die Bilanz: Die Ergiebigkeit aller Kohlensäurequellen vermehrt um den Kohlensäuregehalt der Zuluft muß gleich sein dem Kohlensäuregehalt der Abluft.

Bezeichnet:

$k_a \left[\dfrac{m^3\,CO_2}{m^3\,Luft}\right]$ die Kohlensäurekonzentration der Außenluft,

$k_i \left[\dfrac{m^3\,CO_2}{m^3\,Luft}\right]$ die Kohlensäurekonzentration der Innenluft,

$K \left[\dfrac{m^3\,CO_2}{h}\right]$ die Ergiebigkeit aller Kohlensäurequellen,

$V \left[\dfrac{m^3\,Luft}{h}\right]$ die stündliche Luftzufuhr,

so lautet die Bilanz:

$$K + V \cdot k_a = V \cdot k_i.$$

Die stündliche Luftzufuhr muß betragen:

$$V = \frac{K}{k_i - k_a} \left[\frac{m^3\,Luft}{h}\right].$$

c) Zeitweise Lüftung. Einhaltung einer vorgeschriebenen Luftzusammensetzung.

Wie schon auf S. 166 besprochen, spielt für die Schnelligkeit, mit der sich der Luftzustand am Anfang ändert, die Raumgröße eine ausschlaggebende Rolle.

Wir nehmen wieder, wie im letzten Beispiel, Kohlensäurequellen im Raum an. Die Bilanz lautet in diesem Falle in Worten: Die Kohlensäure, die mit der Zuluft in den Raum hereingetragen wird, vermehrt um die Kohlensäurelieferung der im Raum vorhandenen Kohlensäurequellen, vermindert um die Kohlensäure, die mit der Abluft aus dem Raum hinausgetragen wird, und vermindert um den Verbrauch etwa im Raum vorhandener Kohlensäureabsorptionsquellen, muß gleich sein der Anreicherung der Raumluft mit Kohlensäure.

Trifft man noch nachstehende Buchstabenwahl:

z [h] Zeit,

J [m³] Rauminhalt,

so ergibt die Rechnung für die einzelnen Kohlensäuremengen folgende Ausdrücke:

1. Mit der Außenluft gelangt in der Zeit dz an Kohlensäure in den Raum herein der Betrag:

$$V \left[\frac{m^3}{h}\right] \cdot k_a \left[\frac{m^3\,CO_2}{m^3\,Luft}\right] \cdot dz\,[h] = V \cdot k_a \cdot dz\,[m^3\,CO_2].$$

2. Die Kohlensäurequellen liefern:

$$K \left[\frac{m^3\,CO_2}{h}\right] \cdot dz\,[h] = K \cdot dz\,[m^3\,CO_2].$$

3. Die Abluft entführt aus dem Saal den Betrag:

$$V \cdot k_i \cdot dz\,[m^3\,CO_2].$$

Hierbei ist zur Vereinfachung angenommen, daß im ganzen Saal eine einheitliche Kohlensäurekonzentration herrscht und daß die Saalluft mit diesem Kohlensäuregehalt in den Abzugsschacht streicht.

4. Für den Kohlensäureverbrauch kommt im allgemeinen nur die Absorption der Kohlensäure durch die Umfassungswände und Einrichtungsgegenstände in Frage. Wir nehmen an, daß dieser Betrag so gering sei, daß wir ihn gleich Null setzen dürfen.

5. Aus dem Kohlensäuregehalt $J \cdot k_i$ des Raumes ergibt sich die Änderung des Kohlensäuregehaltes durch Differentiation zu:

$$J \cdot dk_i.$$

Die Bilanz heißt dann:

$$V \cdot k_a \cdot dz + K \cdot dz - V \cdot k_i \cdot dz - 0 = J \cdot dk_i,$$
$$\{K - V \cdot (k_i - k_a)\}\, dz = J \cdot dk_i.$$

Die Integration dieser Differentialgleichung ist nachstehend in kleinerem Druck wiedergegeben. Dabei ist die Annahme gemacht, daß die Konzentration der Innenluft zu Beginn gleich k_0 sei. Das Ergebnis lautet:

$$K - V \cdot (k_i - k_a) = \{K - V \cdot (k_0 - k_a)\} \cdot e^{-\frac{V}{J} z}.$$

Je nach der gestellten Aufgabe ist nun die Gleichung nach k_i oder nach z aufzulösen.

Da in der Differentialgleichung k_a eine konstante Größe ist, können wir statt $d k_i$ auch $d(k_i - k_a)$ schreiben. Gleichzeitig stellen wir um und erhalten

$$\frac{d(k_i - k_a)}{K - V \cdot (k_i - k_a)} = \frac{dz}{J}.$$

Nach einer Formelsammlung (z. B. Hütte, 27. Aufl. I. Bd. S. 106 Nr. 2) ergibt die Integration:

$$-\frac{1}{V} \cdot \ln\left(K - V(k_i - k_a)\right) + C_1 = \frac{z}{J}.$$

Die weitere Umformung gibt

$$\ln\left(K - V(k_i - k_a)\right) + \ln C_2 = \frac{-V}{J} z,$$

$$K - V(k_i - k^a) = C_3 \cdot e^{-\frac{V}{J} z}.$$

Die Bestimmung der Integrationskonstanten ergibt sich aus der Bedingung, daß für $z = 0$ der Wert $k_i = k_0$ ist. Da $e^{-0} = 1$ ist, wird

$$C_3 = K - V \cdot (k_0 - k_a).$$

Die Lösung der Differentialgleichung lautet:

$$K - V(k_i - k_a) = \{K - V \cdot (k_0 - k_a)\}\, e^{-\frac{V}{J} z}.$$

2. Versammlungsräume.

Es sollen hierunter Räume verstanden werden, in denen eine Luftverschlechterung nur durch die anwesenden Menschen hervorgerufen wird, also durch Kohlensäure, Ekelstoffe, Wasserdampf und Wärme. Nach den Ausführungen auf S. 165 ist die erforderliche Zuluftmenge aber nur durch die abgegebenen Wärme- und Wasserdampfmengen bestimmt. In die Bilanzrechnung sind folgende Werte einzuführen (Ausführlicheres s. im neunten Abschnitt).

Raumtemperatur	°C	16	18	20	22	24	26
Wasserdampfmenge	g/h	31	34	40	48	60	73
Wärmeinhalt des Wasserdampfes .	kcal/h	18	20	23	28	35	42
Trockene Wärme	kcal/h	91	84	79	73	66	59
Gesamte Wärme	kcal/h	109	104	102	101	101	101

Eine Bilanzrechnung nach dem Muster der Rechnungen bei den Fabrikräumen ist jedoch nur in besonders gelagerten Fällen durchzuführen. Meist kann man mit dem einfacheren Verfahren, der sogenannten „Luftrate", rechnen. Es sind dies Erfahrungswerte für die je Kopf und Stunde zuzuführende Luftmenge.

Bei Versammlungsräumen, also Theatern, Lichtspielhäusern, öffentlichen Versammlungsräumen, Vortragssälen, Festsälen, Gaststätten und ähnlichen Räumen, verlangen die „VDI-Lüftungsregeln für Versammlungsräume" folgende Luftraten:

bei Räumen mit Rauchverbot .... 20 m³,
bei Räumen, in denen geraucht wird .... 30 m³.

Diese Werte gelten als untere Grenzwerte im Hinblick auf möglichste Sparsamkeit in Anlage- und Betriebskosten. Es empfiehlt sich stets, auch bei gewöhnlichen Lüftungsanlagen die Raten um etwa die Hälfte zu erhöhen. (Bezüglich der Klimaanlagen s. S. 197.)

Zur Bewertung der angegebenen Luftraten sei auf folgende Zusammenhänge hingewiesen: Führt man für einen Saal mit gegebenen Abmessungen und gegebener Besetzung auf Grund der obigen Luftraten von 20 oder 30 m³ die Bilanzrechnungen durch, so zeigt sich, daß zwar die Wasserdampfmengen, nicht aber die Wärmemengen ausreichend abgeführt werden. Wenn es trotzdem zu keinen unerträglich hohen Temperaturen kommt, so ist dies darauf zurückzuführen, daß die Umfassungswände des Raumes erhebliche Wärmemengen aufzuspeichern vermögen. Allerdings ist dies mit einem allmählichen Anstieg der Wand- und damit auch der Lufttemperatur verbunden. Die Erfahrung zeigt jedoch, daß man mit den genannten Luftraten durch einige Stunden im Bereich der zulässigen Temperaturen bleibt. Diese Betrachtungen lassen aber erkennen, daß eine Erhöhung der Luftraten vor allem dann zu empfehlen ist, wenn die Dauer der Besetzung mehr als 3 Stunden beträgt. Sie weisen ferner auf den großen Wert schwerer, speicherfähiger Wände hin.

3. Die Begriffe: Luftmenge und Luftwechselzahl.

Um das Ausmaß einer Lüftung zahlenmäßig zu kennzeichnen, gibt man entweder die „Luftmenge" oder die „Luftwechselzahl" an. Unter ersterem versteht man die stündlich zuzuführende Luftmenge in m³/h. Sie wird nach einem der vorstehenden Verfahren errechnet. Die Luftwechselzahl gibt an, wie oft in der Stunde die Raumluft erneuert wird.

Man geht in der Praxis vielfach von der Luftwechselzahl aus, indem man schätzt, daß eine zwei-, drei- oder fünfmalige Erneuerung der Raumluft notwendig sei. Dieses Verfahren hat den Nachteil, daß es selbst bei großer persönlicher Erfahrung unsicher ist, und daß es in allen neuartigen und außergewöhnlichen Fällen versagt. Andererseits muß zugegeben werden, daß auch die Durchführung der Bilanzrechnung auf große Schwierigkeiten stoßen kann, denn es besteht heute noch bei vielen Aufgaben eine große Unsicherheit, welche Werte man für die Ergiebigkeit K der Quellen der Luftverschlechterung (z. B. für die Dampfabgabe beheizter Säurebäder) und für die zulässige Anreicherung k_i der Raumluft mit den schädlichen Bestandteilen in die Rechnung einsetzen soll (vgl. VDI-Richtlinien für die Lüftung von Arbeitsräumen in Fabrik- und Gewerbebetrieben). Trotzdem ist bei neuartigen Aufgaben die Ermittlung der Zuluftmenge durch eine Bilanzrechnung mit geschätzten Werten K und k_i immer noch zuverlässiger als eine freie Schätzung der Luftwechselzahl.

Bei der Bearbeitung eines Lüftungsprojektes soll man deshalb stets von der Luftmenge ausgehen. Erst dann soll man aus der Luftmenge und der Raumgröße die Luftwechselzahl berechnen. Diese hat jedoch nur insofern einen Wert, als sie ein Maß ist für die Schwierigkeit der lüftungstechnischen Aufgabe, insbesondere im Hinblick auf die Vermeidung von Zugbelästigungen. Schon ein acht- bis zwölfmaliger Luftwechsel verlangt von der Lüftungsfirma ein erhebliches Können und von dem Bedienungspersonal eine ständige Aufmerksamkeit. Eine allzu hohe Luftwechselzahl kann ein Zeichen dafür sein, daß der Raum für den vorgesehenen Zweck zu klein ist.

E. Die beiden Grundforderungen des Lüftens.

Zwei Forderungen sind es, die wegen ihrer grundlegenden Bedeutung allen anderen Forderungen voranzustellen sind, nämlich die Zugfreiheit und die Sicherstellung des erwarteten Luftwechsels.

a) Die Vermeidung von Zugerscheinungen.

Es ist ein häufiger Fall, daß künstliche Lüftungsanlagen abgestellt werden müssen oder daß in Räumen mit Fensterlüftung die Fenster geschlossen bleiben müssen, weil die Klagen über Zugbelästigung dazu zwingen.

Bei dem Worte „Zug" denken wir nicht so sehr an die Belästigung, die uns Luftströmungen in Innenräumen durch ihre Bewegung empfinden lassen, als vielmehr durch das Kältegefühl, das sie hervorrufen. Wir gehen bei den nachstehenden Überlegungen von der Tatsache aus, daß Luft von etwa 19° C als angenehm empfunden wird, weil sie unserem Körper bei normaler Bekleidung gerade jene Wärmemenge entzieht, die abgeführt werden muß, um ihn im Wärmegleichgewicht zu halten. Dies gilt aber nur, solange die Luft ruht. Kommt die Luft in Bewegung etwa dadurch, daß zwei gegenüberliegende Fenster geöffnet werden, so entzieht jetzt die strömende Luft unserem Körper mehr Wärme, und wir empfinden die Luftströmung als kalt. Wärmere Luft, z. B. von 25° C, wird erst bei ziemlich hohen Geschwindigkeiten dieselbe Abkühlung bewirken wie ruhende Luft von 19° C. Solch warme Luft darf also ziemlich schnell strömen, ehe wir sie als lästig empfinden. Luft unter 18° C ist schon in ruhendem Zustand für unser Empfinden zu kalt. Bewegt sich solche Luft, so kann sich die Kälteempfindung bis zur Unerträglichkeit steigern.

Aus diesen Überlegungen lassen sich für die Durchführung der Lüftung folgende Gesichtspunkte ableiten:

Ist ein Saal zu lüften, dessen Temperatur noch eine Steigerung zuläßt, wie etwa ein halbgefüllter Saal im Winter, so bereitet die Vermeidung von Zugbelästigung bei der Zuführung der Luft keine Schwierigkeiten, da man die Luft hinreichend über Raumtemperatur erwärmen kann. Man kann dann mit der Einströmgeschwindigkeit ziemlich hoch gehen, ohne daß die Insassen eine lästige Abkühlung empfinden.

Anders liegen die Verhältnisse, wenn ein Saal zu lüften ist, der keine weitere Wärmezufuhr verträgt, oder wenn gar durch die Lüftung ein Temperaturrückgang bewirkt werden soll, wie dies bei überfüllten Sälen auch im Winter vorkommt. Dann muß man die Luft kälter einführen, als die Raumtemperatur ist. Um dabei Zugerscheinungen zu vermeiden, darf erstens die Zulufttemperatur nur wenige Grade unter Raumtemperatur gesenkt werden, und andererseits dürfen nur ganz geringe

Einströmgeschwindigkeiten angewandt werden. (3° C unter Raumtemperatur und
0,3 m/s können als ungefähre, aber keineswegs in allen Fällen bindende Zahlenwerte gelten. Sie sind dann einzuhalten, wenn Personen in unmittelbarer Nähe der
Einströmöffnung sitzen.) Bei diesem geringen
Temperaturunterschied ergeben sich für eine vorgeschriebene Kühlwirkung sehr große Luftmengen, und dieser Umstand, zusammen mit den
geringen Einströmgeschwindigkeiten, führt auf
sehr große Einströmquerschnitte, deren Unterbringung aus baulichen Gründen oft recht
schwierig ist.

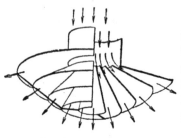

Abb. 200. Anemostat.

Um auch große Luftmengen durch kleine Austrittsöffnungen in den Raum einführen zu können,
verwendet man mit gutem Erfolg sogenannte Anemostaten (Abb. 200). Der Luftstrom wird hierbei in mehrere Teilströme zerlegt und durch trichterförmige Leitbleche nach allen Richtungen des Raumes gleichmäßig verteilt, wobei die Luftgeschwindigkeit sehr stark herabgesetzt wird.

b) Die Sicherstellung des Luftwechsels.

Luftaustausch zwischen dem zu lüftenden Raum und seinem Nebenraum oder
dem Raum und der freien Atmosphäre ist nur möglich, wenn Druckunterschied
vorhanden ist. Dieser kann aber seinerseits nur entstehen aus Temperaturunterschieden, aus Windanfall oder aus Ventilatorpressung. Also muß mindestens eine
der drei Ursachen wirksam sein, wenn sich Luftwechsel soll einstellen können. Aber
damit ist erst die Voraussetzung für die Strömung gegeben. Druckunterschied kann
nur dann zur Förderung ausreichender Luftmengen führen, wenn auch ausreichend
freie Strömungswege für die Luft vorhanden sind. Um den Sinn dieser Forderung
richtig darstellen zu können, knüpfen wir an die Unterscheidung zwischen Belüftungs- und Entlüftungsanlagen an, die bei künstlicher Lüftung manchmal getroffen wird. Gemeint ist damit, daß in einem Fall der Ventilator als Druckventilator
in den Zuluftwegen, im anderen Fall als Saugventilator in den Abluftwegen sitzt.
Man sollte für beide Bauarten nur die Bezeichnung Überdruck- und Unterdrucklüftung verwenden und die beiden ersterwähnten Namen Be- und Entlüftungsanlagen grundsätzlich vermeiden, denn sie verleiten erfahrungsgemäß zu einer
falschen Einstellung gegenüber dem ganzen Problem. Sie unterstützen die Auffassung, als ob es sich in einem Fall nur um die Zuführung frischer Luft, im anderen
Fall nur um die Abführung der verbrauchten Luft handeln würde. Beide Male vergißt man, daß man nur dann in den Saal Frischluft einführen kann, wenn man die
gleiche Menge alter Luft aus dem Saal austreten läßt, und daß man nur dann die
verbrauchte Luft aus dem Saal herausholen kann, wenn man gleich viel Frischluft
zutreten läßt. Deshalb gilt der wichtige lüftungstechnische Satz:

Die Forderung eines geringen Strömungswiderstandes gilt in
gleicher Weise für die Luftzuführungs- wie für die Luftabführungswege.

Der Gedanke, daß die Luft schon durch Undichtheiten des Raumes ihren Abgang oder ihren Zugang finde, ist nicht richtig, und seine Anwendung rächt sich immer in ungenügendem Luftwechsel — bei künstlichen Lüftungsanlagen außerdem in ungewöhnlich hohem Stromverbrauch. Es ist notwendig, auf diese Verhältnisse immer wieder hinzuweisen, weil erfahrungsgemäß sehr viele ausgeführte Anlagen bestehen, bei denen diese scheinbar selbstverständlichen Grundsätze völlig außer acht gelassen wurden. Die tiefere Ursache für die Häufigkeit des Fehlens ausreichender Zuluftöffnungen liegt in der mehr oder weniger klar erkannten Zuggefahr.

F. Die natürliche Druckverteilung im Innern von Gebäuden.

Das Innere eines Gebäudes hat nur an wenigen Tagen des Jahres mit der Außenluft völlig gleiche Temperatur. Meist ist es wärmer, seltener kälter. Auch die einzelnen Räume eines Gebäudes sind untereinander oft verschieden warm. Da verschieden warme Luft auch verschieden schwer ist, wird der Luft im Gebäude durch solche Temperaturunterschiede eine Druckverteilung aufgezwungen, die eindeutig bestimmt ist und im wesentlichen eine Druckabstufung in der Senkrechten darstellt. Anders ist die Druckverteilung, wenn Wind auf dem Gebäude steht, da sich dann eine Druckabstufung in waagerechter Richtung ergibt.

Als natürliche Druckverteilung in einem Gebäude bezeichnet man diejenige, die sich unter der gemeinsamen Wirkung von Temperatur und Wind einstellt. Ventilatoren dürfen also dabei nicht wirksam sein.

Die Aufgaben, die uns im Anschluß an die natürliche Druckverteilung interessieren werden, sind einmal der Luftaustausch mit der freien Atmosphäre — also das Lüften im eigentlichen Sinne —, davon soll erst im Abschnitt über „Freie Lüftung" gesprochen werden, und dann die Luftströmungen innerhalb des Gebäudes, die vielfach unerwünscht sind und darum abgedrosselt werden müssen. So besteht, um nur einige Beispiele zu nennen, bei Großküchen die Gefahr, daß durch offene Türen und Verbindungsgänge, durch Speiseaufzüge und ähnliches der Küchendunst nach den Gasträumen strömt. Bei anderen Gebäuden, etwa bei Schulen und Krankenhäusern, besteht die Möglichkeit, daß die hohen Treppenhäuser die Luft aus den Abortanlagen nach den Gängen saugen. Diese Beispiele zeigen, daß die Erzielung eines ausreichenden Luftwechsels nur ein Teilgebiet der Lüftungstechnik darstellt, daß vielmehr die Abriegelung von Räumen und Raumgruppen, also die Unterbindung oder Umlenkung von Luftströmungen innerhalb des Gebäudes, ein mindestens ebenso wichtiges Gebiet der Lüftungstechnik ist.

In erster Linie muß schon der Architekt bei der Anordnung der Räume auf die Schaffung einer zweckmäßigen Druckverteilung bedacht sein. Nicht in allen Fällen wird dies aber gelingen. Dann muß durch Ventilatoren oder andere künstliche Maßnahmen die gewünschte Druckverteilung dem Gebäude nachträglich aufgezwungen werden.

1. Druckverteilung unter alleiniger Wirkung von Temperaturunterschieden.

Um hierüber Klarheit zu gewinnen, seien zunächst die Druckverhältnisse betrachtet, die in einem allseits geschlossenen Raum R auftreten, falls dieser höher als die umgebende Luft erwärmt wird (Abb. 201). Es sei t_2 die Außen- und t_1 die Innentemperatur, wobei $t_1 > t_2$ ist. Denkt man sich in der mittleren Raumhöhe Öffnungen O vorhanden, so findet in der Ebene dieser Öffnungen Druckausgleich statt. Die Ebene EE heißt Ausgleichsebene (neutrale Zone), der Druck in ihr sei p (kg/m²).

Betrachtet man eine unterhalb *EE* liegende Schicht, so z. B. *s*, so ergibt sich folgendes: Im Rauminnern hat der Druck von *p* auf p_1 zugenommen, wobei

$$p_1 = p + h\gamma_1$$

ist. Hierin bedeutet *h* den lotrechten Abstand der Schicht *s* von der Ausgleichsebene *EE* in m, γ_1 das Raumgewicht in kg/m³ der Innenluft von der Temperatur t_1. Außerhalb des Raumes hat der Druck von *p* auf p_2 zugenommen, wobei

$$p_2 = p + h\gamma_2$$

ist, wenn γ_2 das Raumgewicht in kg/m³ der Außenluft von der Temperatur t_2 bezeichnet.

Da $t_1 > t_2$ und damit $\gamma_1 < \gamma_2$ ist, wird

$$p_2 > p_1,$$

d. h. in der Schicht *s* wirkt ein Überdruck von außen nach innen. Dieser wächst mit der lotrechten Entfernung der betrachteten Schicht von der Ausgleichsebene und

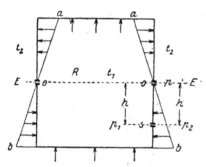

ist am größten am Raumfußboden. Die auf diese Weise unterhalb der Ausgleichsebene entstehende Druckverteilung ist in Abb. 201 angedeutet. Genau das Entgegengesetzte findet oberhalb der Ausgleichsebene statt, so daß dort ein gegen die Decke zunehmender Überdruck von innen nach außen auftritt, wie in Abb. 201 ersichtlich.

Bringt man die Öffnungen *O* nicht in der halben Höhe der Wand, sondern im unteren Teile der Wand an, so rückt die Ausgleichsebene nach unten, wie das Abb. 202

Abb. 201. Druckverteilung in einem erwärmten Raum.

vergegenwärtigt. Die Decke und der ganze obere Teil der Wand stehen unter starkem inneren Überdruck, der Fußboden unter schwachem Unterdruck. Umgekehrt liegen die Verhältnisse, wenn man die Öffnungen *O* in den oberen Teil der Wand verlegt (Abb. 203). Dann wird der Raum unter

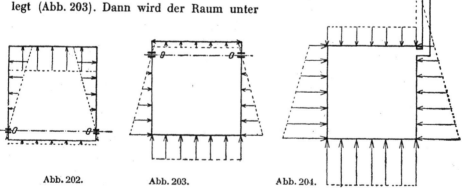

Abb. 202.   Abb. 203.   Abb. 204.

Abb. 202 bis 204. Druckverteilung in einem erwärmten Raum.

Unterdruck gesetzt. Legt man die Verbindung mit der Atmosphäre und damit die Ausgleichsebene noch höher, also über den Raum hinaus (Abb. 204), so wird der Unterdruck noch mehr verstärkt.

Solange der Raum nur die Öffnungen O hat, im übrigen die Umfassungswände dicht sind, können die Überdruck- bzw. Unterdruckkräfte nicht zur Wirkung kommen. Unsere Räume in der Praxis weisen nun zwar keine Öffnungen in der Ausgleichsebene, wohl aber zahllose feine, ziemlich gleichmäßig über bzw. unter der Ausgleichsebene vorhandene Öffnungen (Durchlässigkeit des Mauerwerks) auf, die hinsichtlich ihrer Wirkung den Öffnungen O in der Ebene EE gleichkommen. Aus diesem Grunde sind auch in der nebenstehenden Abb. 205 die Öffnungen O nicht mehr gezeichnet.

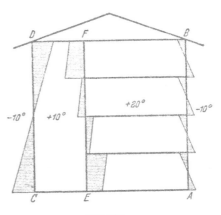

Abb. 205.
Druckverteilung in einem Gebäude.

In Abb. 205 ist der Schnitt durch ein mehrstöckiges Gebäude mit durchgehendem Treppenhaus gezeichnet und die Temperaturen der Räume und des Treppenhauses sowie der Außenluft eingetragen. Für die Außenwand AB sind die Druckverteilungen in den einzelnen Stockwerken nach früherem ohne weiteres verständlich. Ein Gleiches gilt für die andere Außenwand CD. Nur ist zu beachten, daß hier die schräge Linie, welche die Druckpfeile verbindet, steiler liegt als auf der rechten Seite, entsprechend dem geringeren Temperaturunterschied. An der Innenwand EF kommen beide Wirkungen zusammen und ergeben die in Abb. 205 eingezeichnete Druckverteilung. Man sieht, daß das Treppenhaus in seinem unteren Teil nicht nur gegen die freie Atmosphäre, sondern auch gegen die Nebenräume starken Unterdruck hat und daß Überdruck im oberen Teil des Treppenhauses herrscht. Zahlenmäßig sind die Druckunterschiede sehr klein. So ergibt die Rechnung für ein fünfstöckiges Treppenhaus bei $+ 10°$ C Innentemperatur und $— 10°$ C Außentemperatur einen Unterdruck im Erdgeschoß von ziemlich genau 1 mm WS. Solche Drucke reichen aber erfahrungsgemäß vollständig aus, um in einem Gebäude merkliche Luftströmungen zu bewirken. Befindet sich nun z. B. im Erdgeschoß eine Großküche, so ist mit Sicherheit damit zu rechnen, daß das Treppenhaus die Küchendünste ansaugt und in den oberen Stockwerken nach den anstoßenden Räumen drückt. Sichere Abhilfe schafft hier nur der Einbau einer künstlichen Lüftungsanlage in der Küche, die in diesem Falle als Sauglüftung auszubilden ist. Ihre Aufgabe ist nicht allein, für reine Luft in der Küche zu sorgen, sondern ebensosehr für einen Unterdruck, der größer ist als der im unteren Teile des Treppenhauses herrschende.

Die Abb. 205 ist unter der Annahme gezeichnet, daß das Treppenhaus allseitig abgeschlossen ist, daß also nur die unvermeidlichen Undichtheiten der Wände vorhanden sind. Wird unten die Eingangstür oder oben ein Fenster geöffnet, so verschiebt sich die Druckverteilung im Treppenhaus gemäß Abb. 202 und 203.

In ähnlicher Weise wie die Treppenhäuser wirken Fahrstuhlschächte und Speisenaufzüge, ferner bei Theatern das hohe Bühnenhaus, bei Warenhäusern die hohen, offenen Lichthöfe u. a. m.

2. Druckverteilung unter alleiniger Wirkung des Windanfalles.

Steht ein Gebäude frei im Wind, so entsteht auf der Luvseite ein Überdruck oder Staudruck, der bei sehr großen Gebäudefronten bis fast zur vollen Höhe des dynamischen Druckes der Luft ansteigen kann. Für die Abschätzung des Staudruckes ergeben folgende Werte einen Anhalt:

Wind-stärke	Kennzeichen	Geschwin-digkeit m/s	Staudruck mm WS
0	Windstille, Rauch steigt gerade empor	0—0,5	0—0,02
1	Leichter Zug, für das Gefühl bemerkbar	0,6—1,7	0,02—0,2
2	Leichte Brise, bewegt leichte Blätter	1.8—3,3	0,2—0,7
3	Schwache Brise, Blätter und dünne Zweige in dauernder Bewegung	3.4—5,2	0.7—1,7
4	Mäßige Brise, hebt Staub u. Papier, bewegt kleine Zweige	5,3—7.4	1,8—3,5
5	Frische Brise, bewegt kleine Bäume	7,5—9,8	3,6—6,1
6	Starker Wind, bewegt starke Äste	9,9—12,4	6,2—9,8
7	Steifer Wind, hemmt das Gehen im Freien, ganze Bäume in Bewegung	12,5—15,2	10,0—14,7
8	Stürmischer Wind, bricht Zweige	15,3—18,2	14,9—21,1

Die Windstärken 9 bis 12 sind wegen ihrer Seltenheit außer Betracht gelassen.

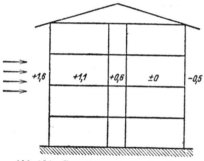

Abb. 206. Druckverteilung unter dem Einfluß des Windes.

Auf der Leeseite bildet sich ein Unterdruck von etwa einem Drittel des Staudruckes. In Abb. 206 ist für den Fall einer Windgeschwindigkeit von 5 m/s die Druckabstufung im Innern des Gebäudes schätzungsweise eingetragen. Unter der Einwirkung der Undichtheit der Außen- und Zwischenwände wird also ein Luftstrom das ganze Gebäude durchziehen. Bei sehr freier Lage des Gebäudes und bei schlecht schließenden Fenstern und Türen kann dadurch der natürliche Luftwechsel der Räume auf das Mehrfache des Betrages bei Windstille ansteigen.

II. Freie Lüftung.

A. Selbstlüftung eines Raumes.

Unter Selbstlüftung eines Raumes versteht man jenen Luftwechsel, der auch bei geschlossenen Fenstern und Türen infolge der Undichtheiten der Raumbegrenzung eintritt. Pettenkofer, Lange und Gosebruch (vgl. 8. Auflage des Leitfadens S. 111) sowie andere Forscher haben nachgewiesen, daß alles Mauerwerk porös ist, und sie haben auch die Luftdurchlässigkeit verschiedener Steine gemessen. Diese Untersuchungen haben aber wesentlich an Bedeutung verloren, weil die Erfahrung gezeigt hat, daß bei unseren Wohn- und Arbeitsräumen üblicher Ausführung die Porösität des Mauerwerkes nur eine ganz untergeordnete Rolle gegenüber den viel größeren Undichtheiten an Fenstern und Türen spielt. Wenn deshalb in späterem von der Güte der Bauausführung hinsichtlich Dichtheit die Rede sein wird, so ist dabei in erster Linie an die Fenster gedacht.

Die Größe des Luftwechsels ist bei Windstille und Windanfall verschieden. Bei Windstille wird die Druckverteilung nach früherem nur durch den Temperaturunterschied zwischen innen und außen bewirkt. Die Druckunterschiede sind also nur gering. Trotzdem hat die Erfahrung gezeigt, daß unter der Voraussetzung normaler Bauausführung bei Wohnräumen und anderen schwach besetzten Räumen die Selbstlüftung ausreicht. Wenigstens gilt dies für die kälteren Jahreszeiten. Mit steigender Außentemperatur geht allerdings der Druckunterschied und damit der Luftwechsel stark zurück und kann das mindestzulässige Maß unterschreiten. Da aber bei höherer Außentemperatur in den meisten Fällen ein Öffnen der Fenster möglich ist, so entsteht dadurch weiter kein Nachteil.

Bei Windanfall durchzieht gemäß Abb. 206 ein Luftstrom der Quere nach das ganze Gebäude, und es kann dadurch statt eines ausreichenden Luftwechsels ein Übermaß eintreten, so daß selbst bei geschlossenen Fenstern und Türen sich Zugbelästigungen einstellen. Heiztechnisch macht sich das Übermaß an Luftwechsel dadurch bemerkbar, daß die dem Wind zugekehrten Räume zu kalt bleiben, während die dem Wind abgekehrten Räume überheizt werden. Kennzeichnend hierfür sind jene Fälle, in denen eine Heizung zwar bei Frost und Windstille vollständig befriedigt, dagegen bei starkem Windanfall versagt, auch wenn die Außentemperatur noch über Null Grad ist. Die Schuld liegt in solchen Fällen selten in rein technischen Mängeln der Heizung oder in einer falschen Anwendung der Zuschläge bei Wärmebedarfsberechnung, sondern in schlechter Bauausführung, vor allem der Fenster. Zu verlangen ist: gutes Holz, einwandfreie Tischlerarbeit, zweckmäßige Konstruktion des Fensterverschlusses und zweckmäßige Bauart der Rolladenkästen. Besonderes Augenmerk ist ferner auf dichtes Einfügen des Fensterstockes in das Mauerwerk zu richten. (Vgl. hierzu Einleitung S. 1.)

B. Fensterlüftung.

Wir wollen auch hier zuerst den Windanfall ausschalten und nur die Wirkung des Temperaturunterschiedes betrachten.

Ist in einem größeren Fenster nur eine kleine Scheibe in mittlerer Höhe zu öffnen, wie dies in der Abb. 207 bei dem ersten Fenster gezeichnet ist und wie man

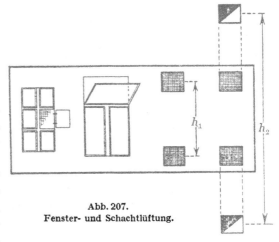

Abb. 207.
Fenster- und Schachtlüftung.

dies bei älteren Gebäuden öfter findet, so entspricht diese offene Fensterscheibe vollständig der kleinen Öffnung „O" in Abb. 201, und sie kann, da in ihr die Ausgleichebene liegt, keinen Luftwechsel bewirken. Ähnlich liegen die Verhältnisse bei dem aufklappbaren oberen Fensterflügel (2. Fenster der Abb. 207). Durch Öffnen des Kippflügels wird lediglich die Ausgleichebene in den oberen Teil des Raumes verlegt, wie ein Vergleich mit Abb. 203 zeigt. Auch in diesem Falle würde das Öffnen eines einzigen Fensterflügels keinen Luftwechsel bewirken, wenn die Umfassungswände des Raumes überall vollkommen dicht wären. Da dies aber selten der Fall ist, wird infolge des Unterdruckes, den die hohe Lage der Öffnung erzeugt, durch die Undichtheiten der Raumbegrenzung Luft eingesaugt, und dieser Luftwechsel genügt in manchen Fällen.

Ein kräftiger Luftwechsel, wie man ihn vor allem beim kurzdauernden Durchlüften eines Zimmers erstrebt, ist erst dann möglich, wenn das Fenster in voller Höhe, also von der Fensterbank bis zum Fenstersturz, geöffnet wird. Dann strömt über die Fensterbank ausreichende Menge kalter, also frischer Luft in den Raum herein, und die gleiche Menge warmer, also schlechter Luft entweicht unter dem

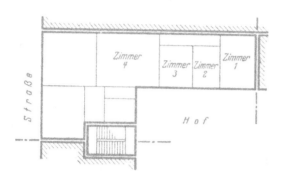

Abb. 208. „Berliner" Wohnungsgrundriß.

Fenstersturz. Während des weitaus größten Teiles des Jahres reicht der Temperaturunterschied aus, um die eben geschilderte Wirkung zu erzielen. Nur während einiger Wochen der heißesten Jahreszeit ist der Temperaturunterschied so gering, daß die Lüftung durch Öffnen der Fenster unzureichend wird.

Wenn in vorstehendem mehrere Male von der Möglichkeit eines Versagens der Fensterlüftung gesprochen wurde, so war dabei vorausgesetzt, daß auf der gegenüberliegenden Seite des Raumes nicht ebenfalls Fenster oder Türen sind, die geöffnet werden können, d. h. daß Querlüftung sich nicht einstellen kann. Als Triebkraft für die Querlüftung kommt in erster Linie der Wind in Frage. Da nur ganz wenige Stunden des Jahres völlige Windstille herrscht, müßte man mit der Möglichkeit einer Querlüftung im allgemeinen rechnen können. Man muß aber bedenken, daß große Teile unserer Städte so dicht bebaut sind, daß kein Luftstrom zwischen die Häuser gelangen kann, selbst wenn in höheren Lagen Wind herrscht. Hier schafft ein anderer Umstand ein klein wenig Abhilfe. Zwischen den Höfen der Gebäude und den Straßen besteht meist ein geringer Temperaturunterschied, welcher bewirkt, daß die Höfe einen geringen natürlichen Unterdruck besitzen und damit die Tendenz haben, durch die Häuser Luft hindurchzusaugen. Es muß freilich zugestanden werden, daß diese Wirkung nur gering ist.

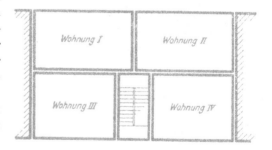

Abb. 209. „Vierspänner"-Wohnung.

Bedauerlicherweise gibt es aber in unseren Großstädten Wohnungsgrundrisse, die auch diese letzte Lüftungsmöglichkeit im Sommer verhindern. Als Beispiel sei hier der ältere sogenannte Berliner Wohnungsgrundriß genannt (vgl. Abb. 208). Für die ganze Reihe der Zimmer 1, 2, 3 und 4, die mittelbar oder unmittelbar an die Grenzmauer stoßen, ist jede Querlüftung unmöglich. In neuester Zeit wird zwar der Berliner Grundriß nicht mehr verwendet, dafür wird bei Neubauten ein anderer

Fehler gemacht. Es werden Gebäude ausgeführt, bei denen vier Wohnungen an einem Treppenhaus vereinigt sind, sogenannte Vierspännerwohnungen, und bei denen durchgehende Trennwände die Querlüftung vereiteln (vgl. Abb. 209). Solche Grundrißlösungen sind abzulehnen.

C. Lüftungsschächte.

1. Lüftungsschächte ohne Nachhilfe.

Wird ein Saal nicht durch Fenster gelüftet, sondern durch getrennte Ein- und Austrittsöffnungen in der Wand, so ist deren Wirksamkeit am größten, wenn die Auftriebshöhe (h_1 in Abb. 207) möglichst groß gewählt wird. Durch besondere Zuluft- und Abluftkanäle läßt sich die Auftriebshöhe noch über die Zimmerhöhe hinaus vergrößern (h_2 in Abb. 207). In den meisten Fällen wird nur der nach oben führende Teil der Kanäle als sogenannter Abluftschacht ausgeführt, dann wird aber häufig der oben (auf S. 172) gekennzeichnete Fehler gemacht, daß man mit dem Zuströmen der Luft sich auf die Undichtheiten der Fenster und Türen verläßt. Bei richtiger Ausführung soll die Zuluft durch hinreichend große Öffnungen in der Wand entweder aus dem Freien oder aus dem Vorplatz entnommen werden.

a) Die Luftzuführung.

Die Entnahme der Luft aus dem Vorraum hat den Vorteil, daß sie die Gefahr der Zugbelästigung meist vermeidet, eine Gefahr, die bei unmittelbarer Entnahme aus dem Freien gegeben ist. Sie stellt aber die Wirkung des Schachtes in Frage, denn nach dem, was früher über den Einfluß der hohen Treppenhäuser gesagt wurde, herrscht im Vorplatz ebenfalls Unterdruck. Nur wenn dieser kleiner ist als der Unterdruck, den der Schacht im Raum erzeugt, kann der gewünschte Luftwechsel eintreten. Das setzt voraus, daß die Temperatur im Abluftschacht höher ist als im Treppenhaus. Damit kann aber nicht mit Sicherheit gerechnet werden.

Wird die Luft unmittelbar aus dem Freien entnommen, so treten leicht Zugerscheinungen in der Nähe der Eintrittsöffnungen auf. Die Gefahr läßt sich vermindern, unter Umständen auch ganz beseitigen, wenn die Luft vor Eintritt in den Raum an einem Heizkörper vorübergeführt, also vorgewärmt wird. Es gibt Ausführungen, bei denen die Zuluftöffnung in der Fensterbank sitzt und der normale Raumheizkörper zur Erwärmung der Zuluft dient. Schnee und Regen kann durch geeigneten Schutz der äußeren Entnahmeöffnungen abgehalten werden, dagegen gelingt es fast nie, den Einfluß des Windes so vollkommen zu beseitigen, daß störende Wirkungen mit Sicherheit ausgeschlossen sind. In Gebäuden an lärmenden Straßen ist dieses Verfahren ebenfalls ausgeschlossen. Bei der Einführung der Frischluft hinter Heizkörpern ist die Reinigungsmöglichkeit nicht nur für den Heizkörper, sondern auch für alle Teile des Luftweges unbedingt zu fordern.

b) Unzuverlässigkeit der Schachtlüftung.

Wie schon erwähnt, beruht die Wirksamkeit der Luftschächte auf dem Temperaturunterschied zwischen der Luft im Schornstein und derjenigen im Freien. Dies setzt also voraus, daß das Gebäude in seinen Mauermassen wärmer ist als die Außenluft. Während der Heizperiode wird dies in ausreichendem Maße der Fall sein. Aber schon während der Übergangsjahreszeiten geht der Temperaturunterschied und damit der Luftwechsel zurück und hört schließlich ganz auf. Während mehrerer Wochen der heißesten Jahreszeit wird sogar zeitweise der umgekehrte Fall eintreten, daß das Gebäude kühler ist als die Außenluft, so daß der Abluftschacht dann in umgekehrter Richtung arbeitet.

Zu der geschilderten Unzuverlässigkeit der Auftriebskräfte kommen noch die vielen Störungsmöglichkeiten durch den Wind, die schon früher bei den Heizschornsteinen erörtert wurden, so daß die Wirksamkeit der Luftschächte eine sehr fragliche ist. Man sucht deshalb ihre Wirksamkeit durch besondere Maßnahmen sicherzustellen.

2. Lüftungsschächte mit Ausnutzung des Windes.

Durch Saugköpfe, die ähnlich den Schornsteinaufsätzen ausgebildet sind, sucht man die Kraft des Windes zur Unterstützung des Auftriebes heranzuziehen. Der Wert dieser Maßnahme ist aber ein fragwürdiger. Daß die Saugköpfe bei Windstille unwirksam sind, ist selbstverständlich, ja sie sind dann sogar in geringem Maße schädlich, indem sie das freie Abströmen der Luft etwas behindern. Bei Wind können sie tatsächlich eine saugende Wirkung ausüben, richtige Konstruktion natürlich vorausgesetzt. Da aber das Versagen des Luftschachtes meist bei einem Wetter eintritt, das mit Windstille verbunden ist, hat die ganze Maßnahme nur geringen Wert. Berechtigt sind die Saugköpfe nur dort, wo sie störende örtliche Luftströmungen abfangen müssen. Man sollte sie deshalb richtiger mit Wind-schutzhauben bezeichnen.

Eine größere Bedeutung haben sie nur bei Fahrzeugen (Schiffen, Eisenbahnen usw.), da hier während der Fahrt mit einem nach Stärke und Richtung eindeutig gegebenen Luftstrom gerechnet werden kann.

3. Lüftungsschächte mit Erwärmung der Abluft.

Um im Sommer die Wirkung der Abluftschächte nach Möglichkeit sicherzustellen und sie im Winter zu steigern, kann man in den Abluftschacht eine Heizvorrichtung (Gasflamme, Wasser- oder Dampfheizkörper) einbauen. Zwei Ausführungen des Einbaues der Heizkörper zeigen Abb. 210 und 211. Die letztere Art erleichtert die Reinigung des Heizkörpers. Da die Luft bei diesen Einrichtungen erst nach dem Verlassen des Raumes erwärmt wird, bedeutet der Wärmeaufwand für diese Maßnahme stets einen Verlust, und zwar nicht nur im Sommer, sondern auch im Winter. Wir müssen uns aber vergegenwärtigen, daß ein einwandfreies und unter allen Umständen gesichertes Lüften ohne Betriebskosten durch kein Verfahren möglich ist.

Abb. 210. Radiator im Abluftschacht.

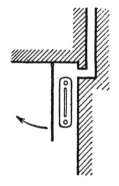

Abb. 211. Erwärmung der Abluft durch einen Radiator. (Der Schirm links vom Heizkörper ist aufklappbar.)

Infolge künstlicher Erwärmung der Abluft ist die Wirksamkeit der Luftschächte von der Außentemperatur unabhängig, aber sie bleibt immer noch stark vom Windabfall abhängig, denn es ist nicht möglich, mit der Erwärmung der Abluft so weit zu gehen, daß der Auftrieb einen störenden Windeinfluß immer und mit Sicherheit überwinden könnte.

4. Die Brauchbarkeit der Lüftungsschächte.

Angesichts der Tatsache, daß alle Lüftungsschächte — gleichgültig ob mit oder ohne Nachhilfe — in ihrer Wirkung sehr unzuverlässig sind, erhebt sich die Frage, für welche Lüftungsaufgaben sie überhaupt angewandt werden sollen. Zur Entscheidung geht man am besten von den Begriffen der zeitgebundenen und der nichtzeitgebundenen Lüftungsaufgaben aus.

Als ein Beispiel zur ersten Art sei die Lüftung des Zuschauerraumes in einem Lichtspieltheater genannt. Es hat hier gar keinen Sinn, wenn der Luftwechsel erst in den kühlen Nachtstunden einsetzt. Die Lüftungsaufgabe ist hier an die Spielzeiten gebunden. Als ein Beispiel der nichtzeitgebundenen Aufgaben sei die Lüftung eines Lagerraumes für nicht allzu empfindliche Güter genannt. Hier genügt es, wenn an mehreren Stunden des Tages ein mäßiger Luftwechsel erzielt wird. Dazwischen kann unbedenklich für mehrere Stunden der Luftwechsel vollständig aussetzen.

Es liegt im Wesen der Lüftungsschächte, daß sie nur für nichtzeitgebundene Lüftungsaufgaben brauchbar sind, und es bleibt im einzelnen Falle nur zu prüfen, in welche der beiden Gruppen die vorliegende Aufgabe einzureihen ist — eine Entscheidung, die allerdings nicht immer leicht zu treffen ist.

Es sei deshalb noch ein Beispiel aus dem Wohnungsbau erwähnt, nämlich die Frage, ob für die Lüftung von Küchen, Badezimmern und Waschküchen der Lüftungsschacht zweckmäßig ist (vgl. VDI-Lüftungsgrundsätze). Der Luftwechsel hat hier gar nicht die Aufgabe, die entstehenden Wrasen während der Benutzung der Räume sofort abzuführen, denn dazu wäre jede im Wohnbau vertretbare Lüftungsanlage zu schwach. Vielmehr hat der Luftwechsel hier allein die Aufgabe, den an den Wänden niedergeschlagenen Dunst in den Benutzungspausen wieder zu entfernen, also eine Durchfeuchtung des Mauerwerkes bzw. ein Festsetzen des Küchengeruches zu vermeiden. Es liegt hier eine Aufgabe vor, die Zeit erfordert und durch einen kurzzeitigen noch so kräftigen Luftwechsel gar nicht erfüllt werden könnte.

III. Lüftungsanlagen (einfache Lüftungsanlagen).

Nur die mit Ventilatoren betriebenen Anlagen sind in ihrer Wirksamkeit unabhängig von allen Temperatur- und Windverhältnissen der Atmosphäre. Sie gestatten es, jedem Raum eines größeren Gebäudes Überdruck oder Unterdruck in der für ihn geeigneten Höhe aufzuzwingen und ihm die nötige Luftmenge zuzumessen. Die großen zur Verfügung stehenden Druckkräfte gestatten ferner den Einbau einwandfreier Einrichtungen zum Aufbereiten der Luft, und sie gewähren eine weit größere Freiheit in der Linienführung der Kanäle und in der Wahl der Kanalquerschnitte, als dies bei Schwerkraftlüftung möglich ist.

Da die Anlagen dauernde Kosten für Strom und Wärme erfordern, ist es wichtig, daß diese Betriebskosten einschließlich der Bedienungskosten richtig erkannt und in dem Haushaltplan als ordentliche Dauerausgaben vorgesehen werden. Geschieht dies nicht, so erfolgen bei der Benutzung der Gebäude alsbald Betriebseinschränkungen oder Stillegung, wodurch mehr Schaden entsteht, als wenn die Anlagen überhaupt nicht ausgeführt worden wären.

Schon auf S. 173 ist erwähnt worden, daß man Räume, in welchen störende Gerüche entstehen, unter Unterdruck setzen muß, damit diese Gerüche nicht in die Nebenräume entweichen können, daß man aber diesen Unterdruck nicht zu groß wählen darf, damit die Zugbelästigungen möglichst gering gehalten werden. Wegen dieser Zuggefahr und auch wegen einiger anderer Unvollkommenheiten wird man Unterdrucklüftungen nur dort anwenden, wo es unbedingt notwendig ist, z. B. bei Aborten, Küchen usw. Diese Überlegungen zwingen von selbst bei den meisten größeren Anlagen zu einer Zweiteilung der Lüftungsanlage. Nur für die mit Unterdruck auszustattenden Räume werden kleinere, örtlich begrenzte Unterdruckanlagen eingebaut, die Hauptanlage aber wird als Überdrucklüftung gebaut.

Bei der Auftragserteilung von Lüftungsanlagen, also bei den Beratungen zwischen Bauherr, Architekt und Lüftungsfirma, herrscht vielfach eine weitgehende Unklarheit über die Anforderungen, die man an die geplante Anlage stellen soll. Unter dem Titel „VDI-Lüftungsregeln, Regeln zur Lüftung von Versammlungsräumen" hat der Fachausschuß für Lüftungstechnik des VDI im Jahre 1937 eine Schrift herausgegeben, die die Mindestanforderungen aufzeigt, die man an eine Anlage stellen muß, wenn sie vom Fachstandpunkte aus als einwandfrei gelten soll. Über diese Mindestforderungen soll man jedoch, wenn irgend angängig, hinausgehen.

Für die heute vielfach üblichen Benennungen, wie Frischluft, Abluft, Umluft, Rückluft, Zusatzluft, Mischluft u. a., haben die VDI-Lüftungsregeln die in der Abb. 212 eingetragenen Bezeichnungen festgesetzt.

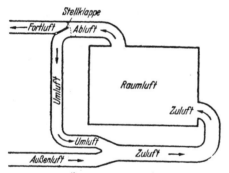

Abb. 212. Übersicht über die Benennungen.

Vom Saal aus betrachtet, wird die gesamte ihm zugeführte Luft als „Zuluft" bezeichnet, sinngemäß heißt dann die gesamte abströmende Luft „Abluft".

Wird ein Teil der Abluft dem Saal wieder zugeführt, so bezeichnet man diesen Teil als „Umluft". Der ins Freie entweichende Rest heißt „Fortluft". Der aus dem Freien entnommene Teil der Zuluft wird von seinem Eintritt ins Gebäude bis zum Zusammentreffen mit der Umluft als „Außenluft" bezeichnet.

Alle Benennungen gelten unabhängig davon, an welcher Stelle der Luftwege sich Lüfter, Filter, Heizkörper oder Berieselungsanlagen befinden.

Bei der Darstellung der Anlagen in den Plänen sind folgende Farben zu verwenden:

Heizkörper	Dunkelrot
Kühlkörper und Berieselungseinrichtungen	Dunkelblau
Staubfilter	Grau
Kanäle mit vorgewärmter Luft	Hellrot
Kanäle mit gekühlter Luft	Hellblau
Kanäle mit klimatisierter Luft	Hellila
Kanäle mit Außenluft	Grün
Kanäle mit Abluft und Fortluft	Gelb
Kanäle mit Umluft	Orange

Sollen die einzelnen Teile des Lüftungssatzes, wie Heizkörper, Kühleinrichtungen usw., nicht gesondert hervorgehoben werden, so ist der gesamte Lüftungssatz einheitlich anzulegen, und zwar:

bei Lüftungsanlagen	Rot
bei Klimaanlagen	Lila

A. Entnahme der Luft.

Die Entnahme der frischen Luft hat an einer vor Wind, Staub, Rauch und Ruß geschützten Stelle mit lotrechten und nicht waagerechten Einfallöffnungen zu erfolgen.

Zum Fernhalten von Blättern, Vögeln usw. ist die Entnahmestelle mit einem nicht zu weiten Gitter zu versehen. Kurz hinter der Entnahmestelle soll eine Verschluß-vorrichtung vorgesehen werden, die bei längeren Betriebs-unterbrechungen zu schließen ist, damit die Anlage während dieser Zeit nicht von außen her verstaubt.

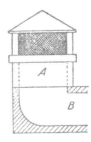

Abb. 213.
Luftentnahme.

Am einfachsten ist die Beschaffung reiner Luft, wenn ein Garten in erreichbarer Nähe ist, aus dem man mit einem Kanal nach Abb. 213 die Luft entnehmen kann. Am schwierigsten ist sie im Innern der Großstädte zu lösen. Die Luft von der Straßenseite her zu nehmen, verbietet sich von selbst. Ein anderer naheliegender Gedanke, nämlich die Luft über Dach zu entnehmen, hat ebenfalls Naehteile, da die Messungen ergeben haben, daß gerade in Höhe der Dächer die Luft wegen der vielen Schornsteine am meisten verunreinigt ist. Man hilft sich manchmal damit, daß man die Luft aus dem Hof, und zwar etwa in halber Höhe des Gebäudes, entnimmt. Voraussetzung ist dabei, daß nicht irgendwelche gewerblichen oder sonstigen Betriebe die Luft im Hof verschlechtert haben. Es muß ohne weiteres zugegeben werden, daß keine der

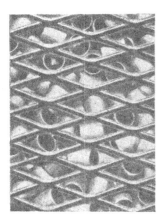

Abb. 214a. Filterkasten
mit Raschig-Ringen.
(Sauberer Zustand.)

Abb. 214b. Filterkasten
mit Raschig-Ringen.
(Verstaubt.)

Lösungen restlos befriedigt, aber bei allgemein schlechten Luftverhältnissen im Inneren der Großstädte muß man auf eine wirklich zufriedenstellende Lösung verzichten und dafür um so mehr Sorgfalt auf die Reinigung der Luft verwenden. In diesem Sinne ist die Entnahme über Dach doch noch die günstigste Lösung, da sich Ruß noch am leichtesten aus der Luft ausscheiden läßt.

B. Reinigung von Außen- und Umluft.

Die früher üblichen Tuchfilter sind heute durch die Glaswollefilter und die Metallfilter ersetzt. Die Luft wird bei den Metallfiltern gegen Flächen geleitet, welche mit einer dünnen Schicht eines Öles überzogen sind, das stark klebt, aber

nicht eintrocknet und nicht verharzt. Als Träger dieser Ölhaut dienen entweder
Streiffilter aus Metall oder Raschig-Ringe. Man bezeichnet mit Raschig-Ringen
kurze Rohrstücke, deren Höhe gleich dem Durchmesser ist, und die sich deshalb
beim Einschütten in einen Hohlraum völlig regellos lagern. Abb. 214 a und 214 b
zeigen einen einzelnen Filterkasten mit Raschig-Ringen, Abb. 215 eine andere Bauart mit ölbenetzten Blechpaketen. Aus solchen
Kästen werden dann die Filterwände aufgebaut.
Steht aus räumlichen Gründen nur geringe Höhe
für die Filterwand zur Verfügung, so können

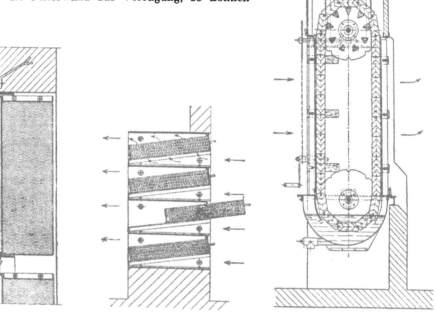

Abb. 215. Filterkasten   Abb. 216. Filterwand mit schräg   Abb. 217. Bandfilter.
   mit Blechpaketen.   eingebauten Kästen.

diese Kästen gemäß Abb. 216 auch schräg eingebaut werden. Die Filter müssen
gemäß den Angaben der Lieferfirma in regelmäßigen Zeiträumen gereinigt werden.
Die Reinigungsarbeit von Hand wird erspart durch Verwendung einer Filterbauart
nach Abb. 217. Hier läuft ein Filterband nach Art eines Wanderrostes, jedoch in
vertikaler Richtung, über zwei Wellen und taucht bei seiner Umdrehung dauernd in
ein Ölbad ein. Es ist also nur erforderlich, dieses Ölbad hin und wieder zu erneuern.

Mit den ölbenetzten Filtern der vorbeschriebenen Art läßt sich ein sehr hoher
Reinheitsgrad der Luft erreichen. Bei Sonderausführungen ist es sogar möglich, bis
auf einen Rest Staubgehalt von 0,1 mg/m³ herabzukommen. Wie groß diese Reinheit ist, ergibt sich aus Angaben der Messungen im Freien. In Großstädten wurde
ein Höchststaubgehalt von etwa 5 mg/m³ und in Orten mit besonders reiner Luft
ein Staubgehalt von etwa 1 mg/m³ gemessen. Der oben angegebene Reinheitsgrad
von 0,1 mg/m³ ist bei manchen gewerblichen und industriellen Lüftungsanlagen
auch tatsächlich erforderlich. Für Versammlungsräume wäre es vom hygienischen
Standpunkte aus natürlich nicht notwendig, für die Zuluft eines Saales eine größere
Reinheit zu verlangen, als anerkannte reine Außenluft aufweist. Es wird aber vielfach verkannt, daß die Reinigung der Zuluft nicht nur wegen ihrer Verwendung als

Atemluft notwendig ist, sondern in viel höherem Maße, um ein Verschmutzen der Kanäle zu vermeiden. Aus diesem Grunde schreiben die VDI-Regeln für die Zuluft Staubgehalt unter 0,5 mg/m³ vor. Damit ist erreicht, daß eine Reinigung des Kanalnetzes nur einmal im Jahr notwendig ist.

Eine besondere Beachtung verlangt die Aufbereitung der Umluft, das ist ihre Befreiung von Staub, Tabakrauch und Ekelstoffen. Eine Reinigung der Luft von Bakterien ist nur schwer möglich und nach Angabe der Hygiene auch nicht so notwendig, wie vielfach angenommen wird. Tabakrauch und Ekelstoffe lassen sich mit ölbenetzten Filtern nicht ausscheiden, wohl aber mit Berieselungseinrichtungen.

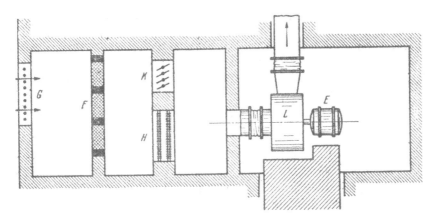

Abb. 218. Zentrale einer Lüftungsanlage.
G = weitmaschiges Gitter, F = Luftfilter, H = Heizkörper, K = Stellklappen, L = Lüfter, E = Elektromotor.

Auch der Staub der Umluft wird damit ausgeschieden. Hier ist einzufügen, daß sich Berieselungsanlagen zur Reinigung der Außenluft nicht eignen, weil der Staub der Außenluft, insbesondere die feinen Kohleteilchen, vielfach fettige Oberfläche haben, also nicht benetzbar sind und darum im Wasserschleier nicht zurückgehalten werden. Der Staub, der in Innenräumen entsteht, und der für die Umluftreinigung in Frage kommt, ist dagegen fettfrei, so daß er durch den Wasserregen hinreichend ausgewaschen wird.

Die Umluft muß also durch eine Berieselungsanlage geführt werden. Um zu vermeiden, daß während der Betriebspausen, wenn die Berieselung abgeschaltet ist, durch die langsam schleichenden Luftsströmungen Staub in den Umluftkanal hineingetragen wird, ist in die Umluftwege eine sich selbsttätig schließende Klappe einzubauen.

C. Die Lüftungszentrale.

Abb. 218 zeigt schematisch eine Lüftungszentrale. Die Aufbereitung der Luft besteht bei einfachen Lüftungsanlagen nur in ihrer Reinigung von Staub und in ihrer Erwärmung.

Zur Erwärmung der Luft verwandte man früher entweder Röhrenkessel oder Röhrenbündel aus glatten Rohren. Diese älteren Heizkörperarten sind heute fast vollständig durch die Rippenrohr- bzw. Lamellenheizkörper nach Abb. 219 verdrängt.

Zur Beförderung der Luft dienen meist Fliehkraftlüfter (Abb. 220), manchmal auch Schraubenlüfter (Propellerform). Der Antrieb erfolgt fast stets durch Elektromotoren. In den meisten Fällen sind diese mit der Lüfterachse direkt gekuppelt.

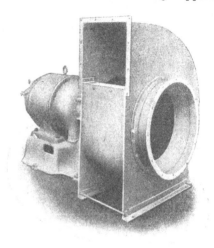

Abb. 219.
Lufterhitzer aus Rippenrohren.

Abb. 220.
Fliehkraftlüfter.

Riemenantrieb kann zweckmäßig sein, wenn niedrige Drehzahlen des Lüfters gefordert werden. Über die Betriebseigenschaft der Lüfter ist auf S. 306 Näheres ausgeführt.

Bei der in Abb. 218 dargestellten Anordnung sind die Räume des Gebäudes weitgehend als Luftwege oder Luftkammern benutzt. Sie müssen deshalb in jeder Hinsicht so ausgebildet sein, daß in ihnen nicht etwa eine Verschlechterung der Luft eintreten kann. Das Mauerwerk muß also trocken sein, und es darf keine Kellerluft angesaugt werden können.

Kellerräumlichkeiten müssen gegen das Eindringen von Grundwasser und Grundluft gesichert sein. Die Wände, Decke und der Fußboden aller Luftkammern müssen staubsicher, also glatt verputzt oder in sauberem Verblendmauerwerk ausgeführt sein. Damit die Kammern im Betriebe auch wirklich saubergehalten werden,

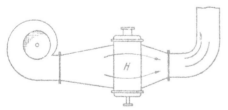

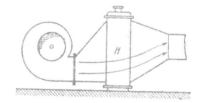

Abb. 221. Lufterhitzer — richtig angeordnet.

Abb. 222. Lufterhitzer — falsch angeordnet.

müssen sie hinreichend groß und mühelos zugänglich sein, aber doch so, daß sie nicht als Vorrats- oder Geräteräume, auch nicht zu Durchgangszwecken benutzt werden.

Die Anordnung nach Abb. 218 ist ferner dadurch gekennzeichnet, daß der Heizkörper vor den Lüfter gesetzt ist. Vielfach wählt man aber auch die umgekehrte Reihenfolge und erhält Anordnungen nach Abb. 221. Hierbei wird oft der Fehler begangen, daß der Abstand zwischen Lüfter und Heizkörper zu klein genommen wird, so daß Anordnungen nach Abb. 222 entstehen. Man glaubt sich dazu berechtigt, weil man die ausgleichende Wirkung des Lamellenwiderstandes erheblich überschätzt. In Wirklichkeit strömt bei einer solchen Stellung des Heizkörpers zum Austrittsstutzen des Lüfters die Luft im wesentlichen nur durch den unteren Teil des Heizkörpers, so daß die eingebauten Heizflächen nur schlecht ausgenutzt werden.

Um gleichmäßige Ausnutzung der Heizflächen zu erzielen, und auch um den Druckverlust durch die Erweiterung des Diffusors zu beschränken, soll der Öffnungswinkel des Diffusors nicht mehr als etwa 20 bis 25° betragen. Soll dabei die Baulänge in erträglichen Grenzen bleiben, so muß ein möglichst niedriger und breiter Heizkörper verwendet werden.

Eine wichtige Forderung ist die Geräuschlosigkeit des ganzen Betriebes. Die VDI-Lüftungsregeln für Versammlungsräume geben Grenzwerte für die in Theatern, Gaststätten usw. zulässigen Geräusche. Die von der Anlage verursachten Geräusche sollen für die einzelnen Saalarten höchstens folgende Lautstärken erreichen:

Konzertsäle, Theater, Lichtspielhäuser bei hohen Anforderungen 20 Phon,
Hörsäle, Lichtspielhäuser bei geringen Anforderungen .... 25 Phon,
Öffentliche Versammlungsräume .... 30 Phon,
Gaststätten bei hohen Anforderungen .... 35 Phon,
Gaststätten bei geringen Anforderungen .... 40 Phon.

Dabei wurde die deutsche Phonskala[1] zugrunde gelegt. Die Geräusche können aus den verschiedensten Ursachen entstehen. In erster Linie können von den Lagern der Motoren und Lüfter Schwingungen ausgehen, die sich entweder als Schall durch die Luft oder als Erschütterungen durch das Fundament fortpflanzen. Die Störungen lassen sich vermindern durch gutes Auswuchten der Läufer und durch besonders sorgfältige Bauart der Lager (Gleitlager laufen wesentlich ruhiger als Kugellager). Um die Ausbreitung der Erschütterungen zu verhindern, sollen die Grundplatten der Maschinen auf Schwingungsdämpfern gelagert werden. Beim Aufstellen der Maschinen auf Zwischendecken besteht auch bei schwingungsdämpfenden Unterlagen die Gefahr des Mitschwingens der ganzen Decke. Um dies zu vermeiden, sollen die Maschinen auf besondere Träger gestellt werden, die das Gewicht der Maschinen auf die Wände übertragen. Natürlich müssen diese Träger ihrerseits schall- und schwingungsisoliert in den Wänden gelagert sein.

Die bisher geschilderten Schwingungen — sowohl die hörbaren Geräusche als die nicht hörbaren, nur fühlbaren Schwingungen — bezeichnet man meist kurz als Körperschall. Daneben kann als weitere Störungsquelle sogenannter Luftschall auftreten. Hierher gehören z. B. die Luftwellen, die von den Schlägen der einzelnen Lüfterflügel auf die Luft ihren Ausgang nehmen. Sie bilden häufig die Ursache des Brummens der Lüftungsanlagen. Die Störung kann besonders stark werden, wenn dazu an irgendeiner Stelle der Anlage Resonanzerscheinungen auftreten.

Eine zweite Art von Luftschall bildet das Rauschen. Es ist meist eine Folge zu hoher Strömungsgeschwindigkeit und entsteht durch Reibung der Luft an den Kanalwänden oder durch Stoßwirkung an den Kanten der Abzweigstellen. Da außer

---

[1] Richtlinien für die Lärmabwehr in der Lüftungstechnik. Herausgegeben vom Verein Deutscher Ingenieure. Berlin: VDI Verlag 1938.

der Luftgeschwindigkeit auch die Weite und Form der Kanäle von Einfluß auf die Entstehung von Geräuschen ist, läßt sich eine scharfe obere Grenze für die Luftgeschwindigkeit nicht angeben. Von 8 m/sec an ist jedoch stets mit der Möglichkeit von störenden Geräuschen zu rechnen. Außergewöhnlich hohe Geschwindigkeit kann auch auftreten, wenn bei den Lüftungsgittern die Öffnungen der Gitter allzu eng gemacht sind.

D. Kanalanlage.

Hinsichtlich der Ausführung der Kanäle stehen zwei Forderungen in erster Reihe, nämlich gute Reinigungsfähigkeit und geringer Strömungswiderstand.

1. Gute Reinigungsfähigkeit.

Es muß zugegeben werden, daß die Erfüllung dieser Forderung in baulicher Hinsicht manche Erschwernisse bringt. Bedenkt man aber, daß nicht reinigungsfähige Teile schon nach kurzer Zeit stark verschmutzen, daß dieser Zustand Jahre und

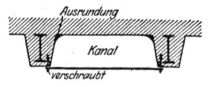

Abb. 223a. Kanalausführungen.

Jahrzehnte fortbestehen kann, und daß durch die ungereinigten Teile sämtliche den Menschen zuzuführende Luft streicht, so erkennt man die unbedingte Notwendigkeit dieser Forderung. Zu bemerken ist noch, daß es genügt, sämtliche Teile der Kanalanlage innerhalb etwa Jahresfrist einmal gründlich zu säubern. Die Angabe, daß Kanäle, in denen verhältnismäßig hohe Luftgeschwindigkeiten herrschen, sich selbst reinigen, ist unzutreffend. Man muß außerdem mit der Verschmutzung der Kanäle während der Betriebspausen rechnen.

Als Baustoffe kommen in Betracht: Blech, Asbestschiefer, bei größeren Kanälen Mauerwerk aus glasierten Ziegelsteinen oder aus gewöhnlichen Steinen, dann aber verputzt, mit Ölfarbe gestrichen oder mit Fliesen belegt.

Um die Reinigung überhaupt zu ermöglichen, müssen die Kanäle zugänglich angeordnet und schon in ihrer Formgebung so gestaltet sein, daß ihre Säuberung möglich ist (Abb. 223a und 223b). Blechkanäle[1] sollen außen und innen verzinkt und so verbunden werden, daß glatte Innenflächen entstehen. Fußbodenkanäle sind nur dann

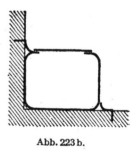

Abb. 223b.

zulässig, wenn sie nach Entfernung der Deckplatten gut und sicher gesäubert werden können.

2. Geringer Strömungswiderstand.

Dies ist notwendig, um die Stromkosten für den Lüfter niedrig zu halten. Die Kanalquerschnitte sollen möglichst groß gewählt werden, damit die Strömungsgeschwindigkeit gering wird. Alle Richtungsänderungen müssen mit großem Krümmungsradius ausgeführt werden, und die Abzweigungen der Seitenkanäle von einem Hauptkanal müssen unter sehr spitzem Winkel erfolgen. Lassen sich scharfe Richtungsänderungen nicht vermeiden, so sind Lenkbleche gemäß Abb. 224a und b anzubringen. (Siehe Ing.-Arch., Bd. 3 (1932) S. 531.) Nach Versuchen von K. Frey,

---

[1] Herbst, W.: Blechkanäle für Lüftungsanlagen. Heizg. u. Lüftg. 1937 S. 85.

Danzig (Forschung 1933 S. 67 und 1934 S. 105), sind unterteilte Leitflächen nach Abb. 224 c zu empfehlen, die nicht so sehr darauf abzielen, den ganzen Luftstrom bei der Umlenkung zu erfassen, als vielmehr das Ablösen der Grenzschicht von der Wand zu vermeiden, da darin die Hauptursache für die Wirbelbildung und damit für den Druckverlust zu suchen ist.

Um den Strömungswiderstand gering zu halten, sind ferner alle Änderungen der Größe oder Gestalt eines Querschnittes in schlankem Übergang auszuführen. Läßt

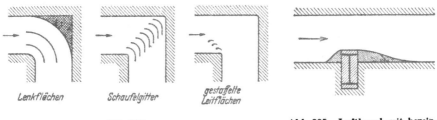

Lenkflächen   Schaufelgitter   gestaffelte
                                             Leitflächen

Abb. 224 a—c.   Abb. 225. Luftkanal mit herein-
                                     ragendem Hindernis, z. B. Träger.

es sich z. B. nicht vermeiden, daß ein tragender Bauteil in den Kanal hineinragt (Abb. 225), so muß durch Ausfüllen der Ecken jede starke Wirbelbildung im Luftstrom vermieden werden. Ein glattes Abströmen der Luft hinter dem Hindernis ist hierbei noch wichtiger als ein stoßfreies Anströmen an das Hindernis.

Um die beiden Forderungen einer guten Reinigungsfähigkeit und eines geringen Strömungswiderstandes erfüllen zu können, muß das ganze Kanalnetz nach Möglichkeit schon beim Herstellen der Baupläne sorgfältig durchdacht werden können. Es ist leider ein häufiger Fall, daß die Lüftungsfirma erst dann herangezogen wird, wenn der Rohbau des Gebäudes schon fertig ist. Die Folgen sind trotz nun vermehrter Baukosten doch noch ein schlecht reinigungsfähiges Kanalnetz und unnötig hohe Stromkosten für den Ventilator.

E. Bauliche Ausführung der Luftöffnungen im Saal.

Es soll vorerst nur die bauliche Ausgestaltung der Öffnungen besprochen werden, ohne Rücksicht auf ihre Verwendung zur Zuführung oder Abführung der Luft. Die Unterbringungs- und Ausgestaltungsmöglichkeiten für diese Öffnungen sind je nach den räumlichen Verhältnissen, vor allem aber je nach den künstlerischen Forderungen des Architekten überaus verschieden. Es ist darum den Studierenden nur zu raten, sich bei Gelegenheit des Besuches von Theatern, Lichtspielhäusern, Gaststätten usw. die verschiedenen Ausführungsmöglichkeiten genau anzusehen.

Im oberen Teil der Räume bietet die Unterbringung der nötigen Öffnungsquerschnitte keine Schwierigkeiten. Die häufigste und einfachste Ausführung ist eine rechteckige Durchbrechung der Wand, die mit einem weitmaschigen Gitter überspannt ist. Soll die Durchbrechung der Wand dem Auge nicht so offen dargeboten werden, sondern möglichst zurücktreten, so können irgendwelche Verzierungen der Decke oder des oberen Teiles der Wände mit durchbrochenen Ornamenten ausgestattet werden. Auch die Hohlkehle zwischen Decke und Wand läßt sich zur Führung der Luft benutzen.

Bedeutend schwieriger ist die Unterbringung der nötigen Öffnungsquerschnitte im unteren Teil der Räume. Hierbei müssen wir von der Überlegung ausgehen, daß die Forderungen der Lüftungstechnik am besten erfüllt werden, wenn die Luft durch Öffnungen, die gleichmäßig über dem ganzen Boden verteilt sind, dem Raum zugeführt wird. Es ist dabei aber nicht zulässig, unmittelbar im Fußboden waagerechte Gitter anzubringen, da der Staub, der sich von den Schuhen abwetzt, auf diese Weise in die Luftkanäle fallen würde. Die Gitter müssen also senkrecht stehen.

In Sälen mit ansteigenden Bankreihen, also mit treppenartigem Boden — wie in Hörsälen oder den Rängen der Theater — können die Gitteröffnungen in die senkrechten Teile der Stufen gelegt werden. Bei Sälen mit waagerechtem Boden und festen Bankreihen — wie im Parkett der Theater — ist eine Lösung nach Abb. 226 möglich. Unter den Bankreihen liegt ein Luftzuführungskanal, dessen vordere Fläche die Gitter trägt und dessen abgeschrägte obere Fläche als Fußstütze für die dahinterliegende Bankreihe dient.

Abb. 226. Luftausströmöffnung unter einem Stuhl.

In Sälen mit ebenem Boden ohne feste Bankreihen, also in Räumen, bei denen der Fußboden für die Luftzuführungsöffnungen nicht zur Verfügung steht, bereitet es meist große Schwierigkeiten, die Öffnungen in der nötigen Anzahl, Größe und räumlichen Verteilung unterzubringen, da dann nur der untere Teil der Wandfläche dafür zur Verfügung steht. Ein großer Teil derselben fällt bei Sälen durch die Eingangstüren und irgendwelche Einrichtungsgegenstände weg. Außerdem gestattet der Architekt nur ungern die Unterbrechung des Wandsockels oder der Wandverkleidung durch Aus- und Einströmöffnungen. Nur bei verständnisvollem und vor allem rechtzeitigem Zusammenarbeiten von Architekt und Lüftungsfachmann ist ein sowohl in technischer als schönheitlicher Hinsicht zufriedenstellende Lösung möglich.

F. Führung der Luft durch den Raum.

Es handelt sich hier um die wichtige und viel umstrittene Frage, wie man die Luft durch den zu lüftenden Raum führen soll, um mit möglichst geringer Luftmenge eine gute Wirkung zu erzielen, um Zugbelästigungen möglichst zu vermeiden und anderes mehr.

Zur Besprechung dieser Frage geht man am besten von den sogenannten ideellen Strömungsbildern aus. Es sind dies Darstellungen der Luftwege für besonders einfach gedachte Fälle.

1. Die ideellen Strömungsbilder.

Von entscheidendem Einfluß auf das entstehende Strömungsfeld ist die Geschwindigkeit, mit der die Luft in den Raum eingeführt wird. In dieser Hinsicht unterscheidet man zwei Gruppen von Ausführungsformen der Lüftungsanlagen. Die ältere und größere Gruppe ist dadurch gekennzeichnet, daß die Zuluft langsam, gleichsam schleichend, in den Raum eingeführt wird. Bei der neueren, kleineren Gruppe wird die Zuluft mit hoher Geschwindigkeit als weitreichender Luftstrahl eingeblasen.

a) Anlagen mit schleichender Einführung der Zuluft.

Da die Zuluft bei langsamem Eintritt sofort nach dem Verlassen der Einströmöffnungen sich selbst überlassen ist, hängt ihr Weg durch den Raum davon ab, ob
sie wärmer oder kälter als die Raumluft ist. Dabei ist weiterhin von Einfluß, ob die
Luft oben oder unten in den Raum eingeführt wird.

Lüftung von oben nach unten und umgekehrt.

In den ersten vier Abb. 277 a bis d ist angenommen, daß sowohl Fußboden als
Decke des Raumes in ihrer ganzen Ausdehnung gleichmäßig mit Luftöffnungen
belegt sind. Abb. 227 a und 227 b zeigen die Lüftung von oben nach unten. Abb. 227 c
und 227 d in umgekehrter Richtung.

Ist die Zuluft wärmer als die Raumluft (Abb. 227 a), so hat sie das Bestreben,
sich unter der Decke anzulagern, und sie muß durch die nachdrängende weitere

Zuluft, also durch die Kraft des
Ventilators, nach unten gedrückt
werden. Die Abbildung zeigt, daß die
frische Luft auf breiter Front vordringt und auf diese Weise den ganzen Raum gleichmäßig durchspült.
Ist dagegen die Zuluft kälter als die
Raumluft, wie in Abb. 227 b dargestellt ist, so fällt sie nach unten,
besitzt also eine eigene Strömungstendenz gegenüber der Raumluft. Bei
dem Abwärtssinken hat sie die Neigung, sich zu engen Bündeln oder
Strähnen zusammenzuziehen, auch
wenn sie oben gleichmäßig verteilt
eingeführt wurde. So kommt sie in
Form dünner Ströme in die Zone der
Menschen und verursacht dort, wenn
sie zu kalt ist, Zugerscheinungen.

In Abb. 227 c und 227 d ist die Lüftung von unten nach oben dargestellt.
Ist die Zuluft wärmer als die Raumluft, so hat sie wieder eine eigene
Strömungstendenz gegen die Raumluft und steigt von selbst nach oben.
Auch hier zeigt sich wieder die Erscheinung des Zusammenziehens zu
engen Strähnen. Da dies im allgemei-

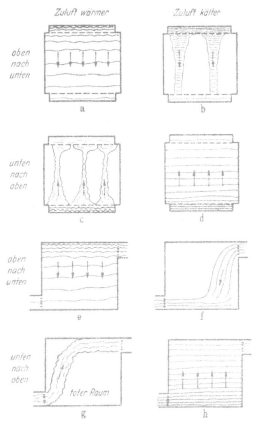

Abb. 227.
Die ideellen Strömungsbilder.

nen sich erst über den Menschen einstellt und zudem wegen der höheren Tempe-
ratur keine Zuggefahr besteht, ist diese Erscheinung vom lüftungstechnischen
Standpunkte aus belanglos. In Abb. 227 d ist der Fall der kälteren Zuluft dargestellt.
Die Zuluft lagert sich am Boden und muß durch die nachdrängende Zuluft ent-
gegen ihrer Tendenz nach oben gedrückt werden. Das Wesentliche ist wieder ein
Vordringen in breiter Front und eine gleichmäßige Durchspülung des Raumes.

Da die vorstehend getroffene Annahme, daß Fußboden und Decke des Raumes gleichmäßig mit Luftöffnungen belegt sind, sich sehr oft nicht verwirklichen läßt, ist in den Abb. 227e bis 227h noch der Fall gezeichnet, daß die Zu- und Abluftöffnungen in den Wänden liegen. Wenn die Luft entgegen ihrer Tendenz durch den Raum gedrückt wird, ändert sich durch die andere Lage der Öffnungen nichts. Deshalb stimmt Abb. 227e mit 227a und Abb. 227h mit 227d überein. Anders ist es, wenn wärmere Luft unten oder kältere Luft oben eingeführt wird. Beim Vergleich zwischen Abb. 227g mit Abb. 227c fällt vor allem der tote Raum, der hier entsteht, auf. In Abb. 227f ist ebenfalls der tote Raum zu erkennen; er ist jedoch hier meist bedeutungslos. Wichtig dagegen ist, daß unter der Einströmöffnung mit besonders starker Zuggefahr zu rechnen ist.

Aus den acht Abbildungen ergibt sich folgende Regel: Ist nur die Forderung einer gleichmäßigen Durchspülung des Raumes zu beachten, so muß man die Luft immer entgegen ihrer natürlichen Tendenz durch den Raum führen, also warme Luft oben und kalte Luft unten einführen.

Querlüftung.

Bei Räumen mit geringer Höhe, aber großer waagerechter Ausdehnung verlieren die Begriffe Lüftung von oben nach unten oder unten nach oben ihren Sinn. An ihre Stelle tritt die Querlüftung. Aus baulichen und anderen Gründen ist man meist gezwungen, die Luftöffnungen im oberen Teil der Wände oder in der Decke an-

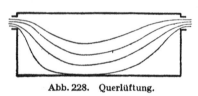

Abb. 228.   Querlüftung.

zubringen. Die Bezeichnung „Lüftung von oben nach oben", die manchmal gebraucht wird, ist unzweckmäßig.

Ist die Zuluft wärmer als die Saalluft, so strömt sie an der Decke entlang, trägt also nur wenig zur Lufterneuerung bei. Der Fall der wärmeren Zuluft ist allerdings selten und deshalb von keiner besonderen Bedeutung. Ist die Zuluft kälter (Abb. 228), so sinkt sie nach Verlassen der Ausströmöffnungen nach unten, durchquert den Raum, erwärmt sich dabei allmählich und steigt am Ende ihres Weges wieder nach oben. Sie zieht dann durch die Abluftöffnungen ab. Die Zuggefahr unter der Einströmöffnung ist hier besonders groß und verlangt, daß die Zulufttemperatur nur wenige Grade unter Raumtemperatur gehalten wird.

b) Anlagen mit weitreichendem Luftstrahl.

Abb. 229a und b stellen hierzu zwei Strömungsbilder dar. Der weitreichende Luftstrahl hat ein zweifache Aufgabe. Einmal soll er das sofortige Herabsinken der kalten Luft verhindern und sie weit in den Raum hinaustragen. Sie soll sich mit der Raumluft mischen und sich so etwas erwärmen, ehe sie in die Zone der Menschen gelangt. Auf diese

Abb. 229a und b.   Strahllüftung.

Weise ist es möglich, mit erheblich niedrigerer Zulufttemperatur zu arbeiten, ohne Zugerscheinungen befürchten zu müssen. Zum zweiten hat der Luftstrahl die Aufgabe, der Raumluft ein geplantes Strömungsfeld aufzuzwingen.

Die Bezeichnungen „Lüftung von oben nach oben" (Abb. 229 a) oder „von oben nach unten" (Abb. 229 b) sind hier nicht zu empfehlen, weil die Höhenlage der Abluftöffnung für den Vorgang nicht charakteristisch ist. Dieses Verfahren kann man als Strahllüftung, vielleicht auch Umwälzlüftung oder Spüllüftung bezeichnen.

2. Verdrängung oder Verdünnung der schlechten Luft.

Das Bestreben, die Zuluft möglichst gut auszunutzen, legt die Frage nahe, auf welche Weise denn eigentlich die zugeführte Frischluft zu einer Verbesserung der Luft im Raum führt. Wir kommen so zu zwei wesentlich verschiedenen Vorstellungen, die man durch die Worte „Verdrängung der schlechten Luft" und „Verdünnung der schlechten Luft" kennzeichnen kann. Der Begriff „Verdrängung" beruht auf der Vorstellung einer auf breiter Front eingeführten Zuluft, welche die schlechte Luft vor sich her drängt und aus dem Saal hinausschiebt. Der andere Begriff beruht auf der Vorstellung, daß durch die Zuführung reiner Luft und ihrer Mischung mit der alten Luft die Luftverschlechterung ausreichend verdünnt wird.

Der Gedanke der Verdrängung ist in reinster Form in den Abb. 227 a und d dargestellt. Das andere Verfahren, die Luftverbesserung durch Mischen und Verdünnen, wird am vollkommensten bei der Strahllüftung verwirklicht.

Die Zuluft wird am besten ausgenutzt, wenn eines der beiden Verfahren möglichst rein zur Anwendung kommen kann. Bei Berechnung der erforderlichen Luftmenge durch die Bilanzrechnung wurde stillschweigend die Annahme gemacht, daß der Zustand der Abluft gleich sei einem im ganzen Raum einheitlichen Mischzustand. Dem Berechnungsverfahren liegt also eine Luftverbesserung durch Mischung und Verdünnung zugrunde. Es gilt aber auch bei reiner Verdrängungslüftung. Je weniger aber die Luft diese geordneten Strömungswege einhält, um so mehr besteht die Gefahr, daß ein Teil der Zuluft aus dem Raum abströmt, ehe er in die Zone der Menschen gelangt ist. Das bedeutet aber eine schlechte Ausnutzung der Zuluft.

3. Störungen der ideellen Strömungsbilder.

Die Erörterung der acht ideellen Strömungsbilder ging von der Voraussetzung aus, daß die im Raum schon vorhandene Luft keine eigene Strömungstendenz hat. Das wird für sehr kleine Räume hinreichend zutreffen. Je größer aber ein Raum ist, um so mehr neigt seine Luft zu einer eigenen Strömung, um so „eigenwilliger" ist der Raum, und um so schwerer ist es für die Lüftungsanlage, sich durchzusetzen.

Ursachen für die Eigenströmung der Raumluft sind in erster Linie einseitige Abkühlung oder Erwärmung, also große Fenster und dünne Außenwände. In ähnlicher Weise können auch innere Wärmequellen wirken, z. B. dicht sitzende Menschengruppen, Heizkörper in kleinen Räumen, Glühöfen in Fabrikhallen und ähnliches. Bei Theatern ist die Wirkung des hohen Bühnenhauses auf den Zuschauerraum zu berücksichtigen. Ist die Eigenströmung durch kalte Außenflächen, durch Sonnenstrahlung oder durch Windanfall bedingt, so tritt als besondere Erschwernis hinzu, daß sich Richtung und Stärke der Eigenströmung je nach Tageszeit, Jahreszeit und Wetter ständig ändern.

Ursachen und Auswirkungen der Eigenwilligkeit sind so vielgestaltig, daß es nicht möglich ist, allgemeingültige Richtlinien für die Führung der Luft durch den Raum aufzustellen. Sicher ist, daß Urteile über einzelne Lüftungsverfahren, z. B.

für oder gegen die Lüftung von oben nach unten, für oder gegen die Strahllüftung, nicht als allgemeine Grundsätze hingestellt werden dürfen, sondern immer nur als begrenzt gültig für bestimmte Raumgruppen. Daß dies so selten beachtet wird, ist eine der Ursachen für die vielen widersprechenden Meinungen auf diesem Gebiete.

4. Lüftungsbeispiel.

Wenn im nachstehenden ein Lüftungsbeispiel besprochen wird, so kann aus den angegebenen Gründen dazu nur ein Raum ohne eigene Strömungstendenz genommen werden.

Ein eingebautes Lichtspieltheater oder ein Vortragssaal (z. B. der in Abb. 230 dargestellte Hörsaal) oder ein anderer, ähnlich gestalteter Versammlungsraum sei

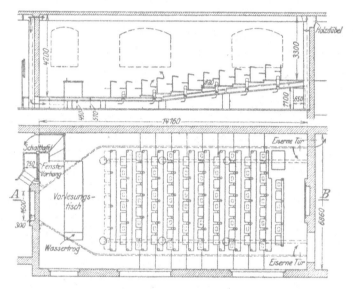

Abb. 230. Hörsaallüftung der Versuchsanstalt.

zu lüften. Es werde angenommen, daß der Raum keine einseitige Abkühlungsfläche besitze, daß er durch die Nachbargebäude gegen Sonnenstrahlung geschützt und auch nicht besonders hoch sei, so daß keine Gründe für eine beachtliche Eigenwilligkeit seines Luftinhaltes vorliegen.

Zuerst werde angenommen, daß gemäß Abb. 227a bis d die Luftöffnungen gleichmäßig über Fußboden und Decke verteilt angeordnet werden können, so daß nur noch über die Richtung der Luftführung, also von oben nach unten oder umgekehrt, zu entscheiden ist. Der Vorschlag, die Anlage umschaltbar für beide Strömungsrichtungen zu bauen, um sie dann später abwechselnd im einen oder anderen Sinne betreiben zu können, muß abgelehnt werden. Gegen ihn spricht nicht nur der Umstand, daß die Anlage komplizierter wird, sondern noch mehr der Grundsatz, daß man nicht denselben Kanal bald als Zuluft-, bald als Abluftkanal benutzen darf. Ein Kanal, der öfter als Abluftkanal benutzt wurde, wird nie die Sauberkeit aufweisen, die man von einem Zuluftkanal verlangen muß. Man wird sich also für eine der beiden Strömungsrichtungen entscheiden müssen.

Die Annahme, daß die Zuluft wärmer sei als die Raumluft, können wir für die Betrachtung ausschalten, da sie bei besetztem Saal selten zur Anwendung kommt und zudem die wärmere Zuluft nicht zuggefährlich ist. Es bleibt also nur noch die Annahme kälterer Zuluft zu besprechen.

Aus den zu Abb. 227 b erwähnten Gründen, nämlich dem Herabfallen kalter Zuluft nur an einzelnen Stellen, ist Lüftung von oben nach unten unzweckmäßig, und es bleibt nur die Richtung von unten nach oben.

Die gleichmäßigste Lüftung erzielt man bei Einführung der Luft unter den Sitzen. Gegen dieses Verfahren wird häufig geltend gemacht, daß es leicht zu einem Kältegefühl an den Füßen führt. Die Erfahrungen an gut betriebenen Anlagen widerlegen diesen Einwand. Klagen sind stets auf zuwenig vorgewärmte Zuluft zurückzuführen. Eine solche Anlage erfordert eine sehr sorgfältige Überwachung der Zulufttemperatur durch die Bedienung. Besser ist es, die Zulufttemperatur selbsttätig von der Raumtemperatur steuern zu lassen.

Es werde nun die Annahme gemacht, daß die Luftzuführung unter den Sitzen nicht möglich ist, z. B. wegen baulicher Schwierigkeiten. Dann bleibt als nächste Lösung eine Anordnung nach Abb. 227 h mit nur einigen Zuluftöffnungen am unteren Teil der Umfassungswände. Je weniger solcher Öffnungen angebracht werden können, um so größer wird die Gefahr der Zugbelästigung in der Nähe dieser Stellen. Ferner ist zu bedenken, daß die bei Abb. 227 h geschilderte gleichmäßige Verteilung der Zuluft über die ganze Bodenfläche nur bei einem schwachbesetzten Raum eintritt. Bei einem dichtbesetzten Raum werden die inneren Plätze nur wenig vom Luftwechsel erfaßt werden. Diese Anordnung steht also der erstbeschriebenen Anordnung an Wert beachtlich nach, kann aber bei einem nicht allzu großen Raum und bei nicht allzu hohen Anforderungen immerhin noch als brauchbare Lösung bezeichnet werden.

Es sei nun die dritte Annahme gemacht, daß gar keine Zuluftöffnungen in der unteren Raumhälfte möglich sind. Dann bleibt als nächste Lösung die Querlüftung nach Abb. 228 übrig, und zwar zweckmäßigerweise in Richtung einer Lüftung von vorn nach hinten. Es ist dabei die Tatsache berücksichtigt, daß ein von vorn kommender kühlerer Luftstrom leichter ertragen wird als ein von hinten oder von der Seite kommender. Es müssen also über oder neben dem Bildschirm (Vortragstafel) die Zuluftöffnungen und in der Rückwand die Abzugsöffnungen angebracht werden. Die Lösung ist einfach, gibt meist eine billige Anordnung, ist aber vom Lüftungsstandpunkte wenig befriedigend.

Eine grundsätzlich andere Lösung stellt die Strahllüftung dar. Zu- und Abluftkanal liegen im oberen Teil der hinteren Querwand. Die Zuluft wird unter der Decke nach vorn geworfen, so daß die rückströmende Luft den Saalinsassen entgegenströmt. Da die Zuluft, ehe sie in die Zone der Menschen kommt, sich schon etwas mit der Saalluft gemischt und damit angewärmt hat, kann sie erheblich kühler eingeführt werden als bei den Anlagen mit schleichender Lufteinführung, und man kann deshalb bei gleicher Luftmenge eine viel kräftigere Kühlung erzielen. Es ist dies ein Grund, weshalb dieses Lüftungsverfahren vor allem bei Klimaanlagen Verwendung findet. Soll sich das gedachte Strömungsfeld richtig ausbilden können, so ist eine entsprechende Raumhöhe erforderlich.

G. Frischluft- und Umluftbetrieb.

Da beim Frischluftbetrieb die gesamte zugeführte Luft von der niedrigen Außentemperatur auf Raumtemperatur erwärmt werden muß und dann mit dem vollen Wärmeinhalt dieser Temperatur ins Freie entlassen wird, bedingt der Frischluftbetrieb einen ganz erheblichen Aufwand an Wärme und damit an Betriebskosten, der ausschließlich der Lüftung in Rechnung gestellt werden muß.

Um diese Ausgaben zu ermäßigen, sieht man vielfach Umluftbetrieb vor, d. h. man zweigt einen Teil der Abluft ab, reinigt ihn und führt ihn als Umluft wieder dem Saal zu. Man erzielt damit außer der Brennstoffersparnis noch eine geringe Verbilligung der Anlagekosten wegen des etwas kleineren Lufterhitzers. Diesen Vorteilen stehen aber als Nachteil die erheblichen Anlagekosten für die Umluftkanäle, für die Schalteinrichtungen des Umluftnetzes und für die Reinigungsanlage der Umluft gegenüber.

Bei richtiger Abwägung aller Vor- und Nachteile erweist sich für gewöhnliche Lüftungsanlagen — also nicht für Luftheizungen und Klimaanlagen — doch der Frischluftbetrieb meist als der wirtschaftlichere. Dies ist stets dort zu erwarten, wo es zulässig ist, bei sehr niedriger Außentemperatur mit der Luftmenge zurückzugehen. Bis zu 0° Außentemperatur muß aber die gesamte von den Lüftungsregeln vorgeschriebene Luftmenge auf Raumtemperatur erwärmt werden können, was bei Bemessung der Luftheizkörper zu beachten ist.

Es muß noch nachdrücklich betont werden, daß Umluftanlagen ohne einwandfreie Reinigung der Umluft abzulehnen sind.

H. Meß- und Regeleinrichtungen.

Über die Messungen, die bei der Abnahme einer neu erstellten Anlage durchzuführen sind, geben die „VDI-Lüftungsregeln für Versammlungsräume" Aufschluß, so daß wir uns hier nur mit den Meßeinrichtungen zur dauernden Betriebsüberwachung zu beschäftigen haben.

Der geordnete Betrieb einer Lüftungsanlage erfordert eine ständige Überwachung der Außentemperatur, der Temperatur im Saal und vor allem der Zulufttemperatur, weshalb es zweckmäßig ist, diese Messungen als Fernmessungen auszubilden und die Ablesegeräte mit den Schaltgeräten der Anlage auf einer Schalttafel zusammenzufassen.

Da sich Zugerscheinungen nur durch sorgfältiges Einhalten der Zulufttemperatur vermeiden lassen, ist auch bei gewöhnlichen Lüftungsanlagen eine selbsttätige Regelung der Zulufttemperatur zu empfehlen. Man stellt dabei am besten auf einen festen Temperaturunterschied gegenüber Raumtemperatur ein, denn die Einhaltung der richtigen Raumtemperatur ist ja nicht Sache der Lüftungsanlage, sondern der örtlichen Heizflächen.

Eine fortlaufende Messung der Luftmenge im Betrieb ist meist nicht erforderlich. Nur bei stark verzweigten Leitungen kann es notwendig werden, an wichtigen Abzweigpunkten Meßstellen einzubauen. Es ist dann aber meist zu empfehlen, diese gleich als selbsttätige Regelstellen auszubauen.

In vielen Fällen ist noch eine Messung des Über- oder Unterdruckes im Saal gegenüber seinen Nebenräumen oder gegenüber dem Freien notwendig.

J. Luftheizung.

Die Luftheizung (vgl. auch S. 118) gleicht in ihrem Aufbau vollständig der reinen Lüftungsanlage. Während aber bei einer reinen Lüftungsanlage die Erwärmung des Raumes den örtlichen Heizflächen übertragen und die Zuluft nur so weit an die Raumtemperatur heran erwärmt wird, daß keine Zugempfindung entstehen kann, wird bei einer Luftheizung die Erwärmung des Saales durch Zufuhr von Luft bewirkt, die wesentlich über Raumtemperatur erwärmt ist. Über 40° C hinauszugehen, ist jedoch meist nicht zu empfehlen. Inwieweit eine Befeuchtung der Zuluft notwendig ist, hängt von der Art und Benutzungszeit des Saales ab.

Die Luftheizungsanlage ist stets für Umluftbetrieb einzurichten, da dieser zum Hochheizen des noch leeren Saales notwendig ist. In dem Maße, in dem sich dann der Saal füllt und die Wärmeabgabe der Menschen in Erscheinung tritt, muß der Betrieb der Anlage von Heizung auf Lüftung und damit von Umluft- auf Frischluftbetrieb umgestellt werden.

IV. Klimaanlagen.
Von Dr. F. Bradtke.

A. Vorbemerkung.

Es ist falsch, eine Lüftungsanlage deswegen schon als Klimaanlage zu bezeichnen, weil sie eine zusätzliche Einrichtung zum Kühlen oder zum Befeuchten der Zuluft besitzt. Diese mißbräuchliche Bezeichnungsweise, die meist nur Reklamesucht verrät, sollte grundsätzlich vermieden werden, da sie zu einer Verfälschung des Begriffes Klimaanlagen führt.

Ferner ist es weder notwendig noch wünschenswert, daß jede Firma, die Lüftungsanlagen baut, sich darum gleich als Herstellerin von Klimaanlagen bezeichnet. Auch braucht durchaus nicht jeder Heizungs- und Lüftungsingenieur das erforderliche Können zum Bau von Klimaanlagen zu besitzen. Hierzu bedarf es einer großen Menge von Sonderkenntnissen und Erfahrungen, deren Vermittlung weit über den Rahmen dieses allgemein gehaltenen Lehrbuches hinausführen würde. Für weitere Vertiefung in das Gebiet wird auf das einschlägige Schrifttum verwiesen [1].

Wenn auch nicht jeder Ingenieur unseres Faches selbst Klimaingenieur zu sein braucht, so soll doch jeder in großen Zügen über das Wesen der Klimatechnik Bescheid wissen. Dieser Zielsetzung gemäß werden die Klimaanlagen nachstehend nur kurz behandelt.

B. Kennzeichnung der Klimaanlagen.

Die Klimaanlagen sind aus den einfachen Lüftungsanlagen hervorgegangen, deren Aufgabe es ist, in dem zu lüftenden Raum durch Zuführung einer ausreichenden Luftmenge für die erforderliche Lufterneuerung zu sorgen. Da dies ohne Zug-

---

[1] Hottinger, M.: Lüftungs- und Klimaanlagen einschließlich Luftheizung. Berlin, Springer 1940. — Rybka, K., u. A. Klein: Klimatechnik, Entwurf, Berechnung und Ausführung von Klimaanlagen. 2. Aufl. München und Berlin. R. Oldenbourg 1938. — VDI-Sonderheft Klimatechnik. Berlin, VDI-Verlag 1939. — Sprenger, E.: Klimatechnik. Kalender für Gesundheits- und Wärmetechnik. München und Berlin. R. Oldenbourg 1944.

erscheinungen geschehen soll, so muß die Zuluft bei zu niedriger Außentemperatur erwärmt werden. Weiterhin soll die Lüftung den ganzen Raum gleichmäßig erfassen, in ihm je nach Erfordernis Über- oder Unterdruck erzeugen, und schließlich soll zwecks Sauberhaltung der Luftkanäle die Luft durch Staubfilter gereinigt werden. Damit sind alle Forderungen genannt, die einfache Lüftungsanlagen zu erfüllen haben.

Jeder Lüftungsfachmann weiß, daß die Wirkung der einfachen Lüftungsanlagen begrenzt ist, daß bei ihnen im Sommer die Luft oft zu warm und feucht, im Winter dagegen zu trocken in den Raum gelangt. Selbst wenn zur Abhilfe solcher Mängel die Anlagen noch mit Geräten zur Kühlung oder Befeuchtung der Luft versehen werden, können sie nicht allen Aufgaben genügen, die der neuzeitlichen Lüftungstechnik gestellt werden.

Die wichtigste dieser Aufgaben besteht darin, den Luftzustand eines Raumes weitgehend unabhängig von allen Änderungen der Außenluftverhältnisse wie auch von den Schwankungen der im Raum anfallenden Wärme und Feuchtigkeit zu machen. Zu diesem Zweck wurden die Klimaanlagen entwickelt und so weit vervollkommnet, daß mit ihnen heute die Aufgabe gelöst werden kann, in einem gegebenen Raum ein vorgeschriebenes Raumklima von bestimmter Temperatur, Feuchtigkeit, Bewegung und Reinheit der Luft herzustellen und aufrechtzuerhalten.

Um solchen Anforderungen zu entsprechen, müssen Klimaanlagen mit allen notwendigen Einrichtungen zur Bewegung, Reinigung, Erwärmung, Kühlung, Trocknung und Befeuchtung der Luft und — was vor allem kennzeichnend für sie ist — mit besonderen Regelvorrichtungen versehen sein, die selbsttätig die einzelnen Vorgänge der Luftbehandlung in der gewollten Weise zu steuern vermögen. Nur bis zu diesem Vollkommenheitsgrade durchgebildete Anlagen, bei denen zudem bei der Übernahme des Auftrages das verlangte Raumklima auch garantiert wurde, dürfen Klimaanlagen genannt werden.

Die häufig benutzte Bezeichnung „Bewetterungsanlagen" ist unzutreffend und wird daher in dieser Darstellung vermieden.

Die Anwendung der Klimaanlagen hat im letzten Jahrzehnt einen solchen Umfang angenommen, daß bereits eine größere Zahl von Firmen auf diesem Sondergebiet der Lüftungstechnik tätig ist, für das heute mit gutem Recht die Bezeichnung „Klimatechnik" gebraucht wird.

C. Einteilung der Klimaanlagen.

Abgesehen von den Klimaanlagen für Sonderzwecke, z. B. Laboratorien, Telefonzentralen, Operationssäle[1], Räume für Heilbehandlung in Krankenhäusern[2], können die sonst verwendeten Anlagen in zwei Gruppen unterteilt werden, nämlich:

1. Klimaanlagen für Aufenthaltsräume,
2. Klimaanlagen für Fabrikationsräume.

Zweckmäßig erscheint es, dafür die kürzeren Bezeichnungen „Saalklimaanlagen" und „Werkklimaanlagen" zu gebrauchen.

---

[1] Brandi, O. H.: Klimaanlagen für Operationssäle. Heizg. u. Lüftg. Bd. 12 (1938) S. 71/72.

[2] Wolfer, H.: Klimatechnik und Heilbehandlung in Krankenhäusern. VDI-Sonderheft Klimatechnik. VDI-Verlag 1939 S. 21—27.

Zu 1. Als Säle sind hier immer stark besetzte Aufenthaltsräume, wie Theater, Kinos, Versammlungsräume, Festsäle, Gaststätten, Büros usw., gemeint, in denen Temperatur und Feuchte der Luft infolge der Wärme- und Wasserdampfabgabe der Menschen leicht die hygienisch zulässigen Grenzen überschreiten. In solchen Räumen soll durch die Klimatisierung ein behagliches Raumklima geschaffen werden. Klimaanlagen dieser Art werden daher auch Komfortklimaanlagen genannt.

Zu 2. Werkklimaanlagen sind heute schon sehr verbreitet und am häufigsten in jenen Betrieben anzutreffen, die hygroskopische Stoffe verarbeiten[1]. Dazu gehören die Betriebe der Textil-, Zellwolle-, Kunstseide-, Tabak-, Lederwaren- und chemischen Industrie, ferner Papierfabriken, Druckereien u. a. m. Die Anwendung von Klimaanlagen in den genannten Industriezweigen ist notwendig, weil hygroskopische Stoffe ihren Wassergehalt und damit ihre für die Verarbeitung wichtigen Eigenschaften mit den Zustandsänderungen der Umgebungsluft ändern. Dies macht sich z. B. bei Textilfasern in hohem Grade an ihrer Spinnfähigkeit, Elastizität und Festigkeit bemerkbar. Um einen ungehinderten, gleichmäßigen Fabrikationsgang und eine gleichbleibende Güte der fertigen Erzeugnisse zu erzielen, ist man daher bemüht, in den Arbeitsräumen dauernd diejenigen Luftverhältnisse zu halten, die sich für die zu verarbeitenden hygroskopischen Stoffe erfahrungsgemäß als die günstigsten erwiesen haben. Zumeist dürfen die relative Feuchte und Temperatur der Luft nur wenig von den Sollwerten abweichen. Das ist aber eine Forderung, die allein von Klimaanlagen erfüllt werden kann.

Gleich nützliche und unentbehrliche Dienste wie in den vorerwähnten Industriezweigen leisten die Klimaanlagen auch in den Großbetrieben für die Herstellung von Nahrungs- und Genußmitteln, so z. B. in Brotfabriken, Wurstfabriken, Molkereien, Schokolade- und Süßwarenfabriken[2]. Die Herstellung, Verpackung und Lagerung der Waren erfordert hier ebenfalls die Einhaltung bestimmter Temperaturen und Feuchtigkeiten der Luft, um den Ausschuß auf ein Mindestmaß zu bringen und den Verderb der Waren zu verhüten.

Von besonderer Wichtigkeit ist noch der Umstand, daß die zur zweiten Gruppe gehörigen Klimaanlagen gleichzeitig auch die Luftverhältnisse für die in den Betrieben tätigen Menschen verbessern helfen und damit zu einer höheren Leistung bei größerem Wohlbefinden der Arbeiter beitragen.

D. Raumklimatische Forderungen an Klimaanlagen.

Für die beiden unter C genannten Gruppen von Klimaanlagen können keine einheitlichen raumklimatischen Forderungen aufgestellt werden, denn durch die Klimatisierung der Luft soll in Aufenthaltsräumen ein behagliches Raumklima für die darin befindlichen Menschen, in Fabrikationsräumen dagegen ein passendes Raumklima für die darin zu verarbeitenden Rohstoffe geschaffen werden. Die Forderungen für die beiden Anwendungsgebiete stimmen nicht überein und müssen daher getrennt behandelt werden.

---

[1] S ü l z l e , W.: Vollautomatische Klimaanlagen in Industriewerken. Heizg. u. Lüftg. Bd. 12 (1938) S. 129—133.

[2] B a h l s e n , H.: Raumklima, Erfahrungen aus der Süßwarenindustrie. VDI-Sonderheft Klimatechnik. VDI-Verlag 1939 S. 18—20.

1. Saalklimaanlagen.

Die Behaglichkeitsforderung für Aufenthaltsräume ist dann erfüllt, wenn sich die Rauminsassen während der gesamten Benutzungszeit der Räume in ausreichendem Maße entwärmen können. In diesem Falle beträgt die Gesamtwärmeabgabe je Person etwa 100 kcal/h (vgl. „Die hygienischen Grundlagen der Heiz- und Lüftungstechnik" S. 262). Maßgebend für die Entwärmung des menschlichen Körpers und sein Behaglichkeitsempfinden sind die Temperatur, relative Feuchte und Bewegung der Raumluft. Sie müssen daher durch die Klimaanlage so eingestellt werden, daß bei den Raumbenutzern weder Wärmestauungen durch eine zu hohe Temperatur und Feuchtigkeit noch Kälte- oder Zugempfindungen durch eine zu tiefe, der Luftbewegung nicht angepaßte Raumtemperatur hervorgerufen werden.

Um für die Praxis einheitliche Berechnungsgrundlagen zu schaffen, sind im Abschnitt „Mindestanforderungen an Klimaanlagen" der VDI-Lüftungsregeln[1] die bei Versammlungsräumen einzuhaltenden Temperaturen und Grenzwerte der relativen Luftfeuchte angegeben, die nicht überschritten werden sollen. Die betreffenden Zahlenwerte sind nachstehend abgedruckt.

Den Behaglichkeitsforderungen entsprechende Raumluftzustände bei verschiedenen Außenlufttemperaturen.

Jahreszeit		Winter	Sommer				
Außentemperatur		—	20°	25°	30°	32°	35°
nach VDI-Lüftungsregeln							
Innentemperatur		20°	21,5°	22°	25°	—	27°
rel. Luftfeuchte	untere Grenze	35%	—	—	—	—	—
	obere Grenze	70%	70%	70%	60%	—	60%
gesetzmäßig liegende Werte							
Innentemperatur		—	22°	23°	25°	26°	27°
rel. Luftfeuchte		—	70%	66%	60%	56%	53%

Nach der Zahlentafel soll im Winter eine Raumtemperatur von 20° bei 35 bis 70 vH Luftfeuchte vorhanden sein, während im Sommer Temperatur und Feuchtigkeit der Luft nach der Außentemperatur abzustimmen sind, weil in dieser Jahreszeit eine von der Außentemperatur zu weit entfernte Raumtemperatur als zu kühl empfunden wird und die relative Luftfeuchte mit steigender Raumtemperatur gesenkt werden muß, um das Auftreten schwüler Luft zu vermeiden. Die beiden letzten Reihen der Zahlentafel enthalten für den Sommer die von mir etwas abgeänderten Luftzustandswerte, die mehr einer gesetzmäßigen Beziehung zwischen Temperatur und Feuchte der Luft entsprechen[2].

In Abb. 231[3] sind diese abgeänderten Luftzustandswerte in der voll ausgezogenen Kurve durch Kreuze dargestellt, während die Kreise im oberen Kurventeil Luftzustandswerte bezeichnen, die sich für klimatisierte Räume auf den Philippinen,

---

[1] VDI-Lüftungsregeln. VDI-Verlag, Berlin 1937, S. 3.
[2] Bradtke, F.: Grundlagen für Planung und Entwurf von Klimaanlagen. Z. d. VDI Bd. 82 (1938) S. 1474.
[3] Entnommen aus dem unter [2] angegebenen Aufsatz.

also in einem tropischen Gebiet, als zweckmäßig erwiesen haben. Auffälligerweise
liegen die für die Tropen und für unser Klima aufgestellten Werte auf der gleichen
Kurve, die einem fast gleichbleibenden Wassergehalt der Luft von 11,4 bis 11,7 g/kg
entspricht. Es ist bemerkenswert, daß die für Saalklimaanlagen erfahrungsgemäß
festgelegten oberen Grenzwerte der
Luftzustände gut mit der sogenannten Schwülegrenze[1] übereinstimmen,
die bisher zur Beurteilung des Klimas
in Schiffsräumen und bei außen-
klimatischen Untersuchungen in den
Tropen benutzt wurde[2].

Hinsichtlich der Luftbewegung im
Raum gilt die gleiche Forderung wie
bei einfachen Lüftungsanlagen: Zugerscheinungen müssen unbedingt vermieden werden. Die häufigste Ursache von Zugbelästigungen ist Luftbewegung bei zu geringer Lufttemperatur. Aber auch kalte Umgebungsflächen, vor allem hohe Fenster, an
denen Kaltluft heruntersinkt, können Zugerscheinungen hervorrufen.
Unter Umständen kann daher bei
Klimaanlagen die Aufstellung von
örtlichen Heizkörpern unter solchen
Abkühlungsflächen vorteilhaft sein.

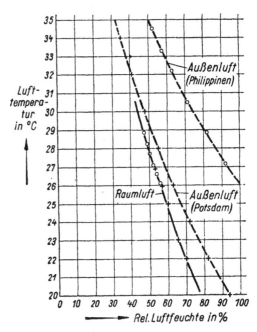

Abb. 231. Kurven des Luftzustandes
für Außen- und Innenluft.

Zur meßtechnischen Erfassung von Zugerscheinungen ist das Katathermometer
geeignet, das gleichzeitig auf die Temperatur und Geschwindigkeit der Luft, selbst
bei schwacher Luftbewegung, deutlich anspricht (vgl. S. 258). Nach den VDI-Lüftungsregeln dürfen in der Aufenthaltszone der Menschen keine größeren Katawerte
als 6 bei den einzuhaltenden Temperaturen auftreten.

Zu den raumklimatischen Forderungen ist schließlich noch der Anspruch auf
Reinheit der Luft zu zählen, der in gleicher Weise schon bei einfachen Lüftungsanlagen berücksichtigt werden muß. Es kann daher auf die diesbezüglichen Ausführungen auf S. 165 verwiesen werden.

2. Werkklimaanlagen.

Für die raumklimatischen Forderungen sind bei diesen Anlagen lediglich die in
den Betrieben zu lagernden und zu verarbeitenden Rohstoffe maßgebend. Die
günstigsten Luftzustandswerte für die verschiedenen Materialien und für die
einzelnen Phasen ihrer Verarbeitung weichen sehr voneinander ab und sind dem
Lüftungsingenieur meist unbekannt. Sie müssen ihm daher vom Auftraggeber nach

[1] Liese, W.: Luftzustand und Behaglichkeitsbeurteilung. Wärme- und Kältetechnik
Bd. 42 (1940) S. 84—88. — Scharlau, K.: Schwülegrenze und raumklimatische Behaglichkeitsforderungen. Wärme- und Kältetechnik Bd. 45 (1943) S. 43/44.
[2] Ruge, H.: Das Verhalten der Lufttemperatur und Luftfeuchtigkeit auf einem mo-
dernen Kreuzer in den Tropen. Ein Beitrag zur praktischen Brauchbarkeit von Schwülekurven. Veröff. Marine-Sanitätswes. 1932 H. 22.

dessen eigenen Betriebserfahrungen für den Entwurf und die Berechnung der Klimaanlagen vorgeschrieben werden. Es hat darum auch wenig Wert, die für die verschiedenen Industriebetriebe und Fabrikationsarten meistbenutzten Temperatur- und Feuchtewerte in einer Zahlentafel zusammenzustellen, weil in vielen Fällen doch wieder mit Abweichungen von derartigen Tabellenwerten zu rechnen ist.

Im allgemeinen sollen die günstigen Luftzustandswerte das ganze Jahr über aufrechterhalten werden, um eine gleichmäßige Verarbeitung der Rohstoffe sicherzustellen.

Die sonst geltenden raumklimatischen Forderungen, die sich auf die Vermeidung von Zugerscheinungen und die Reinheit der Luft beziehen, müssen auch hier erfüllt werden. In manchen Fällen, z. B. in Filmfabriken, optischen Werkstätten, Betrieben zur Herstellung von Pudern, werden gerade an die Reinheit der Luft ganz besonders hohe Ansprüche gestellt.

E. Ausführung der Klimaanlagen.

1. Allgemeines.

Soll bei einer Klimaanlage die Temperatur und Feuchte der Raumluft unabhängig von allen störenden Einflüssen gehalten werden, so muß die Zuluft den jeweiligen Außen- und Innenluftverhältnissen entsprechend vorbehandelt oder aufbereitet werden. Die notwendige Feinfühligkeit bei der Einstellung der Aufbereitungsvorgänge kann niemals durch Handbedienung erzielt werden, sondern ist nur bei Anwendung selbsttätiger Regeleinrichtungen gewährleistet.

Die Klimazentrale oder Klimakammer als Ort der Aufbereitung und die selbsttätige Regelung sind daher die wichtigsten Bestandteile jeder Klimaanlage.

Auf die Behandlung der selbsttätigen Regelung bei Klimaanlagen[1], die eine Einführung in die vielen Lesern unbekannten regeltechnischen Begriffe und Bezeichnungen erfordern würde, muß im Rahmen dieser kurzgefaßten Darstellung und ihrer eingangs betonten Zielsetzung (vgl. S. 197) verzichtet werden.

Im folgenden soll nur auf die Gestaltung der Klimazentrale eingegangen werden, denn eine Beschreibung der sonstigen Teile der Klimaanlagen erübrigt sich, weil bezüglich der Luftkanäle, der Anordnung und Ausbildung der Lufteintrittsöffnungen, der Führung der Luft durch den Raum usw. keinerlei Unterschiede zwischen Klimaanlagen und guten einfachen Lüftungsanlagen bestehen. Es wird auf die betreffenden Ausführungen bei Besprechung der einfachen Lüftungsanlagen (s. S. 181) verwiesen.

2. Die Klimazentrale.

Sie vereinigt in sich, wie es Abb. 232 schematisch zeigt, die erforderlichen Einrichtungen zur Bewegung, Reinigung, Erwärmung, Kühlung, Befeuchtung und Trocknung der Luft. Außerdem gehört zu ihr noch die Kammer zur Mischung von Außenluft und Umluft. Die einzelnen Bestandteile der Zentrale werden entweder zu einem einheitlichen Gehäuse aus starkem, verzinktem Eisenblech zusammengefaßt oder unter Benutzung vorhandener Räumlichkeiten in einer Klimakammer aus Mauerwerk untergebracht, wie es Abb. 218 für eine Lüftungszentrale zeigt. In

---

[1] Sprenger, E.: Regler und Regelung in Klimaanlagen. Heizg. u. Lüftg. Bd. 14 (1940) S. 97—104. — Faltin, H.: Aufbau und Regelung von Klimaanlagen. VDI-Sonderheft Klimatechnik, VDI-Verlag 1939, S. 8—12.

diesem Falle muß eine glatte, feste Oberfläche der Innenwände, Decken und Fußböden vorhanden sein.

Verfolgen wir nun an Hand der Abb. 232 den Weg der Luft durch die Klimazentrale, so begegnen wir folgenden Einrichtungen:

a) Mischkammer,	e) Luftwäscher mit Spritzdüsen,
b) Staubfilter,	f) Tropfenfänger,
c) Vorwärmeheizkörper,	g) Nachwärmeheizkörper,
d) Flächenkühler,	h) Lüfter.

Dieser Aufzählung seien kurze Erläuterungen angefügt.

a) Mischkammer.

Am Eintritt der Außen- und Umluft in die Kammer befinden sich gekoppelte, gegenläufige Klappen, mit denen bei gleichbleibender Gesamtluftmenge ein beliebiges Mischungsverhältnis von Außen- und Umluft eingestellt werden kann.

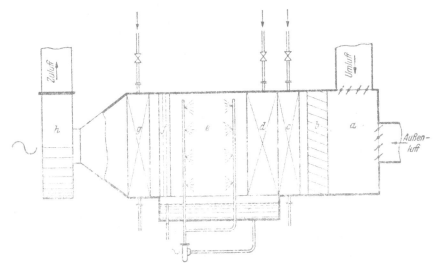

Abb. 232. Klimazentrale.

Der Mischluftbetrieb wird bei Klimaanlagen fast immer benutzt, nicht nur, um im Winter den Wärmeverbrauch herabzusetzen, sondern vor allem wegen des geringeren Bedarfes an Kühlwasser im Sommer, das in dieser Jahreszeit in der erforderlichen Menge oft schwer zu beschaffen ist.

Für Saalklimaanlagen ist nach den VDI-Lüftungsregeln kein bestimmter Mindestanteil an Frischluft vorgeschrieben. Er sollte jedoch nicht weniger als 25 vH der Gesamtluftmenge betragen.

b) Staubfilter.

Hinter der Mischkammer ist in guten Anlagen gewöhnlich ein Staubfilter zur Reinigung der Außen- und Umluft angeordnet. Es kommen hier die schon auf S. 213 besprochenen ölbenetzten Metallfilter zur Anwendung. Gegen den Einbau des Staubfilters könnte eingewandt werden, daß er überflüssig sei, da ja die Luft auf ihrem

Wege durch die Klimazentrale noch im Luftwascher gereinigt werde. Es hat sich jedoch herausgestellt, daß diese Reinigung nicht ausreichend ist und daß insbesondere Staubarten mit fettiger Oberfläche, wie z. B. Ruß, im Wascher nicht zurückgehalten werden.

c) Vorwärmeheizkörper.

Er wird nur im Winterbetrieb benötigt. Mit ihm wird die Mischluft so weit vorgewärmt, daß sie bei ihrer nachträglichen Befeuchtung im Luftwascher und dem dabei eintretenden Vorgange der Verdunstungskühlung den Taupunkt der Zuluft erreicht.

Wegen des geringen Platzbedarfes und der bequemen Einbauweise werden heute ausschließlich Lamellenlufterhitzer als Vorwärmer benutzt.

d) Flächenkühler.

Während des Sommerbetriebes tritt an Stelle des Vorwärmers der Flächenkühler in Tätigkeit. Er soll die Mischluft so weit herunterkühlen und durch die hierbei bewirkte Wasserausscheidung trocknen, daß sie ebenso wie im Winterbetrieb den Taupunkt der Zuluft oder, richtiger gesagt, den Wassergehalt der Zuluft erreicht, weil in Wirklichkeit die Zustandsänderung der Luft nicht ganz bis zum Taupunkt, d. h. bis zur Sättigungsgrenze, gelangt.

Zwecks Unterbringung einer großen Kühlfläche auf kleinem Raum werden vorwiegend Lamellenluftkühler verwendet, die so einzubauen sind, daß die Lamellen zur besseren Abführung des ausgeschiedenen Wassers senkrecht stehen.

Als Kühlmittel dient Leitungswasser oder, wenn dessen Temperatur zu hoch liegt, Wasser aus einem Tiefbrunnen, das auch im Sommer eine fast gleichbleibende Temperatur von etwa 10° C besitzt.

e) Luftwascher.

In ihm kommt die Luft mit Wasser in Berührung, das durch zahlreiche Düsen fein zerstäubt und so auf eine große Oberfläche für den Wärme- und Wasseraustausch gebracht wird. Der Luftwascher ist für verschiedene Aufgaben der Luftaufbereitung brauchbar, und zwar kann er zur Reinigung der Luft, zu ihrer Befeuchtung im Winter und zu ihrer Kühlung und Trocknung im Sommer dienen. Er wird zu allen diesen Aufgaben, am meisten jedoch zur Luftbefeuchtung im Winter benutzt, die nur geringe Kosten verursacht, da mit Umlaufwasser gearbeitet wird, das vom Ablauftank durch eine Pumpe wieder den Düsen zugeführt wird. Im Sommer wird er, falls die Klimazentrale Staubfilter und Flächenkühler besitzt, mitunter ausgeschaltet oder nur zusätzlich zur Reinigung und Kühlung der Luft verwendet, insbesondere dann, wenn die Luft von Gerüchen befreit werden soll, die durch Waschung am ehesten zu beseitigen sind. Hierbei müssen jedoch die Düsen, um Nachbefeuchtung der Luft hinter dem Flächenkühler zu vermeiden, Leitungs- oder Brunnenwasser, also kein Umlaufwasser, zerstäuben.

Die Kühlung und Trocknung der Luft erfolgt heute vorwiegend mit dem Flächenkühler, da er weniger Raum beansprucht und vor allem weniger Wasser verbraucht als der Luftwascher. Hinzu kommt, daß es keine zuverlässigen Berechnungsgrundlagen gibt, mit denen die Kühlleistung der Luftwascher, ihre Abmessungen, Zahl und Abstand der Düsen usw. ermittelt werden können, während die Leistung der Flächenkühler von den Lieferfirmen auf Grund von Versuchsergebnissen gewährleistet wird.

f) Tropfenfänger.

Der hinter dem Luftwascher befindliche Tropfenfänger soll verhindern, daß Wassertropfen aus dem Zerstäubungsraum in die weiteren Luftwege gelangen. Meist wird er von nebeneinandergestellten zickzackförmigen Blechen gebildet, die so gestaltet sind, daß aus der durchgehenden Luft die mitgerissenen Wasserteilchen ausgeschieden werden.

g) Nachwärmeheizkörper.

Wie schon erwähnt, muß die Luft nach Verlassen des Luftwaschers den Taupunkt bzw. den Wassergehalt der Zuluft erreicht haben. Nunmehr bleibt ihr Wassergehalt unverändert, und es ist ihr im Nachwärmheizkörper nur so viel Wärme zuzuführen, daß sie auf die für den Winter und Sommer erforderliche Zulufttemperatur kommt. Diese liegt höher als die Raumtemperatur, wenn die Klimaanlage den Raum erwärmen, und tiefer, wenn sie ihn kühlen muß.

Auch zur Nachwärmung der Luft sind Lamellenlufterhitzer am geeignetsten. Im Sommerbetrieb, der keine Vorwärmung und auch nur wenig Wärme für die Nachwärmung erfordert, wird der Betrieb des Lufterhitzers recht unwirtschaftlich, wenn dafür eigens ein Kessel beheizt werden muß. Um diesen Nachteil zu vermeiden, kann zur Nachwärmung an Stelle des Lufterhitzers ein Teil der aus dem Raum kommenden warmen Umluft benutzt werden, die zu diesem Zweck erst hinter dem Tropfenfänger der aufbereiteten Luft zugemischt wird. Man nimmt dabei in Kauf, daß diese Teilmenge, die Umgehungsluft genannt wird, unaufbereitet zum Raum zurückkehrt. Ihre Reinigung durch ein Staubfilter muß jedoch verlangt werden.

h) Lüfter.

Die Luftbewegung durch die Klimaanlage wird durch den am Ende der Klimazentrale eingebauten, von einem Elektromotor angetriebenen Fliehkraftlüfter bewirkt. Die Forderung, daß Lüfter wie Motor möglichst wenig Geräusche verursachen sollen, wird bei Klimaanlagen oft in gleicher Weise erhoben wie bei einfachen Lüftungsanlagen. Es kann auf die diesbezüglichen Ausführungen auf S. 187 verwiesen werden, wo auch die für Saalanlagen einzuhaltenden Lautstärken und die Maßnahmen zur Abschwächung der Geräusche angegeben sind. Bei Werkanlagen spielt die Geräuschfrage meist keine so wichtige Rolle.

Als Lüfter für Klimaanlagen werden solche mit rückwärts gebogenen Schaufeln bevorzugt, weil sie bei gleicher Drehzahl geräuschschwacher laufen, ihr Kraftbedarf weniger von der Belastung abhängt und die Wirkungsgradkurve im Betriebsbereich flacher verläuft als bei Lüftern mit vorwärts gebogenen Schaufeln.

Da ein ruhiger Lauf des Lüfters bei niedriger Drehzahl erzielt wird, ist Riemenantrieb am zweckmäßigsten. Bei Klimaanlagen werden dafür gewöhnlich Keilriemen verwendet, die einen geringen Abstand zwischen Lüfter und Motorachse, ein rasches Ausbauen des Motors und Abändern der Drehzahl durch Auswechseln der Riemenscheiben ermöglichen.

F. Die Luftaufbereitung im $i-x$-Schaubild.

Bei der vorstehenden Beschreibung der Klimazentrale wurden die zu ihr gehörigen Luftaufbereitungseinrichtungen in der Reihenfolge besprochen, wie sie von der Luft durchströmt werden. Dabei wurde auch auf die von den Geräten herbeigeführten Luftzustandsänderungen hingewiesen, die mit dem Zustand der Mischluft in der Mischkammer beginnen und mit demjenigen der Zuluft hinter dem Nachwärmeheizkörper endigen.

Am anschaulichsten lassen sich diese physikalischen Vorgänge im Mollierschen $i-x$-Schaubild darstellen, dessen Aufbau auf S. 216 erläutert wird. Das Schaubild ist ein unentbehrliches Hilfsmittel für alle klimatischen Überlegungen und Berechnungen geworden.

Die nachstehend erläuterten Abb. 233 und 234 zeigen im $i-x$-Bild die Zustandsänderungen der Luft bei der Aufbereitung im Winter- und Sommerbetrieb. Die Darstellungen sind nur zwei herausgegriffene Beispiele für die vielen möglichen Vorgänge, die sich im Laufe eines Jahres und bei verschiedenen Innenluftverhältnissen ergeben können.

1. Winterbetrieb (Abb. 233).

a) In der Mischkammer werden Außenluft vom Zustand A und Umluft (Raumluft) vom Zustand R im Verhältnis 2:1 gemischt. Dabei ergibt sich der Mischluftzustand M. Der Punkt M teilt die gestrichelt gezeichnete Mischgerade AR im umgekehrten Verhältnis der Luftmengen (vgl. S. 220).

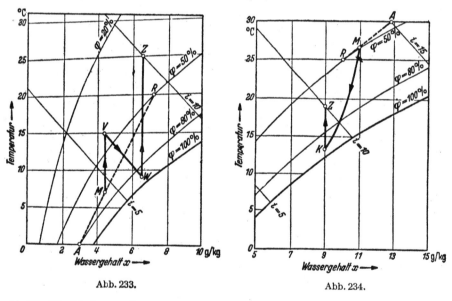

Abb. 233.   Abb. 234.

b) Die Mischluft vom Zustand M geht durch den Vorwärmeheizkörper, wird bei gleichbleibendem Wassergehalt x_M erwärmt und erreicht den Zustandpunkt V.

c) Die vorgewärmte Luft vom Zustand V strömt durch den Luftwascher und wird darin durch die Verdunstung des zerstäubten Umlaufwassers gleichzeitig befeuchtet und gekühlt, wobei die zur Verdunstung erforderliche Wärme der Luft entzogen wird. Die bewirkte Zustandsänderung der Luft liegt nahezu parallel den

Geraden i = konst und bewegt sich von V bis zum Zustandspunkt W, wo die Luft bereits den Wassergehalt x_Z der Zuluft erlangt haben muß. W liegt nicht auf der Sättigungslinie, weil praktisch volle Sättigung der Luft und der Taupunkt der Zuluft nicht erreicht werden.

d) Die gekühlte und befeuchtete Luft vom Zustand W geht schließlich durch den Nachwärmeheizkörper, der sie bei gleichbleibendem Wassergehalt auf den erforderlichen Zustand Z bringt. Die Temperatur t_Z liegt in Abb. 233 höher als die Raumtemperatur t_R, weil der Raum durch die Klimaanlage zu erwärmen ist. Sie kann aber auch im Winter tiefer liegen, wenn ein vollbesetzter Raum gekühlt werden muß. Der Wassergehalt x_Z ist etwas kleiner als derjenige der Raumluft, weil die Luft im Raum noch die Wassermenge $x_R - x_Z$ je kg trockner Luft aufnehmen soll.

2. Sommerbetrieb (Abb. 234).

a) Für die Mischung von Außenluft und Umluft im Verhältnis 1 : 2 gilt das für den Winterbetrieb unter a Gesagte.

b) Die Mischluft vom Zustand M durchströmt den Flächenkühler und wird darin gleichzeitig gekühlt und getrocknet, wobei sie den Zustandspunkt K erreicht. Die Zustandsänderung der Luft erfolgt auf einer durch die Punkte M und K gehenden Kurve, die nur wenig von der Geraden zwischen M und dem zur mittleren Kühlwassertemperatur gehörigen Sättigungszustand der Luft abweicht[1]. Im Punkte K soll die Luft bereits den Wassergehalt x_Z der Zuluft besitzen.

Die frühere Auffassung, daß die Luft bei ihrem Durchgang durch den Flächenkühler zuerst bei gleichbleibendem Wassergehalt bis zur Sättigungslinie gekühlt und dann entlang der Sättigungslinie getrocknet werde, ist durch Versuche von Linge[2] widerlegt worden. Die Sättigungslinie und der Taupunkt der Zuluft werden in Wirklichkeit nicht erreicht.

c) Die gekühlte und getrocknete Luft vom Zustand K wird nun im Nachwärmeheizkörper bei gleichbleibendem Wassergehalt x_Z auf den erforderlichen Zustand Z der Zuluft gebracht. Z liegt unterhalb und links von R. Dies bedeutet, daß die Zuluft im Raum Wärme und Feuchtigkeit aufnehmen soll.

Wie schon erwähnt, kann statt des Nachwärmeheizkörpers auch Umgehungsluft, d. h. ein hinter dem Tropfenfänger der gekühlten und getrockneten Luft zugemischter Umluftanteil, zur Aufwärmung der Luft dienen. In diesem Falle muß der Zustandspunkt Z auf der von R nach K gezogenen Mischgeraden liegen. An Hand des $i-x$-Bildes ist vorher zu untersuchen, wie dies am besten erreicht wird, und ob dabei der Raumluftzustand noch innerhalb der zulässigen Grenzen bleibt.

G. Die erforderliche Luftmenge.

Bei dem Entwurf von Klimaanlagen spielt die zur Raumklimatisierung erforderliche Luftmenge L (kg/h) eine wichtige Rolle. Ihr Betrag ist durch die Gleichung für die Wärmebilanz des Raumes gegeben, welche lautet:

$$L\,(i_R - i_Z) = \pm \Sigma Q \qquad\qquad \text{(a)}$$

---

[1] Schmidt, Th. E.: Der Wärmeübergang in Luftkühlern mit Rippenrohren. Beiheft z. Z. ges. Kälte-Ind. 1933 S. 21/22.
[2] Linge, K.: Die Beherrschung des Luftzustandes in gekühlten Räumen. Beiheft z. Z. ges. Kälte-Ind. 1933 S. 16.

Darin bezeichnen i_R und i_Z die Wärmeinhalte der Raumluft und der Zuluft. ΣQ ist die Summe aller Wärmegewinne und Wärmeverluste des Raumes.

In Gleichung (a) sind nicht nur die fühlbaren oder trocknen Wärmemengen Q_{tr}, sondern auch die an die an den Wasserdampf gebundenen oder feuchten Wärmemengen Q_f enthalten. Die Ermittlung der Luftmenge L nach Gleichung (a) ist aber nicht ohne weiteres möglich, weil in ihr als Unbekannte der Wärmeinhalt i_Z der Zuluft steht, deren Temperatur t_Z man bei Raumkühlanlagen der Erfahrung gemäß annehmen kann, deren Wassergehalt x_Z aber zunächst unbekannt ist. Er kann auch nicht mit Hilfe der Wasserbilanz des Raumes

$$L\,(x_R - x_Z) = \Sigma W \tag{b}$$

bestimmt werden, weil L dazu bereits bekannt sein müßte.

Aus diesem Grunde muß die Luftmenge L aus der Bilanz der fühlbaren Wärmemengen Q_{tr} ermittelt werden. Sie lautet:

$$L\,0{,}24\,(t_R - t_Z) = \pm \Sigma Q_{tr}$$

oder
$$L = \frac{\pm \Sigma Q_{tr}}{0{,}24\,(t_R - t_Z)}. \tag{c}$$

Darin ist $c_p = 0{,}24$ die spez. Wärme der trockenen Luft.

Ist der Wert von ΣQ_{tr} positiv, so wird er die Kühllast des Raumes, ist er negativ, die Heizlast des Raumes genannt; denn im ersten Fall muß der Raum gekühlt, im zweiten dagegen beheizt werden.

Für die Größe der Luftmenge L ist der Temperaturunterschied $t_R - t_Z$ maßgebend. Während die Raumtemperatur vorgeschrieben ist, muß die Zulufttemperatur so gewählt werden, daß die in den Raum einströmende Luft nicht als Zug empfunden wird, was aber auch noch von der Ausbildung der Einströmöffnungen und der Luftverteilung im Raum abhängt. Gewöhnlich wird für den Sommer eine Zulufttemperatur angenommen, die 6 bis 8° unter der Raumtemperatur liegt.

Ist mit der Gleichung (c) aus der Kühllast ΣQ_{tr} und dem Temperaturunterschied $t_R - t_Z$ die Luftmenge L berechnet, so kann nach Gleichung (b) auch der Wassergehalt x_Z der Zuluft bestimmt werden, weil x_R und ΣW gegebene Größen sind. Damit ist der Zustand der Zuluft bekannt, und der Wärmeinhalt i_Z kann aus dem i--x-Bild entnommen werden.

Der in der Klimazentrale befindliche Luftkühler hat für den Anteil der Außenluft an der Zuluftmenge eine zusätzliche Kühlleistung aufzubringen. Daher ist die Gesamtkühlleistung der Anlage immer größer als die Kühllast des Raumes. Für sie gilt die Gleichung
$$Q_{ges} = L\,(i_M - i_K) \tag{d}$$

Darin sind i_M und i_K die Wärmeinhalte der Luft vor und nach der Kühlung (siehe Abb. 234).

Die ermittelte Luftmenge wird meist auch im Winter beibehalten. Sind dann die Wärmeverluste größer als die Wärmegewinne des Raumes, so wird ΣQ_{tr} negativ, und die zur Heizung erforderliche Zulufttemperatur beträgt nach Gleichung (c)

$$t_Z = \frac{\Sigma Q_{tr}}{0{,}24 \cdot L} + t_R. \tag{e}$$

Nach Gleichung (c) muß zur Berechnung der erforderlichen Luftmenge außer dem Temperaturunterschied $t_R - t_Z$ noch der Wert von ΣQ_{tr}, also die Kühllast des

Raumes, bekannt sein. Sie setzt sich aus Wärmemengen zusammen, die im Raum selbst erzeugt werden, und aus Wärmemengen, die ihm von außen zuströmen.

Die Wärmeentwicklung im Raum umfaßt die Wärmeabgabe der Menschen, der Beleuchtung, der Arbeitsmaschinen und sonstigen Wärmequellen.

Die Wärmezufuhr von außen enthält:

1. den reinen Wärmedurchgang durch die Raumumfassungen,
2. die durch Umfassungen eindringende Strahlungswärme der Sonne.

Zur Wärmeerzeugung im Raum ist folgendes zu bemerken: Die von den Menschen abgegebene fühlbare Wärme ändert sich mit der Raumtemperatur und beträgt nach den VDI-Lüftungsregeln

bei 20°	21,5°	22°	25°	27°
80	75	70	65	55 kcal/h je Person.

Die Wärmeabgabe der sonstigen Wärmequellen ist aus den Anschlußwerten der Beleuchtung, dem Kraftbedarf der Arbeitsmaschinen usw. zu ermitteln. Bei Arbeitsmaschinen wird meist die gesamte zugeführte Energie in Wärme umgesetzt. Bei elektrischen Maschinen erhält man die Wärmeabgabe aus der Nennleistung und dem Wirkungsgrad. Wenn beim Entwurf der Klimaanlage die Anschlußwerte der Beleuchtung noch nicht vorliegen, so kann bei Aufenthaltsräumen je nach den Ansprüchen mit 6 bis 22 Watt, bei Arbeitsräumen je nach der Feinheit der Arbeit mit 6 bis 43 Watt für 1 m² Bodenfläche gerechnet werden [1].

Zur Ermittlung der äußeren Wärmezufuhr des Raumes (Wärmedurchgang + eindringende Strahlungswärme der Sonne) müssen die Ausführungen über die Sonnenstrahlung in den meteorologischen Grundlagen auf S. 245 herangezogen werden. Dort gibt die Gleichung (35) die gesamte Wärmemenge an, die durch Wände und Dächer infolge der Sonnenstrahlung und der höheren Temperatur der Außenluft an die Innenluft übertragen wird. Auch die durch die Fenster eindringende Wärme ist an dieser Stelle behandelt.

Bei der Kühllastberechnung ist in jedem Falle zu überlegen, auf welche Zeit der Tageshöchstwert der Kühllast fallen wird, weil die Spitzen der einzelnen Wärmezufuhren zeitlich gewöhnlich nicht übereinstimmen. Für die ungünstigste Zeit sind dann die Wärmegewinne zu ermitteln.

Weiter muß beachtet werden, daß die Wärme nur langsam in die Wände eindringt, so daß die höchste Raumtemperatur sich erst mehrere Stunden nach der stärksten Sonnenbestrahlung einstellt. Bei Räumen, die abends am stärksten besetzt werden, empfiehlt es sich daher, die Sonnenstrahlung des späten Nachmittags in der Kühllast zu berücksichtigen. Bei Räumen mit sehr starken Wänden kann die Sonnenwirkung vernachlässigt werden, weil die Wärme nicht bis zur Innenfläche vordringt.

Soll der Wassergehalt x_Z der Zuluft nach Gleichung (b) berechnet werden, so muß die Wasserdampfabgabe der Feuchtequellen des Raumes bekannt sein. Diese ist für die Menschen wieder mit der Raumtemperatur veränderlich und beträgt nach den VDI-Lüftungsregeln

bei 20°	21,5°	22°	25°	27°
35	45	50	60	80 g/h je Person.

---

[1] M e y e r , E.: Beleuchtungstechnik, Braunschweig 1938.

In der Heizlast für den Winter ($\Sigma\,Q_{tr}$ ist negativ) steht als wichtigster Posten der Wärmeverlust des Raumes infolge des Temperaturunterschiedes zwischen innen und außen. Er muß nach den neuen Regeln für die Berechnung des Wärmebedarfes von Gebäuden DIN 4701 bestimmt werden. Die Sonneneinwirkung im Winter ist nach den Regeln schon durch die Zuschläge für Himmelsrichtung genügend berücksichtigt.

H. Allgemeine Gesichtspunkte für die Planung.

Dem Gebiet der Raumklimatisierung wird heute ein außerordentliches Interesse entgegengebracht, und es ist daher zu erwarten, daß der Bau von Klimaanlagen in den kommenden Jahren immer mehr zunehmen wird. Diese Entwicklung darf jedoch nicht dazu führen, Klimaanlagen auch für solche Lüftungsaufgaben zu verwenden, die mit einfachen Lüftungsanlagen in zufriedenstellender Weise gelöst werden können.

Vor der Planung von Klimaanlagen sollte daher immer die Frage nach ihrer Notwendigkeit gewissenhaft geprüft werden. Ihre im Vergleich zu den einfachen Anlagen wesentlich höheren Anschaffungs- und Betriebskosten, besonders aber die Schwierigkeiten bei der Beschaffung der erforderlichen Kühlwassermenge im Sommer müssen dabei sorgfältig erwogen werden. Vor allem ist schon heute daran zu denken, daß bei zunehmender Zahl von Klimaanlagen in den Städten der Wasserverbrauch so ansteigen wird, daß er von dem städtischen Leitungsnetz nicht mehr gedeckt werden kann. Geht man dann zur Verwendung von Tiefbrunnen über, so können diese wieder zu vorübergehender Absenkung des Grundwasserspiegels führen, die die Wasserversorgung einer Stadt ebenfalls zu stören vermag. Selbst wenn die Kühlung mit Kälteanlagen durchgeführt wird, muß mit einem größeren Wasserverbrauch gerechnet werden.

Bei gewerblichen Räumen, in denen Temperatur und Feuchte der Luft das ganze Jahr über konstant gehalten werden sollen, ist natürlich der Einbau von Klimaanlagen nicht zu umgehen. Dagegen brauchen Aufenthaltsräume nur dann klimatisiert zu werden, wenn darin für zahlreiche Rauminsassen und für längere Zeit erträgliche Aufenthaltsbedingungen zu schaffen sind. Kaum zu rechtfertigen ist es daher, wenn schwach besetzte Räume an eine Klimaanlage angeschlossen werden, wie es z. B. bei Büroräumen häufig geschieht.

Jede Möglichkeit, die Kühlleistung einer Klimaanlage und damit ihren Wasserverbrauch herabzusetzen, sollte ausgenützt werden. Grundsätzlich muß daher gefordert werden, daß die Kühllast des Raumes auf den kleinstmöglichen Wert gebracht wird. Um dies zu erreichen, ist erstens dafür zu sorgen, daß die im Raum erzeugte Wärme herabgemindert wird, und zweitens muß durch bauliche Maßnahmen an den Raumumfassungen die Wärmezufuhr von außen möglichst abgedämmt werden. Letzteres kann nur unvollkommen geschehen, wenn eine Klimaanlage in ein schon bestehendes Gebäude eingebaut wird. Um so mehr ist es notwendig, bei einem Neubau, der mit Klimaanlagen ausgerüstet wird, die Forderung nach einer Mindestkühllast der Räume zu erfüllen.

In erster Linie handelt es sich hier darum, den Einfluß der Sonnenstrahlung auf die zu klimatisierenden Räume weitgehendst abzuschwächen, weil er die Kühllast gewöhnlich am meisten erhöht. Dem Klimaingenieur liegt es ob, die Bauleitung in

dieser Hinsicht zu beraten und die Erfüllung der genannten Forderungen durchzusetzen.

Als bauliche Maßnahmen zur Abschwächung der Sonneneinwirkung kommen
die folgenden in Betracht:

1. Die zu klimatisierenden Räume sollen möglichst an der Nordseite des Gebäudes liegen oder ihr Tageslicht von dieser Seite her erhalten.

2. Da Dachflächen am stärksten von der Sonne erwärmt werden, sind sie als
obere Raumbegrenzung zu vermeiden oder mit einem ausreichenden Wärmeschutz
zu versehen.

3. Die den Sonnenstrahlen am meisten ausgesetzten Wände von Ost bis West
sollen genügend stark sein oder einen entsprechenden Wärmeschutz erhalten.

4. Die Zahl und Größe der F e n s t e r f l ä c h e n ist nicht nach den Lichterforder-
nissen, sondern nach den klimatechnischen Ansprüchen zu bemessen, da den
Räumen durch die Fenster erhebliche Wärmemengen durch die Sonnenstrahlung
zugeführt werden. Ferner sind Doppelfenster oder doppelt verglaste Fenster zur
Verminderung der Sonneneinstrahlung zu verwenden. Auch die Anbringung von
hellen Sonnenschützern (Markisen) außen vor den Fenstern trägt wesentlich zur
Abschwächung der Sonneneinwirkung bei. Dagegen bieten innere Fenstervorhänge
nur einen geringen Schutz.

Die genannten baulichen Maßnahmen behalten ihren Wert auch während des
Winterbetriebes der Klimaanlagen, weil sie nicht nur die Kühllast, sondern auch
die Heizlast der Räume verringern.

Zweiter Teil

Grundlagen und Berechnungen.

Formelzeichen und Dimensionen.

Bei den Rechnungen haben die Buchstaben im allgemeinen folgende Bedeutungen:

h = Höhe . . . . (m)

l = Länge . . . . (m)

d oder D = Durchmesser . . . . (m oder mm)

f oder F = Fläche . . . . (m²)

t_o = Temperatur im Freien . . . . (° C)

t_R = Temperatur in einem Raum . . . . (° C)

t_E = Eintrittstemperatur . . . . (° C)

t_A = Austrittstemperatur . . . . (° C)

t_v = Vorlauftemperatur . . . . (° C)

t_r = Rücklauftemperatur . . . . (° C)

t_D = Dampftemperatur . . . . (° C)

z = Zeit . . . . (h oder s)

G = Luft- oder Wassermenge (Gewicht) . . . (kg)

W = Wassermenge (Volumen) . . . . (m³)

V = Luftmenge (Volumen) . . . . (m³)

V_s = sekundliche Luftmenge . . . . (m³/s)

V_h = stündliche Luftmenge . . . . (m³/h)

Q = Wärmemenge . . . . (kcal)

Q_h = Wärmemenge je Stunde . . . . (kcal/h)

$Q_{m^2 \cdot h}$ = Wärmemenge je m² und pro Stunde . . . (kcal/m² · h)

γ = spezifisches Gewicht . . . . (kg/m³)

ϱ = Massendichte . . . . (kg · h²/m⁴)

λ = Wärmeleitzahl . . . . (kcal/m · h · ° C)

α = Wärmeübergangszahl . . . . (kcal/m² · h · ° C)

k = Wärmedurchgangszahl . . . . (kcal/m² · h · ° C)

w = Strömungsgeschwindigkeit . . . . (m/s)

p_1 = Anfangsdruck . . . . (mm WS = kg/m²)

p_2 = Enddruck . . . . (mm WS = kg/m²)

$p_1 - p_2$ = Druckabfall . . . . (mm WS)

$\dfrac{p_1 - p_2}{l} = R$ = Druckgefälle . . . . (mm WS/m)

Als Einheit der Länge gilt in diesem Buch überall das Meter, nur Rohrdurch-messer werden auch in Millimetern angegeben. Die Zeit wird im allgemeinen in Stunden gemessen, vor allem gilt dies in Verbindung mit Wärmeangaben, z. B. beim Wärmebedarf von Räumen, bei Leistung von Heizflächen u. a. m. Dagegen wird bei der Berechnung von Strömungsvorgängen mit der Sekunde als Zeiteinheit gerechnet, z. B. gilt stets für Strömungsgeschwindigkeiten die Einheit „Meter pro Sekunde". Diese zweierlei Zeiteinheiten sind zwar äußerst lästig, jedoch ist eine Änderung nicht möglich.

Die Einheit der Wärmemenge ist in diesem Lehrbuch nicht als WE, sondern als kcal bezeichnet (gesprochen: Kilokalorie und nicht Kilogrammkalorie). Ich berufe mich dabei auf die Stellungnahme des Normenausschusses. Diese wieder stützt sich auf das „Gesetz über die Temperaturskala und die Wärmeeinheit vom 7. August 1924"[1].

Bei der Entscheidung, ob „Kilokalorie" oder „Wärmeeinheit" als Bezeichnung zu wählen sei, war für jene Stellen, welche die Reichsregierung beraten haben, folgende Schlußfolgerung maßgebend:

Längeneinheiten sind: Meter, Millimeter, Zoll engl. usw.,

Zeiteinheiten sind: Jahr, Stunde, Sekunde,

Gewichtseinheiten sind: Kilogramm, Gramm, Pfund engl.,

folglich muß auch gelten:

Wärmeeinheiten sind: Kilokalorie, Kalorie, British Thermal Unit.

Das Wort „Wärmeeinheit" kennzeichnet die Art der Einheit, also den umfassenderen Begriff, und die Worte „Kilokalorie, Kalorie" die Größe verschiedener solcher Wärmeeinheiten.

Siebenter Abschnitt.

Physikalische Grundlagen für das Rechnen mit feuchter Luft.

Von Dr. F. Bradtke.

I. Das Daltonsche Gesetz.

Feuchte Luft kann als eine Gasmischung mit den Bestandteilen trockene Luft und Wasserdampf aufgefaßt werden. Als Teildruck eines Bestandteiles der Mischung bezeichnet man denjenigen Druck, den der betreffende Bestandteil auf die Gefäßwände ausüben würde, wenn er den Gefäßraum allein erfüllen würde, die anderen Bestandteile also nicht vorhanden wären.

Wir bezeichnen mit

p den Gesamtdruck,

p_L den Teildruck der Luft,

p_D den Teildruck des Dampfes (ungesättigt),

p_s den Teildruck des Dampfes (im Sättigungszustand).

Ferner sei darauf aufmerksam gemacht, daß man bei Feuchtigkeitsrechnungen immer den Druck in mm QS und nicht in Atmosphären rechnet.

Nach dem Daltonschen Gesetz ist der Teildruck eines Bestandteiles unabhängig von der Anwesenheit des anderen Bestandteiles, und ferner ist der Gesamtdruck der Mischung gleich der Summe der Teildrucke. Für feuchte Luft gilt also $p = p_L + p_D$.

---

[1] Veröffentlicht im Reichsgesetzblatt v. 12. August 1924, Teil I, S. 679; abgedruckt in der Z. Instrumentenk. Nr. 44, S. 475. Okt. 1924.

Der Gesamtdruck p darf in den meisten Fällen gleich dem Atmosphärendruck (im Mittel 760 mm QS) gesetzt werden.

Der Teildruck des Wasserdampfes kann nie über einen bestimmten Betrag, welchen man den Sättigungsdruck nennt, ansteigen. Dieser Sättigungsdruck ist eine Funktion der Temperatur, wie nachstehende Übersicht zeigt:

Man kann den in einer feuchten Luft bestehenden Teildruck des Dampfes als

$t\,°\,C$	0°	20°	40°	60°	80°	100°
p_s mm QS	4,6	17,5	55 3	149	355	760

Bruchteil φ des Sättigungsdruckes auffassen, der zur herrschenden Temperatur gehört. Man setzt also

$$p_D = \varphi \cdot p_s. \tag{1}$$

II. Die relative Feuchtigkeit φ.

Wie die nachstehende Rechnung beweist, ist die Größe φ in der Gleichung (1) zugleich das Maß für die Luftfeuchtigkeit. Bei einer gegebenen Temperatur der Luft ist in einem Luftvolumen V nur ein bestimmtes Höchstgewicht an Wasserdampf möglich, das man Sättigungsfeuchtigkeit nennt. Die Größe φ gibt an, welcher Bruchteil dieser Höchstmenge an Wasserdampf in der Luft tatsächlich enthalten ist. Man nennt darum φ die r e l a t i v e F e u c h t i g k e i t.

A b l e i t u n g: Außer dem D a l t o n schen Gesetz gelten für die Gewichte und die Volumina feuchter Luft sowie ihrer Bestandteile noch die beiden selbstverständlichen Gleichungen

$$G_D + G_L = G$$
$$V_D = V_L = V.$$

Mit großer Annäherung kann man die beiden Bestandteile trockene Luft und Wasserdampf sowie auch ihr Gemisch als ideale Gase betrachten und darauf die Zustandsgleichung für ideale Gase anwenden. Diese lautet:

$$pv = RT \quad \text{oder} \quad pV = G \cdot RT$$

oder

$$G = \frac{V}{T} \cdot \frac{1}{R} \cdot p. \tag{2}$$

Darin hat die Gaskonstante R folgende Werte

für Luft: $R_L = 29,27$, für Wasserdampf: $R_D = 47,06$.

Da man bei Feuchtigkeitsrechnungen die Drucke p in mm QS angibt, so dürfen die Druckwerte erst nach Multiplikation mit 13,6, d. h. nach Umrechnung auf kg/m², in die Zustandsgleichung (2) eingesetzt werden.

Für die beiden Teildrucke setzen wir:

$$p_D = \varphi p_s$$
$$p_L = p - p_D = p - \varphi p_s.$$

Damit wird Gleichung (2)

für die Luft:
$$G_L = \frac{V}{T} \cdot \frac{13,6}{29,27}(p - \varphi p_s) = \frac{V}{T} \cdot 0,465\,(p - \varphi p_s), \tag{3}$$

für den Dampf:
$$G_D = \frac{V}{T} \cdot \frac{13,6}{47,06} \cdot \varphi p_s = \frac{V}{T} \cdot 0,289 \cdot \varphi p_s, \tag{4}$$

für das Gemisch:
$$G = \frac{V}{T}(0,465\,p - 0,176\,\varphi p_s \tag{5}$$

1. Folgerung. Aus Gleichung (4) folgt, daß V m³ feuchter Luft folgende Wasserdampfgewichte enthalten

im ungesättigten Zustand: $G_D = \dfrac{V}{T} \cdot 0,289 \cdot \varphi \cdot p_s,$

im gesättigten Zustand: $G_{D,s} = \dfrac{V}{T} \cdot 0,289 \cdot p_s.$

Letzteres ist der Höchstgehalt an Wasserdampf, der bei der betreffenden Temperatur überhaupt möglich ist. Definiert man den Begriff relative Feuchtigkeit durch den Quotienten $\dfrac{\text{tatsächliches Wasserdampfgewicht}}{\text{Höchstwert an Wasserdampfgewicht}}$, so erhalten wir

$$\text{relative Feuchtigkeit} = \frac{G_D}{G_{D,s}} = \frac{\varphi \cdot p_s}{p_s} = \varphi. \tag{6}$$

Dies zeigt, daß die Größe φ, also das Verhältnis Teildruck des Dampfes zu Sättigungsdruck, zugleich ein Maß der Feuchtigkeit ist.

2. Folgerung. Die Wichte γ_φ der feuchten Luft ergibt sich aus Gleichung (5), indem wir in ihr V gleich „1" setzen. Es ist

$$\gamma_\varphi = G_{V=1} = \frac{0,465\,p - 0,176 \cdot \varphi \cdot p_s}{T}, \tag{7}$$

$$= \frac{0,465\,p}{T} - \frac{0,176 \cdot \varphi \cdot p_s}{T},$$

$$\gamma_\varphi = \gamma_{\text{trock.}} - 0,176 \cdot \varphi \cdot \frac{p_s}{T},$$

d. h. feuchte Luft ist immer leichter als trockene Luft.

III. Der Wassergehalt x.

Bei den meisten einschlägigen Aufgaben ändert sich im Laufe des zu untersuchenden Vorganges das Gewicht des Luftdampfgemisches infolge von Wasseraufnahme oder Wasserausscheidung, und es ändert sich sowohl das Volumen des Gemisches als auch das Volumen des Anteiles „trockene Luft" infolge von Temperaturänderungen. Die einzige Größe, welche meist konstant bleibt, ist das Ge-wicht des Anteiles trockener Luft. Man wählt deshalb das Gewicht G der trockenen Luft als die Bezugsgröße. Damit gelangt man zu einer zweiten Bezeichnungsart der Luftfeuchtigkeit, nämlich zu der Angabe

x kg Dampf auf 1 kg trockene Luft.

Im Gegensatz zur relativen Feuchtigkeit φ nennt man x den Wassergehalt.

Unter Benutzung von Gleichung (3) und Gleichung (4) erhält man

$$x = \frac{G_D}{G_L} = \frac{0,289}{0,465} \cdot \frac{\varphi \cdot p_s}{p - \varphi \cdot p_s} = 0,622 \cdot \frac{\varphi \cdot p_s}{p - \varphi \cdot p_s}. \tag{8}$$

Diese Gleichung gibt den Zusammenhang zwischen den beiden Arten x und φ der Feuchtigkeitsangabe.

Für den Sättigungszustand ($\varphi = 1,00$ und $x = x_s$) folgt

$$x_s = 0,622 \cdot \frac{p_s}{p - p_s}. \tag{9}$$

Ist die Größe x gegeben, so können aus Gleichung (8) die Teildrucke p_D und p_L und bei bekannter Temperatur auch die relative Feuchtigkeit φ ermittelt werden. Die entsprechenden Formeln dafür sind:

$$p_D = p \cdot \frac{x}{0,622 + x} \tag{10}$$

$$p_L = p \cdot \frac{0,622}{0,622 + x} \tag{11}$$

$$\varphi = \frac{p}{p_s} \cdot \frac{x}{0,622 + x}. \tag{12}$$

IV. Wärmeinhalt feuchter Luft.

Der Wärmeinhalt von 1 kg trockener Luft errechnet sich nach der Gleichung

$$i_L = 0,24\,t$$

und der Wärmeinhalt von 1 kg Wasserdampf nach der Gleichung

$$i_D = 595 + 0,46\,t.$$

In diesen Gleichungen ist

0,24 die spez. Wärme der trockenen Luft,

0,46 die spez. Wärme des Wasserdampfes,

595 die Verdampfungswärme des Wassers bei 0° C.

Der Wärmeinhalt eines Gemisches, bestehend aus 1 kg trockener Luft und x kg Wasserdampf, ist

$$i = 0,24\,t + 0,46\,x \cdot t + 595\,x. \tag{13}$$

V. Das $i-x$-Bild nach Mollier.

A. Die Grundlagen des Schaubildes.

Die Bauart der letzten Gleichung läßt erkennen, daß sich in einem Schaubild die drei Linien x = konst, t = konst, i = konst durch Gerade darstellen lassen. Das von Mollier angegebene $i-x$-Bild, dessen Aufbau die Abb. 235 zeigen soll, hat schiefwinklige Koordinaten. Es ist so gezeichnet, daß die Gerade $t = 0$ auf die

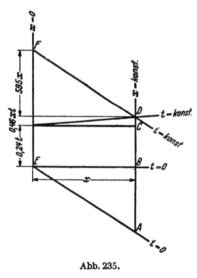

Abb. 235.

waagerechte x-Achse und die Gerade $x = 0$ auf die senkrechte i-Achse fällt. Nach Gleichung (13) hat die Größe i auf der Geraden $t = 0$ den Wert 595 x.

Wir erhalten daher die Gerade $i = 0$, wenn wir von einem Punkte x der Geraden $t = 0$ (x-Achse) in einem geeigneten Maßstabe die Strecke $AB = 595\,x$ senkrecht nach unten abtragen und ihren Endpunkt A mit dem Nullpunkt E des Koordinatensystems verbinden (vgl. Abb. 235). Wird auf der Verlängerung von AB nach oben hin zunächst die Strecke $BC = 0,24\,t$ und dann die Strecke $CD = 0,46\,xt$ abgetragen, so ist die Summe der drei Strecken:

$$AD = 595\,x + 0,24\,t + 0,46\,xt = i,$$

d. h. die Feuchtluft hat im Punkte D den Wärmeinhalt i. Den gleichen Wärmeinhalt hat sie auch auf der i-Achse im Punkte F, wenn DF parallel zur Geraden $i = 0$ gezogen wird.

Im Mollier-Schaubild liegen also

die Geraden i = konst parallel zur Geraden $i = 0$,

die Geraden x = konst parallel zur Geraden $x = 0$,

die Geraden t = konst mit der geringen Neigung $tg\alpha = 0,46\,t$ zur Richtung der x-Achse. Da diese Neigung mit zunehmender Temperatur t größer wird, liegen die Geraden t = konst nicht parallel zueinander.

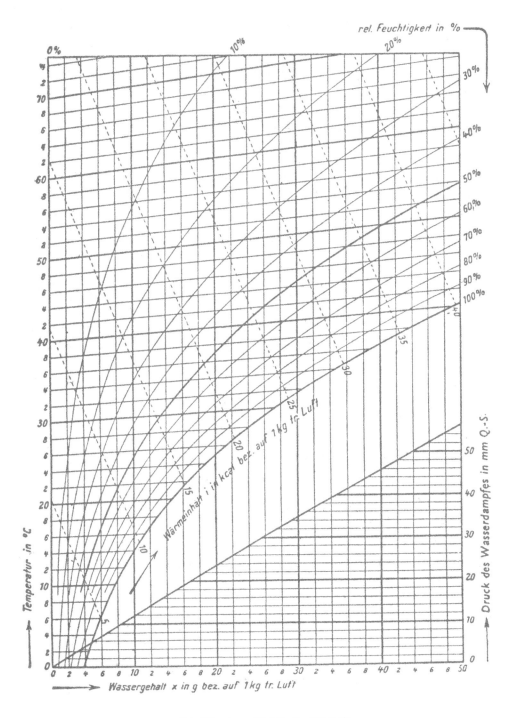

Abb. 236. $i-x$-Bild für feuchte Luft.

Das fertige $i-x$-Bild für feuchte Luft ist in Abb. 236 dargestellt. Zu beachten ist, daß die Werte des Wassergehaltes x nicht in kg, wie sie in die Gleichung (13) für i eingesetzt werden müssen, sondern der bequemeren Zahlenwerte wegen in g auf

der x-Achse angegeben sind. Die mit Hilfe der Gleichung (12) in das Bild eingetragenen Kurven sind Linien gleicher relativer Feuchtigkeit φ, und zwar für einen
Druck $p = 760$ mm QS. Außerdem kann auf der schwach gekrümmten Linie im
unteren Teil des Schaubildes der Dampfdruck p_D der feuchten Luft abgelesen
werden.

Jeder Punkt des i—x-Bildes stellt einen bestimmten Zustand der Luft dar; so kann
man z. B. ablesen, daß Luft von $10°$ C und 80 vH relativer Feuchtigkeit einen
Wassergehalt x von 6 g je 1 kg Reinluft und einen Wärmeinhalt i von etwa
6 kcal/1 kg Reinluft aufweist.

Wird Luft von dieser Beschaffenheit in einer Erwärmungs- und Befeuchtungsanlage auf $30°$ C und 60 vH relative Feuchtigkeit gebracht, so steigt ihr Wassergehalt auf 16 g und ihr Wärmeinhalt auf etwa 17 kcal. Man muß also in der
Erwärmungs- und Befeuchtungsanlage je 1 kg trockene Luft 10 g Wasser und
11 kcal Wärme zuführen.

Beispiel 1. Einem Fabrikationsraum sollen stündlich $15\,000$ m³ Luft von $28°$ C und 60 vH
relativer Feuchtigkeit zugeführt werden. Die Außenluft sei zu $8°$ C und 80 vH relativer
Feuchtigkeit angenommen. Welche Wassermenge und welche Wärmemenge ist der Luft
zuzuführen?

Dem stündlichen Luftvolumen von $15\,000$ m³ entspricht ein stündliches Luftgewicht von
$18\,000$ kg ($\gamma = 1{,}2$ angenommen).

Aus dem Schaubild 236 lesen wir ab:

$$
\begin{array}{lll}
\text{für die Fertigluft:} & x_2 = 14{,}0 \text{ und } i_2 = 15{,}3 \\
\text{für die Außenluft:} & x_1 = 5{,}2 \text{ und } i_1 = 5{,}0 \\
\hline
\text{Unterschied: } x_2 - x_1 = & 8{,}8; \; i_2 - i_1 = 10{,}3
\end{array}
$$

Es sind als zuzuführen:

$$18 \cdot 8{,}8 = 158 \text{ kg Wasser und } 18\,000 \cdot 10{,}3 = 186\,000 \text{ kcal/h.}$$

B. Die Richtung von Zustandsänderungen im $i - x$-Bild und der Randmaßstab.

Das eben besprochene Beispiel behandelte eine beliebige Zustandsänderung der
Luft, die im i—x-Bild durch die Verbindungsgerade AB der Zustände $i_1 x_1$ und $i_2 x_2$
dargestellt wird (Abb. 237). Wie nachstehend gezeigt wird, kommt der Richtung
dieser Geraden eine besondere Bedeutung zu. Sie bildet mit der senkrechten Geraden $x_2 = $ konst und der schrägen Geraden $i_1 = $ konst das Dreieck ABC, dessen
Höhe $AD = x_2 - x_1$ die Wassergehaltsänderung und dessen Grundlinie $BC = i_2 - i_1$
die Wärmeinhaltsänderung der feuchten Luft darstellt.

Ist α_1 der Neigungswinkel der x-Achse zu den Geraden $i = $ konst und α_2 der
Neigungswinkel der Zustandsgeraden AB zur x-Achse, so erhält man, da die beiden
Winkel auch im Dreieck ABC auftreten,

$$\operatorname{tg} \alpha_1 + \operatorname{tg} \alpha_2 = \frac{BC}{AD} = \frac{i_2 - i_1}{x_2 - x_1} = \frac{\Delta i}{\Delta x}. \tag{14}$$

Der Bruch $\Delta i/\Delta x$ bezeichnet daher die durch die beiden Neigungen $\operatorname{tg} \alpha_1$ und $\operatorname{tg} \alpha_2$
gegebene Richtung der Zustandsänderung AB zu den Geraden $i = $ konst. Anderer-
seits ist nach Gleichung (14) die Richtung der Zustandsänderung maßgebend für die
Wärmeinhaltsänderung der feuchten Luft je kg zu- oder abgeführten Wasserdampfes.

Nach den aus Abb. 237 abzulesenden Zahlenwerten von i und x ergibt sich für die Richtung AB:

$$\frac{\Delta i}{\Delta x} = \frac{i_2 - i_1}{x_2 - x_1} = \frac{(12 - 8) \cdot 1000}{8 - 4} = 1000 \text{ kcal/kg.}$$

So ist jeder beliebigen Zustandsänderung ein bestimmter Zahlenwert zugeordnet. Bringt man nach dem Vorschlag von Mollier am Rande des i—x-Bildes nach dem Nullpunkt zielende Richtstrahlen mit ihren zugehörigen Zahlenwerten an, so kann man für jede Zustands-änderung den Wert $\Delta i/\Delta x$ am Randmaßstab ablesen. Zum Beispiel muß für die Gerade AB in Abb. 237 $\Delta i/\Delta x = 1000$ sein, weil sie parallel zum Richtstrahl 1000 verläuft.

Für einige Sonderfälle lassen sich die Werte $\Delta i/\Delta x$ sofort angeben.

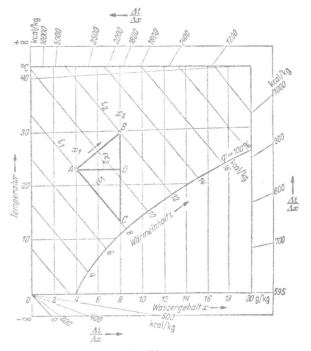

Abb. 237.

1. AB liegt auf einer Geraden $x = \text{konst}$

$$\frac{\Delta i}{\Delta x} = \frac{(i_2 - i_1)}{0} = \infty.$$

2. AB liegt auf einer Geraden $t = \text{konst}$

$$\frac{\Delta i}{\Delta x} = 595 + 0{,}46 \, t.$$

3. AB liegt parallel zur x-Achse $(t = 0)$:

$$\frac{\Delta i}{\Delta x} = \frac{595 \cdot (x_2 - x_1)}{x_2 - x_1} = 595.$$

4. AB liegt auf einer Geraden $i = \text{konst}$: $\dfrac{\Delta i}{\Delta x} = \dfrac{0}{(x_2 - x_1)} = 0.$

Der für den Fall 2 angegebene Wert gilt jedoch nur oberhalb der Sättigungskurve.

C. Zustandsänderung der Luft unterhalb der Sättigungskurve.

Wird gemäß Abb. 238 gesättigter feuchter Luft vom Zustand A (i_s, x_s, t) eine auf die Temperatur t gebrachte Wassermenge x_w kg je kg trockner Luft in feinster Verteilung, also in Nebelform, zugeführt, so ergibt sich dabei eine Zustandsänderung der Luft unterhalb der Sättigungskurve. Das Gemisch von gesättigter Luft und Wassernebel hat dann den Wärmeinhalt

$$i = i_s + x_w t \tag{15}$$

Bezeichnen wir den Gesamtwassergehalt der Nebelluft mit x, so ist:

$$x_w = x - x_s$$

und

$$i = i_s + (x - x_s) \, t \tag{16}$$

Daraus folgt:

$$\frac{i - i_s}{x - x_s} = \frac{\Delta i}{\Delta x} = t. \tag{17}$$

Der Zahlenwert von t gibt also die Richtung der Zustandsänderung an, die nach dem Randmaßstab der Abb. 238 nahezu mit der Richtung der Geraden $i =$ konst übereinstimmt. In dem sehr schmalen Dreieck ABC stellt die Seite AB die Zustands-

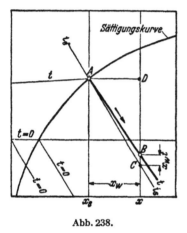

Abb. 238.

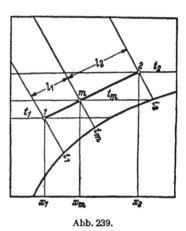

Abb. 239.

änderung, die Grundlinie BC die Wärmeinhaltsänderung $i - i_s = x_w t$ und die Höhe AD die Wassergehaltsänderung $x - x_s = x_w$ dar.

Da das Wasser der gesättigten Luft mit der Temperatur t zugeführt wird, so muß das Gemisch im Endzustand B die gleiche Temperatur wie im Zustand A besitzen, d. h. die Zustandsänderung AB ist zugleich eine Gerade $t =$ konst in dem Gebiet unterhalb der Sättigungskurve. Man bezeichnet dieses Gebiet gewöhnlich als Nebelgebiet. In ihm weichen die Geraden $t =$ konst, die hier Nebelisothermen genannt werden, in ihrer Richtung nur um die geringe Neigung $\Delta i/\Delta x = t$ von den Geraden $i =$ konst ab. Zu beachten ist der große Richtungsunterschied der Isothermen beiderseits der Sättigungslinie.

D. Mischung zweier Luftmengen.

Werden zwei Luftmengen mit L_1 und L_2 kg Reinluft, denen die Zustände $i_1 x_1$ und $i_2 x_2$ zugehören (Abb. 239), bei unveränderlichem Druck in einer wärmedichten Kammer gemicht, so gelten für die Mischluftmenge $L = (L_1 + L_2)$ kg vom Zustand $i_m x_m$ die Gleichungen:

$$L_1 i_1 + L_2 i_2 = (L_1 + L_2)\, i_m \tag{18}$$
$$L_1 x_1 + L_2 x_2 = (L_1 + L_2)\, x_m \tag{19}$$

Sie können nach Division durch L_2 auf folgende Form gebracht werden:

$$i_2 - i_m = \frac{L_1}{L_2} \cdot (i_m - i_1) \tag{20}$$

$$x_2 - x_m = \frac{L_1}{L_2} \cdot (x_m - x_1) \tag{21}$$

Aus den Gleichungen (20) und (21) folgt dann

$$\frac{i_2 - i_m}{x_2 - x_m} = \frac{i_m - i_1}{x_m - x_1}. \tag{22}$$

Diese wichtige Gleichung besagt, daß der Zustand $i_m x_m$ der Mischluft (Punkt m der Abb. 239) immer auf der durch die Zustandspunkte 1 und 2 der Teilluftmengen gezogenen Geraden liegen muß.

Ferner ist nach Gleichung (21)

$$\frac{x_2 - x_m}{x_m - x_1} = \frac{L_1}{L_2}. \tag{23}$$

Für die durch den Punkt m gebildeten beiden Teilstrecken l_1 und l_2 der Mischgeraden gilt dann die Gleichung:

$$\frac{l_2}{l_1} = \frac{x_2 - x_m}{x_m - x_1} = \frac{L_1}{L_2}, \tag{24}$$

d. h. die Teilstrecken der Mischgeraden verhalten sich umgekehrt wie die Luftmengen L_1 und L_2. Der Punkt m liegt also näher dem Zustandspunkt der größeren Luftmenge. Er kann so in einfacher Weise in das $i—x$-Bild eingetragen und sein Zustand daraus abgelesen werden.

Der Mischungszustand ist auch rechnerisch zu ermitteln, solange er oberhalb der Sättigungskurve liegt. Zur Bestimmung von i_m und x_m dienen die Gleichungen (18) und (19). Die Mischtemperatur t_m ergibt sich aus Gleichung (13) zu

$$t_m = \frac{i_m - 595\, x_m}{0{,}24 + 0{,}46\, x_m} \tag{25}$$

oder aus der hieraus abzuleitenden Gleichung

$$t_m = \frac{n_1 t_1 + n_2 t_2}{n_1 + n_2}. \tag{26}$$

Darin ist

$$n_1 = (0{,}24 + 0{,}46\, x_1)\, L_1 \quad \text{und} \quad n_2 = (0{,}24 + 0{,}46\, x_2)\, L_2.$$

Innerhalb der bei Klimaanlagen vorkommenden Luftzustandsgrenzen haben die Klammerwerte, welche die spezifische Wärme c_p' der feuchten Luft bedeuten, nur den geringen Schwankungsbereich von $0{,}24$ bis $0{,}25$. Daher gilt mit guter Annäherung auch die in der Praxis benutzte Formel

$$t_m = \frac{L_1 t_1 + L_2 t_2}{L_1 + L_2}. \tag{27}$$

Beispiel 2. In der Mischkammer eines Klimagerätes werden stündlich $L_2' = 10\,000$ kg Raumluft von $t_2 = 20°$ und $\varphi_2 = 70$ vH mit Außenluft von $t_1 = 5°$ und $\varphi_1 = 90$ vH gemischt. Die gemessene Mischtemperatur beträgt $t_m = 17°$. Zu ermitteln ist die stündliche Außenluftmenge L_1'.

Es ist $\qquad L_1' = L_1 \cdot (1 + x_1)$ und $L_2' = L_2 \cdot (1 + x_2)$.

Nach Gleichung (8) erhält man

$$x_1 = 0{,}005 \text{ kg/kg} \quad \text{und} \quad x_2 = 0{,}010 \text{ kg/kg}.$$

Daher $\qquad L_2 = \dfrac{L_2'}{1 + x_2} = \dfrac{10\,000}{1{,}01} = 9900$ kg/h.

Aus Gleichung (27) folgt

$$L_1 = L_2 \cdot \frac{t_2 - t_m}{t_m - t_1} = \frac{9900 \cdot 3}{12} = 2480 \text{ kg/h}.$$

Die Außenluftmenge beträgt somit

$$L_1' = L_1 \cdot (1 + x_1) = 2480 \cdot 1{,}005 = 2490 \text{ kg/h}.$$

Mit der genauen Gleichung (26) berechnet, würde sich eine Außenluftmenge von $L_1' = 2520$ kg/h ergeben. Die Abweichung ist also sehr gering.

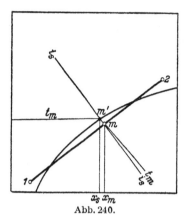

Abb. 240.

Fällt der Mischpunkt m, wie es Abb. 240 zeigt, in das Nebelgebiet, so muß zur Ermittlung seines Zustandes das i—x-Bild zu Hilfe genommen werden. Die durch m gehende Nebelisotherme sei t_m. Dann ist nach Gleichung (16)

$$i_m = i_s + (x_m - x_s)\, t_m.$$

Das Mischen der beiden ungesättigten Luftmengen vom Zustand 1 und 2 führt also in diesem Falle zu gesättigter Luft vom Zustand i_s, x_s (Punkt m') und außerdem zur Ausscheidung von $(x_m - x_s)$ kg Wasser, das als Nebel in der gesättigten Luft enthalten ist.

Achter Abschnitt.

Meteorologisch-klimatische Grundlagen.

Von Dr. F. Bradtke.

I. Einleitung.

A. Allgemeines.

Bei fast allen dem Heiz- und Lüftungsfach gestellten Aufgaben, sei es bei der Berechnung von Anlagen oder bei ihrer Überwachung, spielen die örtlichen Wetter- und Klimaverhältnisse eine ausschlaggebende Rolle. Nur bei gewissenhafter Beachtung dieser Verhältnisse ist es möglich, die Anlagen so herzustellen und in Betrieb zu halten, daß sie die zu stellenden gesundheitlichen und wirtschaftlichen Anforderungen erfüllen können. Aus diesem Grunde ist es notwendig, in einem Lehrbuch der Heiz- und Lüftungstechnik die für das Fach wichtigsten Grundlagen aus der Wetter- und Klimakunde kurz zu behandeln.

Wir müssen zunächst die beiden Begriffe Wetter und Klima voneinander abgrenzen.

B. Wetter und Klima.

Wir verstehen unter Wetter oder Witterung den Zustand der äußeren Atmosphäre zu einer bestimmten Zeit, wie er durch das Zusammenwirken der am Orte gerade herrschenden meteorologischen Elemente, d. h. von Luftdruck, Temperatur, Feuchtigkeit, Wind, Sonnenstrahlung, Bewölkung und Niederschlägen, gegeben ist. Wir sprechen also vom Wetter eines bestimmten Tages oder vom Wetter oder der Witterung der letzten Woche oder des vergangenen Monats.

Mit Klima dagegen bezeichnen wir das durchschnittliche Verhalten der Witterung, das sich für einen Ort oder ein Gebiet und für bestimmte Zeitabschnitte des Jahres aus jahrzehntelangen Beobachtungen ergibt. So wissen wir aus der Klimaforschung, daß in Deutschland der Januar der durchschnittlich kälteste und der Juli der durchschnittlich wärmste Monat des Jahres ist. In diesem Sinne kann von einem Januar- oder Juliklima gesprochen werden.

Die in der Wetterkunde als meteorologische Elemente bezeichneten Beobachtungs-
größen, wie Luftdruck, Temperatur, Feuchtigkeit usw., werden in der Klimakunde
Klimaelemente genannt. Diese werden in hohem Grade beeinflußt von den sogenannten Klimafaktoren, wie der geographischen Breite, Küstenlage oder Binnenlage, Höhe über dem Meeresspiegel usw.

C. Die für Heizung und Lüftung wichtigen Wetter- und Klimaelemente.

Aus dieser Unterscheidung zwischen Wetter und Klima folgt, daß für den Betrieb
von Heizungs- und Lüftungsanlagen, dem die Anpassung an die jeweiligen Witterungszustände obliegt, die meteorologischen Elemente maßgebend sind. Dagegen
müssen für die Berechnung und den Entwurf der Anlagen, wenn diese dem durchschnittlichen, also klimagemäßen Verhalten der Außenluft gerecht werden, sollen,
die klimatischen Elemente zugrunde gelegt werden.

Bei dieser Berücksichtigung der Außenluftzustände ist eine wesentliche Vereinfachung dadurch gegeben, daß von der Gesamtheit der Wetter- oder Klimaelemente bei den Aufgaben der Heizungstechnik nur die Lufttemperatur und der
Wind, bei denjenigen der Lüftungstechnik nur die Lufttemperatur und Luftfeuchtigkeit in Rechnung zu stellen sind.

Die Wirkung der Sonnenstrahlung auf die Gebäude wird bei Heizungsanlagen
schon durch die Wärmebedarfsrechnung miterfaßt. Bei Lüftungs- und Klimaanlagen, die zur Raumkühlung im Sommer dienen sollen, muß sie jedoch wegen
ihrer Bedeutung für die Kühllast besonders ermittelt werden.

Wir beschränken uns daher auf die Besprechung der genannten Elemente und
berücksichtigen dabei nur ihr Verhalten innerhalb Deutschlands.

II. Die Temperatur der Außenluft.

A. Lufttemperatur und Sonnenstrahlung.

Die Temperatur der Außenluft ist im wesentlichen eine Folgeerscheinung der
durch die Sonnenstrahlung bewirkten Erwärmung der Erdoberfläche, die ihrerseits
durch Leitung und Konvektion die darüberliegenden Luftschichten aufwärmt.
Infolgedessen verändert sich die Lufttemperatur in demselben Sinne, wie die von
der Sonne zur Erde gehende Strahlung selbst Veränderungen erleidet, sei es durch
die im Laufe des Tages oder des Jahres wechselnde Höhe des Sonnenstandes, sei es
durch die größere oder geringere Absorption der Sonnenstrahlung beim Durchgang durch die Atmosphäre. Die Größe dieser absorbierten Strahlung ist abhängig
vom Grade der Bewölkung, aber auch vom Gehalt der Luft an Staub und unsicht-
barem Wasserdampf. Deshalb steigt bei Tage die Lufttemperatur bei klarem
Himmel und trockener Luft höher und rascher an als bei bedecktem Himmel.
Gleiches gilt aber auch für die Wärmeausstrahlung von der Erde nach dem Welten-
raum; sie wird durch eine Wolkendecke aufgehalten und teilweise wieder zur Erde
zurückgestrahlt, so daß die bei Nacht eintretende Temperaturerniedrigung weniger
groß ist als bei klarem Wetter.

Der im Tages- und Jahresablauf periodisch sich ändernden Höhe des Sonnenstandes entspricht eine deutliche Periode im täglichen wie auch im jährlichen Verlauf der Lufttemperatur, worauf weiterhin noch näher eingegangen wird.

B. Ermittlung der Lufttemperatur.

Eine genaue Messung der Lufttemperatur ist nur möglich, wenn alle Fehler-
quellen ausgeschaltet werden, die sich bei der Thermometeranzeige infolge von zu-
gestrahlter oder abgestrahlter Wärme ergeben können. Das Ablesethermometer ist
daher unbedingt vor Sonnenstrahlung wie auch vor Strahlungswirkungen aus der
nächsten Umgebung (Hauswänden, Fensterscheiben, Erdboden) zu schützen. Zur
einwandfreien Messung der Lufttemperatur wird gewöhnlich das trockene Thermometer des für Feuchtigkeitsmessungen bestimmten Assmannschen Psychrometers
benutzt, bei dem die Luft zwangsläufig an den mit Strahlungsschutz versehenen
beiden Thermometern vorbeigeführt wird.

Als zeitliche Werte der Außenlufttemperatur sind für die Wetter- und Klimakunde die folgenden von Wichtigkeit:

    a) die mittlere Tagestemperatur,
    b) die höchste und tiefste Tagestemperatur,
    c) die mittlere Monatstemperatur,
    d) die mittlere Jahrestemperatur,
    e) die höchste und tiefste Jahrestemperatur.

Erläuterungen. Zu a) Die mittlere Tagestemperatur ergäbe sich am genauesten aus
stündlichen Ablesungen der Lufttemperatur oder den Aufzeichnungen eines Temperatur-
schreibers. Beide Methoden sind aber für die Mehrzahl der meteorologischen Stationen
zu umständlich und kostspielig. Man bestimmt gewöhnlich die mittlere Tagestemperatur
aus drei, um 7 Uhr, 14 Uhr, 21 Uhr, angestellten Beobachtungen nach folgender Erfahrungs-
formel:

$$t_m = \frac{t_7 + t_{14} + t_{21}}{4}.$$

Die so erhaltenen Tagesmittelwerte weichen von den genauen Werten meistens nur um
Bruchteile eines Grades ab und ergeben bei Mittelbildung über einen Monat nur Fehler
von 0,1 bis 0,2 ° C.

Zu b) Die höchste und tiefste Tagestemperatur werden mit einem Maximum-Minimum-
Thermometersatz bestimmt. Die Differenz zwischen diesen Extremwerten heißt Tages-
schwankung der Temperatur.

Zu c) und d) Die mittlere Monatstemperatur wird als Mittelwert der mittleren Tagestemperaturen des betreffenden Monats und die mittlere Jahrestemperatur als Mittelwert
der mittleren Monatstemperaturen des betreffenden Jahres erhalten.

Zu e) Die höchste und tiefste Jahrestemperatur sind aus den Aufzeichnungen über die
Extremwerte der Tagestemperatur zu entnehmen. Die Differenz zwischen höchster und
tiefster Jahrestemperatur wird Jahresschwankung der Temperatur genannt.

Außer den vorstehend genannten Zeitwerten der Lufttemperatur werden für Klimatabellen häufig noch fünftägige Mittel der Lufttemperatur gebildet.

Für klimatische Untersuchungen und für Zwecke des Klimavergleiches verschiedener
Orte sind die zeitlichen Mittelwerte der Temperatur für längere Zeiträume erforderlich.
Zum Beispiel liegt den in der Klimakunde des Deutschen Reiches[1] veröffentlichten Mittel-
werten eine Zeit von 50 Jahren (1881 bis 1930) zugrunde.

C. Der tägliche Gang der Lufttemperatur.

Stellt man für einen Beobachtungstag, der keine stärkeren Temperaturstörungen
infolge von Witterungsänderungen aufweist, die stündlich gemessenen Temperaturwerte abhängig von den Tagesstunden zeichnerisch dar, so erhält man eine wellen-
förmige Kurve für den Tagesgang der Temperatur. Diese Kurve hat eine einmalige

---

[1] Klimakunde des Deutschen Reiches Bd. II/Tabellen, veröffentlicht vom Reichsamt für
Wetterdienst. Berlin: Dietrich Reimer, 1939.

tägliche Periode entsprechend der periodisch mit dem Sonnenstande sich ändernden Temperatur der Erdoberfläche. Das Minimum der Lufttemperatur wird etwa um Sonnenaufgang, im Jahresablauf also zu verschiedenen Zeiten, erreicht. Das Maximum dagegen tritt ziemlich regelmäßig 2 bis 4 Stunden nach Mittag ein. Der

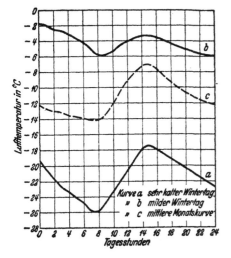

Abb. 241. Täglicher Gang der Lufttemperatur in Potsdam im Februar 1929.

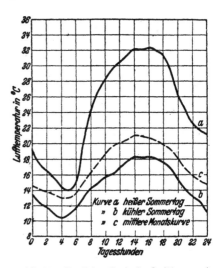

Abb. 242. Täglicher Gang der Lufttemperatur in Potsdam im Juli 1930.

Zeitunterschied zwischen beiden beträgt im Januar etwa 6 Stunden und im Juli etwa 10 Stunden.

Der beschriebene tägliche Temperaturverlauf wird durch die Kurven der Abb. 241 und Abb. 242 veranschaulicht, die nach stündlichen Beobachtungen der Lufttemperatur in Potsdam[1] aufgezeichnet sind.

Abb. 241 enthält Tageskurven aus dem äußerst kalten Monat Februar 1929, Abb. 242 solche aus einem Sommermonat, dem Juli 1930. Darin entspricht:

Abb. 241 {
Kurve a (10. Februar) einem sehr kalten Wintertag mit klarem Himmel,
Kurve b (24. Februar) einem milden Wintertag mit bedecktem Himmel,
Kurve c (Monatsmittel) dem mittleren Tagesgang im Februar 1929:

Abb. 242 {
Kurve a (3. Juli) einem sehr heißen Sommertag mit geringer Bewölkung,
Kurve b (10. Juli) einem kühlen Sommertag mit starker Bewölkung,
Kurve c (Monatsmittel) dem mittleren Tagesgang im Juli 1930.

Die Abbildungen zeigen deutlich den Unterschied des Temperaturganges bei klarem und trübem Wetter. Starke Bewölkung wirkt als Schutz gegen die Ein- und Ausstrahlung von Wärme, und die Temperaturkurven verlaufen dabei viel flacher als an klaren Tagen. Dem entsprechen auch die Temperaturunterschiede zwischen dem Morgenminimum und Nachmittagsmaximum in nebenstehender Übersicht:

Tag . . .	24. Febr.	10. Febr.	10. Juli	3. Juli
Wetter . .	trübe	klar	trübe	klar
Maximum .	— 3,3°	— 17,5°	18,3°	32,4°
Minimum .	— 5,8°	— 25,9°	10,4°	14,1°
Unterschied	2,5°	8,4°	7,9°	18,3°

[1] Ergebnisse der meteorologischen Beobachtungen in Potsdam. Jahreshefte, herausgegeben von R. Süring. Berlin: Springer.

Der normale tägliche Temperaturverlauf kann durch rasch verlaufende Witterungsänderungen verwischt oder abgeändert werden. Daß solche Störungen aber nicht zu oft vorkommen, zeigen die in den Abb. 241 und 242 enthaltenen Monatsmittelkurven, die vollkommen dem normalen Kurvencharakter entsprechen.

D. Folgerungen aus dem täglichen Gang der Lufttemperatur für den Heizbetrieb.

Für den täglichen Heizbetrieb ist der beschriebene Tagesgang der Temperatur nicht ohne Bedeutung. Um dies zu beweisen, besprechen wir den häufigsten Fall des ununterbrochenen Betriebes mit nächtlicher Betriebseinschränkung. Die Anlage soll von 5 bis 8 Uhr aufgeheizt und dann bis 22 Uhr normal betrieben werden, so daß eine Raumtemperatur von 19° C gehalten wird.

Die Anheizzeit fällt nun, wie die Temperaturkurven der Abb. 241 zeigten, gerade in den Bereich des täglichen Temperaturminimums, das meist um mehrere Grade tiefer liegt als die mittlere Außentemperatur während des Beharrungszustandes, und zwar um so mehr, je klarer das Wetter ist und je weiter wir von der eigentlichen Wintermitte entfernt sind. Beim Anheizen ist demnach nicht nur das während der Nacht ausgekühlte Gebäude wieder hochzuheizen, sondern es fällt in diese Zeit auch noch der erhöhte Wärmebedarf infolge des Minimums der Außentemperatur.

Die Frage, um wieviel der stündliche Wärmeverlust während der Anheizzeit größer ist als während des Beharrungszustandes, soll mit nachstehender Zusammenstellung beantwortet werden. Darin sind für die Monate der Heizzeit auf Grund der

Monat	Mittlere Tages- temperatur	Mittlere Außentemperatur		Mittlere Innentemperatur		Mittlerer Temperatur- Unterschied	
		5 bis 8 Uhr	8 bis 22 Uhr	5 bis 8 Uhr	8 bis 22 Uhr	5 bis 8 Uhr	8 bis 22 Uhr
Sept.	13,3	8,1	16,8	17,5	19,0	9,4	2,2
Okt.	8,4	4,1	11,0	17,5	19,0	13,4	8,0
Nov.	3,3	0,0	5,0	17,0	19,0	17,0	14,0
Dez.	0,2	— 2,6	1,4	17,0	19,0	19,6	17,6
Jan.	— 1,1	— 3,7	0,0	17,0	19,0	20,7	19,0
Febr.	0,1	— 2,7	1,3	17,0	19,0	19,7	17,7
März	2,9	— 0,4	4,6	17,5	19,0	17,9	14,4
April	7,3	3,2	9,6	17,5	19,0	14,3	9,4
Mai	12,7	7,6	16,0	17,5	19,0	9,9	3,0

Stundenwerte der Temperatur in Potsdam[1] die Mitteltemperaturen für die Zeit von 5 bis 8 Uhr und von 8 bis 22 Uhr wie auch die zugehörigen Unterschiede zwischen Innen- und Außentemperatur enthalten. Die Werte sind für klare Tage ermittelt worden, an denen der tägliche Temperaturgang am deutlichsten zum Ausdruck kommt.

Die Werte der Temperaturunterschiede sind außerdem in Abb. 243 zeichnerisch dargestellt.

Aus der Zahlentafel und aus Abb. 243 ist zu ersehen, daß während der Monate Dezember, Januar und Februar die Temperaturunterschiede und damit auch die

---

[1] Benutzt wurden verschiedene Jahrgänge von „Meteorologische Beobachtungen in Potsdam". Berlin: Springer.

stündlichen Wärmeverluste für Anheiz- und Tagbetrieb nur wenig voneinander abweichen, daß sie aber in den Übergangsmonaten erhebliche Unterschiede aufweisen.

Diese Tatsache bietet die Erklärung dafür, weshalb erfahrungsgemäß der Heizbetrieb in den kälteren Monaten der Heizperiode wesentlich einfacher durchzuführen ist als in den wärmeren Monaten; denn bei tieferen Temperaturen braucht die Kesselleistung beim Übergang vom Anheiz- zum Tagbetrieb verhältnismäßig weniger geändert zu werden als bei höheren Temperaturen. Dies zeigt sehr anschaulich das folgende Kurvenbild Abb. 244 für die Belastung einer Heizungsanlage bei verschiedenen Außentemperaturen [1].

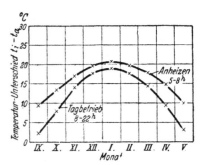

Abb. 243. Kurven für den Temperaturunterschied $(t_i - t_a)$ beim Anheizen und Tagbetrieb.

In den Übergangsmonaten wird nun die Abdrosselung der Kesselheizung meist nicht in dem erforderlichen Maße durchgeführt, teils weil der Heizer Bedienungsfehler macht, teils aber auch wegen nicht genügender Anpassungsfähigkeit der Kesselanlage. Häufiges Überheizen der Räume und ein unwirtschaftlicher Heizbetrieb sind die Folge da-

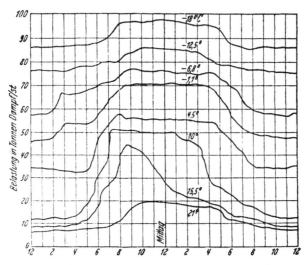

Abb. 244. Belastung einer Heizungsanlage bei verschiedenen Außentemperaturen.

von. In der Arbeit von Eberle und Raiss: Die Heizung von Schulgebäuden [2], ist auf das Überheizen der Räume in der Übergangszeit und die damit verknüpfte Brennstoffverschwendung mehrfach hingewiesen worden.

---

[1] Entnommen dem Buch von Rybka: Amerikanische Heizungs- und Lüftungspraxis. Berlin: Springer, 1932.

[2] Eberle und Raiss: Die Heizung von Schulgebäuden. Heft 29 der Beihefte zum Gesundheits-Ing. München: R. Oldenbourg, 1931.

E. Der jährliche Gang der Lufttemperatur und seine Abhängigkeit von den Klimafaktoren.

Aus den mittleren Tagestemperaturen der einzelnen Monate erhält man durch Mittelbildung die mittleren Monatstemperaturen. Letztere, in Abhängigkeit von der Zeit aufgetragen, ergeben den jährlichen Gang der Lufttemperatur.

Die Jahreskurve hat wegen der zu- und abnehmenden Wirkung der Sonnenstrahlung ebenso einen gesetzmäßigen Verlauf wie die Tageskurve; sie besitzt eine ausgesprochene jährliche Periode und hat in unserem Gebiet ihr Minimum meist im Januar, ihr Maximum meist im Juli. Dies ist aus der Abb. 245 ersichtlich, in der die Jahreskurven für Berlin und Kiel (Binnenlage und Küstenlage), bezogen auf die Jahre 1881 bis 1930 nach der Klimakunde des Deutschen Reiches, dargestellt sind. Durchschnittlich ist also der Januar der kälteste und der Juli der wärmste Monat

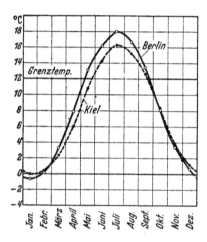

Abb. 245. Jährlicher Gang der Lufttemperatur in Berlin und Kiel.

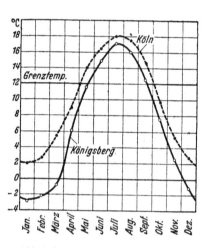

Abb. 246. Jährlicher Gang der Lufttemperatur in Königsberg und Köln.

des Jahres, wenn auch bei Einzeljahren Abweichungen von diesem Klimagesetz vorkommen, wie z. B. in dem kalten Winter 1928/29, in dem die mittlere Temperatur im Februar erheblich tiefer als im Januar lag.

Hinsichtlich des Einflusses der Klimafaktoren auf die Jahreskurve der Lufttemperatur ist folgendes von Wichtigkeit. Bei Orten mit Küstenlage verläuft die Jahreskurve flacher als bei Binnenorten (vgl. Abb. 245), weil sich das Meer langsamer erwärmt und wieder abkühlt als das Festland. Die mittlere Jahresschwankung der Temperatur, d. h. der Unterschied zwischen mittlerer Juli- und Januartemperatur, beträgt daher in Kiel nur 16,3° gegenüber 18,6° C in Berlin. Legt man für Beginn und Ende der Heizperiode eine Außentemperatur von 12° C zugrunde, die man die Grenztemperatur nennt, so ergibt sich nach Abb. 245, daß der Heizwinter für Küstenorte länger als für Binnenorte dauert. Er umfaßt in Berlin 226 und in Kiel 248 Heiztage.

Als Klimafaktor für Orte in Deutschland ist ferner die mehr östliche oder mehr westliche Lage der Orte von Bedeutung; denn Ostdeutschland steht bereits unter dem Einfluß des osteuropäischen Kontinentalklimas, während Westdeutschland klimatisch schon vom Atlantischen Ozean her beeinflußt wird. Dieser Klimaunterschied macht sich besonders im Winter bemerkbar. Als Beispiel dafür sind in

Abb. 246 die Jahreskurven der Lufttemperatur von Königsberg und Köln dargestellt. Königsberg hat nicht nur die größere Winterkälte, sondern auch eine um etwa einen Monat längere Heizperiode als Köln, bezogen auf eine Grenztemperatur von 12 ° C. Die Jahresschwankung der Lufttemperatur beträgt in Königsberg 19,9 °, in Köln nur 16,0 ° C.

Als weiterer Klimafaktor kommt noch die Höhenlage eines Ortes in Frage. Die Abnahme der Lufttemperatur mit der Höhe beträgt je 100 m Erhebung etwa 0,5 ° C. Sie bedingt bei hochgelegenen Orten eine tiefere Lage der Jahreskurve und damit eine längere Heizzeit als bei Orten des gleichen Klimagebietes im Flachland.

F. Die Heizgradtage als heiztechnische Folgerung aus dem Jahresgang der Lufttemperatur.

Wie wir im vorhergehenden Abschnitt gesehen haben, kennzeichnen die auf einen längeren Zeitraum bezogenen Jahreskurven der Lufttemperatur den Klimacharakter der zugehörigen Orte. Sie kennzeichnen damit zugleich die Anforderungen, die das Klima an die Beheizung der Gebäude in den betreffenden Orten stellt; denn aus den Jahreskurven kann sowohl der Unterschied zwischen der Innentemperatur und mittleren Außentemperatur als auch die Zahl der erforderlichen Heiztage abgeleitet werden. Von diesen beiden Größen ist der Wärme- und damit auch der Brennstoffverbrauch eines Gebäudes während der Heizzeit abhängig.

Bezeichnet:

Q [kcal] den Gesamtwärmeverbrauch während der Heizzeit,

$q \left[\dfrac{\text{kcal}}{\text{Tag, ° C}} \right]$ den Wärmeverlust des Gebäudes je Tag und je Grad Temperaturunterschied zwischen Innen- und Außenluft,

$t_i - t_{am}$ [° C] den Unterschied zwischen Innen- und mittlerer Außentemperatur,

Z [Tag] die Zahl der Heiztage,

so ist der Wärmeverbrauch für Z Heiztage:

$$Q = q \cdot (t_i - t_{am}) \cdot Z. \tag{28}$$

In dieser Gleichung ist der Beiwert q eine von der Größe und Bauart des Gebäudes abhängige Konstante. Die nach den Gesetzen des Wärmeüberganges lineare Beziehung zwischen dem Wärmeverbrauch Q und dem Temperaturunterschied $t_i - t_{am}$ trifft auch für den praktischen Heizbetrieb zu, wenn zur Ermittlung dieser Größen genügend lange Heizabschnitte zugrunde gelegt werden. Schon bei der Dauer eines Monats sind die Einflüsse ungewöhnlicher Witterungszustände auf den durch die mittlere Außentemperatur bedingten Wärmeverbrauch kaum noch bemerkbar. Nur in den Frühlingsmonaten tritt die Wirkung der erhöhten Sonnenstrahlung stärker hervor.

Für das in Gleichung (28) enthaltene Produkt Temperaturunterschied $(t_i - t_{am})$ × Zahl der Heiztage Z hat sich die zuerst in Amerika gebrauchte Bezeichnung „Gradtage" eingeführt. Wird für diese G geschrieben, so ist:

$$G = (t_i - t_{am}) Z. \tag{29}$$

Für gleiche, auf dieselbe Innentemperatur beheizte Gebäude an zwei verschiedenen Orten gilt dann nach den Gleichungen (28) und (29):

$$\frac{Q_1}{Q_2} = \frac{(t_i - t_{am})_1 Z_1}{(t_i - t_{am})_2 Z_2} = \frac{G_1}{G_2}, \tag{30}$$

d. h. die erforderlichen Wärmemengen an beiden Orten verhalten sich wie die zugehörigen Gradtage.

Für den Übergang von den Wärmemengen zu den entsprechenden Brennstoffmengen dient die Gleichung:
$$Q = \eta \, BH_u \, .$$
Darin ist:

> B die zur Erzeugung der Wärmemenge Q erforderliche Brennstoffmenge,
>
> H_u der untere Heizwert des Brennstoffes,
>
> η der Wirkungsgrad der Anlage.

Nach Gleichungen (28) und (29) ist dann:

$$\frac{\eta \, BH_u}{G} = q \qquad \text{oder} \qquad \frac{B}{G} = \frac{q}{\eta \, H_u} \, . \tag{31}$$

Der Quotient B/G, d. i. der auf $1°$ Temperaturunterschied und einen Tag bezogene
Brennstoffverbrauch, wird Gradtagverbrauch genannt.

Gleichung (31) besagt, daß für ein bestimmtes Gebäude ($q = $ const), einen bestimmten Brennstoff ($H_u = $ const) und unverändertem Wirkungsgrad der Anlage
($\eta = $ const) der Gradtagverbrauch konstant ist. Dieser Satz ist für Betriebsunter-
suchungen und Überwachungen von Heizanlagen von großer Bedeutung. Wird z. B.
bei Ermittlung des Gradtagverbrauches der aufeinanderfolgenden Monate festgestellt, daß der Quotient B/G stärkere Schwankungen aufweist, so deutet dies auf
Mängel des Betriebes hin, die durch die Anlage, den Brennstoff oder die Bedienung
verursacht sein können. Dieses Überwachungsverfahren mittels Gradtagen, das in
Amerika zuerst benutzt wurde, ist durch E S c h u l z [1] in Deutschland eingeführt
worden.

Bei der Gradtagermittlung hat man zu unterscheiden zwischen meteorologischen
und klimatischen Gradtagen. Erstere beziehen sich auf den durch die Witterungszustände bedingten Gang der Außentemperatur in einer bestimmten Heizzeit,
letztere auf den durchschnittlichen Gang der Außentemperatur, wie er durch die
im vorhergehenden Abschnitt besprochenen klimatischen Jahreskurven der Lufttemperatur gegeben ist. Die meteorologischen Gradtage sind für Betriebsunter-
suchungen erforderlich. Die klimatischen Gradtage, für verschiedene Orte berechnet, bilden wertvolle Vergleichsziffern für den durch die Klimafaktoren verursachten verschiedenen Heizwärmebedarf dieser Orte. Für Deutschland sind
bereits heiztechnische Klimakarten entworfen worden, die zur angenäherten Ermittlung der klimatischen Gradtage einer beliebigen Ortes dienen sollen [2].

Die Ermittlung der Gradtage für einen bestimmten Ort aus der Jahreskurve der
Lufttemperatur wird durch Abb. 247 erläutert. Darin sind außer der Temperatur-
kurve die gebräuchliche Grenztemperatur $t_g = 12°$ C für Anfang und Ende der
Heizperiode und die normale Raumtemperatur von $19°$ C eingezeichnet. Die Zahl

[1] S c h u l z, E.: XII. Kongreßbericht f. Heizung u. Lüftung, Teil II S. 178—179. München:
R. Oldenbourg, 1927. — S c h u l z, E.: Öffentliche Heizkraftwerke und Elektrizitätswirtschaft in Städten. Berlin: Springer, 1933.

[2] S c h u l z, E.: XII. Kongreßbericht f. Heizung u. Lüftung, Teil II S. 179. München:
R. Oldenbourg 1927. — C a m m e r e r u. K r a u s e: Grundlagen für wirtschaftlichen Wärmeschutz. Arch. Wärmewirtsch., 1933 Heft 5 S. 117. — R a i s s: Der Einfluß des Klimas auf
den Heizwärmebedarf in Deutschland. Gesundh.-Ing., 1933 Nr. 34 S. 397.

der Gradtage G ist gleich dem Inhalt der schraffierten Fläche $(F_1 + F_2)$, die unten von der Temperaturkurve, oben von der Innentemperaturlinie und seitlich von der Anfangs- und Endordinate der Heizzeit begrenzt wird.

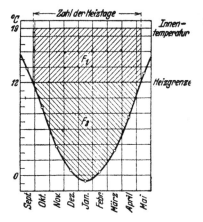

Abb. 247.
Flächenaufteilung zur Bestimmung
der Heizgradtage für Berlin.

Wird in Gleichung (29) die Grenztemperatur $t_g = 12°$ eingeführt, so erhält sie die Form:

$$G = Z\,(19 - 12) + Z \cdot (12 - t_{am}). \qquad (32)$$

Das Rechteck F_1 über der Grenztemperatur entspricht dem ersten Summanden, die Fläche F_2 unter der Grenztemperatur dem zweiten Summanden der Gleichung (32). F_1 ist durch einfache Abmessung, F_2 durch Planimetrierung oder Teilflächenzerlegung zu ermitteln.

Nachstehende Tabelle aus dem Jahre 1944 enthält für 43 Orte die klimatischen Zahlenwerte der Gradtage, der Heiztage, der zugehörigen mittleren Wintertemperaturen und der mittleren Jahrestemperaturen. Sie wurde zusammengestellt nach den von Zimmermann[1] berechneten Werten, denen die Angaben des Handbuches der Klimakunde des Deutschen Reiches, also fünfzigjährige Temperaturmittel, zugrunde liegen.

Hottinger[2] hat für die Schweiz nachgewiesen, daß die Gradtagzahlen verschiedener Orte von ihren mittleren Jahrestemperaturen abhängig sind. Wie die nach den Werten unserer Zahlentafel gezeichnete Abbildung 248 zeigt, trifft dies für größere Gebiete, z. B. Deutschland, nur für Orte mit gleichartiger Klimalage zu.

Die in der obigen Tabelle enthaltenen Gradtagszahlen lassen unmittelbar erkennen, welche Anforderungen das Klima an die Beheizung der Gebäude in den angeführten Orten stellt. Die größten Unterschiede im Heizwärmebedarf bestehen zwischen den ost- und westdeutschen Orten. Dasselbe auf gleiche Weise beheizte Gebäude würde z. B. in

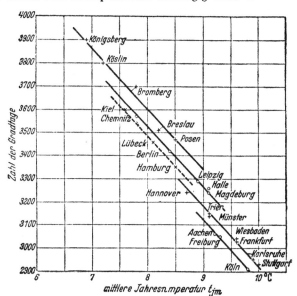

Abb. 248. Abhängigkeit der Gradtagwerte von der mittleren
Jahrestemperatur.

[1] Zimmermann: Die Gradtagzahlen Deutschlands und eines Teiles des europäischen Auslandes. Gesundh.-Ing., 1941 S. 375,

[2] Hottinger: Zur Bestimmung der „Heizgradtage". Gesundh.-Ing., 1933, S. 553.

Königsberg um 34 vH mehr Wärme benötigen als in Köln. In Berlin wäre
der entsprechende Wärmebedarf um 12 vH kleiner als in Königsberg und um
18 vH größer als in Köln.

Ort	Zahl der Gradtage $t_i = 19°$ $t_g = 12°$	Zahl der Heiztage bei $t_g = 12°$	Zugehörige mittlere Wintertemp. t_{am}	Mittlere Jahres-temperatur t_{jm}
Tilsit	4070	241	2,1	6,6
Memel	3940	245	2,1	6,8
Königsberg	3900	243	3,0	6,9
Köslin	3800	248	3,7	7,2
Danzig-Neufahrwasser	3760	242	3,5	7,5
Bromberg	3700	231	3,0	7,8
Breslau-Krietern	3510	226	3,5	8,2
Posen	3470	222	3,4	8,5
München-Sternwarte	3730	238	3,3	7,4
Augsburg	3490	228	3,7	8,2
Nürnberg	3370	224	4,0	8,7
Chemnitz	3570	237	3,9	7,8
Erfurt	3510	233	3,9	8,0
Berlin-Dahlem	3420	226	4,0	8,4
Kassel	3380	231	4,4	8,4
Leipzig	3290	222	4,2	8,9
Braunschweig	3280	225	4,4	8,8
Halle	3260	226	4,6	9,1
Magdeburg	3240	220	4,3	9,1
Kiel	3600	247	3,7	7,6
Lübeck	3460	237	4,4	8,1
Hamburg	3350	230	4,4	8,5
Hannover	3240	227	4,7	8,7
Trier	3150	225	5,0	9,1
Münster	3140	224	5,0	9,1
Dortmund	3120	225	5,1	9,1
Wiesbaden	3040	216	4,9	9,6
Frankfurt a. M.	3030	214	4,8	9,6
Karlsruhe	2950	212	5,1	9,9
Stuttgart	2930	210	5,0	10,0
Mainz	2920	209	5,0	10,0
Mannheim	2920	208	5,0	10,0
Aachen	3060	225	5,4	9,2
Freiburg	3050	217	4,9	9,3
Köln	2910	213	5,3	9,8
Klagenfurt	3670	219	2,2	7,2
Innsbruck	3450	220	3,3	8,0
Graz	3430	220	3,4	9,2
Linz	3380	220	3,6	8,6
Salzburg	3340	220	3,8	8,0
Wien	3200	212	3,9	9,7
Brünn	3540	220	2,9	8,4
Prag	3340	212	3,2	8,8

G. Mittlere absolute Jahresextreme der Lufttemperatur.

Aus der im vorhergehenden Abschnitt befindlichen Tabelle (Spalte für t_{am}) kann
man entnehmen, daß die mittlere Wintertemperatur bei allen aufgeführten Orten
einige Grade über Null liegt. Die für den Entwurf von Heizanlagen notwendige
Wärmebedarfsrechnung stützt sich aber nicht auf diese Temperatur, weil dann die

Anlagen bei größerer Kälte versagen würden, sondern nach den „Regeln" DIN 4701 auf die durchschnittlich tiefste Wintertemperatur, die sich als Mittelwert der Jahresminima eines längeren Zeitraumes ergibt. Diese Berechnungsweise bietet erfahrungsgemäß genügend Sicherheit dafür, daß die Anlagen auch bei den seltenen Fällen mit noch tieferer Temperatur ausreichen, da „Kältespitzen durch die Wärmespeicherung des Gebäudes und durchgehenden Betrieb überwunden werden können" (Regeln Seite 8). Die Benutzung der absolut tiefsten Wintertemperatur würde zu teure Anlage ergeben.

In der folgenden Tabelle sind für eine Reihe von deutschen Orten nach dem Handbuch für Klimakunde des Deutschen Reiches (Zeit 1881 bis 1930) die mittleren und absoluten Jahresminima der Temperatur zusammengestellt. Eine weitere Spalte enthält die aufgerundeten Temperaturen, die nach den „Regeln" der Wärmebedarfsrechnung zugrunde zu legen sind. Der Unterschied zwischen mittlerem und absolutem Jahresminimum beträgt bei den meisten Orten 9 bis 11°. Bei äußerster Kälte wäre also eine Mehrleistung von etwa 30 vH aus den Anlagen herauszuholen.

Ort	Winter			Sommer		
	Jahresminima der Temperatur		Tiefsttemp. für Wärmebedarfsrechnung laut „Regeln"	Jahresmaxima der Temperatur		Zahl der Tage mit mindestens 25°
	mittlere	absolute		mittlere	absolute	Höchsttemp.
Königsberg........	— 19,5	— 31,2	— 21	32,1	36,6	26
Breslau	— 17,2	— 32,0	— 18	32,4	36,8	33
Nürnberg	— 17,2	— 27,8	— 18	32,6	37,2	34
Posen	— 16,6	— 29,1	— 18	32,1	35,7	33
Augsburg	— 16,6	— 28,2	— 18	32,0	36,6	31
München.........	— 16,0	— 25,5	— 18	31,6	36,2	30
Chemnitz	— 15,5	— 28,9	— 18	31,7	36,2	27
Leipzig	— 15,3	— 26,3	— 15	32,2	36,2	31
Berlin-Dahlem.....	— 14,7	— 26,0	— 15	32,6	35,5	31
Kassel..........	— 14,7	— 26,6	— 15	32,1	37,0	29
Braunschweig	— 14,5	— 26,3	— 15	32,5	36,4	29
Halle...........	— 14,5	— 27,1	— 15	32,7	36,3	34
Magdeburg	— 14,3	— 25,7	— 15	33,5	37,5	38
Karlsruhe	— 13,9	— 23,2	— 15	32,5	38,2	41
Stuttgart	— 13,5	— 25,0	— 15	33,0	38,7	41
Münster	— 13,4	— 27,0	— 12	32,5	35,4	30
Freiburg	— 13,4	— 21,7	— 12	32,9	39,4	44
Trier	— 12,9	— 21,0	— 12	32,5	35,4	30
Frankfurt a. M. ...	— 12,8	— 21,5	— 12	32,0	37,8	39
Mainz	— 12,0	— 21,8	— 12	33,2	37,2	40
Aachen	— 11,3	— 20,3	— 12	32,2	37,0	27
Köln	— 9,9	— 19,6	— 12	31,9	35,5	30
Danzig	— 17,3	— 27,7	— 18	30,6	35,5	13
Lübeck	— 13,8	— 27,2	— 15	30,7	34,8	15
Hamburg	— 11,5	— 21,1	— 15	30,0	33,5	13
Kiel............	— 11,2	— 20,0	— 15	27,4	31,3	5

Es erschien zweckmäßig, in die vorstehende Tabelle auch die mittleren und absoluten Jahresmaxima der Temperatur aufzunehmen. Diese Werte sind für die Lüftungstechnik von Bedeutung, denn sie geben darüber Auskunft, mit welchen höchsten Außentemperaturen man im Sommerbetrieb zu rechnen hat, und — soweit es sich um Kühlanlagen handelt — um wieviel Grade die Luft vor Einführung in die Räume heruntergekühlt werden muß und welche Kühlleistung im äußersten

Fall aufzubringen ist. Zur Vervollständigung enthält die letzte Spalte die Zahl der „Sommertage", an denen die Lufttemperatur mindestens 25° C erreicht. An solchen Tagen werden sich viele Gebäude soweit aufwärmen, daß auch in nicht dicht besetzten Räumen die Temperatur über das erträgliche Maß ansteigen kann.

Im Gegensatz zu dem erheblichen Unterschied zwischen mittleren und absoluten Tiefstwerten der Temperatur im Winter ist im Sommer die Spanne zwischen den mittleren und absoluten Höchstwerten bei allen Orten nur gering (etwa 3 bis 5°). Außerdem ist ein wesentlicher Einfluß der Klimafaktoren auf die Jahresmaxima der Temperatur kaum erkennbar. Lediglich die Küstenstationen machen mit ihren etwas tieferen Temperaturen eine Ausnahme.

Bei der Berechnung von mit Kühlung verbundenen Lüftungsanlagen kann man demnach für ganz Deutschland ein einheitliches mittleres Maximum der Außentemperatur von rund 32° C zugrunde legen. Nur bei den Küstenorten ist diese Temperatur etwas niedriger anzunehmen. Die Zahl der Tage, an denen wegen hoher Außentemperatur mit stärkerer Kühlung der Frischluft zu rechnen ist, kann zu etwa 30 bis 40 angesetzt werden. Für die Küstenorte liegt auch diese Ziffer wesentlich niedriger.

III. Die Feuchtigkeit der Außenluft.

A. Allgemeines.

Die für feuchte Luft wichtigen physikalischen Begriffe und Gesetzmäßigkeiten sind bereits früher behandelt worden (vgl. S. 213 bis 215) und können hier als bekannt vorausgesetzt werden.

Im Gegensatz zu der Bedeutung der Außenlufttemperatur für die Aufgaben der Heizungstechnik spielt die Außenluftfeuchtigkeit in heiztechnischer Hinsicht nur eine untergeordnete Rolle. Sie ist jedoch bei der Beheizung von Räumen insofern zu beachten, als sie die Feuchtigkeitsverhältnisse der Raumluft in merklicher Weise beeinflußt. Die Ursache dafür bildet der natürliche Luftwechsel der Räume, der einen dauernden Austausch zwischen Innen- und Außenluft bewirkt. Je tiefer im Laufe des Winters die Temperatur und damit der Wasserdampfgehalt der Außenluft herabsinkt, um so geringer ist die relative Feuchtigkeit der Innenluft. Bei bekanntem Wasserdampfgehalt der Außenluft läßt sich die relative Feuchtigkeit der Innenluft bei gegebener Raumtemperatur berechnen, falls keine Wasseraufnahme der Luft im Raum erfolgt. Wie aus den nachstehenden Versuchszahlen von Liese[1]

Monat	Versuchszahlen von Liese (Monatsmittel)				Berechnete Werte	
	Außenluft		Innenluft		relative Feuchtigkeit der Innenluft	Wasserdampfaufnahme der Luft im Raum
	Temperatur °C	relative Feuchtigkeit vH	Temperatur °C	relative Feuchtigkeit vH	vH	g/kg
Oktober......	9,4	72	19,6	45	37	1,1
November....	4,5	70	19,2	37	27	1,5
Dezember....	1,0	71	18,6	32	22	1,4
Januar	—3,0	69	18,5	27	16	1,5
Februar......	—0,1	68	19,5	30	18	1,7
März........	5,8	68	20,3	31	26	0,7
April........	7,8	64	19,6	34	30	0,6

[1] L i e s e: Luftbefeuchtung in beheizten Räumen. Dtsch. med. Wschr., 1933 Nr. 33 S. 1172.

zu entnehmen ist, liegen aber die wirklichen relativen Feuchtigkeiten der Raumluft höher als die berechneten Werte, woraus hervorgeht, daß die Luft im Raum selbst noch Wasserdampf aufnimmt, der von anwesenden Personen, von Wänden und hygroskopischen Gegenständen abgegeben wird.

Wenn die Außenluftfeuchtigkeit schon bei dem natürlichen Luftwechsel der Räume die Zustandsverhältnisse der Innenluft beeinflußt, so ist dies in noch viel höherem Grade bei allen künstlichen Lüftungsanlagen der Fall, weil dabei ein wesentlich größerer Luftwechsel in Frage kommt. Bei den einfachsten, nur mit Luftschächten oder Ventilator ausgestatteten Anlagen wie auch bei Luftheizungen ohne Befeuchtungseinrichtung wird sich wie bei dem natürlichen Luftwechsel die Innenluftfeuchtigkeit entsprechend der Außenluftfeuchtigkeit und der im Raum hinzukommenden Wasserdampfabgabe einstellen. Es ist nicht möglich, mit solchen Anlagen dauernd befriedigende Feuchtigkeitsverhältnisse in den zu belüftenden Räumen zu erzielen. Von hochwertigen Anlagen wird mehr verlangt: die Raumluft soll nicht nur erneuert, sondern vor allem auch mit den Temperaturen und Feuchtigkeiten in die Räume eingeführt und verteilt werden, daß darin die Behaglichkeitsbedingungen für die Insassen aufrechterhalten werden. Solche Anlagen (Klimaanlagen) müssen daher mit Heizung, Kühlung und Befeuchtung der Luft ausgestattet sein, um die erforderliche Einregelung des Luftzustandes durchführen zu können. Für Berechnung und Betrieb hochwertiger Anlagen ist daher die Feuchtigkeit der Außenluft ebenso wichtig wie ihre Temperatur.

B. Die Ermittlung der Luftfeuchtigkeit.

Die Luftfeuchtigkeit als meteorologisches Element wird von den Wetterwarten zu denselben Beobachtungszeiten gemessen wie die Lufttemperatur, nämlich um 7 Uhr, 14 Uhr und 21 Uhr. Als genauestes Meßinstrument wird dabei das Aßmannsche Psychrometer (vgl. S. 224) benutzt. Man ermittelt damit zunächst den Teildruck des Wasserdampfes nach der Formel (vgl. Hütte, 26. Aufl. S. 1008):

$$p_d = p_f - 0,5 \cdot \frac{b}{760} \cdot (t - t_f) \qquad (33)$$

p_d Teildruck des Wasserdampfes in mm Q.-S. bei Temperatur t,

p_f Sättigungsdruck des Wasserdampfes in mm Q.-S. bei der Temperatur t_f,

b Barometerstand in mm Q.-S.,

t Temperatur des trockenen Thermometers in °C,

t_f Temperatur des feuchten Thermometers in ° C,

$t - t_f$ psychrometrische Differenz in ° C.

Die Formel ist für Temperaturen zwischen 0 und 40° gültig. Bezüglich der Formeln für Temperaturen oberhalb 40° und unterhalb 0° wird auf die „Hütte" verwiesen.

Aus dem mit obiger Formel errechneten Teildruck p_d und dem aus Zahlentafel 1 zu entnehmenden Sättigungsdruck[1] bei der Temperatur t erhält man die relative Feuchtigkeit:

$$\varphi = \frac{p_d}{p_s} \cdot 100 \; [\text{vH}]. \qquad (34)$$

---

[1] Das Buch von H. Bongards: Feuchtigkeitsmessung, R. Oldenbourg, 1926, enthält die Sättigungsdrucke für Zehntel-Temperaturgrade.

In meteorologischen Veröffentlichungen wird zur Kennzeichnung der Luftfeuchtigkeit meist der Dampfdruck p_d und die relative Feuchtigkeit φ angegeben. Mit diesen Größen können die für lüftungstechnische Zwecke wichtigen Werte des Wassergehaltes x in kg je kg trockener Luft und des Wärmeinhaltes i in kcal je kg trockener Luft nach früher angegebenen Formeln (S. 215 bis 216) berechnet oder aus dem $i-x$-Diagramm (Abb. 236) entnommen werden.

Die klimatischen Monats- und Jahresmittelwerte des Dampfdruckes und der relativen Feuchtigkeit für zahlreiche deutsche Orte enthält das Handbuch der Klimakunde des Deutschen Reiches.

C. Täglicher und jährlicher Gang des Dampfdruckes und der relativen Feuchtigkeit.

Der Dampfdruck der Außenluft liegt gewöhnlich unterhalb des Sättigungsdruckes. Nur bei Nebel oder Regen, und zwar vorwiegend in der kälteren Jahreshälfte, wird zeitweise der Sättigungsdruck und damit eine relative Feuchtigkeit von 100 vH erreicht. Die Größe des Dampfdruckes ist abhängig von der Wasserdampfmenge, die jeweils von der Erdoberfläche an die Luft abgegeben wird. Da die Verdunstungsmenge mit steigender Lufttemperatur zunimmt, muß auch der Dampfdruck in seinem zeitlichen Verlauf sich ähnlich wie die Lufttemperatur verhalten, d. h. im täglichen Gang das Maximum in den ersten Nachmittagsstunden, im jährlichen Gang in den wärmsten Monaten Juli und August erreichen. Wie nachstehende Tabelle[1] für Zweimonatsmittelwerte und für die drei Beobachtungszeiten 7 Uhr, 14 Uhr und 21 Uhr zeigt, trifft dies für den jährlichen Gang vollkommen, für den täglichen Gang aber nur in den Wintermonaten (November bis Februar) zu. In den Sommermonaten (Mai bis August) tritt im Tagesgang an die Stelle des Wintermaximums ein Minimum des Dampfdruckes, weil die durch die hohe Erwärmung des Erdbodens erzeugten Konvektionsströme den Wasserdampf in höhere Luftschichten emportragen.

	Lufttemperatur [°C]			Dampfdruck [mm Q.-S.]			Relativ. Feuchtigkeit [vH]		
	7 Uhr	14 Uhr	21 Uhr	7 Uhr	14 Uhr	21 Uhr	7 Uhr	14 Uhr	21 Uhr
Jan.—Febr.	—5,5	—0,9	—3,7	3,0	3,4	3,2	90	73	85
März—April	2,2	8,6	4,8	5,0	5,0	5,1	89	61	79
Mai—Juni	12,7	20,1	14,7	8,9	8,0	8,8	80	46	70
Juli—Aug.	14,8	21,9	17,1	10,5	10,1	10,6	84	53	72
Sept.—Okt.	9,5	16,1	11,7	8,2	8,6	8,9	81	64	84
Nov.—Dez.	2,4	5,5	3,4	5,2	5,6	5,5	92	80	92

Aus der Tabelle ist weiter zu ersehen, daß der tägliche und jährliche Gang der relativen Feuchtigkeit gegenläufig zu demjenigen der Lufttemperatur ist. Hohen Temperaturen entsprechen geringe, tiefen Temperaturen große relative Feuchtigkeiten. Dies kommt daher, daß in der Gleichung (34) für die relative Feuchtigkeit im Nenner der Sättigungsdruck steht, der mit zunehmender Temperatur viel stärker anwächst als der wirkliche Dampfdruck p_d.

Abb. 249 zeigt den jährlichen Gang der Feuchtigkeitsgrößen für Berlin und Kiel nach den Angaben der Monatsmittelwerte im Handbuch der Klimakunde des

[1] Zusammengestellt nach den Ergebnissen der meteorologischen Beobachtungen in Potsdam. Jahrgänge 1929 und 1930. Berlin: Springer.

Deutschen Reiches. Wie aus den Kurven zu entnehmen ist, hat Kiel wegen der Nähe des Meeres während des ganzen Jahres sowohl einen höheren Dampfdruck als auch eine höhere relative Feuchtigkeit als Berlin. Für andere Orte in Deutschland ist der Jahresgang der Feuchtigkeitsgröße der gleiche. Das Maximum des Dampf-druckes fällt in den Juli, das Minimum in den Januar. Die relative Feuchtig-keit erreicht ihren Höchstwert im De-zember bis Januar, ihren Kleinstwert bereits im Mai bis Juni. Auch sonst be-stehen keine erheblichen Unterschiede zwischen den Monatswerten verschie-dener Orte, die im Binnenlande, oder von solchen, die an der Küste liegen. Der Einfluß der Klimafaktoren auf die Luftfeuchtigkeit in Deutschland ist wesentlich geringer als auf die Luft-

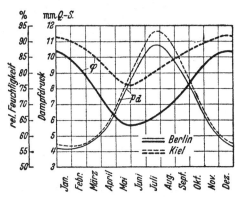

Abb. 249.   Jährlicher Gang des Dampfdruckes und der relativen Feuchtigkeit.

temperatur. Dies geht schon aus den Jahresmittelwerten des Dampfdruckes und der relativen Feuchtigkeit hervor, die in folgender Tabelle mit den größten und kleinsten Monatsmittelwerten für einige Orte zusammengestellt sind.

Ort	Dampfdruck			Relative Feuchtigkeit		
	Januar	Juli	Jahr	Dezemb.	Mai	Jahr
Königsberg.............	3,5	11,3	6,8	88	70	80
Breslau................	3,7	10,6	6,7	84	66	74
München...............	3,6	10,3	6,6	85	66	75
Nürnberg	3,9	10,8	7,0	87	67	76
Magdeburg.............	4,2	10,8	7,0	86	66	76
Berlin	4,2	10,8	7,0	87	64	75
Frankfurt a. M.	4,3	10,9	7,2	86	66	76
Aachen................	4,6	10,7	7,2	84	70	77
Kiel..................	4,4	11,6	7,4	92	77	85
Hamburg	4,4	11,1	7,3	90	68	80

D. Berücksichtigung der Außenluftfeuchtigkeit bei Lüftungsanlagen.

Einleitend wurde bereits auf die Unmöglichkeit hingewiesen, mit einfachen Lüftungsanlagen, die keine Vorrichtungen zur Einregelung der Innenluftfeuchtig-keit besitzen, dauernd befriedigende Luftzustände in den Räumen herzustellen. Die Umstände, bei denen solche Anlagen nicht genügen, sind folgende:

1. Geringe Außenluftfeuchtigkeit im Winter bei schwacher Raumbesetzung, d. h. bei geringer Feuchtigkeitsabgabe der Rauminsassen.

2. Hohe Außenluftfeuchtigkeit im Sommer bei starker Raumbesetzung. d. h. bei hoher Feuchtigkeitsabgabe der Rauminsassen.

Im ersten Falle wird über zu große Trockenheit, im zweiten über zu große Feuchtigkeit (Schwüle) der Raumluft geklagt werden.

Wie sich an Hand der Potsdamer meteorologischen Beobachtungen feststellen läßt, sind im Winter, wo der durchschnittliche Dampfdruck 3 bis 5 mm beträgt,

Werte dieser Größe bis unter 1 mm möglich, und zwar besonders bei den trockenen kalten Winden aus östlichen Richtungen. Aus den Messungen in dem strengen Monat Februar 1929 habe ich folgende Tabelle für vorkommende Mindestluftfeuchtigkeiten abgeleitet:

Lufttemperatur °C	0	—5	—10	—15	—20
Rel. Feuchtigkeit vH	35	40	45	50	55
Dampfdruck mm Q.-S.	1,6	1,3	1,0	0,7	0,5

Berechnet man mit diesen Zahlen die relativen Feuchtigkeiten für eine Aufwärmung der Zuluft auf nur 20° C, so erhält man Werte, die zwischen 9 und 3 vH liegen. Bei ungenügender Wasserdampfabgabe im Raum wird man darin kaum auf eine relative Feuchtigkeit von 20 vH kommen, die unterhalb der zulässigen Grenze (etwa 30 vH) liegt. Bei Luftheizungen, die eine höhere Aufwärmung der Luft als 20° C erfordern, werden unter solchen Umständen die Luftverhältnisse, besonders in der Nähe der Zuluftöffnungen, unerträglich sein. Bei seinen einleitend erwähnten Messungen konnte Liese feststellen, daß bei —17,7° Außentemperatur die relative Feuchtigkeit in dem benutzten Raum bei natürlichem Luftwechsel an drei Tagen auf 12 vH absank. Er berichtet, „daß an diesen Tagen die Luftverhältnisse im Raum als nicht so angenehm wie sonst empfunden wurden, und an einem dieser Tage war der Aufenthalt im Raum wegen eines aufdringlichen Trockengeruches sogar ausgesprochen unangenehm".

Im Sommer, wo der durchschnittliche Dampfdruck 9 bis 11 mm beträgt, kann diese Größe maximal auf 15 bis 16 mm ansteigen. Bei einer Lufttemperatur von 22° C beträgt dabei die relative Feuchtigkeit 75 bis 80 vH. Mit solcher Luft können die Feuchtigkeitsverhältnisse in einem stark besetzten Raum nicht verbessert werden. Die relative Feuchtigkeit der Raumluft wird über 80 vH betragen, während als zulässige Grenze 70 vH gilt. Damit dürfte bewiesen sein, daß einfache Lüftungsanlagen ohne Regelung der Feuchtigkeit in den beschriebenen Fällen nicht ausreichen. Diese Anlagen werden wegen ihrer unbefriedigenden Leistung häufig stillgelegt und haben sehr dazu beigetragen, das Ansehen der Lüftungstechnik in Deutschland herabzusetzen.

Bei Klimaanlagen mit allen Einrichtungen zur selbsttätigen Temperatur- und Feuchtigkeitsregelung läßt sich der erforderliche Luftzustand in den zu belüftenden Räumen bei allen vorkommenden Außenluftverhältnissen erzielen, im Winter durch Befeuchtung der Luft, im Sommer durch die bei Abkühlung unter den Taupunkt bewirkte Trocknung der Luft.

Für den Winterbetrieb kann die bereits oben benutzte Tabelle der Mindestluftfeuchtigkeiten zugrunde gelegt werden, um zu berechnen, welche größten Wassermengen für die Luftbefeuchtung in Frage kommen. Was den Sommerbetrieb anbelangt, wollen wir nunmehr die Frage beantworten, mit welchen ungünstigsten Zustandsverhältnissen der Außenluft man in der warmen Jahreszeit zu rechnen hat.

In der folgenden Tabelle sind aus zwei Jahrgängen (1929 bis 1930) der Potsdamer meteorologischen Beobachtungen erstens die Tage mit einer höchsten Lufttemperatur von über 32° C und zweitens die Tage mit einem höchsten Dampfdruck von über 15 mm Q.-S. mit den sonst erforderlichen Angaben zusammengestellt.

Zeitangaben			Tempe-ratur	Dampf-druck	Relative Feuchtig-keit	Bemerkungen
1929	21. Juli	15 Uhr	34,7	13,2	32	Regen 4—6 Uhr
„	23. „	14 „	32,7	13,5	36	trockenes Wetter
„	1. Sept.	14 „	32,3	9,8	27	„ „
1930	12. Juni	15 „	32,4	7,7	21	„ „
„	14. „	15 „	32,1	13,5	31	„ „
„	3. Juli	16 „	32,4	5,9	16	„ „
„	4. „	16 „	32,4	7,3	20	„ „
„	5. „	12 „	33,5	8,5	22	Gewitterregen 14³/₄—16³/₄ Uhr
1929	4. Juli	19 Uhr	24,9	16,0	68	Regen 5—7 Uhr, 16—17 Uhr
„	14. „	22 „	22,0	15,8	80	„ 12—13 Uhr
„	21. „	24 „	23,6	15,1	75	„ 4— 6 „
„	24. „	14 „	22,2	15,2	76	„ 13—14 „
1930	20. Juni	19 „	24,0	15,8	68	„ 23—24 „
„	23. „	21 „	21,9	16,1	82	Gewitterneigung
„	27. „	14 „	20,4	16,1	90	wiederholt Regen
„	5. Juli	15 „	20,3	16,9	95	Gewitterregen 14³/₄—16³/₄ Uhr
„	19. Aug.	16 „	19,6	15,7	94	wiederholt Regen
1929	22. Juli	14 „	31,1	15,5	45	Gewitterneigung

Aus der Tabelle ist folgendes zu entnehmen:

1. Bei den hohen Temperaturen war die relative Feuchtigkeit verhältnismäßig gering und betrug im Höchstfall nur 36 vH. Es handelte sich hierbei meist um Tage mit trockenem Wetter.

2. Bei den hohen Dampfdrücken, vereint mit hohen relativen Feuchtigkeiten, lag die Lufttemperatur meist nicht besonders hoch (20 bis 25 ° C). Nur der 22. Juli 1929 machte mit 31,1 ° Lufttemperatur eine Ausnahme. Es kam an den betreffenden Tagen immer zu Regen oder Gewitter.

In Abb. 250 sind die Luftzustandswerte der Tabelle eingetragen, die Temperaturen als Abszissen, die relativen Feuchtigkeiten als Ordinaten. Die durch die Höchstwerte gelegte Kurve gibt die für die Lüftungstechnik ungünstigsten Feuchtigkeiten an, mit denen man bei verschiedenen Lufttemperaturen rechnen kann. Die Werte bei trockenem Wetter (helle Kreise) liegen sämtlich unterhalb der Kurve. Auf S. 234 ist für Lüftungszwecke als mittleres Maximum der Außentemperatur in Deutschland 32 ° C festgestellt worden. Nach Abb. 250 gehört zu dieser Temperatur eine höchste relative Feuchtigkeit von rund 40 vH. Als zusammengehörige Werte von Temperatur und höchster relativer Feuchtigkeit im Sommer sind aus der Kurve die folgenden abzugreifen:

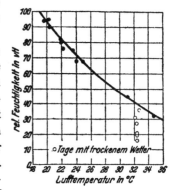

Abb. 250. Kurve der Höchstwerte der relativen Feuchtigkeit bei verschiedenen Lufttemperaturen.

Temperatur . . . . °C	20	22	24	26	28	30	32	34
Rel. Feuchtigkeit . . . . vH	94	82	72	63	55	48	41	35
Ber. Dampfdruck . mm Q.-S.	16,5	16,3	16,1	15,9	15,6	15,3	14,6	13,9

Die Annahme, der man häufig begegnet, daß an schwülen Sommertagen bei Temperaturen über 30 °C die relative Feuchtigkeit etwa 80 vH betrage, ist nicht zutreffend. Solche Luftverhältnisse, die einem Dampfdruck von über 25 mm entsprächen, sind nur in den Tropen möglich. Zum Beispiel beträgt der höchste Dampfdruck eines mittleren Tropentages in Batavia auf Java 21 mm[1].

Bei der einem Gewitter vorangehenden Schwüle kommen auch nur die in der vorstehenden Tabelle angegebenen Höchstwerte der Luftfeuchtigkeit vor. Um dies näher zu veranschaulichen, zeigt Abb. 251 den Verlauf der Luftzustandsgrößen an

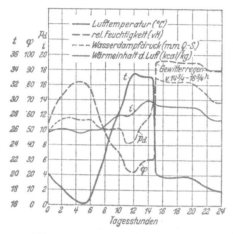

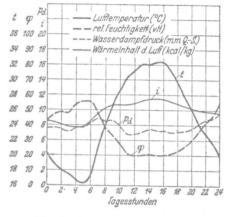

Abb. 251. Luftzustandskurven an einem
Gewittertage.

Abb. 252. Luftzustandskurven an einem
Tage mit trockener Sommerhitze.

einem heißen Gewittertage (5. Juli 1930) und zum Vergleich Abb. 252 die Luftverhältnisse des Vortages mit trockener Sommerhitze[2]. Aus den Abbildungen ist zu ersehen, daß zur Zeit des Temperaturmaximums Temperatur und relative Feuchtigkeit an den beiden Tagen nicht wesentlich verschieden sind. Was allein auf das Kommen eines Gewitters hindeutet und vermutlich das Schwüleempfinden hervorruft, ist der bei der hohen Temperatur erfolgende rasche Anstieg des Dampfdruckes und Wärmeinhaltes der Luft in den letzten drei Stunden vor Ausbruch des Gewitters. Am Vortage ist der Anstieg dieser Größen zur selben Zeit nur schwach.

Bei Ausbruch des Gewitters und Einsetzen des Gewitterregens sinkt die Temperatur plötzlich von 33° auf 20° herab, und die relative Feuchtigkeit schnellt von 31 vH auf 95 vH empor. Diese Werte kennzeichnen die völlige Veränderung des Luftzustandes durch ein Gewitter. In vielen Fällen wird so nach einer Reihe von heißen Tagen durch ein Gewitter ein Umschwung der Wetterlage herbeigeführt.

Am anschaulichsten ist für unsere Zwecke die Darstellung der besprochenen Luftzustände vor und nach dem Gewitter in dem Mollierschen $i—x$-Schaubild der Abb. 253. Der Kurvenzug vom ersten bis zweiten Mitternachtspunkt entspricht dem Vortage, derjenige vom zweiten bis dritten Mitternachtspunkt dem Gewittertage. Bei der Kurve des Vortages liegen der auf- und absteigende Ast zum größten Teil nahe beisammen, d. h. der Wassergehalt x der Luft erfährt keine stärkere Änderung, bei der Kurve des Gewittertages dagegen entfernen sich die beiden Kurvenhälften erheblich voneinander. Der Wassergehalt x nimmt am Gewittertage schon in der Zeit von Mittag bis zum Einsetzen des Gewitterregens erheblich zu

[1] Vick, F.: Zur Frage der Schwülekurven. Gesundh.-Ing. 1933 S. 222.
[2] Nach den Potsdamer meteorologischen Beobachtungen. Jg. 1930. Berlin: Springer.

und wird dann durch den Regen weiter stark gesteigert. Innerhalb von drei Stunden findet eine Zunahme des Wassergehaltes um etwa 7 g je kg trockener Luft statt. Die durch den Regen bewirkte, durch Pfeil gekennzeichnete Zustandsänderung der Luft bewegt sich nahezu auf einer Linie gleichen Wärmeinhaltes.

Wie wir nachgewiesen haben, kann für die Berechnung von hochwertigen Lüftungsanlagen als ungünstigster Zustand der Außenluft $t = 32°$ C und $\varphi = 40$ vH angenommen werden. Wird mittels der Kühlanlage die Luft auf $14°$ C gekühlt, wobei ihr 2 g Wasser je kg trockener Luft entzogen werden, so hat sie nach dem Mollier-Schaubild bei Aufwärmung auf die nach den VDI-Lüftungsregeln[1] erforderliche Raumtemperatur von $26°$ C eine relative Feuchtigkeit von rund 50 vH. Unter diesen Bedingungen, die schon bei Kühlung der Luft mit Brunnen- oder Leitungswasser zu erreichen sind, wird trotz der hinzukommenden Wasserdampfabgabe der Menschen die Luftfeuchtigkeit im Raum bei ausreichendem Luftwechsel die zulässige Höchstgrenze von 60 vH nicht überschreiten.

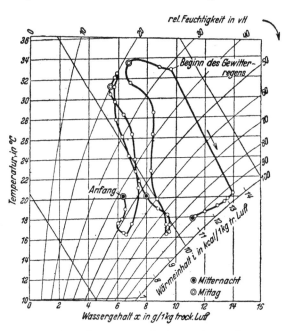

Abb. 253. Änderung des Luftzustandes an einem Gewittertage und am Tage vorher.

IV. Der Wind.

A. Windgeschwindigkeit und Windrichtung.

Der Wind, die horizontale Bewegung der Luft, steht in engster Beziehung zu der jeweils über der Erdoberfläche herrschenden Luftdruckverteilung, die für größere Gebiete, z. B. Europa, durch täglich erscheinende Wetterkarten veranschaulicht wird. In den erdnahen Schichten strömt die Luft aus den Gebieten hohen Luftdruckes heraus und in die Gebiete tiefen Luftdruckes hinein.

Die Geschwindigkeit des Windes ist von der Größe des Luftdruckgefälles abhängig, die Richtung des Windes dagegen stimmt nicht mit der Richtung des Druckgefälles überein, weil die Luft bei ihrer Bewegung durch die Erddrehung eine Ablenkung erfährt.

Auf den Wetterwarten wird die Geschwindigkeit und Richtung des Windes gleichzeitig mit den übrigen meteorologischen Elementen festgestellt. Die Messung der Windgeschwindigkeit in m/s erfolgt mit dem bekannten Robinsonschen Schalenkreuzanemometer, die Bestimmung der Windrichtung mittels Windfahne. Von bedeutenden Stationen werden außerdem selbstschreibende Geräte zur Daueraufzeichnung der Windverhältnisse benutzt.

[1] VDI-Lüftungsregeln. Berlin: VDI-Verlag.

B. Der tägliche und jährliche Gang der Windgeschwindigkeit.

Die Windgeschwindigkeit wird in ihrem täglichen Verlauf von den durch die Sonnenstrahlung verursachten Vertikalbewegungen der Luft wesentlich beeinflußt. Diese Vertikalströme, die bald nach Mittag am stärksten sind, tragen die am Erdboden erwärmte Luft empor und führen kühlere und horizontal schneller bewegte Luft aus der Höhe herab. Hierdurch wird die Windgeschwindigkeit am Boden erhöht, in den oberen Luftschichten dagegen vermindert. Der Bodenwind erreicht daher bald nach Mittag seine Höchstgeschwindigkeit, während der Höhenwind um

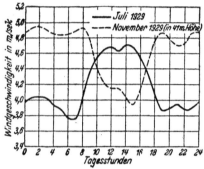

Abb. 254. Täglicher Gang der Windgeschwindigkeit in Potsdam.

diese Zeit am schwächsten ist. Den normalen täglichen Gang der Windgeschwindigkeit zeigt die ausgezogene Kurve der Abb. 254 nach Potsdamer Messungen.

Zu beachten ist aber noch folgendes: Im Winter hat die Wingeschwindigkeit schon in der geringen Höhe von etwa 40 m über dem Boden den gleichen Tagesgang wie der Höhenwind, d. h. sie ist nachts am größten und über Mittag am kleinsten (vgl. die gestrichelte Kurve der Abb. 254). Dieses Verhalten des Windes im Winter wird sich vermutlich auch schon in geringerer Höhe bemerkbar machen, so daß die oberen Etagen unserer Mietshäuser, besonders aber der Hochbauten, im Winter von dem nächtlichen Windmaximum beeinflußt werden können, was für die Auskühlung der oberen Stockwerke durch Lufteinfall von Bedeutung wäre.

Der jährliche Gang der Windgeschwindigkeit ist aus der folgenden Tabelle ersichtlich, in der die Monatsmittelwerte für einige deutsche Orte nach dem Klimaatlas von Deutschland zusammengestellt sind:

Ort und Höhe des Anemometers über Boden	Jan.	Febr.	März	April	Mai	Juni	Juli	Aug.	Sept.	Okt.	Nov.	Dez.	Jahr
Hamburg . . . . . . 28 m	6,2	5,9	5,9	5,3	5,1	4,9	4,9	5,0	4,9	5,5	5,8	6,1	5,5
Kiel . . . . 15 m	6,0	5,8	5,9	5,0	4,8	4,5	4,5	4,7	4,6	5,1	5,6	5,8	5,2
Aachen . . . . . . 27 m	5,5	5,4	5,1	4,6	4,0	3,6	3,7	4,2	3,5	4,3	4,8	5,2	4,5
Berlin . . . . 33 m	4,9	5,0	5,2	4,6	4,4	4,2	4,1	4,2	4,0	4,5	4,3	4,8	4,5
Dresden . . . . . 20 m	4,3	4,2	3,9	3,7	3,3	3,5	3,5	3,5	3,3	3,2	4,0	4,3	3,7
Nürnberg . . . . 19 m	2,9	2,6	2,8	2,9	2,6	2,7	2,6	2,5	2,5	2,4	2,6	2,8	2,7
München . . . . 19 m	1,8	2,0	2,1	1,9	1,8	1,8	1,7	1,6	1,5	1,6	1,7	1,8	1,8

Die Tabelle zeigt, daß die durchschnittliche Windgeschwindigkeit der Wintermonate größer als die der Sommermonate ist. Die Erklärung dafür liegt in dem häufigen Auftreten kräftiger Tiefdruckgebiete im Winter, deren starkes Druckgefälle mit hohen Windgeschwindigkeiten verknüpft ist. Da die Tiefdruckgebiete, die meist vom Atlantischen Ozean kommen, sich über dem Festlande verflachen, ist die Windgeschwindigkeit der einzelnen Orte um so schwächer, je weiter sie von der Küste entfernt liegen. Orte wie München oder Nürnberg haben nach der Tabelle wesentlich schwächeren Wind als Hamburg oder Kiel. Es ist anzunehmen, daß diese Unterschiede in den Windverhältnissen der Orte auch im Brennstoffverbrauch der Heizanlagen zum Ausdruck kommen werden. Untersuchungen darüber fehlen jedoch.

C. Häufigkeit der Windrichtungen in Deutschland.

Zur Vervollständigung der Angaben über die Windverhältnisse in Deutschland wollen wir uns nunmehr der Frage zuwenden, aus welchen Himmelsrichtungen der Wind am häufigsten weht. In Klimatabellen wird die Häufigkeit der Windrichtungen gewöhnlich nach der achtteiligen Windrose und in Prozenten der Gesamtzahl der Windbeobachtungen angegeben. Diese Häufigkeitszahlen sind aber für heiztechnische Zwecke insofern nicht recht geeignet, als in ihnen auch alle schwächeren Winde mitberücksichtigt sind, die für die Auskühlung der Gebäude ohne Bedeutung sind.

Aus diesem Grunde sind in der nachstehenden Tabelle für verschiedene Orte die Häufigkeitszahlen der einzelnen Winrichtungen nur für höhere Wind-

Ort	Häufigkeit der Windrichtungen in vH im Winter bei Windgeschwindigkeiten über 5 m/s.								Prozentische Häufigkeit der Winde über 5 m/s
	N	NO	O	SO	S	SW	W	NW	
Kiel	5,5	5,2	5,2	4,9	16,3	28,8	26,7	7,4	32,6
Hamburg . . .	2,6	3,3	8,1	7,0	8,1	37,1	25,0	8,8	27,2
Aachen	1,7	5,0	3,9	2,5	11,9	45,7	22,1	6,2	35,7
Memel	5,1	3,3	3,8	11,9	15,7	24,7	22,8	12,7	36,9
Breslau	3,7	1,2	2,4	10,9	10,6	15,9	37,8	18,3	24,6
Berlin	1,6	3,3	12,3	7,0	4,5	15,2	38,1	18,3	24,4
Leipzig	2,6	9,7	7,0	1,8	14,0	35,1	21,9	7,9	12,4
München . . '	0,8	7,0	7,0	0,8	0,8	47,7	32,8	3,1	12,8

geschwindigkeiten (untere Grenze 5 m/s) und lediglich für den Winter zusammengestellt[1]. Die Werte der letzten Spalte geben an, mit welcher Häufigkeit Winde von über 5 m/s in der Gesamtzahl der Windbeobachtungen vorkommen. Die Tabellen-

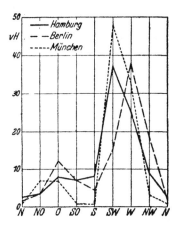

Abb. 255. Häufigkeit der Windrichtungen bei Geschwindigkeiten von mehr als 5 m/s.

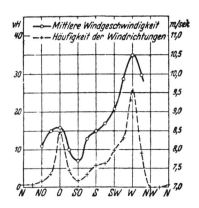

Abb. 256. Häufigkeit der Windrichtungen und mittlere Geschwindigkeit der täglichen Windmaxima in den Heizmonaten der Jahre 1929 und 1930.

werte zeigen, daß in Deutschland die starken Winde am häufigsten aus westlichen Richtungen (SW bis NW) wehen. Gegenüber diesen Richtungen treten die übrigen Richtungen völlig zurück. Sehr deutlich ist dies auch aus der graphischen Darstellung der Häufigkeitszahlen einiger Orte in Abb. 255 ersichtlich.

[1] Benutzt wurde: Die Winde in Deutschland, bearbeitet von R. Assmann. Verlag F. Vieweg & Sohn, Braunschweig 1910.

Zur weiteren Veranschaulichung der Windverhältnisse soll noch Abb. 256 dienen. Darin sind die Häufigkeitszahlen der Windrichtungen zusammen mit den mittleren Windgeschwindigkeiten für die über 7 m/s betragenden Tagesmaxima in Potsdam dargestellt. Die Kurven gelten für die Heizmonate der beiden Jahrgänge 1929 und 1930, in denen Ostwinde verhältnismäßig häufig waren. Sie enthalten auch die Werte für die in Potsdam beobachteten Zwischenrichtungen nach der sechzehnteiligen Windrose. Windmaxima aus nördlichen Richtungen waren dabei so selten, das die Geschwindigkeitskurve zwischen WNW und NO nicht gezeichnet werden konnte.

Abb. 256 zeigt, daß trotz der Häufigkeitsspitze der Ostwinde die Westwinde unbedingt die Vorherrschaft haben, wie dies auch nach Abb. 255 für das nahegelegene Berlin charakteristisch ist. Von besonderer Wichtigkeit für unsere Zwecke ist das Ergebnis, daß die Häufigkeits- und Geschwindigkeitskurve fast den gleichen Verlauf haben. Die Westwinde sind demnach nicht nur am häufigsten, sondern besitzen auch die größte Geschwindigkeit. Tägliche Windmaxima von über 10 m/s z. B. kamen achtmal häufiger bei West- als bei Ostwind vor. Bei Orten mit vorherrschendem Südwestwind (vgl. obige Tabelle) wird ähnliches für diese Windrichtung gelten.

D. Folgerungen für die Heizungstechnik.

Die auskühlende Wirkung des Windes auf beheizte Gebäude, die weniger der Vergrößerung des Wärmeüberganges an den Außenflächen als dem Eindringen von Luft durch Undichtigkeiten an Fenstern und Türen zuzuschreiben ist, hat in den neuen Regeln DIN 4701 ihre Berücksichtigung nur durch Windzuschläge gefunden. Diese sind nach der Windstärke der Gegend, der Lage des Raumes zum Windangriff und der Raumart abgestuft. Bei Gebäuden, die nach allen vier Seiten frei liegen, erhalten nur die Räume nach N, NO und O erhöhte Zuschläge.

Man ging dabei von der Tatsache aus, daß die Winde aus Nord bis Ost im Winter die durchschnittlich kältesten sind. Die erhöhten Zuschläge haben deshalb auch ihre Berechtigung, wenn sich auch im vorhergehenden Abschnitt ergab, daß Winde aus den betreffenden Richtungen verhältnismäßig selten sind. Es soll damit die starke Auskühlung von Gebäuden bei den immerhin möglichen Fällen sehr kalter und zugleich starker Winde aus Nord bis Ost vermieden werden.

Andererseits darf aber nicht übersehen werden, daß die häufigsten und stärksten Winde aus westlichen Richtungen kommen. Sind sie auch meist wärmer als die nördlichen bis östlichen Winde, so herrschen dabei doch häufig Temperaturen von nur wenig über Null. Auch recht kalte westliche Winde kommen vor. Z. B. wurde in Potsdam beobachtet:

am 16. Januar 1929 18 bis 19 Uhr: Westwind 10,7 m/s bei — 9,1° C,
am 17. Januar 1929 0 bis 1 Uhr: Westwind 8,4 m/s bei — 10,2° C.

Da nach den „Regeln" bei Gebäuden, die nach allen vier Seiten frei liegen, die Räume nach Südwest bis Nordwest keine erhöhten Zuschläge erhalten, ist es möglich, daß Räume mit solcher Lage häufig eine starke Auskühlung durch Lufteinfall bei westlichen Winden erfahren, denn man muß berücksichtigen, daß der Lufteinfall vom Winddruck und damit vom Quadrat der Windgeschwindigkeit abhängt. Die Raumauskühlung kann dabei noch durch Niederschläge erhöht werden, welche ebenfalls bei westlichen Winden am häufigsten sind.

Der Betrieb von Heizungsanlagen kann daher an Tagen mit starken Winden aus Südwest bis Nordwest oft mehr Schwierigkeiten bereiten und mehr Brennstoff erfordern als an kälteren Tagen mit nördlichen oder östlichen Winden, weil diese in der Regel wesentlich schwächer sind. Im ordnungsgemäßen Heizbetrieb müssen daher die meteorologischen Bedingungen nicht nur im Hinblick auf die Außentemperatur, sondern auch auf die Windverhältnisse gewissenhaft beachtet werden.

V. Die Sonnenstrahlung.

A. Allgemeines.

Der Einfluß der Sonnenstrahlung auf die Temperatur geschlossener Räume ist so beträchtlich, daß er schon bei der Berechnung und dem Entwurf, nicht minder aber auch bei dem Betrieb von Heiz- und Lüftungsanlagen berücksichtigt werden muß. In der Wärmebedarfsrechnung geschieht dies durch die Zuschläge für Himmelsrichtung, wobei nach den neuen Regeln DIN 4701 die im Winter am stärksten bestrahlten Südwände Abzüge von 5 vH und die nach nördlichen Richtungen gelegenen Wände Zuschläge von 5 vH auf den reinen Wärmeverlust erhalten. Bei der Kühllastbestimmung für den Sommer, die für die Berechnung von Klimaanlagen und von mit Kühleinrichtungen versehenen Lüftungsanlagen erforderlich ist, spielt die Sonneneinstrahlung eine weit wichtigere Rolle als bei der Wärmebedarfsberechnung. Beträgt doch die mit der Sonnenstrahlung in die Räume eindringende Wärme meist ein Vielfaches der Wärmemenge, die auf den reinen Wärmedurchgang infolge des Temperaturunterschiedes zwischen Außen- und Innenluft entfällt.

B. Physikalische Feststellungen.

Nach der physikalischen Forschung ist die Sonnenstrahlung aus Strahlen verschiedener Wellenlänge zusammengesetzt. Obwohl die Strahlen völlig gleichartig sind, können sie doch und zwar je nach ihrer Wellenlänge auf die von ihnen getroffenen Körper ganz verschiedene Wirkungen ausüben. Dementsprechend unterscheidet man

1. chemisch wirksame Strahlen (Wellenlänge $\lambda < 0{,}4\ \mu$)[1]
2. leuchtende oder Lichtstrahlen (Wellenlänge $\lambda = 0{,}4$—$0{,}75\ \mu$)
3. dunkle oder Wärmestrahlen (Wellenlänge $\lambda > 0{,}75\ \mu$).

Nur der Strahlenbereich unter 2. ist für unser Auge wahrnehmbar. Ihm entspricht der sichtbare Teil des Sonnenspektrums von den Farben violett bis dunkelrot. Die unsichtbaren Strahlen unter 1. und 3. werden daher häufig ultraviolette bzw. ultrarote Strahlen genannt.

Die Energie aller Strahlen ist in Wärme umsetzbar. An der Grenze der Atmosphäre beträgt die Strahlungsintensität auf eine zur Strahlenrichtung senkrechte schwarze Fläche (Normalfläche) im Mittel 1160 kcal/m²h. Dieser Wert hat die Bezeichnung Solarkonstante erhalten. Beim Durchlaufen der Atmosphäre wird aber die Strahlung wesentlich geschwächt, was auf zwei verschiedene Vorgänge zurückzuführen ist. Erstens werden die Strahlen von den Gasmolekülen und Staubteilchen der Luft reflektiert und nach allen Richtungen hin zerstreut (Diffuse Reflexion). Zweitens werden Strahlen bestimmter Wellenlänge von dem Wasser-

---

[1] $\mu = 1$ Mikron $= 0{,}001$ mm.

dampf und der Kohlensäure der Luft absorbiert. Infolge der diffusen Reflexion und der Absorption der Strahlen empfängt eine Normalfläche in Erdbodennähe nur einen Teil der an der Atmosphärengrenze wirksamen Strahlungsintensität.

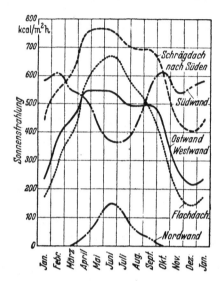

Abb. 257. Jahresgang der Sonnenstrahlung.

Dieser Teilbetrag hängt auch von der Länge des Weges ab, den die Sonnenstrahlen durch die Atmosphäre zurücklegen müssen. Der Weg wird um so länger, je tiefer die Sonne steht, und die Strahlungsintensität an der Erdoberfläche ändert sich daher ständig mit der Sonnenhöhe sowohl im Tages- als Jahresablauf.

Wegen ihrer Bedeutung für die Klimaforschung wird heute die Strahlungsintensität an vielen Orten der Erde gemessen. Da sich aber die veröffentlichten Meßergebnisse auf eine geschwärzte Normalfläche beziehen, müssen sie für anders gerichtete Flächen, also für Wände und Dächer von Gebäuden umgerechnet werden. Solche Berechnungen hat J. Schubert für Potsdam[1], W. Schmidt für Wien[2] und P. Linden für Aachen[3] durchgeführt. Ferner haben Cammerer und Christian[4] unter Benutzung der Potsdamer Messungen die für die verschiedenen Raumumfassungen geltenden Werte für 50° nördlicher Breite (Linie Frankfurt-Main—Prag) ermittelt. Wegen der größeren Trübung der Luft über Aachen (Industriestadt) und Wien (Großstadt) liegen die Werte für diese Orte etwas niedriger als für Potsdam. Die Zahlen von Cammerer und Christian können daher für das ganze Gebiet von Deutschland benutzt werden. Sie ergeben keine zu niedrigen Beträge bei der Kühllastbestimmung.

Die Abb. 257[5] zeigt nach den Rechnungsergebnissen von Schubert die Höchstwerte der auf verschieden gerichtete Wände und Dächer treffenden

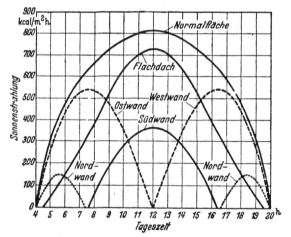

Abb. 258. Tagesgang der Sonnenstrahlung.

[1] Schubert, J.: Meteor. Z., 1928 Bd. 45 S. 1—16.
[2] Schmidt, W.: Fortschr. Landwirtsch., 1926 Bd. 7 H. 19.
[3] Linden, P.: Dtsch. Meteor. Jahrb. für 1933, Aachen 1935 S. 63—67.
[4] Cammerer, J. S., und W. Christian: Wärmewirtsch. Nachr. Hausbau, 1934 Bd. 7 S. 116 u. 138, 1935 Bd. 8 S. 121.
[5] Entnommen aus Bradtke, F.: Grundlagen für Planung und Entwurf von Klimaanlagen. Z. d. VDI, 1938 Bd. 82 S. 1476.

Sonnenstrahlung in den einzelnen Monaten. Besonders auffällig ist darin der sommerliche Kleinstwert bei der Südwand, der auf den kleinen Winkel zwischen Wand und Strahlenrichtung bei hohem Sonnenstande zurückzuführen ist. Für die Kühllastbestimmung wird zweckmäßig der 1. Juli zugrunde gelegt, denn zu dieser Zeit fällt starke Sonnenbestrahlung der Gebäude mit hoher Außentemperatur zusammen.

Der Tagesgang der Sonnenstrahlung am 1. Juli auf Flächen verschiedener Richtung ist in Abb. 258 nach den Werten von Cammerer und Christian dargestellt. Ferner sind diese Werte in der folgenden Zahlentafel zusammengefaßt.

S o n n e n s t r a h l u n g in kcal/m² h am 1. Juli.

Zeit Uhr	Wände, gerichtet nach:								Flachdach
	NO	O	SO	S	SW	W	NW	N	
5	270	250	85						40
6	410	440	215						145
7	412	515	320						265
8	325	525	415	60					390
9	205	470	455	180					520
10	55	350	440	275					625
11		190	375	340	105				700
12			260	370	260				725
13			105	340	375	190			700
14				275	440	350	55		625
15				180	455	470	205		520
16				60	415	525	325		390
17					320	515	410	45	265
18					215	440	410	140	145
19					85	250	270	130	40

C. Die durch Wände und Dachflächen eindringende Wärme.

Die von der Sonne bestrahlte Wand nimmt nicht die gesamte auftretende Strahlungswärme auf, sondern wirft einen Teil davon zurück. Maßgebend für die Wärmeaufnahme der Wand ist die Absorptionsziffer A ihrer Außenfläche. Sie beträgt:

bei dunklen Flächen (z. B. Teerpappendächern ...... $A = 0,9$
bei grauen Flächen (auch roten mit grünen Anstrichen) $A = 0,7$
bei hellen Flächen .... $A = 0,5$

Bei Gebäudewandungen ist in den meisten Fällen $A = 0,7$ zutreffend, weil auch hell gestrichene Oberflächen allmählich verschmutzen und dann wie graue Flächen wirken.

Für die gesamte durch eine Wand infolge der Sonnenstrahlung und der höheren Temperatur der Außenluft an die Innenluft übertragene Wärme gilt die Gleichung:

$$Q = \frac{k}{\alpha_a} \cdot A \cdot J \cdot F + k\,(t_a - t_i)\,F \qquad \text{[kcal/h]} \qquad (35)$$

Ferner ergibt sich für die äußere Oberflächentemperatur der Wand die Beziehung:

$$\vartheta_a = \frac{\alpha_a - k}{\alpha_a}\left(\frac{A \cdot J}{\alpha_a} + t_a - t_i\right) + t_i \qquad \text{[°C]} \qquad (36)$$

In diesen Gleichungen[1] bedeuten:

J die auf die Wand treffende Sonnenstrahlung in kcal/m²h,

A die Absorptionsziffer (meist 0,7),

F die Wandfläche in m²,

k die Wärmedurchgangszahl in kcal/m² h °C,

a_a die äußere Wärmeübergangszahl in kcal/m² h °C,

t_a die Außentemperatur in °C,

t_i die Innentemperatur in °C.

In der Gleichung für Q bezeichnet der erste Summand der rechten Seite den auf die Sonnenstrahlung, der zweite den auf den Wärmedurchgang entfallenden Teilbetrag der in den Raum eindringenden Wärme. Bei fehlender Strahlung geht die Gleichung in die für den reinen Wärmedurchgang über.

Mit der Gleichung für ϑ_a erhält man für

$$a_a = 20, k = 1,5, t_a = 32° \text{ und } t_i = 26°$$

nachstehende höchste Oberflächentemperaturen am 1. Juli:

$$\text{Südwand 12 h:} \quad \vartheta_a = 43,5° \ (A = 0,7)$$
$$\text{Westwand 16 h:} \quad \vartheta_a = 48,5° \ (A = 0,7)$$
$$\text{Flachdach 12 h:} \quad \vartheta_a = 63,5° \ (A = 0,9)$$

D. Die durch die Fenster eindringende Sonnenwärme.

Wesentlich mehr Wärme als durch Wandflächen dringt bei Sonnenstrahlung durch die Fenster in die Räume ein, denn Glas ist nur für die langwellige dunkle Strahlung undurchlässig, läßt aber die kurzwellige helle Strahlung des Sonnenlichtes zum größten Teil in den Raum eintreten. Diese setzt sich hier in dunkle Wärmestrahlung um, die im Raum gefangen bleibt und die Raumtemperatur ständig erhöht. Die Durchlässigkeitszahl für eine einfache Fensterscheibe beträgt $\varepsilon = 0,9$, d. h. die einfallende Sonnenstrahlung ist $Q_S = 0,9 \ J$. Bei Doppelfenster erniedrigt sich die Durchlässigkeit auf ε^2 und daher Q_S auf 0,81 J. Für ein nach Westen gelegenes Doppelfenster z. B. beträgt die einfallende Sonnenstrahlung um 16 h:
$$Q_S = \varepsilon^2 \cdot J = 0,81 \cdot 525 = 425 \text{ kcal/m}^2 \text{ h.}$$

Zu gleicher Zeit dringt durch eine Westwand mit der Wärmedurchgangszahl $k = 1,5$ infolge Sonnenbestrahlung nur eine Wärmemenge von

$$Q_S = \frac{k}{a_a} \cdot A \cdot J = \frac{1,5}{20} \cdot 0,7 \cdot 525 = 28 \text{ kcal/m}^2 \text{ h}$$

in den Raum ein.

Wegen der großen Wärmemengen, die bei der Kühllastbestimmung eines Raumes auf die Fenster entfallen, verlohnt es sich, diese durch außen angebrachte helle Markisen oder Sonnenvordächer zu schützen. Damit kann die Sonnenwirkung bis zu 70 vH vermindert werden. Im Gegensatz dazu bieten innen befindliche Fenstervorhänge nur einen geringen Schutz.

---

[1] B r a d t k e, F.: Grundlagen für Planung und Entwurf von Klimaanlagen. Auszug eines Vortrages. Heizung und Lüftung, 1939 Bd. 13 S. 8.

Neunter Abschnitt.

Hygienische Grundlagen.

Von Dr. **F. Bradtke.**

I. Einleitung.

Heizungs- und Lüftungsanlagen erfüllen nur dann ihren Zweck, wenn sie in den Aufenthalts- und Arbeitsräumen der Menschen, unabhängig von der Jahreszeit und der herrschenden Witterung, Umgebungsbedingungen zu schaffen gestatten, die dem Wohlbefinden und der Leistungsfähigkeit der Rauminsassen am zuträglichsten sind. Die dabei auftretenden Schwierigkeiten werden erfahrungsgemäß um so größer, je mehr Menschen in einem Raum unterzubringen sind, und je schwankender die Raumbesetzung ist. Die Wirkung von Menschenanhäufungen auf die Luftverhältnisse in geschlossenen Räumen ist so stark, daß sie sowohl bei dem Entwurf als auch dem Betrieb der Anlagen berücksichtigt werden muß, wenn nachteilige Rückwirkungen der Raumluft auf die Menschen vermieden werden sollen. Zur Lösung dieser Aufgabe sind die hygienischen Grundlagen unseres Faches unentbehrlich. Auch sonst stehen Heizungs- und Lüftungsanlagen in so unmittelbarer Beziehung zum menschlichen Dasein, daß sie den Forderungen der Hygiene in allen Fällen entsprechen sollten, ganz gleich, ob es sich um bedeutende oder einfache Anlagen handelt.

In den nachstehenden Ausführungen wird versucht, die hygienischen Grundlagen unseres Faches in einer der Denkweise des Ingenieurs angepaßten Form darzustellen.

II. Wärmeregelung des menschlichen Körpers.

Der gesunde menschliche Körper besitzt die Fähigkeit, unter den verschiedenartigsten Umgebungsbedingungen eine Innentemperatur von etwa 37° C aufrechtzuerhalten. Dies setzt voraus, daß der Körper einen Gleichgewichtszustand herzustellen vermag zwischen der im Körperinnern erzeugten und der nach außen hin abströmenden Wärme. Die Einstellung dieses Gleichgewichtes wird durch selbsttätige, vom Nervensystem gesteuerte und sehr empfindlich auf äußere Einflüsse ansprechende Wärmeregelungsvorgänge bewirkt.

Man unterscheidet eine chemische und eine physikalische Wärmeregelung. Beide arbeiten Hand in Hand, um die Körpertemperatur auf gleicher Höhe zu halten und Störungen des Wohlbefindens sowie Schädigungen der Gesundheit zu verhindern.

Die chemische Wärmeregelung überwacht die innere Wärmeerzeugung des Körpers, die sie durch Steigerung oder Abschwächung der inneren Verbrennungsvorgänge erhöht oder senkt, je nachdem der Körper mehr oder weniger Wärme an die Umgebung verliert oder Energie in Form von Arbeit verbraucht. Im gleichen Sinne beeinflußt sie das Bedürfnis nach Nahrungsaufnahme und Muskelbewegung, die beide zur Erzeugung von Wärme dienen.

Die physikalische Wärmeregelung überwacht die äußere Wärmeabgabe des Körpers, die von den physikalischen Umgebungsbedingungen abhängig ist.

Der Gesamtwärmeverlust des Körpers umfaßt folgende Teilbeträge:

a) Wärmeabgabe durch Strahlung von der Haut- und Kleideroberfläche an kältere Gegenstände der Umgebung,

b) Wärmeabgabe durch Leitung und Konvektion von der Haut- und Kleideroberfläche an die Luft,

c) Wärmeabgabe bei der Verdampfung von Feuchtigkeit der Haut und Kleidung,

d) Wärmeabgabe an die Atemluft durch Zuführung von Wärme- und Wasserdampf.

Diese vier Teilbeträge der „Entwärmung des Körpers" werden von der physikalischen Wärmeregelung so gegeneinander abgeglichen, daß ihre Summe in einem ziemlich weiten Bereich der Umgebungsfaktoren nahezu unverändert bleibt. Sinkt z. B. die Umgebungstemperatur, so nimmt die Wärmeabgabe durch Strahlung, Leitung und Konvektion zu, die Wärmeabgabe durch Wasserverdampfung dagegen ab. Das Umgekehrte tritt bei steigender Lufttemperatur ein.

Das Hauptorgan dieser Wärmeregelung ist die Haut. Ihre Wärmeabgabe an die Luft ist bekanntlich von deren Temperatur und Geschwindigkeit abhängig. Jede Änderung der beiden Faktoren wird von den Hautnerven mit einer Erweiterung oder Zusammenziehung der die Blutgefäße der Haut umschließenden Muskelfasern beantwortet. Hierdurch wird die Durchblutung der Haut erhöht oder vermindert und damit gleichzeitig ein Steigen oder Fallen der Hauttemperatur herbeigeführt. Diese Regelung der Hauttemperatur erfolgt immer in dem Sinne, daß einer Änderung der Wärmeabgabe infolge wechselnder Umgebungsbedingungen entgegengewirkt wird.

Bei höherer Lufttemperatur reicht aber dieses Mittel nicht mehr aus, um die erforderliche Entwärmung zu erzielen. Alsdann treten die in der Haut vorhandenen Schweißdrüsen in Funktion. Sie scheiden so viel Feuchtigkeit ab, daß die der Haut bei Verdampfung der Feuchtigkeit entzogene Wärme zur Konstanthaltung der Gesamtwärmeabgabe des Körpers ausreicht.

Der auf die Atmung entfallende Anteil der Entwärmung ist nur gering. Infolgedessen spielt die Atmung bei der physikalischen Wärmeregelung im Vergleich zur Haut nur eine untergeordnete Rolle.

Sind die Umgebungsbedingungen derart ungünstig, daß es der selbsttätigen Wärmeregelung des Körpers nicht mehr möglich ist, die der inneren Wärmeeerzeugung entsprechende Entwärmung herzustellen, so treten Störungen des Wohlbefindens ein. Extreme Verhältnisse können zu Schädigungen der Gesundheit und zum Tode führen. Zu starke Kältewirkungen auf den Körper haben oft Erkrankungen zur Folge. Andererseits kommt es bei hoher Temperatur und Feuchtigkeit der Umgebungsluft, z. B. bei Menschenanhäufungen in geschlossenen Räumen, häufig zu jener als „Wärmestauung" bezeichneten Herabsetzung der äußeren Wärmeabgabe, die Unbehagen, Kopfschmerz und Ohnmachtsanfälle verursacht. Die auftretenden Beschwerden sind aber nicht nur vom Wärmestau, sondern auch von der Empfindlichkeit und dem Gesundheitszustand der Personen abhängig. Ebenso wie das Wohlbefinden wird auch die Arbeitsfähigkeit der Menschen unter schlechten Entwärmungsmöglichkeiten außerordentlich herabgesetzt.

III. Durch die Haut vermittelte Einflüsse von Umgebungsluft auf den menschlichen Körper. — Behaglichkeitsmaßstäbe.

A. Die Hauttemperatur als Behaglichkeitsmaßstab.

1. Allgemeines.

Auf die Bedeutung der Haut für die Wärmeregelung des menschlichen Körpers wurde bereits hingewiesen. Eine wichtige Rolle dabei spielt die Einstellung ihrer Oberflächentemperatur in Abhängigkeit von den Luftzustandsverhältnissen. Da hiervon auch das Wärme- oder Kältegefühl, mithin also die Behaglichkeit, in der betreffenden Umgebung abhängig ist, liegt es nahe, die Hauttemperatur als Maßstab für die Wirkung der Umgebungsbedingungen auf den menschlichen Körper zu benutzen.

Die Hygieniker haben zahlreiche Messungen zur Ermittlung der Hauttemperatur bei verschiedenen Luftzuständen angestellt. Bei den grundlegenden Versuchen von Reichenbach und Heymann[1] ergab sich, daß die Stirn für Hauttemperaturmessungen am geeignetsten ist. Ihre Temperatur liegt nur wenig von dem Mittelwert der Temperaturen anderer Körperstellen entfernt, folgt am gesetzmäßigsten der Lufttemperatur und weist die geringsten Unterschiede bei veschiedenen Personen auf.

2. Hauttemperatur in ruhiger Luft.

Die durch sorgfältige Messungen mit Thermoelement und Galvanometer von Reichenbach und Heymann an sich selbst ermittelten Stirntemperaturen bei ruhiger Luft (d. h. freier Strömung der Luft), normaler Bekleidung und Vermeidung körperlicher Betätigung sind in der Abb. 259 in Abhängigkeit von der Lufttemperatur dargestellt.

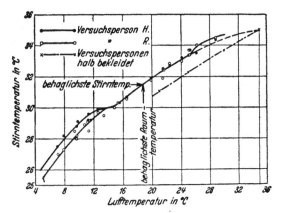

Abb. 259. Stirntemperatur in Abhängigkeit von der Lufttemperatur in ruhiger Luft.

Die durch die Versuchspunkte gelegten Kurven für die beiden Versuchspersonen R. und H. fallen bei Lufttemperaturen über 14° C zusammen und haben in dem Bereich zwischen 14 und 25° C gesetzmäßigen Verlauf. Ober- und unterhalb dieses Bereiches biegen die Kurven aus ihrer Richtung ab Spätere von Heymann und Korff-Petersen[2] unter Mitwirkung von Weiss durchgeführte Versuche zeigen ebenfalls den oberen Wendepunkt im Kurvenverlauf sehr deutlich, und zwar bei der gleichen Lufttemperatur von 25° C. Es darf wohl angenommen werden, daß die untere Grenze dem Beginn des Frierens mit einsetzender erhöhter Wärmeerzeugung durch Muskelbewegung, die obere Grenze dem unbehaglichen Wärmegefühl vor Ausbruch des Schweißes entspricht. Zwischen diesen Grenzen muß eine Temperaturzone liegen, die weder ein ausgesprochenes Wärme- noch Kältegefühl hervorruft, und die daher den Behaglichkeitsbereich darstellt. Heymann und Korff-Petersen fanden, daß normales Befinden bei Stirntemperaturen von 30,5 bis 32,5° C in ruhiger Luft vorhanden ist. Nach Abb. 259 würden dazu Lufttemperaturen von 16 bis 22° C gehören. Dem Mittelwert von 31,5° C ist eine Lufttemperatur von 18,8° C zugeordnet, die mit der für unser Wohlbefinden in normalen Wohnräumen erfahrungsgemäß günstigsten Raumtemperatur von etwa 19° C übereinstimmt.

---

[1] Heymann und Reichenbach: Beziehungen zwischen Haut- und Lufttemperatur. Zeitschr. f. Hyg. u. Infektionskrankh., 1907 Bd. 57.

[2] Heymann und Korff-Petersen: Das Verhalten der Hauttemperatur und des subjektiven Empfindens bei verschiedenen Katathermometerwerten. Zeitschr. f. Hyg. u. Infektionskrankh., 1926 Bd. 105.

Um zu zeigen, welchen Einfluß die Kleidung auf die Hauttemperatur ausübt, ist in Abb. 259 noch eine Kurve nach Versuchen von Strauß und Schwarz[1] eingezeichnet, bei denen die Stirntemperatur bei einigen Personen mit nacktem Oberkörper in ruhender Luft festgestellt wurde. Die vier Kurvenpunkte entsprechen den Mittelwerten von drei Versuchspersonen. Wegen der Vergrößerung der freien Oberfläche des Körpers liegt die Hauttemperatur gemäß dem Gesetz der Wärmeregelung tiefer als bei normal bekleideten Personen. Durch die Art der Kleidung wird also die Hauttemperatur und damit das Behaglichkeitsempfinden merklich beeinflußt. Besonders bei ungünstigen Umgebungsbedingungen, die dem Körper die Wärmeregelung erschweren, ist die Kleidung von ausschlaggebender Bedeutung für unser Wohlbefinden.

Nach den Messungen von Strauß und Schwarz ist bei 35° C die Stirntemperatur gleich der Lufttemperatur. Auch die Kurve von Reichenbach und Heymann läuft verlängert (in Abb. 259 gestrichelt) etwa auf diesen Punkt hinaus. Dasselbe ist aus Versuchen von Liese[2] zu entnehmen. Weiter geht aus Beobachtungen Rubners[3] hervor, daß bei etwa 35° C der Temperaturunterschied zwischen nackten und bekleideten Hautoberflächen verschwindet. Infolgedessen muß dabei auch die Temperatur der Kleideroberfläche mit derjenigen der Luft übereinstimmen. Sind diese Feststellungen zutreffend, so folgt, daß bei einer Lufttemperatur von 35° C und gleicher Temperatur der Umgebungswände die Wärmeabgabe des Körpers durch Leitung, Konvektion und Strahlung aufhört und nur die Entwärmung durch Schweißverdunstung und in geringem Betrage durch Atmung übrigbleibt.

3. Hauttemperatur in bewegter Luft.

Alle Änderungen der Umgebungsbedingungen, die eine erhöhte Wärmeabgabe des menschlichen Körpers bedingen, haben als Gegenmaßnahme seiner physikalischen Wärmeregelung eine Senkung der Hauttemperatur zur Folge. Diese muß sich also bei gleichbleibender Lufttemperatur in bewegter Luft tiefer als in ruhender Luft einstellen. Damit wird aber zugleich das Behaglichkeitsempfinden geändert. Man hat daher in der Luftbewegung ein Mittel zur Verfügung, um innerhalb bestimmter Temperatur- und Geschwindigkeitsgrenzen unbehagliche Luftzustände in geschlossenen Räumen oder an Arbeitsplätzen in behagliche oder zum mindesten erträgliche zu verwandeln.

Um das gesetzmäßige Verhalten der Hauttemperatur in bewegter Luft zu ermitteln, habe ich die bereits erwähnten Versuche von Heymann und Korff-Petersen bearbeitet. Bei diesen unter Mitwirkung von Weiss durchgeführten Versuchen befanden sich die beiden Personen H. und P., deren Stirntemperaturen gemessen wurden, normal bekleidet im freien Luftstrom bei Temperaturen von $t_L = 12$ bis 27° C und Geschwindigkeiten von $w = 0,15$ bis 5,0 m/s. Die Messungen fanden in der kalten Jahreszeit statt.

Für ruhige Luft läßt sich nach meinen Auswertungen der vorliegenden Versuche die Abhängigkeit der Stirntemperatur t_H von der Lufttemperatur t_L durch folgende Annäherungsgleichung darstellen:

$$\frac{t_H}{t_L} = \left(\frac{35}{t_L}\right)^n \tag{37}$$

---

[1] Strauß und Schwarz: Die Wirkung abgestufter Windgeschwindigkeiten auf die Hauttemperatur des ruhenden Menschen bei verschiedenen Temperatur- und Feuchtigkeitsgraden der Luft. Zeitschr. f. Hyg. u. Infektionskrankh., 1932 Bd. 114.

[2] Liese: Hauttemperaturmessungen an ruhenden und arbeitenden Menschen unter dem Einfluß schwacher Luftströme. Arch. f. Hyg., 1930 Bd. 104.

[3] Rubner: Handbuch der Hygiene, 8. Aufl., 1907.

Nach dieser Beziehung wird, in Übereinstimmung mit früheren Erörterungen, bei
35° C die Stirntemperatur gleich der Lufttemperatur. Durch Logarithmieren der
Gleichung (37) ergibt sich:

$$n = \frac{\log \dfrac{t_H}{t_L}}{\log \dfrac{35}{t_L}} \quad \text{(im Mittel } n \sim 0,84\text{)}. \tag{38}$$

Die Größe n, die mit zunehmender Luftgeschwindigkeit abnimmt, ist eine Kennziffer für die Einstellung der Stirntemperatur bei verschiedenen Luftgeschwindigkeiten. Bei Temperaturen unter 14° und über 25° C, bei denen schon in ruhiger

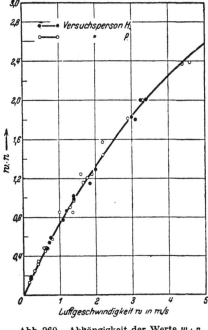

Abb. 260. Abhängigkeit der Werte $w \cdot n$
von der Luftgeschwindigkeit.

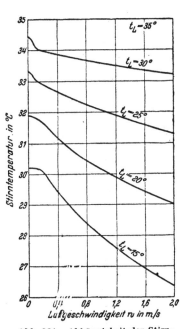

Abb. 261. Abhängigkeit der Stirntemperatur von der Luftgeschwindigkeit bei verschiedenen Lufttemperaturen.

Luft Störungen in der Stirntemperaturkurve auftreten, kommen auch in bewegter
Luft Abweichungen vom Normalverhalten der Hauttemperatur vor. Der weiteren
Bearbeitung sind daher nur die Versuchswerte zwischen diesen Temperaturen zu-
grunde gelegt.

In Abb. 260 sind die Produktwerte $w\,n$ (d. h. Luftgeschwindigkeit mal Kennziffer
in Abhängigkeit von w) für die beiden Personen H. und P. aufgetragen. Man ersieht
aus der Abbildung, daß man für H. und P. eine einheitliche Kurve zugrunde legen
kann. Das ist insofern bemerkenswert, als beide, wohl wegen ihrer sehr verschiedenen
Körperkonstitution, bei ruhiger Luft abweichende Stirntemperaturen aufwiesen.
Für bewegte Luft erhielten auch S t r a u ß und S c h w a r z bei ihren Messungen
an vier verschiedenen Personen nur sehr geringe Abweichungen der Stirntemperaturen bei gleichen Luftverhältnissen. Man darf also wohl annehmen, daß
verschiedene Menschen ziemlich gleichartig auf bewegte Luft reagieren.

Aus der Kurve in Abb. 260 konnte nun in einfacher Weise das Schaubild Abb. 261 hergestellt werden. Es zeigt die Stirntemperatur in Abhängigkeit von der Luftgeschwindigkeit mit der Lufttemperatur als Parameter. Man ersieht daraus, daß die Stirntemperatur von $w = 0,2$ m/s ab bei zunehmender Luftgeschwindigkeit um so stärker abfällt, je tiefer die Lufttemperatur liegt. Bei geringer Luftbewegung ($w < 0,2$ m/s) dagegen wird die Stirntemperatur bei höherer Lufttemperatur stärker als bei tieferer gesenkt, was wohl auf die vom Temperaturunterschied zwischen Haut und Luft abhängige Eigenkonvektion des Körpers zurückzuführen ist, deren Wirkung bei geringen Lufttemperaturen derjenigen der künstlichen Luftbewegung gleichkommt.

Bei Lufttemperaturen über $30\,^\circ$ C wird sie davon überhaupt nicht mehr beeinflußt. Letzteres ist von Strauß und Schwarz durch Messung bei dieser Temperatur bestätigt worden.

Auf das Behaglichkeitsempfinden in bewegter Luft wird weiterhin im Zusammenhang mit zwei weiteren Behaglichkeitsmaßstäben eingegangen werden.

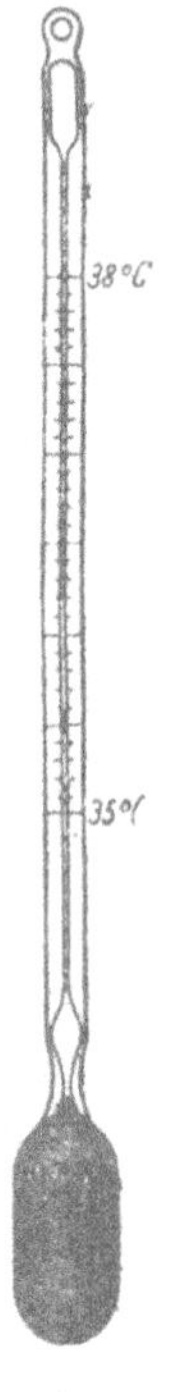

B. Der Katawert als Behaglichkeitsmaßstab.

1. Das Katathermometer.

Die Hygieniker waren seit langem bemüht, einen objektiven, meßtechnisch leicht feststellbaren Maßstab für die Behaglichkeit bei verschiedenen Umgebungsbedingungen zu finden. Diese Bestrebungen führten den englischen Forscher Leonhard Hill im Jahre 1916 zur Herstellung seines Katathermometers. Das in Abb. 262 dargestellte Instrument ist ein einfaches Alkohol-Stabthermometer, dessen Gefäß 4 cm Länge und 1,8 cm Außendurchmesser besitzt, und auf dessen Stiel nur die beiden Temperaturen 38 und $35\,^\circ$ C vermerkt sind. Für den Gebrauch wird das Thermometer in einem Wasserbade aufgewärmt, wobei der Alkohol bis in die obere Erweiterung emporsteigt. Nach Abtrocknung des anhaftenden Wassers mit einem Tuch wird dann mit Stoppuhr die Zeit ermittelt, die der Alkoholfaden braucht, um von 38 auf $35\,^\circ$ C zu fallen. Während der Abkühlungszeit z wird von dem Thermometergefäß, unabhängig von den Umgebungsbedingungen, immer die gleiche Wärmemenge Q' (Wasserwert mal Temperaturabfall) abgegeben. Nach Hill wird an Stelle von Q' die auf 1 cm² Gefäßoberfläche bezogene Wärmemenge Q in mgcal benutzt, deren Wert durch Eichung ermittelt und auf dem Thermometerstiel eingeätzt wird. Vernachlässigt man den geringen Wärmefluß vom Gefäß zum Stiel und ferner den geringen Temperaturabfall in der etwa 0,1 mm starken Gefäßwand, so ist:

Abb. 262.
Kata-
thermo-
meter.

$$Q = a \cdot \Theta \cdot z \left[\frac{\text{mgcal}}{\text{cm}^2}\right]. \tag{39}$$

Hierin bezeichnet $\Theta = 36,5 - t_L$ den mittleren Temperaturunterschied zwischen Gefäßoberfläche und Luft und a die äußere Wärmeübergangszahl in $\dfrac{\text{mgcal}}{\text{cm}^2 \cdot \text{s} \cdot {}^\circ\text{C}}$.

Für den Quotienten Q/z, den wir A nennen wollen, sind verschiedene Bezeichnungen, wie „Katawert", „Abkühlungsgröße", „Kühlstärke" der Luft gebräuchlich.

Bei allen Katathermometermessungen handelt es sich immer um die Ermittlung des Katawertes (Abkühlungsgröße) A. Er ist:

$$A = \frac{Q}{z} = a \cdot \Theta = a \cdot (36{,}5 - t_L). \qquad (40)$$

Für die Wärmeübergangszahl ist nach Hill für ruhige Luft der konstante Wert

$$a = 0{,}27$$

einzusetzen. Diese Angabe ist aber nicht zutreffend, denn a muß nach der Lehre vom Wärmeübergang von dem Temperaturunterschied Θ abhängen. Nach Hills und eigenen Versuchen in ruhiger Luft fand ich:

$$a = 0{,}22\ \Theta^{0{,}06}.$$

Für bewegte Luft mit der Strömungsgeschwindigkeit w senkrecht zur Thermometerachse gelten die empirischen Gleichungen[1]:

$$\left.\begin{array}{ll} a = 0{,}205 + 0{,}385\ \sqrt{w} & \text{für}\quad w \leqq 1 \\ a = 0{,}105 + 0{,}485\ \sqrt{w} & \text{für}\quad w \geqq 1. \end{array}\right\} \qquad (41)$$

Da der Katawert A bei trockener Gefäßoberfläche ermittelt wird, wird er „trockener Katawert" genannt, im Gegensatz zum „feuchten Katawert" A_f, den man erhält, wenn das Gefäß während der Messung von einer feuchten Musselinhülle umgeben ist. A_f ist etwa dreimal so groß wie A, weil zu der Wärmeabgabe durch Leitung, Konvektion und Strahlung beim feuchten Instrument noch diejenige durch Verdunstung hinzukommt. Der trockene Katawert ist nur von der Temperatur und Geschwindigkeit der Luft, der feuchte Katawert auch von dem Wasserdampfgehalt der Luft abhängig. Das feuchte Instrument kommt hauptsächlich für Untersuchungen in gewerblichen Betrieben mit hoher Temperatur und Feuchtigkeit in Frage, d. h. wenn der Entwärmungsvorgang zum größten Teil auf die Hautwasserabgabe angewiesen ist.

Es ist nun selbstverständlich, daß man mit dem Katathermometer nur die Wärmeabgabe des Instrumentes bei verschiedenen Luftverhältnissen bestimmen kann. Sollen die an verschiedenen Orten zu ermittelnden Katawerte miteinander vergleichbar sein, so muß immer das gleiche genormte Thermometermodell verwendet werden, damit die Wärmeübergangszahl a unbeeinflußt bleibt. Geringe durch die Herstellung bedingte Änderungen des Wasserwertes finden in der Eichziffer Q ihre Berücksichtigung; sie haben auf a keinen Einfluß.

Das Katathermometer ist demnach kein Meßinstrument für die Entwärmung des menschlichen Körpers, für den andere physikalische Wärmeaustauschbedingungen vorliegen. Man kann aber die bei bestimmten Luftzuständen festgestellten Katawerte mit den dabei herrschenden Behaglichkeitsgraden in Verbindung bringen und so einer Skala der Katawerte eine solche der Behaglichkeit zuordnen. Um einen Überblick über die bei bestimmten Geschwindigkeiten und Temperaturen der Luft geltenden Katawerte zu gewinnen, sind in dem Schaubild Abb. 263 Kurven gleicher Katawerte und außerdem noch gestrichelte Kurven gleicher Stirntemperatur eingezeichnet. Das Schaubild zeigt, daß beide Kurvensysteme zwar einen ähnlichen ansteigenden Verlauf besitzen, daß aber die Katawerte von kleinen Luftgeschwindigkeiten viel stärker beeinflußt werden als die Stirntemperatur, d. h. das Instrument

---

[1] B r a d t k e , F., und W. L i e s e : Hilfsbuch für raum- und außenklimatische Messungen. S. 48. Berlin: Springer, 1937.

reagiert bei schwacher Luftbewegung auf Änderungen der Luftgeschwindigkeit weit mehr als der menschliche Körper. Dieser Umstand ist zu beachten, weil er zu Fehlschlüssen Veranlassung geben kann.

2. Trockener Katawert und Behaglichkeit in ruhiger Luft.

Die Hygieniker geben an, daß Katawerte von 4 bis 6 etwa der Behaglichkeitszone bei ruhiger oder leicht bewegter Luft entsprechen sollen. Aus der Abb. 263 ist jedoch zu ersehen, daß diese Angabe nicht ausreicht, um eine Behaglichkeitszone

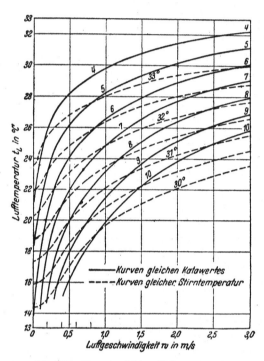

Abb. 263. Kurven gleicher Katawerte und Stirntemperaturen.

festzulegen, denn Katawerte von 4 oder 6 können bei schwacher Luftbewegung (0 bis 0,1 m/s) durch Raumtemperaturen veranlaßt werden, die sicher nicht mehr als behaglich empfunden werden. Wird jedoch hinzugefügt, daß dabei die Stirntemperatur nicht unter 30,5° C fallen oder über 32,5° C steigen darf, so ist damit die Behaglichkeitszone nach Temperatur und Geschwindigkeit der Luft abgegrenzt; denn am Schnittpunkt der Katawertlinie 4 und der Stirntemperaturlinie 32,5 liegt die Lufttemperatur 22° C und am Schnittpunkt der Katawertlinie 6 und der Stirntemperaturlinie 30,5 die Lufttemperatur 15,9° C. Dieselben Behaglichkeitsgrenzen wurden bereits im Abschnitt über die Haupttemperatur ermittelt.

Der günstigste Katawert von 5 und die günstigste Stirntemperatur von 31,5° C bedingen nach Abb. 263 eine Lufttemperatur von 18,8° C, die, wie ebenfalls früher ermittelt wurde, unserem Wohlbefinden in geschlossenen Räumen und bei natürlicher Luftbewegung am meisten entspricht.

3. Trockener Katawert und Behaglichkeit in bewegter Luft.

Bei den Untersuchungen über die Stirntemperatur in bewegter Luft haben Heymann und Korff-Petersen auch die gleichzeitigen Katawerte der Luft gemessen und das Behaglichkeitsempfinden der beiden Versuchspersonen H. und P. notiert. Dabei ergab sich, daß normales Befinden für H. bei Stirntemperatur von 30,0 bis 33,5° C und für P. bei 30,3 bis 32,2° C, im Mittel für beide Personen also bei 31,15 bis 32,85° C bestand. Nehmen wir die größte Behaglichkeit in der Mitte des Bereiches an, so kommen wir mit 31,5° C Stirntemperatur in bewegter Luft auf den gleichen Wert wie in ruhiger Luft.

Was die Katawerte anbelangt, so wurde bewegte Luft bei $A < 5$ als zu warm und bei $A > 9,5$ als zu kühl empfunden. Da sich nach der Formel $A = \Theta\,(a + b\,\sqrt{w})$

der gleiche Katawert aus den verschiedensten Kombinationen von Lufttemperatur und Luftgeschwindigkeit ergeben kann, so folgt, daß bei einem bestimmten Katawert Lufttemperaturen vorkommen können, die außerhalb des Behaglichkeitsbereiches liegen. Der oben angegebene Grenzwert $A = 9,5$ z. B. kann bei einer Luftgeschwindigkeit von 0,31 m/s durch eine Lufttemperatur von 14 ° C veranlaßt werden, die schon in ruhiger Luft nicht behaglich wirkt. Der Katawert ist daher keine eindeutige Kennzahl für das Wohlbefinden des Menschen.

Im Gegensatz zu H e y m a n n und K o r f f - P e t e r s e n nehme ich an, daß gerade bei bewegter Luft die Behaglichkeit besser durch die Stirntemperatur als durch den Katawert gekennzeichnet wird, weil das Wärme- oder Kältegefühl in enger Beziehung zur Hauttemperatur steht, und weil verschiedene Menschen auf Luftbewegung ziemlich gleichartig mit der Stirntemperatur reagieren. Größere Unterschiede bei Versuchspersonen kommen eigentlich nur an der oberen Grenze bei schwach bewegter warmer Luft vor. Nachstehend sind die zur günstigsten Stirntemperatur von 31,5° C gehörigen Lufttemperaturen und Katawerte bei verschiedenen Luftgeschwindigkeiten zusammengestellt.

	Ruhige Luft	Luftgeschwindigkeit w in m/s								
		0,1	0,2	0,4	0,6	0,8	1,0	1,2	2	3
t_L	18,8	19,0	19,5	21,0	22,0	22,9	23,5	24,0	25,5	26,7
A	5,0	5,7	6,4	7,0	7,3	7,6	7,8	8,0	8,8	9,3
$B = t_L/A$	3,76	3,33	3,05	3,00	3,01	3,02	3,02	3,00	2,90	2,87

Der in der letzten Reihe der Tabelle gebildete Wert $B = t_L/A$ ist viel weniger mit t_L und w veränderlich als der Katawert selbst, und er ist sogar bei Geschwindigkeiten von 0,2 bis 1,2 m/s, die hauptsächlich für die Lüftungstechnik in Frage kommen, nahezu konstant. Auch bei anderen Stirntemperaturen ändert sich die Größe B nur wenig. Bei einer graphischen Darstellung gemäß Abb. 264 hatten die Kurven gleicher B-Werte einen ganz ähnlichen Verlauf wie die Kurven gleicher Stirntemperatur. Ich glaube daher, daß man die Größe B zur Beurteilung der Behaglichkeit und Festlegung ihres Bereiches mit mehr Recht als den Katawert benutzen darf.

Nach den Beobachtungen von H e y - m a n n und K o r f f - P e t e r s e n erhält man für die Behaglichkeitszone als unteren Grenzwert etwa $B = 2$ und als oberen

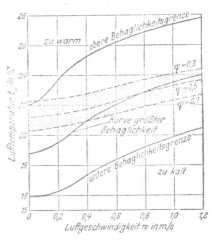

Abb. 264. Behaglichkeitsbereich bei bewegter Luft.

etwa $B = 5$. Mit diesen Zahlen habe ich mittels der Formeln (40) bis (41) die untere und obere Grenzkurve für Geschwindigkeiten von 0,4 bis 1,2 m/s berechnet und dann nach den etwas höheren Grenzwerten 2,65 und 5,5 für ruhige Luft hin extrapoliert. Diese Kurven sind in Abb. 264 dargestellt und die dazugehörigen

Zahlenwerte in der folgenden Tabelle zusammengefaßt. Es ergibt sich, daß die aus
den gesetzmäßigen Zusammenhängen mit $B = 2$ und $B = 5$ ermittelten Stirntemperaturen den Beobachtungswerten für den Behaglichkeitsbereich in bewegter Luft
(30,15 bis 32,85° C) sehr nahe kommen. Die in Abb. 264 eingezeichnete mittlere
Kurve entspricht der Stirntemperatur 31,5° C und somit der größten Behaglichkeit.
Das schraffierte Band wird bei Besprechung der effektiven Temperatur erläutert
werden.

		Ruhige Luft	Luftgeschwindigkeit w in m/s						
			0,1	0,2	0,4	0,6	0,8	1,0	1,2
Obere Behaglichkeits- grenze	Lufttemp. t_L	22,0	22,6	23,75	25,3	26,2	26,9	27,4	27,8
	Katawert A	4,0	4,5	4,8	5,1	5,3	5,4	5,5	5,6
	$B = t_L/A$	5,5	5,0	5,0	5,0	5,0	5,0	5,0	5,0
	Stirntemp. t_H	32,5	32,5	32,6	32,75	32,8	32,8	32,8	32,8
Größte Behaglichkeit	Lufttemp. t_L	18,8	19,0	19,5	21,0	22,0	22,9	23,5	24,0
	Katawert A	5,0	5,7	6,4	7,0	7,3	7,6	7,8	8,0
	$B = t_L/A$	3,75	3,35	3,0	3,0	3,0	3,0	3,0	3,0
	Stirntemp. t_H	31,5	31,5	31,5	31,5	31,5	31,5	31,5	31,5
Untere Behaglichkeits- grenze	Lufttemp. t_L	15,9	16,0	16,3	17,4	18,4	19,2	19,9	20,5
	Katawert A	6,0	6,7	7,6	8,7	9,2	9,6	10,0	10,3
	$B = t_L/A$	2,65	2,4	2,15	2,0	2,0	2,0	2,0	2,0
	Stirntemp. t_H	30,5	30,5	30,5	30,3	30,2	30,15	30,1	30,1

Weitere Untersuchungen haben ergeben, daß die B-Werte vom Winter zum
Sommer hin etwas ansteigen. Ihr Schwankungsbereicch erstreckt sich bei größter
Behaglichkeit etwa von 3 bis 3,7, an der oberen Greize von 5 bis 6 und an der
unteren Grenze von 2 bis 2,5[1].

Die bisher mit Recht gegen das Katathermometer erhobenen Einwände werden
hinfällig, wenn man statt des Katawertes A die Größe $B = t_L/A$ als Maßstab für
die Behaglichkeit verwendet. Versuchstechnisch ist diese Größe sehr leicht zu ermitteln, da bei Bestimmung des Katawertes die Lufttemperatur ohnehin gemessen
wird, um nach Gleichung (40) und (41) die Luftgeschwindigkeit berechnen zu
können. Der besondere Vorzug des Instrumentes liegt gerade darin, daß man mit
ihm in einfachster Weise auch sehr kleine Luftgeschwindigkeiten bestimmen kann,
die von Anemometern wegen ihrer zu hohen Anlaufgeschwindigkeit nicht mehr
angezeigt werden. Ferner braucht man nicht die horizontale Richtung der Luftbewegung im Raum zu kennen, was für Anemometermessungen erforderlich ist.

Aus den vorstehenden Darlegungen folgt, daß man im Katathermometer ein
wertvolles Instrument für heizungs- und lüftungstechnische Untersuchungen besitzt. Die Verteilung der Luftbewegung im Raum, Zugerscheinungen und die auf
die Rauminsassen treffenden Luftgeschwindigkeiten können damit leicht festgestellt
werden; schließlich dürfen aus den Katawerten in Verbindung mit der Lufttemperatur auch Schlüsse auf die Behaglichkeitswirkung der Luftverhältnisse auf den
Menschen gezogen werden.

---

[1] Bradtke, F., und W. Liese: Hilfsbuch für raum- und außenklimatische Messungen.
S. 62. Berlin: Springer, 1937.

C. Die effektive Temperatur als Behaglichkeitsmaßstab.

In Amerika hat man vor etwa 10 Jahren mit der sogenannten effektiven Temperatur einen rein subjektiven Maßstab für die Behaglichkeitswirkung verschiedener Luftzustände aufgestellt. Man versteht darunter die Temperatur einer mit Wasserdampf gesättigten Luft ($\varphi = 1,0$), die das gleiche Temperaturgefühl auslöst wie der Luftzustand, dessen Behaglichkeit anzugeben ist. Einer bestimmten Raumluft wird z. B. die effektive Temperatur $t_{eff} = 20°$ C zugeordnet, wenn sie auf die Mehrzahl

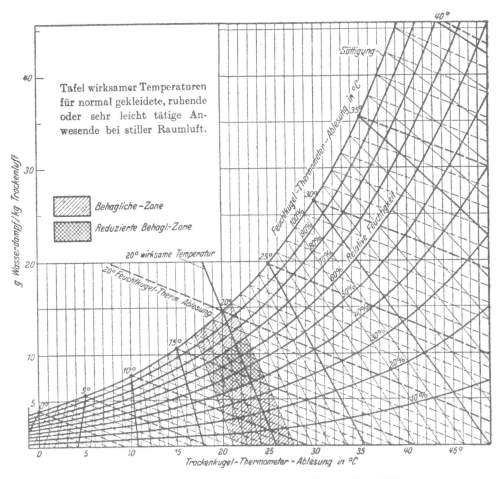

Abb. 265. Psychrometertafel. (Nach „A. S. H. V. E.-Guide" 1930.)

der Menschen gleich behaglich wirkt wie gesättigte Luft von 20° C. Die zu verschiedenen Luftzuständen gehörigen effektiven Temperaturen sind durch Massenversuche an vielen Personen festgestellt worden, und die Ergebnisse dieser Untersuchungen hat man in Zahlentafeln und Kurvenblättern niedergelegt[1]. Als Beispiel eines solchen Kurvenblattes, das für normal gekleidete und sehr leicht tätige Rauminsassen bei ruhiger Luft gilt, soll Abb. 265[2] dienen. Über ein Liniennetz, das alle

---

[1] Houghteen and Yagloglon: Determining lines of equal comfort. Trans Amer. Soc. of heat. a. ventil. engineers, 1923 Bd. 29 S. 163.
[2] Entnommen aus Rybka: Amerikanische Heizungs- und Lüftungspraxis. Berlin: Springer, 1932.

Größen zur Kennzeichnung des Raumluftzustandes enthält, sind noch Linien gleicher effektiver Temperatur gelegt. Diese laufen auf der Sättigungslinie durch den Schnittpunkt der Temperatur des trockenen und feuchten Thermometers gemäß der oben gegebenen Definition für die effektive Temperatur. Innerhalb des Schaubildes liegt die eigentliche Behaglichkeitszone der Amerikaner zwischen den effektiven Temperaturen 17 und 21° C und den relativen Feuchtigkeiten von 40 und 70 vH, die später auf 30 und 60 vH abgeändert wurden. Zur günstigsten Behaglichkeitslinie von $t_{\mathrm{eff}} = 19°$ C gehören in ruhiger Luft:

$$\text{bei } \varphi = 0,7: \quad t = 20,3° \text{ C,}$$
$$\text{bei } \varphi = 0,5: \quad t = 21,2° \text{ C,}$$
$$\text{bei } \varphi = 0,3: \quad t = 22,3° \text{ C.}$$

Diese Werte gelten für den Winter. Die behaglichste Raumtemperatur von 21,2° C liegt um 2,5° C höher als bei uns, denn wir fanden dafür den Wert von 18,8° C. Dieser Unterschied ist bezeichnend für das durch Klima, Rasse, Gewohnheit, Kleidung bedingte abweichende Temperaturempfinden anderer Völker.

Gleiche Schaubilder wie für ruhige Luft sind von den Amerikanern auch für bewegte Luft entworfen worden. Die für $t_{\mathrm{eff}} = 19°$ C daraus entnommenen günstigsten Lufttemperaturen bei 30, 50 und 70 vH relativer Feuchtigkeit sind in Abb. 264 in Abhängigkeit von der Luftgeschwindigkeit dargestellt (gestrichelte Kurven). Man erhält dabei das überraschende Ergebnis, daß im Gegensatz zu ruhiger Luft das Behaglichkeitsempfinden der Amerikaner bei bewegter Luft sich dem für deutsche Verhältnisse ermittelten sehr nähert. Nur liegen die behaglichsten Luftzustände nicht auf einer Kurve, sondern auf einem Band von etwa 2° C Temperaturbreite.

Auffällig ist bei der effektiven Temperatur als Maßstab des Wohlbefindens der große, schon bei normalen Raumtemperaturen vorhandene Einfluß der relativen Feuchtigkeit, der nach unseren Anschauungen erst bei Temperaturen außerhalb des Behaglichkeitsbereiches stärker hervortritt, denn es ist bekannt, daß sowohl tiefe als hohe Temperaturen um so unbehaglicher wirken, je feuchter die Luft ist. Der amerikanische Behaglichkeitsmaßstab ist daher mehrfach angezweifelt worden. So schreibt S t r a u ß [1]: „In der Zurückführung des jeweils bestehenden Klimas auf einen anderen Temperaturzustand bei feuchtigkeitsgesättigter Luft liegt eine nicht zu übersehende Schwäche des ganzen Systems. Denn eine feuchtigkeitsgesättigte Atmosphäre wird niemals angenehm empfunden, das Temperaturgefühl versagt hier am ehesten, weil unser diesen Umständen dem Wasserdampf im Verhältnis zu den anderen Faktoren der Wärmeentziehung eine überragende Bedeutung zukommt.

D. Einfluß des Außenklimas auf das Behaglichkeitsempfinden in Innenräumen.

Bei Aufstellung von Behaglichkeitskurven für den praktischen Gebrauch in der Heizungs- und Lüftungstechnik muß der Einfluß des Außenklimas auf das Temperaturempfinden beachtet werden. Da sich die Menschen in der Kleidung, Nahrungsaufnahme, Betätigung im Freien usw. der Jahreszeit anpassen und sich so in einer

---

[1] S t r a u ß: Klima und Arbeit. 1. Mitteilung. Methodische Voruntersuchungen. Arch. f. Gewerbepath. u. Gewerbehyg., 1930 Bd. 1.

dauernden Akklimatisierung an die Außenluftzustände befinden, so ist es selbstverständlich, daß dabei auch das Behaglichkeitsempfinden Änderungen erfährt.

Die von mir bearbeiteten Versuche von Heymann und Korff-Petersen fanden in der kalten Jahreszeit statt. Daher gilt der daraus abgeleitete Behaglichkeitsbereich in Abb. 264 auch nur für den Winter. Für den Lüftungsbetrieb im Sommen müssen die Kurven dieser Abbildung nach oben verlegt werden. Leider fehlt es an systematischen Versuchen über die Behaglichkeit bei bewegter Innenluft in der warmen Jahreszeit. Es liegen nur einige Beobachtungen an der Hörsaallüftung der Versuchsanstalt für Heiz- und Lüftungswesen vor, die sich auf die einzuhaltenden Innentemperaturen bei verschiedenen Außentemperaturen beziehen[1]. Von den etwas streuenden Versuchszahlen sind nur die oberen Grenzwerte in Abb. 266 zeichnerisch dargestellt. Eine zweite höher liegende Kurve zeigt die Innentemperaturen, die man in der amerikanischen Praxis bei der Theaterlüftung anwendet[2]. Beide Kurven gelten für eine relative Feuchtigkeit der Innenluft von 50 bis 60 vH. Die Frage nach den zweckmäßigsten Innentemperaturen für deutsche Verhältnisse ist heute durch die VDI-Lüftungsregeln entschieden. Sie enthalten unter „Mindestanforderungen an Klimaanlagen" die

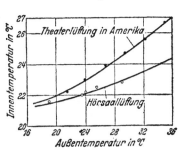

Abb. 266. Innentemperatur in Abhängigkeit von der Außentemperatur.

folgenden Werte der Temperatur und relativen Feuchte der Innenluft, die bei verschiedenen Außentemperaturen in Versammlungsräumen und Räumen ähnlicher Art eingehalten werden sollen.

Außentemperatur	20°	25°	30°	35°
Temperatur der Innenluft	21,5°	22°	25°	27°
Relative Feuchte der Innenluft	70 vH	70 vH	60 vH	60 vH

Die Zustandswerte der Innenluft sind so gewählt worden, daß sie die hygienischen Anforderungen erfüllen und bei der Luftaufbereitung im Klimagerät ohne Verwendung einer Kältemaschine erreicht werden können. Bei dem Vergleich mit Abb. 266 zeigt sich, daß die Temperaturwerte der Regeln bei Außentemperaturen bis 25° nahe der unteren Kurve und bei Temperaturen über 25° nahe der oberen Kurve der Abbildung liegen.

E. Wärme- und Wasserdampfabgabe des menschlichen Körpers.

1. Wärmeabgabe.

Aus dem Abschnitt über die Wärmeregelung des menschlichen Körpers wissen wir, aus welchen Teilbeträgen sich dessen Gesamtwärmeabgabe zusammensetzt. Bezeichnen wir die auf Leitung, Konvektion und Strahlung entfallende „trockene

---

[1] Brabbée: Vorläufige Betriebsergebnisse der Lüftung im Hörsaal der Prüfanstalt für Heiz- und Lüftungsanlagen. Gesundheits-Ing., 1915 Bd. 38.

[2] Berestneff: Neue amerikanische Heizungs-, Kühlungs- und Lüftungsmethoden für große öffentliche Räume. Gesundh.-Ing., 1932.

Wärme" mit Q_{tr} und die auf die Verdunstung der abgegebenen Feuchtigkeit entfallende „feuchte Wärme" mit Q_f, so ist die Gesamtwärmeabgabe:

$$Q = Q_{tr} + Q_f.$$

Die beiden Summanden Q_{tr} und Q_f sind durch Versuche im Forschungsinstitut der amerikanischen Heizungs- und Lüftungsingenieure bei verschiedenen Lufttemperaturen und Luftgeschwindigkeiten ermittelt worden. Aus einer von A. Berestneff[1] mitgeteilten Zusammenstellung der Werte läßt sich folgende Tabelle für Q_{tr}, Q_f und Q für ruhige Luft und Luftbewegung von $w = 1{,}0$ m/s ableiten. Sie gilt für

Luft-bewegung	Wärmeabgabe kcal/h	Lufttemperatur in ° C											
		10	12	14	16	18	20	22	24	26	28	30	32
Ruhige Luft	Q_{tr}	117	108	99	91	84	79	73	66	59	50	40	28
	Q_f	18	18	18	18	20	23	28	33	42	51	59	70
	$Q = Q_{tr} + Q_f$	135	126	117	109	104	102	101	101	101	101	99	98
$w = 1{,}0$ m/s	Q_{tr}	130	121	112	104	96	89	83	75	69	59	47	32
	Q_f	16	16	16	16	16	17	21	27	33	42	52	66
	$Q = Q_{tr} + Q_f$	146	137	128	120	112	106	104	102	102	101	99	98

einen normal bekleideten, sitzenden Mann bei leichter Betätigung. Die Tabellenwerte sind in Abb. 267 für ruhige Luft graphisch dargestellt. Zum Vergleich zeigt die gestrichelte Kurve die Gesamtwärmeabgabe Q bei $w = 1{,}0$ m/s.

Aus dem Schaubild ist zu ersehen, daß die Gesamtwärmeabgabe des Körpers bei ruhiger Luft über einen großen Temperaturbereich hin konstant bleibt und etwa 100 kcal/h beträgt. Dieser Wert wird allgemein als Normalwärmeabgabe des nicht körperliche Arbeit verrichtenden Menschen bei lüftungstechnischen Berechnungen zugrunde gelegt. Für gewerbliche Betriebe kann man bei mittlerer körperlicher Arbeit mit 200 bis 250 kcal/h und bei schwerer bis schwerster Arbeit mit 400 bis 500 scal/h für den Arbeiter rechnen. Bei der Luftgeschwindigkeit $w = 1{,}0$ m/s ist nach Abb. 267 die Wärmeabgabe bei Temperaturen unter 18° C um rund 10 bis 15 vH größer als bei ruhiger Luft, und es ist schon eine um mehrere Grade höhere Temperatur als bei ruhiger Luft erforderlich, um an die normale Wärmeabgabe von etwa 100 kcal/h heranzukommen. Dasselbe wurde früher hinsichtlich des Einflusses der Temperatur und Bewegung der Luft auf die Behaglichkeit festgestellt. Bei

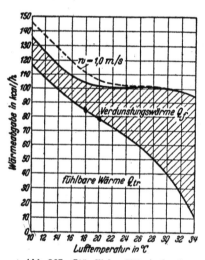

Abb. 267. Stündliche Wärmeabgabe des menschlichen Körpers in Abhängigkeit von der Lufttemperatur.

Temperaturen über 30° C wird die Gesamtwärmeabgabe durch Luftbewegung nicht mehr geändert. Ähnliches ergab sich für die Einstellung der Hauttemperatur, die durch bewegte Luft von über 30° C nur wenig beeinflußt wird.

[1] Berestneff: Neue amerikanische Heizungs-, Kühlungs- und Lüftungsmethoden für große öffentliche Räume. Gesundheits-Ing., 1932.

2. Wasserdampfabgabe.

Bei lüftungstechnischen Berechnungen, zumal für dichtbesetzte Räume, muß man nicht nur die Wärmeabgabe der Menschen, sondern auch ihre Wasserdampfabgabe in Rechnung stellen. Bezeichnen wir die stündliche Feuchtigkeitsabgabe mit G in g/h, so ist:

$$G = \frac{Q_f}{r} \cdot 1000 \left[\frac{g}{h}\right].$$

$r = 595 - 0,54\,t =$ Verdampfungswärme in kcal/kg. Bei einer Oberflächentemperatur des Körpers von 25 bis 35° C können wir mit einem mittleren Wert von $r = 580$ kcal/kg rechnen.

Dann erhält man aus den für Q_f bereits mitgeteilten Werten folgende Tabelle für die abgegebenen Wasserdampfmengen in g/h bei einer relativen Feuchtigkeit der Luft von 30 bis 70 vH.

	Lufttemperatur in °C										
	10	12	14	16	18	20	22	24	26	28	30
Ruhige Luft	31	31	31	31	34	40	48	60	73	88	102
$w = 1,0$ m/s	28	28	28	28	28	29	36	47	57	73	90

Die vom Menschen abgegebene Feuchtigkeitsmenge bleibt bei Temperaturen unterhalb der unteren Behaglichkeitsgrenze konstant. Daher steigt die Gesamtwärmeabgabe dann rasch mit abnehmender Temperatur an. Nach Abb. 264 liegt die untere Behaglichkeitsgrenze bei ruhiger Luft bei 16° C und bei $w = 1,0$ m/s bei 20° C, also ganz in Übereinstimmung mit den Temperaturen, bei denen die Regelung der Wasserdampfabgabe aufhört.

Bei der Lüftung im Winter kann man mit einer Wasserdampfabgabe je Person von rund 40 g/h und bei derjenigen im Sommer, bei etwa 3° C höherer Raumtemperatur, mit rund 50 g/h bei einer Luftgeschwindigkeit am Menschen von $w = 0,2$ m/s rechnen.

IV. Durch die Atmung vermittelte Einflüsse der Umgebungsluft für den menschlichen Körper.

A. Die Bedeutung der Kohlensäure.

Bei den Wechselwirkungen zwischen der Raumluft und dem menschlichen Körper, von denen die an der Haut sich abspielenden physikalischen Vorgänge bereits behandelt sind, spielt noch die Atmung eine wichtige Rolle. Sie führt Umgebungsluft mit ihren chemischen Bestandteilen (Sauerstoff, Kohlensäure, Stickstoff, Argon) und mit ihren Beimengungen (Wasserdampf, Geruchsstoffe, Staub, Kleinlebewesen) durch die Atmungswege in die Lungen. Hier wird der Atemluft ein Teil des Sauerstoffes entzogen und dafür Kohlensäure an sie abgegeben. Die Atmung dient der Aufrechterhaltung der im Körper stattfindenden Verbrennungsvorgänge, denen sie den erforderlichen Sauerstoff liefert. Wenn wir vom Wasserdampf absehen, so ist nach Vernon[1] die Zusammensetzung der ein- und ausgeatmeten Luft in Volumprozenten die folgende:

---

[1] Vernon: The Principles of Heating and Ventilation, S. 128. London: Edward Arnold & Co., 1934.

	Eingeatmete Frischluft	Ausgeatmete Luft
Sauerstoff	21,0 vH	16,5 vH
Kohlensäure	0.04 „	4,0 „
Stickstoff, Argon .	79,0 „	79,5 „

Der Kohlensäuregehalt der ausgeatmeten Luft ist hundertmal so groß wie derjenige der Außenluft. Stellt man die Forderung, daß er im Raum nicht über 0,14 vH ansteigen darf, so läßt sich aus dem normalen Atemluftvolumen eines Erwachsenen von 0,5 m³/h und den angegebenen CO_2-Prozenten die einer Person zuzuführende Luftmenge berechnen. Sie beträgt:

$$L = \frac{4 \cdot 0,5}{0,14 - 0,04} = \frac{2}{0,10} = 20 \ m^3/h \ .$$

Die zeitliche Zunahme des CO_2-Gehaltes in einem Raum unter der Einwirkung von Kohlensäurequellen (Menschen, Gaslampen usw.) ist an anderer Stelle (S. 165 bis 171) behandelt worden.

Wenn auch infolge der Atmung der Menschen die Luft bewohnter Räume ärmer an Sauerstoff und reicher an Kohlensäure wird, so werden durch diese Änderungen in der Zusammensetzung der Luft doch niemals schädigende Wirkungen auf die Gesundheit der Rauminsassen ausgeübt; denn die Abnahme des Sauerstoffes müßte viel größere Beträge erreichen, um nachteilig zu wirken, und die Schädlichkeitsgrenze der Kohlensäure liegt mit 4 vH weit von dem selbst in überfüllten Räumen erreichbaren Wert entfernt. Trotzdem hat der CO_2-Gehalt der Luft hygienisch eine große Bedeutung. Er dient:

1. als Maßstab für die Luftverschlechterung,
2. zur Bestimmung des Luftwechsels.

Pettenkofer hat den Kohlensäuremaßstab nicht deshalb eingeführt, weil er die Kohlensäure für schädlich hielt, sondern weil er erkannte, daß gleichlaufend mit der CO_2-Zunahme der Raumluft diese durch andere vom Menschen herrührende, üblen Geruch verbreitende Ausdünstungs- und Zersetzungsstoffe („Ekelstoffe") verdorben wird. Mit der Kohlensäuremessung wollte er lediglich den Grad der Luftverschlechterung und Luftwechsel bestimmen, eine Methode, die auch heute noch zu diesem Zweck benutzt wird.

B. Die Bedeutung des Wasserdampfes.

Die Vorgänge innerhalb der Atmungsorgane, an denen der Wasserdampf beteiligt ist, sind rein physikalischer Natur, denn es handelt sich dabei nur um eine Zustandsänderung feuchter Luft, die von ihrem Einatmungszustand auf etwa 35° C erwärmt und auf 95 vH gesättigt wird[1]. Hierbei muß eine vom Wasserdampfgehalt der Umgebungsluft abhängige Feuchtigkeitsmenge von den Atmungsorganen abgegeben werden, beispielsweise:

bei trockener Zimmerluft ($t = 20°$ C, $\varphi = 0,25$) : $37,6 - 4,3 = 33,3$ g/m³,
bei kalter Außenluft ($t = -10°$ C, $\varphi = 0,90$) : $37,6 - 1,9 = 35,7$ g/m³.

Merkwürdig ist nun, daß bei der Zimmerluft meist über große Trockenheit der Luft geklagt wird, während bei der noch mehr Wasserdampfabgabe erfordernden Außenluft eine Austrocknungswirkung auf die Atmungsorgane nicht verspürt wird. Auf

---

[1] Loewy: Über Klimatophysiologie. Leipzig: Georg Thieme, 1931.

diesen Widerspruch hat v. Gonzenbach,[1] aufmerksam gemacht. Das Gefühl der
Trockenheit der Luft kann also nicht mit dem Wasserdampfgehalt der Luft zusammenhängen. Die Hygieniker sind sich darüber einig, daß man bei Klagen über
zu trockene Raumluft den Staubgehalt derselben dafür verantwortlich machen
muß. Sie stellen daher die Forderung, den Staub in der Wohnung mit allen Mitteln
zu bekämpfen und ihn besonders von den Heizvorrichtungen, an denen er durch
Konvektionsströme am meisten aufgewirbelt wird, zu entfernen.

Wenn als Grenzwerte der relativen Feuchtigkeit in Aufenthaltsräumen 30 bis
70 vH angegeben werden, so hat diese Vorschrift auch mit Rücksicht auf den Staub
ihre Berechtigung. Da dieser sehr hygroskopisch ist, nimmt er je nach dem
Feuchtigkeitsgehalt der Luft mehr oder weniger Wasser auf. Bei zu trockener
Raumluft ist auch der Staub trocken, leicht und flugfähig und gibt daher eher zu
Reizwirkungen auf die Atmungsorgane Veranlassung als bei feuchter Luft.

C. Die Bedeutung der sonstigen Beimengungen der Luft.

Außer dem Wasserdampf sind in der Luft ständig noch Staub und Kleinlebewesen
(Bakterien, Hefe- und Schimmelpilze) in sehr wechselnden Mengen enthalten. Diese
organischen und anorganischen Beimengungen der Luft, die als kleinste Teilchen
sich auch bei schwächster Luftbewegung noch schwebend halten, tragen ebenso
wie die bereits erwähnten Geruchsstoffe zur Verschlechterung der Raumluft bei.
Sie sind in der Luft unserer Wohnungen und vor allem in derjenigen stärker be-
setzter Räume in viel größerer Zahl vorhanden als in reiner Außenluft. Die Reiz-
wirkung des Staubes auf die Atmungsorgane ist bekannt. Ist er organischer Her-
kunft, so besteht noch die Möglichkeit seiner Verschwelung auf Heizflächen oder
seiner Zersetzung durch die ihm anhaftenden Fäulniserreger, wodurch auch in
schwach besetzten Räumen unangenehme Gerüche entstehen können. Als gesund-
heitsgefährdend sind diese Beimengungen der Luft im allgemeinen nicht zu betrachten. Nur da, wo mit Erregern ansteckender Krankheiten in größerer Menge
zu rechnen ist, sind besondere Vorsichtsmaßnahmen geboten. Ferner können die in
manchen gewerblichen Betrieben auftretenden Staubarten zu ernsten Gesundheits-
schädigungen der Arbeiter führen. Solche Staubarten sollen daher möglichst an
den Stellen ihrer Entstehung sogleich durch Absaugung entfernt werden.

Dem Eindringen von Außenluftstaub in künstlich belüftete Räume ist durch
Einbau von Staubfiltern an den Luftentnahmestellen zu begegnen.

Eine Raumluft, die durch menschliche Ausdünstungs- und Zersetzungsstoffe
stark verschlechtert ist und bei Betreten des Raumes sofort unangenehm auffällt,
hat auch nachteilige Wirkungen auf die Rauminsassen. Solche Luft führt zu einer
verflachten Atmung und zu ungenügender Sauerstoffzufuhr in die Lungen, also zu
einer Abschwächung der inneren Verbrennungsvorgänge des Körpers. Die Folge
davon ist eine Verminderung des Appetites und Schädigung des Allgemeinbefindens,
was bei Menschen, die sich viel in verdorbener Luft aufhalten, meist durch bleiches,
ungesundes Aussehen zum Ausdruck kommt.

Für die im Zusammenhang mit dem Problem der Luftverschlechterung eine
Zeitlang aufgetauchte Theorie von einem schädlichen Atemgift in der Luft be-
setzter Räume hat sich bisher kein Gültigkeitsbeweis erbringen lassen.

---

[1] Hottinger und v. Gonzenbach: Die Heiz- und Lüftungsanlagen in den verschiedenen Gebäudearten. Berlin: Springer, 1929.

Zehnter Abschnitt.

Wirtschaftliche Grundlagen des Heizens.

Gelegentlich der Besprechung von mittleren und großen Heizzentralen (S. 151) wurden die geldwirtschaftlichen, energiewirtschaftlichen und volkswirtschaftlichen Forderungen besprochen, die bei der Planung solcher Anlagen zu beachten sind. Daß diese Forderungen, die ja für alle Zweige der Wärmetechnik und damit auch für das ganze Gebiet der Heizung maßgebend sind, gerade dort eingeschaltet wurden, findet seine Berechtigung in dem Umstande, daß der einzelne Heizungsingenieur im allgemeinen nur bei großen Anlagen sich mit diesen Fragen unmittelbar auseinanderzusetzen hat. Bei kleinen Anlagen mit ihren festen Bauformen ist er solchen Überlegungen meist enthoben.

Im nachstehenden handelt es sich in der Hauptsache um die Frage, in welchem Ausmaße die von der Zentrale gelieferte Wärme zur Erwärmung der Räume ausgenutzt wird und welcher Art die dabei auftretenden Verluste sind.

I. Die Begriffe: Aufgewendete Wärme, Nutzwärme und Verlustwärme.

In der Bilanz „aufgewendete Wärme = Nutzwärme + Verlustwärme" ist der Begriff der aufgewendeten Wärme ohne weiteres klar. Die aufgewendete Wärme ist bei direkt gefeuerten Kesseln durch Menge und Heizwert des Brennstoffes festgelegt, bei dampfgeheizten Umformern durch Menge und Wärmeinhalt des Heizdampfes. Schwieriger zu umschreiben sind die Begriffe Nutzwärme und Verlustwärme. Zu ihrer Erklärung geht man am besten von dem Temperaturzeitplan des Heizbetriebes aus. Wir denken uns eine Liste aller zu heizenden Räume, welche auch die verlangten Innentemperaturen enthält sowie die Stunden des Tages, an welchen die Räume benutzt werden, also beheizt werden müssen. Dieser Temperaturzeitplan sei das „Heizprogramm" genannt.

Die Wärmemenge, die bei einer idealen Heizungsanlage zur Erfüllung des Heizprogrammes notwendig ist, stellt die Nutzwärme dar. Sie hängt ab von der Größe und Lage des Gebäudes, seinen Mauerstärken, Fensterbauarten usw., von dem zeitlichen Ablauf der Witterung und vom Heizprogramm. Sie hat mit dem gewählten Heizsystem nichts zu tun. Obwohl der Begriff der Nutzwärme sich auf diese Weise eindeutig umschreiben läßt, läßt er sich zahlenmäßig weder rechnerisch noch versuchsmäßig erfassen. Die Schwierigkeiten, die sich hier entgegenstellen, lassen sich am besten erkennen, wenn man das Restglied der Bilanz, nämlich die Verlustwärme, untersucht.

In erster Linie sind hier zu nennen die feuerungstechnischen Verluste des Kessels. Erfahrungsgemäß haben die üblichen schmiedeeisernen und gußeisernen Kessel auf dem Prüfstand einen Wirkungsgrad von 80 vH und mehr. Daß dieser selbst bei gut bedienten Anlagen im Betrieb auf 70 und 60 vH absinken kann, hat mehrere Gründe:

1. Die Kessel arbeiten nur selten bei ihrer günstigsten Belastung. Meist arbeiten sie lange Zeit darüber oder darunter. Dies wirkt sich besonders stark bei kleinen Anlagen mit nur einem Kessel, vor allem in der Übergangsjahreszeit, aus, weil dann

der Belastungsgrad außerordentlich niedrig ist. Der Wirkungsgrad kann dann noch unter die oben angegebenen Werte sinken.

2. Bei jedem Wechsel in der Belastung wird durch Steigerung oder Dämpfung des Feuers der Verbrennungsvorgang vorübergehend gestört.

3. Ältere Kessel weisen meist kleinere Schäden, insbesondere Undichtheiten und damit Falschlufteintritt, auf.

4. Die Bedienung ist im Betrieb nicht so sorgfältig und sachkundig wie auf dem Prüfstand, und der Brennstoff ist häufig sowohl bezüglich seiner Art als seiner Körnung nicht so gut wie bei Versuchen.

Die zweite Gruppe von Verlusten bezieht sich auf die Vorgänge draußen im Gebäude. Bei einem idealen Beharrungszustand wäre die Wärme, die ins System hinausgeschickt wird, gleich dem Wärmeverlust des Gebäudes, also gleich der Nutzwärme. Die Schwankungen der Außentemperatur und der Wechsel zwischen Heizzeiten und Heizpausen lassen aber einen Beharrungszustand in den Wänden nicht aufkommen. Ein Teil der aufgewendeten Wärme verkriecht sich während des Heizens und besonders während des Aufheizens in die Wände und kommt zur Unzeit wieder zurück. Dieser Betrag ist weder rein als Verlust noch rein als Nutzwärme zu bewerten, und er ist weder rechnerisch noch meßtechnisch zu erfassen. Man kann nur allgemein aussagen, daß er durch die Bauweise des Gebäudes und den Zeitplan des Heizprogrammes bestimmt ist. Er wäre auch nicht zu vermeiden, wenn es ein Heizsystem gäbe, welches das Heizprogramm ideal erfüllen würde.

Eine dritte und letzte Gruppe von Verlusten entsteht dadurch, daß keines unserer Heizsysteme das Heizprogramm ideal erfüllt. Schon geraume Zeit vor Beginn der Heizzeit muß Wärme in den Raum hereingeschickt werden, und noch geraume Zeit nach Schluß der Heizzeit gibt das Heizsystem Wärme an das Gebäude ab. Ferner ist infolge Unvollkommenheiten in der Wärmebedarfsberechnung und Wechsel in Windanfall und Sonneneinstrahlung eine gleichmäßige Erwärmung aller Räume niemals möglich. Ein Teil der Räume wird entweder ständig oder doch zeitweilig in der Temperatur zurückbleiben, und man ist dann gezwungen, um dieser Räume willen die anderen Räume zu überheizen.

Hinsichtlich der Erfüllung des Heizprogrammes käme die nachstehende, als Versuchsheizung gedachte Anlage dem Ideal am nächsten. In dem Gebäude wären alle Räume mit elektrischen Einzelheizkörpern auszustatten, von denen jeder seinen Regler, bestehend aus Temperaturfühler und Zeitschalter, erhält. Dieser Regler würde die Einhaltung des Temperaturzeitplanes im Heizprogramm im großen und ganzen sicherstellen. Die dem Gebäude zugeführte elektrische Energie — umgerechnet in Wärme — würde dann ziemlich nahe an die Nutzwärme herankommen.

Im Vergleich zu dieser Versuchsheizung sind unsere Gebrauchsheizungen erheblich unvollkommener in der Erfüllung des Heizprogrammes und der Unterschied im Brennstoffverbrauch zwischen einer Niederdruckdampfheizung und einer Warmwasserheizung, zwischen einer Pumpen- und einer Schwerkraftheizung und ferner ganz allgemein zwischen einer gut und einer schlecht ausgeführten Heizungsanlage beruht zum größten Teil auf der mehr oder weniger großen Unvollkommenheit in der Erfüllung des Heizprogramms.

Es wird oft versucht, zur Kennzeichnung der Wirtschaftlichkeit von Heizungsverfahren oder Heizungsanlagen von dem Begriff des Wirkungsgrades Gebrauch zu

machen. Unter Wirkungsgrad im allgemeinsten Sinne versteht man das Verhältnis
der bei einem Verfahren gewonnenen Werte zu den aufgewendeten Werten, im
besonderen Falle der Heizung also das Verhältnis der Nutzwärme zur aufgewendeten
Wärme. Die aufgewendete Wärme läßt sich ohne besondere Schwierigkeiten bestimmen. Dagegen versagt, wie oben ausgeführt wurde, die Bestimmung der Nutzwärme, und damit verliert der Begriff „Wirkungsgrad", auf eine Gebäudeheizung
bezogen, seine praktische Bedeutung. Er läßt sich nur auf die Kesselanlage allein
anwenden.

II. Die Kosten des Heizens.

In vielen Fällen ist es erwünscht, schon bei Aufstellung des Entwurfes einer
Heizung einen Überblick über die voraussichtlichen Heizkosten zu gewinnen.
Wichtig ist dies stets, wenn mehrere verschiedenartige Lösungen einer Aufgabe im
Wettbewerb stehen. Dann tritt die Tatsache besonders störend hervor, daß hin-
sichtlich des Berechnungsverfahrens heute noch einheitliche Richtlinien fehlen. Die
nachstehenden Ausführungen wollen als eine Anregung zur Schaffung solcher
Richtlinien aufgefaßt werden.

A. Der jährliche Wärmebedarf.

Als Grundlage hierfür dient die Berechnung des stündlichen Wärmebedarfes
nach DIN 4701 (vgl. S. 275). Im Gegensatz zur alten Fassung liefert das neue Verfahren auch den zuschlagfreien Wärmeverlust der einzelnen Räume:

$$Q_o = \Sigma\, k \cdot F \cdot (t_i - t_a).$$

Seine Summierung über alle Räume des Gebäudes gibt den Wert

$$Q_{oo} = \sum [\Sigma\, k \cdot F \cdot (t_i - t_a)].$$

Auch für die jährliche Wärmebedarfsbestimmung muß er um Zuschläge vermehrt werden. Es kommen aber nur zwei in Betracht, nämlich ζ_H für Himmelsrichtung und ζ_W für Windangriff. Die Wärmeersparnis durch Betriebsunterbrechung wird nicht durch einen prozentualen Abzug (negativer Zuschlag), sondern
in der später zu erörternden Weise berücksichtigt. Der Zuschlag für Himmelsrichtung wird je nach Lage der Hauptfront des Gebäudes mit den Werten der
Zahlentafel Nr. 2c in DIN 4701 eingesetzt. Für den Windzuschlag ist ein Mittelwert
über das Jahr einzusetzen, der bei geschützter Lage mit 5 vH angenommen werden
kann. Bei freier Lage ist er je nach den örtlichen Verhältnissen und dem Wind-
reichtum der Gegend höher zu wählen. In dem nachstehenden Ausdruck bedeutet
die Zahl 24 die Stunden des Tages und der Buchstabe Z die Zahl der Heiztage im
Jahr.
$$Q_{\text{Beharr}} = Q_{oo} \cdot (1 + \zeta_H + \zeta_W) \cdot 24 \cdot Z = Q' \cdot 24 \cdot Z.$$

Dieser Ausdruck gäbe den jährlichen Wärmebedarf, wenn die Heizung während
des ganzen Winters im Beharrungszustand, also mit gleichbleibenden Außen- und
Innentemperaturen laufen würde.

Dem Umstand, daß die Außentemperatur schwankt, trägt man durch den Bruch
$\dfrac{(t_i - t_a)_{\text{mittl}}}{(t_i - t_a)_{\text{max}}}$ Rechnung, und der Wärmeersparnis infolge stundenweiser Betriebseinschränkung durch einen Faktor ε. Man erhält dann

$$Q_{\text{Jahr}} = Q_{oo} \cdot (1 + \zeta_H + \zeta_W) \cdot \frac{(t_i - t_a)_{\text{mittl}}}{(t_i - t_a)_{\text{max}}} \cdot Z \cdot 24 \cdot \varepsilon = Q' \cdot \frac{G}{(t_i - t_a)_{\text{max}}} \cdot 24\,\varepsilon. \quad (42)$$

Das Produkt $(t_i - t_a)_{\text{mittl}} \cdot Z$ stellt nach den Ausführungen auf Seite 229 die Zahl der Gradtage G dar. Starke Unsicherheit besteht hinsichtlich der Art und Weise, wie man die Wärmeersparnis durch die Betriebseinschränkungen berücksichtigen soll.

Es bestehen schon darüber Meinungsverschiedenheiten, ob sich in DIN 4701 das Wort Betriebsunterbrechung auf den Kesselbetrieb oder den Betrieb in den Räumen, also die Pausen zwischen den Arbeitszeiten, Bürozeiten, Schulzeiten usw., beziehen. Beide Auffassungen unterscheiden sich um die Aufheizzeit, also um etwa 1 bis 3 Stunden. Unabhängig von den bisherigen Meinungen sollen die zuletzt genannten Zeiten als maßgebend gelten, da sie von seiten des Bauherrn als Forderung gestellt werden. Wie dann die Zeiten des Betriebes in der Zentrale anzusetzen sind, muß die Heizungsfirma bestimmen, je nachdem, ob Warmwasseroder Niederdruckdampfheizung und ob Ferndampfanschluß oder eigene Kesselanlage vorgesehen ist. In diesem Sinne soll nachstehend auch nicht von Heizzeiten, sondern von Vollerwärmungsstunden gesprochen werden.

Man kann nun zur Berücksichtigung der Wärmeersparnis durch die Betriebseinschränkung nach dem Vorschlag von Hottinger[1] und anderen das Produkt $24\,\varepsilon$ als eine niederere gleichwertige Heizstundenzahl z_{gleichw} auffassen. Man setzt die Stunden z_n des normalen Betriebes mit dem Faktor 1,0, die Stunden z_a des verstärkten Aufheizens mit einem größeren Wert und die Stunden z_e des eingeschränkten Nachtbetriebes mit einem kleineren Wert in Rechnung. Also zum Beispiel

$$z_{\text{gleichw}} = 1{,}0 \cdot z_n + 1{,}3 \cdot z_a + 0{,}4\,z_e.$$

Im Gegensatz dazu geht Raiß von dem Verlauf der Innentemperaturen aus (Abb. 268), aus dem er eine mittlere Tagesinnentemperatur ableitet und diese als maßgebend betrachtet. Bei massiven Gebäuden wird man im allgemeinen die Innentemperatur auch während der Nacht nicht unter 15°C absinken lassen dürfen, da sonst das Gebäude innerhalb einer angemessenen Aufheizzeit nicht wieder hochgeheizt werden kann. Dabei erweist es sich als gleichgültig für den Wärmebedarf, ob man das Einhalten des vorgedachten

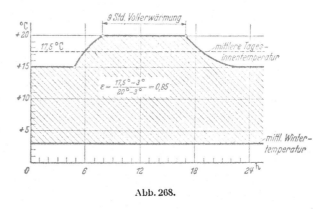

Abb. 268.

Verlaufes der Innentemperatur bei einer Warmwasserheizung durch Einstellen einer niederen Wassertemperatur während der Pause oder bei einer Niederdruckdampfheizung durch stoßweisen Betrieb erreicht.

Bei hinreichender Erfahrung im praktischen Betriebe kann man auf beiden

---

[1] Hottinger, M.: Berechnung des angemessenen Brennstoffbedarfes für Raumheizung. Ges.-Ing., 1941 H. 38 S. 511.

Wegen zu richtigen Ergebnissen kommen. Es ist ja $z_{gleichw} = 24\,\varepsilon$. Bei massiven Gebäuden können als Anhalt folgende Werte für ε gelten:

bei 18 Vollerwärmungsstunden: $\varepsilon = 0,95$,

bei 12 Vollerwärmungsstunden: $\varepsilon = 0,90$,

bei 9 Vollerwärmungsstunden: $\varepsilon = 0,85$,

bei 6 Vollerwärmungsstunden: $\varepsilon = 0,80$.

Der Grund, weshalb sich keine größeren Wärmeersparnisse durch die Betriebseinschränkungen erzielen lassen, liegt in dem schon erwähnten Umstand, daß eine größere Auskühlung des Gebäudes nicht zugelassen werden darf, wenn man an der Forderung festhält, daß bei Wiederbenutzung der Räume die Luft- und auch die Wandtemperatur die vorgeschriebenen Werte erreicht haben sollen.

Bei Gebäuden mit leichten Wänden, z. B. Fabrikhallen, also bei Bauten mit geringer Speicherfähigkeit, ist ein stärkeres Absinken der Raumtemperatur während der Nacht zulässig, und damit lassen sich auch erheblich größere Wärmeersparnisse erzielen als oben angegeben. Wenn manchmal auch bei massiven Gebäuden größere Ersparnisse nachgewiesen werden, so ist dies leicht dadurch zu erklären, daß dann auf das Erreichen der vorgeschriebenen Innentemperatur und vor allem Wandtemperatur bei Beginn der Arbeitszeit kein besonderer Wert gelegt wurde. Erfahrungsgemäß verträgt der Mensch nach dem Kommen aus dem Freien ganz gut für einige Stunden eine niedere Raumtemperatur.

Man könnte gewiß noch eine ganze Reihe von Verfeinerungen in das Berechnungsverfahren einbauen. Der Wert solcher Bemühungen bleibt jedoch fraglich. Es kann sich ja immer nur um eine ganz rohe Ermittlung des jährlichen Wärmebedarfes handeln, denn die Einflüsse, die sich später im Betrieb bemerkbar machen, sind zahlreich, und die meisten von ihnen sind rechnerisch gar nicht erfaßbar. Man braucht sich nur an das zu erinnern, was auf Seite 268 über die Begriffe Nutzwärme und Verlustwärme ausgeführt wurde. Viel wichtiger als eine vermeintliche und doch nicht erreichbare Genauigkeit ist Einheitlichkeit in der Anwendung des Berechnungsverfahrens.

B. Die jährlichen Kosten des Heizens.

Die gesamten Heizkosten setzen sich zusammen aus den reinen Wärmekosten, den Bedienungskosten und den Nebenkosten. Die reinen Wärmekosten errechnen sich bei eigener Kesselanlage aus dem jährlichen Wärmebedarf des Gebäudes nach Absatz A, dem Preis des Brennstoffes, seinem unteren Heizwert und einem mittleren Wirkungsgrad der Kesselanlage. Die Kosten für Bedienung und die Nebenkosten sind je nach den Verhältnissen der betreffenden Anlage so verschieden, daß sich dafür keine Richtlinien aufstellen lassen (vgl. die Zusammenstellung auf S. 20 beim wirtschaftlichen Vergleich von Gas und Koks).

Beispiel 3. Für die Berechnung der reinen Wärmekosten sei ein Beispiel durchgeführt: Der stündliche Wärmebedarf des Gebäudes einschließlich der beiden Zuschläge sei zu $Q' = 300\,000$ kcal/h ermittelt. Ferner sei angenommen:

Zahl der Gradtage	3390
Tiefste Außentemperatur	$-15\,°$ C
Innentemperatur	$+20\,°$ C
Vollerwärmungsstunden von 8 bis 17 Uhr	
Heizwert des Brennstoffes	7000 kcal/kg
Wirkungsgrad des Kessels	70 vH

Die Rechnung ergibt dann:

Jährlicher Wärmebedarf

$$Q_{\text{Jahr}} = 300\,000 \cdot \frac{3390}{35} \cdot 24 \cdot 0{,}85 = 5{,}9 \ 10^8 \ [\text{kcal/Jahr}].$$

Jährlicher Brennstoffbedarf:

$$B_{\text{Jahr}} = \frac{5{,}9 \cdot 10^8}{7 \cdot 10^3 \cdot 0{,}70} = 120\,000 \ [\text{kg/Jahr}] = 120 \ [\text{to/Jahr}].$$

Jährliche Wärmekosten: etwa 5000 RM.

III. Der Belastungsgrad einer Zentrale.

Man versteht unter dem Belastungsgrad einer Zentrale das Verhältnis der in einem gegebenen Augenblick abgegebenen Leistung zur höchstmöglichen Leistung der Anlage. Die Höchstleistung einer Zentrale wurde bemessen auf Grund der für den betreffenden Ort festgesetzten tiefsten Außentemperatur. Mit steigender Außentemperatur geht die Belastung der Anlage zurück, und es ist deshalb für die Beurteilung der Wirtschaftlichkeit von Zentralen wichtig, die Häufigkeit der einzelnen Außentemperaturen zu kennen.

A. Die Häufigkeitslinie der Tagesmittel[1].

Hierüber geben Kurven Aufschluß, die auf Grund ausführlicher Angaben der Wetterwarten aufgestellt wurden. In Abb. 269 ist die Kurve für Berlin[2] dargestellt. Als Ordinaten sind die mittleren Tagestemperaturen aufgetragen, als Abszissen die Zahl der Tage im Jahr, an denen das Mittel unter diesem Werte liegt. Man sieht aus der Darstellung, daß in Berlin ein Tagesmittel unter 0° C nur an 50 Tagen, unter —5° C nur an 14 Tagen auftritt. Da es üblich ist, die Heizungen nur in Betrieb zu halten, wenn die Außentemperatur unter + 12° C gesunken ist, so ergibt sich aus der Kurve, daß die Heizzeit in Berlin sich auf 224 Tage beläuft.

Die Häufigkeitslinien bilden eine wertvolle Ergänzung zu den in Abb. 245 und 246 dargestellten Kurven des jährlichen Temperaturganges. Da letztere nur Monatsmittel enthalten, verschwinden in ihnen die kurzzeitigen Temperaturspitzen und damit auch die Extremwerte der Temperatur.

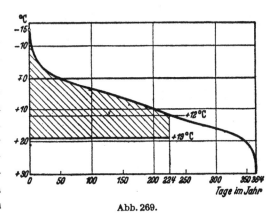

Abb. 269.

So erscheint dort als tiefste Temperatur für Berlin —0,5° C, ein Wert, der nach Abb. 269 doch an etwa 35 Tagen erreicht oder unterschritten wird.

Es sei hier eingeschaltet, daß die Kurven auch noch in anderer Hinsicht Aufschlüsse geben können. So erläutern sie die Behauptung von den guten hygienischen

[1] R a i ß, W.: Die Belastungsdauerlinie der Heizung. Heizung und Lüftung, 1940 S. 94.

[2] Die Arbeitsblätter der Arbeitsmappe des Heizungs-Ingenieurs (VDI-Verlag, 1941 II. Aufl.) enthalten die Kurven für Freiburg, Berlin, Frankfurt a. M., Hamburg, Stuttgart, Münster, Zürich, Lugano.

Eigenschaften der Warmwasserheizung. Nimmt man an, daß die hygienische
Grenze für Heizflächen bei 65° C liegt, und daß eine solche Temperatur erst bei
einer Außentemperatur von —5° C erforderlich ist, so zeigt die Kurve, daß die
Warmwasserheizung nur an 14 Tagen im Jahr diese Grenze erreicht.

B. Die Belastungsdauer-Linien.

In der Abb. 269 ist die Horizontale bei +19° C hervorgehoben. Es ist dies jene
Temperatur, die bei Wirtschaftlichkeitsberechnungen üblicherweise als Innentemperatur angesetzt wird. Die Fläche zwischen der Kurve und der

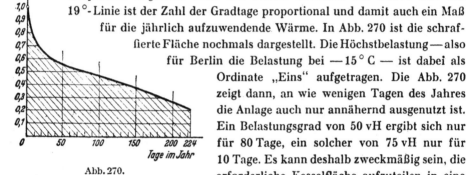

Abb. 270.

19°-Linie ist der Zahl der Gradtage proportional und damit auch ein Maß
für die jährlich aufzuwendende Wärme. In Abb. 270 ist die schraffierte Fläche nochmals dargestellt. Die Höchstbelastung — also
für Berlin die Belastung bei —15° C — ist dabei als
Ordinate „Eins" aufgetragen. Die Abb. 270
zeigt dann, an wie wenigen Tagen des Jahres
die Anlage auch nur annähernd ausgenutzt ist.
Ein Belastungsgrad von 50 vH ergibt sich nur
für 80 Tage, ein solcher von 75 vH nur für
10 Tage. Es kann deshalb zweckmäßig sein, die
erforderliche Kesselfläche aufzuteilen in eine
solche für die Grundlast und eine solche für
die Spitzenlast und dann für die Spitzen eine einfachere, wenn auch mit niederer
Wirkungsgrad arbeitende Kesselanlage vorzusehen.

Die Darstellung läßt ferner erkennen, wie ungünstig die Brennstoffausnutzung
bei kleinen Anlagen mit nur einem Kessel ist. Die Wärmelieferung der Kessel bei
tiefster Außentemperatur und an den mildesten Tagen der Übergangsjahreszeit
verhalten sich nach der Abbildung wie 5 : 1. Daß der Kessel an den wenigen kalten
Tagen stark überlastet werden muß, ist nicht so schwerwiegend. Schlimmer ist, daß
er während sehr vieler Tage mit einer feuerungstechnisch unwirtschaftlich niederen
Belastung laufen muß. Man soll deshalb, wenn irgend möglich, zwei Kessel mit
zwei Drittel und zwei Drittel Heizfläche (vgl. S. 30) aufstellen. Der Mehraufwand
für zwei Kessel und für die dann erforderlichen Sicherheitsvorrichtung wird durch
die Ersparnis an Brennstoff in Kürze ausgeglichen.

Elfter Abschnitt

Wärmeübertragung.
I. Die Gesetze des Wärmedurchganges.

Auf dem Gebiet der Heizung und Lüftung gehören die meisten Aufgaben aus dem
Bereich der Wärmeübertragung zum Wärmedurchgang, d. h., es geht die Wärme
von einem ersten Raum oder einer ersten Strömung durch eine Trennwand hindurch auf einen zweiten Raum oder eine zweite Strömung über. Die Trennwände
sind bei der Wärmebedarfsberechnung die Mauern oder die Glasscheiben der
Fenster, bei der Berechnung von Wärmeaustauschapparaten die Heiz- oder Kühl-

flächen, die vom Standpunkte der Strömung aus betrachtet als Leitflächen zu bezeichnen sind:

Bei genauerer Betrachtung zeigt sich, daß sich diese Wärmewanderung aus drei Teilvorgängen aufbaut, aus einem **Wärmeübergang** vom wärmeren Raum an die anliegende Wandoberfläche, aus einem **Wärmeleitvorgang** von dieser Oberfläche durch die Wand hindurch zur anderen Oberfläche und aus nochmals einem **Wärmeübergang** von dieser letztgenannten Oberfläche an den kälteren Raum.

1. Der Wärmeübergang.

Für den Wärmeaustausch zwischen einem Raum und seiner Begrenzung oder zwischen einer Strömung und ihrer Leitfläche gilt die Gleichung:

$$Q_h = a \cdot F \cdot (t - \Theta) \text{ kcal/h.}$$

Die Wärme ist also proportional der Größe F der Fläche und dem Unterschied zwischen der Temperatur t der Strömung und der Temperatur Θ der Wand. Der Faktor a heißt die Wärmeübergangszahl. Die Werte a schwanken innerhalb sehr weiter Grenzen, als erster und ganz ungefährer Anhalt kann gelten

bei sogenannter ruhender Luft . . . .   3 bis   30,
bei bewegter Luft . . . .   10 bis   500,
bei bewegten, nicht siedenden Flüssigkeiten . .   200 bis   5 000,
bei siedenden Flüssigkeiten . . . . 4 000 bis   6 000,
bei kondensierenden Dämpfen . . . . 7 000 bis 12 000.

Die Wärmeübergangszahl ist im allgemeinen als reine Erfahrungszahl zu betrachten. Nur für einige besonders einfach gelagerte Fälle kann sie errechnet werden (vgl. Hütte, 27. Aufl., I. Bd., S. 590).

2. Die Wärmeleitung durch die Wand.

Für die Wärmeleitung durch die Wand gilt

$$Q_h = \lambda \cdot F \cdot \frac{\Theta_1 - \Theta_2}{\delta} = \frac{\lambda}{\delta} \cdot F \cdot (\Theta_1 - \Theta_2).$$

Die Wärmemenge ist also proportional der Größe F der Wandfläche und proportional dem Temperaturunterschied $(\Theta_1 - \Theta_2)$ zwischen den beiden Wandoberflächen, ferner umgekehrt proportional der Dicke der Wand. Man nennt die Verhältniszahl λ die Wärmeleitzahl des Wandstoffes.

3. Der Wärmedurchgang.

Im Beharrungszustand muß dieselbe Wärmemenge, welche auf der einen Seite in die Wand eintritt, auch die Wand durchsetzen und an der Gegenseite wieder die Wand verlassen. Es gelten also drei Gleichungen mit demselben Wert Q_h (siehe linken Teil der nachstehenden Rechnung).

$$Q_h = a_1 \cdot F \cdot (t_1 - \Theta_1) \qquad \qquad t_1 - \Theta_1 = \frac{Q_h}{F} \cdot \frac{1}{a_1}$$

$$Q_h = \frac{\lambda}{\delta} \cdot F \cdot (\Theta_1 - \Theta_2) \qquad \quad \Theta_1 - \Theta_2 = \frac{Q_h}{F} \cdot \frac{\delta}{\lambda}$$

$$Q_h = a_2 \cdot F \cdot (\Theta_2 - t_2) \qquad \qquad \Theta_2 - t_2 = \frac{Q_h}{F} \cdot \frac{1}{a_2}$$

$$\overline{ \qquad \qquad t_1 - t_2 = \frac{Q_h}{F} \cdot \left(\frac{1}{a_1} + \frac{\delta}{\lambda} + \frac{1}{a_2} \right)}$$

In diesen drei linken Gleichungen sind außer der Wärmemenge Q_h, um deren Bestimmung es sich handelt, noch die beiden Oberflächentemperaturen Θ_1 und Θ_2
unbekannt. Diese müssen deshalb zuerst aus der Rechnung eliminiert werden. Zu
diesem Zwecke löst man alle drei Gleichungen nach ihrer Temperaturdifferenz auf
(rechter Teil der Rechnung) und addiert dann die drei Gleichungen; dabei heben
sich links die Werte Θ_1 und Θ_2 heraus, und nur die Differenz t_1 und t_2 der Temperaturen bleibt bestehen.

Man löst nun die Gleichung wieder nach Q_h auf und erhält

$$Q_h = \frac{1}{\dfrac{1}{a_1} + \dfrac{\delta}{\lambda} + \dfrac{1}{a_2}} \cdot F \cdot (t_1 - t_2) = k \cdot F \cdot (t_1 - t_2) \,. \tag{43}$$

Dies ist die **Grundgleichung** des Wärmedurchganges, in welcher der Faktor k
die Wärmedurchgangszahl heißt.

Man kann die Zusammenhänge auch in anderer Weise darstellen. Man nennt

> die Verhältniszahl a: die Wärmeübergangszahl,
>
> ihren Kehrwert $\dfrac{1}{a}$:   den Wärmeübergangswiderstand,
>
> den Bruch $\dfrac{\lambda}{\delta} = \varLambda$:   die Wärmedurchlässigkeit der Wand,
>
> den Kehrwert $\dfrac{\delta}{\lambda} = \dfrac{1}{\varLambda}$:   den Wärmedurchlässigkeitswiderstand der Wand,
>
> die Verhältniszahl k: die Wärmedurchgangszahl,
>
> den Kehrwert $\dfrac{1}{k}$:   den Wärmedurchgangswiderstand.

Aus Gleichung (43) folgt dann

$$\frac{1}{k} = \frac{1}{a_1} + \frac{\delta}{\lambda} + \frac{1}{a_2}$$

Für eine Wand mit mehreren Schichten von den Dicken δ_1, δ_2, δ_3 ... und den
Wärmeleitzahlen λ_1, λ_2, λ_3 ... würde eine Wiederholung der obigen Rechnung die
Gleichung liefern:

$$\begin{aligned}
\frac{1}{k} &= \frac{1}{a_1} + \frac{\delta_1}{\lambda_1} + \frac{\delta_2}{\lambda_2} + \frac{\delta_3}{\lambda_3} + \cdots \frac{1}{a_2} \\
&= \frac{1}{a_1} + \frac{1}{\varLambda_1} + \frac{1}{\varLambda_2} + \frac{1}{\varLambda_3} + \cdots \frac{1}{a_2} \,.
\end{aligned} \tag{44}$$

Der gesamte Wärmedurchgangswiderstand der Wand summiert sich also aus den
Wärmeübergangswiderständen an den beiden Oberflächen und aus den Wärme-
durchlässigkeitswiderständen der sämtlichen Schichten.

Besteht eine dieser Schichten aus einer Luftschicht, so darf hier nicht der Wärmedurchlässigkeitswiderstand $\dfrac{1}{\varLambda}$ gleich Dicke δ der Luftschicht geteilt durch Wärmeleitzahl λ der Luft gesetzt werden, weil bei Luftschichten der Wärmetransport nicht
nur durch Leitung, sondern auch durch Strömung der Luft und durch Strahlung
erfolgt. Für Luftschichten, wie sie im Hochbau vorkommen, kann man als Wärme-
durchlässigkeitwiderstand $\dfrac{1}{\varLambda}$ die Werte der Zahlentafel 9, S. 388, setzen.

II. Die Wärmebedarfsberechnung nach DIN 4701.

Der Wärmebedarf eines Raumes ist eine reine Gebäudeeigenschaft, die mit dem geplanten oder ausgeführten Heizsystem nichts zu tun hat. Er hängt ab von der Größe des Raumes, der Bauart seiner Wände, der Größe der Fenster usw. Für die Heizungsfirma ist der Wärmebedarf die Grundlage für die Bemessung der Heizkörper- und Kesselgrößen. In erster Linie müssen genügend Heizflächen eingebaut werden, um auch bei starker und andauernder Kälte ausreichende Innentemperaturen erzielen zu können. In zweiter Linie müssen die Heizkörpergrößen sämtlicher Räume eines Gebäudes so aufeinander abgestimmt sein, daß eine gleichmäßige Erwärmung aller Räume gesichert ist, denn es muß vermieden werden, daß um einzelner, zurückbleibender Räume willen das ganze Gebäude überheizt werden muß.

Das Berechnungsverfahren ist als DIN 4701 genormt, und es ist dieser Abschnitt ein gekürzter Auszug aus dem Normheft, jedoch wurden mit Zustimmung des Normenausschusses einige wichtige Absätze wörtlich übernommen, um verschiedene Auslegungen zu vermeiden. Die neue Fassung der Norm[1] aus dem Jahre 1944 unterscheidet sich in vielen wichtigen Punkten von der älteren Vorschrift. Eine wichtige Neuerung ist die Unterscheidung zwischen normalen Fällen und Sonderfällen. Für die ersteren gibt das Normblatt eindeutige und damit bindende Vorschriften, für die Sonderfälle dagegen nur Anleitungen, oft nur Empfehlungen. Es werden nachstehend nur die normalen Fälle besprochen, bezüglich der Sonderfälle wird auf das Normblatt verwiesen.

Als normale Fälle gelten Räume, welche folgende Bedingungen erfüllen:

1. Übliche Bauausführung, also weder außergewöhnlich schwere, noch außergewöhnlich leichte Bauweise.

2. Durchgehende Beheizung oder periodische Beheizung mit keinen größeren täglichen Unterbrechungen als 14 Stunden.

3. Kein außergewöhnlich starker Windangriff.

4. Eine lichte Höhe der Räume von nicht mehr als zwei Geschoßhöhen, also etwa 8 m.

Unter die normalen Aufgaben werden im allgemeinen fallen: Wohngebäude aller Art, Bürogebäude, Gaststätten, Hotelgebäude einschließlich der Säle üblicher Größe, Krankenhäuser, Schulen und Hörsäle, Turnhallen, Kasernen, Werkstätten im Geschoßbau bei guter Bauausführung usw.

A. Der Aufbau der Rechnung.

Die Rechnung beginnt mit der Ermittlung der Wärmeverluste der einzelnen Teile der Raumumfassung, nämlich der Fenster, Wände, Decken und Dächer. Es gilt die Gleichung:

$$q_o = k \cdot F \cdot (t_i - t_a).$$

Darin bedeutet:

q_o den stündlichen Wärmeverlust des Bauteiles in kcal/h,

F die Fläche des Bauteiles in m²,

k die Wärmedurchgangszahl in kcal/m² · h · °C,

t_i die Raumtemperatur in °C,

t_a die Temperatur im Freien oder im Nebenraum in °C.

---

[1] Gröber, H.: Die neue Fassung der Wärmebedarfsberechnung. Zeitschrift Heizung und Lüftung, 1944 Bd. 18 H. 7/8 S. 49.

Die Summe der Verluste q_o aller Teile der Umfassung gibt den zuschlagfreïen Wärmeverlust des Q_o des ganzen Raumes.

Weitere Einflüsse werden durch die Zuschläge berücksichtigt, die in Prozenten angegeben werden. Die Zuschläge bedeuten:

z_U für Unterbrechung der Heizung,

z_A für Ausgleich der kalten Außenwände,

z_W für Windangriff,

z_H für Himmelsrichtung.

Es errechnet sich dann der Wärme b e d a r f Q_h eines Raumes aus dem zuschlagfreien Wärme v e r l u s t Q_o und dem Zuschlagfaktor nach der Gleichung:

$$Q_h = Q_o \cdot (1 + z_U + z_A + z_W + z_H) = Q_o \cdot Z \text{ kcal/h.} \qquad (45)$$

B. Die Zuschläge.

Während bei dem älteren Berechnungsverfahren die Zuschäge auf die einzelnen Teile der Raumumfassung bezogen wurden, werden sie jetzt vom zuschlagfreien Wärmeverlust des ganzen Raumes genommen. Es ist deshalb ein möglichst eindeutiges Kennzeichen für die wärmetechnischen Eigenschaften der Räume erforderlich. Als solches dient der sogenannte D-Wert.

1. Der D-Wert.

Der physikalische Sinn dieser Größe ist der einer Maßzahl für die Unvollkommenheit des Wärmeschutzes eines Raumes. Hoher D-Wert bedeutet schlechten Wärmeschutz, also viel Außenwände, dünne Mauern, große Fenster. Kleiner D-Wert bedeutet umgekehrt guten Wärmeschutz.

Zur Ermittlung des D-Wertes werden folgende Größen verwendet:

1. Die wärmeabgebenden Außenflächen, also die Außenwände einschließlich ihrer Fenster- und Türflächen und auch Decke und Fußboden, falls diese unmittelbar ans Freie grenzen — ihre Summe sei F_a,

2. die Raumgrenzung, also alle Außenwände mit ihren Fensterflächen, alle Innenwände mit ihren Türflächen, Fußboden und Decke — ihre Summe sei F_{ges},

3. die mittlere Wärmedurchgangszahl k_m aller Außenflächen.

Aus der ersten Form des D-Wertes:

$$D = k_m \cdot \frac{F_a}{F_{ges}}$$

ergeben sich, wenn man Zähler und Nenner mit $(t_i - t_a)$ multipliziert, die zweite und dritte Form

$$D = \frac{k_m \cdot F_a \cdot (t_i - t_a)}{F_{ges} \cdot (t_i - t_a)} = \frac{Q_o}{F_{ges} \cdot (t_i - t_a)}. \qquad (46)$$

Die erste Form ist sinnfälliger, da sie den Charakter des D-Wertes als einer Wärmedurchgangszahl besser erkennen läßt, die dritte Form ist geeigneter zu ihrer zahlenmäßigen Ermittlung, denn Q_o und $(t_i - t_a)$ sind bereits bekannt, und die Größe F_{ges} ist durch eine kleine Rechnung rasch zu ermitteln.

2. Die Zuschläge z_U für Unterbrechung.

Nach Betriebseinschränkungen und Betriebsunterbrechungen ist ein Wiederhochheizen des Gebäudes nur durch vorübergehend vermehrte Wärmezufuhr möglich. Wegen der verschiedenen Eigenschaften der Räume eines Gebäudes ist zu einem gleichmäßigen Hochheizen eine etwas andere Verteilung der Heizflächen notwendig, als dies bei durchgehendem Betrieb der Fall wäre. Dies zu erreichen ist der Zweck der Zuschläge z_U. Aus der täglichen Benutzungsdauer der Räume (Vollerwärmungsstunden) ergibt sich durch Abziehen von der Zahl 24 die Dauer der täglichen Unterbrechung. Von der Betriebsweise der Heizung unterscheidet sich die Betriebsweise der Kesselanlage um die Aufheizzeit. Die Betriebsweise der Kesselanlage ist bei der Projektierung der Anlage unter Berücksichtigung des gewählten Heizsystems festzulegen, sie spielt aber für die Wärmebedarfsrechnung keine Rolle.

Außer dem durchgehenden Betrieb, der natürlich keine Unterbrechungszuschläge erfordert, sind folgende drei Betriebsweisen zu unterscheiden:

Betriebsweise I: ununterbrochener Betrieb, ohne Bedienung bei Nacht, aber mit Betriebseinschränkung,

Betriebsweise II: täglich 10 stündige Unterbrechung,

Betriebsweise III: täglich 14 stündige Unterbrechung.

Die Zuschläge z_U wachsen natürlich mit der Dauer der Betriebsunterbrechung. Außerdem sind sie auch nach den D-Werten abgestuft. Kleine D-Werte bedingen große Zuschläge, große D-Werte kleine Zuschläge.

3. Zuschläge z_A zum Ausgleich der kalten Außenflächen.

Da das Befinden des Menschen in einem Raum nicht nur von der Lufttemperatur, sondern auch von der mittleren Temperatur der Raumgrenzung abhängt, sind Räume mit großen oder dünnen Außenwänden oder mit großen Fenstern in raumklimatischer Hinsicht ungünstiger als solche mit dicken Wänden oder kleinen Fenstern, und es sind auch Eckräume ungünstiger als dreiseitig eingebaute Räume. Die mittlere Temperatur der Raumbegrenzung spiegelt sich im D-Wert wieder, denn dieser hängt von der mittleren k-Zahl der Außenflächen und vom Verhältnis der Größe der Außenflächen zur ganzen Raumumgrenzung ab. Der D-Wert gilt deshalb auch als Maßzahl für die Zuschläge z_A.

4. Zusammenfassung der Zuschläge z_U und z_A.

Beide Zuschläge hängen vom D-Wert ab, und sie lassen sich deshalb trotz ihrer ganz verschiedenen physikalischen Bedeutung rechnerisch zu einem Zuschlag z_D zusammenfassen. Da der Zuschlag z_U mit wachsendem D fällt, der Zuschlag z_A aber steigt, ist der zusammengefaßte Zuschlag z_D viel weniger mit dem D-Wert veränderlich als seine Bestandteile. Die Zuschläge z_D sind in der Zahlentafel 5a zusammengestellt. Da die Zuschläge z_D bei Betriebsweise I als vom D-Wert unabhängig angenommen werden können, braucht in diesem häufigst vorkommenden Fall der D-Wert gar nicht ermittelt zu werden.

5. Die Zuschläge z_W für Windangriff.

Die Zahlentafel 5b enthält die Windzuschläge unter Berücksichtigung der wichtigsten Einflüsse, nämlich

a) der Windstärke der Gegend,

b) der Lage des Raumes zum Windzutritt und

c) der Raumeigenschaften.

Zu a)

Hinsichtlich der Windverhältnisse unterscheidet man normale Gegenden und
windstarke Gegenden. Als windstarke Gegenden gilt das Gebiet zwischen der Nord-
und Ostseeküste und einer Linie, die südlich der Städte Osnabrück, Celle, Witten-
berge, Schneidemühl und Allenstein verläuft.

Zu b)

Bezüglich der Lage eines Raumes zum Windzutritt unterscheidet man drei Fälle:

Windlage   I: Geschützte Lage, wenn der Windschutz den Raum zu mehr
              als ungefähr zwei Drittel seiner Entfernung von ihm überragt.

Windlage II: Freie Lage, wenn er ihn um weniger als zwei Drittel der Ent-
              fernung überragt.

Windlage III: Außergewöhnlich freie Lage, wenn kein Windschutz vor-
              handen ist.

Als Windschutz kommen meist gegenüberliegende Häuser in Betracht, in manchen
Fällen auch dichte Baumreihen oder anderes. Aus der obigen Einteilung folgt, daß
geschützte Lage im Innern von Städten bei Straßen normaler Breite für die Räume
in den unteren Stockwerken gilt sowie für Räume an Höfen. Freie Lage gilt für die
oberen Stockwerke sowie für alle Räume an größeren Plätzen und in Hausfronten,
die eine Querstraße abschließen.

Bei Siedlungen ist meist für alle Stockwerke mit freier Lage zu rechnen, da die
Häuser niedrig sind im Vergleich zu ihrem Abstand.

Außergewöhnlich freie Lage ist anzunehmen bei Häusern auf Anhöhen und an
Seeufern sowie bei den oberen Stockwerken von Hochhäusern. Windlage III zählt
zu den Sonderfällen, die im Anhang zu DIN 4701 besprochen sind.

Zu c)

Der Windangriff auf eine Hausfront erhöht den Wärmeverlust teils infolge von
Kaltlufteinfall durch die Fensterfugen, teils infolge einer Erhöhung der Wärmedurchgangszahl an der Außenseite. Bei normalen Bauten spielt jedoch letzterer
Einfluß keine ausschlaggebende Rolle. Bei Mauern kann er überhaupt vernachlässigt
werden, bei normalen Fenstern ist er in den Windzuschlägen berücksichtigt. Von
entscheidendem Einfluß ist stets nur der Kaltlufteinfall durch die Fensterfugen.
Seine Auswirkung hängt außer von der Stärke des Windanpralles auch von der Art
des betroffenen Raumes und seiner Lage im Gebäude ab. In diesem Sinne unterscheidet man:

Raumart   I: Dreiseitig eingebaute Räume (also mit nur einer Außenwand),
Raumart II: Eckräume mit Fenstern oder Türen in einer Außenwand,
Raumart III: Eckräume mit Fenstern oder Türen in beiden Außenwänden,
Raumart IV: Räume mit Fenstern in gegenüberliegenden Außenwänden.

Bei einem Gebäude mit teilweise freier Lage erhalten nur die betroffenen Räume
den Zuschlag der höheren Stufe. Liegt das Gebäude nach allen vier Richtungen
frei, so erhalten nur die Räume nach N, NO und O den erhöhten Zuschlag.

6. Zuschläge z_H für Himmelsrichtnug.

Die Höhe der Zuschläge ist aus Zahlentafel 5c zu ersehen. Für die Lage eines
Raumes in bezug auf Himmelsrichtung ist bei dreiseitig eingebauten Räumen die

Lage der Außenwand, bei Eckräumen die Richtung der Hausecke maßgebend. Bei Räumen mit 3 oder 4 Außenflächen ist der jeweils höchste Zuschlag zu nehmen.

An engen Straßen und Höfen entfällt bei Räumen in den unteren Stockwerken der Zuschlag für Himmelsrichtung.

C. Durchführung der Rechnung.

Zur Durchführung der Rechnung nach Gleichung (45) dient das auf Seite 280 dargestellte Formblatt.

Zur Kennzeichnung der Bauteile in den einzelnen Zeilen des Formblattes sind folgende Abkürzungen anzuwenden:

EF Einfachfenster,	EO Einfaches Oberlicht,	AT Außentür,	FB Fußboden,
VF Verbundfenster,	DO Doppeltes Oberlicht,	IW Innenwand,	De Decke,
DF Doppelfenster,	IT Innentür,	AW Außenwand,	Da Dach.

Zur Berechnung des Wärmebedarfes werden folgende Unterlagen benötigt:

Lageplan des Gebäudes,
Grundrisse des Gebäudes mit eingetragenen Baumaßen,
Schnitte der Gebäude,
Angaben über die Bauweise der Wände, Decken und Dächer,
Angaben über die Fenster,
Angaben über die Zweckbestimmung der Räume und eine Aufstellung über die Benutzungsstunden (Vollerwärmungsstunden), da danach die Zuschläge in der Wärmebedarfsberechnung und die Betriebsweise der Kessel festzusetzen sind.

Bei der Wahl der Temperatur sind maßgebend:

für die tiefsten Außentemperaturen die Zahlentafel 4 a,
für die Innentemperaturen die Zahlentafel 4 c,
für die Temperaturen unbeheizter Nebenräume die Zahlentafel 4 b.

Beispiel 4. Für die Räume 1 und 2 des in Abb. 271 dargestellten Grundrisses ist der Wärmebedarf zu ermitteln. Hierbei ist von nachstehenden Annahmen auszugehen:
Außentemperatur −15° C. Über den dargestellten Räumen liegen Lagerräume mit + 10° C Raumtemperatur, unter den Räumen befindet sich das Kellergeschoß mit + 6° C.

Bauliche Annahmen:

Geschoßhöhe .... 3,8 m,
Deckenstärke .... 0,3 m,
Fenster- und Türhöhe .... 2,0 m,
Außen- und Innenwände: Ziegelmauerwerk, beiderseits verputzt,
Überall Doppelfenster ($k = 2,8$),
Fußboden ($k = 0,53$), Decke ($k = 0,58$),
Windverhältnisse — geschützte Lage.

Die Rechnung ist für Betriebsweise I und Betriebsweise II durchzuführen.

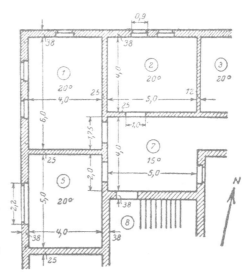

Abb. 271.

Alles andere, auch die Lage nach den Himmelsrichtungen geht aus Abb. 271 hervor. Die Lösung der Aufgabe ist nachstehend mit Benutzung des üblichen Vordruckes durchgeführt.

1	2	3	4	5	6	7	8	9	10	11	12	13	14	15	16	17	18
			Flächenberechnung					Wärmeverlustberechnung					Zuschläge				
Bezeichnung	Himmelsrichtung	Wanddicke	Länge	Höhe oder Breite	Fläche	Anzahl	Abzug	In Rechnung gestellt	k = Zahl	$t_i - t_a$	$(t_i - t_a)\cdot k$	Zuschlagfreier Wärmeverlust	$Z_U + Z_A$ / Z_D Z_W	Wind Z_W	Himmelsrichtung Z_H	Zuschlagfaktor Z	Wärmebedarf
—	—	cm	m	m	m²	—	m²	m²	$\frac{kcal}{m^2 h\,°C}$	°C	$\frac{kcal}{m^2 h}$	$\frac{kcal}{h}$	%	%	%	$1+‰$	$\frac{kcal}{h}$

Betriebsweise I

Nr. 1 Wohnzimmer.　20 ° C.　24 × 3,5 = 84 m³

FB	—	—	6,0	4,0	24,0	1	—	24,0	0,53	14	7,4	180					
D	—	—	6,0	4,0	24,0	1	—	24,0	0,58	10	5,8	140					
DF	N	—	0,9	2,0	1,8	1	—	1,8	2,8	35	98,0	180					
AW	N	38	4,0	3,8	15,2	1	1,8	13,4	1,34	35	46,9	630					
DF	W	—	0,9	2,0	1,8	2	—	3,6	2,8	35	98,0	350					
AW	W	38	6,0	3,8	22,8	1	3,6	19,2	1,34	35	46,9	900					
IT	—	—	1,0	2,0	2,0	1	—	2,0	2,5	5	12,5	30					
IW	—	25	1,8	3,8	6,8	1	2,0	4,8	1,33	5	6,7	30					
												2440	7	12	5	1,24	3030

Nr. 2 Schlafzimmer.　20° C.　20 × 3,5 = 70 m³

FB	—	—	5,0	4,0	20,0	1	—	20,0	0,53	14	7,4	150					
D	—	—	5,0	4,0	20,0	1	—	20,0	0,58	10	5,8	120					
DF	N	—	0,9	2,0	1,8	2	—	3,6	2,8	35	98,0	350					
AW	N	38	5,0	3,8	19,0	1	3,6	15,4	1,34	35	46,9	720					
IT	—	—	1,0	2,0	2,0	1	—	2,0	2,5	5	12,5	30					
IW	—	25	5,0	3,8	19,0	1	2,0	17,0	1,33	5	6,7	110					
												1480	7	13	5	1,25	1850

Betriebsweise II

Nr. 1 Wohnzimmer.　20 ° C.　24 × 3,5 = 84 m³

FB	—	—		180		
D	—	—		140		
DF	N	—		180	$F_{ges} = 124\ m^2$	
AW	N	38	Spalte 4 bis 12 wie oben	630		
DF	W	—		350	$D = \dfrac{2440}{124 \times 35} = 0,56$	
AW	W	38		900		
IT	—	—		30		
IW	—	25		30		
				2440	15 | 12 | 5 | 1,32	3220

Nr. 2 Schlafzimmer.　20 ° C.　20 × 3,5 = 70 m³

FB	—	—		150		
D	—	—		120	$F_{ges} = 108\ m^2$	
DF	N	—	Spalte 4 bis 12 wie oben	350		
AW	N	38		720	$D = \dfrac{1480}{108 \times 35} = 0,39$	
IT	—	—		30		
IW	—	25		110		
				1480	15 | 13 | 5 | 1,33	1970

III. Berechnung der Kesselheizflächen nach DIN 4702.

Bei der Übertragung der Wärme aus der glühenden Koksschicht oder den Heizgasen nach der Wasserfüllung handelt es sich ebenfalls um einen Vorgang des Wärmedurchganges, so daß auch hier die Grundgleichung des Wärmedurchganges angewandt werden könnte. Aus Zweckmäßigkeitsgründen sieht man jedoch davon ab und rechnet direkt mit der Wärmelieferung je m² Kesselheizfläche und Stunde — einer Größe von der Dimension kcal/m² · h, die man die Heizflächenbelastung K nennt. Das Blatt DIN 4702 enthält für verschiedene Kesselbauten und Brennstoffe die einzusetzenden Werte. Die nachstehende Tabelle ist ein Auszug daraus für reine Kokskessel mit Koks als Brennstoff. Als Heizfläche gilt die gesamte feuer- und gasberührte Kesselfläche.

Kesselgruppe	Heizfläche	Heizflächenbelastung in kcal/m²h			
		Unterbrand		Oberbrand	
		W. Wasser	Nd. D. Dampf	W. Wasser	Nd. D. Dampf
Kleinkessel	< 5 m²	—	—	12000	10000
Normalkessel . . .	4—18 m²	8000	7000	8000	7000
Mittelkessel . . .	12—30 m²	8000	7000	8000	7000
Großkessel	20—75 m²	8000	7000	—	—

Die erforderliche Kesselheizfläche ergibt sich aus der Gleichung

$$F = \frac{Q_h}{K} \cdot (1 + z_R).$$

Hierin ist

F die Kesselheizfläche in m²,

Q_h der Wärmebedarf des Gebäudes nach DIN 4701 (also einschließlich aller Zuschläge) in kcal/h,

K die Heizflächenbelastung in kcal/m² · h,

z_R ein Zuschlag für die Wärmeverluste des Rohrnetzes.

Für z_R ist zu setzen:

Für Anlagen, bei welchen die Rohrleitungen geschützt liegen, Steigestränge an den Innenwänden, Verteilungsleitungen mit Wärmeschutz in wamen Räumen . . . . $z_R = 0,05$

Für Anlagen, bei welchen die Rohrleitungen weniger geschützt liegen, Steigestränge an den Außenwänden, Verteilungsleitungen mit Wärmeschutz in kalten Räumen . . . . $z_R = 0,10$

Für Anlagen, die besonders ungünstig liegende und weit verzweigte Rohrleitungen, Steigestränge in Mauerschlitzen der Außenwände, Verteilungsleitungen mit Wärmeschutz im kalten Dachgeschoß besitzen . . . . $z_R = 0,15$

Bei größeren Leitungen, insbesondere Fernleitungen, ist der Wärmeverlust des Netzes gemäß dem nachstehenden Abschnitt VI zu berechnen.

IV. Berechnung von Raumheizkörpern nach DIN 4703.

1. Allgemeines über Raumheizkörper.

Die Wärmedurchgangszahlen k für Heizkörper werden im allgemeinen nicht aus den einzelnen Teilwiderständen errechnet, sondern durch direkte Versuche ermittelt.

Die Zahlentafel 10 (S. 388) gibt die Werte der Wärmedurchgangszahlen für gußeiserne und schmiedeeiserne Radiatoren mit den Abmessungen nach DIN 4720 und 4722.

Für verkleidete Heizkörper vermindert sich der Wärmedurchgang um 10 bis 30 vH je nach der Art der Verkleidung. Es ist erforderlich, vor Beginn der Rechnung zu klären, welche Heizkörper Verkleidungen erhalten sollen und welche Art der Verkleidung gewählt werden soll.

Für die Wärmeabgabe eines Heizkörpers gilt die Gleichung

$$Q_h = k \cdot F \cdot (t_m - t_R)$$

Darin bedeutet t_m die mittlere Temperatur der Heizfläche,

t_R die Raumtemperatur.

2. Heizkörper für Dampfheizungen.

Da in den k-Werten die Wärmeübergangszahl an die Raumluft enthalten ist und diese mit der Heizflächentemperatur etwas steigt, so sind auch die k-Werte etwas mit der Dampftemperatur veränderlich. Die k-Werte der Zahlentafel 10 für Niederdruckdampfheizkörper sind bei einem Unterschied von 80° C zwischen mittlerer Dampftemperatur (100° C) und Raumtemperatur (20° C) ermittelt.

Aus der Gleichung

$$Q_h = k \cdot F_D \cdot (t_D - t_R)$$

folgt

$$F_D = \frac{Q_h}{k \cdot (t_D - t_R)} \, .$$

Beispiel 5. Für eine Niederdruckdampfheizung ist ein Radiator von 150 mm Tiefe mit 2000 kcal stündlicher Wärmeabgabe zu berechnen. Der Heizkörper soll vor einer Fensterbrüstung mit 850 mm Höhe stehen. Ferner ist angenommen: keine Verkleidung, kein Fensterbrett, Raumtemperatur 20° C.

Lösung. Aus den vorgegebenen Maßen errechnet sich nach DIN 4720 der zugehörige Nabenabstand zu 600 mm.

Nach Zahlentafel 10 gehört zu dieser Bauhöhe eine Wärmedurchgangszahl von $k = 8{,}1$. Die Temperaturdifferenz zwischen Dampf und Raumluft ist $100 - 20 = 80°$ C. Dann ist die erforderliche Heizfläche

$$F_D = \frac{2000}{8{,}1 \cdot 80} = 3{,}1 \text{ m}^2 .$$

Heizfläche eines Gliedes: 0,23 m² (nach Firmenkatalog).
Zahl der Glieder: $3{,}1 : 0{,}23 = 14$ Glieder.
Baulänge eines Gliedes: 50 mm (nach Firmenkatalog).
Länge des Heizkörpers: $14 \cdot 50 = 700$ mm.

3. Heizkörper für Warmwasserheizungen.

Die mittlere Wassertemperatur kann man mit genügender Annäherung gleich dem arithmetischen Mittel aus der Wassereintrittstemperatur t_E und der Wasseraustrittstemperatur t_A setzen

Die Wassereintrittstemperatur t_E ist nach den „Regeln" mit 90° C anzunehmen.

Für die Wahl der Austrittstemperatur t_A ist folgende Überlegung maßgebend: Die Wärmeleistung der Heizkörper läßt sich auf zweifache Weise durch eine Gleichung festsetzen. Sie errechnet sich einmal aus dem stündlichen Wassergewicht G_h und aus der Temperaturabsenkung $(t_E - t_A)$ des Wassers zu:

$$Q_h = G_h \cdot c \cdot (t_E - t_A).$$

Ein zweites Mal ist sie aus der Wärmedurchgangsgleichung

$$Q_h = k \cdot F \cdot \left(\frac{t_E + t_A}{2} - t_R \right)$$

zu errechnen.

Wählt man nun einen sehr hohen Wert der Austrittstemperatur, so ergibt sich aus der zweiten Gleichung eine hohe mittlere Wassertemperatur, dadurch eine große Temperaturdifferenz zwischen innen und außen und damit bei einer bestimmten Wärmeleistung ein kleiner Wert F, also ein billiger Heizkörper. Eine hohe Austrittstemperatur bedeutet aber andererseits eine geringe Temperaturabsenkung des Wassers und damit — zufolge der ersten Gleichung — eine große Wassermenge. Man erhält also ein teures Rohrnetz.

Umgekehrt führt ein niederer Wert der Austrittstemperatur auf teure Heizkörper und billige Rohrnetze.

Man wird darum bei weitverzweigten Anlagen — lange Rohrstrecken und wenig Heizkörper — die Temperaturabsenkung sehr groß wählen und umgekehrt bei dichtgedrängten Anlagen — kurze Rohrstrecken und viel Heizkörper — die Temperaturabsenkung sehr klein wählen. Als Mittelwert kann eine Absenkung um 20° C gelten.

Die k-Werte der Zahlentafel 10 sind bei einem Unterschied von etwa 60° C zwischen mittlerer Heizkörpertemperatur und Raumtemperatur gefunden.

Beispiel 6. Für eine Warmwasserheizung ist ein Radiator von 150 mm Tiefe mit 2000 kcal stündlicher Wärmeabgabe zu berechnen. Die Raumverhältnisse in der Fensternische sind dieselben wie im Zahlenbeispiel oben.

Lösung. Zu einem Heizkörper mit 600 mm Nabenabstand gehört nach Zahlentafel 10 für Warmwasser eine Wärmedurchgangszahl von etwa $k = 7,2$.

Die mittlere Temperaturdifferenz zwischen Wasser und Raumluft errechnet sich unter Annahme einer Vorlauftemperatur von 90° C und einer Rücklauftemperatur von 70° C zu

$$\frac{90 + 70}{2} - 20 = 60^\circ \text{ C.}$$

Dann ist die erforderliche Heizfläche

$$F = \frac{2000}{7,1 \cdot 60} = 4,7 \text{ m}^2.$$

Heizfläche eines Gliedes $= 0,23$ m^2 (nach Firmenkatalog).

Zahl der Glieder $= \dfrac{4,7}{0,23} = 20.$

Baulänge eines Gliedes: 50 mm (nach Firmenkatalog).
Länge des Heizkörpers: $20 \cdot 50 = 1000$ mm.

V. Berechnung von Wärmeaustauschapparaten.

Auch hier gilt die Hauptgleichung für den Wärmedurchgang. Dabei kennzeichnet der Zeiger „1" stets die heißere, der Zeiger „2" stets die kältere Flüssigkeit. Es ist also

$$Q_h = k \cdot F \cdot (t_1 - t_2) \tag{43}$$

und

$$k = \frac{1}{\dfrac{1}{a_1} + \dfrac{\delta}{\lambda} + \dfrac{1}{a_2}}.$$

Es sei darauf aufmerksam gemacht, daß hier selbst bei ganz dünnen Wänden, . B. Blechen, die Dicke δ der Wand in Metern einzusetzen ist. Die Wärmeleitzahl der Wand kann man annehmen:

bei Eisen zu etwa .... $50 \, \text{kcal/m} \cdot \text{h} \cdot °\text{C}$

bei Aluminium zu etwa .... $175 \, \text{kcal/m} \cdot \text{h} \cdot °\text{C}$

bei Kupfer zu etwa .... $300 \, \text{kcal/m} \cdot \text{h} \cdot °\text{C}$

Die Grundgleichung (43) des Wärmedurchganges dürfte strenggenommen nur auf ein Flächenelement dF angewandt werden, da sich im allgemeinen durch den Wärmeaustausch die Temperaturen der beiden strömenden Flüssigkeiten bzw. Gase längs der Trennungswand ändern. Von diesem Flächenelement dF müßte man durch Integration auf die ganze Heizfläche übergehen. Man kann diese Integration vermeiden, indem man zwar mit der ganzen Fläche F rechnet, dafür aber eine mittlere Temperaturdifferenz Δ_m einführt, also setzt:

$$Q_h = k \cdot F \cdot \Delta_m.$$

Bei Ermittlung dieser Temperaturdifferenz Δ_m aus den Eintrittstemperaturen und den Austrittstemperaturen beider Flüssigkeiten kennzeichnen wir

die heißere Flüssigkeit mit dem Zeiger 1,

die kältere Flüssigkeit mit dem Zeiger 2,

die Eintrittstemperatur mit dem Zeiger E,

die Austrittstemperatur mit dem Zeiger A

und erhalten damit die Eintrittstemperaturen t_{1E} und t_{2E} und die Austrittstemperaturen t_{1A} und t_{2A}. Ferner bezeichnen wir mit G_1 und G_2 die stündlichen Flüssig-·keitsgewichte und mit c_1 und c_2 die spezifischen Wärmen beider Flüssigkeiten.

Aus der Temperaturabsenkung jeder Flüssigkeit lassen sich dann zwei Gleichungen für die ausgetauschte Wärme aufstellen. Man erhält:

$$\left. \begin{array}{l} Q_h = G_1 \cdot c_1 \cdot (t_{1E} - t_{1A}) \\ Q_h = G_2 \cdot c_2 \cdot (t_{2A} - t_{2E}). \end{array} \right\} \tag{47}$$

und

Das Produkt Gc nennt man auch den **Wasserwert**; man vergleicht durch diesen Begriff die gegebene Flüssigkeitsmenge mit jener Wassermenge, welche zur gleichen Temperaturerhöhung die gleiche Wärmemenge erfordert.

Durch Zusammenfassung der letzten beiden Gleichungen ergibt sich

$$\frac{t_{1E} - t_{1A}}{t_{2A} - t_{2E}} = \frac{G_2 \cdot c_2}{G_1 \cdot c_1}, \tag{47a}$$

und daraus folgt erstens, daß sich die Temperaturabsenkungen beider Flüssigkeiten umgekehrt wie die Wasserwerte verhalten, und zweitens, daß bei der Formulierung einer Aufgabe von den sechs maßgebenden Größen, nämlich den vier Temperaturen und den zwei Gewichten, nur fünf willkürlich gewählt werden dürfen. Die sechste Größe ist aus Gleichung (47a) zu ermitteln. Meist wird diese sechste Größe eine der beiden Austrittstemperaturen oder eines der beiden Flüssigkeitsgewichte sein.

Außer den vier Haupttemperaturen t_{1E}, t_{1A}, t_{2E}, t_{2A} interessiert in vielen Fällen auch der Verlauf der Flüssigkeitstemperaturen längs der Wand. Dieser Verlauf der Temperaturen ist wesentlich verschieden, je nachdem Gleichstrom oder Gegenstrom angenommen ist und je nachdem der Wasserwert der wärmeren oder derjenige der kälteren Flüssigkeit größer ist. Die Abb. 272a—d geben ein ungefähres Bild der vier Möglichkeiten.

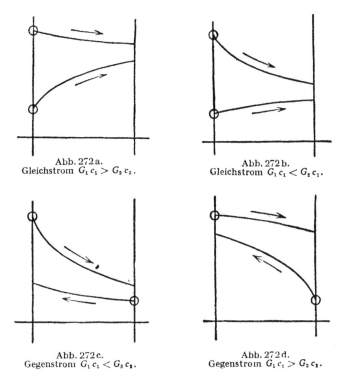

Abb. 272a.
Gleichstrom $G_1 c_1 > G_2 c_2$.

Abb. 272b.
Gleichstrom $G_1 c_1 < G_2 c_2$.

Abb. 272c.
Gegenstrom $G_1 c_1 < G_2 c_2$.

Abb. 272d.
Gegenstrom $G_1 c_1 > G_2 c_2$.

Aus den vier Haupttemperaturen läßt sich der mittlere Temperaturunterschied Δ_m beider Flüssigkeiten errechnen.

Man trägt diese vier Temperaturen gemäß Abb. 273 in ein Schaubild ein, wobei man nur zu beachten hat, ob Gleich- oder Gegenstrom vorliegt. Nun sieht man

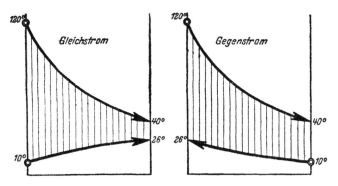

Abb. 273. Temperaturverlauf bei Gleich- und Gegenstrom.

nach, auf welcher Seite der Unterschied zwischen den Temperaturen beider Flüssigkeiten klein und auf welcher Seite er groß ist, und bezeichnet diese Unterschiede demgemäß mit Δ_k und Δ_g. Nach einer Gleichung, die in ihrer ursprünglichen Form schon von Grashof stammt, ist dann der mittlere Temperatur-unterschied

$$\Delta_m = \Delta_g \cdot \frac{1 - \dfrac{\Delta_k}{\Delta_g}}{\ln \dfrac{\Delta_g}{\Delta_k}} = \Delta_g \cdot f\left(\frac{\Delta_k}{\Delta_g}\right). \tag{48}$$

Der Verlauf dieser Funktion ist in Abb. 274 wiedergegeben.

Sind die Temperaturänderungen beider Flüssigkeiten nicht allzu groß, so kann Δ_m auch näherungsweise wie folgt bestimmt werden. Man bildet für jede Flüssig-

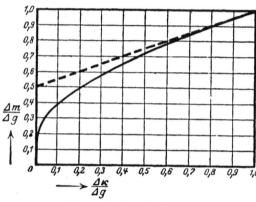

Abb. 274. Abbildung der Gleichung (48).

keit das arithmetische Mittel aus Eintritts- und Austrittstemperatur und setzt Δ_m gleich dem Unterschied dieser arithmetischen Mittel. Also ist angenähert

$$\Delta_m = \frac{t_{1E} + t_{1A}}{2} - \frac{t_{2E} + t_{2A}}{2} \tag{a}$$

Der Näherungswert für $\dfrac{\Delta_m}{\Delta_g}$, der dieser Gleichung entspricht, ist in Abb. 274 die gestrichelte Gerade dargestellt. Man sieht aus dieser Abbildung, daß der Näherungswert von dem genauen Wert nicht allzusehr abweicht, solange das Verhältnis $\Delta_k : \Delta_g$ nicht viel kleiner ist als 0,5.

Beispiel 7. In einem Wärmeaustauschapparat sollen stündlich 2,5 m³ einer heißen Flüssigkeit vom spez. Gewicht $\gamma_1 = 1100$ [kg/m³] und der spez. Wärme 0,727 [kcal/kg $\cdot$ ° C] von 120° C auf 40° C gekühlt werden. Zur Kühlung stehen stündlich 10 m³ Wasser von 10° C zur Verfügung. — Es sind die rechnerischen Grundlagen zur Konstruktion des Wärmeaustauschapparates zu ermitteln.

1. Bestimmung der noch fehlenden vierten Temperatur (Austrittstemperatur des Kühl-wassers): Die Wärme, welche die heiße Flüssigkeit abgibt, ist

$$Q_1 = 2,5 \cdot 1100 \cdot 0,727 \cdot (120 - 40) = 160\,000 \text{ kcal/h}.$$

Die Wärme, welche das Kühlwasser aufnimmt, ist

$$Q_2 = 10 \cdot 1000 \cdot 1,0 \cdot (t_{2A} - 10).$$

Da $Q_2 = Q_1$ sein muß, errechnet sich die Austrittstemperatur des Kühlwassers zu

$$t_{2A} = 10 + \frac{160\,000}{10\,000} = 26° \text{ C}.$$

2. Bestimmung der mittleren Temperaturdifferenz Δ_m: Durch Herstellung einer Zeich-nung gemäß Abb. 273 oder auch nur durch eine kurze Überlegung findet man für Gegenstrom

$$\Delta_k = 30° \text{ C} \quad \text{und} \quad \Delta_g = 94° \text{ C}.$$

Daraus

$$\frac{\Delta_k}{\Delta_g} = \frac{30}{94} = 0,32.$$

und aus Abb. 274

$$\frac{\Delta_m}{\Delta_g} = 0,60.$$

Endlich ergibt sich:

$$\Delta_m = \Delta_g \cdot 0,60 = 56,5° \text{ C}.$$

3. Bestimmung der Heizfläche: Unter Annahme eines Erfahrungswertes für die Wärmedurchgangszahl, z. B. $k = 1000$, ergibt sich aus der Gleichung

$$Q_h = k \cdot F \cdot \varDelta_m$$

die Heizfläche zu

$$F = \frac{Q_h}{k \cdot \varDelta_m} = \frac{160\,000}{1000 \cdot 56,5} = 2,8 \text{ m}^2.$$

VI. Berechnungen von Rohrisolierungen[1].

A. Die wirtschaftliche Isolierstärke.

Der Wärmeverlust eines isolierten Rohres nimmt bekanntlich mit zunehmender Isolierdicke ab. Aus Abb. 275a, welche in der Kurve „a" den Zusammenhang zwischen Isolierstärke und Wärmeverlust zeigt, erkennt man, daß schon sehr dünne Isolierschichten eine beträchtliche Verminderung der Wärmeverluste gegenüber dem

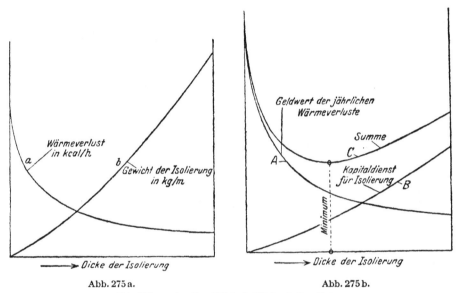

Abb. 275a.   Abb. 275b.

Abb. 275a u. b. Zu: Wirtschaftliche Isolierstärke.

nackten Rohr bewirken, daß aber mit zunehmender Schichtdicke die Verminderungen des Verlustes immer kleiner werden. Andererseits zeigt die Kurve b der gleichen Abbildung, daß mit zunehmender Isolierstärke das Volumen der Isolierung, damit das Gewicht und damit näherungsweise auch der Preis der Isolierung sehr rasch ansteigt. Es wird also bald eine Grenze erreicht sein, bei der eine weitere Vermehrung der Isolierdicke nicht mehr zweckmäßig ist. Das Kennzeichen dieser Grenze, also der „wirtschaftlichsten Isolierstärke", ergibt sich aus folgender Überlegung, die erstmalig von Gerbel und von Hottinger veröffentlicht wurde.

Aus den stündlichen Wärmeverlusten der Leitung errechnet sich der Geldwert der jährlichen Wärmeverluste durch Berücksichtigung der jährlichen Betriebsstundenzahl und der Selbstkosten der Wärme (bezogen auf eine Million kcal). Wie

---

[1] C a m m e r e r , J. S.: Der Wärme- und Kälteschutz in der Industrie. 2. Aufl. Berlin: Julius Springer, 1938.

dieser Wert sich mit der Stärke der Isolierung vermindert, zeigt die Kurve *A* in Abb. 275b, welche der Kurve *a* in Abb. 275a ähnlich ist. Die zweite Kurve *B* in Abb. 275b stellt den jährlichen Kapitaldienst für die Isolierung dar, der sich aus dem Preis der Isolierung, einer angenommenen Lebensdauer und einer angenommenen Verzinsungsquote ermittelt. Die Summe aus beiden Kurven, die Kurve *C*, stellt die gesamte Aufwendung für die Wärmeverluste und Kapitaldienst dar. Sie zeigt bei irgendeiner Isolierstärke ein Minimum, und dies ist die wirtschaftlichste Isolierstärke.

Die rechnerische Durchführung des oben angedeuteten Gedankens ist eine ziemlich zeitraubende Arbeit, da im allgemeinen nicht nur verschiedene Isolierstärken, sondern auch verschiedene Isolierstoffe und oft auch noch verschiedene Rohrdurchmesser zur Wahl stehen. Sie wird deshalb nur bei sehr großen Leitungen, z. B. Fernleitungen, durchgeführt. Für die Isolierung von Leitungen bei Heizungsanlagen sind eine ganze Reihe von vereinfachenden Annahmen zulässig, und dadurch vereinfachen sich auch die Zusammenhänge so weit, daß sie sich in einer einzigen Tabelle darstellen lassen (s. nachstehende Zahlentafel).

Wirtschaftlichste Isolierstärken.

Temperaturdifferenz zwischen Rohr und Luft			
50° C		100° C	
Lichter Rohrdurchmesser in mm	Wirtschaftliche Isolierstärke in mm	Lichter Rohrdurchmesser in mm	Wirtschaftliche Isolierstärke in mm
10 bis 30	20	10 bis 20	20
		20 „ 30	30
30 „ 70	30	30 „ 45	40
		45 „ 70	50
70 „ 100	40	70 „ 100	60
Ebene Wand	50	Ebene Wand	80

Diese Zahlentafel, welche von Cammerer stammt, ist unter der Annahme errechnet, daß die Leitung im Inneren von Gebäuden liegt, also keinem Windanfall und Regen ausgesetzt ist. Bei Aufstellung der Tabelle sind ferner zugrunde gelegt: eine jährliche Benutzungsdauer von 4800 Stunden, ein Wärmepreis von 10 RM für die Million kcal und eine jährliche Verzinsungs- und Amortisationsquote von 15 bis 20 vH.

B. Berechnung der Wärmeverluste.

Da die Wärme vom strömenden Wärmeträger zuerst an die innere Fläche der Rohrwandung übergehen muß, dann nacheinander die Rohrwandung und die Isolierung durchsetzen und endlich von der Außenseite der Isolierung an die Raumluft übertreten muß, so handelt es sich hierbei um einen Vorgang des Wärmedurchganges. Die Gleichung für den Wärmedurchgang durch ein Rohr ist von ähnlicher Bauart wie die Gleichung des Wärmedurchgangs durch eine ebene Wand; sie lautet nämlich:

$$Q_h = k_{\text{Rohr}} \cdot L \cdot (t_i - t_a). \tag{49}$$

Der Unterschied gegenüber der Wärmedurchgangsgleichung für ebene Wände ist vor allem der, daß sich diese Gleichung nicht auf eine Fläche, sondern auf eine

Länge, nämlich die Länge des Rohres, bezieht, und daß die Wärmedurchgangszahl k_{Rohr} eine etwas andere Form erhält als die Wärmedurchgangszahl k bei ebener
Wand. Zwar gilt auch hier der Satz, daß sich der gesamte Wärmedurchgangswiderstand aus den einzelnen Teilwiderständen zusammensetzt, aber für diese Teilwiderstände gelten andere Werte. Es ist nämlich

$$k_{Rohr} = \frac{\pi}{\dfrac{1}{a_i\,d_i} + \dfrac{1}{2\,\lambda_E}\cdot\ln\dfrac{d_m}{d_i} + \dfrac{1}{2\,\lambda_J}\cdot\ln\dfrac{d_a}{d_m} + \dfrac{1}{a_a\cdot d_a}}, \qquad (49\,a)$$

darin bedeuten:

λ_E die Wärmeleitzahl des Eisens,

λ_J die Wärmeleitzahl der Isolierung,

d_i den Innendurchmesser des Rohres,

d_m den Außendurchmesser des Rohres, zugleich den Innendurchmesser der
    Isolierung,

d_a den Außendurchmesser der Isolierung.

In der Praxis sind eine Reihe von Vereinfachungen zulässig, die am besten an Hand
eines Zahlenbeispieles zu erläutern sind.

Wir berechnen die Wärmedurchgangszahl für ein Rohr von 82,5 mm innerem
Durchmesser und 89 mm Außendurchmesser mit 50 mm Isolierschichtauflage von
einer Wärmeleitzahl 0,10. Im Inneren des Rohres strömt heißes Wasser von 90° C.
Dabei sind $a_i = 1000$ und $a_a = 7$ gesetzt:

$$\frac{1}{a_i\,d_i} = \frac{1}{1000\cdot 0,0825} = 0,012$$

$$\frac{1}{2\,\lambda_E}\cdot\ln\frac{d_m}{d_i} = \frac{1}{2\cdot 50}\cdot\ln\frac{89}{82,5} = 0,001$$

$$\frac{1}{2\,\lambda_J}\cdot\ln\frac{d_a}{d_m} = \frac{1}{2\cdot 0,10}\cdot\ln\frac{189}{89} = 3,765$$

$$\frac{1}{a_a\,d_a} = \frac{1}{7\cdot 0,189} = 0,756$$

$$\text{Summe} = 4,53$$

$$k_{Rohr} = \frac{\pi}{4,53} = 0,69.$$

Diese Rechnung zeigt, daß von den vier Teilwiderständen des Wärmedurchganges
die ersten beiden, nämlich der Wärmeübergangswiderstand an der Innenseite und
der Wärmeleitwiderstand der Eisenwandung, ganz bedeutungslos sind, und daß
sich der ganze Wärmedurchgangswiderstand zu 83 vH auf die Rohrisolierung und
zu 17 vH auf den äußeren Wärmeübergangswiderstand verteilt. Man kann deshalb
mit großer Annäherung für die Wärmedurchgangszahl den Ausdruck setzen

$$k_{Rohr} = \frac{\pi}{\dfrac{1}{2\,\lambda_J}\cdot\ln\dfrac{d_a}{d_m} + \dfrac{1}{a_a\cdot d_a}}. \qquad (49\,b)$$

Da a_a sehr wenig veränderlich ist (im Inneren von Gebäuden etwa $= 7$), so hängt
für ein gegebenes Rohr die Wärmedurchgangszahl nur mehr von der Wärmeleit-

zahl λ_J und der Isolierstärke ab. Die natürlichen Logarithmen sind aus nachstehender Kurve abzulesen.

In die Leitung eingebaute Formstücke werden dadurch berücksichtigt, daß man

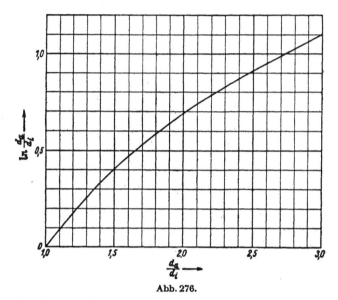

Abb. 276.

sie in ihrem Wärmeverlust gleich einer bestimmten Länge isolierten Rohres setzt und sich die Rohrstrecke um diese Beträge verlängert denkt. Es gilt

1 nackter Flansch	3 m isoliertes Rohr,
1 mit Flanschkappen isolierter Flansch	0,5 m isoliertes Rohr,
1 wie die Rohrleitung isolierter Flansch	0 m isoliertes Rohr,
1 nacktes Ventil	5—7 m isoliertes Rohr,
1 isoliertes Ventil	3 m isoliertes Rohr,
für Rohraufhängungen	10 vH der Gesamtlänge.

Beispiel 8. Für eine Warmwasserheizung mit unterer Verteilung ist das Vorlaufrohr zu isolieren. Die Länge der Leitung ist 50 m. In dieser Leitung sind eingebaut: sechs Flanschenpaare mit Isolierkappen, zwei isolierte Ventile und drei isolierte T-Stücke. Außendurchmesser des Rohres = 95 mm, Wärmeleitzahl $\lambda_J = 0,10$.

1. Wie stark soll die Isolierung gewählt werden?
2. Wie groß ist bei 75° C Vorlauftemperatur der stündliche Wärmeverlust?
3. Wie groß ist ungefähr der Geldwert dieser Wärmeverluste während einer Heizperiode?

Zu 1. Der Temperaturunterschied zwischen Rohr und Luft ist etwa 50° C, also gehört nach der Zahlentafel auf S. 288 zu etwa 90 mm Rohrdurchmesser eine Isolierstärke von 40 mm.

Z. 2. Die Teilwiderstände sind:

$$\frac{1}{2\,\lambda_J} \cdot \ln \frac{d_a}{d_m} = \frac{1}{2\cdot 0,1} \cdot \ln \frac{95 + 2\cdot 40}{95} = \frac{1}{0,2} \cdot \ln 1,85 = 3,1$$

$$\frac{1}{a_a \cdot d_a} = \frac{1}{7\cdot 0,175} = 0,8$$

$$\text{Summe} = 3,9$$

$$k_R = \frac{\pi}{3,9} = 0,80.$$

Für die Rechnung ist die Rohrlänge wie folgt einzusetzen:

Tatsächliche Länge .... = 50 m

6 Flanschenpaare, bewertet mit je 0,5 m .... = 3 m

2 Ventile, bewertet mit je 3 m .... = 6 m

3 T-Stücke, bewertet mit je 1 m .... = 3 m

Aufhängung, bewertet mit 10 vH der Rohrlänge = 5 m

—— 67 m ——

Der stündliche Wärmeverlust errechnet sich dann aus:

$$Q_h = k_{Rohr} \cdot L\,(t_i - t_a) = 0,80 \cdot 67 \cdot (75 - 20) = 2910 \text{ kcal/h}.$$

Zu 3. Bei 4800 Betriebsstunden je Heizperiode und 10 RM Selbstkosten je 1 Million kcal ist der Wert des jährlichen Wärmeverlustes

$$2910 \cdot [\text{kcal/h}] \cdot 4800\,[\text{h}] \cdot \frac{10}{10^6}\,[\text{M./kcal}] = 130\,[\text{M.}].$$

Diese Wärme ist natürlich nur dann als reiner Verlust zu werten, wenn sie vollständig für die Erwärmung des Gebäudes verloren ist.

Wärmedurchgangszahlen isolierter Rohrleitungen [1].

a) Verstärkte Gewinderohre.

Innen-durch-messer in engl. Zoll	Durch-messer in mm	Wärme-leitzahl in kcal m·h·°C	k_{Rohr} in kcal/m·h·°C bei einer Isolierstärke in mm von						
			20	30	40	50	60	70	80
1/8	3,2/9	0,04	0,127	0,112					
		0,05	0,153	0,136					
		0,06	0,179	0,160					
		0,07	0,203	0,184					
		0,08	0,226	0,207					
		0,09	0,248	0,228					
		0,10	0,269	0,249					
		0,11	0,289	0,269					
		0,12	0,308	0,289					
		0,13	0,327	0,309					
		0,14	0,346	0,328					
1/4	6,4/13	0,04	0,151	0,131					
		0,05	0,182	0,160					
		0,06	0,212	0,188					
		0,07	0,239	0,214					
		0,08	0,266	0,240					
		0,09	0,291	0,265					
		0,10	0,316	0,289					
		0,11	0,341	0,311					
		0,12	0,365	0,333					
		0,13	0,387	0,355					
		0,14	0,408	0,376					
3/8	9,5/16,5	0,04	0,170	0,146					
		0,05	0,204	0,178					
		0,06	0,238	0,209					
		0,07	0,268	0,238					
		0,08	0,298	0,267					
		0,09	0,326	0,293					
		0,10	0,353	0,319					
		0,11	0,378	0,344					
		0,12	0,402	0,369					
		0,13	0,425	0,393					
		0,14	0,448	0,417					

[1] Tabelle von Cammerer.

Wärmedurchgangszahlen (Fortsetzung)

Innen-durch-messer in engl. Zoll	Durch-messer in mm	Wärme-leitzahl in kcal m·h·°C	k_{Rohr} in kcal/m·h·°C bei einer Isolierstärke in mm von						
			20	30	40	50	60	70	80
$^1/_2$	12,7/20	0,04	0,190	0,161	0,143				
		0,05	0,228	0,196	0,176				
		0,06	0,265	0,230	0,208				
		0,07	0,298	0,262	0,237				
		0,08	0,331	0,293	0,266				
		0,09	0,361	0,322	0,295				
		0,10	0,390	0,350	0,323				
		0,11	0,418	0,377	0,349				
		0,12	0,446	0,404	0,375				
		0,13	0,471	0,430	0,400				
		0,14	0,495	0,455	0,425				
$^5/_8$	15,9/24	0,04	0,209	0,176	0,158				
		0,05	0,250	0,214	0,192				
		0,06	0,292	0,253	0,227				
		0,07	0,328	0,286	0,257				
		0,08	0,364	0,320	0,288				
		0,09	0,397	0,350	0,320				
		0,10	0,431	0,381	0,352				
		0,11	0,460	0,411	0,378				
		0,12	0,489	0,442	0,405				
		0,13	0,515	0,468	0,433				
		0,14	0,540	0,495	0,462				
$^3/_4$	19,1/26	0,04	0,219	0,184	0,164				
		0,05	0,263	0,224	0,199				
		0,06	0,307	0,264	0,235				
		0,07	0,343	0,298	0,267				
		0,08	0,380	0,332	0,300				
		0,09	0,416	0,365	0,333				
		0,10	0,452	0,398	0,367				
		0,11	0,481	0,429	0,393				
		0,12	0,510	0,461	0,420				
		0,13	0,540	0,488	0,450				
		0,14	0,565	0,515	0,480				
$^7/_8$	22,2/30	0,04	0,240	0,119	0,178				
		0,05	0,287	0,242	0,215				
		0,06	0,334	0,286	0,252				
		0,07	0,374	0,323	0,287				
		0,08	0,414	0,360	0,323				
		0,09	0,453	0,395	0,358				
		0,10	0,492	0,439	0,393				
		0,11	0,525	0,465	0,422				
		0,12	0,558	0,500	0,452				
		0,13	0,585	0,525	0,483				
		0,14	0,615	0,555	0,515				
1	25,4/33	0,04	0,256	0,212	0,188	0,167			
		0,05	0,306	0,256	0,227	0,204			
		0,06	0,356	0,301	0,266	0,242			
		0,07	0,398	0,340	0,303	0,277			
		0,08	0,441	0,380	0,340	0,313			

Wärmedurchgangszahlen (Fortsetzung)

Innen-durch-messer in engl. Zoll	Durch-messer in mm	Wärme-leitzahl in kcal m·h·°C	k_{Rohr} in kcal/m·h·°C bei einer Isolierstärke in mm von						
			20	30	40	50	60	70	80
1	25,4/33	0,09	0,480	0,416	0,376	0,347			
		0,10	0,520	0,453	0,412	0,382			
		0,11	0,555	0,489	0,443	0,413			
		0,12	0,590	0,525	0,475	0,444			
		0,13	0,620	0,555	0,510	0,474			
		0,14	0,650	0,585	0,540	0,505			
1¼	31,7/41	0,04	0,198	0,243	0,212	0,188			
		0,05	0,354	0,293	0,256	0,229			
		0,06	0,410	0,343	0,300	0,269			
		0,07	0,458	0,389	0,343	0,311			
		0,08	0,505	0,435	0,386	0,352			
		0,09	0,553	0,475	0,426	0,390			
		0,10	0,600	0,515	0,465	0,428			
		0,11	0,638	0,555	0,500	0,460			
		0,12	0,675	0,595	0,535	0,492			
		0,13	0,710	0,630	0,570	0,525			
		0,14	0,745	0,665	0,605	0,560			
1½	38,1/47	0,04	0,328	0,266	0,230	0,204	0,186		
		0,05	0,390	0,319	0,277	0,246	0,227		
		0,06	0,452	0,371	0,324	0,288	0,268		
		0,07	0,505	0,422	0,372	0,334	0,309		
		0,08	0,555	0,473	0,419	0,379	0,350		
		0,09	0,610	0,515	0,460	0,420	0,389		
		0,10	0,660	0,560	0,500	0,461	0,422		
		0,11	0,705	0,605	0,545	0,496	0,468		
		0,12	0,745	0,645	0,585	0,530	0,496		
		0,13	0,780	0,685	0,620	0,570	0,530		
		0,14	0,815	0,720	0,655	0,605	0,565		
1¾	44,4/53	0,04	0,358	0,289	0,246	0,219	0,198		
		0,05	0,426	0,346	0,298	0,265	0,242		
		0,06	0,493	0,402	0,350	0,310	0,286		
		0,07	0,550	0,459	0,401	0,358	0,331		
		0,08	0,605	0,515	0,452	0,406	0,375		
		0,09	0,660	0,565	0,496	0,451	0,417		
		0,10	0,715	0,610	0,540	0,495	0,458		
		0,11	0,765	0,655	0,585	0,535	0,494		
		0,12	0,810	0,700	0,625	0,570	0,530		
		0,13	0,850	0,740	0,665	0,610	0,565		
		0,14	0,890	0,780	0,705	0,645	0,600		
2	50,8/60	0,04	0,392	0,314	0,266	0,236	0,213		
		0,05	0,466	0,377	0,323	0,284	0,261		
		0,06	0,540	0,440	0,379	0,332	0,308		
		0,07	0,605	0,498	0,434	0,385	0,354		
		0,08	0,665	0,555	0,488	0,437	0,400		
		0,09	0,725	0,610	0,540	0,486	0,445		
		0,10	0,780	0,660	0,585	0,535	0,490		
		0,11	0,835	0,710	0,630	0,575	0,530		
		0,12	0,885	0,760	0,675	0,615	0,570		
		0,13	0,930	0,805	0,720	0,655	0,610		
		0,14	0,970	0,850	0,760	0,695	0,645		

Wärmedurchgangszahlen (Fortsetzung)

b) Nahtlose Rohre.

Äußerer Durchmesser in engl. Zoll	Durchmesser in mm	Wärmeleitzahl in kcal $m \cdot h \cdot °C$	k_{Rohr} in kcal/$m \cdot h \cdot °C$ bei einer Isolierstärke in mm von						
			20	30	40	50	60	70	80
$2^1/_2$	57,5/63,5	0,04	0,410	0,327	0,276	0,245	0,221		
		0,05	0,488	0,392	0,336	0,295	0,270		
		0,06	0,565	0,456	0,394	0,345	0,318		
		0,07	0,630	0,520	0,450	0,399	0,366		
		0,08	0,690	0,580	0,505	0,452	0,413		
		0,09	0,755	0,635	0,555	0,501	0,459		
		0,10	0,815	0,685	0,605	0,550	0,505		
		0,11	0,870	0,735	0,655	0,595	0,550		
		0,12	0,920	0,785	0,700	0,640	0,590		
		0,13	0,965	0,835	0,745	0,680	0,630		
		0,14	1,01	0,880	0,790	0,720	0,670		
$2^3/_4$	64/70	0,04	0,440	0,350	0,294	0,259	0,234		
		0,05	0,475	0,419	0,375	0,313	0,286		
		0,06	0,610	0,488	0,420	0,367	0,338		
		0,07	0,680	0,555	0,478	0,423	0,388		
		0,08	0,745	0,620	0,535	0,479	0,437		
		0,09	0,810	0,680	0,590	0,535	0,486		
		0,10	0,875	0,735	0,645	0,585	0,535		
		0,11	0,930	0,790	0,695	0,635	0,580		
		0,12	0,985	0,840	0,745	0,680	0,625		
		0,13	1,04	0,890	0,795	0,725	0,670		
		0,14	1,09	0,940	0,840	0,765	0,710		
3	70/76,2	0,04	0,470	0,372	0,312	0,273	0,247	0,226	
		0,05	0,560	0,446	0,379	0,221	0,302	0,278	
		0,06	0,650	0,520	0,445	0,388	0,357	0,330	
		0,07	0,725	0,590	0,505	0,447	0,409	0,378	
		0,08	0,795	0,660	0,565	0,505	0,461	0,426	
		0,09	0,865	0,720	0,625	0,565	0,515	0,476	
		0,10	0,935	0,780	0,680	0,620	0,565	0,525	
		0,11	0,995	0,835	0,735	0,670	0,610	0,570	
		0,12	1,05	0,890	0,785	0,715	0,655	0,615	
		0,13	1,11	0,945	0,835	0,760	0,700	0,655	
		0,14	1,16	1,00	0,385	0,805	0,745	0,695	
$3^1/_4$	76,5/83	0,04	0,505	0,395	0,330	0,289	0,260	0,238	
		0,05	0,600	0,475	0,401	0,350	0,318	0,292	
		0,06	0,690	0,555	0,471	0,411	0,376	0,346	
		0,07	0,770	0,630	0,535	0,473	0,431	0,397	
		0,08	0,850	0,700	0,600	0,535	0,486	0,448	
		0,09	0,925	0,765	0,660	0,595	0,540	0,505	
		0,10	1,00	0,825	0,720	0,655	0,595	0,555	
		0,11	1,07	0,885	0,780	0,705	0,645	0,605	
		0,12	1,13	0,945	0,835	0,755	0,695	0,650	
		0,13	1,19	1,01	0,885	0,805	0,740	0,690	
		0,14	1,24	1,06	0,935	0,850	0,785	0,730	

Wärmedurchgangszahlen (Fortsetzung)

Äußerer Durchmesser in engl. Zoll	Durchmesser in mm	Wärmeleitzahl in kcal m·h·°C	k_{Rohr} in kcal/m·h·°C bei einer Isolierstärke in mm von						
			20	30	40	50	60	70	80
$3^1/_2$	82,5/89	0,04	0,535	0,417	0,348	0,304	0,273	0,249	0,233
		0,05	0,635	0,500	0,423	0,369	0,334	0,306	0,287
		0,06	0,730	0,585	0,497	0,433	0,395	0,362	0,340
		0,07	0,815	0,665	0,565	0,497	0,453	0,416	0,390
		0,08	0,900	0,740	0,630	0,560	0,510	0,469	0,440
		0,09	0,980	0,805	0,695	0,625	0,570	0,525	0,490
		0,10	1,06	0,870	0,760	0,685	0,625	0,580	0,540
		0,11	1,13	0,935	0,820	0,740	0,680	0,630	0,580
		0,12	1,20	1,00	0,880	0,795	0,730	0,680	0,640
		0,13	1,26	1,06	0,935	0,845	0,775	0,725	0,685
		0,14	1,31	1,12	0,985	0,890	0,820	0,765	0,730
$3^3/_4$	88,5/95	0,04	0,560	0,438	0,366	0,317	0,286	0,260	0,243
		0,05	0,665	0,525	0,443	0,886	0,349	0,319	0,299
		0,06	0,770	0,610	0,520	0,454	0,411	0,377	0,355
		0,07	0,860	0,695	0,590	0,525	0,471	0,434	0,407
		0,08	0,945	0,775	0,660	0,590	0,530	0,490	0,458
		0,09	1,03	0,845	0,725	0,655	0,590	0,545	0,510
		0,10	1,11	0,915	0,790	0,715	0,650	0,600	0,565
		0,11	1,18	0,980	0,850	0,770	0,705	0,655	0,615
		0,12	1,25	1,04	0,910	0,825	0,755	0,705	0,660
		0,13	1,32	1,11	0,970	0,880	0,805	0,750	0,710
		0,14	1,38	1,17	1,03	0,930	0,855	0,795	0,755
4	94,5/102	0,04	0,595	0,462	0,386	0,333	0,298	0,271	0,252
		0,05	0,705	0,555	0,466	0,405	0,364	0,332	0,313
		0,06	0,810	0,645	0,545	0,476	0,430	0,393	0,374
		0,07	0,905	0,730	0,620	0,545	0,493	0,452	0,425
		0,08	1,00	0,815	0,695	0,615	0,555	0,510	0,476
		0,09	1,09	0,890	0,765	0,680	0,620	0,570	0,530
$4^1/_4$	100,5/108	0,10	1,17	0,960	0,835	0,745	0,680	0,625	0,585
		0,11	1,25	1,03	0,895	0,805	0,735	0,680	0,635
		0,12	1,32	1,09	0,955	0,860	0,785	0,735	0,685
		0,13	1,39	1,16	1,01	0,915	0,840	0,785	0,735
		0,14	1,46	1,23	1,08	0,970	0,890	0,830	0,785
		0,04	0,620	0,480	0,401	0,346	0,310	0,282	0,261
		0,05	0,735	0,580	0,486	0,422	0,380	0,346	0,322
		0,06	0,850	0,675	0,570	0,498	0,449	0,409	0,383
		0,07	0,950	0,765	0,650	0,570	0,515	0,470	0,439
		0,08	1,05	0,850	0,725	0,640	0,580	0,530	0,494
		0,09	1,14	0,925	0,795	0,705	0,645	0,590	0,550
		0,10	1,23	1,00	0,860	0,770	0,705	0,650	0,605
		0,11	1,31	1,07	0,930	0,835	0,760	0,710	0,660
		0,12	1,38	1,14	0,995	0,895	0,815	0,766	0,710
		0,13	1,46	1,21	1,06	0,955	0,870	0,815	0,760
		0,14	1,53	1,28	1,12	1,01	0,925	0,860	0,810

Wärmedurchgangszahlen (Fortsetzung)

c) Ebene Wand.

Wärmeleitzahl in kcal/m · h · °C	k in kcal/m² · h · °C bei einer Isolierstärke in mm von						
	20	30	40	50	60	70	80
0,04	1,58	1,13	0,880	0,720	0,610	0,525	0,466
0,05	1,88	1,35	1,07	0,880	0,745	0,645	0,570
0,06	2,17	1,57	1,25	1,03	0,875	0,765	0,675
0,07	2,43	1,77	1,42	1,17	1,01	0,875	0,775
0,08	2,65	1,97	1,58	1,31	1,13	0,985	0,875
0,09	2,90	2,15	1,74	1,45	1,25	1,09	0,975
0,10	3,11	2,33	1,89	1,58	1,36	1,20	1,07
0,11	3,31	2,50	2,03	1,71	1,47	1,30	1,16
0,12	3,51	2,67	2,17	1,83	1,58	1,39	1,25
0,13	3,69	2,83	2,31	1,95	1,69	1,49	1,34
0,14	3,87	2,98	2,44	2,06	1,79	1,58	1,42

Zwölfter Abschnitt.

Strömungsfragen.

I. Die Gesetze für die Strömung in Leitungen.

Bei allen Aufgaben aus dem Gebiete der Heizungs- und Lüftungstechnik bleiben die Strömungsgeschwindigkeiten so niedrig, daß für die Strömung von Gasen und von tropfbaren Flüssigkeiten dieselben Gesetze gelten. Da die deutsche Sprache leider kein Wort besitzt, das beide Arten von strömenden Medien zusammenfaßt, müssen wir das Wort „Flüssigkeit" im weiteren Sinne auffassen, also Gas und Dampf mit einschließen, sofern nicht ausdrücklich eine Einschränkung gemacht ist.

A. Der Strömungszustand und die Reynoldssche Zahl.

In einer klaren Flüssigkeit kann man den Strömungszustand durch feinverteile schwebende Teilchen eines festen Körpers sichtbar machen. Bei genügend langsamer Strömung sind in gerader Leitung die Bahnen der einzelnen Teilchen parallele Linien zur Achse, und selbst bei Krümmungen in der Leitung bilden die Bahnen ein geordnetes System von Kurven. Ist dagegen die Geschwindigkeit der Strömung groß, so herrscht ein ganz anders gearteter Strömungszustand. Von einer geradlinigen oder sonst irgendwie geordneten Bewegung der einzelnen Teilchen ist nichts mehr zu beobachten. Die Teilchen schwirren vielmehr ganz unregelmäßig durcheinander, und wenn es möglich wäre, die Wege der einzelnen Teilchen zu verfolgen, so würde man erkennen, daß sie sich auf ganz unregelmäßigen, sich vielfach durchschlingenden, oft rückläufigen Bahnen bewegen, und daß sich überdies diese Bahnen fortgesetzt ändern.

Den erstgeschilderten Strömungszustand nennt man die geordnete oder laminare Strömung, den zweitgeschilderten Zustand die ungeordnete oder turbulente Strömung. In einer geraden Leitung — und nur in einer solchen, nicht auch in Krümmungen — erfolgt der Übergang von dem einen zum anderen Strömungszustand plötzlich, und man nennt den Zustand bei dem dieses Umschlagen der Bewegung eintritt, den kritischen Zustand.

Das Eintreten des kritischen Zustandes hängt nicht nur von der Strömungsgeschwindigkeit, sondern auch vom Rohrdurchmesser ab, und zwar derart, daß bei einem doppelt so weiten Rohr der kritische Zustand schon bei einer halb so großen Geschwindigkeit auftritt. Entscheidend ist also das Produkt $w \cdot d$, worin w die Strömungsgeschwindigkeit und d den Durchmesser bedeutet. Außerdem ist noch die kinematische Zähigkeit ν der Flüssigkeit von Einfluß. Eingehende Versuche haben gezeigt, daß der kritische Zustand erreicht ist, wenn die sogenannte Reynoldssche Zahl Re, d. i. die Größe $\dfrac{w \cdot d}{\nu}$, etwa den Wert 2320 annimmt. Der Ausdruck $\dfrac{w \cdot d}{\nu}$ kann auch als $\dfrac{w \cdot d \cdot \varrho}{\eta}$ geschrieben werden, worin ϱ die Massendichte und η die dynamische Zähigkeit bezeichnet.

Nachstehende Zahlentafel enthält einige Werte der kinematischen Zähigkeit $\nu = \dfrac{\eta}{\varrho}$ und des spez. Gewichtes γ von Wasser, Luft und Sattdampf.

Wasser			Luft (1 kg/cm)			Sattdampf			
t °C	$10^6 \nu$ m²/s	γ kg/m³	t °C	$10^6 \nu$ m²/s	γ kg/m³	p ata	t °C	$10^6 \nu$ m²/s	γ kg/m³
0	1,79	1000	0	13,7	1,25	1	99,1	21,6	0,58
20	1,00	998	20	15,5	1,17	1,5	110,8	15,4	0,85
40	0,66	992	40	17,5	1,09	2	119,6	12,1	1,11
60	0,48	983	60	19,5	1,03	3	132,9	8,8	1,62
80	0,37	972	80	21,6	0,97	4	142,9	7,0	2,12
100	0,30	958	100	23,7	0,92	5	151,1	5,9	2,61
120	0,25	944	120	25,6	0,87	7	164,2	4,0	3,59
140	0,21	926	140	28,0	0,83	10	179,0	3,13	5,04

Die folgende Zahlentafel gibt für die gleichen Flüssigkeiten den Wert der kritischen Geschwindigkeit in Abhängigkeit vom Rohrdurchmesser wieder und läßt erkennen, daß bei Strömungen, wie sie in der Technik vorkommen, meist mit turbulenter Strömung zu rechnen ist.

Kritische Geschwindigkeiten in Rohren.

		t	Kritische Geschwindigkeit in m/s bei $d =$				
			10 mm	50 mm	100 mm	200 mm	300 mm
Wasser		0° C	0,42	0,083	0,042	0,021	0,014
		20° C	0,23	0,046	0,023	0,012	0,0077
		60° C	0,11	0,022	0,011	0,0056	0,0037
		100° C	0,070	0,014	0,0070	0,0035	0,0023
Luft 1 ata		0° C	3,2	0,64	0,32	0,16	0,11
		20° C	3,6	0,72	0,36	0,18	0,12
		40° C	4,1	0,81	0,41	0,20	0,14
Sattdampf	1 ata	99,1° C	5,0	1,0	0,50	0,25	0,17
	1,5 ata	110,8° C	3,6	0,71	0,36	0,18	0,12
	2 ata	119,6° C	2,8	0,56	0,28	0,14	0,094
	3 ata	132,9° C	2,0	0,41	0,20	0,10	0,068
	4 ata	142,9° C	1,6	0,32	0,16	0,081	0,054
	5 ata	151,1° C	1,4	0,27	0,14	0,068	0,046

Die Bedeutung der Reynoldsschen Zahl erschöpft sich nicht darin, daß sie das Eintreten der Turbulenz kennzeichnet, sondern sie spielt auch bei allen Gesetzen über den Ablauf der turbulenten Strömung eine ausschlaggebende Rolle (vgl. z. B. S. 300).

B. Die Begriffe „statischer und dynamischer Druck".

Der Begriff des Druckes kann für ruhende Flüssigkeit als bekannt vorausgesetzt werden. Eine Erörterung bedarf jedoch dieser Begriff für bewegte Flüssigkeiten, da hier zwischen dem statischen Druck, dem dynamischen Druck und dem Gesamtdruck zu unterscheiden ist.

Die Regeln des VDI für Leistungsversuche an Ventilatoren definieren die drei Drucke durch folgenden Wortlaut:

1. Statischer Druck (p_{st}) ist der innere Druck einer geradlinig strömenden Flüssigkeit, also der Druck, den ein im Flüssigkeitsstrom mit gleicher Geschwindigkeit mitbewegtes Druckmeßgerät anzeigen würde. Der statische Druck ist auch der Druck, den eine parallel zur Kanalwand strömende Flüssigkeit auf diese ausübt.

2. Dynamischer Druck oder Staudruck (Geschwindigkeitsdruck p_d) ist die größte Drucksteigerung, die in einem Flüssigkeitsstrom vor dem Mittelpunkt eines Hindernisse auftritt und gleichbedeutend mit dem Druck, der zur Beschleunigung der Flüssigkeit aus der Ruhe auf die betreffende Geschwindigkeit erforderlich ist; er ergibt sich aus der Formel:

$$p_d = \frac{w^2}{2} \frac{\gamma}{g} \ kg/m^2 \ (mm \ WS), \tag{50}$$

worin bedeuten:

w die mittlere Strömungsgeschwindigkeit in m/s,
γ das Raumgewicht der Flüssigkeit in kg/m³,
g die Erdbeschleunigung in m/s².

3. Gesamtdruck ist die algebraische Summe des statischen und des dynamischen Druckes

$$p_g = p_{st} + p_d = p_{st} + \frac{w^2}{2} \frac{\gamma}{g}. \tag{51}$$

C. Die Strömung einer idealen Flüssigkeit.

Durch die Leitung mit veränderlicher Weite, welche Abb. 277 darstellt, soll in der Zeiteinheit das Flüssigkeitsgewicht G strömen. Bedeuten F_1, F_2, F_3 die Strömungsquerschnitte an den Stellen *1, 2, 3*, so gilt die Gleichung:

$$G = F_1 w_1 \gamma_1 = F_2 w_2 \gamma_2 = F_3 w_3 \gamma_3.$$

Da bei den Aufgaben unseres Gebiets im allgemeinen $\gamma_1 = \gamma_2 = \gamma_3$ gesetzt werden kann, ist

$$w_1 = \frac{G}{\gamma} \frac{1}{F_1}; \qquad w_2 = \frac{G}{\gamma} \frac{1}{F_2}; \qquad w_3 = \frac{G}{\gamma} \frac{1}{F_3},$$

d. h. die Geschwindigkeiten verhalten sich umgekehrt wie die Querschnitte.

Für eine ideale Flüssigkeit, also eine Flüssigkeit ohne Zähigkeit, gilt der Satz, daß der Gesamtdruck längs eines Stromfadens, unabhängig vom Querschnitt, an allen Stellen gleich groß ist.

Als Gleichung angesetzt, liefert dieser Satz die Bernoullische Gleichung

$$p_0 = p_{st_1} + \frac{w_1^2}{2}\frac{\gamma}{g} = p_{st_2} + \frac{w_2^2}{2}\frac{\gamma}{g} = p_{st_3} + \frac{w_3^2}{2}\frac{\gamma}{g}.$$ (52)

An den engen Stellen der Leitung, wo die Geschwindigkeit und damit der dynamische Druck groß ist, muß also der statische Druck klein sein und umgekehrt, d. h. es findet ein dauernder Umsatz von dynamischem Druck in statischen Druck und umgekehrt statt.

In dem Raum links in der Abb. 277, aus dem die Flüssigkeit abströmt, soll sie ruhen. Der dynamische Druck ist hier also gleich Null, und der Gesamtdruck ist gleich dem statischen Druck p_0.

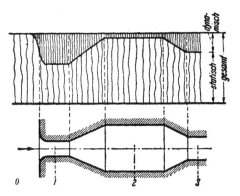

Abb. 277. Statischer, dynamischer und Gesamtdruck bei verlustloser Strömung.

D. Die Strömung einer wirklichen Flüssigkeit.

Bei einer wirklichen, also mit Zähigkeit behafteten Flüssigkeit findet durch innere Reibung eine dauernde Umwandlung von mechanischer Energie in Wärme statt. Infolgedessen wird der oben geschilderte Umsatz von dynamischem und statischem Druck von einer Abnahme des Gesamtdruckes längs der Leitung überlagert. Auf zwei Querschnitte angewendet lautet jetzt die Gleichung (52)

$$p_{st_1} + \frac{w_1^2}{2}\frac{\gamma}{g} = \left(p_{st_2} + \frac{w_2^2}{2}\frac{\gamma}{g}\right) + (p_{g_1} - p_{g_2}).$$ (53a)

$p_{g1} - p_{g2}$ bedeutet den bleibenden Verlust an Druck. Nach den statischen Drucken aufgelöst, lautet die Gleichung:

$$p_{st_1} - p_{st_2} = (p_{g_1} - p_{g_2}) + \frac{1}{2}(w_2^2 - w_1^2)\frac{\gamma}{g}.$$ (53b)

Wir besprechen vorerst nur Fälle ohne Querschnittsänderung und verschieben die Besprechung der allgemeinen Fälle auf später (s. S. 301). Dann ist $w_1 = w_2 = w$, und die Gleichung (53 b) vereinfacht sich auf

$$p_{st_1} - p_{st_2} = p_{g_1} - p_{g_2} = p_1 - p_2.$$ (53c)

Es hat sich in der Heizungstechnik als zweckmäßig erwiesen, bei der Berechnung der Druckverluste in Leitungen zu unterscheiden zwischen den Druckverlusten in den geraden Rohrstrecken und den Druckverlusten in den Einzelwiderständen. Mit letzterem Ausdruck bezeichnet man alle Krümmer, T-Stücke, Ventile usw., aber auch alle Verengungen und Erweiterungen in der Leitung. In Anlehnung an die Gesetze der alten Hydraulik setzt man für beide Fälle den bleibenden Druckverlust proportional dem dynamischen Druck, man rechnet also mit einer Gleichung von der Form

$$p_1 - p_2 = (\text{Prop. Faktor}) \cdot \frac{w^2}{2} \cdot \frac{\gamma}{g},$$

1. Das Druckgefälle im geraden Rohr.

Strömt eine Flüssigkeit durch ein gerades Rohr, so nimmt der Druck in der Flüssigkeit längs des ganzen Rohres geradlinig ab. Bezeichnet l die Länge des Rohres, p_1 den Anfangsdruck, p_2 den Enddruck, so nennt man

$p_1 - p_2$ [mm WS] den **Druckabfall** und

$\dfrac{p_1 - p_2}{l} \left[\dfrac{\text{mm WS}}{\text{m}} \right]$ das **Druckgefälle**, das allgemein mit dem Buchstaben R bezeichnet wird.

Für das Druckgefälle gilt die Gleichung:

$$R = \frac{p_1 - p_2}{l} = \lambda \cdot \frac{1}{d} \cdot \frac{w^2}{2} \frac{\gamma}{g}$$

und für den Druckfall:

$$Rl = p_1 - p_2 = \lambda \cdot \frac{l}{d} \cdot \frac{w^2}{2} \frac{\gamma}{g}$$

Der als Widerstandszahl bezeichnete Beiwert λ läßt sich als Funktion der Reynoldsschen Zahl $Re = \dfrac{w \cdot d}{\nu'}$ darstellen. Für glatte gezogene Rohre aus Messing, Kupfer oder Blei gilt die Gleichung:

$$\lambda_{\text{glatt}} = a + \frac{b}{Re^n} \tag{54}$$

Die in der Heizungstechnik verwendeten schmiedeeisernen Rohre gehören zu den rauhen Rohren und haben daher eine größere Widerstandszahl als glatte Rohre.

Wie schon im Vorwort zur 9. Auflage erwähnt, ergaben die Messungen an Muffen- und Flanschenrohren[1] bei ihrer Auswertung durch Dr. B r a d t k e[2] die Beziehung:

$$\lambda = \lambda_{\text{glatt}} + \frac{c}{d} \cdot Re^m \tag{55}$$

oder mit Benutzung von Gleichung (54)

$$\lambda = a + \frac{b}{Re^n} + \frac{c}{d} Re^m \tag{56}$$

In dieser Gleichung bezeichnen die Buchstaben a, b, c, n, m Festwerte.

Die Widerstandszahl λ ist hiernach gleich der Widerstandszahl für glatte Rohre, vermehrt um ein Zusatzglied, das von der Reynoldsschen Zahl Re, dem Rohrdurchmesser d und der im Beiwert c enthaltenen Rauhigkeit der Rohre abhängt.

Der Ausdruck für λ ist, wie erforderlich, dimensionslos, denn Re ist dimensionslos und der Quotient c/d des Zusatzgliedes enthält im Zähler c die Rauhigkeit, welche ebenso wie der Rohrdurchmesser d die Dimension einer Länge besitzt.

Werden in der Gleichung (56) für die Beiwerte und Exponenten die aus den Versuchen ermittelten Zahlenwerte eingesetzt, so ergibt sich die Gleichung von B r a d t k e:

$$\lambda = 0,0072 + \frac{0,61}{Re^{0,35}} + \frac{2,9 \cdot 10^{-5}}{d} \cdot Re^{0,108} \tag{57}$$

---

[1] Nach der Rohrnormung entsprechen den Muffenrohren die „verstärkten Gewinderohre", den Flanschenrohren die „nahtlosen Rohre".

[2] Vgl. F. B r a d t k e: Das Druckgefälle in geraden Rohrstrecken. Gesundh.-Ing. 1930, Kongreßnummer.

Die für das Rohrmaterial der Heizungstechnik ermittelte Formel für die Widerstandszahl λ besitzt allgemeine Gültigkeit, d.h. sie ist unabhängig davon, ob durch diese Rohre Wasser, Dampf oder ein anderes Medium strömt. Die Art des Mediums ist in der Formel durch die in der Reynoldsschen Zahl $Re = \dfrac{w \cdot d}{\nu}$ enthaltenen kinematischen Zähigkeit ν berücksichtigt.

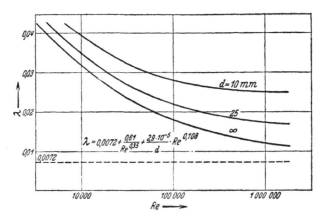

Abb. 278. Widerstandszahl $\lambda = f\,(Re)$.

Gleichung (57) ist in Abb. 278 zeichnerisch dargestellt, wobei die Reynoldssche Zahl als Abszisse im logarithmischen Maßstab aufgetragen ist. Die Kurve für $d = \infty$ gilt gleichzeitig für das vollkommen glatte Rohr beliebigen Durchmessers.

Wegen weiterer Literatur sei auf die untenstehende Fußnote[1] verwiesen.

2. Der Druckabfall in Einzelwiderständen.

Für den Druckfall im Einzelwiderstand gilt die Gleichung

$$Z = p_1 - p_2 = \zeta \cdot \frac{w^2}{2} \frac{\gamma}{g}.$$

Der Beiwert ζ ist in erster Linie durch die Gestalt des Einzelwiderstandes bestimmt; er ist von anderen Einflüssen, wie etwa Dichte und Zähigkeit sowie Geschwindigkeit der strömenden Flüssigkeit so weit unabhängig, daß diese Einflüsse vernachlässigt werden können. Im Gegensatz zum Beiwert λ [vgl. Gleichung (56)] ist deshalb der Beiwert ζ von der Reynoldsschen Zahl unabhängig gesetzt und gilt als reiner Formwert des Einzelwiderstandes, der im allgemeinen nur durch den Versuch bestimmt werden kann.

Bemerkung. Die gleichwertige Rohrlänge. Es sei an dieser Stelle das Verfahren erwähnt, einen Einzelwiderstand statt durch seinen ζ-Wert durch eine gleichwertige Rohrlänge l^* zu kennzeichnen, wobei man die Rohrlänge nicht in Metern, sondern in sogenannten „Durchmesserlängen" l^*/d angibt. Für den Vergleich beider Angaben gilt die Beziehung:

$$p_1 - p_2 = \lambda \cdot \frac{l^*}{d} \cdot \frac{w^2}{2} \frac{\gamma}{g} = \zeta \cdot \frac{w^2}{2} \frac{\gamma}{g}. \tag{58}$$

also ist $l^*/d = \zeta/\lambda$.

[1] Zimmermann, E. — Der Druckabfall in geraden Stahlrohrleitungen. Arch. Wärmewirtsch. Bd. 19 (1938) S. 243/47 und Bd. 21 (1940) S. 133. — Bauer, B. und Galavics, F. Exxperimentelle und theoretische Untersuchungen über die Rohrreibung von Heißwasserleitungen. Zürich 1936.

Während aber ζ eine nur von der geometrischen Gestalt des Einzelwiderstandes abhängige Zahl ist, hängt das Verhältnis l^*/d auch vom Wert λ und damit von der Strömungsgeschwindigkeit und den physikalischen Eigenschaften der Flüssigkeit (Wasser, Dampf, Luft) ab. Da diese Abhängigkeit keineswegs zu vernachlässigen ist, stellt die „gleichwertige Rohrlänge" kein eindeutiges Kennzeichen eines Einzelwiderstandes dar und ist deshalb zum Aufbau eines Rohrberechnungsverfahrens nicht geeignet.

3. Der Druckabfall in einer Teilstrecke.

Unter einer Teilstrecke versteht man ein Stück eines Rohrnetzes mit verschiedenen Einzelwiderständen, in welchem sich die Menge der strömenden Flüssigkeit nicht ändert, also kein Abzweig vorhanden ist, und in dem sich auch der Rohrdurchmesser nicht ändert. Dann ist auch die Strömungsgeschwindigkeit in diesem Teil des Rohrnetzes konstant.

Der Druckabfall in der ganzen Teilstrecke ist

$$p_1 - p_2 = \sum Rl + \sum Z = \sum \lambda \frac{l}{d} \cdot \frac{w^2}{2} \frac{\gamma}{g} + \sum \zeta \cdot \frac{w^2}{2} \frac{\gamma}{g} = \left(\lambda \cdot \frac{\sum l}{d} + \sum \zeta \right) \cdot \frac{w^2}{2} \frac{\gamma}{g}. \quad (59\,\text{a})$$

Man kann nun noch von der Strömungsgeschwindigkeit w auf die Flüssigkeitsmenge — ausgedrückt durch ihr Gewicht G — übergehen. Dazu dient die Gleichung:

$$G = \frac{d^2 \pi}{4} w \gamma \quad \text{bzw.} \quad w = \frac{4}{\pi} \frac{1}{\gamma} \frac{G}{d^2}.$$

Für den dynamischen Druck ergibt sich damit

$$\frac{w^2}{2} \frac{\gamma}{g} = \frac{1{,}62}{2\,g} \frac{1}{\gamma} \frac{G^2}{d^4}$$

und für die Gleichung (59a) die Form

$$p_1 - p_2 = \left(\lambda \frac{\sum l}{d} + \sum \zeta \right) \cdot \frac{1{,}62}{2\,g} \frac{1}{\gamma} \frac{G^2}{d^4}. \quad (59\,\text{b})$$

In die Gleichungen (59a) und (59b) setzt man noch für $2g$ seinen Zahlenwert ein und erhält so die für alle Arten von Rohrnetzaufgaben grundlegende Beziehung in zweierlei Form:

$$p_1 - p_2 = \left(\lambda \frac{\sum l}{d} + \sum \zeta \right) \cdot 5{,}10 \cdot 10^{-2} \cdot \gamma \cdot w_s^2, \quad (60\,\text{a})$$

$$p_1 - p_2 = \left(\lambda \frac{\sum l}{d} + \sum \zeta \right) \cdot 8{,}27 \cdot 10^{-2} \cdot \frac{1}{\gamma} \frac{G_s^2}{d^4}. \quad (60\,\text{b})$$

Hierin sind alle Längen, also auch der lichte Rohrdurchmesser, in Metern einzusetzen. Als Zeiteinheit gilt die Sekunde, wie durch den Zeiger s angedeutet ist.

Die beiden Gleichungen 60a und b bilden, wie später (Seite 311) gezeigt wird, den Ausgangspunkt für die verschiedenen Verfahren der Rohrnetzberechnung. Darüber hinaus sind sie besonders wichtig für das Verständnis aller Strömungsvorgänge in Rohrnetzen, weil sie einen klaren Einblick geben in die Zusammenhänge zwischen Druckverlust und zu fördernder Menge und zwischen Druckverlust und Rohrdurchmesser.

Die Menge kommt in der Gleichung im Quadrat vor. Will man deshalb bei derselben Leitung die zu fördernde Menge um nur 20 vH steigern, so muß man einen um 44 vH höheren Druck aufwenden.

Noch stärker ist der Einfluß des Rohrdurchmessers. Je nach dem Anteil der Einzelwiderstände ändert sich der Druckverlust mit der 4. bis 5. Potenz des

Durchmessers. Es ist deshalb von großem Einfluß, wenn man beim Übergang von der Berechnung zur Ausführung zur nächst höheren oder niedereren genormten Durchmesserstufe greifen muß. Muß man zum Beispiel statt der Nennweite 150 mm die nächst niedere Nennweite 125 mm nehmen, nimmt der Durchmesser nur auf 83 vH ab, der Druckabfall aber steigt bei einer langen Leitung ohne Einzelwiderstände auf 251 vH an.

II. Ventilatoren und Kreiselpumpen[1].

Wenn auch der Heizungs- und Lüftungsingenieur die Pumpen und Ventilatoren nicht selbst zu bauen hat, so muß er sich doch vollkommen im klaren sein über das Verhalten der Maschinen im Betrieb, insbesondere muß er wissen, wie sich Änderungen der Drehzahl oder Änderungen im Widerstand des Leitungsnetzes auswirken.

Beide Maschinen stimmen in Bauweise und Betrieb soweit überein, daß sie gemeinsam behandelt werden können. Um die Darstellung zu vereinfachen, soll der Text auf die Ventilatoren abgestimmt und die bei Pumpen vorhandenen Abweichungen nur durch Zwischenbemerkungen berücksichtigt werden.

A. Die Ventilatoren.

1. Die Nutzleistung des Ventilators.

Der Ventilator hat die Aufgabe, die sekundliche Luftmenge V_s auf einen um Δp höheren statischen Druck zu bringen und sie aus der Ruhe auf die Geschwindigkeit c zu beschleunigen. (Es muß hier vorübergehend der Buchstabe c gewählt werden, weil der Buchstabe w, der in diesem Buch sonst für die Geschwindigkeit verwendet ist, in der gesamten Literatur über Ventilatoren eine andere feste Bedeutung hat.) Für die theoretische Leistung des Ventilators gilt der Ausdruck:

$$N_{th}\left[\frac{\text{mkg}}{\text{sek}}\right] = V_s\left[\frac{\text{m}^3}{\text{sek}}\right] \cdot \Delta p\left[\frac{\text{kg}}{\text{m}^2}\right] + V_s\left[\frac{\text{m}^3}{\text{sek}}\right] \cdot \frac{c^2}{2} \cdot \frac{\gamma}{g}\left[\frac{\text{kg}}{\text{m}^2}\right].$$

Vorstehende Gleichung durch V_s dividiert, ergibt den Druck in mm WS

$$H = H_{st} + H_{dyn} = \Delta p + \frac{c^2}{2} \cdot \frac{\gamma}{g}. \tag{61}$$

2. Die Hauptgleichung der Ventilatortheorie.

Ventilatoren werden meist mit vorwärts gekrümmten Schaufeln, Kreiselpumpen mit rückwärts gekrümmten Schaufeln ausgeführt. Abb. 279 zeigt die Geschwindigkeitsparallelogramme für ein Laufrad mit vorwärts gekrümmten Schaufeln. Die eingetragenen Bezeichnungen sind die üblichen, nämlich:

u die Umfangsgeschwindigkeit des Rades,

w die Geschwindigkeit der Luft relativ zu den Schaufeln
und

c die resultierende Luftgeschwindigkeit.

Die Zeiger 1 und 2 beziehen sich auf den Eintritt ins Laufrad und auf den Austritt.

---

[1] E c k , B. — Ventilatoren. Berlin. Springer 1937.
B r u s t , O. — Lüfter. Heizung und Lüftung 1941, Seite 37.

Die Hauptgleichung der Ventilatortheorie lautet:

$$H_{th} = \frac{\gamma}{2\,g}\left[(u_2^2 - u_1^2) + (w_1^2 - w_2^2) + (c_2^2 - c_1^2)\right]. \tag{62}$$

Der physikalische Sinn dieser Gleichung ist folgender: Die ersten beiden Summanden in der Klammer beziehen sich auf die Steigerung des statischen Druckes der Luft auf ihrem Wege durch das Laufrad, und zwar der erste Ausdruck $(u_2^2 - u_1^2)$ durch die Zentrifugalkraft und der zweite Ausdruck $(w_1^2 - w_2^2)$ durch die diffusorartige Erweiterung der Schaufelkanäle. Der letzte Summand $(c_2^2 - c_1^2)$ bezieht sich auf die Steigerung des dynamischen Druckes innerhalb des Laufrades. Diese Erklärung der Hauptgleichung gibt zugleich den Anschluß an die Gleichung (61).

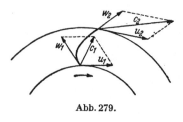

Abb. 279.

3. Der Einfluß der Drehzahl.

Durch die Schaufelwinkel ist die Gestalt der Geschwindigkeitsparallelogramme festgelegt und die Parallelogramme können sich bei Veränderung der Drehzahl nur mehr geometrisch ähnlich vergrößern oder verkleinern. Da sich die Umfangsgeschwindigkeit u linear mit der Drehzahl ändert, trifft dies auch für alle übrigen Geschwindigkeiten zu. Aus dieser Tatsache lassen sich drei wichtige Folgerungen ableiten.

a) Die geförderte Luftmenge wächst mit der ersten Potenz der Drehzahl, denn die Strömungsquerschnitte liegen fest und die Geschwindigkeit der Luft wächst mit der ersten Potenz.

b) Der erzielte Druck wächst mit der zweiten Potenz der Drehzahl, wie aus Gleichung (62) unmittelbar folgt.

c) Die erforderliche Antriebsleistung wächst mit der dritten Potenz der Drehzahl, denn die Leistung ist gleich dem Produkt aus Luftmenge und Druckerhöhung.

4. Einige Zahlenwerte.

Einen ungefähren Anhalt über die Größe des erforderlichen Ventilators gewinnt man aus der Ermittlung des inneren Laufraddurchmessers. Im Ansaugequerschnitt rechnet man mit einer Luftgeschwindigkeit von etwa 6 bis 8 m/sek. Der äußere Laufraddurchmesser wird bei Niederdruckventilatoren um etwa 20 vH größer.

Die Wirkungsgrade der Ventilatoren sind je nach der Größe verschieden. Man kann rechnen bei einem Saugdurchmesser von

$$200 \text{ mm mit } 35 \text{ vH},$$
$$400 \text{ mm mit } 50 \text{ vH},$$
$$1200 \text{ mm mit } 55 \text{ vH}.$$

B. Verhalten der Ventilatoren im Betriebe.
1. Der Begriff „gleichwertige Düse".

Will man die wechselseitigen Beziehungen zwischen Ventilator und Kanalnetz untersuchen, so ist es zweckmäßig, von dem Begriff der „gleichwertigen Düse" Gebrauch zu machen. Man kann nämlich zu jedem beliebigen gegebenen Kanalnetz eine Düse berechnen, die bei gleichem Druckunterschied $p_1 - p_2$ die gleiche sekundliche Luftmenge ergibt, und kann dann für alle Untersuchungen am Ventilator sich das Rohrnetz durch diese Düse ersetzt denken.

a) Strömung durch eine Düse.

Wenn der Druck vor der Düse gleich p_1, der Druck hinter der Düse gleich p_2 ist, so ergibt sich für die Ausströmgeschwindigkeit der Wert

$$w = \sqrt{2\,g \cdot \frac{p_1 - p_2}{\gamma}}.$$

Da bei einer gut ausgebildeten Düse (Abb. 280) die Einschnürungszahl $a = 1$ gesetzt werden kann, ist die sekundlich ausströmende Luftmenge:

$$V_s = \alpha\,A_1\,w = A_1\,w = A_1 \cdot \sqrt{2\,g \cdot \frac{p_1 - p_2}{\gamma}}.$$

Darin bedeutet A_1 den Querschnitt der Düse.

b) Strömung durch ein Kanalnetz.

Schreibt man die Gleichung (59 b) (vergleiche Seite 302) in der Form

$$p_1 - p_2 = \left(\lambda\,\frac{\Sigma l}{d} + \Sigma \zeta\right) \cdot \frac{1,62}{d^4} \cdot \frac{\gamma}{2g} \cdot V_s^2 = \text{const}\,\frac{\gamma}{2g} \cdot V_s^2,$$

so folgt aus ihr:

$$V_s = \text{const} \cdot \sqrt{2\,g \cdot \frac{p_1 - p_2}{\gamma}},$$

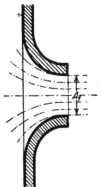

Abb. 280. Düse.

also dieselbe Gleichung, die oben für die Düse abgeleitet wurde.

Als Druckverlust $p_1 - p_2$ ist hier natürlich nicht allein der Druckverlust in der Druckleitung zu nehmen, sondern es sind noch alle Verluste in der Saugleitung und der Filterkammer hinzuzufügen.

c) Der Vergleich von Kanalnetz und Düse.

Entscheidend ist, daß sowohl beim Kanalnetz als bei der Düse die Geschwindigkeit und damit auch die Luftmenge proportional der Wurzel aus dem Druckunterschied ist. Wenn deshalb von einer Düse bekannt ist, daß sie bei einem bestimmten Druckunterschied mit dem gegebenen Kanalnetz gleiche Luftmenge hat, so gilt dies auch für alle anderen Druckunterschiede, Geschwindigkeiten und Luftmengen. Diese Düse nennt man deshalb die „gleichwertige Düse".

Ist die Luftmenge V_s eines Leitungsnetzes bei irgendeinem Wert $p_1 - p_2$ des Druckabfalles bekannt — sei es durch Rechnung oder Versuch —, so errechnet sich der Querschnitt A_1 der gleichwertigen Düse zu

$$A_1 = \frac{V_s}{\sqrt{\dfrac{2g}{\gamma}} \cdot \sqrt{p_1 - p_2}}. \tag{63}$$

Mit Einführung des Wertes $\gamma = 1,2$ ergibt sich

$$A_1 \approx \frac{1}{4}\,\frac{V_s}{\sqrt{p_1 - p_2}}. \tag{63a}$$

Die Gleichung (63 a) kann man auch schreiben:

$$H = p_1 - p_2 = \left(\frac{1}{4\,A_1}\right)^2 \cdot V_s^2.$$

Dies ist die Gleichung einer Parabel, und man bezeichnet diese Kurve als die Kennlinie der Düse und damit auch des Kanalnetzes (vgl. Abb. 281).

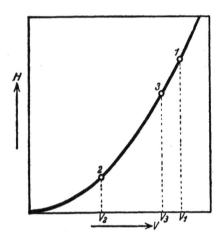

Abb. 281. Kennlinie eines Kanalnetzes.
Abszisse: Luftvolumen,
Ordinate: Druckverlust.

Die einzelnen Punkte dieser Kurve stellen verschiedene Betriebszustände dar. So kann z. B. Punkt 1 bzw. 2 den Zustand bei stärkster bzw. schwächster Luftförderung darstellen, Punkt 3 einen mittleren Betriebszustand, etwa den häufigst vorkommenden, der für alle Wirtschaftlichkeitsfragen entscheidend ist.

2. Das Ventilatorschaubild.

Die Ableitung dieses Schaubildes läßt sich am besten an Hand einiger Versuche besprechen, die wir uns an nebenstehend gezeichneter Versuchsanordnung (Abb. 282) denken.

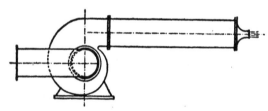

Abb. 282. Versuchsanordnung.

Ein Ventilator, dessen Drehzahl in weiten Grenzen veränderlich ist, saugt mittels einer kurzen Ansaugleitung Luft an und preßt sie in eine kurze Ausblaseleitung. Das Ende dieser Ausblaseleitung kann durch auswechselbare Düsen verschiedener Weite abgeschlossen werden. Gemessen wird bei jedem Versuch der Querschnitt F der Düsenöffnung, die Drehzahl n, der Druckunterschied H, die sekundliche Luftmenge V_s und die aufgewendete Antriebsleitung N.

a) Erste Versuchsreihe. F konstant, n veränderlich.

Wir setzen eine Düse mittlerer Weite ein und lassen nun den Ventilator mit stetig steigender Drehzahl laufen. Es ist ohne weiteres verständlich, daß mit steigender Drehzahl die geförderte Luftmenge V, der erzielte Druckanstieg H und die aufzuwendende Antriebsleitung N zunehmen. Die Erläuterungen über die Ventilatoren haben gezeigt, daß die Luftmenge der ersten Potenz, der Druckanstieg der zweiten und die Leistung der dritten Potenz der Drehzahl proportional ist, und daß die Proportionalitätsfaktoren außer von der Bauart des Ventilators auch noch vom Querschnitt F der Düsen abhängen. Es gelten also die Gleichungen

1. $V = \varphi_1\,(F) \cdot n$,   (64)

2. $H = \varphi_2\,(F) \cdot n^2$,   (65)

3. $N = \varphi_3\,(F) \cdot n^3$.   (66)

Aus den beiden ersten Gleichungen folgt

$$H = \varphi_4\,(F) \cdot V^2. \tag{67}$$

Diese Beziehung zwischen H und V ist bei festgehaltenem Werte F die Gleichung einer Parabel (vgl. Abb. 283). Düsen verschiedenen Querschnitts F würden ver-

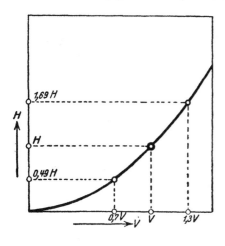

Abb. 283. Düsenkennlinie.
Abszisse: Luftvolumen,
Ordinate: Druckverlust.

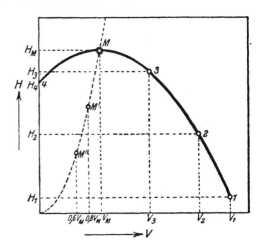

Abb. 284. Drosselkurve bei einer Drehzahl.
Abszisse: Luftvolumen,
Ordinate: Druckverlust.

schiedene Parabeln ergeben, die wir als die Düsenkennlinien bezeichnen wollen.

Aus der Beziehung (64) folgt, daß sich die zu den Drehzahlen n_1, n_2 usw. gehörigen Abszissen $V_1 : V_2 : V_3$ usw. verhalten wie die Drehzahlen selbst.

b) Zweite Versuchsreihe, n konstant, F veränderlich.

Wir lassen nun den Ventilator mit konstanter Geschwindigkeit laufen, setzen aber der Reihe nach Düsen von verschiedener Weite an.

Bei dem ersten Versuch setzen wir noch keine Düse an, so daß der Ausblasequerschnitt des Ventilators vollständig frei ist. Dann ergibt sich eine sehr große geförderte Luftmenge V_1, aber ein niederer Druckunterschied H_1 (vgl. Abb. 284). Setzt man nun die verschiedenen Düsen ein, und zwar der Reihe nach immer engere Düsen, so geht die geförderte Luftmenge zurück, während gleichzeitig der Druck H steigt. Bei einem bestimmten Düsenquerschnitt F_M erreicht jedoch der Druck H seinen Höchstwert H_M und fällt dann wieder ab, bis bei völligem Abschluß der Ausblaseleitung der Ventilator ohne Luftförderung sich dreht. Die Kurve 1, 2, 3, M, 4, welche den Zusammenhang zwischen Luftmenge und Pressung des Ventilators bei konstanter Drehzahl wiedergibt, nennt man die Drosselkurve des Ventilators; sie kann mit hinreichender Genauigkeit als Parabel aufgefaßt werden.

Bei kurzen vorwärts gekrümmten Schaufeln kommt der linke absteigende Ast der Parabel nicht zur Ausbildung. Es entstehen dann Drosselkurven nach Abb. 287.

c) Zusammenfassung der beiden Versuchsreihen.

Untersucht man an demselben Ventilator die Drosselkurven bei verschiedenen Drehzahlen, so zeigt sich, daß alle diese Parabeln kongruent sind, und daß sich die Höchstdrucke *M* alle bei derselben Düsenöffnung einstellen. Man braucht darum nur eine einzige Drosselkurve durch den Versuch aufzunehmen und kann daraus wie folgt alle anderen Drosselkurven ableiten. (Vgl. Abb. 285.)

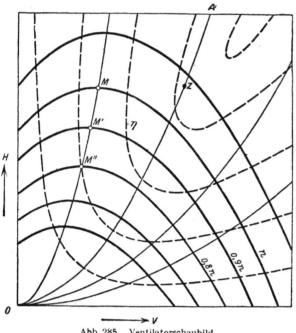

Abb. 285.   Ventilatorschaubild
(Düsenkennlinien, Drosselkurven, Wirkungsgradkurven).

Durch den Scheitelpunkt *M* der gegebenen Drosselkurve und den Ursprung *O* des Koordinatensystems legt man die Düsenkennlinie *OM* (als Parabel mit *O* als Scheitel) und sucht auf dieser die Scheitelpunkte M' M'' usw. zu den Drosselkurven für $0,9\,n$, $0,8\,n$, $0,7\,n$ bzw. $1.1\,n$ usw., indem man ihre Abzissen gleich $0,9\,V_M$, $0,8\,V_M$ usw. macht. Durch diese Scheitelpunkte legt man dann Parabeln, die der gegebenen Drosselkurve kongruent sind, und erhält damit die ganze Schar der Drosselkurven.   Ferner zeichnet man noch durch den Koordinatenursprung und die Punkte 1, 2 usw. die einzelnen Düsenkennlinien für verschiedene Düsenweiten. Die Abb. 285 enthält außer den Düsenkennlinien und den Drosselkurven auch noch Kurven gleichen Wirkungsgrades, wie sie sich aus Versuchen etwa ergeben würden.

d) Die erforderliche Antriebsleistung.

In Abb. 286 sind in das Ventilatorschaubild statt der Linien gleichen Wirkungsgrades die Linien gleicher theoretischer Ventilatorleistung N_{th} eingetragen. Da diese gleich $V_s \cdot H$ ist, sind die Kurven gleichseitige Hyperbeln.

e) Auswahl des Ventilators[1].

Um für ein gegebenes Rohrnetz und eine gegebene sekundliche Luftmenge den geeignetsten Ventilator zu finden, muß man für das Rohrnetz die gleichwertige Düse A_1 errechnet haben und die sekundliche Luftmenge V_s, mit der die Anlage meistens betrieben wird, kennen.

Ferner muß man für eine Reihe von Ventilatoren das Kurvenschaubild 286 kennen. Man sucht in jedem Schaubild den Schnittpunkt der Ordinate des Volumens V_s mit der für die Anlage ermittelten Kennlinie der Düse A_1 (Punkte Z_0 in Abb. 286). Liegt dieser Schnittpunkt innerhalb eines Gebietes mit hohem Wirkungs-

---

[1] Schacht. A: Wärme 1936. H. 1, S. 10.

grad, so ist der Ventilator brauchbar. Hat man unter mehreren Ventilatoren, welche diese Bedingungen erfüllen, die Auswahl, so soll man jenen wählen, dessen Wirkungsgrad in einem möglichst großen Betriebsbereich günstig ist, damit nicht bei Änderungen der Drehzahl des Motors oder bei Änderungen der gleichwertigen Düse (Schließen oder Öffnen von Lüftungsklappen) der Wirkungsgrad sofort stark sinkt. Das ist wichtiger als ein außergewöhnlicher Wirkungsgrad in nur engem Betriebsbereich.

Es soll zum Beispiel für einen Saal mit 1000 Personen bei einer Luftrate von 30 m³ je Person und Stunde, also mit einer Luftmenge von 8,3 m³/sek der Ven-

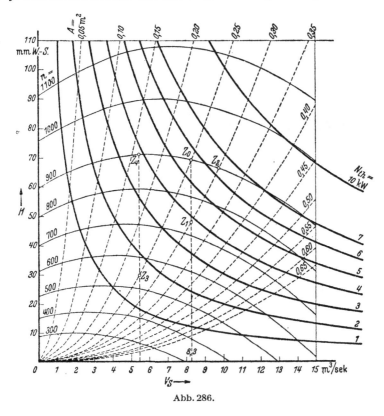

Abb. 286.

tilator ausgewählt werden. Der Widerstand von Kanalnetz und Lüftungskammer wurde zu 70 mm WS errechnet. Damit ist im Schaubild 286 der Punkt Z_0 festgelegt, der zeigt, daß die gleichwertige Düse einen Querschnitt von 0,25 m² hat. Der Punkt Z_0 gibt zugleich den Betriebszustand des Ventilators an. Die erforderliche Antriebsleistung ist 5,7 kW. Man sucht nun unter den verschiedenen Ventilatoren einen solchen aus, der bei dem Betriebszustand Z_0 einen günstigen Wirkungsgrad hat. Im Schaubild 286 ist angenommen, daß dieser Ventilator bei der verlangten Leistung die Drehzahl 900 hat.

Bei der Berechnung des Druckverlustes im Kanalnetz wird oft der Fehler gemacht, daß unnötig hohe Zuschläge eingesetzt werden. Ist der wahre Druckverlust zum Beispiel nicht 70, sondern nur 49 mm WS, so entspricht dem der Punkt Z_1

und die richtige gleichwertige Düse hat nicht 0,25, sondern 0,30 m² Querschnitt. Da aber bei elektrischem Antrieb der Ventilator mit nahezu starrer Drehzahl läuft, rückt der Betriebszustand von Z_0 nicht nach Z_1, sondern nach Z_2. Die Antriebsleistung steigt dann von 5,7 auf 6,3 kW. In manchen Gebieten des Ventilatorschaubildes kann der Anstieg der Leistung so groß werden, daß der Motor durchbrennt. Es kann also zu schweren Mißerfolgen führen, wenn bei der Berechnung des erforderlichen Druckes aus Ängstlichkeit zu hohe Zuschläge eingesetzt wurden.

Bei sehr komplizierten Kanalnetzen ist es oft nicht möglich, den Zusammenhang zwischen der Pressung $p_1 - p_2$ (einschließlich Widerstand in der Filteranlage) und der geförderten Luftmenge durch Rechnung hinreichend zuverlässig zu finden. Man kann sich dann — wenn die Zeit dazu vorhanden ist — helfen, indem man einen beliebigen Ventilator vorübergehend einbaut und mit diesem in einem Vorversuch bei irgendeinem beliebigen Betriebszustand ein zusammengehöriges Wertepaar von *V* und $p_1 - p_2$ bestimmt und hieraus dann nach Gleichung (63) die gleichwertige Düse errechnet.

f) Regelung durch Änderung der Drehzahl.

Soll die oben besprochene Lüftungsanlage zu manchen Zeiten nur mit der Luftrate 20 m³, also mit der Luftmenge 5,6 m³/sek betrieben werden, so ergibt sich im Ventilatorschaubild der Betriebszustand Z_3. Es ist dann nur ein Druck von 30 mm WS und eine Antriebsleistung von 1,7 kW erforderlich. Die Drehzahl muß von 900 auf 550 gesenkt werden. Die Drehzahlregelung ist also an sich die einfachste und wirtschaftlichste Regelung. Da aber bei elektrischem Antrieb eine Veränderung der Drehzahl in größerem Ausmaße nur mit sehr teuren Schaltungen möglich ist, kommt diese Art der Regelung nur selten zur Anwendung.

g) Regelung durch Drosselung.

Sehr einfach im Aufbau ist dagegen die Regelung der Luftmenge durch Drosselung. Durch Einbau eines Drosselschiebers kann die gleichwertige Düse verändert werden. Der Zustandspunkt wandert im Schaubild auf der Linie n = 900 bis zur Stelle Z_4, der der neuen Luftmenge entspricht. Der erforderliche Leistungsbedarf des Ventilators sinkt aber jetzt von 5,7 nicht auf 1,7, sondern nur auf 3,8 kW. Drosselung ist also wesentlich unwirtschaftlicher als Drehzahlregelung.

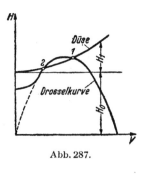

Abb. 287.

h) Labile Betriebszustände.

Bei Ableitung der gleichwertigen Düse war angenommen, daß der zu überwindende Widerstand nur in den Druckverlusten im Netz besteht, also proportional der 2. Potenz der Geschwindigkeit wächst. Anders ist dies, wenn der Ventilator außerdem gegen einen gleichbleibenden Druck zu arbeiten hat, also zum Beispiel einen Druckkessel zu speisen hat. (Häufiger ist dieser Fall bei Pumpen, die Wasser auf eine größere Höhe zu fördern oder in einen Kessel mit höherem Druck zu speisen haben.) Dann ist diese Druckhöhe das Entscheidende und die Widerstände in der Leitung sind nur mehr Zusatzgrößen. Die Parabeln, die die Kennlinien der Anlage darstellen, liegen dann höher und sind flacher (Abb. 287). Es kann dann vorkommen, daß die

Parabeln die Drosselkurve des Ventilators in zwei Punkten schneiden, so daß zwei Betriebszustände möglich sind, von denen der linke labil ist. Zwei Schnittpunkte sind natürlich nur in der Nähe des Scheitels der Drosselparabel möglich. Der Fall ist aber deshalb von besonderer Bedeutung, weil die Betriebszustände guten Wirkungsgrades häufig in der Nähe des Scheitels liegen. Derartige labile Zustände sind auch dann möglich, wenn zwei Ventilatoren parallel geschaltet sind und auf dasselbe Netz arbeiten (vgl. Eck, Seite 95).

i) Parallelbetrieb zweier Ventilatoren.

In Abb. 288 bedeute die Kurve D_1 die Drosselkurve eines Gebläses. Wird ein zweites, gleich gebautes Gebläse parallel geschaltet, so wächst die Fördermenge auf das Doppelte, wenn die Förderhöhe unverändert bleibt, wie das bei einer Aufgabe mit rein statischem Druck der Fall ist. Die Drosselkurve D_2 des Gebläsepaares ergibt sich also einfach durch Verdoppelung der Abszissen.

Arbeiten jedoch die beiden Gebläse in eine Leitung mit beachtlichem Strömungswiderstande, so ist deren Kennlinie zu berücksichtigen. In Abb. 288 ist angenommen, daß in einer Leitung zur Förderung von 7,2 lit/sek ein Druck von 7 m WS erforderlich ist. Der Punkt P_1 der Abbildung kennzeichnet dann zugleich den Betriebszustand des Gebläses. Wird ein zweites Gebläse parallel geschaltet, so wandert der Zustandspunkt nicht etwa auf einer Horizontalen bis zum Schnitt von Drosselkurve D_2, sondern er wandert auf der Düsenkennlinie dorthin. Für den neuen Betriebszustand P_2 ist dann die Förder-

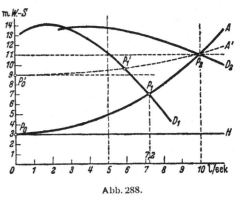

Abb. 288.

menge auf 10 lit/sek und der Druck auf 11 m WS gestiegen. In der Abb. 288 ist in den gestrichelten Linien und den Punkten P_0' und P_1' noch eine Aufgabe angedeutet, bei der ein hoher statischer und nur ein geringer Leitungswiderstand zu überwinden ist.

Dreizehnter Abschnitt.

Die Berechnung von Rohrnetzen.

Dieser Abschnitt knüpft an die Ausführungen über den Druckabfall in einer Teilstrecke an (Seite 302) sowie an die beiden dort abgeleiteten wichtigen Gleichungen:

$$p_1 - p_2 = \left(\lambda \cdot \frac{\Sigma l}{d} + \Sigma \zeta \right) \cdot 5,10 \cdot 10^{-2} \cdot \gamma \cdot w_s^2 \qquad (60\,\text{a})$$

$$p_1 - p_2 = \left(\lambda \cdot \frac{\Sigma l}{d} + \Sigma \zeta \right) \cdot 8,27 \cdot 10^{-2} \cdot \frac{1}{\gamma} \cdot \frac{G_s^2}{d^4} \qquad (60\,\text{b})$$

I. Allgemeines.

1. Grundsätzliches über Rohrnetzaufgaben der Technik.

Bei den Rohrnetzaufgaben ist entweder für einen gegebenen Rohrstrang der Druckabfall zu berechnen, oder es ist für gegebene Menge und gegebenen Druckabfall der Rohrdurchmesser zu ermitteln. So entstehen zwei Aufgabengruppen.

Die erste Aufgabengruppe ist wie folgt gekennzeichnet: Gegeben ist der Rohrstrang in seiner Linienführung und in allen seinen Teilen, also Länge aller geraden Rohrstrecken, Durchmesser der Rohre, Zahl und Art der Einzelwiderstände. Ferner ist gegeben die zu fördernde Flüssigkeitsmenge oder, was gleichbedeutend ist, die Strömungsgeschwindigkeit. Gesucht ist der Druckabfall $p_1 - p_2$. Die Aufgaben dieser Gruppe bereiten keinerlei Schwierigkeiten, denn die beiden Gleichungen (60 a) und (60 b) führen ohne weiteres zum Ziel. Die Gleichung (60 a) ist im allgemeinen für die Rechnung bequemer.

Die zweite Aufgabengruppe, mit der wir uns ausschließlich zu befassen haben, hat folgenden Wortlaut: Gegeben ist der Linienzug des Rohrstranges einschließlich der Art und Zahl der Einzelwiderstände. Ferner ist gegeben die in der Zeiteinheit zu fördernde Flüssigkeitsmenge sowie der zulässige Druckabfall $p_1 - p_2$. Gesucht ist der Rohrdurchmesser.

In diesem Falle führt keine der beiden Gleichungen unmittelbar zum Ziel, weil sie sich nicht in algebraischer Weise nach der Unbekannten „d" auflösen lassen. Der Grund dafür liegt an der Bauart der Gleichungen sowie an dem Umstande, daß der Wert λ sowohl vom Durchmesser als von der Strömungsgeschwindigkeit abhängt — beides vorerst noch unbekannte Größen.

Es gibt verschiedene Möglichkeiten, aus dieser Schwierigkeit einen Ausweg zu finden, und daraus erklärt sich die Vielzahl der in den verschiedenen Zweigen der Technik üblichen Berechnungsverfahren. In großen Zügen lassen sich zwei Hauptarten unterscheiden, die beide von einer Schätzung ihren Ausgang nehmen.

a) Unterteilung in eine vorläufige und eine endgültige Rechnung.

Man geht dabei meist von der Annahme aus, daß man aus der Erfahrung schätzen kann, in welchem ungefähren Verhältnis der zur Verfügung stehende Druckabfall von den geraden Rohrstrecken und von den Einzelwiderständen aufgebracht wird. Dieses Verhältnis ist natürlich je nach Art des Rohrnetzes, ob Fernleitung, Strangnetz usw., stark verschieden (vgl. Zahlentafel 16 im Anhang). Bezeichnet man mit a vH den Anteil der Einzelwiderstände am gesamten Druckabfall, so kann man die Gleichung (60 b) aufspalten und erhält

für die Einzelwiderstände: $\quad a \cdot (p_1 - p_2) = \Sigma \zeta \quad \cdot 8,27 \cdot 10^{-2} \cdot \dfrac{1}{\gamma} \dfrac{G_s^2}{d^4}$, (68 a)

für die geraden Rohrstrecken: $(1-a) \cdot (p_1 - p_2) = \lambda \cdot \dfrac{\Sigma l}{d} \cdot 8,27 \cdot 10^{-2} \cdot \dfrac{1}{\gamma} \dfrac{G_s^2}{d^4}$, (68 b)

Mit der zweiten Gleichung wird meist die vorläufige Rechnung durchgeführt. Eine Nachrechnung ist notwendig, nicht so sehr, weil durch die Schätzung des Wertes a einige Unsicherheit in die Rechnung gebracht wurde, als vielmehr, weil statt des Durchmessers, den die Rechnung ergibt, ein genormter Durchmesser verwendet werden muß. Je nachdem man die nächsthöhere oder die nächstniedrigere

Nennweite wählt, wird der zur Verfügung stehende Druckabfall entweder nicht aufgebraucht oder überschritten. Das Maß dieser Abweichung festzustellen, ist Aufgabe der Nachrechnung.

Das Verfahren mit dem geschätzten Anteil der Einzelwiderstände ist sehr gut brauchbar bei Fernleitungen, bei denen der Anteil der Einzelwiderstände nur etwa 10 bis 20 vH beträgt. Es liefert auch noch zufriedenstellende Werte bei den Strangnetzen mit einem Anteil der Einzelwiderstände von etwa 30 bis 50 vH. Dagegen wird das Verfahren unbrauchbar bei Netzen mit außergewöhnlich hohem Anteil der Einzelwiderstände, also z. B. bei Rohrschalt- und Verteileranlagen, bei Lüftungsnetzen usw. In solchen Fällen geht man besser den nachstehend bezeichneten Weg.

b) Gleichzeitige Durchrechnung mehrerer Annahmen.

Die Schätzung bezieht sich hier auf die Strömungsgeschwindigkeit. Diese liegt bei mittleren und größeren Leitungen im allgemeinen

für Dampf .... zwischen 20 bis 70 m/s

für Warm- und Heißwasser .... zwischen 0,5 und 4 m/s

Bei einiger Erfahrung ist es möglich, die Grenzen noch erheblich enger zu ziehen. Man ermittelt dann durch eine kurze Zwischenrechnung aus der zu fördernden Flüssigkeitsmenge unter Beachtung der Stufen der genormten Rohrdurchmesser zwei oder drei Geschwindigkeiten, mit denen man nach Gleichung (60a) den Druckabfall $p_1 - p_2$ bestimmt. Der Vergleich dieser Werte mit dem vorgeschriebenen Druckabfall läßt dann erkennen, welcher Durchmesser für die Ausführung zu wählen ist.

Dem Nachteil dieses Verfahrens, mehrere Annahmen durchrechnen zu müssen, steht der Vorteil gegenüber, daß man ohne die Unsicherheiten einer vorläufigen Rechnung sofort die einwandfreien Werte des Druckverlustes für die zwei oder drei gewählten Durchmesser erhält.

2. Die Berechnungsverfahren der Heizungs- und Lüftungstechnik.

In steigendem Maße zeigt sich die Notwendigkeit, zwischen den Berechnungsverfahren der Strangnetze von Gebäudeheizungen und dem Berechnungsverfahren von anderen Rohrleitungen, z. B. Fernleitungen, größeren Verteilnetzen oder Lüftungskanälen usw. zu unterscheiden.

Die Berechnung der Gebäudeheizung muß nach einem möglichst einfachen und bei allen Firmen einheitlichen Verfahren durchgeführt werden können. Die Einheitlichkeit ist durch das Verfahren von R i e t s c h e l mit den Ergänzungen von B r a b b é e und B r a d t k e im wesentlichen erreicht.

Die anderen erwähnten Aufgaben verlangen eine größere Freiheit im Rechnungsgang. In diesem Sinne wird nachstehend bei den Fernleitungen ein etwas anderer Rechnungsgang eingeschlagen werden als in den älteren Auflagen. Den äußeren Anlaß zu dieser Änderung gab die Unmöglichkeit, bei Heißwasserfernleitungen für die verschiedenen vorkommenden Temperaturen mit einer einzigen großen Hilfstafel auszukommen. Die Aufnahme von mehreren Hilfstafeln verbot sich aus verschiedenen Gründen.

II. Berechnung von Fernleitungen.

Das Wort „Fernleitung" ist keineswegs allzu wörtlich zu nehmen. Alles was
nicht Strangnetz im engsten Sinne ist, kann hier mit einbezogen werden, also z. B.
auch die Leitungen, die bei einer größeren Anlage von der Zentrale nach den einzelnen Unterstationen und Verteilern führen.

A. Warmwasser- und Heißwasserfernleitungen.

1. Der Beiwert λ.

Die Gleichung Nr. 57 (Seite 300) gibt die Abhängigkeit der Beiwerte λ vom Rohrdurchmesser und der Reynoldsschen Zahl. In letzterer kommt noch der Einfluß
der Strömungsgeschwindigkeit und der Temperatur zum Ausdruck. Die nachstehende Zahlentafel zeigt die Werte λ mit ihrer Abhängigkeit von Temperatur,
Durchmesser und Geschwindigkeit, wobei der besseren Übersichtlichkeit wegen die
Werte $10\,000 \cdot \lambda$ eingetragen sind.

2. Die vorläufige Rechnung.

Bei Wasserfernheizungen ist es zweckmäßig, statt mit der stündlichen Wärme-
förderung Q_h des Stranges mit seiner sekundlichen Wasserförderung G_s zu rechnen.
Es ist:

$$G_s = \frac{Q_h}{3600 \cdot 1{,}0 \cdot (t_{\text{Vorlauf}} - t_{\text{Rücklauf}})}.$$

Wir greifen zurück auf Gleichung (68 b) und geben ihr durch eine erste Umstellung

$$(1 - a)\frac{p_1 - p_2}{\Sigma l} = 8{,}27 \cdot 10^{-2} \cdot \frac{\lambda}{\gamma} \cdot \frac{G_s^2}{d^5}$$

und dann eine zweite Umstellung die Form

$$G_s^2 \Big/ \frac{p_1 - p_2}{\Sigma l} = \frac{(1 - a) \cdot \gamma}{8{,}27 \cdot 10^{-2}} \cdot \frac{1}{\lambda} \cdot d^5. \tag{69}$$

Die linke Seite der Gleichung umfaßt die Forderungen der gestellten Aufgabe,
nämlich die zu fordernde Menge bei vorgeschriebenem Druckgefälle. Die rechte
Seite stellt einen Wert dar, der im wesentlichen nur vom Rohrdurchmesser abhängt, da dieser in der fünften Potenz vorkommt. Kleine Unsicherheiten in den
Werten a, λ und γ spielen dieser Potenz gegenüber nur eine ganz untergeordnete
Rolle. Als Anteil der Einzelwiderstände kann man bei Fernleitungen 15 vH rechnen,
und für γ kann man mit hinreichender Genauigkeit sowohl bei Warmwasser als
bei Heißwasser den festen Wert 958 kg/m³ ansetzen. Man erhält so für die rechte
Seite der Gleichung den Wert

$$\frac{(1 - 0{,}15) \cdot 958}{8{,}27 \cdot 10^{-2}} \cdot \frac{1}{\lambda} \cdot d^5 = 9850 \cdot \frac{1}{\lambda} \cdot d^5$$

und für die ganze Gleichung die Form

$$\boxed{G_s^2 \Big/ \frac{p_1 - p_2}{\Sigma l} = 9850 \cdot \frac{1}{\lambda} \cdot d^5. \qquad (70)}$$

Für λ wurden bei jedem Durchmesser geeignete Mittelwerte aus den senkrechten
Spalten der Tabelle auf Seite 315 ausgewählt, wobei dem Umstande Rechnung getragen wurde, daß bei engen Rohren meist die hohen Geschwindigkeiten, bei

weiten Rohren die niederen Geschwindigkeiten ausfallen. Auf diese Weise wurden zu jeder Nennweite die zugehörigen Werte der rechten Seite in Gleichung (70) errechnet und in der untenstehenden Zahlentafel den Nennweiten zugeordnet.

Zahlenwerte 10 000 λ für Wasser
(Die Angabe 192 bedeutet: $\lambda = 0{,}0192$)

Nennweite mm		32	50	65	80	100	125	150	200	250	300	350	400	500
$t = 10°\,$C	$w = 0{,}5$	295	258	248	235	224	212	204	192	184	175	168	165	157
	$= 1{,}0$	250	228	208	204	196	186	178	168	159	154	149	147	140
	$= 2{,}0$	226	204	189	183	176	168	161	152	146	140	136	133	128
	$= 3{,}0$	220	198	183	181	174	167	159	154	145	140	135	130	127
	$= 5{,}0$	213	186	172	167	160	153	148	140	134	129	125	122	117
$t = 60°\,$C	$w = 0{,}5$	237	216	202	194	185	176	168	160	152	147	143	140	134
	$= 1{,}0$	221	197	183	175	170	162	156	147	140	136	131	129	124
	$= 2{,}0$	214	185	172	166	159	151	146	138	132	128	124	122	117
	$= 3{,}0$	208	181	169	163	156	148	143	136	130	126	122	119	114
	$= 5{,}0$	205	179	166	160	154	146	140	133	127	123	119	116	112
$t = 80°\,$C	$w = 0{,}5$	227	206	192	186	179	170	164	155	148	143	139	135	130
	$= 1{,}0$	217	192	178	172	165	158	152	143	138	133	128	126	123
	$= 2{,}0$	210	182	170	163	157	150	145	137	131	126	121	119	115
	$= 3{,}0$	206	179	167	162	154	149	143	134	129	124	119	118	113
	$= 5{,}0$	205	178	166	161	154	147	141	133	127	123	118	116	111
$t = 100°\,$C	$w = 0{,}5$	225	203	188	181	174	165	159	151	144	139	134	132	127
	$= 1{,}0$	215	188	175	168	162	155	149	141	135	130	125	123	119
	$= 2{,}0$	208	181	168	162	155	148	142	135	128	125	124	120	114
	$= 3{,}0$	205	179	166	161	154	146	141	133	127	124	121	117	112
	$= 5{,}0$	205	179	166	159	154	145	140	133	126	123	119	116	111
$t = 120°\,$C	$w = 0{,}5$	221	198	183	177	171	163	156	148	140	136	132	130	124
	$= 1{,}0$	213	185	173	167	160	153	148	139	133	128	124	122	117
	$= 2{,}0$	206	180	167	162	154	149	143	134	129	124	121	118	113
	$= 3{,}0$	205	178	166	160	154	147	141	133	128	123	119	116	112
	$= 5{,}0$	208	179	167	160	154	147	141	133	128	123	119	116	112
$t = 140°\,$C	$w = 0{,}5$	216	194	180	174	167	160	154	145	139	134	130	127	122
	$= 1{,}0$	211	183	171	164	158	151	146	138	132	127	122	120	116
	$= 2{,}0$	205	179	166	160	154	147	141	134	128	124	119	117	112
	$= 3{,}0$	206	178	166	160	154	147	141	133	128	123	119	116	111
	$= 5{,}0$	210	180	168	161	155	148	142	134	128	123	118	116	112

Vorläufige Rohrdurchmesser für Warm- und Heißwasserfernleitungen.

Nennweite mm	$G_s^2 \sqrt{\dfrac{p_1 - p_2}{\Sigma l}}$ —	Inhalt dm³/m	Nennweite mm	$G_s^2 \sqrt{\dfrac{p_1 - p_2}{\Sigma l}}$ —	Inhalt dm³/m
50	0,193	2,08	200	252	32,7
65	0,962	3,85	(225)	455	41,0
80	2,23	5,34	250	798	50,7
(90)	4,63	7,09	(275)	1 280	60,7
100	6,22	7,93	300	2 000	72,1
(110)	11,5	10,03	350	4 370	97,3
125	19,4	12,3	400	8 500	125,7
150	50,5	17,7	450	15 300	158,3
(175)	132	25,6	500	26 300	194,8

Da die linke Seite der Gleichung aus den Forderungen der Aufgabe rasch zu errechnen ist, ist damit auch der vorläufige Rohrdurchmesser rasch gefunden. Wegen des Einflusses der fünften Potenz des Durchmessers und wegen der verhältnismäßig großen Stufung der Rohrnormung umfaßt jede Nennweite einen ziemlich großen Bereich.

3. Endgültige Rechnung.

Zur Nachrechnung dient Gleichung (60a), welche mit Verwendung des Wertes $\gamma = 958$ für Warm- und Heißwasser die Form annimmt:

$$p_1 - p_2 = \left(\lambda \frac{\Sigma l}{d} + \Sigma \zeta\right) \cdot 49 \cdot w_s^2 \; [\text{mm WS}] .$$

Die Durchführung der Rechnung erläutert am besten das folgende Zahlenbeispiel:

Beispiel 9. Für das in Abb. 289 dargestellte Heißwasserfernnetz sind die Rohrdurchmesser zu berechnen. Die Längen l der einzelnen Teilstrecken, ihre ζ-Werte und ihre Wärmefördermengen sind aus nachstehender Zusammenstellung zu entnehmen.

Nummer der Teilstrecke	Länge l [m]	Zahlenwert $\Sigma \zeta$	Wärmelieferung $Q_h \left[10^6 \frac{\text{kcal}}{\text{h}}\right]$	Nummer der Teilstrecke	Länge l [m]	Zahlenwert $\Sigma \zeta$	Wärmelieferung $Q_h \left[10^6 \frac{\text{kcal}}{\text{h}}\right]$
1	200	7,2	0,68	5	156	5,0	2,43
2	86	4,0	1,00	6	110	6,5	1,20
3	88	4,2	1,68	7	210	5,7	3,63
4	90	4,8	0,75				

Die Vorlauftemperatur beträgt 120° C, die Rücklauftemperatur 60° C. Am Anfang E des Netzes stehen 12 m WS Druckunterschied zwischen Vorlauf und Rücklauf zur Verfügung. An den Verbrauchsstellen A, B'. C' und D' sollen noch mindestens 4 m WS vorhanden sein.

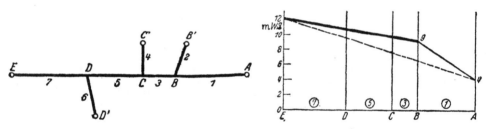

Abb. 289. Leitungsplan zu Beispiel 9 und 10.   Abb. 290.

Vorbemerkung: Es empfiehlt sich, als Hauptstrang nur die Strecke von E bis B aufzufassen und die Teilstrecke *1* ebenso wie die Teilstrecken *2*, *4* und *6* als Abzweigungen zu betrachten. Der Umstand, daß diese zufällig in Verlängerung von EB liegt, ist kein Grund sie mit zum Hauptstrang zu rechnen. Verbraucht man von dem zur Verfügung stehenden Druckunterschied möglichst wenig im Hauptstrang, so erzielt man den Vorteil, daß Eingriffe an einer Verbrauchsstelle nur in geringem Maße auf die Druckunterschiede an den anderen Verbrauchsstellen zurückwirken. Die entstehende Verteuerung des Hauptstranges wird durch die Verbilligung der Abzweigungen zum größten Teil aufgewogen.

1. Vorläufige Rechnung für den Hauptstrang.

Unter der Annahme eines Druckunterschiedes in Punkt B von 9 m WS (vgl. Abb. 290) ist

$$p_E - p_B = 12\,000 - 9000 = 3000 \text{ mm WS} .$$

Die Länge des Hauptstranges (Vorlauf + Rücklauf) ist:

$$\Sigma l = 2 \cdot (210 + 156 + 88) = 908 \text{ m}.$$

Damit wird
$$\frac{p_E - p_B}{\Sigma l} = \frac{3000}{908} = 3,3 \left[\frac{\text{mm WS}}{\text{m}}\right].$$

Die sekundlichen Wassermengen G_s ergeben sich aus den stündlichen Wärmemengen Q_h durch die Beziehung:

$$G_s = \frac{Q_h}{3600 \cdot 1,0 \,(120\,° - 60\,°)} = \frac{Q_h}{216000} \; [\text{kg/sek}].$$

Damit sind alle Unterlagen gegeben, um mit Hilfe der Zahlentafel von S. 315 die vorläufigen Rohrdurchmesser zu bestimmen.

Teilstrecke	$Q_h \cdot 10^{-6}$	G_s	G_s^2	$G_s^2 / \dfrac{p_1 - p_2}{\Sigma l}$	d_{Vorl}
7	3,63	16,80	282	85	150
5	2,43	11,25	126	38,2	150
3	1,68	7,78	60,5	18,2	125

2. Nachrechnung des Hauptstranges.

Hierzu dient Gleichung (60a):

$$p_1 - p_2 = \left(\lambda \cdot \frac{l}{d} + \Sigma \zeta\right) \cdot 49 \cdot w_s^2 \; [\text{mm WS}].$$

Die λ-Werte werden aus der Zahlentafel von S. 315 entnommen. Die Geschwindigkeiten w_s errechnet man aus der sekundlichen Wassermenge G_s und dem Rauminhalt von 1 m Rohr des betreffenden Durchmessers (vgl. die Zahlentafel 11). Die Rechnung wird wesentlich erleichtert, wenn dafür ein Formblatt nach untenstehendem Muster benutzt wird.

Teilstrecke	7	5	3
Vorläufige Nennweite	150	150	125
1. G_s . . . . kg/sek	16,80	11,25	7,78
2. $V_s = G_s : 0,958 \ldots$ dm³/sek statt dm²/sek	17,50	11,72	8,10
3. Vol. je 1 m Rohr . . . . dm³/m	17,70	17,70	12,3
4. $w_s =$ Quotient Zeile 2 durch 3 . . . m/sek	0,99	0,66	0,66
5. w_s^2	—	0,98	0,436	0,436
6. $49 \cdot w_s^2$	—	48,0	21,6	21,6
7. $10\,000\,\lambda$ im Vorlauf (120°) . . .	—	148	154	160
8. $10\,000\,\lambda$ im Rücklauf (60°) . . .	—	156	164	174
9. λ mittel	—	0,0152	0,0159	0,0167
10. $2 \times l$ (Vorlauf + Rücklauf) . . .	—	420	312	176
11. $\lambda \cdot l/d$	—	42,2	33,0	23,5
12. $\Sigma \zeta$ (laut Rohrplan)	—	5,7	5,0	4,2
13. $\lambda \cdot l/d + \Sigma \zeta$	—	47,9	38,0	27,7
14. $p_1 - p_2 =$ Zeile 6 × Zeile 13 . . . . mm WS	2300	820	598

Der Druck an den Abzweigstellen errechnet sich wie nachstehend:

$$\begin{aligned}
p_E = \quad & 12\,000 \text{ mm WS} \\
- \quad & 2\,300 \text{ mm WS} \\
\hline
p_D = \quad & 9\,700 \text{ mm WS} \\
- \quad & 820 \text{ mm WS} \\
\hline
p_C = \quad & 8\,880 \text{ mm WS} \\
- \quad & 598 \text{ mm WS} \\
\hline
p_B = \quad & 8\,282 \text{ mm WS}
\end{aligned}$$

3. Vorläufige Rechnung für die Abzweigungen.

Die Rechnung unterscheidet sich von derjenigen des Hauptstranges nur dadurch, daß das Druckgefälle $(p_1 - p_2/2\,l$ in jeder Teilstrecke verschieden ist.

Teil-strecke	$Q_h \left[10^6 \dfrac{\text{kcal}}{\text{h}}\right]$	G_s	G_s^2	$p_1 - p_2$	$2\,l$	$\dfrac{p_1 - p_2}{2\,l}$	$G_s^2 \Big/ \dfrac{p_1 - p_2}{2\,l}$	d_{vorl}
1	0,68	3,15	9,9	4 282	400	10,7	0,93	65
2	1,00	4,63	21,4	4 282	172	24,9	0,86	65
4	0,75	3,47	12,1	4.880	180	27,2	0,45	65
6	1,20	5,56	30,8	5 700	220	25,9	1,19	65 oder 80

4. Nachrechnung für die Abzweigungen.

Diese erfolgt genau, wie oben für den Hauptstrang gezeigt. Sie soll nur für die Teilstrecke 6 durchgeführt werden, da hier zwei Durchmesser zur Wahl stehen.

Teilstrecke	6	
Vorläufige Nennweite	65	80
1. G_s . . . . kg/sek	5,56	5,56
2. $V_s = G_s : 0{,}958$ . . . . dm³/sek	5,80	5,80
3. Vol. je 1 m Rohr . . . . dm³/m	3,85	5,34
4. $w_s =$ Quotient: Zeile 2 durch 3 . . . m/sek	1,51	1,09
5. w_s^2	2,26	1,18
6. $49 \cdot w_s^2$	111	58
7. $10\,000\,\lambda$ im Verlauf (120°)	170	165
8. $10\,000\,\lambda$ im Rücklauf (60°)	177	170
9. λ mittel	0,0174	0,0168
10. $2 \times l$ (Vorlauf + Rücklauf)	220	220
11. $\lambda \cdot l/d$	58,8	46,2
12. $\Sigma\zeta$ (laut Rohrplan)	6,5	6,5
13. $\lambda \cdot l/d + \Sigma\zeta$	65,3	52,7
14. $p_1 - p_2 =$ Zeile 6 × Zeile 13 . . mmWS	7 240	3 050
p_D	9 700	9 700
$p_D - p_D'$ —	7 240	3 050
p_D'	2 460	6650

Die Rechnung zeigt, daß bei dem Nenndurchmesser 65 mm die Forderung von 4 m WS an der Verbrauchsstelle D' nicht mehr erfüllt wird, daß aber der nächsthöhere Nenndurchmesser von 80 mm erheblich mehr als den verlangten Druck ergibt.

B. Dampffernleitungen.

1. Der Beiwert λ.

Die nachstehende Zahlentafel (S. 319) zeigt für Dampf als strömendes Mittel die Abhängigkeit des Beiwertes λ vom Rohrdurchmesser, dem Dampfdruck und der Strömungsgeschwindigkeit. Die Zahlentafel gilt für Sattdampf. Für Heißdampf sind die Werte etwas größer. Bei einer Überhitzung um 50° kann man im Mittel für alle Bereiche der Tabelle die Werte um etwa 3,5 vH höher setzen.

2. Die vorläufige Rechnung.

Bei Dampffernleitungen ist es zweckmäßig, statt mit dem sekundlichen Dampfgewicht mit dem stündlichen Dampfgewicht zu rechnen.

Zahlenwerte 10000 λ für Dampf
(Die Angabe 183 bedeutet: λ = 0,0183)

Nennweite mm		32	50	65	80	100	125	150	200	250	300	350	400	500
$p = 1,0$ ata	$w = 10$	280	247	236	225	214	203	195	183	175	169	162	158	152
	$= 20$	241	221	206	198	189	180	173	163	153	148	145	143	136
	$= 40$	223	199	186	180	172	164	157	149	142	137	133	130	125
	$= 60$	217	191	178	173	165	158	152	143	137	132	128	126	121
	$= 80$	214	186	174	169	161	155	149	140	133	129	125	122	118
$p = 2,0$ ata	$w = 10$	246	226	207	198	190	183	177	166	155	148	146	144	139
	$= 20$	225	202	188	180	174	165	160	151	145	139	135	132	127
	$= 40$	215	188	175	168	162	154	149	141	134	130	126	124	118
	$= 60$	211	183	171	165	158	151	145	137	131	127	122	120	117
	$= 80$	208	181	168	164	155	150	144	135	130	125	121	118	114
$p = 3,0$ ata	$w = 10$	233	212	198	190	184	175	167	158	152	147	142	138	133
	$= 20$	219	194	181	175	168	160	155	146	140	135	131	128	122
	$= 40$	212	184	172	166	158	152	146	138	132	128	123	120	116
	$= 60$	207	180	168	162	155	148	142	135	128	125	120	118	114
	$= 80$	206	179	166	161	154	147	141	134	127	124	119	117	112
$p = 5,0$ ata	$w = 10$	225	102	188	180	174	165	159	150	142	138	134	132	126
	$= 20$	215	187	175	169	162	155	148	141	134	130	126	123	118
	$= 40$	207	180	168	162	155	148	143	135	129	125	120	118	114
	$= 60$	206	178	166	160	154	145	139	133	126	124	118	116	112
	$= 80$	205	178	166	160	154	145	139	133	126	123	118	116	112
$p = 10,0$ ata	$w = 10$	215	189	176	168	162	155	150	142	136	131	127	124	119
	$= 20$	208	181	169	162	156	149	143	135	129	125	120	118	114
	$= 40$	205	178	166	160	154	147	142	133	127	123	118	116	112
	$= 60$	207	179	167	160	154	147	142	133	127	123	118	116	112
	$= 80$	212	180	168	160	155	148	143	134	127	124	118	116	114

Vorläufige Rohrdurchmesser für Dampffernleitungen.

Nenn- weite mm	$\dfrac{G_h^2}{\gamma} \Big/ \dfrac{p_1 - p_2}{\Sigma l}$	Inhalt dm³/m	Nenn- weite mm	$\dfrac{G_h^2}{\gamma} \Big/ \dfrac{p_1 - p_2}{\Sigma l}$	Inhalt dm³/m
50	2 540	2,08	200	3 310 000	32,7
65	12 600	3,85	(225)	6 030 000	41,0
80	29 400	5,34	250	10 500 000	50,7
(90)	61 000	7,09	(275)	17 000 000	60,7
100	82 500	7,93	300	26 800 000	72,1
(110)	150 000	10,03	350	58 500 000	97,3
125	257 000	12,3	400	113 000 000	125,7
150	665 000	17,7	450	204 000 000	158,3
(175)	1 730 000	25,6	500	365 000 000	194,8

Die Gleichung (69) läßt sich für die Dampffernleitung übernehmen, nur ist zu beachten, daß γ nicht mehr als konstant angenommen werden kann, da es sich stark mit dem Druck ändert. Es wird deshalb γ auf die linke Gleichungsseite gebracht.

Auf der rechten Gleichungsseite erhält man mit dem Zahlenwert $a = 0,15$ und der Umrechnung auf die Stunde den Ausdruck

$$\frac{(1 - 0,15) \cdot 3600^2}{8,27 \cdot 10^{-2}} \cdot \frac{d^5}{\lambda} = 1,33 \cdot 10^8 \cdot \frac{1}{\lambda} \cdot d^5,$$

und die ganze Gleichung lautet:

$$\frac{G_h^2}{\gamma} \Big/ \frac{p_1 - p_2}{\Sigma l} = 1{,}33 \cdot 10^8 \cdot \frac{1}{\lambda} \cdot d^5. \qquad (71)$$

Ebenso wie bei den Heißwasserfernleitungen sind auch hier die Werte der Gleichung in einer Zahlentafel zusammengestellt.

3. Endgültige Rechnung.

Zur Nachrechnung dient Gleichung (60a):

$$p_1 - p_2 = \left(\lambda \cdot \frac{\Sigma l}{d} + \Sigma \zeta\right) \cdot 5{,}1 \cdot 10^{-2} \cdot \gamma \cdot w_s^2.$$

Die zur Bestimmung des spezifischen Gewichtes γ notwendigen Drucke p_m der Teilstrecken werden am einfachsten aus einer zeichnerischen Darstellung des Druckverlaufes gemäß der vorläufigen Rechnung entnommen.

Beispiel 10. Für das in Abb. 289 dargestellte Dampffernnetz sind die Rohrdurchmesser zu berechnen. Die Längen l der einzelnen Teilstrecken, ihre ζ-Werte und die stündlich geförderten Dampfmengen sind aus nachstehender Zusammenstellung zu entnehmen.

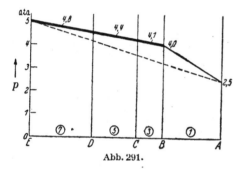

Abb. 291.

Nummer der Teilstrecke	Länge l [m]	Zahlenwerte $\Sigma \zeta$	Dampfförderung [kg/h]
1	200	7,2	1300
2	86	4,0	1900
3	88	4,2	3300
4	90	4,8	1450
5	156	5,0	4900
6	110	6,5	2300
7	210	5,7	7400

Der Dampf ist Sattdampf. Die Dampfminderung durch Kondensatbildung in der Leitung ist in den Zahlen der letzten Spalte bereits berücksichtigt. Im Punkt E am Anfang des Netzes steht ein Druck von 5,0 ata zur Verfügung. An den Verbrauchsstellen A', B', C' und D' sollen noch mindestensw 2,5 ata vorhanden sein.

1. Vorläufige Rechnung für den Hauptstrang.

Aus den Gründen, die beim Beispiel 9 für das Wasserfernnetz erläutert wurden, sei auch hier als Hauptstrang nur die Strecke E bis B angenommen. Im Punkt B sei ein Druck von 4,0 ata angesetzt, so daß für den Hauptstrang ein Druckabfall von 10000 [kg/m²] zur Verfügung steht. Wir erhalten

$$\frac{p_E - p_B}{\Sigma l} = \frac{10\,000}{210 + 156 + 88} = 22 \left[\frac{\text{kg}}{\text{m}^2 \cdot \text{m}}\right].$$

Unter Benutzung der Zahlentafel auf S. 319 ergeben sich die nachstehenden vorläufigen Rohrdurchmesser:

Teilstrecke	G_h	G_h^2	p_m	γ	$\dfrac{G_h^2}{\gamma}$	$\dfrac{G_h^2}{\gamma}\Big/\dfrac{p_1-p_2}{\Sigma l}$	d_{Vorl}
7	7400	$54{,}8 \cdot 10^6$	4,8	2,52	$21{,}8 \cdot 10^6$	990 000	150
5	4900	$24{,}0 \cdot 10^6$	4,4	2,32	$10{,}3 \cdot 10^6$	468 000	150
3	3300	$10{,}9 \cdot 10^6$	4,1	2,17	$5{,}03 \cdot 10^6$	229 000	125

2. Nachrechnung für den Hauptstrang.

Hierzu dient die Gleichung (60a)

$$p_1 - p_2 = \left(\lambda \frac{l}{d} + \Sigma \zeta\right) \cdot 5{,}1 \cdot 10^{-2} \cdot \gamma \cdot w_s^2.$$

Die Zahlenwerte λ sind aus der Zahlentafel von S. 319 entnommen. Der Rechnungsgang ist durch die nachstehende Zusammenstellung gezeigt.

Teilstrecke	7	5	3
Vorläufige Nennweite	150	150	125
Mittlerer Druck	4,8	4,4	4,1
1. G_h . . . . kg/h	7400	4900	3300
2. γ . . . . kg/m³	2,52	2,32	2,17
3. V_h . . . . m³/h	2940	2110	1520
4. V_s . . . . dm³/sek	816	586	422
5. Vol. je 1 m Rohr . . . . dm³/m	17,7	17,7	12,3
6. w_s . . . . m/sek	46,2	33,1	34,3
7. w_s^2	2130	1095	1175
8. $5{,}1 \cdot 10^{-2} \cdot w_s^2$	108,8	55,7	59,9
9. $5{,}1 \cdot 10^{-2} \cdot w_s^2 \cdot \gamma$	274	129	130
10. λ	0,0142	0,0148	0,0155
11. l	210	156	88
12. $\lambda\, l/d$	19,8	15,4	11,0
13. $\Sigma \zeta$	5,7	5,0	4,2
14. $\lambda \cdot l/d + \Sigma \zeta$	25,5	20,4	15,2
15. $p_1 - p_2 =$ Zeile 9 $\times$ Zeile 14 . . . . . kg/m²	6990	2630	1980

An den Abzweigstellen stellen sich nachstehende Drucke ein:

$$
\begin{aligned}
p_E &= \quad 50\,000 \text{ mm WS} \\
&\underline{-\quad 6\,990 \text{ mm WS}} \\
p_D &= \quad 43\,010 \text{ mm WS} \\
&\underline{-\quad 2\,630 \text{ mm WS}} \\
p_C &= \quad 40\,380 \text{ mm WS} \\
&\underline{-\quad 1\,980 \text{ mm WS}} \\
p_B &= \quad 38\,400 \text{ mm WS}
\end{aligned}
$$

3. Berechnung der Abzweigungen.

Es soll hier nur die vorläufige Rechnung durchgeführt werden.

Teil-strecke	G_h	G_h^2	$p_1 - p_2$	Σl	$\dfrac{p_1 - p_2}{\Sigma l}$	p_m	γ_m	$\dfrac{G_h^2}{\gamma} \Big/ \dfrac{p_1 - p_2}{\Sigma l}$		d_{vorl}
1	1300	$1{,}69 \cdot 10^6$	13 400	200	67	3,2	1,72	14	700	65
2	1900	$3{,}61 \cdot 10^6$	13 400	86	156	3,2	1,72	13	500	65
4	1450	$2{,}10 \cdot 10^6$	15 380	90	171	3,3	1,77	6	900	65
6	2300	$5{,}29 \cdot 10^6$	18 010	110	164	3,4	1,83	17	600	80

III. Berechnung der Strangnetze von Warmwasserheizungen.

A. Der Grundgedanke der Rechnung.

Der Gang der Rechnung soll an dem in Abb. 292 gezeichneten einfachen Heizsystem, das nur aus dem Heizkessel und einem Heizkörper besteht, erläutert werden. Dabei sei angenommen, daß Temperaturänderungen des Wassers nur im Heizkörper und im Kessel, nicht aber in den Rohrleitungen stattfinden.

1. Der wirksame Druck.

Die Kraft, welche das Wasser in Umlauf hält, ist der Gewichtsunterschied zwischen der schwereren Wassersäule im Rücklauf und der leichteren Wassersäule im Vorlauf: Es bezeichne:

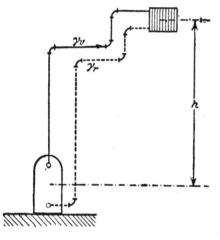

H den gesuchten wirksamen Druckunterschied in mm WS,

h den Höhenunterschied zwischen Kesselmitte und Heizkörpermitte in m,

γ_v das spez. Gewicht des Wassers im Vorlauf in kg/m³,

γ_r das spez. Gewicht des Wassers im Rücklauf in kg/m³.

Dann gilt die Gleichung:

$$H = h \cdot (\gamma_r - \gamma_v) \quad [\text{kg/m}^2]. \qquad (72)$$

Abb. 292. Zur Ableitung der Gleichung (72).

Der Wert H tritt an Stelle des in den früheren Gleichungen mit $p_1 - p_2$ bezeichneten Druckunterschiedes. Hierbei sei daran erinnert, daß eine Druckangabe in kg/m² stets zahlenmäßig gleich ist der Druckangabe in mm WS.

2. Die Grundgleichung für den Wasserumlauf im Rohrnetz.

Unter dem Einfluß des wirksamen Druckes H stellt sich eine Bewegung des Wassers im Rohrnetz ein. Die Strömungsgeschwindigkeit steigt so lange an, bis die gesamten Strömungswiderstände, nämlich die Summe aus allen Einzelwiderständen plus der Summe aller Widerstände in den geraden Rohrstrecken, gleich der wirksamen Druckhöhe sind. Daraus ergibt sich die Grundgleichung

$$H = \Sigma Z + \Sigma R l \qquad (73\,a)$$

oder

$$H - \Sigma Z = \Sigma R l. \qquad (73\,b)$$

Die Einzelwiderstände lassen sich erst dann rechnerisch erfassen, wenn der Durchmesser der Strömungswege annähernd bekannt ist. Man teilt deshalb (vgl. S. 312) den ganzen Rechnungsgang in eine vorläufige Rechnung und eine Nachrechnung.

Zum Zwecke der vorläufigen Rechnung nimmt man an, daß je nach dem Charakter des Gebäudes oder der Heizanlage die Einzelwiderstände einen erfahrungsmäßig bekannten Bruchteil (a vH der wirksamen Druckhöhe) aufzehren und der Rest für die geraden Rohrstrecken übrigbleibt. Der Bruchteil der Einzelwiderstände ist für gewöhnliche Wohngebäudeheizungen etwa 50 vH, für Fernleitungen etwa 10 bis 20 vH. Über genauere Werte siehe Zahlentafel 16, S. 396.

Die Grundgleichung lautet nun in dritter Form:

$$H - a \cdot H = (1 - a) \cdot H = \Sigma R l. \tag{74}$$

Mit dem Druckverlust, wie er auf der linken Seite der letzten Gleichung steht, berechnet man nun ein gedachtes Rohrnetz, von dem man sich vorstellt, daß in allen Formstücken die Strömung reibungslos verläuft, dafür aber nur der um a vH verminderte Druck zur Verfügung steht. Es ist üblich, die Rohrnetze so zu berechnen, daß innerhalb desselben Rohrzuges nicht die Strömungsgeschwindigkeit w, sondern das Druckgefälle R konstant ist. Damit wird

$$R = (1 - a) \cdot \frac{H}{\Sigma l}, \tag{75}$$

also eine Größe, die aus dem Rohrplan ohne Mühe zu errechnen ist.

3. Die Gleichung für den Rohrdurchmesser.

Der Rohrdurchmesser ist nun so zu bestimmen, daß das aus Gleichung (75) errechnete Druckgefälle R sich bei der erforderlichen Wassermenge einstellt.

Hierzu dient Gleichung 68 b), der wir die Form geben:

$$(1 - a) \frac{H}{\Sigma l} = R = 8{,}27 \cdot 10^{-2} \cdot \frac{\lambda}{\gamma} \cdot \frac{G_h^2}{d^5}. \tag{76}$$

Die rechte Seite müssen wir mehrfach umformen. Erstens ist es in der Heizungstechnik üblich, die Durchmesser in Millimetern anzugeben und als Zeiteinheit die Stunde zu wählen. Wir setzen

$$R = 8{,}27 \cdot 10^{-2} \cdot \frac{1000^5}{3600^2} \cdot \frac{\lambda}{\gamma} \cdot \frac{G_h^2}{d^5} = 6{,}4 \cdot 10^6 \cdot \frac{\lambda}{\gamma} \cdot \frac{G_h^2}{d^5}.$$

Zweitens ist bei der Warmwasserheizung die stündliche Wassermenge G_h eines Stromkreises bei vorgeschriebener Wärmeleistung Q_h aus Vorlauf- und Rücklauftemperatur zu errechnen. Mit $t_{\text{Vorl}} = 90^\circ$ C und $t_{\text{Rückl}} = 70^\circ$ C wird $G_h = \dfrac{Q_h}{20}$. Endlich ist für γ bei Warmwasser der Wert 972 einzusetzen.

Wir erhalten damit die für die Rohrnetzberechnung von Warmwasserheizungen grundlegende Gleichung

$$\boxed{R = 16{,}5 \cdot \lambda \cdot \frac{Q_h^2}{d^5}. \tag{77}}$$

Um das Auswerten der 5. Wurzel zu ersparen, wurden die großen Hilfstafeln (Innenseite des Buchdeckels) berechnet.

4. Beschreibung der Hilfstafel I bzw. II.

Die Haupttabelle enthält in der linken und rechten Randspalte das Druckgefälle R, im Kopf die Nennwerte der Rohre und in jedem Tabellenfeld zuerst die stündliche Wärmemenge Q_h und darunter die später benötigte sekundliche Wassergeschwindigkeit w.

Die Tabelle gibt also gemäß Gleichung (77) den Zusammenhang zwischen R, Q_h und d und dient zur bequemen zahlenmäßigen Verwertung dieser Gleichung.

Es sei darauf aufmerksam gemacht, daß die Widerstandszahl λ von w und d, damit also auch von Q_h und d abhängt. Diese Abhängigkeit ist bereits bei der Aufstellung der Hilfstafel berücksichtigt. Ferner ist zu erwähnen, daß die nach der Gleichung (77) berechneten Werte von R noch um 5 vH erhöht wurden als Sicherheitszuschlag für unkontrollierbare Zusatzwiderstände, die sich bei der Ausführung der Anlagen ergeben.

Die Hilfstafel I umfaßt das Zahlengebiet für Schwerkraftheizungen, die Tafel II für Pumpenheizungen.

Bemerkung zu den Hilfstafeln I und II.

(Im Streifband am Schluß des Buches.)

Die Hilfstafeln sind für einen Temperaturunterschied $(t_v - t_r)$ von 20° C entworfen worden. Für alle gewöhnlichen Fälle, bei denen mit dem letztgenannten Unterschied gearbeitet wird, können sie ohne weiteres benutzt werden. Ist dagegen ein anderer Temperaturunterschied, z. B. mit t° C gegeben, so sind die durch die einzelnen Teilstrecken zu fördernden Wärmemengen zunächst mit $20/t$ zu multiplizieren; hierauf können die Hilfstafeln unmittelbar verwendet werden.

Beispiel 11. (Vorübung zum Handhaben der Hilfstafel.) In einem 10 m langen Stromkreis mit einer Vorlauftemperatur von 90° C und einer Rücklauftemperatur von 70° C soll eine Wärmemenge von 35 000 kcal/h gefördert werden. Es steht eine Druckhöhe von 3,6 mm WS zur Verfügung.

Welchen Durchmesser muß die Rohrleitung erhalten?

Wie groß ist die Wassergeschwindigkeit?

Da für die 10 m lange Rohrleitung eine Druckhöhe von 3,6 mm WS zur Verfügung steht, so beträgt das Druckgefälle $R = 3,6 : 10 = 0,36$ mm WS/ m Rohr. Man geht in der Spalte für das Druckgefälle nach unten bis zum Wert 0,36 und findet, in dieser Reihe nach rechts gehend, nur die Wärmemengen 29 000 und 36 700 kcal/h angegeben, entsprechend den beiden handelsüblichen Durchmessern 60 mm und 70 mm. Man wählt den größeren Durchmesser $d = 70$. Um die herrschende Wassergeschwindigkeit zu bestimmen, geht man in der Spalte für den Durchmesser 70 mm bis zur Wärmemenge 35 000 kcal/h und findet unter dieser Zahl eine Wassergeschwindigkeit von 0,13 m/s und damit, von dieser Zahl aus nach links gehend, ein Druckgefälle von 0,33. Da also wegen der handelsüblichen Stufung der Rohrdurchmesser ein etwas zu weites Rohr gewählt werden mußte, werden von dem zur Verfügung stehenden Druck von 3,6 mm nur $10 \cdot 0,33 = 3,3$ mm aufgebraucht.

B. Zweirohrsystem ohne Berücksichtigung der Wärmeverluste der Rohrleitung.

1. Vorbereitende Arbeit.

Liegt für ein Projekt Rohrplan und Strangschema fest, so beginnt die Ausarbeitung damit, daß man den ungünstigsten Strang heraussucht. Dies ist die Rohrverbindung des Kessels mit dem am ungünstigsten gelegenen Heizkörper, meist jenem Heizkörper, der bei niedrigster Höhenlage über dem Kessel zugleich die größte horizontale Entfernung hat. Im Zuge dieses Rohrstranges legt man dann die einzelnen Teilstrecken fest, wobei man unter Teilstrecken alle jene Rohrstrecken versteht, in welchen sich die Wassermenge nicht ändert, also von T-Stück zu T-Stück. Diese Teilstrecke numeriert man dann vom Heizkörper ausgehend durch den Rücklauf zum Kessel und von hier wieder zum Heizkörper zurück. Durch Summierung der Längen all dieser Teilstrecken bildet man den Wert Σl. Die wirksame Druckhöhe H ist nach Zahlentafel 12 bzw. 13 zu berechnen. Von ihr ist der Anteil der Einzelwiderstand nach Zahlentafel 16 abzuziehen. Der Rest wird durch Σl dividiert, wodurch das Druckgefälle R erhalten wird.

2. Vorläufige Ermittlung der Rohrdurchmesser.

Der Wert R ist in der Hilfstafel I aufzusuchen, worauf man, in derselben Waagerechten fortschreitend, ü b e r der jeweilig zu fördernden Wärmemenge sofort den vorläufigen Rohrdurchmesser abliest. Sinngemäß erfolgt, wie die nachstehenden Beispiele zeigen, die Behandlung der anderen Stromkreise.

Die so erhaltenen Durchmesser können direkt in den Vordruck (Spalte e S. 327) eingetragen werden.

Man nennt diese vorläufige Ermittlung des Rohrdurchmessers auch häufig „Annahme des Rohrdurchmessers für den Kostenanschlag".

3. Nachrechnung der Rohrleitung für die Ausführung.

Die vorläufigen Rohrdurchmesser sind aus zwei Gründen unsicher, erstens zwang uns die Notwendigkeit, mit den genormten Rohrdurchmessern auszukommen, immer wieder dazu, bald größere oder kleinere Rohrweiten zu wählen, als der verlangten Wärmeleistung genau entsprochen hätte, und zweitens war der Einfluß der Einzelwiderstände durch den erfahrungsmäßigen Prozentsatz „a" nur schätzungsweise berücksichtigt.

Diese Unsicherheiten müssen nun durch die Nachrechnung beseitigt werden.

In der großen Tabelle der Hilfstafel geht man von dem vorläufigen Durchmesser aus und sucht lotrecht unter ihm die zu fördernde Wärmemenge. Man findet dort auch gleich die richtige Wassergeschwindigkeit, die man sich für später notiert. Von diesem Tabellenrechteck aus nach links oder rechts schreitend findet man in der Randspalte den Wert R, der mit der Länge der Teilstrecke zu multiplizieren ist. Auf diese Weise findet man das richtige $\Sigma R l$. Um ΣZ zu finden, bestimmt man unter Benutzung der linken unteren Hälfte der Hilfstafel die Werte $\Sigma \zeta$ für jede

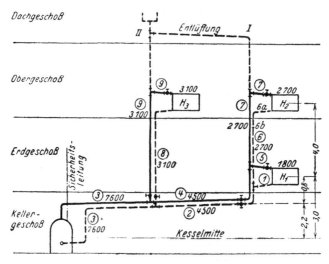

Abb. 293. Strangschema zu Beispiel 12.

Teilstrecke. Unter Benutzung dieses Wertes und der bereits früher notierten Wassergeschwindigkeit wird aus der Zahlentafel links oben der zugehörige Einzelwiderstand unmittelbar erhalten.

$\Sigma l R + \Sigma Z$, gebildet für alle Teilstrecken eines Stromkreises, muß gleich der in diesem Kreis zur Verfügung stehenden Druckhöhe H sein. Ist dies nicht in hinreichendem Maße der Fall, so müssen einzelne Teilstrecken so lange geändert werden, bis vorstehende Bedingung erfüllt ist.

4. Beispielsrechnung.

Beispiel 12. Aufgabe: Für die in vorstehend abgebildetem Strangschema (Abb. 293) dargestellte Heizanlage mit unterer Verteilung ist die Rohrdimensionierung durchzuführen. Die Berechnung soll ohne Berücksichtigung der Wärmeverluste der Rohrleitung erfolgen. Die Temperatur des Wassers soll im Vorlauf 90 ° C, im Rücklauf 70 ° C betragen.

Durchrechnung.

Nach Einteilung der Teilstrecken füllt man zunächst die Spalten a, b und d des Vordruckes aus. Dann beginnt man mit der Berechnung des Druckgefälle R und der Annahme der vorläufigen Rohrdurchmesser d. Die Nennweiten dieser Rohrdurchmesser werden in Spalte e eingetragen.

1. Vorläufige Rechnung.

a) Stromkreis des Heizkörpers 1 (d. i. der ungünstigste).
(Teilstrecken 1 bis 5.)

Wirksamer Druck (aus Zahlentafel 13) ..... $H = 3,0 . 12,47 = 37,4$ mm WS
Bleiben für Rohrreibung in den Teilstrecken 1 bis 5
(nach Zahlentafel 16) .... 50 vH = 18,7 mm WS
Gesamtlänge dieser Teilstrecken .... = 29,0 m
Druckgefälle .... $R = 18,7 : 29,0 = 0,65$ mm WS/m

Hieraus folgen unter Benutzung der Hilfstafel I die „vorläufigen Rohrdurchmesser d", die in Spalte e des Vordruckes einzutragen sind.

b) Stromkreis des Heizkörpers 2.
(Teilstrecken 2, 3, 4, 6, 7.)

Wirksamer Druck .... $H = 7,0 . 12,47 = 87,2$ mm WS
Bleiben für Rohrreibung in den genannten Teilstrecken ... 50 vH = 43,6 mm WS
Hiervon aufgebraucht in den mit dem Stromkreis des Heizkörpers 1
gemeinsamen Teilstrecken 2, 3, 4 mit einer Gesamtlänge von 26 m
$26,0 . 0,65 = \underline{16,9 \text{ mm WS}}$
Bleiben für Rohrreibung in den Teilstrecken 6 und 7 .... = 26,7 mm WS
Gesamtlänge dieser Teilstrecken .... = 11,0 m
Druckgefälle .... $R = 26,7 : 11,0 = 2,4$ mm WS/m

c) Stromkreis des Heizkörpers 3.
(Teilstrecken 3, 8, 9.)

Wirksamer Druck .... $H = 7,0 . 12,47 = 87,2$ mm WS
Bleiben für Rohrreibung in den genannten Teilstrecken ... 50 vH = 43,6 mm WS
Hiervon aufgebraucht in Teilstrecke 3 (Stromkreis 1) $14,0 . 0,65 = \underline{9,1 \text{ mm WS}}$
Bleiben für Rohrreibung in den Teilstrecken 8 und 9 .... = 34,5 mm WS
Gesamtlänge dieser Teilstrecken .... = 13,0 m
Druckgefälle.......................... $R = 34,5 : 13,0 = 2,7$ mm WS/m

Teilstrecke	Wärmemenge	Wärmemenge bei einer Temp.-Absenkung von...°C	Länge der Teilstrecke l	Vorläufiger Rohrdurchmesser d	mit vorläufigem Rohrdurchmesser					mit geändertem Rohrdurchmesser						Unterschied	
					w	R	lR	$\Sigma\zeta$	Z	d	w	R	lR	$\Sigma\zeta$	Z	lR	Z
Nr.	kcal/h	kcal/h	m	mm	m/s	$\frac{\text{mm WS}}{\text{m}}$	mm WS		mm WS	mm	m/s	mm WS/m	mm WS		mm WS	$o-h$ mm WS	$q-k$ mm WS
a	b	c	d	e	f	g	h	i	k	l	m	n	o	p	q	r	s

Stromkreis des Heizkörpers 1.

Wirksamer Druck: $H = 37{,}4$ mm WS.   Druckgefälle: $R = 0{,}65$ mm WS/m.

1	1800	—	1,5	20													
2	4500	—	5,5	32													
3	7600	—	14,0	32													
4	4500	—	6,5	32													
5	1800	—	1,5	20													
			29,0														

Stromkreis des Heizkörpers 2.

Wirksamer Druck: $H = 87{,}2$ mm WS.   Druckgefälle: $R = 2{,}4$ mm WS/m.

6	2700	—	5,5	20													
7	2700	—	5,5	20													
			11,0														

Stromkreis des Heizkörpers 3.

Wirksamer Druck: $H = 87{,}2$ mm WS.   Druckgefälle: $R = 2{,}7$ mm WS/m.

8	3100	—	6,0	20													
9	3100	—	7,0	20													
			13,0														

2. Nachrechnung der Rohrleitung.

a) Stromkreis des Heizkörpers 1.

Zur Feststellung der ζ-Werte muß die Ausführung der Heizkörperanschlüsse bekannt sein. Diese seien bei den drei Heizkörpern wie folgt ausgeführt (Abb. 294):

Vorlauf.   Rücklauf.

Abb. 294.

Zusammenstellung der ζ-Werte.

Teilstrecke 1. Halber Heizkörper .... $\zeta = 1{,}5$

2 Bogen (20 mm) .... $\zeta = 2{,}0$

T-Stück, Abzweig[1] .... $\zeta = 1{,}5$

$\overline{\qquad\qquad \Sigma\zeta_1 = 5{,}0}$

Teilstrecke 2. Bogen (32 mm) .... $\zeta = 0{,}5$

Strangventil (32 mm) .... $\zeta = 9{,}0$

T-Stück, Durchgang[1] .... $\zeta = 1{,}0$

$\overline{\qquad\qquad \Sigma\zeta_2 = 10{,}5}$

[1] Die ζ-Werte der T-Stücke sind nur bei den Teilstrecken in Anrechnung zu bringen, in denen sich die Schenkel s befinden, nicht dagegen in der Teilstrecke, die das gemeinsame Stück g enthält.

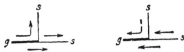

Teilstrecke 3. 4 Bogen (32 mm) .... $\zeta = 2{,}0$

Kessel .... $\zeta = 2{,}5$

$$\Sigma\zeta_3 = 4{,}5$$

Teilstrecke 4. T-Stück, Durchgang .... $\zeta = 1{,}0$

Strangventil (32 mm) .... $\zeta = 9{,}0$

Bogen (32 mm) .... $\zeta = 0{,}5$

$$\Sigma\zeta_4 = 10{,}5$$

Teilstrecke 5. T-Stück, Abzweig .... $\zeta = 1{,}5$

Bogen (20 mm) .... $\zeta = 1{,}0$

Eckventil mit Voreinstellung (20 mm) .... $\zeta = 2{,}0$

Halber Heizkörper .... $\zeta = 1{,}5$

$$\Sigma\zeta_5 = 6{,}0$$

Ausfüllen des Vordruckes.

Aufgreifen des angenommenen Durchmessers d (aus Spalte e) in der obersten Zeile der Hilfstafel I.

Aufsuchen lotrecht darunter in den oberen Zeilen die jeweils zu fördernde Wärmemenge (aus Spalte b).

Ablesen von R am linken oder rechten Rande der Hilfstafel, Eintragen dieses Wertes in Spalte g des Vordruckes.

Ablesen von w unmittelbar unter der aufgesuchten Wärmemenge, Eintragen dieses Wertes in Spalte f des Vordruckes.

Berechnen der Werte $l \cdot R$ und Eintragen des Resultats in Spalte h.

Eintragen der Werte $\Sigma\zeta$ (aus obenstehender Zusammenstellung) in die Spalte i.

Aufsuchen von w in der Zusammenstellung links oben in der Hilfstafel.

Ablesen von Z, zugehörig dem jeweiligen Wert $\Sigma\zeta$ (aus Spalte i) und Eintragen dieses Wertes in Spalte k.

Addition der Werte $l \cdot R$ und Z für alle Teilstrecken des Stromkreises.

Für den Stromkreis des Heizkörpers 1 stehen 37,4 mm WS zur Verfügung. Wenn die Rohrdimensionierung mit den vorläufig angenommenen Durchmessern d (Spalte e) ausgeführt würde, so würden hiervon nur 27, 5 mm WS aufgebracht werden. Verkleinert man den Durchmesser der Teilstrecke I um ein Handelsmaß (auf 13 mm), so wird, wie die weitere Nachrechnung zeigt, insgesamt ein Druck von 36,4 mm WS verbraucht. Eine weitere Änderung der Durchmesser ist nun nicht mehr nötig.

b) Stromkreis des Heizkörpers 2.

Es werden zunächst wieder die Werte $\Sigma\zeta$ für jede Teilstrecke bestimmt und dann die Spalten f bis k des Vordruckes genau wie vor ausgefüllt.

Zusammenstellung der ζ-Werte.

Teilstrecke 6. Halber Heizkörper .... $\zeta = 1{,}5$

3 Bogen (20 .... $\zeta = 3{,}0$

T-Stück, Durchgang .... $\zeta = 1{,}0$

$$\Sigma\zeta_6 = 5{,}5$$

Teilstrecke 7. T-Stück, Durchgang .... $\zeta = 1{,}0$

Knie (20) .... $\zeta = 1{,}5$

Bogen (20) .... $\zeta = 1{,}0$

Eckventil mit Voreinstellung (20) .... $\zeta = 2{,}0$

Halber Heizkörper .... $\zeta = 1{,}5$

$$\Sigma\zeta_7 = 7{,}0$$

Es ergibt sich dann, daß von den zur Verfügung stehenden 87,2 mm WS nur 49,8 mm WS verbraucht werden. Man kann also eine Teilstrecke im Durchmesser verkleinern. Aus Gründen praktischer Erfahrung verkleinert man nun nicht Steig- und Fallstränge, sondern einen der Anschlußstränge, und zwar wählt man meist den Rücklaufanschluß. Man wird also hier die Teilstrecke 6 in 6 a und 6 b aufteilen, wobei für Teilstrecke 6 a eine Länge von 1,5 m und für Teilstrecke 6 b eine solche von 4,0 m angenommen wird. Den Durchmesser der Teilstrecke 6 a verringert man auf 13 mm. Damit ändert sich auch der Wert $\Sigma \zeta$ für Teilstrecke b wie folgt:

Teilstrecke 6 a. Halber Heizkörper .... $\zeta = 1,5$
3 Bogen (13) .... $\zeta = 4,5$
1 plötzl. Geschwindigkeitsänderung geschätzt zu ...... $\zeta = 0,3$
$$\Sigma \zeta_{6a} = 6,3$$

Teilstrecke 6 b. 1 T-Stück, Durchgang .... $\zeta_{6b} = 1,0$

Die mit diesem geänderten Durchmesser durchgeführte Nachrechnung zeigt, daß nun statt 49,8 mm WS insgesamt 68,4 mm WS aufgezehrt werden. Eine weitere Änderung ist nicht mehr erforderlich.

c) Stromkreis des Heizkörpers 3.
Zusammenstellung der ζ-Werte.

Teilstrecke 8. Halber Heizkörper .... $\zeta = 1,5$
3 Bogen (20) .... $\zeta = 3,0$
Strangventil (20) .... $\zeta = 12,0$
T-Stück, Abzweig .... $\zeta = 1,5$
$$\Sigma \zeta_8 = 18,0$$

Teilstrecke 9. T-Stück, Abzweig .... $\zeta = 1,5$
Strangventil (20) .... $\zeta = 12,0$
Knie (20) .... $\zeta = 1,5$
Bogen (20) .... $\zeta = 1,0$
Eckventil mit Voreinstellung (20) .... $\zeta = 2,0$
Halber Heizkörper .... $\zeta = 1,5$
$$\Sigma \zeta_9 = 19,5$$

Die Nachrechnung ergibt, daß hier keine Änderung der Durchmesser erforderlich ist.

Aus dem Rohrplan				Vorläufiger Rohrdurchmesser	Nachrechnung											Unterschied	
					mit vorläufigem Rohrdurchmesser					mit geändertem Rohrdurchmesser							
Teilstrecke	Wärmemenge	Wärmemenge bei einer Temp.-Absenkung von...°C	Länge der Teilstrecke l	d	w	R mm WS m	lR mm WS	$\Sigma \zeta$	Z mm WS	d	w	R mm WS m	lR mm WS	$\Sigma \zeta$	Z mm WS	lR $o-h$ mm WS	Z $q-k$ mm WS
Nr.	kcal/h	kcal/h	m	mm	m/s					mm	m/s						
a	b	c	d	e	f	g	h	i	k	l	m	n	o	p	q	r	s

Stromkreis des Heizkörpers 1.

Wirksamer Druck: $H = 37,4$ mm WS.   Druckgefälle: $R = 0,65$ mm WS/m.

1	1800	—	1,5	20	0,08	0,80	1,2	5,0	1,6	13	0,15	3,3	5,0	6,0	6,7	+3,8	+5,1
2	4500	—	5,5	32	0,07	0,28	1,5	10,5	2,6	—	—	—	—	—	—	—	—
3	7600	—	14,0	32	0,12	0,70	9,8	4,5	3,3	—	—	—	—	—	—	—	—
4	4500	—	6,5	32	0,07	0,28	1,8	10,5	2,6	—	—	—	—	—	—	—	—
5	1800	—	1,5	20	0,08	0,80	1,2	6,0	1,9	—	—	—	—	—	—	—	—

29,0 $\Sigma l R_1^5 + \Sigma Z_1^5 = 15,5 \;+\; 12,0 = 27,5$ mm WS   +8,9
Teilstrecke 1 geändert .... $+\; 8,9$ „ „
Nun ist $\Sigma l R + \Sigma Z$ für H.K. 1 .... $= 36,4$ mm WS,

Teilstrecke	Wärmemenge	Wärmemenge bei einer Temp.-Absenkung von..°C	Länge der Teilstrecke l	Vorläufiger Rohrdurchmesser d	Nachrechnung mit vorläufigem Rohrdurchmesser					mit geändertem Rohrdurchmesser						Unterschied	
					w	R mm WS / m	lR mm WS	Σζ	Z mm WS	d	w	R mm YS / m	lR mm WS	Σζ	Z mm WS	lR o-h mm WS	Z q-k mm WS
No.	kcal/h	kcal/h	m	mm	m/s					mm	m/s						
a	b	c	d	e	f	g	h	i	k	l	m	n	o	p	q	r	s

Stromkreis des Heizkörpers 2.

Wirksamer Druck: $H = 87{,}2$ mm WS. Druckgefälle: $R = 2{,}4$ mm WS/m.

| 6 | 2700 | — | 5,5 | 20 | 0,13 | 1,6 | 8,8 | 5,5 | 4,7 | a) 13 b) 20 | 0,22 0,13 | 6,5 1,6 | 9,7 6,4 | 6,3 1,0 | 15,1 0,9 | +7,3 — | +11,3 — |
| 7 | 2700 | — | 5,5 | 20 | 0,13 | 1,6 | 8,8 | 7,0 | 5,9 | — | — | — | — | — | — | — | — |

$$11{,}0 \quad \Sigma l\, R_6^7 + \Sigma Z_6^7 = 17{,}6 \; + \; 10{,}6 = 28{,}2 \text{ mm WS} \qquad +18{,}6$$

Dazu kommt $\Sigma l\, R_2^4 + \Sigma Z_2^4 \ldots = 21{,}6$ „ „

Nun ist $\Sigma l\, R + \Sigma Z$ für H.K. 2 . . . . $= 49{,}8$ mm WS

Teilstrecke 6 geändert . . . . . $+ 18{,}6$ „ „

Damit wird $\Sigma l\, R + \Sigma Z$ für H.K. 2 . , . . $= 68{,}4$ mm WS.

Stromkreis des Heizkörpers 3.

Wirksamer Druck: $H = 87{,}2$ mm WS. Druckgefälle: $R = 2{,}7$ mm WS/m.

| 8 | 3100 | — | 6,0 | 20 | 0,14 | 2,0 | 12,0 | 18,0 | 17,7 | — | — | — | — | — | — | — | — |
| 9 | 3100 | — | 7,0 | 20 | 0,14 | 2,0 | 14,0 | 19,5 | 18,9 | — | — | — | — | — | — | — | — |

$$13{,}0 \quad \Sigma l\, R_8^9 + \Sigma Z_8^9 = 26{,}0 \; + \; 36{,}6 = 62{,}6 \text{ mm WS}$$

Dazu kommt $l\, R_3 + Z_3 \ldots = 13{,}1$ „ „

Damit wird $\Sigma l\, R + \Sigma Z$ für H.K. 3 . . . $= 75{,}7$ mm WS

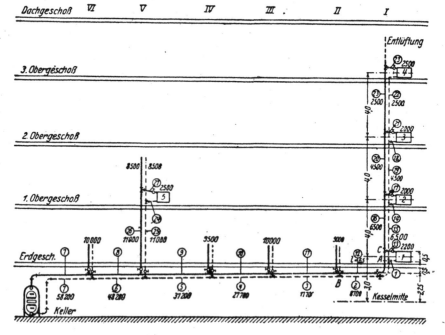

Abb. 295.

Beispiel 13. A u f g a b e: Für die in nachstehend abgebildetem Strangschema (Abb. 295) dargestellte Heizanlage mit unterer Verteilung ist die Rohrdimensionierung durchzuführen. Die Berechnung soll ohne Berücksichtigung der Wärmeverluste der Rohrleitung durchgeführt werden. Die Temperatur des Wassers soll im Vorlauf 90° C, im Rücklauf 70° C betragen. Die Heizkörperanschlüsse werden nach Abb. 294 ausgeführt.

Durchrechnung. Man füllt wie im Beispiel 9 zunächst die Spalten a, b, d des Vordruckes aus und trägt nach Berechnung des Druckgefälles R den aus der Hilfstafel I in der „vorläufigen Rechnung" gefundenen Wert d in Spalte e ein.

1. Vorläufige Rechnung.

a) S t r o m k r e i s   d e s   H e i z k ö r p e r s 1 (d. i. d e r u n g ü n s t i g s t e).

(Teilstrecken 1 bis 13.)

W i r k s a m e r   D r u c k .... $H = 3,0 \cdot 12,47 = 37,4$ mm WS

Bleiben für Rohrreibung in den genannten Teilstrecken ..... 50 vH = 18,7 mm WS

Gesamtlänge dieser Teilstrecken .... = 73,0 m

D r u c k g e f ä l l e .... $R = 18,7 : 73,0 = 0,26$ mm WS/m

b) S t r o m k r e i s   d e s   H e i z k ö r p e r s 2.

(Teilstrecken 2 bis 12, 14, 15, 16, 17.)

W i r k s a m e r   D r u c k .... $H = 7,0 \cdot 12,47 = 87,2$ mm WS

Bleiben für Rohrreibung in den genannten Teilstrecken ..... 50 vH = 43,6 mm WS

Hiervon aufgebraucht:

in den Teilstrecken 2 bis 12 (Länge 70 m) .... $70 \cdot 0,26 = 18,2$ mm WS

Bleiben für Rohrreibung in den Teilstrecken 14 bis 17 .... = 25,4 mm WS

Gesamtlänge dieser Teilstrecken .... = 10,0 m

D r u c k g e f ä l l e .... $R = 25,4 : 10,0 = 2,5$ mm WS/m

c) S t r o m k r e i s   d e s   H e i z k ö r p e r s 3.

(Teilstrecken 2 bis 12, 15, 16, 18 bis 21.)

W i r k s a m e r   D r u c k .... $H = 11,0 \cdot 12,47 = 137,2$ mm WS

Bleiben für Rohrreibung in den genannten Teilstrecken ... 50 vH = 68,6 mm WS

Hiervon aufgebraucht:

in den Teilstrecken 2 bis 12 (wie oben) .... = 18,2 mm WS

in den Teilstrecken 15 und 16 (Länge 8 m) .... $8 \cdot 2,5 = 20,0$ mm WS

Bleiben für Rohrreibung in den Teilstrecken 18 bis 21: 68,6 − 38,2 = 30,4 mm WS

Gesamtlänge dieser Teilstrecken .... = 10,0 m

D r u c k g e f ä l l e .... $R = 30,4 : 10,0 = 3,0$ mm WS/m

In derselben Weise wird der wirksame Druck und das Druckgefälle R für alle anderen Stromkreise berechnet.

2. Nachrechnung der Rohrleitung.

Nach Ermittlung der $\Sigma \zeta$ für die einzelnen Teilstrecken beginnt man mit der Bestimmung der wirklichen Werte für $\Sigma l R$ und ΣZ und nimmt, falls es erforderlich ist, eine Änderung der Rohrweiten vor. Die entsprechenden Werte sind in den Vordruck einzutragen.

		Aus dem Rohrplan			Nachrechnung										Unterschied	
					mit vorläufigem Rohrdurchmesser					mit geändertem Rohrdurchmesser							
Teilstrecke	Wärmemenge	Wärmemenge bei einer Temp.-Absenkung von...°C	Länge der Teilstrecke l	Vorläufiger Rohrdurchmesser d	w	R mm WS	lR mm WS	$\Sigma\zeta$	Z mm WS	d	w	R mm WS	lR mm WS	$\Sigma\zeta$	Z mm WS	lR $o-h$	Z $q-k$
Nr.	kcal/h	kcal/h	m	mm	m/s	m	WS		WS	mm	m/s	m	WS		WS	mm WS	mm WS
a	b	c	d	e	f	g	h	i	k	l	m	n	o	p	q	r	s

Stromkreis des Heizkörpers 1.

Wirksamer Druck: $H = 37{,}4$ mm WS.   Druckgefälle: $R = 0{,}26$ mm WS/m.

1	2200	—	1,5	25	0,06	0,33	0,5	5,0	0,9	20	0,10	1,1	1,7	5,0	2,5	+1,2	+1,6
2	8700	—	5,5	50	0,06	0,13	0,7	8,5	1,5	—	—	—	—	—	—	—	—
3	17700	—	6,0	(57)¹	0,10	0,26	1,6	1,0	0,5	—	—	—	—	—	—	—	—
4	27700	—	5,0	70	0,10	0,22	1,1	1,0	0,5	—	—	—	—	—	—	—	—
5	37200	—	7,0	(76)¹	0,12	0,24	1,7	1,0	0,7	—	—	—	—	—	—	—	—
6	48200	—	4,0	80	0,13	0,26	1,0	1,0	0,9	—	—	—	—	—	—	—	—
7	58200	—	14,0	(88)¹	0,14	0,28	3,9	4,5	4,4	—	—	—	—	—	—	—	—
8	48200	—	4,0	80	0,13	0,26	1,0	1,0	0,9	—	—	—	—	—	—	—	—
9	37200	—	7,0	(76)	0,12	0,24	1,7	1,0	0,7	—	—	—	—	—	—	—	—
10	27700	—	5,0	70	0,10	0,22	1,1	1,0	0,5	—	—	—	—	—	—	—	—
11	17700	—	6,0	(57)	0,10	0,26	1,6	1,0	0,5	—	—	—	—	—	—	—	—
12	8700	—	6,5	50	0,06	0,13	0,8	8,5	1,5	—	—	—	—	—	—	—	—
13	2200	—	1,5	25	0,06	0,33	0,5	6,0	1,1	—	—	—	—	—	—	—	—

$$73{,}0 \qquad \Sigma l\,R_1^{13} + \Sigma Z_1^{13} = 17{,}2 \; + \; 14{,}6 \; = 31{,}8 \text{ mm WS} \qquad\qquad +2{,}8$$

$$\text{Teilstrecke 1 geändert} \ldots\ldots + \; 2{,}8 \quad \text{,,} \quad \text{,,}$$

$$\text{Nun wird } \Sigma l\,R + \Sigma Z \text{ für H.K. 1} = 34{,}6 \text{ mm WS.}$$

Stromkreis des Heizkörpers 2.

Wirksamer Druck: $H = 87{,}2$ mm WS.   Druckgefälle: $R = 2{,}5$ mm WS/m.

14	2000	—	1,0	13	0,17	4,0	4,0	6,0	8,5	—	—	—	—	—	—	—	—
15	6500	—	4,0	25	0,18	2,2	8,8	1,0	1,6	—	—	—	—	—	—	—	—
16	6500	—	4,0	25	0,18	2,2	8,8	1,0	1,6	—	—	—	—	—	—	—	—
17	2000	—	1,0	13	0,17	4,0	4,0	8,5	12,2	—	—	—	—	—	—	—	—

$$10{,}0 \qquad \Sigma l\,R_{14}^{17} + \Sigma Z_{14}^{17} = 25{,}6 \; + \; 23{,}9 \; = 49{,}5 \text{ mm WS}$$

$$\text{Dazu kommt } \Sigma l\,R_2^{12} + \Sigma Z_2^{13} = 28{,}8 \quad \text{,,} \quad \text{,,}$$

$$\text{Damit wird } \Sigma l\,R + \Sigma Z \text{ für H.K. 2} = 78{,}3 \text{ mm WS.}$$

Stromkreis des Heizkörpers 3.

Wirksamer Druck: $H = 137{,}2$ mm WS.   Druckgefälle: $R = 3{,}0$ mm WS/m.

18	2000	—	1,0	13	0,17	4,0	4,0	6,0	8,5	—	—	—	—	—	—	—	—
19	4500	—	4,0	20	0,22	4,0	16,0	1,0	2,4	—	—	—	—	—	—	—	—
20	4500	—	4,0	20	0,22	4,0	16,0	1,0	2,4	—	—	—	—	—	—	—	—
21	2000	—	1,0	13	0,17	4,0	4,0	8,5	12,2	—	—	—	—	—	—	—	—

$$10{,}0 \qquad \Sigma l\,R_{18}^{21} + \Sigma Z_{18}^{21} = 40{,}0 \; + \; 25{,}5 \; = 65{,}5 \text{ mm WS}$$

$$\text{Dazu kommt } \Sigma l\,R_2^{12} + \Sigma Z_2^{12} = 28{,}8 \quad \text{,,} \quad \text{,,}$$

$$\text{und} \qquad\qquad \Sigma l\,R_{15}^{16} + \Sigma Z_{15}^{16} = 20{,}8 \quad \text{,,} \quad \text{,,}$$

$$\text{Damit wird } \Sigma l\,R + \Sigma Z \text{ für H.K. 3} = 115{,}1 \text{ mm WS}$$

---

¹ Nicht genormte Rohre.

Aus dem Rohrplan				Vorläufiger Rohrdur. h.-messer	Nachrechnung											Unterschied	
Teilstrecke	Wärmemenge	Wärmemenge bei einer Temp.-Absenkung von …°C	Länge der Teilstrecke l		mit vorläufigem Rohrdurchmesser					mit geändertem Rohrdurchmesser							
				d	w	R mm WS/m	lR mm WS	$\Sigma\zeta$	Z mm WS	d	w	R mm WS/m	lR mm WS	$\Sigma\zeta$	Z mm WS	lR $o-h$ mm WS	Z $q-k$ mm WS
Nr.	kcal/h	kcal/h	m	mm	m/s					mm	m/s						
a	b	c	d	e	f	g	h	i	k	l	m	n	o	p	q	r	s

Stromkreis des Heizkörpers 4.

Wirksamer Druck: $H = 187{,}0$ mm WS. Druckgefälle: $R = 3{,}1$ mm WS/m.

22	2000	—	5,0	13	0,22	6,0	30,0	6,0	14,4	—	—	—	—	—	—	—	—
23	2000	—	5,0	13	0,22	6,0	30,0	9,5	22,7	—	—	—	—	—	—	—	—

$$10{,}0 \quad \Sigma l\,R_{22}^{23} + \Sigma Z_{22}^{23} = 60{,}0 \;+\; 37{,}1 \;=\; 97{,}1 \text{ mm WS}$$

Dazu kommt $\Sigma l\,R_{2}^{12} + \Sigma Z_{2}^{12} = 28{,}8$ „ „
und $\Sigma l\,R_{15}^{16} + \Sigma Z_{15}^{16} = 20{,}8$ „ „
ferner $\Sigma l\,R_{19}^{20} + \Sigma Z_{19}^{20} = 36{,}8$ „ „

Damit wird $\Sigma l\,R + \Sigma Z$ für H.K. 4 = 183,5 mm WS.

Stromkreis des Heizkörpers 5.

Wirksamer Druck: 87,2 mm WS. Druckgefälle: $R = 3{,}2$ mm WS/m

24	2500	—	1,0	20	0,12	1,4	1,4	5,0	3,6	13	0,22	6,0	6,0	6,0	14,4	+4,6	+10,8
25	11000	—	4,5	32	0,17	1,4	6,3	10,5	15,0	—	—	—	—	—	—	—	—
26	11000	—	5,5	32	0,17	1,4	7,7	10,5	15,0	—	—	—	—	—	—	—	—
27	2500	—	1,0	20	0,12	1,4	1,4	6,0	4,3	—	—	—	—	—	—	—	—

$$12{,}0 \quad \Sigma l\,R_{24}^{27} + \Sigma Z_{24}^{2} = 16{,}8 \;+\; 37{,}9 \;=\; 54{,}7 \text{ mm WS}$$

Dazu kommt $\Sigma l\,R_{6}^{8} + \Sigma Z_{6}^{8} = 12{,}1$ „ „

Damit wird $\Sigma l\,R + \Sigma Z$ für H.K. 5 = 66,8 „ „
Teilstrecke 24 wird geändert . + 15,4 „ „

Nun ist $\Sigma l\,R + \Sigma Z$ für H.K. 5 = 82,2 mm WS.

$+15{,}4$

Die Nachrechnung ist im vorstehenden für alle fünf Heizkörper durchgeführt. Zu bemerken ist, daß von allen 27 durchgerechneten Teilstrecken nur zwei geändert wurden. Die tatsächlich auszuführende Rohrleitung würde daher keine wesentlich anderen Kosten ergeben als die im Kostenanschlag „vorläufig" angenommene.

C. Zweirohrsystem mit Berücksichtigung der Wärmeverluste der Rohrleitung[1].

Man könnte die Wärmeverluste der Rohrleitung vernachlässigen, wenn die Wirkung der Abkühlung:

„vom Kessel bis zum Eintritt in alle Heizkörper" und

„vom Austritt aller Heizkörper bis zum Kessel" gleich wäre.

---

[1] Siehe W. Hässelbarth: Graphisches Verfahren zur Ermittlung des Temperaturabfalles in glatten Rohren .bei Schwerkraft-Warmwasserheizungen. Gesundheits-Ing. Bd. 48, S. 149. 1925.
Wierz, M.: Über die Kräfte durch Rohrabkühlung in Warmwasserheizungen. Gesundheits-Ing. Bd. 48, S. 145. 1925.

Da dies in den allermeisten Fällen keineswegs zutrifft, darf man von der erwähnten Vereinfachung nur mit Vorsicht Gebrauch machen. Wie Beispielsrechnungen zeigten, bewirken die Wärmeverluste bei „unterer Verteilung" eine Verkleinerung der Umtriebskräfte, die jedoch nicht wesentlich ist und mit Rücksicht auf die vielen anderen nicht rechnerisch verfolgbaren Einflüsse vernachlässigt werden kann.

Bei „oberer Verteilung" hingegen werden die Auftriebskräfte unter Berücksichtigung der Wärmeverluste erheblich größer als jene Werte, die ohne Rücksichtnahme auf die Verluste erscheinen. Das einfachste zur Zeit bekannte Verfahren, die Wärmeverluste der Rohrleitung zu berücksichtigen, ist im folgenden erörtert.

1. Vorläufige Ermittlung der Rohrdurchmesser.

Der wirksame Druck, der zur Ermittlung der vorläufigen Rohrdurchmesser in Rechnung gesetzt werden muß, setzt sich zusammen aus dem ohne Berücksichtigung der Wärmeverluste der Rohrleitung ermittelten Wert vermehrt um einen Zuschlag, der sich aus der Größe der Wärmeverluste ergibt. Dieser Zuschlag wird zunächst nach Zahlentafel 14 A überschläglich angenommen. Ist so der v o r l ä u f i g e w i r k - s a m e D r u c k H' für einen Stromkreis ermittelt, so können die vorläufigen Rohrdurchmesser für den Kostenanschlag in der üblichen Weise berechnet und in den Vordruck eingetragen werden.

Es ist noch zu bemerken, daß auch die Heizflächen einen Zuschlag erhalten müssen, da wegen der Wasserabkühlung die Ein- und Austrittstemperaturen an den Heizkörpern niedriger als 90 bzw. 70 ° C sind. Für den Kostenanschlag wird dieser Zuschlag vorläufig nach Zahlentafel 14 B bestimmt.

2. Nachrechnung der Rohrleitung.

Nach Berechnung des vorläufigen wirksamen Druckes H' und Ermittlung der vorläufigen Rohrdurchmesser d werden zunächst die Temperaturen am Anfang und Ende jeder Teilstrecke festgestellt und dann die in den einzelnen Teilstrecken entstehenden Teildrucke h ermittelt. Die Summe dieser Teildrucke ergibt den e n d - g ü l t i g e n, d. h. tatsächlich auftretenden w i r k s a m e n D r u c k H in mm WS.

Die weitere Nachrechnung geschieht in bekannter Weise unter Benutzung der Hilfstafel I. Auch hier darf wie bei den früheren Beispielen $\Sigma l R + \Sigma Z$ nicht größer sein als der gefundene endgültige wirksame Druck H.

Die Berechnung der Größe H geht folgendermaßen vor sich:

Da die Durchmesser der Rohrstränge bekannt sind, läßt sich für jede Teilstrecke der Wärmeverlust genau feststellen und damit die Abkühlung des Wassers aus Gleichung (78) berechnen.

$$\vartheta = \frac{l \cdot f \cdot k \, (1 - \eta) \, (t_E - t_R) \, ^*}{G_h} \; (^\circ \text{C}). \qquad (78)$$

---

* In Gleichung (78) wäre strenggenommen statt $t_E \ldots \dfrac{t_E + t_A}{2}$ zu schreiben. Da dies einerseits eine wesentliche Erschwernis der Rechnung mit sich bringt und andererseits ohne wesentliche Bedeutung ist, wird die einfachere Form der Gleichung (78) beibehalten.

In dieser Gleichung bedeutet:

ϑ die Wasserauskühlung in der Teilstrecke (in $^\circ$ C),

l die Länge der Teilstrecke (in m),

f die Rohroberfläche für 1 m Rohr (in m²)(nach Zahlentafel 11 zu berechnen),

k die Wärmedurchgangszahl des Rohres (in kcal/m² · h · $^\circ$ C) (nach Zahlentafel 10),

η den Wirkungsgrad des Wärmeschutzes (in vH-Teilen),

t_E die Eintrittstemperatur des Wassers in die Teilstrecke (in $^\circ$ C),

t_A die Austrittstemperatur des Wassers aus der Teilstrecke (in $^\circ$ C). Sie ergibt sich aus $(t_E - \vartheta)$,

t_R die Temperatur der das Rohr umgebenden Luft (in $^\circ$ C).

Diese ist:

    a) bei frei verlegten Rohren gleich der Lufttemperatur des betreffenden Raumes,

    b) bei isoliert in verschlossenen Mauerschlitzen verlegten Rohren mit 35 $^\circ$ C,

    c) bei nicht isolierten, in geschlossenen Mauerschlitzen verlegten Rohren mit 45 $^\circ$ C

anzunehmen.

G_h die stündlich durch die Teilstrecke fließende Wassermenge in Litern.

Man beginnt diese Berechnung stets mit der Teilstrecke, die am Kesselaustritt angeschlossen ist, und nimmt die Wassertemperatur dort in der Regel mit 90 $^\circ$ C an. Zweckmäßig bedient man sich dabei folgender Vorlage:

Nr. der Teilstrecke	G_h	d^*	f	l	k	$l \cdot f \cdot k$	$1-\eta$	t_E	t_R	$t_E - t_R$	ϑ	t_A
	l/h	mm	m²/m	m	kcal/m² · h · °C			°C	°C	°C	°C	°C

Man kennt also die Wassertemperatur am Anfangs- und Endpunkt einer jeden Teilstrecke und kann nun aus Gleichung (79) den wirksamen Druck h für diese Teilstrecke berechnen.

$$h = h' \cdot (\gamma_m - \gamma_v). \tag{79}$$

Hierbei bedeutet:

h den wirksamen Druck (in mm WS),

h' die wirksame, d. h. senkrechte Höhe der Teilstrecke (in m),

γ_m das mittlere spezifische Gewicht des Wassers in dieser Teilstrecke entsprechend der Wassertemperatur t_m (in kg/m³),

γ_v das spezifische Gewicht des Wassers im Steigstrang entsprechend der mittleren Wassertemperatur t_v im Steigstrang (in kg/m³).

Für diese Berechnung kann nebenstehende Vorlage benutzt werden, die man am besten mit der vorhergehenden vereint: Den Wert $(\gamma_m - \gamma_v)$ kann man entsprechend

t_E	t_A	t_m	$\gamma_m - \gamma_v$	h'	h
°C	°C	°C	kg/m³	m	mm WS

den Temperaturen t_m und t_v nach Zahlentafel 12 (S. 389) berechnen.

Die Summe der so ermittelten Teildrücke h für alle Teilstrecken eines Stromkreises ergibt nun den endgültigen wirksamen Druck H. Es bleibt nur noch

---

* Hier sind die Durchmesser aus Spalte e des Vordruckes (S. 339 und 340) einzutragen.

übrig, zu prüfen, ob der in der üblichen Weise für den gesamten Stromkreis gefundene Wert $\Sigma lR + \Sigma Z$ diesem wirksamen Druck entspricht.

Da durch diese Berechnung die Wassertemperaturen am Eintritt und Austritt der Heizkörper bekannt sind, sind damit auch die Grundlagen für die endgültige Größenbemessung der Heizkörper gegeben.

Bemerkungen zur Berechnung der Abkühlungsverluste.

Die Abkühlungsverhältnisse im Steigstrang brauchen seines meist sehr guten Wärmeschutzes wegen nicht berücksichtigt zu werden. Man rechnet, wie in den „Regeln" vorgeschrieben, mit einer Vorlauftemperatur im Steigstrang von $t_v = 90°$ C.

Daß auch die Wasserabkühlung in der Rücklaufsammelleitung in vielen Fällen vernachlässigt werden darf, soll im folgenden Beispiel gezeigt werden (Abb. 296).

Das im Fallstrang I herabkommende Wasser möge im Punkt A eine Temperatur von $58°$ C besitzen. Nimmt man die Lufttemperatur in der Umgebung des Rohres zu $10°$ C

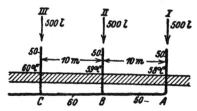

Abb. 296. Temperaturen in der Rücklaufsammelleitung.

(unbeheiztes Kellergeschoß) und den Wirkungsgrad des Wärmeschutzes zu 60 vH an, so beträgt die Abkühlung des Wassers in der Teilstrecke von A nach B $0,8°$ C.

Dem Wasser von $57,2°$ C werden in B 500 Liter Wasser von $59°$ C aus Strang II zugemischt, wodurch die Temperatur in B, wie nachstehend gezeigt, auf $58,1°$ C ansteigt.

$$\frac{500 \cdot 57,2 + 500 \cdot 59,0}{1000} = 58,1° \text{ C}.$$

Von B bis C kühlt sich dieses Wasser auf $57,6°$ C ab, wird aber in C durch Mischung mit dem Wasser aus Strang III auf $58,4°$ C erwärmt.

Man sieht, daß eine Abkühlung zwischen den Punkten A und C gar nicht stattfindet. In besonderen Fällen jedoch sind diese Verhältnisse sowohl für den Vorlaufsteigstrang wie auch für die Rücklaufsammelleitung rechnerisch nachzuprüfen.

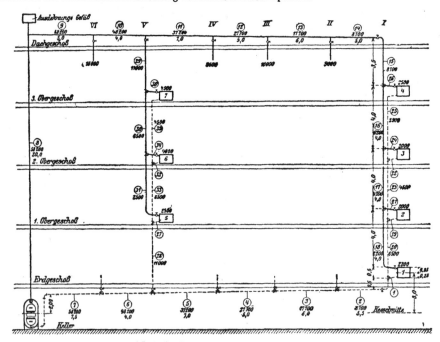

Abb. 297. Strangschema zu Beispiel 14.

3. Beispielsrechnung.

Beispiel 14. A u f g a b e : Für eine Schwerkraft-Warmwasserheizanlage mit oberer Verteilung (Abb. 297) ist die Rohrnetzberechnung mit Berücksichtigung der Wärmeverluste der Rohrleitung durchzuführen.

A n n a h m e n : Wassertemperatur am Kesselaustritt 90° C, Temperaturgefälle in den Heizkörpern 20° C, Temperatur im Dachboden 0° C. Die Abkühlung im Steigstrang ist zu vernachlässigen, da dieser mit bestem Wärmeschutz versehen und in geschlossenem Mauerkanal liegt. Der Wärmeschutz der oberen Verteilleitung betrage 80 vH, der der Fallstränge 60 vH. Letztere liegen in geschlossenen Mauerkanälen (35° C). Die Anschlüsse der Heizkörper werden nach Abb. 294, S. 327, vorgenommen. Der Fallstrang V liegt in waagerechter Richtung 5 m von der Vorlauf- bzw. Rücklaufsammelleitung entfernt.

1. Vorläufige Rechnung.

A. Bestimmung der vorläufigen Rohrweiten für den Kostenanschlag.

a) S t r o m k r e i s   d e s   H e i z k ö r p e r s 1.
(Teilstrecken 1 bis 18.)

Wirksamer Druck ohne Berücksichtigung der Wärmeverluste:
(nach Zahlentafel 13) .... $3{,}0 \cdot 12{,}47 =$ 37,4 mm WS
Zusätzlicher Druck (nach Zahlentafel 14, A II b)[1] .... = 25,0 mm WS
V o r l ä u f i g   a n g e n o m m e n e r   w i r k s a m e r   D r u c k ..... $H' =$ 62,4 mm WS
Bleiben für Rohrreibung in den Teilstrecken 1 bis 18 (nach
Zahlentafel 16) .... 50 vH = 31,2 mm WS
Gesamtlänge dieser Teilstrecken .... = 105,5 m
D r u c k g e f ä l l e .... $R = 31{,}2 : 105{,}5 =$ 0,3 mm WS/m

Hieraus folgen unter Benutzung der Hilfstafel I die „vorläufigen Rohrdurchmesser d", die in Spalte e des Vordruckes auf S. 339 und 340 eingetragen sind. (Vgl. dort Stromkreis des Heizkörpers 6.)

b) S t r o m k r e i s   d e s   H e i z k ö r p e r s 2.
(Teilstrecken 19, 20, 2 bis 17, 21.)

Wirksamer Druck (ohne Wärmeverluste) .... $7{,}0 \cdot 12{,}47 =$ 87,2 mm WS
Zusätzlicher Druck .... = 25,0 mm WS
V o r l ä u f i g e r   w i r k s a m e r   D r u c k .... $H' =$ 112,2 mm WS
Bleiben für Rohrreibung in den genannten Teilstrecken .. 50 vH = 56,1 mm WS
Hiervon aufgebracht in den Teilstrecken 2 bis 17
(Länge 98,5 m): .... $98{,}5 \cdot 0{,}3 =$ 29,5 mm WS
Bleiben für Rohrreibung in den Teilstrecken 19, 20, 21 .... = 26,6 mm WS
Gesamtlänge dieser Teilstrecken .... = 7,0 m
D r u c k g e f ä l l e .... $R = 26 : 7{,}0 =$ 3,8 mm WS/m

In gleicher Weise ergeben sich die Werte für die übrigen Stromkreise und damit die „vorläufigen Rohrdurchmesser d" für den Kostenanschlag.

B. Berechnung der Heizflächenvergrößerung für den Kostenanschlag.

Auf die in üblicher Weise berechneten Heizflächengrößen ist noch ein Zuschlag zu machen, dessen Größe sich aus Zahlentafel 14, B II ergibt. Dieser Zuschlag beträgt

bei Heizkörper 1 .... 5 vH,
bei Heizkörper 2, 3, 5 und 6 .... 3 vH,
bei Heizkörper 4 und 7 .... 0 vH.

2. Nachrechnung.

A. Berechnung des endgültigen wirksamen Druckes H.

Unter Benutzung der vorläufigen Rohrdurchmesser d aus Spalte e des Vordrucks (s. S. 339) und Annahme einer konstanten Wärmedurchgangszahl $k = 11{,}0$ ergeben sich die Teildrucke h für die einzelnen Teilstrecken aus nachfolgender Rechnung:

---

[1] Waagerechte Ausdehnung der Anlage 32 m.

Nr. der Teil-strecke	G_h l/h	d mm	f^* m²/m	l m	$f \cdot l \cdot k$	$1-\eta$	t_E °C	t_R °C	t_E-t_R °C	ϑ °C	t_A °C	t_m °C	$\gamma_m-\gamma_v^{**}$ kg/m²	h' m	h mmWS
Gemeinsamer Vorlauf														

Gemeinsamer Vorlauf

Nr.	G_h	d	f^*	l	$f \cdot l \cdot k$	$1-\eta$	t_E	t_R	t_E-t_R	ϑ	t_A	t_m	$\gamma_m-\gamma_v$	h'	h
9	2910	(88)[1]	0,298	5,0	16,4	0,2	90,0	0	90,0		0,1	89,9			
10	2410	80	0,279	4,0	12,3	0,1	89,9	0	89,9		0,1	89,8			
11	1860	(76)	0,261	7,0	20,1	0,2	89,8	0	89,8		0,2	89,6	89,4	0,41	0,16[2]	0,07 ≈0,1
12	1385	60	0,220	5,0	12,1	0,2	89,6	0	89,6		0,2	89,4			
13	885	(57)	0,198	6,0	13,1	0,2	89,4	0	89,4		0,3	89,1			
14	435	40	0,151	5,0	8,3	0,2	89,1	0	89,1		0,3	88,8			

Vorlauf-Fallstrang I.

Nr.	G_h	d	f^*	l	$f \cdot l \cdot k$	$1-\eta$	t_E	t_R	t_E-t_R	ϑ	t_A	t_m	$\gamma_m-\gamma_v$	h'	h
15	435	40	0,151	3,5	5,8	0,4	88,8	35,0	53,8	0,3	88,5	88,7	0,87	3,5	3,0
16	310	40	0,151	4,0	6,6	0,4	88,5	35,0	53,5	0,4	88,1	88,3	1,14	4,0	4,6
17	210	32	0,133	4,0	5,9	0,4	88,1	35,0	53,1	0,6	87,5	87,8	1,47	4,0	5,9
18	110	25	0,105	4,0	4,6	0,4	87,5	35,0	52,5	0,9	86,6	87,1	1,94	4,0	7,8

Rücklauf-Fallstrang I.

25	125	13	0,0683	4,0	3,0	0,4	68,5[3]	35,0	33,5	0,3	68,2	68,4	13,37	4,0	53,3

Aus Heizkörper 3 kommen hierzu 100 l von 68,1° C. Mischtemperatur 68,2° C.

23	225	20	0,0840	4,0	3,7	0,4	68,2	35,0	33,2	0,2	68,0	68,1	13,54	4,0	54,1

Aus Heizkörper 2 kommen hierzu 100 l von 67,5° C. Mischtemperatur 67,8° C.

20	325	25	0,105	4,0	4,6	0,4	67,8	35,0	32,8	0,2	67,6	67,7	13,77	4,0	55,1

Aus Heizkörper 1 kommen hierzu 110 l von 66,6° C. Mischtemperatur 67,4° C.

2	435	40	0,151	6,0	10,0	0,4	67,4	35,0	32,4	0,3	67,1	67,2	14,05	0,5	7,0

Die Austrittstemperatur aus Teilstrecke 2 ist 67,1° C. Da die Abkühlung des Rücklauf-sammelstranges vernachlässigt werden kann, ist auch die Temperatur am Kesseleintritt mit 67,1° C anzunehmen.

3—7	—	—	—	—	—	—	—	—	—	—	—	67,1	14,10	2,25	31,7

Die durch Abkühlung in den Heizkörpern gewonnenen Teildrücke sind bei:

H.K.1	—	—	—	—	—	—	86,6	—	—	20,0	66,6	76 6	8,58	0,5	4,3
H.K.2	—	—	—	—	—	—	87,5	—	—	20,0	67,5	77,5	8,03	0,5	4,0
H.K.3	—	—	—	—	—	—	88,1	—	—	20,0	68,1	78,1	7,67	0,5	3,8
H.K.4	—	—	—	—	—	—	88,5	—	—	20,0	68,5	78,5	7,42	0,5	3,7

Fallstrang V.

29	550	32	0,133	8,5	12,4	0,4	89,8	35,0	54,8	0,5	89,3	89,6	0,27	3,5	0,9
30	325	25	0,105	4,0	4,6	0,4	89,3	35,0	54,3	0,3	89,0	89,2	0,54	4,0	2,2
31	125	20	0,0840	4,0	3,7	0,4	89,0	35,0	54,0	0,6	88,4	88,7	0,87	4,0	3,5
35	225	13	0,0683	4,0	3,0	0,4	69,3	35,0	34,3	0,2	69,1	69,2	12,93	4,0	51,8

Aus Heizkörper 6 kommen hierzu 200 l von 69,0° C. Mischtemperatur 69,0° C.

33	425	25	0,105	4,0	4,6	0,4	69,0	35,0	34,0	0,1	68,9	68,9	13,10	4,0	52,4

Aus Heizkörper 5 kommen hierzu 125 l von 68,4° C. Mischtemperatur 68,8° C.

28	550	32	0,133	9,5	13,9	0,4	68,8	35,0	33,8	0,3	68,5	68,7	13,21	4,5	59,5

Die durch Abkühlung in den Heizkörpern gewonnenen Teildrücke sind bei:

H.K.5	—	—	—	—	—	—	88,4	—	—	20,0	68,4	78,4	7,48	0,5	3,7
H.K.6	—	—	—	—	—	—	89'0	—	—	20,0	69,0	79,0	7,11	0,5	3,6
H.K.7	—	—	—	—	—	—	89,3	—	—	20,0	69,3	79,3	6,92	0,5	3,5

* Aus Zahlentafel 11 zu berechnen.   ** Aus Zahlentafel 12 zu berechnen.

[1] Nicht genormte Rohrdurchmesser.

[2] Waagerechte Ausdehnung der Anlage 32 m, Leitungsgefälle 0,005 m/lfd. m. Daraus $h' = 32 \cdot 0,005 = 0,16$ m.

[3] Die Eintrittstemperatur in den Heizkörper 4 ist 88,5° C, die Austrittstemperatur aus dem Heizkörper bzw. die Eintrittstemperatur in die Teilstrecke 25 beträgt bei 20° C Temperaturgefälle im Heizkörper mithin 68,5° C.

[4] Zu der aus Abb. 297 hervorgehobenen Höhe von 2,09 m kann noch das Leitungsgefälle von 0,16 m hinzugerechnet werden.

Das Wasser tritt mit 90° C vom Kessel in die Teilstrecke 8 ein. Nach dem auf S. 336 Gesagten ist auch die Temperatur am Ende der Teilstrecke 8 bzw. am Anfang der Teilstrecke 9 gleich 90° C. Man beginnt daher die Berechnung mit Teilstrecke 9. Die waagerechten Heizkörperanschlußleitungen werden dabei vernachlässigt.

Sind auf diese Weise die Teildrucke h aller Teilstrecken eines Stromkreises berechnet, so kann man durch einfache Addition dieser Teildrucke den tatsächlich auftretenden wirksamen Druck H ermitteln. Es ist also der endgültige wirksame Druck H für den

Stromkreis des Heizkörpers 1.

$$H_1 = \Sigma\,(h_{9-14} + h_{15} + h_{16} + h_{17} + h_{18} + h_{\text{H.K.}1} + h_2 + h_{3-7}),$$
$$H_1 = \quad 0{,}1 + 3{,}0 + 4{,}6 + 5{,}9 + 7{,}8 + 4{,}3 + 7{,}0 + 31{,}7 = 64{,}4\ \text{mm WS.}$$

Stromkreis des Heizkörpers 2.

$$H_2 = \Sigma\,(h_{9-14} + h_{15} + h_{16} + h_{17} + h_{\text{H.K.}2} + h_{20} + h_2 + h_{3-7}),$$
$$H_2 = \quad 0{,}1 + 3{,}0 + 4{,}6 + 5{,}9 + 4{,}0 + 54{,}6 + 7{,}0 + 31{,}7 = 110{,}9\ \text{mm WS.}$$

Diese Werte H werden im nachstehenden Vordruck rechts oben in die betreffende Überschrift der einzelnen Stromkreise eingetragen. (Vgl. Stromkreis des Heizkörpers 5.)

B. Nachrechnung der Rohrdurchmesser d.

Nachdem nun der endgültige wirksame Druck H für einen Stromkreis bekannt ist, erfolgt die Aufstellung der Einzelwiderstände und die Nachprüfung, ob $\Sigma l \cdot R + \Sigma Z$ des betreffenden Stromkreises diesem Wert entspricht. Ist dies nicht der Fall, so sind, wie bei den früher berechneten Beispielen, Änderungen der Rohrweite vorzunehmen. Dabei ist jedoch darauf zu achten, daß durch diese Änderungen der wirksame Druck H nicht wesentlich beeinflußt wird.

Aus dem Rohrplan			Vorläufiger Rohrdurchmesser	Nachrechnung										Unterschied	
				mit vorläufigem Rohrdurchmesser					mit geändertem Rohrdurchmesser						
Wärmemenge	Wärmemenge bei einer Temp.-Absenkung von…$^\circ$ C	Länge der Teilstrecke l	d	w	R mm WS m	lR mm WS	$\Sigma \zeta$	Z mm WS	d	w	R mmWS m	lR mm WS	$\Sigma \zeta$	Z mm WS	lR $o-h$ mm WS	Z $q-k$ mm WS
kcal/h	kcal/h	m	mm	m/s		mm WS		mm WS	mm	m/s		mm WS		mm WS	mm WS	mm WS
b	c	d	e	f	g	h	i	k	l	m	n	o	p	q	r	s

Stromkreis des Heizkörpers 1.

= 62,4 mm WS.					$R = 0.3$ mm WS/m.								$H = 64{,}4$ mm WS		
2 200	—	1,5	25	0,06	0,33	0,5	5,0	0,9	20	0,10	1,10	1,7	6,0	3,0	+1,2	+2,1
8 700	—	5,5	40	0,10	0,40	2,2	10,5	5,3	—	—	—	—	—	—	—
17 700	—	6,0	(57)	0,10	0,26	1,6	1,0	0,5	—	—	—	—	—	—	—
27 700	—	5,0	60	0,12	0,33	1,7	1,0	0,7	—	—	—	—	—	—	—
37 200	—	7,0	(76)	0,12	0,24	1,7	1,0	0,7	—	—	—	—	—	—	—
48 200	—	4,0	80	0,13	0,26	1,0	1,0	0,9	—	—	—	—	—	—	—
58 200	—	7,5	(88)	0,13	0,26	1,9	1,5	1,3	—	—	—	—	—	—	—
58 200	—	20,0	(88)	0,13	0,26	5,2	2,5	2,1	—	—	—	—	—	—	—
58 200	—	5,0	(88)	0,13	0,26	1,3	1,5	1,3	—	—	—	—	—	—	—
48 200	—	4,0	80	0,13	0,26	1,0	1,0	0,9	—	—	—	—	—	—	—
37 200	—	7,0	(76)	0,12	0,24	1,7	1,0	0,7	—	—	—	—	—	—	—
27 700	—	5,0	60	0,12	0,33	1,7	1,0	0,7	—	—	—	—	—	—	—
17 700	—	6,0	(57)	0,10	0,26	1,6	1,0	0,5	—	—	—	—	—	—	—
8 700	—	5,0	40	0,10	0,40	2,0	10,0	5,0	—	—	—	—	—	—	—
8 700	—	3,5	40	0,10	0,40	1,4	0,5	0,3	—	—	—	—	—	—	—
6 200	—	4,0	40	0,07	0,24	1,0	1,0	0,3	—	—	—	—	—	—	—
4 200	—	4,0	32	0,06	0,24	1,0	1,0	0,2	—	—	—	—	—	—	—
2 200	—	5,5	25	0,06	0,33	1,8	6,5	1,2	—	—	—	—	—	—	—

$$105{,}5 \quad \Sigma l\,R_1^8 \quad \Sigma Z_1^{18} = 30{,}3 \quad + \quad 23{,}5 = 53{,}8\ \text{mm WS} \qquad\qquad + 3{,}3$$

Teilstrecke 1 geändert . . . $+ 3{,}3$ „ „

Nun ist $\Sigma l\,R + \Sigma Z$ für H.K. 1 $= 57.1$ mm WS.

				Vorläufiger Rohrdurchmesser	Nachrechnung											Unterschied	
Teilstrecke	Wärmemenge	Wärmemenge bei einer Temp.-Absenkung von °C	Länge der Teilstrecke		mit vorläufigem Rohrdurchmesser					mit geändertem Rohrdurchmesser							
Nr.			l	d	w	R	lR	$\Sigma\zeta$	Z	d	w	R	lR	$\Sigma\zeta$	Z	lR $o-h$	Z $q-k$
	kcal/h	kcal/h	m	mm	m/s	mmWS m	mm WS		mm WS	mm	m/s	mmWS m	mm WS		mm WS	mm WS	mm WS
a	b	c	d	e	f	g	h	i	k	l	m	n	o	p	q	r	s

Stromkreis des Heizkörpers 2.

$H' = 112,2$ mm WS. $R = 3,8$ mm WS/m. $H = 110,9$ mm WS

a	b	c	d	e	f	g	h	i	k	l	m	n	o	p	q	r	s
19	2 000	—	1,5	13	0,17	4,0	6,0	6,0	8,5	—	—	—	—	—	—	—	—
20	6 500	—	4,0	25	0,18	2,2	8,8	1,1	1,6	—	—	—	—	—	—	—	—
21	2 000	—	1,5	13	0,17	4,0	6,0	8,5	12,2	—	—	—	—	—	—	—	—

7,0 $\Sigma l R_{19}^{21} + \Sigma Z_{19}^{21} = 20,8 \;+\; 22,3 = 43,1$ mm WS

Dazu kommt $\Sigma l R_2^{17} + \Sigma Z_2^{17} = 49,4$ „ „

Nun ist $\Sigma l R + \Sigma Z$ für H.K. 2 $= 92,5$ mm WS.

Stromkreis des Heizkörpers 3.

$H' = 162,2$ mm WS. $R = 4.7$ mm WS m. $H = 159,4$ mm WS.

a	b	c	d	e	f	g	h	i	k	l	m	n	o	p	q	r	s
22	2 000	—	2,0	13	0,17	4,0	8,0	6,0	8,5	—	—	—	—	—	—	—	—
23	4 500	—	4,0	20	0,22	4,0	16,0	1,0	2,4	—	—	—	—	—	—	—	—
24	2 000	—	2,0	13	0,17	4,0	8,0	8,5	12,2	—	—	—	—	—	—	—	—

8,0 $\Sigma l R_{22}^{24} + \Sigma Z_{22}^{24} = 32,0 \;+\; 23,1 = 55,1$ mm WS

Dazu kommt $\Sigma l R_2^{16} = \Sigma Z_2^{16} = 48,2$ „ „

und $l R_{20} + Z_{20} = 10,4$ „ „

Zusammen wird $\Sigma l R + \Sigma Z$ für H.K. 3 $= 113,7$ mm WS.

Eine Änderung der Teilstrecke 23 von 20 auf 13 mm ist nicht möglich. Der Rest muß durch Voreinstellung des Ventils abgedrosselt werden.

Stromkreis des Heizkörpers 4.

$H' = 212,2$ mm WS. $R = 5,9$ mm WS/m. $H = 208,0$ mm WS.

a	b	c	d	e	f	g	h	i	k	l	m	n	o	p	q	r	s
25	2 500	—	6,0	13	0,22	6,0	36,0	7,0	16,8	—	—	—	—	—	—	—	—
26	2 500	—	2,0	13	0,22	6,0	12,0	8,5	20,3	—	—	—	—	—	—	—	—

8,0 $\Sigma l R_{25}^{26} + \Sigma Z_{25}^{26} = 48,0 \;+\; 37,1 = 85,1$ mm WS

Dazu kommt $\Sigma l R_2^5 + \Sigma Z_2^{15} = 46,9$ „ „

und $\Sigma l R_{20,23} + \Sigma Z_{20,23} = 28,8$,, „

Damit wird $\Sigma l R + \Sigma Z$ für H.K. 4 $= 160,8$ mm WS.

Eine weitere Verkleinerung der Durchmesser ist unmöglich, der Rest muß durch Voreinstellung des Ventils abgedrosselt werden.

Stromkreis des Heizkörpers 5.

$H' = 97,2$ mm WS. $R = 1,3$ mm WS/m. $H = 101,5$ mm WS.

a	b	c	d	e	f	g	h	i	k	l	m	n	o	p	q	r	s
27	2 500	—	1,5	20													
28	11 000	—	9,5	32													
29	11 000	—	8,5	32													
30	6 500	—	4,0	25													
31	2 500	—	5,5	20													
			29,0														

Stromkreis des Heizkörpers 6.

$H' = 147,2$ mm WS. $R = 6,5$ mm WS/m. $H = ..,...$ mm WS

a	b	c	d	e	f	g	h	i	k	l	m	n	o	p	q	r	s
32	4 000	—	1,0	20													
33	8 500	—	4,0	25													
34	4 000	—	1,0	20													
			6,0														

C. Nachrechnung der Raumheizflächen.

Da für jeden Heizkörper die Vor- und Rücklauftemperaturen nunmehr genau bekannt sind, kann die notwendige Vergrößerung der Heizflächen ebenfalls genau ermittelt werden. Eine Nachrechnung zeigt, daß z. B. für Heizkörper 1 die nach Zahlentafel 14, B II angenommene Vergrößerung von 5 vH ausreichend ist.

D. Stockwerksheizung[1].

Bei dieser Heizart entsteht der wirksame Druck ausschließlich durch den Einfluß der Wärmeverluste der Rohrleitung. Hieraus ergibt sich, daß ihre Berechnung nach dem unter C. Gesagten zu erfolgen hat, jedoch wird zur überschläglichen Annahme des vorläufigen wirksamen

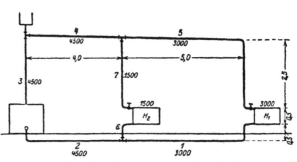

Abb. 298. Strangschema zu Beispiel 12.

Druckes nicht die Zahlentafel 14, sondern die Zahlentafel 15 benutzt. Im übrigen vollzieht sich die Annahme der vorläufigen Rohrweite und ihre Nachrechnung sinngemäß nach jenen Regeln, die an der genannten Stelle entwickelt sind.

Beispiel 15. Aufgabe: Für eine Stockwerksheizung sind die Rohrweiten zu berechnen (Abb. 298). Es können folgende Annahmen gemacht werden:

Temperatur des Wassers beim Austritt aus dem Kessel .... $t_v = 90° C$
Temperaturgefälle in den Heizkörpern .... $\Delta t = 20° C$
Raumtemperatur .... $t_R = 20° C.$

Der Steigstrang ist gut isoliert. Es findet keine wesentliche Abkühlung in ihm statt. Die Verteilungsleitungen, Fallstränge und Heizkörperanschlüsse liegen nichtisoliert und frei vor der Wand. Der gemeinsame Rücklauf ist vor Wärmeabgabe geschützt im Fußbodenkanal angeordnet. Die Kesselmitte liegt 0,4 m über der Rücklaufsammelleitung.

1. Ermittlung des vorläufigen wirksamen Druckes und der vorläufigen Rohrdurchmesser.

Man beginnt die Ermittlung der vorläufigen Rohrdurchmesser hier ebenfalls, indem man den ungünstigsten Stromkreis auswählt und für diesen das Druckgefälle R berechnet. Da sich dieser Stromkreis nicht ohne weiteres erkennen läßt, muß man ihn durch eine kurze vorangehende Rechnung bestimmen.

Für den Stromkreis des Heizkörpers	1	2	
ist nach Zahlentafel 15 A der vorläufige wirksame Druck H'.	18,0	7,0	mm WS
Nach Abzug v. 50 vH (n. Zahlentaf. 16) bleiben für Rohrreibung	9,0	3,5	„ „
Die Gesamtlänge des Stromkreises ist	24,5	14,5	m
Das Druckgefälle R beträgt demnach	0,37	0,24	mm WS/m

a) Ungünstigster Stromkreis, d. i. der des Heizkörpers 2.

Der ungünstigste Stromkreis ist daher der des Heizkörpers 2 mit den Teilstrecken 6, 2, 3, 4, 7. Mit dem schon ermittelten Druckgefälle $R = 0,24$ mm WS/m müssen nun die vor-

---

[1] Wierz, M.: Die Berechnung der Etagen-Warmwasserheizung. Gesundheits-Ing. 1924, S. 345. Klinger, H. J.: Die Stockwerks-Warmwasserheizung (Etagenheizung). C. Marhold, Halle a. S. 1930.

läufigen Durchmesser d der Teilstrecken dieses Stromkreises berechnet und in Spalte e des Vordruckes eingetragen werden.

b) Stromkreis des Heizkörpers 1.
(Teilstrecken 1 und 5)

Vorläufiger wirksamer Druck (nach Zahlentafel 15 A) .. $H' = 18{,}0$ mm WS
Bleiben für Rohrreibung in den genannten Teilstrecken ..... 50 vH = $9{,}0$ mm WS
Davon bereits in den Teilstrecken 2, 3 und 4 (Länge 11,5 m) auf-
gebraucht .... $11{,}5 \cdot 0{,}24 =$ $\underline{2{,}8\ \text{mm WS}}$
Bleiben für Rohrreibung in den Teilstrecken 1 und 5 .... = $6{,}2$ mm WS
Länge dieser Teilstrecken .... = $13{,}0$ m
Druckgefälle .... $R = 6{,}2 : 13{,}0 = 0{,}48$ mm WS/m.

Danach ergeben sich unter Benutzung der Hilfstafel I für die Teilstrecken 1 und 5 die vorläufigen Rohrdurchmesser d.

2. Nachrechnung.
A. Berechnung des endgültigen wirksamen Druckes H.

Die Berechnung des endgültigen wirksamen Druckes H kann auf die schon gezeigte Weise (vgl. S. 334) vor sich gehen. Danach sind zunächst die Temperaturen am Eintritt und Austritt der einzelnen Teilstrecken zu ermitteln.

Nr. der Teilstrecke	G_h	d	f	l	$f \cdot l \cdot k$	t_E	t_R	$t_E - t_R$	ϑ	t_A	t_m	$\gamma_m - \gamma_v$	h'	h
	l h	mm	m²/m	m		°C	°C	°C	°C	°C	°C	kg/m³	m	mm WS
4	225	32	0,133	4,0	5,85	90,0	20,0	70,0	1,8	88,2	89,1	0,61	0,1	0,06
5	150	32	0,133	7,5	11,00	88,2	20,0	68,2	5,0	83,2	85,7	2,86	2,6	7,44
7	75	25	0,105	2,5	2,90	88,2	20,0	68,2	2,6	85,6	86,9	2,07	2,6	5,38
H.K. 1	150	—	—	—	—	83,2	—	—	20,0	63,2	73,2	10,61	0,5	5,31
H.K. 2	75	—	—	—	—	85,6	—	—	20,0	65,6	75,6	12,81	0,5	4,60

Mit den so erhaltenen Teildrucken läßt sich nun der endgültige wirksame Druck H für jeden Stromkreis errechnen. Es ist:

$$H_2 = h_4 + h_7 + h_{\text{H.K.}\,2} = 0{,}06 + 5{,}38 + 4{,}60 = 10{,}04 \text{ mm WS},$$
$$H_1 = h_4 + h_5 + h_{\text{H.K.}\,1} = 0{,}06 + 7{,}44 + 5{,}31 = 12{,}81 \text{ mm WS}.$$

B. Nachrechnung der Rohrweiten.
Zusammenstellung der ζ-Werte.

Teilstr. 1 (25). Halber Heizkörper . 1,5
3 Bogen 3,0
1 T-Stück, Durchgang 1,0
$\overline{5{,}5}$

Teilstr. 2 (32). 3 Bogen 1,5
Halber Kessel 1,0
$\overline{2{,}5}$

Teilstr. 3 (32). Halber Kessel 1,5
Bogen 0,5
$\overline{2{,}0}$

Teilstr. 4 (32). Knie 1,0

Teilstr. 5 (32). 1 T-Stück, Durchgang 1,0
3 Bogen 1,5
Eckhahn 2,0
Halber Heizkörper . 1,5
$\overline{6{,}0}$

Teilstr. 6 (25). Halber Heizkörper . 1,5
2 Bogen 2,0
1 T-Stück, Abzweig . 1,5
$\overline{5{,}0}$

Teilstr. 7 (25). 1 T-Stück, Abzweig . 1,5
2 Bogen 2,0
Eckhahn 2,0
Halber Heizkörper . 1,5
$\overline{7{,}0}$

Nachrechnung der Rohrweiten.

	Aus dem Rohrplan			Vorläufiger Rohrdurchmesser	Nachrechnung											Unterschied	
					mit vorläufigem Rohrdurchmesser					mit geändertem Rohrdurchmesser							
Teilstrecke	Wärmemenge	Wärmemenge bei einer Temp.-Absenkung von...°C	Länge der Teilstrecke l	d	w	R	lR	$\Sigma\zeta$	Z	d	w	R	lR	$\Sigma\zeta$	Z	lR $o—h$	Z $q—k$
Nr.	kcal/h	kcal/h	m	mm	m/s	mmWS/m	mm WS		mm WS	mm	m/s	mmWS/m	mm WS		mm WS	mm WS	mm WS
a	b	c	d	e	f	g	h	i	k	l	m	n	o	p	q	r	s

Stromkreis des Heizkörpers 2.
$R = 0,48$ mm WS/m.

$H' = 7,0$ mm WS. $H = 10,0$ mm WS.

6	1 500	—	0,5	25	0,04	0,17	0,08	5,0	0,4	—	—	—	—	—	—	—	—
2	4 500	—	4,0	32	0,07	0,28	1,12	2,5	0,7	—	—	—	—	—	—	—	—
3	4 500	—	3,2	32	0,07	0,28	0,90	2,0	0,5	—	—	—	—	—	—	—	—
4	4 500	—	4,0	32	0,07	0,28	1,12	1,0	0,3	—	—	—	—	—	—	—	—
7	1 500	—	2,8	25	0,04	0,17	0,48	7,0	0,6	—	—	—	—	—	—	—	—

14,5 $\Sigma l R_{\text{H.K.2}} + \Sigma Z_{\text{H.K.2}} = 3{,}70 \; + \; 2{,}5 = 6{,}2$ mm WS.

Stromkreis des Heizkörpers 1.
$R = 0,48$ mm WS.

$H' = 18,0$ mm WS. $H = 12,8$ mm WS.

1	3 000	—	5,5	25	0,085	0,57	3,14	5,5	2,0	—	—	—	—	—	—	—	—
5	3 000	—	7,5	32	0,045	0,14	1,05	6,0	0,5	—	—	—	—	—	—	—	—

13,0 $\Sigma l R_{1,5} + \Sigma Z_{1,5} = 4{,}19 \; + \; 2{,}6 = 6{,}8$ mm WS

Dazu kommt $\Sigma l R_2^4 + \Sigma Z_2^4 = 4{,}6$ „ „

Nun ist $\Sigma l R + \Sigma Z$ für H.K. 1 $= 11{,}4$ mm WS.

Eine Verkleinerung der Durchmesser ist nicht möglich.

E. Einrohrsystem ohne Berücksichtigung der Wärmeverluste.

1. Der wirksame Druck.

a) Berechnung der Temperaturen.

In Abb. 299 ist:

$$t' = t_4 = t_5 = t_6{}^*,$$
$$t'' = t_3,$$
$$t_8 = t_9.$$

Das Temperaturgefälle (Δt) der Heizkörper wähle man, um die Heizflächen auf ein Mindestmaß zu bringen, klein, jedoch muß

$$\Delta t \geqq \frac{Q_H}{\Sigma Q}\,(t' - t'') \quad \text{sein.} \tag{80}$$

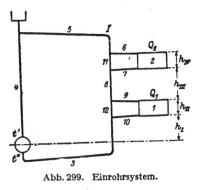

Abb. 299. Einrohrsystem.

Hierin bedeutet, falls man das Temperaturgefälle für alle Heizkörper desselben Stranges gleich groß wählt:

Q_H die größte Heizkörperleistung im Strang.

ΣQ die Gesamtleistung des Stranges.

Falls man (wie das für Ausnahmefälle zweckmäßig sein kann) den Heizkörpern desselben Stranges verschiedene Temperaturgefälle gibt, bedeutet:

Q_H die jeweilige Heizkörperleistung,

ΣQ die Gesamtleistung des Stranges.

---

* Die Indizes der Temperaturen entsprechen den bezüglichen Teilstreckennummern.

Der eine Grenzfall ist:

$\Delta t = t' - t''$, $Q_H = \Sigma Q$. Dann geht alles Strangwasser durch den Heizkörper.

Der andere Grenzfall ist:

$\Delta t = 0$, $Q_H = 0$. Dann geht alles Wasser durch den Strang.

Gleichung (80) sagt, daß das Temperaturgefälle der Heizkörper in einem bestimmten Zusammenhang mit den Größen Q_H, ΣQ und $(t' - t'')$ steht und sonach nicht beliebig gewählt werden kann.

Unbekannt ist noch die Mischtemperatur t_8.

Sie wird nach Abb. 299 wie folgt gefunden:

$$Q_1 + Q_2 = \Sigma Q = W\,(t' - t''),$$
$$Q_2 = W\,(t' - t_8),$$
$$Q_1 = W\,(t_8 - t'').$$

Hiernach ergibt sich:

$$t_8 = t'' + \frac{Q_1}{W} \qquad \text{oder} \qquad t_8 = t' - \frac{Q_2}{W}. \tag{81}$$

Auf diese Weise werden die Temperaturen aller Teilstrecken bestimmt.

b) Ermittlung des wirksamen Druckes.

α) Für den Stromkreis des Fallstranges I:

$$H = h_I\,(\gamma'' - \gamma') + h_{II}\,(\gamma_1 - \gamma') + h_{III}\,(\gamma_8 - \gamma') + h_{IV}\,(\gamma_2 - \gamma'). \tag{82}$$

Darin bedeutet z. B.:

γ'' das Raumgewicht (kg/m³) des Wassers der Temperatur t'';

γ_1 das Raumgewicht (kg/m³) des Wassers der Temperatur t_1, das ist der im Heizkörper 1 herrschenden mittleren Wassertemperatur;

γ_8 das Raumgewicht (kg/m³) des Wassers der Temperatur t_8, das ist der in der Teilstrecke 8 herrschenden Wassertemperatur usw.

Die Ausdrücke $h_I\,(\gamma'' - \gamma')$, $h_{II}\,(\gamma_1 - \gamma')$ usw.

werden am einfachsten unter Zuhilfenahme der Zahlentafel 13 bzw. 12 bestimmt.

β) Für den Stromkreis der Heizkörper, z. B. des Heizkörpers 1:

$$H = h_{II}\,(\gamma_1 - \gamma_{12}) + (lR + Z)_{12}. \tag{83}$$

Hier tritt der Gesamtwiderstand im Kurzschlußrohr 12 als „zusätzlicher wirksamer Druck" auf.

2. Annahme und Nachrechnung der Rohrleitung.

Der jeweils zur Verfügung stehende Druck ist nun bekannt, so daß die Annahme und Nachrechnung der Rohrleitung genau wie beim Zweirohrsystem unter B 2 u. 3 (s. S. 325) erfolgen kann.

F. Einrohrsystem mit Berücksichtigung der Wärmeverluste.

Auch für diesen Fall können die bei der Berechnung des Zweirohrsystems gemachten Überlegungen sowohl bei der Bestimmung der Rohrleitungen und Heizkörper für den Kostenanschlag als auch bezüglich der Nachrechnung der Rohrleitung und Heizflächen für die Ausführung sinngemäße Anwendung finden. Jedoch ist hinsichtlich der Benutzung der Zahlentafel 14 zu bemerken, daß die Heizkörper durch die Fallstränge ersetzt werden. Es sind daher jene Werte der Zahlentafel zu nehmen, die dem mittelsten Heizkörper des Stranges entsprechen, das ist jener Heizkörper, der zwischen dem Kessel und dem obersten Heizkörper lotrecht etwa in der Mitte liegt. Infolge der bei den Einrohranlagen auftretenden Verhältnisse ist aber, wie auf der Zahlentafel 14 ausdrücklich vermerkt, nur die Hälfte des jeweiligen Tafelwertes anzusetzen. Dieser Zusammenhang wurde durch Beispielsrechnungen ermittelt.

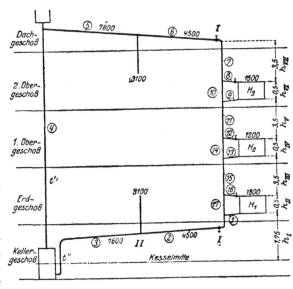

Abb. 300. Strangschema zu Beispiel 13.

Beispiel 16. Annahmen: Wassertemperatur beim Austritt aus dem Kessel $t' = 85°$ C. Temperaturgefälle aller Stränge (ohne Wärmeverluste) $15°$ C. Temperaturgefälle aller Heizkörper desselben Stranges gleich $\Delta t = 10°$ C[1]. Steigstrang keine Abkühlung. Dachbodentemperatur $\pm 0°$ C. Wärmeschutz der oberen Verteilung 80 vH Wirkungsgrad. Fallstränge ungeschützt vor der Wand. Gemeinsamer Rücklauf keine Abkühlung. Raumtemperatur $20°$ C. Alles übrige zeigt Abb. 300.

Durchrechnung.

1. Annahme der vorläufigen Rohrdurchmesser und Heizkörper.

A. Ungünstigster Stromkreis, d. i. der Stromkreis des Fallstranges I.

Temperaturgefälle der Heizkörper $10°$ C[1].

a) Wirksamer Druck.

α) Berechnung der Temperaturen ohne Berücksichtigung der Wärmeverluste.

$t' = 85° C = t_4 = t_5 = t_6 = t_7 = t_8 = t_{10}$,

$t_9 = 85 - 10 = 75°$ C,

$t'' = 70° C\ t_2 = t_3$,

$W = \dfrac{\sum Q}{t - t''} = \dfrac{1500 + 1200 + 1800}{85 - 70} = 300\ \text{l/h}$,

$t_{11} = t' - \dfrac{Q_3}{W} = 85 - \dfrac{1500}{300} = 80°$ C,

$t_{12} = 80° C = t_{14}$,

$t_{13} = 80 - 10 = 70°$ C,

$t_{15} = t_{11} - \dfrac{Q_2}{W} = 80 - \dfrac{1200}{300} = 76\ C$,

$t_{16} = 76° C = t_{17}$,

$t_1 = 76 - 10 = 66°$ C.

Mittlere Temperatur im Heizkörper H_3 . . . . $t_{H_3} = 80°$ C

„ „ „ „ H_2 . . . . $t_{H_2} = 75°$ C

„ „ „ „ H_1 . . . . $t_{H_1} = 71°$ C

---

[1] $\Delta t \gg \dfrac{1800}{4500} 15$; $\Delta t \ll 6°$ C, s. S. 343, Gl. (80).

β) Bestimmung des wirksamen Druckes.

$$H = h_I(\gamma'' - \gamma') + h_{II}(\gamma_{H_1} - \gamma') + h_{III}(\gamma_{15} - \gamma') + h_{IV}(\gamma_{H_2} - \gamma') + h_V(\gamma_{11} - \gamma')$$
$$+ h_{VI}(\gamma_{H_3} - \gamma') + h_{VII}(\gamma' - \gamma') = 1{,}75(\gamma_{70} - \gamma_{85}) + 0{,}5(\gamma_{71} - \gamma_{85}) + 3{,}5(\gamma_{76} - \gamma_{85})$$
$$+ 0{,}5(\gamma_{75} - \gamma_{85}) + 3{,}5(\gamma_{80} - \gamma_{85}) + 0{,}5(\gamma_{80} - \gamma_{85}).$$

Benutzung der Zahlentafel 12:
$$= 1{,}75 \cdot 9{,}16 + 0{,}5 \cdot 8{,}58 + 3{,}5 \cdot 5{,}64 + 0{,}5 \cdot 6{,}24 + 3{,}5 \cdot 3{,}18 + 0{,}5 \cdot 3{,}18 = 55{,}9 \text{ mm WS}.$$

b) Annahme der vorläufigen Durchmesser des Stromkreises des Stranges I.

Wirksamer Druck ohne Berücksichtigung der Wärmeverluste ...... $= 55{,}9$ mm WS
Berücksichtigung der Wärmeverluste nach Zahlentafel 14 AI: Fallstränge ungeschützt. Dreigeschossig. Waagerechte Ausdehnung der Anlage bis 25 m. Höhe des mittelsten Heizkörpers über Kesselmitte 6,0 m. Waagerechte Entfernung des Stranges vom Steigstrang 12 m. Ergibt nach der erwähnten Zahlentafel zusätzliche Druckhöhe .... $= 25{,}0$ mm WS
Bei Einrohrausführung halber Wert .... $= 12{,}5$ mm WS
Vorlauftemperatur 85°C, daher -15 vH .... $\sim -2{,}0$ mm WS
Zusätzliche Druckhöhe .... $= 10{,}5$ mm WS ..   10,5 mm WS
Gesamte Druckhöhe .... $= 66{,}4$ mm WS
Davon ab für Einzelwiderstände 50 vH .... $= 33{,}2$ mm WS
Bleiben für Reibung .... $= 33{,}2$ mm WS
Länge des Stromkreises 1, 2, 3, 4, 5, 6, 7, 8, 9, 11, 12, 13, 15, 16 ...... $= 55{,}5$ m

Druckgefälle .... $R = \dfrac{33{,}2}{55{,}5} \simeq 0{,}6$ mm WS/m

Daraus folgen die Durchmesser in Spalte e der Zusammenstellung auf S. 348.

B. Kurzschlußstrecken 10, 14, und 17.

d_{10} ein Handelsmaß kleiner als d_8 bzw. d_9; $d_{10} = 20$ mm
d_{14} ,,   ,,   ,,   ,, d_{12} ,, d_{13}; $d_{14} = 20$,,
d_{17} ,,   ,,   ,,   ,, d_{16} ,, d_1; $d_{17} = 20$,,

c) Annahme der Heizkörper (Nabenabstand 500, zweisäulig).

Aus Zahlentafel 14 B I abzulesen: (halbe Werte wegen Einrohr) z. B. Heizkörper 2 $+ 5$ vH, das ist

$$f_{H_2} = \frac{1200}{k(75-20)} + 5 \text{ vH} = \frac{1200}{7{,}0 \cdot 55} + 5 \text{ vH} = 3{,}12 + 0{,}16 = 3{,}28 \text{ m}^2.$$

k-Wert entnommen aus Zahlentafel 10.

2. Nachrechnung der Rohrleitung und Heizkörper.

A. Stromkreis des Fallstranges I.

α) Berechnung der Temperaturen mit Berücksichtigung der Wärmeverluste der Rohrleitung. Siehe Gleichung (78), S. 334.

Nr. der Teilstrecke	G_h l/h	d mm	f m²/m	l m	$f \cdot l \cdot k$	$1-\eta$	t_E °C	t_R °C	$t_E - t_R$ °C	ϑ °C	t_A °C	t_m °C	$\gamma_m - \gamma_v$ kg/m³	h' m	h mm WS
5	506	40	0,151	8,0	12,1	0,2	85,0	0	85,0	0,4	84,6	—	—	—	1
6	300	32	0,133	4,0	5,3	0,2	84,6	0	84,6	0,3	84,3	—	—	—	—
7	300	32	0,133	3,5	4,7	1,0	84,3	20	64,3	1,0	83,3	83,8	—	—	—
8	150	25	0,105	1,0	1,1	1,0	83,3	20	63,3	0,5	82,8	—	—	—	—
9	150	25	0,105	1,0	1,1	1,0	72,8	20	52,8	0,4	72,4	—	—	—	—
11	300	32	0,133	3,5	4,7	1,0	78,3	20	58,3	0,9	77,4	77,9	—	—	—
12	120	20	0,084	1,0	0,8	1,0	77,4	20	57,4	0,4	77,0	—	—	—	—
13	120	25	0,105	1,0	1,1	1,0	67,0	20	47,0	0,4	66,6	—	—	—	—
15	300	32	0,133	3,5	4,7	1,0	73,4	20	53,4	0,8	72,6	73,0	—	—	—
16	180	25	0,105	1,0	1,1	1,0	72,6	20	52,6	0,3	72,3	—	—	—	—
1	180	25	0,105	1,0	1,1	1,0	62,3	20	42,3	0,3	62,0	—	—	—	—

[1] Zwecks klarerer Darstellung erfolgt die Berechnung der Teildrucke h unter β).

$t_9 = t_8$ — Temperaturgefälle im Heizkörper $\quad t_{15} = t_{11} - \dfrac{Q_2}{W} = 77,4 - \dfrac{1200}{300} = 73,4 \,^\circ\mathrm{C}[1]$,

$H_3 = 82,8 - 10,0 = 72,8 \,^\circ\mathrm{C}$,

$t_{11} = t_7 - \dfrac{Q_3}{W} = 83,2 - \dfrac{1500}{300} = 78,3 \,^\circ\mathrm{C}[1]$, $\qquad t_1 = t_{16} - 10\,^\circ = 72,3 - 10,0 = 62,3\,^\circ\mathrm{C}$,

$t_{13} = t_{12}$ — Temperaturgefälle im Heizkörper $\quad t_2 = t_{15} - \dfrac{Q_1}{W} = 72,6 - \dfrac{1800}{300} = 66,6\,^\circ\mathrm{C}[1]$.

$H_2 = 77,0 - 10,0 = 67,0\,^\circ\mathrm{C}$,

Da die Abkühlung der gemeinsamen Rücklaufleitung vernachlässigt werden kann (S. 336), ist $66,6\,^\circ\mathrm{C}$ auch die Kesseleintrittstemperatur.

$$\text{Mittlere Temperatur } t_m \text{ im Heizkörper } H_3 = \frac{82,8 + 72,8}{2} = 77,8\,^\circ\mathrm{C},$$

$$\,,\qquad\quad\,, \quad t_m \,\,,, \qquad ,, \qquad H_2 = \frac{77,0 + 67,0}{2} = 72,0\,^\circ\mathrm{C},$$

$$\,,\qquad\quad\,, \quad t_m \,\,,. \qquad ,, \qquad H_1 = \frac{72,3 + 62,3}{2} = 67,3\,^\circ\mathrm{C}.$$

β) Bestimmung des wirksamen Druckes.

Nunmehr sind für die in Frage kommenden Teilstrecken alle Temperaturen genau bestimmt, so daß die Ermittlung des wirksamen Druckes, bei Berücksichtigung der Wärmeverluste der Rohrleitung, vor sich gehen kann.

Temperatur zugehörig Höhe h_I * $= 66,6\,^\circ\mathrm{C}$ $\qquad$ Temperatur zugehörig Höhe $h_{IV} = 72,0\,^\circ\mathrm{C}$

$\quad\,,\qquad\quad\,,\qquad\,, \quad h_{II} = 67,3\,^\circ\mathrm{C}$ $\qquad\quad\,,\qquad\quad\,,\qquad\,, \quad h_V = 77,9\,^\circ\mathrm{C}$

$\quad\,,\qquad\quad\,,\qquad\,, \quad h_{III} = 73,0\,^\circ\mathrm{C}$ $\qquad\quad\,,\qquad\quad\,,\qquad\,, \quad h_{VI} = 77,8\,^\circ\mathrm{C}$

Temperatur zugehörig Höhe $h_{VII}^{**} = 83,8\,^\circ\mathrm{C}$

$$H = \Sigma h'\,(\gamma_m - \gamma_v) = 1,75\cdot(\gamma_{66,6} - \gamma_{85}) + 0,5\,(\gamma_{67,3} - \gamma_{85}) + 3,5\,(\gamma_{73,0} - \gamma_{85}) + 0,5\,(\gamma_{72,0} - \gamma_{85})$$

Benutzung der Zahlentafel 12: $\qquad + 3,5\,(\gamma_{77,9} - \gamma_{85}) + 0,5\,(\gamma_{77,8} - \gamma_{85}) + 3,5\,(\gamma_{83,8} - \gamma_{85})$.

$H = 1,75\cdot 11,07 + 0,5\cdot 10,68 + 3,5\cdot 7,42 + 0,5\cdot 8,01 + 3,5\cdot 4,48 + 0,5\cdot 4,54 + 3,5\cdot 078 = 75,4\,\mathrm{mm\,WS}$.

Nunmehr erfolgt die Bildung der $\Sigma l R_1^{16} + \Sigma Z_1^{16}$ in bekannter Weise unter Benutzung der Hilfstafel I. Aus der Zusammenstellung S. 348 ergibt sich, daß die Summe aller Widerstände $= 51,2$ wird, während an wirksamem Druck $= 75,4\,\mathrm{mm\,WS}$ zur Verfügung stehen. Teilstrecke 2 wird daher auf $25\,\mathrm{mm\,WS}$ verengt, womit die fragliche Summe $= 73,3\,\mathrm{mm\,WS}$ wird und nunmehr mit dem wirksamen Druck in genügender Übereinstimmung steht.

B. Kurzschlußstrecken 10, 14 und 17.

Teilstrecke 10. Nach Gleichung (83) ist:

$H = h_{VI}\,(\gamma_{H_3} - \gamma_{10}) + l R_{10} + Z_{10} = 0,5\,(\gamma_{77,8} - \gamma_{83,8}) + 3,0 = 0,5\cdot 3,44 + 3,0 = 4,7\,\mathrm{mm\,WS}[2]$.

Nun muß $\qquad\qquad\qquad 4,7 \geqq l R_{8,9} + Z_{8,9}$ sein,

$\qquad\qquad\qquad\qquad\quad 4,7 \geqq 3,5$.

Teilstrecke 10 bleibt unverändert mit $20\,\mathrm{mm}\,\mathrm{l.\,W.}$ bestehen.

Teilstrecke 14:

$H = h_{IV}\,(\gamma_{H_2} - \gamma_{14}) + l R_{14} + Z_{14} = 0,5\,(\gamma_{72,0} - \gamma_{77,4}) + 3,9 = 0,5\cdot 3,23 + 3,9 = 5,5\,\mathrm{mm\,WS}[1]$.

Nun muß $\qquad\qquad\qquad 5,5 \geqq l R_{12,13} + Z_{12,13}$ sein,

$\qquad\qquad\qquad\qquad\quad 5,5 \geqq 4,9$.

Teilstrecke 14 kann mit $20\,\mathrm{mm}\,\mathrm{l.\,W.}$ bestehen bleiben.

---

[1] Streng genommen wären zu Q_3 bzw. Q_2 und Q_1 noch jene Wärmemengen zuzuzählen, die infolge der Wärmeverluste der Rohrleitungen 8, 9 bzw. 12, 13 und 16, 1 auftreten. Der Einfluß ist bei nicht zu langen Anschlüssen gering und kann hier vernachlässigt werden. Bemerkt sei, daß hierdurch die errechnete zusätzliche Druckhöhe unter der tatsächlich auftretenden bleibt.

[2] Bei Teilstrecke 10, 14 und 17 wäre, streng genommen, die Abkühlung der Kurzschlußstrecken zu berücksichtigen. Dies kann hier wegen der geringen Länge der Teilstrecken entfallen.

* Die Bezeichnung dieser Höhen müßte entsprechend obenstehender Zusammenstellung eigentlich h'_I heißen. Der Übereinstimmung mit Abb. 300 wegen ist die alte Bezeichnung h_I beibehalten worden.

Teilstrecke 17:

$$H = h_{II}(\gamma_{H_1} - \gamma_{17}) + l R_{17} + Z_{17} = 0,5(\gamma_{67,3} - \gamma_{72,6}) + 1,9 = 0,5 \cdot 3,03 + 1,9 = 3,4 \text{ mm WS.}$$

Nun müßte: $\qquad 3,4 \geqq l R_{16,1} + Z_{16,1}$

sein, da aber $\qquad l R_{16,1} + Z_{16,1} = 5,1$

ist, muß Teilstrecke 17 von 20 mm l. W. auf 13 mm l. W. verengt werden.

Es wird also $\qquad H = 1,5 + l R_{17} + Z_{17} = 1,5 + 6,8 = 8,3$ mm WS,

wodurch die Ungleichheit erfüllt erscheint.

Aus dem Rohrplan				Vorläufiger Rohrdurchmesser	Nachrechnung											Unterschied	
					mit vorläufigem Rohrdurchmesser					mit geändertem Rohrdurchmesser							
Teilstrecke	Wärmemenge	Wärmemenge bei einer Temp.-Absenkung von 10 bzw. 15°C	Länge der Teilstrecke l	d	w	R mm WS/m	lR mm WS	$\Sigma\zeta$	Z mm WS	d	w	R mm WS/m	lR mm WS	$\Sigma\zeta$	Z mm WS	lR $o-h$ mm WS	Z $q-k$ mm WS
Nr.	kcal/h	kcal/h	m	mm	m/s			1		mm	m/s						
a	b	c	d	e	f	g	h	i	k	l	m	n	o	p	q	r	s

Stromkreis des Fallstranges 1.

$H' = 66,4$ mm WS. $\qquad R = 0,6$ mm WS/m. $\qquad H = 75,4$ mm WS.

Nr.	b	c	d	e	f	g	h	i	k	l	m	n	o	p	q	r	s
1	1800	3600	1,0	25	0,10	0,80	0,8	3,0	1,5	—	—	—	—	—	—	—	—
2	4500	6000	4,0	32	0,09	0,45	1,8	10,5	4,2	25	0,17	2,0	8,0	14,0²	20,1	+6,2	+15,9
3	7600	10120	9,0	40	0,12	0,55	5,0	1,5	1,1	—	—	—	—	—	—	—	—
4	7600	10120	14,0	40	0,12	0,55	7,7	2,5	1,8	—	—	—	—	—	—	—	—
5	7600	10120	8,0	40	0,12	0,55	4,4	1,0	0,7	—	—	—	—	—	—	—	—
6	4500	6000	4,0	32	0,09	0,45	1,8	11,0	4,4	—	—	—	—	—	—	—	—
7	4500	6000	3,5	32	0,09	0,45	1,6	—	—	—	—	—	—	—	—	—	—
8	1500	3000	1,0	25	0,08	0,55	0,6	4,0	1,3	—	—	—	—	—	—	—	—
9	1500	3000	1,0	25	0,08	0,55	0,6	3,0	1,0	—	—	—	—	—	—	—	—
11	4500	6000	3,5	32	0,09	0,45	1,6	—	—	—	—	—	—	—	—	—	—
12	1200	2400	1,0	20	0,11	1,30	1,3	4,0	2,4	—	—	—	—	—	—	—	—
13	1200	2400	1,0	25	0,07	0,40	0,4	3,0	0,8	—	—	—	—	—	—	—	—
15	4500	6000	3,5	32	0,09	0,45	1,6	—	—	—	—	—	—	—	—	—	—
16	1800	3600	1,0	25	0,10	0,80	0,8	4,0	2,0	—	—	—	—	—	—	—	—

$$55,5 \qquad \Sigma l R + \Sigma Z = 30,0 + 21,2 = 51,2 \text{ mm WS} \qquad 22,1$$

Teilstrecke 2 geändert . . . $+ 22,1$ „ „

Nun ist $\Sigma l R + \Sigma Z$ für Fallstrang 1 $= 73,3$ mm WS

Kurzschlußstrecken 10, 14, 17.

Nr.	b	c	d	e	f	g	h	i	k	l	m	n	o	p	q	r	s
10	—	3000	0,5	20	0,14	2,0	1,0	2,0	2,0	—	—	—	—	—	—	—	—
14	—	3600	0,5	20	0,16	2,6	1,3	2,0	2,6	—	—	—	—	—	—	—	—
17	—	2400	0,5	20	0,11	1,3	0,7	2,0	1,2	13	0,2	5,5	2,8	2,0	4,0	+2,1	+2,8

$$+ 4,9$$

¹ Einzelwiderstände:

Teilstr. 1 (25). 1 T-St.-A.	1,5
1 halb. Heizk.	1,5
	3,0
Teilstr. 2 (32). 1 Bogen	0,5
1 Str.-Vent.	9,0
1 T-St.-D.	1,0
	10,5
Teilstr. 3 (40). 3 Bogen je 0,5	1,5
Teilstr. 4 (40). 1 Kessel	2,5
Teilstr. 5 (40). 1 Knie	1,0
Teilstr. 6 (32). 1 T-St.-D.	1,0
1 Str.-Vent.	9,0
1 Knie	1,0
	11,0
Teilstr. 7 (34). Nichts.	
Teilstr. 2 (25). 1 Bogen	1,0
1 Str.-Vent.	12,0
1 T-St.-D.	1,0
	14,0

Heizkörperanschlüsse geradlinig.

Teilstr. 8 (25). 1 T-St.-A.	1,5
1 Durchgangshahn	1,0
1 halb. Heizk.	1,5
	4,0
Teilstr. 9 (25). 1 halb. Heizk........	1,5
1 T-St.-A.	1,5
	3,0
Teilstr. 11 (32). Nichts.	
Teilstr. 12 (20). 1 T-St.-A.	1,5
1 Durchgangshahn	1,0
1 halb. Heizk.........	1,5
	4,0
Teilstr. 13 (25). 1 halb. Heizk.	1,5
1 T-St.-A.	1,5
	3,0
Teilstr. 15 (32). Nichts.	
Teilstr. 16 (25). Wie Teilstr. 8	4,0

Die eingeklammerten Zahlen bedeuten die Nennweiten der Rohre.

C. Nachrechnung der Heizkörper.

Nunmehr sind alle Temperaturen genau bekannt, und es ergibt sich z. B. für Heizkörper 2

$$f_H = \frac{1200}{k\,(72,0 - 20)} = \frac{1200}{7,0 \cdot 52,0} = 3,3 \text{ m}^2,$$

während sich nach der „Anahme" 3,35 m² ergab.

k-Wert entnommen aus Zahlentafel 10.

G. Pumpenheizung.

Der wirksame Druck einer Pumpenheizung setzt sich zusammen aus dem durch die Pumpe erzeugten Druck H_P (mm WS) und dem durch Schwerkraftwirkung entstehenden Druck H_S (mm WS). Demnach wird der Gesamtdruck H:

$$H = H_P + H_S \text{ (mm(WS)}. \tag{84}$$

Um für die Darstellung des Rechnungsganges möglichst einfache Verhältnisse zu schaffen, wird im nachstehenden angenommen, daß die Schwerkraftwirkung gegenüber dem Pumpendruck zu vernachlässigen sei. Die Berechnung der Pumpenheizung stützt sich zwar in ihren Einzelheiten auf dieselben Gleichungen, die wir bei Berechnung der Schwerkraftheizungen kennengelernt hatten, insbesondere gilt auch hier die Gleichung

$$H_P = \Sigma l R + \Sigma Z, \tag{85}$$

aber die Reihenfolge der einzelnen Rechnungen ist hier aus nachstehenden Gründen gänzlich anders als früher. Während nämlich bei der Schwerkraftheizung durch die Höhe des Gebäudes der wirksame Druck H von vornherein festliegt und die Strömungsgeschwindigkeiten sowie die Rohrdurchmesser in einzelnen Teilstrecken gesucht sind, ist bei der Pumpenheizung auch der Druck H_P unbekannt. Bei gegebenem Strangschema und gegebenen Wärmemengen sind Rohrnetze mit verschiedenen Durchmessern möglich, welche alle in bezug auf das Arbeiten der Anlage gleichwertig sind. Aber nur eins dieser Rohrnetze ist das wirtschaftlich günstigste. Sind die Rohrdurchmesser sehr klein, so ist das Rohrnetz billig. Aber da die Strömungsgeschwindigkeiten hoch sind, sind auch die Druckverluste groß, und damit ergibt sich ein hoher Kraftverbrauch für die Pumpe. Es ergeben also große Geschwindigkeiten zwar billige Rohrnetze, aber hohe Betriebskosten. Umgekehrt geben niedere Geschwindigkeiten teure Rohrnetze, aber geringe Betriebskosten. Es ist die Aufgabe des Ingenieurs, die wirtschaftlich günstigste Zusammenstellung von Strömungsgeschwindigkeit und Druckverlust zu finden.

Man muß bei der Rechnung der Pumpenheizung immer zuerst einmal eine willkürliche Annahme treffen, indem man entweder den Pumpendruck oder die Strömungsgeschwindigkeit wählt. Im nachstehenden wollen wir die Strömungsgeschwindigkeit frei wählen, und zwar ist es zweckmäßig, von konstanter Geschwindigkeit längs des ganzen Hauptstranges auszugehen. Bei der Ausführung werden sich natürlich wegen der Stufung der handelsüblichen Rohrdurchmesser in den einzelnen Teilstrecken kleine Abweichungen von der gewählten Geschwindigkeit ergeben, die aber nicht von großer Bedeutung sind.

Man beginnt mit der Berechnung des Hauptstranges, und zwar empfiehlt es sich, nicht nur eine einzige Geschwindigkeit, sondern sogleich zwei oder drei Geschwindigkeiten aus dem vermutlich günstigsten Bereich durchzurechnen. Weitere Einzelheiten zeigt nachstehendes Zahlenbeispiel 17.

Beispiel 17. Aufgabe: Für den in Abb. 301a und Abb. 301b dargestellten Teil des Rohrnetzes einer Gebäude-Pumpenwarmwasserheizung sind die Rohrdurchmesser zu berechnen unter Vernachlässigung des durch Schwerkraftwirkung entstehenden zusätzlichen Druckes H_s. Die Temperaturdifferenz zwischen Vor- und Rücklauf sei zu 10° C angenommen.

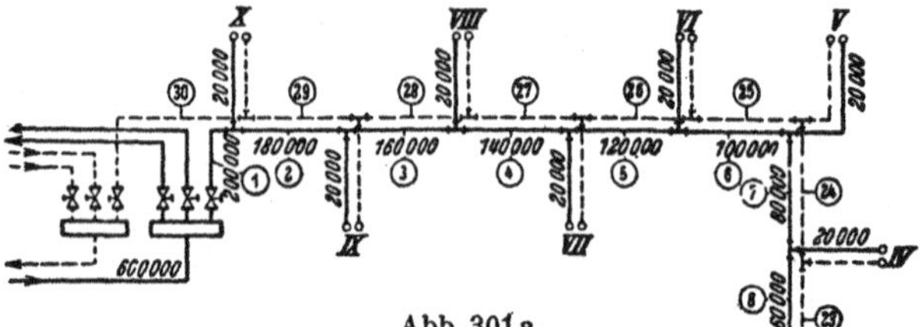

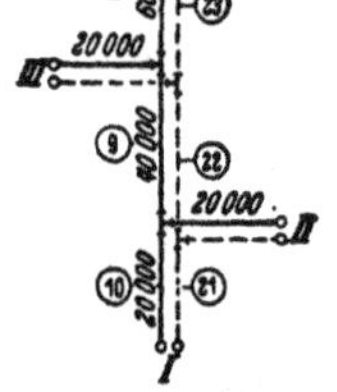

Abb. 301a.

1. Berechnung des Hauptstranges.

Als Hauptstrang ist der längste Rohrstrang, also die Vor- und Rücklaufleitung bis zum obersten Heizkörper des Steigstranges I anzu-

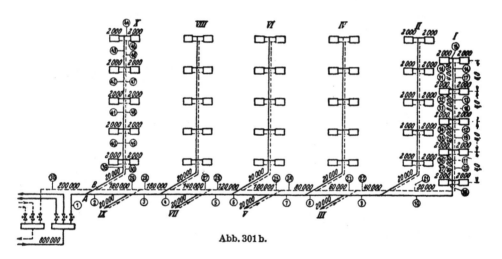

Abb. 301b.

Abb. 301a und b. Rohrplan und Strangschema einer Pumpenheizungsanlage.

sehen. Entsprechend dem oben Gesagten rechnet man diesen Rohrzug für verschiedene Geschwindigkeiten durch. Man kann hierbei immer die entsprechenden Teilstrecken im Vor- und Rücklauf zusammenfassen, wie dies auch im weiteren Gang der Rechnung durchgeführt worden ist. Man beginnt zweckmäßigerweise am Verteiler, da man hier zuerst an die größeren Rohrweiten kommt und bei diesen das Einhalten der gewählten Wassergeschwindigkeiten wegen der feineren Unterteilung der zur Verfügung stehenden Rohrdurchmesser leichter möglich ist. Zunächst füllt man die Spalten a, b und d des Formblattes an Hand der Pläne aus und rechnet sich dann die Werte der Spalte c aus. Aus dem Rohrplan entnimmt man ferner die vorhandenen Einzelwiderstände. Für das vorliegende Beispiel ergibt sich folgende Zusammenstellung:

Zusammenstellung der Einzelwiderstände.

Teilstrecke   1: 1 Geschwindigkeitsänderung, angenommen zu ...... 0,5 ⎫
                 1 Ventil .... 2,0 ⎬ = 3,5
                 2 Bogen 90° .... 1,0 ⎭

Teilstrecke 30: 2 Bogen 90° .... 1,0 ⎫
                1 Ventil .... 2,0 ⎬ = 4,0
                1 Geschwindigkeitsänderung .... 1,0 ⎭

Teilstrecken 2 bis 6 und 25 bis 29:
                je 1 T-Stück-Durchgang 1,0

Teilstrecken 7 und 24:
                je 1 T-Stück-Abzweig 1,5

Teilstrecken 8 bis 9 und 22 bis 23:
                je 1 T-Stück-Durchgang 1,0

Teilstrecken 10 und 21 :
                je 1 Bogen 90° .... 1,0 ⎫
                je 1 T-Stück-Durchgang .... 1,0 ⎬ = 2,0

Teilstrecken 11 bis 14 und 17 bis 20:
                je 1 T-Stück-Durchgang 1,0

Teilstrecke 15: $1/2$ Heizkörper .... 1,5 ⎫
                1 Eckventil .... 4,0 ⎬ = 7,0
                1 T-Stück-Abzweig .... 1,5 ⎭

Teilstrecke 16: 1 T-Stück-Abzweig .... 1,5 ⎫
                1 Doppelbogen .... 1,0 ⎬ = 4,0
                $1/2$ Heizkörper .... 1,5 ⎭

Nun kann die Dimensionierung des Hauptstranges in Angriff genommen werden. Man entscheidet, mit welchen Wassergeschwindigkeiten man die Berechnung durchführen will und fühlt dann unter Benutzung der Hilfstafel II die Spalten e, f und g bzw. l, m und n des Formblattes aus. Man muß dabei immer dasjenige Tabellenrechteck heraussuchen, in dem die Wärmeleistung Q' (aus Spalte c) und die gewählte Geschwindigkeit w untereinander stehen. Wenn dies nicht genau zutrifft, nimmt man den nächstgelegenen Wert. Die Rechnung ist nachstehend für die Geschwindigkeiten $w = 0,8$ und $w = 1,2$ m/s durchgeführt.

w	m/s	0,4	0,8	1,2
$\Sigma l\,R$	m WS	0,625	2,716	7,648
ΣZ	m WS	0,408	1,156	2,573
$\Sigma l\,R + \Sigma Z$	m WS	1,033	3,872	10,221
Erforderliche Pumpenleistung $N_P = 0,272 \cdot H_P$	kW	0,28	1,05	2,78

Aus dieser Berechnung und aus einer weiteren Rechnung für $w = 0,4$ m/s ergibt sich folgende Übersicht, worin die Druckverluste nun nicht mehr in mm WS, sondern in m WS angegeben sind.

Die Pumpenleistung läßt sich nach der Gleichung

$$N_P = \frac{V_s \cdot H_P}{102 \cdot \eta} \; (\text{kW})$$

berechnen, worin V_s die sekundlich maximal zu fördernde Wassermenge in l/s,
H_p den von der Pumpe zu leistenden Überdruck in m WS,
η den Pumpenwirkungsgrad

bedeutet. Die sekundlich zu liefernde Wassermenge errechnet sich unter Berücksichtigung des gesamten Rohrnetzes des Gebäudes für $Q_{ges} = 600\,000$ kcal/h aus der Beziehung

$$V_s = \frac{Qh}{\Delta t \cdot 3600}$$

zu

$$V_s = \frac{600\,000}{10 \cdot 3600} = 16{,}67 \text{ l/s}.$$

Teilstrecke Nr.	Wärmemenge Q bei $\Delta t = 10°$C kcal/h	Für die Rechnung $Q' = \frac{Q \cdot 20}{\Delta t}$ kcal/h	Länge der Teilstrecke l m	\multicolumn{6}{c}{mit $w \approx 0{,}8\ \frac{m}{s}$}						\multicolumn{6}{c}{mit $w \approx 1{,}2\ \frac{m}{s}$}					
				d mm	w $\frac{m}{s}$	R $\frac{mm\,WS}{m}$	lR mm WS	$\Sigma\zeta$	Z mm WS	d mm	w $\frac{m}{s}$	R $\frac{mm\,WS}{m}$	lR mm WS	$\Sigma\zeta$	Z mm WS
a	b	c	d	e	f	g	h	i	k	l	m	n	o	p	q
1 u. 30[1]	200 000[1]	400 000[1]	20[1]	88	0,92	8,5	170	7,5	315	76	1,3	18	360	7,5	635
2 u. 29	180 000	360 000	20	88	0,85	7,0	140	2	72	70	1,3	22	440	2	167
3 u. 28	160 000	320 000	20	80	0,85	8	160	2	72	70	1,2	18	360	2	143
4 u. 27	140 000	280 000	20	76	0,85	9	180	2	72	60	1,3	22	440	2	167
5 u. 26	120 000	240 000	20	70	0,90	11	220	2	80	57	1,3	28	560	2	167
6 u. 25	100 000	200 000	20	60	0,85	11	220	2	72	57	1,1	20	400	2	119
7 u. 24	80 000	160 000	20	57	0,90	13,5	270	3	121	50	1,1	24	480	3	179
8 u. 23	60 000	120 000	20	50	0,85	14	280	2	72	40	1,4	50	1000	2	195
9 u. 22	40 000	80 000	20	40	0,90	23	460	2	80	32	1,25	48	960	2	155
10 u. 21	20 000	40 000	23	32	0,60	13	299	4	72	25	1,1	58	1334	4	240
11 u. 20	16 000	32 000	8	32	0,50	9	72	2	25	25	0,9	40	320	2	80
12 u. 19	12 000	24 000	8	32	0,37	5,3	43	2	14	25	0,67	23	184	2	46
13 u. 18	8 000	16 000	8	25	0,44	11	88	2	19	20	0,75	40	320	2	56
14 u. 17	4 000	8 000	8	20	0,38	11	88	2	14	13	0,67	47	376	2	46
15 u. 16	2 000	4 000	2	13	0,32	13	26	11	56	10	0,57	52	104	11	178

$$\Sigma l R_1^{30} + \Sigma Z_1^{30} = 2716 + 1156 \qquad\qquad \Sigma l R_1^{30} + \Sigma Z_1^{30} = 7648 + 2573$$

$$\underbrace{3872 \text{ mm WS}} \qquad\qquad \underbrace{10221 \text{ mm WS}}$$

(Länge Σ = 237)

Der Pumpenwirkungsgrad sei zu 0,6 angenommen, dann ist

$$N_P = \frac{16{,}67 \cdot H_P}{102 \cdot 0{,}6} = 0{,}272 \cdot H_P.$$

Hat man sich unter Berücksichtigung aller wirtschaftlichen Verhältnisse (Materialpreise des Rohrnetzes, jährliche Stromkosten usw.) für eine bestimmte Geschwindigkeit entschieden, so geht man an die Dimensionierung der Seitenstränge und Heizkörperanschlüsse. Für das vorliegende Beispiel wird die Berechnung mit $w = 0{,}8$ m/s fortgesetzt.

2. Berechnung der Heizkörperanschlüsse im Steigstrang I.

Für die Bemessung der Heizkörperanschlüsse stehen folgende Drücke zur Verfügung:

$$\text{Im III. Geschoß} \quad H = \Sigma l R_{14}^{17} + \Sigma Z_{14}^{17} = 184 \text{ mm WS}$$
$$\text{,, II. ,,} \quad H = \Sigma l R_{13}^{18} + \Sigma Z_{13}^{18} = 291 \text{ ,, ,,}$$
$$\text{,, I. ,,} \quad H = \Sigma l R_{12}^{19} + \Sigma Z_{12}^{19} = 348 \text{ ,, ,,}$$
$$\text{,, Erd- ,,} \quad H = \Sigma l R_{11}^{20} + \Sigma Z_{11}^{20} = 445 \text{ ,, ,,}$$

Diese Drücke dürfen nicht überschritten werden. Man geht also hier wie bei der Berechnung der Schwerkraftanlagen so vor, daß man zunächst das zur Verfügung stehende Druckgefälle R berechnet. Nimmt man als Anteil der Einzelwiderstände in diesen kurzen Rohrstrecken, die verhältnismäßig viele Einzelwiderstände enthalten (Regulierventil, Heizkörper, Bogen), zu etwa 66 vH an, so lassen sich die R-Werte wie folgt berechnen:

---

[1] Jede dieser Teilstrecken 1 und 30 wird für 400 000 kcal/h berechnet. Die Länge der Teilstrecken beträgt zusammen 20 m.

Es bleiben für Rohrreibung:		l	R
Im III. Geschoß	$0,34 \cdot 184 = 63$ mm WS	2 m	31,5
„ II. „	$0,34 \cdot 291 = 99$ „ „	2 m	49,5
„ I. „	$0,34 \cdot 348 = 118$ „ „	2 m	59
„ Erd- „	$0,34 \cdot 445 = 152$ „ „	2 m	76

Aus Hilfstafel II lassen sich dann die Durchmesser leicht berechnen:

Aus dem Rohrplan				Vorläufiger Rohrdurchmesser	Nachrechnung					
						mit vorläufigem Rohrdurchmesser				
Teilstrecke	Wärmemenge	Wärmemenge bei einer Temp.-Absenkung von 10°C	Länge der Teilstrecke l	d	w	$\dfrac{R}{\text{mm WS}}$ $\dfrac{}{\text{m}}$	$\dfrac{l\,R}{\text{mm WS}}$	$\Sigma \zeta$	$\dfrac{Z}{\text{mm WS}}$	$\dfrac{\Sigma l R + \Sigma Z}{\text{mm WS}}$
Nr.	kcal/h	kcal/h	m	mm	m/s					
a	b	c	d	e	f	g	h	i	k	l
31 u. 32	2000	4000	2	13	0,32	13	26	11	56	82
33 u. 34	2000	4000	2	10	0,57	52	104	11	178	282
35 u. 36	2000	4000	2	10	0,57	52	104	11	178	282
37 u. 38	2000	4000	2	10	0,57	52	104	11	178	282

Die verbleibenden Reste an wirksamem Druck sind durch die Ventilvoreinstellung abzudrosseln.

3. Berechnung eines nahe am Verteiler gelegenen Steigstranges.

Um den weiteren Gang der Berechnung zu zeigen, sei die Berechnung des Stranges X durchgeführt. Zwischen den Abzweigpunkten A und B besteht eine Druckdifferenz von $H = (\Sigma l R_{2}^{39} + \Sigma Z_{2}^{29}) = 3387$ mm WS. Diese Druckdifferenz steht auch zur Bemessung der Rohrweiten des Stranges X, also der Teilstrecken 39 bis 50 zur Verfügung. Bei der Berechnung der Rohrweiten muß man hier ebenfalls so verfahren wie unter Ziffer 2. Man muß also zunächst das Druckgefälle R berechnen. Schätzt man hierzu den Anteil der Einzelwiderstände auf 30 vH, da nur wenige Einzelwiderstände im Verhältnis zur Länge des Rohrnetzes vorhanden sind, so bleiben zur Dimensionierung des Rohrzuges $0,7 \cdot 3387 = 2370$ mm WS übrig. Bei einer Länge von insgesamt 57 m ergibt sich demnach

$$R = \frac{2370}{57} = 42 \text{ mm WS/m}.$$

Daraus folgen unter Benutzung der Hilfstafel II für die Teilstrecken 39 bis 50 folgende Rohrdurchmesser:

Aus dem Rohrplan				Vorläufiger Rohrdurchmesser	Nachrechnung												Unterschied	
					mit vorläufigem Rohrdurchmesser					mit geändertem Rohrdurchmesser								
Teilstrecke	Wärmemenge	Wärmemenge bei einer Temp.-Absenkung von 10°C	Länge der Teilstrecke l	d	w	$\dfrac{R}{\text{mmWS}}$ $\dfrac{}{\text{m}}$	$\dfrac{lR}{\text{WS mm}}$	$\Sigma \zeta$	$\dfrac{Z}{\text{WS mm}}$	d	w	$\dfrac{R}{\text{mmWS}}$ $\dfrac{}{\text{m}}$	$\dfrac{lR}{\text{WS mm}}$	$\Sigma \zeta$	$\dfrac{Z}{\text{WS mm}}$	$\dfrac{lR}{o-h}$ mmWS	$\dfrac{Z}{q-k}$ mmWS
Nr.	kcal/h	kcal/h	m	mm	m/s					mm	m/s						
a	b	c	d	e	f	g	h	i	k	l	m	n	o	p	q	r	s
39 u. 50	20 000	40 000	23	32	0,6	13	300	4	72	25	1,1	60	1380	4	240	1080	168
40 u. 49	16 000	32 000	8	25	0,9	38	304	2	80								
41 u. 48	12 000	24 000	8	25	0,65	23	184	2	42							+1248	
42 u. 47	8 000	16 000	8	20	0,75	38	304	2	56								
43 u. 46	4 000	8 000	8	12	0,65	47	376	2	42								
44 u. 45	2 000	4 000	2	10	0,57	52	104	11	177								

$$57 \quad \Sigma l R_{39}^{50} + \Sigma Z_{39}^{50} = \underline{1571 \; + \; 469}$$

$$2041 \text{ mm WS}$$

Teilstrecken 39 u. 50 geändert $\quad \underline{+1248 \text{ mm WS}}$

$$3289 \text{ mm WS}$$

Da 3387 mm WS zur Verfügung stehen, ist eine weitere Veränderung der Rohrweiten nicht möglich.

Die übrigen Steigstränge können auf die gleiche Weise berechnet werden.

Z u s a t z. Den Ausgangspunkt für diese Rechnung bildeten die drei freigewählten Werte der Geschwindigkeit. Statt dessen hätte man auch von drei frei gewählten Werten des Pumpendruckes $H_p = \Sigma l R + \Sigma Z$ ausgehen können, etwa von den Werten 1 m, 5 m und 10 m WS. Die Rechnung wäre dann ganz ähnlich derjenigen bei Schwerkraftheizung geworden. Man hätte dann schon beim Hauptstrang eine Annahme über den prozentualen Anteil der Einzelwiderstände machen, also eine vorläufige und eine endgültige Rechnung durchführen müssen. Diese vorläufige Rechnung ist bei freier Wahl der Geschwindigkeit vermieden.

IV. Berechnung der Strangnetze von Niederdruck-dampfheizungen.

A. Das verfügbare Druckgefälle.

Bei den Niederdruckdampfheizungen ist der Druck am Anfang der Leitung bekannt, da er gleich dem Kesseldruck ist. Am Ende der einzelnen Verzweigungsleitungen, also am Eintritt in die einzelnen Heizkörper, darf nur mehr so wenig Druck vorhanden sein, daß sich der Heizkörper bei voller Öffnung des Ventils eben mit Dampf füllt, ohne daß Dampf in die Kondensleitung übertritt. Es ist üblich, vor allen Heizkörperventilen einheitlich mit 200 kg/m² zu rechnen. Im allgemeinen kommt man mit dieser Annahme aus. Wird jedoch eine gute zentrale Regelung verlangt (siehe S. 110), so ist es zweckmäßig, den Druck vor dem Heizkörper nach Maßgabe der Größe des Heizkörpers abzustufen.

Das Rohrnetz muß nun so berechnet sein, daß der Kesseldruck durch die Einzelwiderstände und die Reibungsverluste in den geraden Rohrstrecken so weit aufgebraucht wird, daß vor den Heizkörperventilen nur der obengenannte Druck herrscht.

Die Rechnung beginnt auch bei der Niederdruckdampfheizung mit der Berechnung der vorläufigen Rohrdurchmesser des ungünstigsten Stranges, d. h. jenes Stranges, der den Kessel mit dem weitest entfernten Heizkörper verbindet. Man setzt wieder für die vorläufige Berechnung die Einzelwiderstände gleich a vH des gesamten Druckabfalles. Während man jedoch bei Warmwasserheizungen mit 50 vH rechnet, werden bei Niederdruckdampfheizungen nur 33 vH in Rechnung gesetzt. Sodann nimmt man wieder gleichbleibendes Druckgefälle vom Kessel bis zum letzten Heizkörper an.

Bezeichnet

p_1 die Kesselspannung,

p_2 die Endspannung vor dem Heizkörper,

Σl die gesamte Länge aller geraden Teilstrecken im ungünstigsten Strang,

so ist das Druckgefälle R in allen Teilstrecken des ungünstigsten Stranges gleich

$$R = (1 - a) \cdot \frac{p_1 - p_2}{\Sigma l}. \tag{86}$$

B. Die Gleichung für den Rohrdurchmesser.

Wir greifen zurück auf Gleichung (76) von S. 323, die wir aus der Gleichung (68 b) von S. 312 abgeleitet hatten.

$$R = 6,4 \cdot 10^6 \cdot \frac{\lambda}{\gamma} \cdot \frac{G_h^2}{d^5}.$$

Bei Niederdruckdampfheizung kann man für das spezifische Gewicht γ mit dem festen Wert 0,633 und für die Verdampfungswärme r mit dem festen Wert 539 rechnen. Mit diesen Zahlenwerten wird

$$R = 34,6 \cdot \lambda \frac{Q_h^2}{d^5},$$

Die Menge des Dampfes nimmt infolge Kondensatbildung längs des Rohres ab. Bei isolierten Rohren rechnet man mit 10 vH Kondensatbildung längs der ganzen Strecke. Als Mittelwert der Dampfmenge nimmt man deshalb die um 5 vH erhöhte Menge G_h am Ende der Leitung an. Man setzt also in der letzten Gleichung statt Q_h den Wert $1,05 \cdot Q_h$ und erhält damit die für Niederdruckleitungen grundlegende Gleichung

$$R = 34,6 \cdot \lambda \cdot \frac{(1,05 \cdot Q_h)^2}{d^5}. \tag{87}$$

Diese Gleichung entspricht der Gleichung (77) bei der Warmwasserheizung.

Auch für die Einzelwiderstände gilt dieselbe Gleichungsform wie bei der Warmwasserheizung [Gleichung (58)].

$$Z = \zeta \frac{w^2}{2} \frac{\gamma}{g}.$$

Für die Bestimmung der Rohrweiten der Niederdruckdampfnetze konnte daher eine gleiche Hilfstafel wie für Warmwasserheizungen hergestellt werden.

C. Beschreibung der Hilfstafel III.

Die Hilfstafel III ist genau so aufgebaut wie die beiden Hilfstafeln I und II (vgl. S. 323). Ihre Berechnung geschah unter Verwendung der im vorigen Abschnitt abgeleiteten Gleichungen. Die Haupttafel enthält:

Die Werte Q_h in kcal/h in den oberen waagerechten Zeilen.

Greift man in den oberen Zeilen irgendeine Wärmemenge heraus, so arbeitet man nicht mit dem dort stehenden Wert Q_h, sondern mit einer um 5 vH größeren Zahl. Auf diese Weise werden in allen gewöhnlichen Fällen die Wärmeverluste gut geschützter Leitungen ohne jede Nebenrechnung ausreichend berücksichtigt.

Die Dampfgeschwindigkeiten w in m/s in den unteren waagerechten Zeilen.

Das Druckgefälle R in mm WS für 1 m Rohr.

Die Werte R sind ebenso wie bei der Aufstellung der Hilfstafel I und II noch um 5 vH erhöht, als Sicherheitszuschlag für unvorhergesehene Zusatzwiderstände, die sich bei der Ausführung der Anlage ergeben können.

Die Rohrdurchmesser von 10 bis 250 mm Nennweite.

Auf der linken Seite:

Die Dampfgeschwindigkeiten in m/s.

Die Einzelwiderstände Z für $\Sigma\zeta = 1$ bis 15.

Die Widerstandszahlen ζ für die gebräuchlichen Einzelwiderstände.

D. Berechnung der vorläufigen Rohrdurchmesser der Dampfleitungen.

Aus der Gleichung $R = (1-a) \cdot \dfrac{p_1 - p_2}{\Sigma l}$ wird zuerst der Wert R für den ungünstigsten Strang (d. i. hier im allgemeinen der längste) ermittelt. Diesen Wert sucht man in der Hilfstafel III auf, schreitet in derselben Waagerechten nach rechts weiter und findet für die in jeder Teilstrecke zu fördernde Wärmemenge am Kopf der Tafel den vorläufigen Durchmesser.

Für längere, nicht gut entwässerte Leitungen, in denen das Kondenswasser dem Dampf entgegenströmt (z. B. Steigleitungen durch mehrere Stockwerke), ist es zweckmäßig, ein bestimmtes Druckgefälle R nicht zu überschreiten. Diese Grenze wird in der Praxis zur Zeit zwischen 5 und 10 mm WS/m angenommen. Der Kesseldruck p_1 kann nach den auf S. 101 gemachten Angaben festgesetzt werden. Der Druck p_2 vor dem Heizkörperventil soll im allgemeinen 200 mm WS betragen (vgl. S. 354).

Für nackte Dampfleitungen sind die Werte Q_h noch um 10 vH zu erhöhen, so daß die Wärmeverluste solcher Leitungen in der Hilfstafel III mit 15 vH berücksichtigt erscheinen. Es ist ferner anzuraten, bei der „Nachrechnung der Dampfleitungen" diese Wärmeverluste genau zu ermitteln.

E. Nachrechnung der Dampfleitungen.

a) Die Rohre sind gut vor Wärmeabgabe geschützt.

Zu den vorläufigen Rohrdurchmessern werden in den betreffenden lotrechten Spalten die geförderten Wärmemengen (in den oberen Zeilen) aufgesucht und hierzu, nach links weiterschreitend, das Druckgefälle R in mm WS für 1 m Rohr gefunden. Gleichzeitig kann man unmittelbar unter der in der oberen Zeile stehenden Wärmemenge in der unteren Zeile die Dampfgeschwindigkeit w ablesen. Dieser Wert wird in der linken Seitentafel aufgesucht, wo für $\Sigma \zeta = 1$ bis 15 die Einzelwiderstände Z in mm WS sofort abgelesen werden können.

b) Die Rohre sind nackt.

In diesem Fall sind die Wärmeverluste unter Benutzung der Zahlentafel 11 zu ermitteln und ihr halber Wert zur nutzbaren Wärmemenge zu addieren. Der so erhaltene Wert ist in den oberen Zeilen der Hilfstafel III aufzusuchen. Man rechnet hierdurch allerdings etwas reichlich, da in der Hilfstafel bereits alle Wärmemengen um 5 vH erhöht sind. In Anbetracht des Umstandes, daß stets nur geringe Längen ungeschützter Rohrleitungen vorhanden sein werden, wird hierdurch eine Verteuerung des Rohrnetzes nicht eintreten. Soll die Berechnung in einzelnen Fällen genau erfolgen, so sind die gegebenen Wärmemengen erst um 5 vH zu verkleinern und dann die Wärmeverluste hinzuzuzählen. Die so erhaltenen Werte werden in den betreffenden Zeilen des Hilfsblattes III aufgesucht.

F. Bemessung der Kondenswasserleitungen.

Eine Berechnung der erwähnten Leitungen findet nicht statt, man entnimmt vielmehr die erforderlichen Durchmesser empirisch aufgestellten Tafeln. Eine derartige, von Rietschel herrührende Zusammenstellung zeigt Zahlentafel 17.

Liersch[1] hat im Gesundheits-Ing. 1921 erweiterte Zahlentafeln für die Bestimmung der Kondensatleitungen gegeben. Nimmt man den Anteil der Einzelwiderstände zu 50 vH statt wie Liersch mit 15 bis 25 vH an und beschränkt sich
auf den Fall des gewöhnlichen Gefälles mit 5 mm auf 1 m, so kommt man wieder
auf die Rietschelsche Tafel zurück.

G. Beispielsrechnung.

Beispiel 18. Aufgabe: Für das in Abb. 302 dargestellte Strangschema einer Nieder-
druckdampfheizanlage sind die Rohrdurchmesser zu berechnen.

Annahme: Überdruck am Kessel 500 kg/m², Überdruck vor den Heizkörperventilen
200 kg/m². Alle Dampfleitungen sind vor Wärmeabgabe gut geschützt.

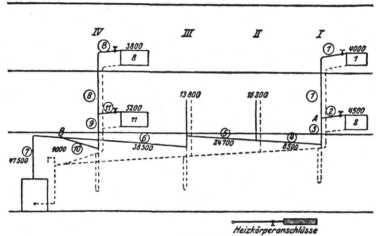

Abb. 302.

1. Vorläufige Rechnung.

a) Dampfleitung zum Heizkörper 1.
(Teilstrecken 1, 3 bis 7.)

Überdruck am Kessel .... $= 500$ kg/m²
Überdruck vor dem Heizkörperventil .... $= 200$ kg/m²
Wirksamer Druck zur Bemessung der Rohrleitungen ..... $= 300$ kg/m²
Davon stehen für Rohrreibung zur Verfügung (nach Zahlen-
tafel 16) 67 vH .... $= 200$ kg/m²
Gesamtlänge der genannten Teilstrecken .... $= 28,5$ m
Druckgefälle .... $R = 200 : 28,5 = \quad 7{,}0$ mm WS/m

Für dieses Druckgefälle sind aus Hilfstafel III die vorläufigen Rohrweiten der Teilstrecken zu bestimmen.

b) Dampfleitung zum Heizkörper 2.
(Teilstrecken 2 bis 7.)

Für Rohrreibung stehen zur Verfügung (wie oben) .... $= 200$ kg/m²
Davon sind bereits aufgebraucht:
in den Teilstrecken 3 bis 7 (Länge 22,5 m): $22{,}5 \cdot 7{,}0$ .... $= 158$ kg/m²
Mithin stehen im Punkt A für die Teilstrecke 2 zur Verfügung $= \quad 42$ kg/m²
Länge der Teilstrecke 2 .... $= \quad 4{,}0$ m
Druckgefälle .... $R = 42 : 4{,}0 = \quad 10{,}5$ mm WS/m

---

[1] Liersch: „Die Bemessung der Kondensleitungen bei Dampfheizungen". Ges.-Ing. 1921,
Seite 70.

c) Dampfleitung zum Heizkörper 8.
(Teilstrecken 7 bis 10.)

Für Rohrreibung stehen zur Verfügung (wie oben) .... = 200 kg/m²
Davon sind bereits aufgebraucht:
in der Teilstrecke 7 (Länge 3,0 m) .... 3,0 · 7,0 = 21 kg/m²
Mithin stehen im Punkt B zur Verfügung .... = 179 kg/m²
Länge der Teilstrecken 8 bis 10 .... = 15,5 m
D r u c k g e f ä l l e .... $R = 179 : 15,5 =$ 11,5 mm WS/m

d) Dampfleitung zum Heizkörper 11.
(Teilstrecken 7, 10, 9, 11.)

Für Rohrreibung stehen zur Verfügung .... = 200 kg/m²
Davon sind bereits aufgebraucht:
in der Teilstrecke 7 (wie oben) .... = 21 ⎫
in den Teilstrecken 9 und 10 (Länge 9,5 m) 9,5 · 11,5 = 109 ⎬ = 130 kg/m²
Mithin stehen für Teilstrecke 11 zur Verfügung .... = 70 kg/m²
Länge der Teilstrecke 11 .... =   2,0 m
D r u c k g e f ä l l e .... $R = 70 : 2,0 =$ 35,0 mm WS/m.

Es empfiehlt sich nun nicht, ein derartig hohes Druckgefälle der Berechnung zugrunde zu legen. Man geht vielmehr, wie schon erwähnt, bei der Bestimmung der vorläufigen Rohrweiten in solchen Fällen nicht über bestimmte Erfahrungswerte für R hinaus.

Wählen wir für unser Beispiel **$R = 10$ mm WS/m**, so ergeben sich die in nachstehendem Vordruck (Spalte e) eingetragenen Werte d der vorläufigen Rohrweiten.

e) Bemessung der Kondensleitungen.

Nachdem die vorläufigen Durchmesser der Dampfleitungen festgelegt sind, werden für den Kostenanschlag noch die Durchmesser der Kondensleitungen angenommen. Die hierfür erhaltenen Werte bedürfen indes im allgemeinen keiner weiteren Nachrechnung und können als endgültige betrachtet werden.

Nach Zahlentafel 17 ergeben sich für die einzelnen Teilstrecken der Dampfleitung entsprechenden Kondensleitungen folgende Durchmesser:

Für Strang I:

Kondensleitung entspr. Teilstr.	1	2	3	4	5	6	7
Entsprechende Wärmemenge Q_h	4000	4500	8500	8500	24700	38500	47500
Rohrweite d (mm)	13	13	20	20	25	32	32

Für Strang IV:

Kondensleitung entspr. Teilstr.	8	9	10	11
Entsprechende Wärmemenge Q_h	3800	9000	9000	5200
Rohrweite d (mm)	13	20	20	20

2. Nachrechnung der Dampfleitungen.

Die Nachrechnung geschieht unter Benutzung der Hilfstafel III. Man kann deutlich erkennen, daß ein um so größerer Anteil des zur Verfügung stehenden Druckes als Rest übrigbleibt, je näher der betreffende Heizkörper dem Kessel liegt. Da man aber die Rohrdurchmesser aus praktischen Gründen nicht unter ein gewisses Maß verkleinern kann, bleibt nichts weiter übrig, als diesen Rest durch die Voreinstellung der Regelorgane abzudrosseln.

Es folgt zunächst eine Zusammenstellung der Einzelwiderstände:

Teilstrecke 1. Knie 1,5   Teilstrecke 7. Knie 1,0
              T-Stück, Durchgang . 1,0   Kesselaustritt 1,0
Teilstrecke 2. T-Stück, Abzweig ... 1,5   Teilstrecke 8. Knie 1,5
Teilstrecke 3. Knie 1,5   T-Stück, Durchgang . 1,0
Teilstrecke 4. T-Stück, Durchgang . 1,0   Teilstrecke 9. Knie 1,5
Teilstrecke 5. T-Stück, Abzweig ... 1,5   Teilstrecke 10. T-Stück, Abzweig ... 1,5
Teilstrecke 6. Knie 1,0   Teilstrecke 11. T-Stück, Abzweig ... 1,5
              T-Stück, Durchgang . 1,0

Nr	Wärme-menge kcal h	Wärme-menge bei einer Temp.-Absenkung von...°C kcal/h	Länge der Teil-strecke l m	Vorläufiger Rohrdurch-messer d mm	w m/s	R mmWS/m	lR WS mm	ΣΣ	Z WS mm	d mm	w m/s	R mmWS/m	lR WS mm	ΣΣ	Z WS mm	lR o—h mmWS	Z q—k mmWS
a	b	c	d	e	f	g	h	i	k	l	m	n	o	p	q	r	s

Dampfleitung zum Heizkörper 1.

Wirksamer Druck: 300 kg/m² (mm WS).   Druckgefälle: $R = 7,0$ mm WS/m.

Nr	b	c	l	d	w	R	lR	ΣΣ	Z	d	w	R	lR	ΣΣ	Z	lR	Z
1	4 000	—	6,0	20	10	7,5	45,0	2,5	8,1	—	—	—	—	—	—	—	—
3	8 500	—	1,5	25	14	8,2	12,3	1,5	9,5	—	—	—	—	—	—	—	—
4	8 500	—	5,0	25	14	8,2	41,0	1,0	6,3	—	—	—	—	—	—	—	—
5	24 700	—	5,0	40	16	6,3	31,5	1,5	12,5	—	—	—	—	—	—	—	—
6	38 500	—	8,0	50	14	4,2	33,6	2,0	12,7	—	—	—	—	—	—	—	—
7	47 500	—	3,0	50	18	6,1	18,3	2,0	21,0	—	—	—	—	—	—	—	—

$$28,5 \, \Sigma lR_{\text{H.K.1}} + \Sigma Z_{\text{H.K.1}} = 181,7 + 70,1 = 251,8 \text{ mm WS}$$

Der Rest ist abzudrosseln!

Dampfleitung zum Heizkörper 2.

Wirksamer Druck: 300 mm WS.   Druckgefälle: $R = 10,5$ mm WS/m.

Nr	b	c	l	d	w	R	lR	ΣΣ	Z	d	w	R	lR	ΣΣ	Z	lR	Z
2	4 500	—	4,0	20	12	9,2	36,8	1,5	7,0	—	—	—	—	—	—	—	—

$$lR_2 + Z_2 = 36,8 + 7,0 = 43,8 \text{ mm WS}$$
$$\text{Dazu kommt } \Sigma lR_3^7 + \Sigma Z_3^7 = 198,7 \text{ „ „}$$
$$\text{Damit wird } \Sigma lR + \Sigma Z \text{ für H.K. 2} = 242,5 \text{ mm WS.}$$

Der Rest ist abzudrosseln!

Dampfleitung zum Heizkörper 8.

Wirksamer Druck: 300 mm WS.   Druckgefälle: $R = 11,5$ mm WS/m.

Nr	b	c	l	d	w	R	lR	ΣΣ	Z	d	w	R	lR	ΣΣ	Z	lR	Z
8	3 800	—	6,0	20	10	6,8	40,8	2,5	8,1	—	—	—	—	—	—	—	—
9	9 000	—	1,5	25	14	9,1	13,7	1,5	9,5	—	—	—	—	—	—	—	—
10	9 000	—	8,0	25	14	9,1	72,8	1,5	9,5	—	—	—	—	—	—	—	—

$$15,5 \ \Sigma lR_8^{10} + \Sigma Z_8^{10} = 127,3 + 27,1 = 154,4 \text{ mmWS}$$
$$\text{Dazu kommt } lR_7 + Z_7 = 39,3 \text{ „ „}$$
$$\text{Damit wird } \Sigma lR + \Sigma Z \text{ für H.K. 8} = 193,7 \text{ mmWS.}$$

Der Rest ist abzudrosseln!

Dampfleitung zum Heizkörper 11.

Wirksamer Druck: 300 mm WS.   Druckgefälle: $R = (35,0) \ 10,0$ mm WS/m.

Nr	b	c	l	d	w	R	lR	ΣΣ	Z	d	w	R	lR	ΣΣ	Z	lR	Z
11	5 200	—	2,0	20													

V. Berechnung der Rohrnetze von Hochdruck-dampfheizungen.

Die Ableitung des Berechnungsverfahrens muß hier in etwas allgemeinerer Form erfolgen als bei der Niederdruckdampfheizung.

Erstens sei angenommen, daß p_2 beträchtlich niedriger ist als p_1. Dann ändert sich auch γ längs des Stranges so stark, daß man nicht einfach das arithmetische Mittel zwischen γ_1 und γ_2 in die Rechnung einsetzen darf. Ferner darf auch das Druckgefälle nicht mehr als konstant längs des Stranges gesetzt werden.

Zweitens sei mit einer so erheblichen Kondensatbildung in den Leitungen gerechnet, daß die bei der Niederdruckdampfheizung angegebene Schätzung nicht mehr zulässig ist. Es ist deshalb nach Ausführungen auf S. 288 der Wärmeverlust je 1 m Rohr zu berechnen und daraus durch Division mit der Kondensationswärme die Kondensatbildung je 1 m Rohr zu ermitteln. Sie wird später mit dem Buchstaben q bezeichnet werden.

A. Die Gleichung für den Rohrdurchmesser.

Für das Druckgefälle an irgendeiner Stelle, die $l\,[m]$ von Anfang der Teilstrecke entfernt ist, lautet die Gleichung von S. 323:

$$\frac{dp}{dl} = 6{,}4 \cdot 10^6 \cdot \frac{\lambda}{\gamma} \cdot \frac{G^2}{d^5} \,. \tag{88}$$

Zwecks Integration der Gleichung multiplizieren wir beide Seiten mit $p \cdot dl$:

$$p \cdot dp = \frac{6{,}4 \cdot 10^6}{d^5} \cdot \lambda \cdot \frac{p}{\gamma} \cdot G^2 \cdot dl \,.$$

Ferner führen wir, um dl zu eliminieren, die stündlich je Längeneinheit gebildete Kondensatmenge q ein.

$$q = \frac{dG}{dl} \qquad \text{oder} \qquad dl = \frac{dG}{q} \,.$$

Dann ist:

$$p \cdot dp = \frac{6{,}4 \cdot 10^6}{d^5 \cdot q} \cdot \lambda \cdot \frac{p}{\gamma} \cdot G^2 \cdot dG \,.$$

In dieser Gleichung sind für eine bestimmte Teilstrecke die Widerstandszahl λ und der Quotient $\frac{p}{\gamma}$ nur in geringem Grade veränderlich. Es entsteht daher kein wesentlicher Fehler, wenn bei der Integration der Gleichung die zwischen den Integrationsgrenzen (Rohranfang und Rohrende) geltenden Mittelwerte λ_m und $\frac{p_m}{\gamma_m}$ als konstant betrachtet werden.

Wird nunmehr die Gleichung integriert und beiderseits noch mit l dividiert, so findet man:

Hierin ist aber:

$$\frac{p_1^2 - p_2^2}{2\,l} = \frac{6{,}4 \cdot 10^6}{d^5} \cdot \lambda_m \cdot \frac{p_m}{\gamma_m} \cdot \frac{G_1^3 - G_2^3}{3\,q\,l} \,. \tag{89}$$

$$\frac{p_1^2 - p_2^2}{2\,l} = \frac{p_1 - p_2}{l} \cdot \frac{p_1 + p_2}{2} = \frac{p_1 - p_2}{l} \cdot p_m \,. \tag{a}$$

Ferner ist, wie nachstehend im Kleindruck gezeigt wird:

$$\frac{G_1^3 - G_2^3}{3\,q\,l} = \left(G_2 + \frac{q\,l}{2}\right)^2 \,. \tag{b}$$

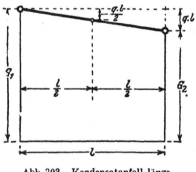

Abb. 303. Kondensatanfall längs der Leitung.

Die Dampfmenge G_1 am Rohranfang ist gleich der Dampfmenge G_2 am Rohrende, vermehrt um die längs der Rohrstrecke l gebildete Kondensatmenge $q\,l$ (Abb. 303).

$$G_1 = G_2 + q\,l \,.$$

Mithin:

$$\frac{G_1^3 - G_2^3}{3\,q\,l} = \frac{(G_2 + q\,l)^3 - G_2^3}{3\,q\,l} = G_2^2 + G_2\,q\,l + \frac{(q\,l)^2}{3} \,.$$

Da $q\,l$ meist klein gegen G_2, kann $\dfrac{(q\,l)^2}{3}$ durch $\dfrac{(q\,l)^2}{4}$ ersetzt werden.

Folglich:

$$\frac{G_1^3 - G_2^3}{3\,q\,l} = G_2^2 + G_2\,q\,l + \frac{(q\,l)^2}{4} = \left(G_2 + \frac{q\,l}{2}\right)^2. \qquad (86)$$

Mit Einführung der Beziehungen (a) und (b) geht die Gleichung (89) über in die Form

$$R = \frac{p_1 - p_2}{l} = 6{,}4 \cdot 10^6 \cdot \frac{\lambda_m}{\gamma_m}\left(G_2 + \frac{q\,l}{2}\right)^2 \cdot \frac{1}{d^5}.$$

Zwecks weiterer Verwendung der Gleichung bringen wir γ_m auf die linke Seite und bezeichnen das Produkt $\frac{p_1 - p_2}{l} \cdot \gamma_m$ mit R'. Es wird also

$$R' = \frac{p_1 - p_2}{l} \cdot \gamma_m = 6{,}4 \cdot 10^6 \cdot \lambda_m \left(G_2 + \frac{q\,l}{2}\right)^2 \cdot \frac{1}{d^5}. \qquad (90)$$

Die Größe R' erscheint in dieser Gleichung in Abhängigkeit von der zu fördernden Dampfmenge, dem Rohrdurchmesser und der Widerstandszahl. Der Zusammenhang der Rechnungsgrößen läßt sich daher in gleicher Weise in einer Hilfstafel darstellen wie bei der Niederdruckdampf- und Warmwasserheizung, nur stehen in der Randspalte links statt der Werte für das Druckgefälle R die Werte der Hilfsgröße $R' = \frac{p_1 - p_2}{l} \cdot \gamma_m$. Ergänzend zu dieser Hilfstafel wird aber eine weitere Tafel benötigt, aus der für jeden Wert von $R' \cdot l = (p_1 - p_2) \cdot \gamma_m$ bei gegebenem Anfangsdruck p_1 sofort der zugehörige Enddruck p_2 oder bei gegebenen Drücken p_1 und p_2 der zugehörige Wert $R' \cdot l$ entnommen werden kann.

Für die Einzelwiderstände gilt wieder die Gleichung:

$$Z = p_1 - p_2 = \zeta \frac{w^2}{2}\frac{\gamma}{g},$$

worin p_1 und p_2 die Drücke vor und hinter dem Widerstand bedeuten.

In dieser Gleichung wird bei Hochdruckdampfleitungen zweckmäßig die Dampfgeschwindigkeit w durch die stündliche Dampfmenge G ersetzt mit Hilfe der Gleichung (91):

$$w = \frac{10^4}{9\,\pi} \cdot \frac{1}{\gamma} \cdot \frac{G}{d^2}. \qquad (91)$$

Dann ist:

$$Z = p_1 - p_2 = 6380 \cdot \Sigma\,\zeta \cdot \frac{G^2}{d^4 \cdot \gamma}$$

oder

$$Z' = (p_1 - p_2) \cdot \gamma = 6380 \cdot \Sigma\,\zeta\,\frac{G^2}{d^4}. \qquad (92)$$

In ähnlicher Weise, wie sich bei der Rohrreibung die Hilfsgröße R' ergab, erhalten wir also für die Einzelwiderstände die Hilfsgröße $Z' = (p_1 - p_2) \cdot \gamma$, welche von der Dampfmenge, dem Rohrdurchmesser und $\Sigma\zeta$ abhängt. Für desen Zusammenhang kann daher ebenfalls eine Hilfstafel hergestellt werden, die sich jedoch mit der vorher erwähnten in einer einfacher Weise vereinigen läßt.

B. Beschreibung der Hilfstafel IV.

Die Hilfstafel IV enthält in der linken Randspalte die Hilfsgröße $R' = \frac{(p_1 - p_2)}{l} \cdot \gamma_m$, im Kopf die Nennwerte der Rohre und in jedem Tabellenfeld zuerst die stündliche Dampfmenge G. Die darunter befindliche Zahl dient zur Ermittlung des Druckabfalles durch Einzelwiderstände; sie ist gleich Z' für $\zeta = 1$. Die Tabelle entspricht also gemäß den Gleichungen (90) und (92) dem Zusammenhang zwischen R', G und d einerseits und Z', G und d andererseits.

Es ist noch zu bemerken, daß die Widerstandszahl λ für Hochdruckdampf-leitungen außer von w und d bzw. G und d noch von der kinematischen Zähigkeit ν des Dampfes abhängt, die mit dem Druck veränderlich ist. Bei der Berechnung der Widerstandszahl λ für gleiche Dampfmengen und gleiche Rohrdurchmesser ergab sich jedoch nur eine geringe Zunahme von λ mit dem Dampfdruck. Es konnten daher bis zu einem Druck von etwa 10 ata die für Niederdruckdampf ermittelten Widerstandszahlen λ auch für Hochdruckdampf benutzt werden.

Die Hilfstafel IV enthält als notwendige Ergänzung noch die folgenden Tabellen:

1. rechts unten eine Tafel für die Werte $R' \cdot l = (p_1 - p_2)\gamma_m{}^*$. In der untersten Reihe stehen die Anfangsdrucke p_1, in der rechten Randspalte die Enddrucke p_2;

2. rechts oben eine Tafel für das spezifische Gewicht γ des Dampfes in Abhängig-keit vom absoluten Dampfdruck;

3. darunter eine Zusammenstellung der ζ-Werte für die verschiedenen Einzel-widerstände.

C. Berechnung der vorläufigen Rohrdurchmesser der Dampfleitungen.

Man beginnt die Rechnung mit dem ungünstigsten, d. h. längsten Strang. Da der Anfangs- bzw. Enddruck des Dampfes aus der Aufgabenstellung meist bekannt ist, kann man aus der Hilfstafel IVa die Hilfsgröße $(p_1 - p_2) \cdot \gamma_m$ entnehmen, die dem wirksamen Druck bei Niederdruckdampf-Heizanlagen entspricht. Von diesem Hilfswert ist noch ein erfahrungsmäßiger Bruchteil für Druckverluste in den Einzelwiderständen abzuziehen (nach Zahlentafel 16). Der Rest dient dann zur Bestimmung des dem Druckgefälle entsprechenden Hilfswertes R'.

Aus Hilfstafel IV ist nun für die durch die Teilstrecke strömende Dampfmenge G und die Hilfsgröße R' der vorläufige Rohrdurchmesser d direkt abzulesen.

D. Nachrechnung der Dampfleitungen.

Die Nachrechnung der Dampfleitungen beginnt bei dem entferntesten Unter-verteiler. Man berechnet der tatsächlichen Reihenfolge nach den Druckabfall in den einzelnen Teilstrecken und Einzelwiderständen (Ventil, Ausgleicher usw.) und ermittelt so, ausgehend von dem bekannten Druck am Ende der Leitung, den wirklichen Druck hinter und vor dem Einzelwiderstand bzw. am Ende und am Anfang einer Teilstrecke (p_2 und p_1). Dabei geht man folgendermaßen vor:

a) Bei Einzelwiderständen.

Für die vorläufige lichte Weite d und die durchströmende Dampfmenge G er-gibt Hilfstafel IV (unter Zeilen) zu einer Widerstandszahl $\zeta = 1$ den Hilfswert $Z' = (p_1 - p_2) \cdot \gamma$.

Man bestimmt nun aus Hilfstafel IV (links oben) γ für den bekannten End-druck p_2 und erhält dann durch Division mit γ und Multiplikation mit den wirk-lichen Wert ζ den gesuchten Druckabfall im Einzelwiderstand $Z = (p_1 - p_2 = \dfrac{\zeta \cdot Z'}{\gamma}$.

Der Druck v o r dem Einzelwiderstand ist dann $p_1 = p_2 + Z$.

---

* In der Tafel IVa stehen zur Vermeidung großer Zahlen die Werte $\dfrac{R' \cdot l}{1000}$.

b) Bei geraden Rohrstrecken (Teilstrecken).

Unter Benutzung der Gleichung $G_m = G_2 + \dfrac{q\,l}{2}$ (vgl. S. 360) wird zunächst das mittlere Dampfgewicht G_m in der Rohrstrecke berechnet.

Für den vorläufigen Rohrdurchmesser d und das mittlere Dampfgewicht G_m wird man aus Hilfstafel IV (linke Randspalte) die Hilfsgröße $R' = \dfrac{(p_1 - p_2)}{l} \cdot \gamma_m$ entnommen. Multipliziert man R' mit der Länge der Teilstränge l, so erhält man den Wert $R' \cdot l$, womit man aus Zahlentafel IVa zu dem bekannten Enddruck p_2 den Anfangdruck p_1 findet.

E. Vakuumheizungen.

Die im vorhergehenden Abschnitt C für die Berechnung von Hochdruckdampfleitungen abgeleiteten Gleichungen (90) und (92) gelten auch für die Berechnung von Vakuumheizungen. Die Bestimmung der Rohrweiten bei dieser Heizungsart kann daher ebenfalls unter Verwendung der Hilfstafel IV vorgenommen werden. Der gesamte Rechnungsgang ist der gleiche wie bei der Berechnung von Hochdruckdampfleitungen.

Vierzehnter Abschnitt.

Berechnung von Lüftungsnetzen.

A. Berechnung der Luftverteilungsleitungen.

1. Das Druckgefälle in geraden Kanalstrecken.

a) Leitungen mit kreisförmigem Querschnitt.

Wir gehen aus von der Gleichung S. 300:

$$R\,l = \lambda\,\frac{l}{d} \cdot \frac{w^2}{2}\,\frac{\gamma}{g},$$

darin ist nach Gleichung (57)

$$\lambda = 0{,}0072 + \frac{0{,}61}{R\,e^{0{,}35}} + \frac{2{,}9 \cdot 10^{-5}}{d} \cdot R\,e^{0{,}108}.$$

Die ersten beiden Summanden geben den Wert λ_{glatt} für glatte Rohre. Der dritte Summand berücksichtigt die Rauhigkeit der Wand, und zwar ist entscheidend die relative Rauhigkeit δ/d, d. h. das Verhältnis der absoluten Rauhigkeit δ zum Rohrdurchmesser d. Wir können als den dritten Summanden auch schreiben

$$\text{const} \times \frac{\delta}{d}\,R\,e^{0{,}108}.$$

Im Vergleich zu den Rohren der Heiztechnik ist bei den Blechrohren von Lüftungsanlagen nicht nur die absolute Rauhigkeit sehr gering, sondern auch der Durchmesser groß, so daß die relative Rauhigkeit sehr klein wird und damit der ganze dritte Summand verschwindet.

b) Leitungen mit rechteckigem Querschnitt.

Die Gleichungen lassen sich auch auf Kanäle mit rechteckigem Querschnitt anwenden, wenn man darin für d einen gleichwertigen Durchmesser d_g einführt nach

der Beziehung
$$d_g = \frac{2\,a\,b}{a+b}.$$
(93)

Darin sind a und b die Seitenlängen des Kanalquerschnittes.

Die Hydrodynamik lehrt nämlich, daß sich zu ·jedem rechteckigen Kanal e i n kreisrundes Rohr finden läßt, das mit dem Kanal gleiches Druckgefälle hat, wenn in beiden Leitungen g l e i c h e   S t r ö m u n g s g e s c h w i n d i g k e i t herrscht. Die Übereinstimmung gilt bei allen Geschwindigkeiten oberhalb der kritischen Geschwindigkeit. Der Durchmesser dieses gleichwertigen Rohres ist durch Gleichung (93) bestimmt. In beiden Leitungen strömen natürlich verschiedene Flüssigkeitsmengen, weil die Querschnitte nicht gleich sind.

Zu dem erwähnten rechteckigen Kanal läßt sich noch ein zweites gleichwertiges Rohr berechnen, wenn man von der Bedingung gleichen Druckgefälles bei gleichen strömenden M e n g e n in beiden Leitungen ausgeht. Dann sind natürlich die Geschwindigkeiten verschieden. Für diese zweite Art von gleichwertigem Durchmesser gilt

$$d^* = 1{,}27 \sqrt[5]{\frac{(a\,b)^3}{a+b}}.$$

Das Rechnen mit dem Wert d^* ist aber weder einfacher, noch ist es vom Standpunkt des Lüftungsingenieurs zweckmäßiger als das Rechnen mit dem Wert d_g.

Bei gemauerten Kanälen bedarf noch die Frage der Rauhigkeit einer besonderen Erwähnung. Wie schon im ersten Teil des Buches erwähnt, gilt als Forderung der Lüftungstechnik, daß die Kanalinnenseiten möglichst glatt sein müssen, nicht nur zur Verminderung der Reibung, sondern vor allem aus hygienischen Gründen. Sind dieser Forderung gemäß die Kanäle innen im Glattstrich verputzt oder doch mindestens aus guten Steinen ausgeführt und die Mörtelfugen sorgfältig verstrichen, so ist die absolute Rauhigkeit δ so gering, daß sich zusammen mit der verhältnismäßig großen Kanalinnenweite d immer eine ganz geringe relative Rauhigkeit δ/d ergibt und damit in Gleichung (57) der dritte Summand verschwindet.

2. Einzelwiderstände.

In der Gleichung (58)
$$Z = \Sigma\,\zeta \cdot \frac{w^2}{2}\frac{\gamma}{g}$$

kann man bei allen Aufgaben der Lüftungstechnik mit einem konstanten Wert $\gamma = 1{,}2$ rechnen und erhält dann

$$Z = \Sigma\zeta \cdot 0{,}061 \cdot w^2.$$
(94)

Wir lassen jetzt die früher getroffene Einschränkung fallen, betrachten also auch den Fall, daß der Querschnitt und damit die Strömungsgeschwindigkeit vor und hinter dem Einzelwiderstand verschieden ist. Solche Einzelwiderstände kommen auch bei Rohrleitungen von Heizungen vor, aber sie treten dort im Berechnungsverfahren nicht so stark hervor wie hier bei den Luftleitungen. Deshalb wird der Druckverlust in ihnen erst hier besprochen. Wir knüpfen an Gleichung (53 b) an, die wir gleich in der Form schreiben

$$p_{st_1} - p_{st_2} = \zeta\frac{w^2}{2}\frac{\gamma}{g} + \frac{1}{2}\,(w_2^2 - w_1^2)\frac{\gamma}{g}.$$
(95)

Hier ist noch bei jeder einzelnen Aufgabe zu bestimmen, ob man den ζ-Wert auf den Leitungsdurchmesser vor oder hinter dem Einzelwiderstand beziehen will. Demgemäß hat man für w den Wert w_1 oder w_2 zu setzen.

a) Einzelwiderstände in geraden Rohrstrecken.

Bei Einzelwiderständen mit Ablenkung des Flüssigkeitsstrahles aus seiner Richtung, also bei Krümmern, T-Stücken, Ventilen usw., läßt sich der ζ-Wert nur durch

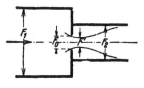

den Versuch bestimmen. Dagegen können bei Einzelwiderständen mit geradem Durchgang Gesetze aufgestellt werden, die bis zu einem gewissen Grade physikalisch begründbar sind. Der Strömungsvorgang und damit der Energieverlust hängen wesentlich davon ab, ob der Leitungsquerschnitt in Strömungsrichtung sich erweitert oder verengt, und ferner davon, ob die Änderung des Strömungsquerschnittes allmählich oder plötzlich erfolgt.

Abb. 304. Strömung durch eine Blende.

Die Verhältnisse sollen an dem in Abb. 304 gezeigten Beispiel erörtert werden. Aus einem ersten Rohr mit dem Querschnitt F_1 soll die Strömung durch eine Blende mit dem Querschnitt F_0 hindurch in ein zweites Rohr mit dem Querschnitt F_2 übertreten. Wenn, wie wir annehmen wollen, die Kante der Blende nur eine unvollkommene Abrundung hat, so schnürt sich der Flüssigkeitsstrahl nach dem Passieren der Blende noch weiter zusammen auf den Querschnitt F'. Das Querschnittsverhältnis F' zu F_0 nennt man die Einschnürung und bezeichnet sie mit dem Buchstaben α. Der Betrag der Einschnürung hängt nicht nur von der Ausrundung der Blendenkante, sondern auch von den Verhältnissen $F_0 : F_1$ und $F_2 : F_1$ der Strömungsquerschnitte ab.

a) Der Strömungsweg vom Querschnitt F_1 bis zum engsten Querschnitt F':

Auf diesem Wege findet eine gleichmäßige stete Beschleunigung der Flüssigkeit statt, und diese erfolgt — nach den Ergebnissen der Strömungslehre — fast ohne Verlust. Der Betrag ist so gering ($\zeta = 0,06$ bis $0,005$), daß wir ihn bei unseren Aufgaben der Lüftungstechnik vernachlässigen dürfen.

b) Die Ausbreitung des Strahles hinter der engsten Stelle F':

Wenn eine Flüssigkeitsströmung mit der großen Geschwindigkeit w' plötzlich auf eine vorausgehende Strömung mit der kleineren Geschwindigkeit w_2 aufprallt, so tritt stets ein Verlust ein, der als Carnotscher Stoßverlust bezeichnet wird. Der Betrag ist dem Quadrat der Relativgeschwindigkeit ($w' - w_2$) proportional.

Wir erhalten dadurch:

$$\Delta p_g = \frac{(w' - w_2)^2}{2}\frac{\gamma}{g} = \left(\frac{w'}{w_2} - 1\right)^2 \frac{w_2^2}{2}\frac{\gamma}{g} = \left(\frac{F_2}{\alpha F_0} - 1\right)^2 \frac{w_2^2}{2}\frac{\gamma}{g}. \tag{96}$$

Im Anschluß an den in Abb. 304 dargestellten allgemeinen Fall können einige vereinfachte Sonderfälle berechnet werden.

Erster Fall: Plötzlicher Übergang aus einer weiten in eine engere Leitung (Abb. 305). Mit $F_0 = F_2$ geht die Gleichung (96) über in:

$$\Delta p_g = \left(\frac{1}{\alpha} - 1\right)^2 \frac{w_2^2}{2}\frac{\gamma}{g} = \zeta \frac{w_2^2}{2}\frac{\gamma}{g}.$$

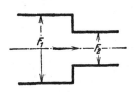

Abb. 305. Plötzliche Querschnittsverengung.

Ungefähre Zahlenwerte für die Einschnürung α gibt die nachfolgende Zahlentafel:

F_2/F_1	0÷0,2	0,4	0,5	0,6	0,7	0,8	0,9	1,0
Scharfe Kante................	0,63	0,65	0,68	0,71	0,76	0,82	0,90	1,00
Schwache Kantenbrechung	0,75	0,77	0,79	0,82	0,85	0,88	0,94	1,00
Wenig abgerundet............	0,90	0,91	0,91	0,92	0,94	0,96	0,98	1,00
Glatte, gute Abrundung........	0,99	0,99	0,99	0,99	1,00	1,00	1,00	1,00

Die ζ-Werte errechnen sich damit nach der Gleichung $\zeta = \left(\dfrac{1}{a} - 1\right)^2$ zu:

F_2/F_1	0÷0,2	0,4	0,5	0,6	0,7	0,8	0,9	1,0
Scharfe Kante................	0,35	0,29	0,22	0,17	0,10	0,05	0,01	0
Schwache Kantenbrechung	0,11	0,09	0,07	0,05	0,03	0,02	0	0
Wenig abgerundet............	0,01	0,01	0,01	0,01	0	0	0	0
Glatte, gute Abrundung........	0	0	0	0	0	0	0	0

Zweiter Fall: Einströmen aus einem Raum in eine Leitung (Abb. 306). Hier gilt ebenfalls die Gleichung

$$\varDelta p_g^- = \left(\frac{1}{a} - 1\right)^2 \frac{w^2}{2} \frac{\gamma}{g} = \zeta \frac{w_2^2}{2} \frac{\gamma}{g}$$

mit der Vereinfachung, daß für ζ nur die erste Spalte der Zahlentafel zu wählen ist.

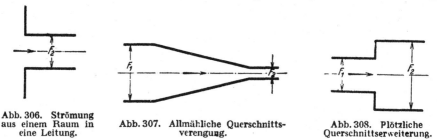

Abb. 306. Strömung aus einem Raum in eine Leitung.

Abb. 307. Allmähliche Querschnittsverengung.

Abb. 308. Plötzliche Querschnittserweiterung.

Dritter Fall: Allmählicher Übergang aus einer weiten in eine enge Leitung (Abb. 307). Da hier die Geschwindigkeit stetig steigt, kann mit hinreichender Genauigkeit $\varDelta p_g = 0$ gesetzt werden.

Vierter Fall: Plötzlicher Übergang aus einer engen Leitung in eine weite Leitung (Abb. 308). Dies ist der reine Fall des Carnotschen Stoßverlustes, so daß sich sofort ansetzen läßt:

$$\varDelta p_g = \frac{(w_1 - w_2)^2}{2} \frac{\gamma}{g} = \left(1 - \frac{F_1}{F_2}\right)^2 \frac{w_1^2}{2} \frac{\gamma}{g}.$$

Es ist also, bezogen auf die anströmende Geschwindigkeit w_1:

$$\zeta = \left(1 - \frac{F_1}{F_2}\right)^2.$$

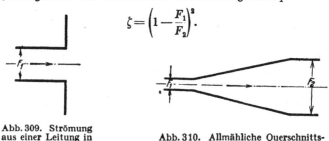

Abb. 309. Strömung aus einer Leitung in einen Raum.

Abb. 310. Allmähliche Querschnittserweiterung.

Fünfter Fall: Ausströmen aus einer Leitung in einen Raum (Abb. 309). Wir setzen in der Formel für den Carnotschen Stoßverlust $w_2 = 0$ und $w_1 = w$ und erhalten

$$\varDelta p_g = 1 \cdot \frac{w^2}{2} \frac{\gamma}{g}, \quad \text{also} \quad \zeta = 1.$$

Sechster Fall: Allmählicher Übergang aus einer engen in eine weite Leitung (Abb. 310). Wenn der Öffnungswinkel der Erweiterung nicht mehr als 8° beträgt, tritt kein Ablösen der Strömung von der Wand und damit keine Wirbelbildung ein. Es gilt dann auch nicht der Ansatz für den Carnotschen Stoßverlust, sondern eine rein empirische Gleichung, die den Verlust an Gesamtdruck gleich 15 vH der Differenz zwischen den dynamischen Drücken vor und nach der Erweiterung setzt. Es gilt also

$$\Delta p_g = 0{,}15\left(\frac{w_1^2}{2}\frac{\gamma}{g} - \frac{w_2^2}{2}\frac{\gamma}{g}\right) = 0{,}15\left(1 - \frac{F_1^2}{F_2^2}\right)\frac{w_1^2}{2}\frac{\gamma}{g}, \quad \text{also} \quad \zeta = 0{,}15\left(1 - \frac{F_1^2}{F_2^2}\right).$$

Beträgt der Öffnungswinkel mehr als 8°, so gilt der Ansatz für den Carnotschen Stoßverlust gemäß Abb. 308.

Siebenter Fall: Meßblende in einer Leitung gleichbleibenden Querschnittes $F_1 = F_2 = F$ (Abb. 311). Die Gleichung (96) geht dann über in:

$$\Delta p_g = \left(\frac{F}{\alpha F_0} - 1\right)^2 \frac{w^2}{2}\frac{\gamma}{g} = \zeta \cdot \frac{w^2}{2}\frac{\gamma}{g}.$$

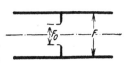

Abb. 311. Strömung durch eine Meßblende.

Da die Kontraktionsziffer α selbst wieder vom Verhältnis F_0/F abhängt, kann man den ζ-Wert als Funktion der einzigen Größe F_0/F darstellen.

Für $F_0/F = 0{,}9$ ist $\alpha = 0{,}90$ und damit $\zeta = 0{,}06$
Für $F_0/F = 0{,}8$ ist $\alpha = 0{,}82$ und damit $\zeta = 0{,}28$
Für $F_0/F = 0{,}7$ ist $\alpha = 0{,}76$ und damit $\zeta = 0{,}78$
Für $F_0/F = 0{,}6$ ist $\alpha = 0{,}71$ und damit $\zeta = 1{,}82$
Für $F_0/F = 0{,}5$ ist $\alpha = 0{,}68$ und damit $\zeta = 3{,}8$
Für $F_0/F = 0{,}4$ ist $\alpha = 0{,}65$ und damit $\zeta = 8{,}1$

Abb. 312. Venturirohr.

Achter Fall: Das Venturirohr (Abb. 312). Hier tritt nach Früherem ein merklicher Druckverlust nur in der Erweiterung nach der engsten Stelle ein, und dafür ist der Fall 6 einschlägig. Es ist also

$$\Delta p = 0{,}15\,\frac{w_0^2 - w^2}{2}\frac{\gamma}{g} = 0{,}15\left(\frac{F}{F_0}\right)^2 - 1\right) \cdot \frac{w^2}{2}\frac{\gamma}{g} = \zeta \cdot \frac{w^2}{2}\frac{\gamma}{g},$$

und damit ergibt sich für

$F_0/F = 0{,}9$ der ζ-Wert $= 0{,}035$	$F_0/F = 0{,}6$ der ζ-Wert $= 0{,}27$
$F_0/F = 0{,}8$ der ζ-Wert $= 0{,}085$	$F_0/F = 0{,}5$ der ζ-Wert $= 0{,}45$
$F_0/F = 0{,}7$ der ζ-Wert $= 0{,}16$	$F_0/F = 0{,}4$ der ζ-Wert $= 0{,}79$

Abb. 313. Strömung von Raum zu Raum durch eine Blende.

Neunter Fall: Ausströmen aus einem ersten Raum durch eine Blende in einen zweiten Raum (Abb. 313). Dieser Fall ist ganz gesondert zu betrachten. Die Einschnürung α ist je nach Abrundung der Blendenkante aus der Zahlentafel S. 366, erste Spalte, zu nehmen.

Für die Geschwindigkeit w' gilt der Ansatz

$$w' = \mu \cdot \sqrt{2\,g\,\frac{p_1 - p_2}{\gamma}},$$

worin der Wert μ mit hinreichender Genauigkeit gleich „Eins" gesetzt werden kann.

b) Der Widerstand in Lüftungsgittern.

Wir betrachten ein Gitter, dessen Gesamtfläche F sei und dessen Öffnungen zusammen die Fläche f ausmachen. Das Verhältnis f/F ist also ein Maß der Maschenweite bei Drahtgittern oder der Lochweite bei gestanzten Gittern. Besteht zwischen beiden Seiten des Gitters ein Druckunterschied im Betrage $(p_i - p_a)$, so strömen durch die Öffnungen Luftfäden, deren Geschwindigkeit w_0 ungefähr der Wurzel aus dem Druckunterschied $p_1 - p_a$ proportional ist. Die Luftfäden vereinigen sich bald zu einem einheitlichen Luftstrom von der Geschwindigkeit w. Das Produkt $w \cdot F$ gibt die ausströmende Luftmenge.

Es gilt die Gleichung:

$$p_i - p_a = \frac{w^2}{2} \cdot \frac{\gamma}{g} + \Delta p_g = \frac{w^2}{2}\frac{\gamma}{g} + \zeta \cdot \frac{w^2}{2}\frac{\gamma}{g} = (1 + \zeta)\frac{w^2}{2} \cdot \frac{\gamma}{g} = \xi \cdot \frac{w^2}{2} \cdot \frac{\gamma}{g}.$$

Wenn die Luft auf der einen Seite des Gitters nicht ruht, sondern strömt, wie das bei Kanälen der Fall ist, so ist als Innendruck p_i der statische Druck und nicht etwa der Gesamtdruck zu setzen.

Der Wert ζ und damit auch der Wert ξ hängen sowohl von dem Verhältnis f/F als auch von der Geschwindigkeit w ab, wie die nachstehende Zahlentafel der

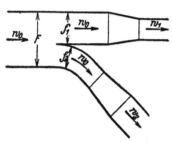

Abb. 314. Kanalabzweigung.

f/F	0,1	0,2	0,3	0,4	0,5	0,6
$w = 0,5$	110	30	12	6,0	3,6	2,3
$= 1,0$	120	33	13	6,8	4,1	2,7
$= 1,5$	128	36	14,5	7,4	4,6	3,0
$= 2,0$	134	39	15,5	7,8	4,9	3,2
$= 2,5$	140	40	16,5	8,3	5,2	3,4
$= 3,0$	146	41	17,5	8,6	5,5	3,7

ξ-Werte für gestanzte Blechgitter zeigt. Für Drahtgeflechte gelten etwa die Hälfte obiger Werte.

c) Abzweigung und Vereinigung von Kanälen.

Abzweigungen aus einem Hauptstrang sollen, wie schon erwähnt, mit möglichst schlankem Übergang ausgeführt werden, um so den Druckverlust möglichst niedrig zu halten. Zu demselben Zweck sollen auch alle Geschwindigkeitsänderungen bei der Trennung der Luftströme vermieden werden, d. h. die Geschwindigkeit im abgezweigten Strang soll gleich der im gerade fortgesetzten Strang sein und beide gleich der Geschwindigkeit im Hauptkanal vor der Trennung. Es muß also (vgl. Abb. 314) sich f_1 zu f_2 verhalten wie die Luftmengen in den beiden Teilsträngen, und es muß ferner $f_1 + f_2 = F$ sein. Kann die Geschwindigkeit und damit der Querschnitt in den Abzweigungen nicht beibehalten werden, so soll eine Änderung des Querschnittes erst später, also nach der Abzweigung, vorgenommen werden. — Die gleichen Gesichtspunkte, die hier für die Trennung zweier Luftströme aufgestellt werden, gelten auch für das Zusammenführen zweier Ströme.

3. Die Hilfstafeln V, VI und VII.

a) Kreisrunde Leitungen.

Hierzu gehören die Hilfstafeln V und VI, von denen die erste für Durchmesser von 50 bis 500 mm, die zweite für Durchmesser von 500 bis 2500 mm lichte Weite gelten. Beide Tafeln entsprechen in ihrem Aufbau vollständig den früher beschriebenen Hilfstafeln für Warmwasser- und Dampfheizungen.

b) Rechteckige Kanäle.

Die Hilfstafel VII gibt für verschiedene Querschnittabmessungen die gleichwertigen Durchmesser in mm nach Gleichung (93) und die Fläche des rechteckigen Querschnittes in m².

Im übrigen gelten auch hier die Hilfstafeln V und VI, nur dürfen die Zahlen für die geförderten Luftmengen (obere Zahlen in den kleinen Rechtecken) nicht verwendet werden, da diese nur für die kreisrunden Querschnitte gelten.

4. Der Druckverlust in den Verteilungsleitungen.

Wenn auch die Hilfstafeln V und VI den früheren Hilfstafeln durchaus entsprechen, so muß doch die Berechnung von Lüftungsrohrnetzen anders durchgeführt werden als die Berechnung von Heizungsrohrnetzen, und zwar aus zwei Gründen.

Erstens sind bei den Lüftungsrohrnetzen die Summen der Einzelwiderstände meist wesentlich höher als die Summen der Widerstände in den geraden Kanalstrecken, wie das die untenstehende Zusammenstellung zeigt. Es ist natürlich nicht zweckmäßig, mit der Berechnung des kleineren Widerstandes zu beginnen.

Zweitens ist bei den Lüftungsrohrnetzen nicht wie beim Schwerkraft-Warmwasser- oder Niederdruckdampfnetz die zur Verfügung stehende Druckhöhe H von vornherein gegeben, sondern sie muß entweder erst durch die Berechnung des Rohrnetzes bestimmt werden, oder sie muß aus wirtschaftlichen Gründen, vor allem im Hinblick auf die entstehenden Stromkosten, aus der Erfahrung heraus frei gewählt werden.

Stränge mit lichten Kanalabmessungen von	Anteil der Einzelwiderstände am Gesamtwiderstand in vH	
	Blechkanäle	Mauerkanäle
50 bis 150 mm . . .	40	30
100 bis 300 mm . . .	60	50
200 bis 600 mm . . .	80	70
400 bis 1100 mm . . .	90	80
über 1000 mm	95	85

Bei dem Entwurf und der Berechnung eines Lüftungsrohrnetzes wird man immer irgendwie von der Erfahrung ausgehen müssen. Man wählt entweder den Druck des Gebläses oder die Geschwindigkeit im Rohrnetz. In manchen Fällen können auch örtliche Verhältnisse zur Annahme bestimmter Kanalquerschnitte zwingen. Bei kreisrunden Querschnitten ist es im Interesse der billigen Herstellung der Rohrleitungen oft zweckmäßig, wenn man mehrere Teilstrecken mit gleichem Durchmesser ausführt. Bei rechteckigen Kanälen ist sehr oft aus baulichen Gründen eine gleichbleibende Kanalhöhe im ganzen Rohrnetz notwendig, so daß die Änderung der Querschnitte nur durch Änderung der Breite erzielt werden kann.

Im allgemeinen wird es zweckmäßig sein, von der Geschwindigkeit auszugehen. Man rechnet dann unter der Annahme gleichbleibender Geschwindigkeit im Rohrnetz mehrere Geschwindigkeiten durch und prüft, unter welcher Geschwindigkeitsannahme sich die günstigsten Verhältnisse ergeben, d. h. einerseits nicht zu große Rohre und andererseits kein zu hoher Anfangsdruck und damit keine zu hohen Stromkosten während des Betriebes. Hat man sich unter Beachtung dieser Gesichtspunkte für eine Geschwindigkeit entschieden, so werden noch in einer nachträglichen Rechnung die besonderen Forderungen der Anlage berücksichtigt, so wird z. B. in dieser Rechnung der Übergang vom kreisrunden zum rechteckigen Querschnitt vollzogen.

Weitere Einzelheiten lassen sich besser an Hand des nachstehenden Beispieles besprechen.

Beispiel 19. Durch das in Abb. 315 perspektivisch dargestellte Luftverteilungsnetz sollen die an den Enden der Verzweigungen eingeschriebenen Luftmengen in m³h bei 20°C gefördert werden. Es sind die günstigsten Abmessungen der Blechleitungen festzustellen unter der Annahme

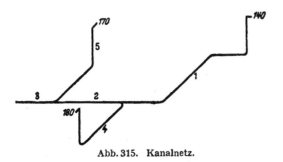

Abb. 315. Kanalnetz.

1. kreisrunder Rohrleitungen,
2. rechteckiger Blechkanäle.

Bei den rechteckigen Blechkanälen soll angenommen sein, daß die senkrechte Kanalhöhe überall 120 mm betragen muß.

Annahme für die Rechnung. Für die Festsetzung der ζ-Werte soll angenommen werden, daß das Ende jeder Leitung mit einem Drahtgewebe versehen ist, für das der Wert $\xi = 2$ anzusetzen ist. Die Ablenkung kurz vor der Austrittsöffnung erfolgt in scharfem rechtem Winkel (also $\zeta = 1,5$), alle übrigen Richtungsänderungen erfolgen in einem rechtwinkligen Bogen (also $\zeta = 0,1$).

Lösung der Aufgabe. Man beginnt die Aufgabe mit der Berechnung des Hauptstranges, der aus den Teilstrecken 1 bis 3 besteht. Nachfolgende Zusammenstellung A zeigt die Rechnung für die drei Annahmen $w = 3$ m/s, 5 m/s, 7 m/s. Die ersten vier Spalten enthalten Angaben, welche aus dem Rohrplan unmittelbar zu entnehmen sind. Für

Zusammenstellung A. Kreisrunde Rohre — Hauptstrang.

Aus Rohrplan				$w = 3$ m/s				$w = 5$ m/s				$w = 7$ m/s			
Nr.	l	$\Sigma \zeta$	Vs	R	d	Z	Rl	R	d	Z	Rl	R	d	Z	Rl
—	m	—	m³/s	$\frac{\text{mmWS}}{\text{m}}$	mm	$\frac{\text{mm}}{\text{WS}}$	$\frac{\text{mm}}{\text{WS}}$	$\frac{\text{mmWS}}{\text{m}}$	mm	$\frac{\text{mm}}{\text{WS}}$	$\frac{\text{mm}}{\text{WS}}$	$\frac{\text{mmWS}}{\text{m}}$	mm	$\frac{\text{mm}}{\text{WS}}$	$\frac{\text{mm}}{\text{WS}}$
a	b	c	d	e	f	g	h	i	k	l	m	n	o	p	q
1	12,3	3,8	0,039	0,10	130	2,1	1,23	0,37	100	5,8	4,55	0,81	85	11,4	10,0
2	5,1	0	0,089	0,067	190	0	0,34	0,21	150	0	1,07	0,45	130	0	2,3
3	4,2	0	0,136	0,045	240	0	0,19	0,17	180	0	0,71	0,37	160	0	1,6
	21,6	3,8				2,1	1,76			5,8	6,33			11,4	13,9

jede Teilstrecke ist ein T-Stück angenommen. Spalte e bis h enthält dann die Rechnung für die erste Annahme $w = 3$ m/s. Die Werte in Spalte e und f sind aus der Hilfstafel V abgelesen, indem man jenes Tabellenrechteck aufsucht, indem die Geschwindigkeit 3,0 zusammensteht mit der für jede Teilstrecke gültigen Luftmenge. Spalte g ergibt sich aus der linken Seitentabelle der Hilfstafel V, indem man bei der Geschwindigkeit 3,0 den entsprechenden Wert Z sucht. Spalte h entsteht durch Multiplikation von Spalte b bis e. Zuletzt bildet man die Summe aller Einzelwiderstände Z und dann die Summe aller Widerstände Rl. In gleicher Weise werden die Geschwindigkeiten 5 m/s und 7 m/s durchgerechnet.

Zusammenstellung B gibt in Zeile 1 die Summe der Einzelwiderstände, in Zeile 2 die Summe des Druckabfalles in den geraden Rohrstrecken und in Zeile 3 den Gesamtdruckverlust vom Anfang der Leitung bis zu ihrem Ende. Aus diesem Druckverlust und der geförderten Luftmenge von 0,136 m³/s ergibt sich die theoretische Arbeit für das Gebläse. Unter Berücksichtigung der verschiedenen Wirkungsgrade und des Strompreises ermittelt man ferner die stündlichen Stromkosten. Nun hat man sich auf Grund eines Vergleiches der Herstellungskosten des Kanalnetzes und der Betriebskosten für eine der drei Geschwindigkeiten zu entscheiden. Die Geschwindigkeit 7 m/s wird man ausschalten müssen, nicht nur wegen der hohen Stromkosten, sondern auch weil bei dieser Geschwindigkeit schon stark die Ge-

Zusammenstellung B. Kreisrunde Rohre.

	w	m/s	3	5	7
1	ΣZ	mm WS	2,1	5,8	11,4
2	$\Sigma R l$	mm WS	1,8	6,3	13,9
3	$\Sigma Z + \Sigma R l$	mm WS	3,9	12,1	25,3

fahr der Geräuschbildung vorliegt. Wir nehmen an, daß man sich durch einen Vergleich der Stromkosten einerseits und der Herstellungskosten des Rohrnetzes andererseits für die Geschwindigkeit 5 m/s entschieden habe. Die Rohrdurchmesser der Spalte k werden dann der Ausführung zugrunde gelegt.

Die Berechnung der Abzweigungen ist in Zusammenstellung C gezeigt. Die ersten vier Spalten enthalten wieder Angaben, die aus dem Rohrplan abzulesen sind. Spalte e enthält die für die betreffenden Abzweigstrecken zur Verfügung stehende Druckhöhe H, die sich aus den Spalten l und m der Zusammenstellung A durch Addition ergeben. Spalte f enthält den Einzelwiderstand Z für 5 m Geschwindigkeit, Spalte g den Druckabfall in den geraden Rohrstrecken, der sich als Differenz von Spalte e und Spalte f errechnet. Durch Division dieses erhaltenen Wertes mit der Länge l der Teilstrecke ergibt sich das Druckgefälle R. Spalte i und k werden wieder mit Hilfe der Hilfstafel V ermittelt. Man sieht hierbei, daß sich für die Abzweigungen zuweilen etwas höhere Geschwindigkeiten errechnen als im Hauptstrang. Tatsächlich aber werden diese Geschwindigkeiten nicht auftreten, da wir die Einzelwiderstände mit der Geschwindigkeit 5 m/s ermittelt haben. Es wird sich ein Zwischenwert zwischen der Geschwindigkeit 5 m/s und den in Spalte k angegebenen Werten einstellen.

Zusammenstellung C. Kreisrunde Rohre — Abzweigungen.

Aus Rohrplan					$w = 5$ m/s				
Nr.	l	$\Sigma \zeta$	V_s	H	Z	$R l$	R	d	w
—	m		m³/s	mm WS	mm WS	mm WS	mmWS/m	mm	m/s
a	b	c	d	e	f	g	h	i	k
4	9,0	3,7	0,050	10,4	5,4	5,0	0,56	100	6
5	7,5	3,7	0,047	11,5	5,4	6,1	0,81	90	7

Rechteckige Kanäle.

Nachdem wir aus der Berechnung der kreisrunden Rohre (Zusammenstellung C) erkannt haben, daß etwa 5 m/s die günstigste Geschwindigkeit ist, brauchen wir für die Berechnung der rechteckigen Kanäle nur mehr zwei Geschwindigkeiten durchzurechnen, nämlich 5 m/s und eine etwas niedere, nämlich 4 m/s. Die niedere Geschwindigkeit ziehen wir deswegen in die Rechnung herein, weil rechteckige Leitungen etwas höheren Druckverlust haben als runde, also 5 m/s vielleicht für rechteckige Leitungen etwas zu groß werden könnte.

Zusammenstellung D enthält in den ersten vier Spalten wieder die Angaben aus dem Rohrplan. Der Kanalquerschnitt F (Spalte e) errechnet sich durch Division der Luftmenge mit der Geschwindigkeit. Aus diesem Querschnitt und der vorgeschriebenen Kanalhöhe von 120 mm ergeben sich dann aus Hilfstafel VII die Werte von Spalte f und g Die übrigen Spalten werden wieder aus Hilfstafel V abgelesen, indem man in der Spalte des gleichwertigen Durchmessers das Rechteck mit der Geschwindigkeit 4 bzw. 5 aufsucht und am linken Rand das Druckgefälle R abliest.

Zusammenstellung. D. Rechteckige Kanäle — Hauptstrang.

Aus Rohrplan				w = 4 m/s						w = 5 m/s					
Nr.	l	$\Sigma\zeta$	V_s	F	$a \times b$	d_g	R mmWS	Rl	Z	F	$a \times b$	d_g	R mmWS	Rl	Z
	m		m³/s	m²	mm × mm	mm	m	mm WS	mm WS	m²	mm × mm	mm	m	mm WS	mm WS
a	b	c	d	e	f	g	h	i	k	l	m	n	o	p	q
1	12,3	3,8	0,039	0,009 75	80 × 120	95	0,25	3,1	3,7	0,0078	65 × 120	85	0,45	5,5	5,8
2	5,1	0	0,089	0,022 25	190 × 120	150	0,14	0,7	0	0,0178	150 × 120	130	0,25	1,3	0
3	4,2	0	0,136	0,034 0	280 × 120	170	0,12	0,5	0	0,0272	225 × 120	160	0,21	0,9	0
								4,3	3,7					7,7	5,8

Aus der Zusammenstellung D entnehmen wir:

	w = 4 m/s	w = 5 m/s
ΣZ	3,7	5,8
ΣRl	4,3	7,7
$\Sigma Z + \Sigma Rl$	8,0	13,5

In ganz derselben Weise wie bei den kreisrunden Rohren haben wir uns nun durch Abwägung der Rohrkosten einerseits und der Stromkosten andererseits für eine der beiden Geschwindigkeiten endgültig zu entscheiden und dann noch die Abzweigungen 4 und 5 zu berechnen.

B. Der Druckverlust in einer Lüftungskammer.

In Abb. 316 ist ein Ventilator, eine Lüftungskammer mit Filter und der Anfang einer Luftverteilungsleitung gezeichnet. Um den Ventilator in seinen Abmessungen und seiner Leistung bestimmen zu können, muß man die Luftmenge und für den Querschnitt 1 den Gesamtdruck kennen. Zu diesem Zweck muß man von Querschnitt 5 stufenweise nach rückwärts gehend für die einzelnen Querschnitte die Drücke bestimmen. Zur Durchführung dieser Rechnung muß bekannt sein:

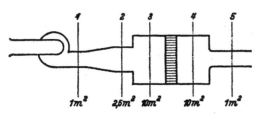

Abb. 316. Lüftungskammer.

1. die zu fördernde Luftmenge,

2. die Größe der Leitungsquerschnitte an den einzelnen Stellen,

3. der statische Druck im Querschnitt 5, welcher sich nach dem Verfahren des letzten Abschnittes berechnen läßt,

4. der Druckverlust im Filter, wofür die Angaben der Lieferfirmen maßgebend sind. Diese werden meist in der Form gegeben, daß die Flächeneinheit des Filters mit einer bestimmten Luftmenge belastet werden soll, wenn die Reinigungskraft des Filters richtig ausgenutzt werden soll. Für diese Belastung wird von der Lieferfirma auch der Widerstand des Filters in mm WS gegeben.

Beispiel 20. Es sei gegeben:

die Luftmenge zu 40 000 m³/h,

die Strömungsquerschnitte gemäß Abb. 316,

der statische Druck im Querschnitt 5 zu 20 mm WS,

der Druckverlust des Filters gleich 12 mm WS bei einer Belastung des Filters von 4000 m³/m² · h,

Aus der letzten Angabe errechnet sich eine Filterfläche von 10 m², wie das bereits in der Abbildung eingetragen ist.

Die Geschwindigkeiten in den einzelnen Querschnitten sind:

$$w_5 = \frac{40\,000}{1 \cdot 3600} = 11,11 \text{ m/s},$$

$$w_4 = \frac{40\,000}{10 \cdot 3600} = 1,11 \text{ m/s},$$

$$w_3 = w_4 = 1,11 \text{ m/s},$$

$$w_2 = \frac{40\,000}{2,5 \cdot 3600} = 4,44 \text{ m/s},$$

$$w_1 = \frac{40\,000}{1 \cdot 3600} = 11,11 \text{ m/s},$$

$$w_0 = = 0 \text{ m/s}.$$

Berechnung des Gesamtdruckes in den einzelnen Querschnitten.

Querschnitt 5:

$$p_{g_5} = p_{\text{dyn}_5} + p_{\text{st}_5}$$
$$p_{g_5} = 7,6 + 20 = 27,6 \text{ mm WS}.$$

$$p_{\text{dyn}} = \frac{w_5^2}{2} \cdot \frac{\gamma}{g} = \frac{11,11^2}{16,3} = 7,6 \text{ mm WS}.$$

Querschnitt 4:

$$p_{g_4} = p_{g_5} + \Delta p_g$$
$$p_{g_4} = 27,6 + 0 = 27,6 \text{ mm WS}.$$

$\Delta p_g = 0$, weil nach Fall 2 bei guter Abrundung der ζ-Wert $= 0$ ist.

Querschnitt 3:

$$p_{g_3} = p_{g_4} + \Delta p_g$$
$$p_{g_3} = 27,6 + 12,0 = 39,6 \text{ mm WS}.$$

$\Delta p_g = 12$ mm WS laut Angabe.

Querschnitt 2:

$$p_{g_2} = p_{g_3} + \Delta p_g$$
$$p_{g_2} = 39,6 + 0,7 = 40,3 \text{ mm WS}.$$

Nach Fall 4 ist $\Delta p_g = \left(1 - \frac{F_2}{F_3}\right)^2 \cdot \frac{w_2^2}{2} \cdot \frac{\gamma}{g}$

$$= \left(1 - \frac{2,5}{10}\right)^2 \cdot \frac{4,44^2}{16,3} = 0,9 \text{ mm WS}.$$

Querschnitt 1:

$$p_{g_1} = p_{g_2} + \Delta p_g$$
$$p_{g_1} = 40,5 + 1,0 = 41,5 \text{ mm WS}.$$

Nach Fall 6 ist $\Delta p_g = 0,15 \left[1 - \left(\frac{F_1}{F_2}\right)^2\right] \frac{w_1^2}{2} \cdot \frac{\gamma}{g}$

$$= 0,15 \left[1 - \left(\frac{1}{2,5}\right)^2\right] \cdot \frac{11,11^2}{16,3} = 1,0 \text{ mm WS}.$$

Zusammenstellung der Drücke.

	Querschnitt				
	1	2	3	4	5
Geschwindigkeit............... m/s	11,11	4,44	1,11	1,11	11,11
Statischer Druck.......... mm WS	33,9	39,4	39,5	27,5	20,0
Dynamischer Druck....... mm WS	7,6	1,1	0,1	0,1	7,6
Gesamtdruck .... mm WS	41,5	40,5	39,6	27,6	27,6

Die theoretische Ventilatorleistung ist das Produkt aus der Luftmenge von **40 000 m³/h** und der Gesamtdruckhöhe von 41,5 mm WS.

$$\frac{40\,000}{3600} \left[\frac{\text{m}^3}{\text{sek}}\right] \cdot 41,5 \left[\frac{\text{kg}}{\text{m}^2}\right] = 465 \left[\frac{\text{mkg}}{\text{sek}}\right] = 4,5 \text{ [kW]}.$$

C. Berechnung von Lüftungsschächten.

Für einen Lüftungsschacht mit natürlichem Antrieb kommt als treibende Kraft nur der Gewichtsunterschied zwischen der kälteren Außen- und der wärmeren

Innenluft in Frage. Es gilt also die Gleichung

$$H = h\,(\gamma_a - \gamma_i).$$

Hemmend für die Luftbewegung wirken die Widerstände der geraden Kanalstrecken und die Einzelwiderstände. Nach Früherem (S. 302) ist hierfür anzusetzen:

$$\Sigma R l + \Sigma Z = \left(\Sigma \lambda \frac{l}{d} + \Sigma \zeta\right) \frac{w^2}{2} \cdot \frac{\gamma_i}{g}.$$

Durch Gleichsetzen beider Ausdrücke und Auflösen der neuen Gleichung nach der
Geschwindigkeit ergibt sich

$$w = \sqrt{\frac{2\,g\,h}{\Sigma \lambda \dfrac{l}{d} + \Sigma \zeta} \cdot \frac{\gamma_a - \gamma_i}{\gamma_i}}. \qquad (97)$$

Das stündlich geförderte Luftvolumen ist:

$$V_h = 3600\,F\,w. \qquad (98)$$

In der Gleichung (97) ist der erste Bruch nur von der Form der Luftwege abhängig. Die Reibungszahl λ in glatten gemauerten Kanälen kann bei den praktisch
vorkommenden Geschwindigkeiten etwa mit 0,03 angenommen werden. Die Länge l
der Luftwege ist häufig gleich der Höhe h des Schachtes. Ist ein Luftzuführungskanal vorhanden, so ist auch dieser zu berücksichtigen.

Bei der Ermittlung der Einzelwiderstände darf nicht vergessen werden, auch die
Einströmstelle der Luft aus dem Freien in den Saal zu berücksichtigen. Besteht
diese in einer einfachen Öffnung in der Wand von gleichem Querschnitt wie der
Kanalquerschnitt, so kann hierfür $\zeta = 1$ gesetzt werden. Sind dagegen Jalousie-
klappen vorhanden oder andere Regelvorrichtungen, so ist ein entsprechend
höherer Wert einzusetzen.

Der zweite Bruch in der Gleichung (97) ist ein unbenannter Zahlenwert und von
den Temperaturen abhängig. Er kann bis auf Null abnehmen und an warmen
Sommertagen sogar negativ werden.

	Höhe h in Metern	Seitenlänge s des quadratischen Schachtes in Metern						
		0,2	0,3	0,4	0,5	0,6	0,7	0,8
Sekundliche Geschwindigkeit (m s)	5	0,63	0,65	0,67	0,68	0,68	0,69	0,69
	7	0,71	0,74	0,77	0,78	0,79	0,80	0,81
	10	0,80	0,85	0,89	0,91	0,93	0,93	0,94
	15	0,91	0,98	1,03	1,06	1,09	1,11	1,12
	20	0,97	1,07	1,14	1,18	1,21	1,24	1,26
	30	1,06	1,19	1,28	1,34	1,39	1,43	1,46
Stündliche Luftmenge (m³/h)	5	91	211	384	610	880	1220	1590
	7	103	240	443	700	1020	1410	1870
	10	116	275	510	820	1210	1640	2170
	15	130	318	590	950	1410	1960	2580
	20	140	347	660	1060	1570	2190	2900
	30	152	366	740	1210	1800	2520	3360

Einen Überblick über die mit einem Lüftungsschacht erzielbaren Strömungsgeschwindigkeiten und Luftmengen gibt obige Tabelle. Sie ist für das in Abb. 317
gezeichnete Beispiel ermittelt und gilt unter folgenden Voraussetzungen:

1. Die Einströmung der Luft aus dem Freien in den Saal erfolgt durch eine einfache Öffnung von der Größe des Schachtquerschnittes ohne Gitter und ohne Vorwärmeheizkörper.

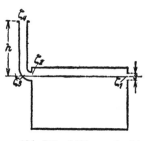

Abb. 317. Lüftungsschacht.

2. Der Übertritt der Luft aus dem Saal in den Lüftungsschacht erfolgt ebenfalls durch eine Öffnung ohne Gitter.

3. Der Lüftungsschacht führt ohne jeden Knick bis über Dach.

4. Der Temperaturunterschied zwischen Innen- und Außenluft beträgt 4° C. Bei kleineren oder größeren Temperaturunterschieden sind die Tabellenwerte für w und V_h noch mit nachstehenden Beiwerten zu multiplizieren:

$$\zeta_1 = 1{,}0$$
$$\zeta_2 = 0$$
$$\zeta_3 = 0{,}6$$
$$\zeta_4 = 1{,}0$$
$$\overline{\Sigma\,\zeta = 2{,}6}$$

$t_i - t_a$	1	2	3	4	6	10	20
Beiwert	0,50	0,71	0,87	1	1,22	1,58	2,24

Zahlentafeln.

I. Gruppe: Wärmetechnische Werte.

Zahlentafel 1.

Zahlenwerte für Rechnungen mit feuchter Luft, gültig für einen Barometerstand von 760 mm QS.

1. t, °C, Lufttemperatur.
2. γ, kg/m³, Spez. Gewicht der trockenen Luft.
3. γ_s, kg/m³, Spez. Gewicht gesättigter feuchter Luft.
4. p_s, mm QS, Sättigungsdruck des Wasserdampfes.
5. $\varkappa_s$, g/kg, Wassergehalt gesättigter feuchter Luft, bez. auf 1 kg tr. Luft.
6. i_s, kal/kg, Wärmeinhalt gesättigter feuchter Luft, bez. auf 1 kg tr. Luft.

t	γ	γ_s	p_s	$\varkappa_s$	i_s
°C	kg/m³	kg/m³	mm QS	g/kg	kcal/kg
— 20	1,396	1,395	0,77	0,63	— 4,43
— 19	1,394	1,393	0,85	0,70	— 4,15
— 18	1,385	1,384	0,94	0,77	— 3,87
— 17	1,379	1,378	1,03	0,85	— 3,58
— 16	1,374	1,373	1,13	0,93	— 3,29
— 15	1,368	1,367	1,24	1,01	— 3,01
— 14	1,363	1,362	1,36	1,11	— 2,71
— 13	1,358	1,357	1,49	1,22	— 2,40
— 12	1,353	1,352	1,63	1,34	— 2,09
— 11	1,348	1,347	1,78	1,46	— 1,78
— 10	1,342	1,341	1,95	1,60	— 1,45
— 9	1,337	1,336	2,13	1,75	— 1,13
— 8	1,332	1,331	2,32	1,91	— 0,79
— 7	1,327	1,325	2,53	2,08	— 0,45
— 6	1,322	1,320	2,76	2,27	— 0,10
— 5	1,317	1,315	3,01	2,47	+ 0,26
— 4	1,312	1,310	3,28	2,69	0,64
— 3	1,308	1,306	3,57	2,94	1,08
— 2	1,303	1,301	3,88	3,19	1,41
— 1	1,298	1,295	4,22	3,47	1,82
0	1,293	1,290	4,58	3,78	2,25
1	1,288	1,285	4,93	4,07	2,66
2	1,284	1,281	5,29	4,37	3,08
3	1,279	1,275	5,69	4,70	3,52
4	1,275	1,271	6,10	5,03	3,96
5	1,270	1,266	6,54	5,40	4,42
6	1,265	1,261	7,01	5,79	4,90
7	1,261	1,256	7,51	6,21	5,40
8	1,256	1,251	8,05	6,65	5,90
9	1,252	1,247	8,61	7,13	6,43

Zahlentafel 1 (Fortsetzung).

Zahlenwerte für Rechnungen mit feuchter Luft usw.

t	γ	γ_s	p_s	x_s	i_s
°C	kg/m³	kg/m³	mm QS	g/kg	kcal/kg
10	1,248	1,242	9,21	7,63	6,97
11	1,243	1,237	9,84	8,15	7,53
12	1,239	1,232	10,52	8,75	8,14
13	1,235	1,228	11,23	9,35	8,74
14	1,230	1,223	11,99	9,97	9,36
15	1,226	1,218	12,79	10,6	9,98
16	1,222	1,214	13,63	11,4	10,7
17	1,217	1,208	14,53	12,1	11,4
18	1,213	1,204	15,48	12,9	12,1
19	1,209	1,200	16,48	13,8	12,9
20	1,205	1,195	17,53	14,7	14,8
21	1,201	1,190	18,65	15,6	14,6
22	1,197	1,185	19,83	16,6	15,3
23	1,193	1,181	21,07	17,7	16,2
24	1,189	1,176	22,38	18,8	17,2
25	1,185	1,171	23,76	20,0	18,1
26	1,181	1,166	25,21	21,4	19,2
27	1,177	1,161	26,74	22,6	20,2
28	1,173	1,156	28,35	24,0	21,3
29	1,169	1,151	30,04	25,6	22,5
30	1,165	1,146	31,82	27,2	23,8
31	1,161	1,141	33,70	28,8	25,0
32	1,157	1,136	35,66	30,6	26,3
33	1,154	1,131	37,73	32,5	27,7
34	1,150	1,126	39,90	34,4	29,2
35	1,146	1,121	42,18	36,6	30,8
36	1,142	1,116	44,56	38,8	32,4
37	1,139	1,111	47,07	41,1	34,0
38	1,135	1,107	49,69	43,5	35,7
39	1,132	1,102	52,44	46,0	37,6
40	1,128	1,097	55,32	48,8	39,6
41	1,124	1,091	58,34	51,7	41,6
42	1,121	1,086	61,50	54,8	43,7
43	1,117	1,081	64,80	58,0	45,9
44	1,114	1,076	68,26	61,3	48,3
45	1,110	1,070	71,88	65,0	50,8
46	1,107	1,065	75,65	68,9	53,4
47	1,103	1,059	79,60	72,8	56,2
48	1,100	1,054	83,71	77,0	59,0
49	1,096	1,048	88,02	81,5	62,1
50	1,093	1,043	92,51	86,2	65,3
51	1,090	1,037	97,20	91,3	68,6
52	1,086	1,031	102,1	96,6	72,3
53	1,083	1,025	107,2	102	75,9
54	1,080	1,019	112,5	108	80,0

Zahlentafel 1 (Fortsetzung).

Zahlenwerte für Rechnungen mit feuchter Luft usw.

t	γ	γ_s	p_s	x_s	i_s
°C	kg/m³	kg/m³	mm QS	g/kg	kcal/kg
55	1,076	1,013	118,0	114	84,1
56	1,073	1,007	123,8	121	88,6
57	1,070	1,001	129,8	128	93,2
58	1,067	0,995	136,1	136	98,5
59	1,063	0,987	142,6	144	104
60	1,060	0,981	149,4	152	109
61	1,057	0,974	156,4	161	115
62	1,054	0,968	163,8	171	121
63	1,051	0,961	171,4	181	128
64	1,048	0,954	179,3	192	135
65	1,044	0,946	187,5	204	143
66	1,041	0,939	196,1	216	151
67	1,038	0,932	205,0	230	160
68	1,035	0,924	214,2	244	169
69	1,032	0,917	223,7	259	179
70	1,029	0,909	233,7	276	190
71	1,026	0,901	243,9	294	202
72	1,023	0,893	254,6	314	214
73	1,020	0,885	265,7	335	227
74	1,017	0,877	277,2	357	242
75	1,014	0,868	289,1	382	258
76	1,011	0,859	301,4	408	275
77	1,009	0,851	314,1	437	293
78	1,006	0,842	327,3	470	315
79	1,003	0,833	341,0	506	338
80	1,000	0,823	355,1	545	363
81	0,997	0,813	369,7	589	391
82	0,994	0,803	384,9	639	425
83	0,992	0,794	400,6	695	460
84	0,989	0,783	416,8	756	500
85	0,986	0,773	433,6	828	545
86	0,983	0,762	450,9	908	597
87	0,981	0,751	468,7	1000	657
88	0,978	0,740	487,1	1110	725
89	0,975	0,729	506,1	1240	810
90	0,973	0,718	525,8	1400	912
91	0,970	0,706	546,1	1590	1035
92	0,967	0,694	567,0	1830	1185
93	0,965	0,681	588,6	2135	1380
94	0,962	0,669	610,9	2545	1645
95	0,959	0,656	633,9	3120	2015
96	0,957	0,643	657,6	3990	2575
97	0,954	0,630	682,1	5450	3510
98	0,951	0,616	707,3	8350	5360
99	0,949	0,602	733,2	17000	10910
100	0,947	0,589	760,0	—	—

Spannung, Temperatur usw. des Wasserdampfes.

Druck (abs.) in kg/m²	Temperatur in ° C	Verdampfungs- wärme	Gesamt- wärmeinhalt	Gewicht von 1 m³ Dampf in kg
p	t	r	i''	γ
1 000	45,4	570,5	615,9	0,067
1 200	49,0	568,5	617,6	0,080
1 500	53,6	566,6	619,6	0,098
2 000	59,7	562,7	622,3	0,129
2 500	64,6	559,9	624,5	0,158
3 000	68,7	557,6	626,3	0,188
3 500	72,3	555,6	627,8	0,217
4 000	75,4	553,8	629,2	0,246
5 000	80,9	550,6	631,5	0,303
6 000	85,5	548,0	633,4	0,359
7 000	89,5	545,6	635,1	0,415
8 000	93,0	543,6	636,5	0,470
9 000	96,2	541,7	637,8	0,525
10 000	99,1	539,9	639,0	0,579
11 000	101,8	538,3	640,1	0,633
12 000	104,2	536,7	641,1	0,687
14 000	108,7	533,9	642,8	0,793
16 000	112,7	531,4	644,3	0,898
18 000	116,3	529,1	645,7	1,003
20 000	119,6	527,0	646,9	1,107
25 000	126,7	522,3	649,5	1,365
30 000	132,9	518,1	651,6	1,618
35 000	138,2	514,5	653,4	1,870
40 000	142,9	511,1	654,9	2,120
45 000	147,2	508,0	656,2	2,368
50 000	151,1	505,2	657,3	2,614
55 000	154,7	502,5	658,5	2,860
60 000	158,1	500,0	659,3	3,104
65 000	161,2	407,5	660,2	3,348
70 000	164,2	495,2	660,9	3,591
75 000	167,0	493,0	661,7	3'833
80 000	169,6	490,9	662,3	4,075
85 000	172,1	488,8	662,9	4,316
90 000	174,5	486,8	663,4	4,556
95 000	176,9	484,9	663,9	4,797
100 000	179,0	483,1	664,4	5,037

Zahlentafel 3a.

Feste und flüssige Brennstoffe.

Die Zahlenwerte sind nur als Mittelwerte zu betrachten. Vor allem Wasser- und Aschegehalt können in sehr weiten Grenzen schwanken.

		Holz	Torf	Lausitzer Braunkohle	Böhmische Braunkohle	Steinkohle	Anthrazit	Braunkohlenbriketts	Koks, trocken	Gasöl	Braunkohlenteeröl	Steinkohlenteeröl
C	[in Gew.-Proz.]	40	41	26	52	73	86	55	87	85	84	89
H	„	4,5	4	3	4	5	3	4	0,5	13	11	7
O + N	,.	37	21	12	13	10	4	23	2	1,7	4,3	3,5
S	.,	—	0,5	1	1	1	1	0,5	0,5	0,3	0,7	0,5
Asche	„	1,5	13,5	10	6	8	4	5,5	9	—	—	—
Wasser	„	16	20	48	24	3	2	12	1	—	—	—
Heizwert, oberer [kcal/kg]		3840	3840	2680	5100	7270	8000	5165	7200	—	—	—
Heizwert, unterer [kcal/kg]		3500	3650	2310	4820	7050	7800	4860	7170	10250	9600	9100
Theoret. Luftbedarf [m³/kg, 0° 760]		3,9	4,1	2,8	5,3	7,6	9,3	5,8	7,9	10,7	10,1	9,7
Theoret. CO₂-Gehalt der Rauchgase [vH]		20,9	19,3	18,3	18,8	18,6	19,3	20,0	20,6	—	—	—
Betriebswerte	Luftüberschußzahl	2	2	1,5	1,5	1,5	1,5	1,5	1,5	1,2	1,2	1,2
	Luftbedarf [m³/kg]	7,8	8,1	4,2	8,0	11,4	14,0	8,7	11,9	12,8	12,1	11,6
	Rauchgasgewicht [kg/kg]	9,8	10,1	6,2	11,1	15,5	17,9	7,9	16,2	17,6	16,5	15,5
	CO₂-Gehalt [vH]	9,7	9,7	12	12,5	12,4	12,4	13,3	13,9	—	—	—
Spez. Gewicht i. M. [kg/m³]		600	640	—	1300	1350	1550	1150	1400	880	920	1040
Schüttgewicht i. M. [kg/m³]		—	360	730	750	800	850	710	400	—	—	—

Zahlentafel 3b.

Gasförmige Brennstoffe[1].

	Art des Heizgases		Steinkohlengas	Stadtgas (Mischgas)	Wassergas
Mittlere Zusammensetzung des Gases:	Oberer Heizwert	[kcal/Nm³]	5250	4300	2700
	Unterer Heizwert	]kcal Nm³]	4680	3870	2450
	CO₂	[Vol.-Proz.]	4	5	6
	CₘHₙ	„	3	2	—
	CO	„	7	18	38
	H₂	„	50	50	50
	CH₄	„	30	19	(0,2)
	N₂	„	6	6	6
	Spezifisches Gewicht . .	[kg/m³, Luft = 1]	0,43	0,47	0,55
	Theoretischer Luftbedarf	[m³/³]	4,85	3,85	2,10
Verbrennungserzeugnisse je m³ Heizgas bei Verbrennung ohne Luftüberschuß:	CO₂	[m³]	0,45	0,43	0,38
	N₂	„	3,90	3,12	1,74
	Trockene Abgase	„	4,35	3,55	2,12
	Maximaler CO₂-Gehalt	[vH]	10,5	12,0	18,0
	Verbrennungswassermenge	[kg/m³]	0,95	0,75	0,40
	Feuchtes Abgasvolumen	[m³/m³]			
	a) bei 1,5 fachem Luftüberschuß und 100° C		10,9	8,8	5,0
	b) „ 1,5 „ „ „ 150° C		12,4	10,0	5,7
	Taupunkt der Abgase bei 1,5 fachem Luftüberschuß	[° C]	54	54	53

[1] Nach Angabe des Deutschen Vereins von Gas und Wasserfachmännern e. V.
(1 Nm³ = Normalkubikmeter = 1 m³ Gas bei 0° C und 760 mm QS, trocken).

II. Gruppe: Wärmebedarfsberechnung.

Angaben über tiefste Außentemperaturen.

(gekürzter Abdruck aus DIN 4701)

Treuburg . . . . — 24	Düsseldorf . . . . — 12	Eger . . . . — 15
Memel . . . . . . — 21	Frankfurt a./M. . . — 12	Würzburg . . . . — 15
Königsberg . . . . — 21	Kaiserslautern . . — 15	München . . . . — 18
Danzig . . . . . . — 18	Straßburg . . . . — 15	Lindau . . . . . . — 15
Posen . . . . . . — 18	Karlsruhe . . . . — 15	Wien . . . . . . — 15
Stettin . . . . . . — 18	Stuttgart . . . . — 15	Linz . . . . — 15
Flensburg . . . . — 15	Hannover . . . . — 15	Graz . . . . — 18
Hamburg . . . . — 15	Berlin . . . . . . — 15	Klagenfurt . . . . — 18
Bremen . . . . . — 15	Magdeburg . . . . — 15	Innsbruck . . . . — 18
Dortmund . . . . — 12	Dresden . . . . . — 15	Prag . . . . — 15
Köln . . . . . . — 12	Breslau . . . . . — 18	Krakau . . . . . — 21

Temperaturen angrenzender unbeheizter Nebenräume und des Erdreiches.

(ungekürzter Abruck aus DIN 4701)

			Bei einer Außentemperatur von								
			—9°	—12°	—15°	—18°	—21°	—24°	—27°	—30°	—33°
Dach! räume	Dach- bauart	$k < 2$ $k = 2$ bis 5 $k > 5$	0° —3° —6°	—3° —6° —9°	— 6° — 9° —12°	— 9° —12° —15°	—12° —15° —18°	—12° —15° —18°	—15° —18° —21°	—15° —18° —21°	—18° —21° —24°
Nebenräume, deren Umfassungen überwiegend	an beheizte Räume grenzen:		Temperaturen nach Maßgabe der umliegenden Temperatur zu wählen								
	an die Außenluft grenzen: ohne Türen oder nur mit Türen nach Nebenräumen auch Kellerräume		+ 9°	+ 6°	+ 6°	+ 3°	+ 3°	0°	0°	— 3°	— 3°
	an die Außenluft grenzen; mit Türen nach außen, z. B. Durch- fahrten, Vorflure, Treppenhäuser		+ 3°	0°	0°	— 3°	— 3°	— 6°	— 6°	— 9°	— 9°
Erdreich	unter dem Fußboden		+ 6°			+ 3°			0°		
	an der Außenwand		0°			— 3°			— 6°		
Angebaute Nachbar- häuser	mit Zentralheizung		+ 15°								
	mit Ofenheizung ·		+ 10°								
Kesselräume			+ 20°								

Zahlentafel 4c.

Wahl der Raumtemperaturen
(ungekürzter Abdruck aus DIN 4701)

1. Wohnhäuser	
Wohnräume, Badezimmer, Küchen	$+20°$
Vorräume, Flure, Aborte	$+15°$
Treppenhäuser	$+10°$
2. Geschäfts- und Verwaltungsgebäude	
Geschäfts- und Büroräume, Gaststätten, Hotelzimmer, Laden . . .	$+20°$
Flure, Treppenhäuser	$+20°$
Aborte	$+15°$
3. Schulen	
Klassenzimmer, Hörsäle, Aulen, Amtsräume	$+20°$
Wasch- und Baderäume, Flure, Treppenhäuser	$+20°$
Sammlungsräume, Aborte	$+15°$

Zahlentafel 5.

Zuschläge Z_D, Z_W und Z_H.
(ungekürzter Abdruck aus DIN 4701)

a. Zusammengefaßte Zuschläge Z_D.

D-Wert =	0,1 bis 0,29	0,30 bis 0,69	0,70 bis 1,49	$\geq 1,5$
Eingeschränkter Betrieb . . .	7	7	7	7
10-stündige Unterbrechung . .	20	15	15	15
14-stündige Unterbrechung . .	30	25	20	15

b. Windzuschläge Z_W.

		Räume mit einer Außenwand	Eckräume mit Fenstern und Türen in einer Außenwand	Eckräume mit Fenstern und Türen in beiden Außenwänden	Räume mit gegenüberliegenden Fenstern
Normale Gegend	geschützte Lage	13	9	12	7
	freie Lage	27	19	24	14
Windstarke Gegend	geschützte Lage	22	15	20	12
	freie Lage	40	28	35	20

c. Zuschläge Z_H für Himmelsrichtung.

Himmelsrichtung	S	SW	W	NW	N	NO	O	SO
Zuschläge Z_H	-5	0	0	$+5$	$+5$	$+5$	0	-5

Zahlentafel 6a.

Wärmedurchgangszahlen für Fenster und Türen
(ungekürzter Abdruck aus DIN 4701)

	Türen	
1	Außentür — Holz	3,5
2	Außentür — Eisen	6,5
3	Balkontür, Holz mit Glasfüllung, einfache Tür	5,0
4	Balkontür, Holz mit Glasfüllung, Doppeltür	2,5
5	Innentür	2,5

Zahlentafel 6a

Wärmedurchgangszahlen für Fenster und Türen. (Fortsetzung)

	Außenfenster	
6	Holz — Einfachfenster	6,0
7	Holz — Verbundfenster	3,0
8	Holz = Doppelfenster	2,8
9	Eisen und Stahl — Einfachfenster	6,5
10	Eisen und Stahl — Verbundfenster ·	3,8
11	Eisen und Stahl — Doppelfenster	3,3
12	Oberlicht — einfach	6,5
13	Oberlicht — doppelt	3,0
14a	Große Schaufenster, Hallenwände	6,5
14b	Große Schaufenster, Hallenwände (bei starkem Windanfall) s. Seite 278	7,5
15	Fenster aus Glashohlsteinen	2,5
	Innenfenster	
16	Gegen Nebenraum, Einfachfenster	3,0
17	Gegen Nebenraum, Doppelfenster	2,0
18	Gegen Dachraum, Oberlicht, einfach	3,5
19	Gegen Dachraum, Oberlicht, doppelt	2,0

k-Werte für Normalwände.

Zahlentafel 6b

(gekürzter Auszug aus DIN 4701)

Bauart	Wandstärke des Mauerwerks in m ohne Putz						
	0,12	0,25	0,38	0,51	0,64	0,77	0,90
Ziegelsteine:							
einseitig verputzt, Außenwand ...	2,6	1,8	1,38	1,11	0,93	0,80	0,70
beiderseits verputzt, Außenwand ..	2,5	1,7	1,34	1,09	0,91	0,79	0,69
„ „ Innenwand ..	1,9	1,33	1,04	0,85	0,71	0,62	0,55
Schlackenbetonsteine:							
beiderseits verputzt, Außenwand ..	2,3	1,5	1,15	0,92	0,76	0,66	0,58
„ „ Innenwand ..	1,9	1,33	1,04	0,85	0,71	0,62	0,55
Bimsbetonsteine, Schwemmsteine:							
beiderseits verputzt, Außenwand ..	2,0	1,25	0,93	0,73	0,60	—	—
„ „ Innenwand ..	1,7	1,12	0,85	0,68	0,57	—	—
Kalksandsteine:							
einseitig verputzt, Außenwand	2,9	2,0	1,6	1,27	1,08	0,93	0,82
beiderseits verputzt, Außenwand ..	2,7	1,9	1,5	1,23	1,05	0,91	0,81
„ „ Innenwand ..	2,1	1,6	1,24	1,03	0,89	0,78	0,69
Porige Gesteine: Sandstein, weicher oder sandiger Kalkstein usw. (Raumgewicht < 2600 kg/m³):	0,30	0,40	0,50	0,60	0,70	0,80	0,90
einseitig verputzt, Außenwand	2,4	2,0	1,8	1,6	1,45	1,33	1,22
beiderseits verputzt, Außenwand ..	2,3	2,0	1,8	1,6	1,41	1,30	1,19
„ „ Innenwand ..	1,9	1,7	1,5	1,37	1,25	1,16	1,08
Dichte Gesteine: Dolomitkalkstein, Marmor, Granit, Basalt usw. (Raumgewicht > 2600 kg/m³):							
einseitig verputzt, Außenwand	2,9	2,6	2,4	2,2	2,0	1,9	1,7
beiderseits verputzt, Außenwand ..	2,8	2,5	2,3	2,1	1,9	1,8	1,7
„ „ Innenwand ..	2,2	2,0	1,9	1,8	1,6	1,5	1,45
Kiesbeton:	0,05	0,10	0,15	0,20	0,30	0,40	0,50
unverputzt, Außenwand	4,2	3,6	3,1	2,7	2,2	1,8	1,6
„ Innenwand	3,1	2,7	2,4	2,2	1,8	1,6	1,36
beiderseits verputzt, Außenwand ..	3,5	3,0	2,7	2,4	2,0	1,7	1,44
„ „ Innenwand ..	2,7	2,4	2,2	2,0	1,7	1,44	1,27

Zahlentafel 6c.

k =Werte für Isolierwände.

(gekürzter Auszug aus DIN 4701)

Bauart	Wandstärke des Mauerwerks in m ohne Putz Luftschicht, Verkleidung, Isolierung						
	0,12	0,25	0,38	0,51	0,64	0,77	0,90
Ziegelsteinmauerwerk: beiderseits verputzt, mit unter Putz verlegter Isolierung aus Kork- oder kernimprägnierten Torfleichtplatten der Innenseite							
von 2 cm Stärke	1,11	0,93	0,80	0,70	0,63	0,57	0,52
3 ,, ,, ...	0,87	0,76	0,67	0,60	0,54	0,50	0,46
4 ,, ,, ...	0,71	0,64	0,57	0,52	0,48	0,44	0,41
5 ,, ,, ...	0,61	0,55	0,50	0,46	0,43	0,40	0,37
10 ,, ,, ...	0,34	0,33	0,31	0,29	0,28	0,27	0,25

Zahlentafel 6d.

k =Werte für Dächer.

(gekürzter Auszug aus DIN 4701)

Bauart	k
Einfache, unverschalte Dächer:	
Ziegel, Wellblech, Zink- oder Kupferblech auf Latten ohne Schalung und Fugendichtung	10
Ziegel auf Latten mit gedichteten Fugen	5
Einfache Schalung nur auf Sparrenoberseite:	
Einfache dichte Holzschalung auf Sparrenoberseite (Nut und Feder oder Stülpschalung) von 2,5 cm Stärke	
a) mit einfachem Belag aus Dachpappe, Zink- oder Kupferblech, Schiefer	2,1
b) mit Ziegeln oder Wellblech ohne Fugendichtung auf Latten ...	2,4
c) dieselben Bauweisen, aber mit Isolierschicht aus Kork- oder kernimprägnierten Torfleichtplatten, welche entweder auf der Außenseite der Schalung unter Betonestrich oder auf ihrer Innenseite unter Putz verlegt sind, bei Stärke der Isolierplatten von	
2 cm......................................	1,00
3 cm......................................	0,80
4 cm......................................	0,67
5 cm......................................	0,57
Einfache Schalung nur auf Sparrenunterseite:	
Dachhaut aus Ziegeln, Blech, Wellblech usw. mit ungedichteten Fugen, Schalung aus 2,5 cm starken Brettern mit dichten Fugen (Nut und Feder oder Stülpschalung) auf Sparrenunterseite	2,6
gleiche Ausführung, aber Raum zwischen den Sparren ausgelegt mit:	
Lehmwickeln................................ 6,0 cm stark	1,83
Ziegelsteinschicht................. 6,5 ,, ,,	1,94
,, 12,0 ,. ,,	1,67
Schlackenbetonsteinschicht .... 12,0 ,, ,,	1,43
Bimsbetonsteinschicht .... 12,0 ,, ,,	1,25

k-Werte für Decken- und Fußbodenkonstruktionen.

(gekürzter Auszug aus DIN 4701)

Bauart	Wenn der darüber liegende Raum	
	kälter ist	wärmer ist
Einfache Holzbalkendecken:		
Balkenlage mit einfacher Holzdielung mit dichten Fugen (z. B. Nut und Feder) bei		
2.5 cm Bretterstärke	2,1	1,7
3,5 ,, ,, ...	1,8	1,45
6 ,, ,, (doppelte Bretterlage). . . .	1,28	1,11
Holzbalkendecken mit Einschub, etwa 26 cm Balkenhöhe, mit Füllbrettern in halber Balkenhöhe auf angenagelten Latten und 10 cm starker Schüttung aus		
Lehm oder Sand.	0,77	0,67
Schlacken	0,58	0,53
Eisenbetondecken, ohne Belag, mit Zementglattstrich:		
7,5 cm stark	3,0	2,2
10 ,, ,, ...	2,8	2,1
15 ,, ,, ...	2,4	1,9
20 ,, ,, ...	2,2	1,8
mit Belag: 10 ,, Betonstärke und 3 mm Linoleumbelag	2,6	2,0
mit Holzdielung von 3,5 cm Stärke auf Lagerhölzern bei etwa 10 cm Höhe des Luftraumes zwischen den Lagerhölzern.	1,18	1,01

Wärmeübergangszahlen.

An der **Innenseite** geschlossener Räume, bei natürlicher Luftbewegung:		
Wandflächen und Innenfenster	$a_i = 7$	$\dfrac{1}{a_i} = 0{,}14$
Außenfenster	$a_i = 10$	$\dfrac{1}{a_i} = 0{,}10$
Fußböden und Decken bei Wärmeübertragung von unten nach oben	$a_i = 7$	$\dfrac{1}{a_i} = 0{,}14$
Fußböden und Decken bei Wärmeübertragung von oben nach unten	$a_i = 5$	$\dfrac{1}{a_i} = 0{,}20$
An der **Außenseite** entsprechend einer mittleren Windgeschwindigkeit von etwa 2 m/s	$a_a = 20$	$\dfrac{1}{a_a} = 0{,}05$

Zahlentafel 8.

Mittlere Wärmeleitzahlen von Baustoffen

unter den Verwendungsbedingungen des Bauwesens.

Bei den angegebenen Wärmeleitzahlen ist im allgemeinen ein mittlerer Feuchtigkeits-gehalt des Materials angenommen, wie er in Wänden beheizter Gebäude vorkommt. Die Werte sind daher höher als bei völlig trockenem Material, wie z. B. bei Dampfrohrisolierungen.

Material	λ in kcal/m h °C
Natursteine:	
Dichte Gesteine (Granit, Basalt, Dolomitkalk. Marmor usw.), Raumgewicht > 2600 kg/m³	2,5
Porige Gesteine (Sandstein, weicher oder sandiger Kalkstein)	1,5
Ziegel:	
Ziegelsteinmauerwerk als Außenwand	0,75
desgl. mit wasserdichter Außenhaut (Verkleidung mit Dachziegeln, Schindeln, Schiefer, Blech, Dachpappe usw.)	0,66
desgl. als Innenwand	0,60
Kalksandstein:	
als Außenwand	0,9
als Innenwand	0,8
Putz:	
gewöhnlicher Kalkputz an Außenflächen	0,75
desgl. an Innenflächen	0,60
auf Putzträger (Holzstabgewebe usw,) an Außenflächen	0,60
desgl. an Innenflächen	0,40
Mörtel	0,60 bis 0,75
Zement, abgebunden	0,80
Beton:	
Eisenbeton	1,3
Kiesbeton (Raumgewicht etwa 2200 kg/m³)	1,1
Schlackenbntonstein-Mauerwerk	0,60
Schlackenbeton gestampft (etwa 1250 kg/m³) als Außenwand	0,60
desgl. hinter äußerer Kiesbetonschicht	0,50
desgl. als Innenwand	0,50
Schlackenbetonplatten	0,40
Bimsbetonsteinmauerwerk	0,45
Bimsbeton oder Leichtbeton gestampft (etwa 800 kg/m³) als Außenwand	0,40
desgl. hinter äußerer Kiesbetonschicht	0,30
desgl. als Innenwand	0,30
Bimsbetondielen als Verkleidung von Außenwänden	0,30
Bimsbetondielen bei Innenwänden	0,25
Zellenbeton je nach Raumgewicht (350 bis 1000 kg/m³)	0,09 bis 0,40
Zellenbetonsteinmauerwerk, etwa	0,40
Lehm:	
gestampft als Außenwand	0,8
gestampft als Innenwand	0,5
Lehmwickel mit Stroh auf Holzstaken	0,4

Zahlentafel 8 (Fortsetzung I).

Material	λ in kcal/m h °C
Sand:	
gewachsene Erde oder dem Regen ausgesetzte Kies- oder Sandschüttung	2,0
trockene Sandschüttung in Decken.........................	0,5
Rabitzwände:	
Rabitzwände und Decken aus Gips	0,25
Rabitzwände und Decken aus Beton.......................	0,50
Schiefer	1,20
Fliesen und Kacheln....................................	0,90
Asbestschiefer	0,19
Holz, Sperrholz:	
vor Feuchtigkeitswirkungen geschützt	0,12
dem Regenanfall ausgesetzt (an Außenflächen)	0,18
bei mehrschichtigen Bauweisen, wo nur die äußerste Schicht dem Regenfall ausgesetzt ist, im Mittel	0,15
Holzzement. Steinholz	0,15
Hobelspäne als Füllstoff in geschlossenen Hohlräumen	0,10
Sägemehl...	0,07
Schlacke, Schlackenschüttung in Hohlräumen, Decken usw. ..	0,16
Linoleum	0,16
Pappe:	
Dachpappe, Ruberoid....................................	0,12
Pappe als Wand- und Bodenbelag	0,06
Gipsdielen:	
als innere Wandverkleidung, Gipsdielenwand. Rabitzwand	0,25
als Dachverkleidung	0,30
Gipsleichtdielen	
mit organischen Beimengungen (Raumgewicht unter 550 kg/m³)	0,15
Bauplatten aus Kieselgur und Sägespänen, z.B. „KB"-Platten (Raumgewicht 600 bis 700 kg/m³)	0,16
Bauplatten aus Papierstoffen (Raumgewicht rund 250 kg/m³)	0,05 bis 0,06
Isolierdielen und -platten:	
gebrannte Kieselgursteine, Heraklithplatten, Kunsttuffstein, Tektonisolierdielen je nach Raumgewicht	0,08 bis 0,12
Tektonleichtdielen für Bau- und Isolierzwecke (280 bis 360 kg/m³)	0,07
Torf:	
Kernimprägnierte Torfleichtplatten, Torfoleumplatten, Raumgewicht < 250 kg/m³	0,04
Torfplatten (250 bis 400 kg/m³)	0,05 bis 0,06
Torfmull, wasserabweisend imprägniert	0,04
Torfmull, gewöhnlich	0,06 bis 0,08
Kork:	
als Korksteinplatten, Raumgewicht < 250 kg/m³............	0,04
als Korksteinplatten, Raumgewicht 250 bis 400 kg/m³........	0,05 bis 0,06
Glas (Fensterglas)	0,65
Eisen im Mittel	50

Zahlentafel 9.

Wärmedurchlässigkeitswiderstände von Luftschichten.

Wärmedurchlässigkeitswiderstand $\dfrac{1}{\varLambda}$

	Dicke der Luftschicht in cm				
	1	2	5	10	15
Für alle senkrechten Luftschichten und für waagerechte Luftschichten bei einem Wärmestrom von unten nach oben	0,14	0,17	0,19	0,21	0,22
Für waagerechte Luftschichten bei einem Wärmestrom von oben nach unten	0,17	0,20	0,21	0,23	0,24

Zahlentafel 10.

k-Werte und Wärmeabgabe für gußeiserne Gliederheizkörper nach DIN 4720 und Stahlgliederheizkörper nach DIN 4722.

Baumaße der Heizkörper		k-Wert in kcal/m²h°C		Wärmeabgabe q in kcal/m²h											
		Heizwasser	N.-D.-Dampf	bei Heizwasser von $t_m=80°$ u. einer Raumtemper. t_r von						bei N.-D.-Dampf v. $t_m=100°$ u. einer Raumtemper. t_r von					
		$t_m\text{-}t_r=60°$	$t_m\text{-}t_r=80°$	20°	18°	15°	12°	10°	5°	20°	18°	15°	12°	10°	5°
Bautiefe mm	Nebenabstand mm			Gliederheizkörper											
100	300	8,0	9,1	480	500	530	570	590	650	730	750	790	830	850	920
	500	7,7	8,8	460	480	510	550	570	620	700	730	760	800	820	890
	600	7,6	8,7	460	480	510	540	560	610	700	720	750	790	810	880
	1000	7,3	8,4	440	460	490	520	540	590	670	690	730	760	790	850
150	300	7,7	8,6	460	480	510	550	570	620	690	710	750	780	810	870
	500	7,3	8,2	440	460	490	520	540	590	660	680	710	740	770	830
	600	7,2	8,1	430	450	480	510	530	580	650	670	700	740	760	820
	1000	7,0	7,9	420	440	470	500	520	570	630	650	680	720	740	800
200	300	7,4	8,3	440	470	490	520	550	600	660	690	720	750	780	840
	500	7,1	8,0	430	450	470	500	520	570	640	660	690	730	750	810
	600	7,0	7,9	420	440	470	500	520	570	630	650	680	720	740	800
	1000	6,7	7,6	400	420	450	480	490	540	610	630	660	690	710	760
250	300	7,1	8,0	430	450	470	500	520	570	640	660	690	730	750	810
	500	6,8	7,7	410	430	450	480	500	550	620	640	670	700	720	780
	600	6,7	7,6	400	420	450	480	490	540	610	630	660	690	710	760
	1000	6,4	7,3	380	400	430	450	470	520	580	600	630	660	680	730
Nennweite	Außendurchm. mm			Rohrheizkörper — waagerechte Einzelrohre											
1″	33,5	11,8	12,8	710	740	790	840	870	960	1020	1050	1100	1160	1190	1290
1½″	48,25	11,3	12,3	680	710	750	800	840	920	980	1010	1060	1120	1150	1240
2″	60	11,0	12,0	660	690	730	780	810	890	960	990	1040	1090	1120	1210
				Rohrheizkörper — mehrere waagerechte Rohre übereinander											
1″	33,5	10,5	11,4	630	660	700	740	770	850	910	940	980	1040	1070	1150
1½″	48,25	9,5	10,3	570	600	630	670	700	770	820	840	890	930	960	1030
2″	60	8,8	9,6	530	560	590	620	650	700	770	790	830	880	900	970

III. Gruppe: Rohrnetzberechnungen.
Rohre nach DIN 2440 U und DIN 2449.

Rohrart	Nennweite Zoll	mm	Außendurchmesser mm	Wanddicke mm	Innendurchmesser mm	Inhalt dm³ m	Gewicht kg/m
Gewinderohre DIN 2440 U	3/8	10	16,75	2,25	12,25	0,118	0,81
	1/2	15	21,25	2,75	15,75	0,195	1,25
	3/4	20	26,75	2,4	21,95	0,379	1,44
	1	25	33,5	2,9	27,7	0,603	2,19
	1 1/4	32	42,25	3,1	36,05	1,02	2,99
	1 1/2	40	48,25	3,1	42,05	1,39	3,45
	2	50	60	3,3	53,4	2,24	4,61
Nahtlose Flußstahlrohre DIN 2449	—	50	57	2,75	51,5	2,08	3,68
	—	65	76	3	70	3,85	5,40
	—	80	89	3,25	82,5	5,34	6,87
	—	(90)	102	3,5	95	7,09	8,50
	—	100	108	3,75	100,5	7,93	9,64
	—	(110)	121	4	113	10,03	11,5
	—	125	133	4	125	12,3	12,7
	—	150	159	4,5	150	17,7	17,2
	—	(175)	191	5,25	180,5	25,6	24,0
	—	200	216	6	204	32,7	31,1
	—	(225)	241	6,25	228,5	41,0	36,1
	—	250	267	6,5	254	50,7	41,8
	—	(275)	292	7	278	60,7	49,2
	—	300	318	7,5	303	72,1	57,4
	—	350	368	8	352	97,3	71,0
	—	400	419	9,5	400	125,7	95,9
	—	450	470	10,5	449	158,3	119
	—	500	521	11,5	498	194,8	144

Die eingeklammerten Nennweiten sind zur Zeit nur für Sonderzwecke erhältlich)

Auftriebwerte $\gamma_R - \gamma_v$ [kg/m³]

		Vorlauftemperatur										
		80°	85°	90°	95°	100°	105°	110°	115°	120°	125°	130°
Rücklauftemperatur	60°	11,4	14,6	17,9	21,3	24,8	28,5	32,2	36,1	40,1	44,2	48,4
	65°	8,8	11,9	15,2	18,7	22,2	25,9	29,6	33,5	37,5	41,6	45,8
	70°	6,0	9,2	12,5	15,9	19,4	23,1	26,8	30,7	34,7	38,8	43,0
	75°	—	6,2	9,6	13,0	16,5	20,2	23,9	27,8	31,8	35,9	40,1
	80°	—	—	6,5	9,9	13,4	17,1	20,8	24,7	28,7	32,8	37,0
	85°	—	—	—	6,7	10,3	14,0	17,7	21,6	25,6	29,7	33,9
	90°	—	—	—	—	6,9	10,6	14,3	18,2	22,2	26,3	30,5
	95°	—	—	—	—	—	7,2	10,9	14,8	18,8	22,9	27,1
	100°	—	—	—	—	—	—	7,4	11,3	15,3	19,4	23,6

Zahlentafel 12.

Gewicht von 1 m³ Wasser in kg zwischen 40 und 100° C.

Temp.	kg/m³	Temp.	kg/m³	Temp.	kg/m³	Temp.	kg/m³
40,0	992,24	**45,0**	990,25	**50,0**	988,07	**55,0**	985,73
40,1	992,20	45,1	990,21	50,1	988,02	55,1	985,68
40,2	992,17	45,2	990,16	50,2	987,97	55,2	985,63
40,3	992,13	45,3	990,12	50,3	987,92	55,3	985,59
40,4	992,09	45,4	990,07	50,4	987,89	55,4	985,54
40,5	992,05	45,5	990,03	50,5	987,84	55,5	985,49
40,6	992,01	45,6	989,99	50,6	987,80	55,6	985,44
40,7	991,97	45,7	989,95	50,7	987,75	55,7	985,39
40,8	991,94	45,8	989,90	50,8	987,71	55,8	985,35
40,9	991,90	45,9	989,86	50,9	987,66	55,9	985,30
41,0	991,86	**46,0**	989,82	**51,0**	987,62	**56,0**	985,25
41,1	991,82	46,1	989,78	51,1	987,57	56,1	985,20
41,2	991,78	46,2	989,74	51,2	987,52	56,2	985,15
41,3	991,74	46,3	989,69	51,3	987,48	56,3	985,10
41,4	991,70	46,4	989,65	51,4	987,43	56,4	985,05
41,5	991,66	46,5	989,61	51,5	987,38	56,5	985,00
41,6	991,62	46,6	989,57	51,6	987,33	56,6	984,95
41,7	991,58	46,7	989,53	51,7	987,28	56,7	984,90
41,8	991,55	46,8	989,48	51,8	987,23	56,8	984,85
41,9	991,51	46,9	989,44	51,9	987,19	56,9	984,80
42,0	991,47	**47,0**	989,40	**52,0**	987,15	**57,0**	984,75
42,1	991,43	47,1	989,36	52,1	987,10	57,1	984,70
42,2	991,39	47,2	989,31	52,2	987,06	57,2	984,65
42,3	991,35	47,3	989,27	52,3	987,01	57,3	984,60
42,4	991,31	47,4	989,22	52,4	986,97	57,4	984,55
42,5	991,27	47,5	989,18	52,5	986,92	57,5	984,50
42,6	991 23	47,6	989,14	52,6	986,87	57,6	984,45
42,7	991,19	47,7	989,09	52,7	986,83	57,7	984,40
42,8	991,15	47,8	989,05	52,8	986,79	57,8	984,35
42,9	991,11	47,9	989,00	52,9	986,74	57,9	984,30
43,0	991,07	**48,0**	988,96	**53,0**	986,69	**58,0**	984,25
43,1	991,03	48,1	988,92	53,1	986,64	58,1	984,20
43,2	990,99	48,2	988,87	53,2	986,59	58,2	984,15
43,3	990,94	48,3	988,83	53,3	986,55	58,3	984,10
43,4	990,90	48,4	988,78	53,4	986,50	58,4	984,05
43,5	990,86	48,5	988,74	53,5	986,45	58,5	984,00
43,6	990,82	48,6	988,70	53,6	986,40	58,6	983,95
43,7	990,78	48,7	988,65	53,7	986,35	58,7	983,90
43,8	990,74	48,8	988,61	53,8	986,31	58,8	983,85
43,9	990,70	48,9	988,56	53,9	986,26	58,9	983,80
44,0	990,66	**49,0**	988,52	**54,0**	986,21	**59,0**	983,75
44,1	990,62	49,1	988,47	54,1	986,16	59,1	983,70
44,2	990,58	49,2	988,43	54,2	986,11	59,2	983,65
44,3	990,54	49,3	988,38	54,3	986,07	59,3	983,60
44,4	990,50	49,4	988,34	54,4	986,02	59,4	983,55
44,5	990,46	49,5	988,29	54,5	985,97	59,5	983,50
44,6	990,42	49,6	988,25	54,6	985,92	59,6	983,45
44,7	990,38	49,7	988,20	54,7	985,87	59,7	983,40
44,8	990,33	49,8	988,16	54,8	985,83	59,8	983,34
44,9	990,29	49,9	988,11	54,9	985,78	59,9	983,29

Gewicht von 1 m³ Wasser in kg zwischen 40 und 100°C.

Temp.	kg/m³	Temp.	kg/m³	Temp.	kg/m³	Temp.	kg/m³
60,0	983.24	**65,0**	980,59	**70,0**	977,81	**75,0**	974,89
60,1	983,19	65,1	980,53	70,1	977,75	75,1	974,83
60,2	983,14	65,2	980,48	70,2	977,70	75,2	974,77
60,3	983,08	65,3	980,42	70,3	977,64	75,3	974,71
60,4	983,03	65,4	980,37	70,4	977,58	75,4	974,65
60,5	982,98	65,5	980,32	70,5	977,52	75,5	974,59
60,6	982,93	65,6	980,26	70,6	977,46	75,6	974,53
60,7	982,88	65,7	980,21	70,7	977,40	75,7	974,47
60,8	982,83	65,8	980,16	70,8	977,35	75,8	974,41
60,9	982,77	65,9	980,10	70,9	977,29	75,9	974,35
61,0	982,72	**66,0**	980,05	**71,0**	977,23	**76,0**	974,29
61,1	982,67	66,1	979,99	71,1	977,17	76,1	974,23
61,2	982,62	66,2	979,93	71,2	977,12	76,2	974,16
61,3	982,57	66,3	979,87	71,3	977,07	76,3	974,10
61,4	982,51	66,4	979,82	71,4	977,01	76,4	974,04
61,5	982,46	66,5	979,77	71,5	976,95	76,5	973,98
61,6	982,41	66,6	979,72	71,6	976,90	76,6	973,92
61,7	982,36	66,7	979,67	71,7	976,84	76,7	973,86
61,8	982,31	66,8	979,61	71,8	976,78	76,8	973,80
61,9	982,26	66,9	979,56	71,9	976,72	76,9	973,74
62,0	982,20	**67,0**	979,50	**72,0**	976,66	**77,0**	973,68
62,1	982,15	67,1	979,44	72,1	976,60	77,1	973,62
62,2	982,10	67,2	979,39	72,2	976,54	77,2	973,55
62,3	982,05	67,3	979,33	72,3	976,48	77,3	973,49
62,4	981,99	67,4	979,28	72,4	976,42	77,4	973,43
62,5	981,94	67,5	979,22	72,5	976,36	77,5	973,37
62,6	981,89	67,6	979,16	72,6	976,30	77,6	973,31
62,7	981,83	67,7	979,11	72,7	976,25	77,7	973,25
62,8	981,78	67,8	979,06	72,8	976,19	77,8	973,19
62,9	981,72	67,9	979,00	72,9	976,13	77,9	973,13
63,0	981,67	**68,0**	978,94	**73,0**	976,07	**78,0**	973,07
63,1	981,62	68,1	978,88	73,1	976,01	78,1	973,01
63,2	981,57	68,2	978,82	73,2	975,95	78,2	972,95
63,3	981,51	68,3	978,77	73,3	975,89	78,3	972,88
63,4	981,46	68,4	978,71	73,4	975,83	78,4	972,82
63,5	981,40	68,5	978,66	73,5	975,77	78,5	972,76
63,6	981,35	68,6	978,61	73,6	975,71	78,6	972,70
63,7	981,29	68,7	978,55	72,7	975,66	78,7	972,63
63,8	981,24	68,8	978,50	73,8	975,60	78,8	972,57
63,9	981,18	68,9	978,44	73,9	975,54	78,9	972,51
64,0	981,13	**69,0**	978,38	**74,0**	975,48	**79,0**	972,45
64,1	981,07	69,1	978,32	74,1	975,42	79,1	972,39
64,2	981,02	69,2	978,27	74,2	975,36	79,2	972,33
64,3	980,97	69,3	978,21	74,3	975,30	79,3	972,26
64,4	980,91	69,4	978,16	74,4	975,24	79,4	972,20
64,5	980,86	69,5	978,10	74,5	975,18	79,5	972,14
64,6	980,81	69,6	978,04	74,6	975,13	79,6	972,08
64,7	980,76	69,7	977,98	74,7	975,07	79,7	972,02
64,8	980,71	69,8	977,93	74,8	975,01	79,8	971,96
64,9	980,65	69,9	977,87	74,9	974,95	79,9	971,89

Zahlentafel 12 (Fortsetzung).

Gewicht von 1 m³ Wasser in kg zwischen 40 und 100° C.

Temp.	kg/m³	Temp.	kg/m³	Temp.	kg/m³	Temp.	kg/m³
80,0	971,83	**85,0**	968,65	**90,0**	965,34	**95,0**	961,92
80,1	971,77	85,1	968,58	90,1	965,28	95,1	961,85
80,2	971,71	85,2	968,52	90,2	965,21	95,2	961,78
80,3	971,65	85,3	968,46	90,3	965,15	95,3	961,71
80,4	971,58	85,4	968,39	90,4	965,08	95,4	961,64
80,5	971,52	85,5	968,33	90,5	965,01	95,5	961,57
80,6	971,46	85,6	968,27	90,6	964,94	95,6	961,50
80,7	971,40	85,7	968,20	90,7	964,88	95,7	961,43
80,8	971,33	85,8	968,14	90,8	964,81	95,8	961,36
80,9	971,27	85,9	968,07	90,9	964,74	95,9	961,29
81,0	971,21	**86,0**	968,00	**91,0**	964,67	**96,0**	961,22
81,1	971,14	86,1	967,93	91,1	964,61	96,1	961,15
81,2	971,08	86,2	967,86	91,2	964,54	96,2	961,08
81,3	971,02	86,3	967,80	91,3	964,47	96,3	961,01
81,4	970,96	86,4	967,74	91,4	964,40	96,4	960,94
81,5	970,89	86,5	967,67	91,5	964,33	96,5	960,87
81,6	970,83	86,6	967,61	91,6	964,26	96,6	960,80
81,7	970,77	86,7	967,54	91,7	964,19	96,7	960,73
81,8	970,70	86,8	967,48	91,8	964,13	96,8	960,66
81,9	970,63	86,9	967,41	91,9	964,06	96,9	960,59
82,0	970,57	**87,0**	967,34	**92,0**	963,99	**97,0**	960,51
82,1	970,50	87,1	967,28	92,1	963,92	97,1	960,44
82,2	970,44	87,2	967,21	92,2	963,85	97,2	960,37
82,3	970,38	87,3	967,14	92,3	963,78	97,3	960,30
82,4	970,32	87,4	967,08	92,4	963,71	97,4	960,23
82,5	970,25	87,5	967,01	92,5	963,65	97,5	960,16
82,6	970,19	87,6	966,95	92,6	963,58	97,6	960,09
82,7	970,13	87,7	966,88	92,7	963,51	97,7	960,02
82,8	970,06	87,8	966,81	92,8	963,44	97,8	959,95
82,9	970,00	87,9	966,75	92,9	963,37	97,9	959,88
83,0	969,94	**88,0**	966,68	**93,0**	963,30	**98,0**	959,81
83,1	969,87	88,1	966,62	93,1	963,23	98,1	959,74
83,2	969,81	88,2	966,55	93,2	963,16	98,2	959,67
83,3	969,75	88,3	966,48	93,3	963,10	98,3	959,60
83,4	969,68	88,4	966,41	93,4	963,03	98,4	959,53
83,5	969,62	88,5	966,35	93,5	962,96	98,5	959,46
83,6	969,56	88,6	966,28	93,6	962,89	98,6	959,39
83,7	969,50	88,7	966,21	93,7	962,82	98,7	959,32
83,8	969,43	88,8	966,14	93,8	962,75	98,8	959,24
83,9	969,37	88,9	966,08	93,9	962,68	98,9	959,17
84,0	969,30	**89,0**	966,01	**94,0**	962,61	**99,0**	959,09
84,1	969,24	89,1	965,95	94,1	962,54	99,1	959,02
84,2	969,18	89,2	965,88	94,2	962,47	99,2	958,95
84,3	969,11	89,3	965,82	94,3	962,40	99,3	958,88
84,4	969,05	89,4	965,75	94,4	962,34	99,4	958,81
84,5	968,98	89,5	965,68	94,5	962,27	99,5	958,74
84,6	968,91	89,6	965,61	94,6	962,20	99,6	958,67
84,7	968,84	89,7	965,54	94,7	962,13	99,7	958,60
84,8	968,77	89,8	965,48	94,8	962,06	99,8	958,52
84,9	968,71	89,9	965,41	94,9	961,99	99,9	958,45
						100,0	958,38

Z a h l e n t a f e l 14.

Zusätzlicher Druck und Vergrößerung der Heizflächen bei „oberer Verteilung" und Berücksichtigung der Wärmeverluste der Rohrleitung (für den Kostenanschlag)

Beim Zweirohr- sind die vollen, beim Einrohrsystem die halben Tafelwerte zu nehmen.

A. Zusätzlicher Druck in mm WS *)

Die nachstehenden Werte gelten für eine Vorlauftemperatur am Kessel von 90° C. Sie sind für eine Vorlauftemperatur von 85° C um 15 vH, für eine solche von 80° C um 30 vH zu verringern.

I. Fallstränge nackt und frei vor der Wand. **)

a) Gebäude mit 1 oder 2 Geschossen.

Waagerechte Ausdehnung der Anlage	Höhe der Heizkörpermitte über Kesselmitte	Waagerechte Entfernung des Stranges vom Steigestrang					
		bis 10 m	10 bis 20 m	20 bis 30 m	30 bis 50 m	50 bis 75 m	75 bis 100 m
bis 25 m	bis 7 m	10	10	15	—	—	—
25 bis 50 m	,,	10	10	15	20	—	—
50 bis 75 m	,,	10	10	15	15	20	—
75 bis 100 m	,,	10	10	10	15	20	25

b) Gebäude mit 3 oder 4 Geschossen.

Waagerechte Ausoehnung der Anlage	Höhe der Heizkorpermitte über Kesselmitte	Waagerechte Entfernung des Stranges vom Steigestrang					
		bis 10 m	10 bis 20 m	20 bis 30 m	30 bis 50 m	50 bis 75 m	75 bis 100 m
bis 25 m	bis 15 m	25	25	35	—	—	—
25 bis 50 m	,,	25	25	30	35	—	—
50 bis 75 m	,,	25	25	25	30	35	—
75 bis 100 m	,,	25	25	25	30	35	40

c) Gebäude mit mehr als 4 Geschos sen.

Waagerechte Ausdehnung der Anlage	Höhe der Heizkörpermitte über Kesselmitte	Waagerechte Entfernung des Stranges vom Steigestrang					
		bis 10 m	10 bis 20 m	20 bis 30 m	30 bis 50 m	50 bis 75 m	75 bis 100 m
bis 25 m	bis } 7 m / über	45 / 30	50 / 35	55 / 45	—	—	—
25 bis 50 m	bis } 7 m / über	55 / 40	60 / 45	65 / 50	75 / 55	—	—
50 bis 75 m	bis } 7 m / über	55 / 40	55 / 40	60 / 45	65 / 50	75 / 55	—
75 bis 100 m	bis } 7 m / über	55 / 40	55 / 40	55 / 40	60 / 45	65 / 50	75 / 65

*) Ist zu dem ohne Berücksichtigung der Rohrabkühlung berechneten wirksamen Druck zuzuzählen.

**) Es liegen folgende Annahmen zugrunde: Steigestrang keine Abkühlung, Dachbodentemperatur ±0° C, Wärmeschutz der oberen Verteilungsleitung 80 vH Wirkungsgrad, gemeinsame Rückleitung keine Abkühlung. Außentcmperatur — 15° C, Raumtemperatur + 20° C, Temperaturgefälle der Heizkörper 20° C.

Zahlentafel 14 (Fortsetzung).

II. Fallstränge geschützt in Mauerschlitzen.*)

a) Gebäude mit 1 oder 2 Geschossen.

Waagerechte Ausdehnung der Anlage	Höhe der Heizkörpermitte über Kesselmitte	Waagerechte Entfernung des Stranges vom Steigestrang					
		bis 10 m	10 bis 20 m	20 bis 30 m	30 bis 50 m	50 bis 75 m	75 bis 100 m
bis 25 m	bis 17 m	5	10	10	—	—	—
25 bis 50 m	„	5	5	10	10	—	—
50 bis 75 m	„	5	5	5	10	15	—
75 bis 100 m	„	5	5	5	10	15	20

b) Gebäude mit 3 oder 4 Geschossen.

Waagerechte Ausdehnung der Anlage	Höhe der Heizkörpermitte über Kesselmitte	Waagerechte Entfernung des Stranges vom Steigestrang					
		bis 10 m	10 bis 20 m	20 bis 30 m	30 bis 50 m	50 bis 75 m	75 bis 100 m
bis 25 m	bis 15 m	10	15	20	—	—	—
25 bis 50 m	„	10	15	20	25	—	—
50 bis 75 m	„	5	10	15	20	25	—
75 bis 100 m	„	5	5	10	15	20	25

c) Gebäude mit mehr als 4 Geschossen.

Waagerechte Ausdehnung der Anlage	Höhe der Heizkörpermitte über Kesselmitte	Waagerechte Entfernung des Stranges vom Steigestrang					
		bis 10 m	10 bis 20 m	20 bis 30 m	30 bis 50 m	50 bis 75 m	75 bis 100 m
bis 25 m	bis } 10 m	15	20	20	—	—	—
	über }	10	15	15	—	—	—
25 bis 50 m	bis } 10 m	15	20	20	30	—	—
	über }	10	15	15	20	—	—
50 bis 75 m	bis } 10 m	15	15	20	20	30	—
	über }	10	10	15	15	20	—
75 bis 100 m	bis } 10 m	15	15	20	20	30	35
	über }	10	10	15	15	20	25

B. Vergrößerung der Heizflächen, ausgedrückt in v. H. der ohne Berücksichtigung der Rohrabkühlung berechneten Werte.

I. Fallstränge nackt und frei vor der Wand.**)

Geschoßzahl des Gebäudes	Vergrößerung der Heizflächen in v. H.		
	Erdgeschoß	1. bzw. 2. Obergeschoß	3., 4. bzw. 5. Obergeschoß
1 oder 2	10	5	—
3 oder 4	15	10	5
über 4	25	10	5

II. Fallstränge geschützt in Mauerschlitzen.*)

Geschoßzahl des Gebäudes	Vergrößerung der Heizflächen in v. H.		
	Erdgeschoß	1. bzw. 2. Obergeschoß	3., 4. bzw. 5. Obergeschoß
1 oder 2	5	0	—
3 oder 4	5	3	0
über 4	5	5	3

*) Es liegt außer den Annahmen unter I folgendes zugrunde: Wirkungsgrad des Wärmeschutzes der Fallstränge 60 vH, Lufttemperatur im Mauerschlitz 35° C.
**) Siehe Fußnote zu A **.

Zahlentafel 15.

Vorläufiger wirksamer Druck und Vergrößerung der Heizkörper bei Stockwerksheizungen (für den Kostenanschlag).

A. Vorläufiger wirksamer Druck in mm WS.

Die nachstehenden Werte gelten für eine Vorlauftemperatur am Kessel von 90°C. Sie sind für eine Vorlauftemperatur von 85°C um 15 vH, für eine solche von 80°C um 30 vH zu verringern.

I. Fallstränge nackt und frei vor der Wand.*)

Waagerechte Ausdehnung der Anlage	Waagerechte Entfernung des Fallstranges vom Steigstrang in m						
	bis 5	5 bis 10	10 bis 15	15 bis 20	20 bis 30	30 bis 40	40 bis 50
bis 10 m	7	18	—	—	—	—	—
10 bis 25 m	7	11	15	20	25	—	—
25 bis 50 m	5	8	11	14	18	24	30

II. Fallstränge geschützt in Mauerschlitzen.**)

Waagerechte Ausdehnung der Anlage	Waagerechte Entfernung des Fallstranges vom Steigstrang in m						
	bis 5	5 bis 10	10 bis 15	15 bis 20	20 bis 30	30 bis 40	40 bis 50
bis 10 m	5	15	—	—	—	—	—
10 bis 25 m	5	8	12	16	22	—	—
25 bis 50 m	4	6	8	11	15	20	25

B. Vergrößerung der Heizflächen in vH der ohne Berücksichtigung der Rohrabkühlung berechneten Werte.

I. Fallstränge nackt und frei vor der Wand.*)

Waagerechte Ausdehnung der Anlage	Waagerechte Entfernung des Fallstranges vom Steigstrang in m						
	bis 5	5 bis 10	10 bis 15	15 bis 20	20 bis 30	30 bis 40	40 bis 50
bis 10 m	10	15	—	—	—	—	—
10 bis 25 m	10	10	15	20	25	—	—
25 bis 50 m	5	5	10	10	15	20	30

II. Fallstränge geschützt in Mauerschlitzen.**)

Waagerechte Ausdehnung der Anlage	Waagerechte Entfernung des Fallstranges vom Steigstrang m in						
	bis 5	5 bis 10	10 bis 15	15 bis 20	20 bis 30	30 bis 40	40 bis 50
bis 10 m	5	10	—	—	—	—	—
10 bis 25 m	5	5	10	15	20	—	—
25 bis 50 m	3	3	5	10	15	20	30

*) Es liegen folgende Annahmen zugrunde:
Steigstrang keine Abkühlung, Verteilungsleitung nackt, Rückläufe keine Abkühlung, Außentemperatur — 15°C, Raumtemperatur + 20°C, Temperaturgefälle der Heizkörper 20°C.
**) Außer obigen Annahmen ist vorausgesetzt:
Wirkungsgrad des Wärmeschutzes der Fallstränge 60 v.H., Lufttemperatur im Schlitz 35°C.

Zahlentafel 16.

Anteil der Einzelwiderstände und der Rohrreibung an dem Gesamtwiderstand des Rohrnetzes.

Die nachstehenden Sätze gelten sowohl für Zweirohr- als auch für Einrohranlagen, sowohl für obere als auch für untere Verteilung.

	Art der Heizanlage	Anteil der Einzel- widerstände	Anteil der Rohrreibung
1*)	Gewöhnliche Gebäudeheizungen, unabhängig von der waagerechten und lotrechten Ausdehnung der Anlage	50 vH	50 vH
2	Fernleitungen mit einer mittleren Entfernung der einzelnen Gebäude von etwa 50 m	20 vH	80 vH
3	Fernleitungen mit einer mittleren Entfernung der einzelnen Gebäude von etwa 100 m . . .	10 vH	90 vH
4	Pumpen- und Verteilerräume, je nach Wahl von Schiebern und Ventilen	70—90 vH	30—10 vH
5	Niederdruckdampfheizungen jeder Art .	33 vH	67 vH

Zahlentafel 17.

Durchmesser der Kondenswasserleitungen für Dampfheizungen**).

Durchmesser in mm d***)	Hochliegende Leitungen		Tiefliegende Leitungen		
	waagerecht	lotrecht	waagerecht oder lotrecht		
			$l \leqq 50$ m	$l > 50$ u. < 100 m	$l > 100$ m
	Die für Bildung des Kondenswassers dem Dampf entzogene Wärmemenge in kcal/h				
1	2	3	4	5	6
13	4 000	6 000	28 000	18 000	8 000
20	15 000	22 000	70 000	45 000	25 000
25	28 000	42 000	125 000	80 000	40 000
32	68 000	100 000	270 000	175 000	85 000
40	104 000	155 000	375 000	250 000	115 000
50	215 000	320 000	650 000	440 000	215 000
(57)	315 000	470 000	950 000	620 000	315 000
60	425 000	635 000	1 250 000	850 000	425 000
70	500 000	750 000	1 500 000	1 050 000	500 000
(76)	600 000	900 000	1 850 000	1 250 000	600 000
80	750 000	1 120 000	2 250 000	1 500 000	750 000
(88)	900 000	1 350 000	2 650 000	1 800 000	900 000
90	1 100 000	1 650 000	3 100 000	2 000 000	1 100 000
100	1 250 000	1 850 000	3 500 000	2 400 000	1 250 000

Anmerkung. Die Heizkörperanschlüsse sind nicht unter $d = 14$ mm zu nehmen.
Die Durchmesser der bei tiefliegenden Leitungen erforderlichen Luftleitungen sind nach Spalte 4 zu wählen.
l bedeutet in der Zahlentafel die Länge der Rohrleitung des untersten und vom Kessel am entferntesten gelegenen Heizkörpers in m.

---

*) Bei Wahl von Regel- und Absperrvorrichtungen, die sehr kleine Widerstände aufweisen, können die in der Zusammenstellung angegebenen Sätze um 10 vH (z. B. von 50 auf 40 vH) vermindert werden.
**) Beachtenswert ist hierzu der Aufsatz: O. Liersch, „Die Bemessung der Kondensleitungen bei Dampfheizungen". Ges. Ing. 1921, S. 70. Jedoch ist zu bemerken: α) das Gefälle kann für die Mehrzahl aller Anlagen mit 5 mm/1 lfd. m angenommen werden. β) Der Anteil der Einzelwiderstände beträgt nach Ermittlungen der Anstalt 50 vH, während Liersch 15 bzw. 25 vH einsetzt.
***) Die angegebenen Werte sind die „Nennweiten" der Rohre. Bei nichtgenormten Rohren ist der innere Durchmesser angegeben (eingeklammerte Werte).

Anhang.

Regeln, Richtlinien und Normen.

Die nachstehende Zusammenstellung entspricht dem Stande vom Jahre 1940. Der Wiederaufbau der Schriftenreihe ist geplant, jedoch sind zur Zeit noch keine näheren Angaben über die Reihenfolge und den Termin des Erscheinens der einzelnen Hefte möglich.

Verein Deutscher Ingenieure.

Anforderungen an zweckmäßige Heiz- und Brennstoffräume. Aufgestellt vom Ausschuß für Betriebsfragen der Heizung im VDHI 1938.

Richtlinien für die Ausschreibung heiztechnischer Anlagen. Aufgestellt vom Ausschuß für Betriebsfragen der Heizung im VDHI 1938.

Lüftungsgrundsätze. Für Bauherren, Architekten und Lüftungsfachleute. Aufgestellt vom Fachausschuß für Lüftungstechnik des VDI 1937.

VDI-Lüftungsregeln. Regeln zur Lüftung von Versammlungsräumen. Herausgegeben vom Fachausschuß für Lüftungstechnik des VDI 1937.

Richtlinien für die Lärmabwehr in der Lüftungstechnik. Herausgegeben vom Fachausschuß für Lüftungstechnik des VDI 1938.

Regeln für die Prüfung von Wärme- und Kälteschutzanlagen. 1929.

Richtlinien zur Bemessung von Wärme- und Kälteschutzanlagen (DIN Vornorm 1951). 1931.

Regeln für Meßverfahren bei Abnahmeversuchen. Teil I „Regeln für Temperaturmessungen". 1936.

Regeln für die Durchflußmessung mit genormten Düsen und Blenden. VDI-Durchflußmeßregeln (DIN-VDI 1952) 1937.

Eignung von Vorwärmern und Kühlern im Kraft- und Wärmebetrieb. Herausgegeben von der Arbeitsgemeinschaft Deutscher Kraft- und Wärmeingenieure (ADK) des VDI. 1938.

Eignung von Rohrleitungen im Kraft- und Wärmebetrieb. Herausgegeben von der Arbeitsgemeinschaft Deutscher Kraft- und Wärmeingenieure (ADK) des VDI. 1938.

Wirtschaftsgruppe Elektrizitätsversorgung.

Technische Richtlinien für den Bau von Fernheizleitungen. 1937.

Technische Richtlinien für den Bau von Fernheizkanälen. 1937.

Deutscher Normenausschuß.

DIN 4701 Regeln für die Berechnung des Wärmebedarfs von Gebäuden und für die Berechnung der Kessel- und Heizkörpergrößen. von Heizungsanlagen.

DIN 4750 Sicherheitsvorschriften für Standrohre für Niederdruckdampfkessel (auf die behördlichen Vorschriften für Niederdruckdampfkessel sei hiermit verwiesen, und zwar Reichsgesetzblatt Nr. 80 vom 5. September 1936 und Ministerialblatt für Wirtschaft Nr. 18 vom 13. Oktober 1937).

DIN 4751 Sicherheitsvorrichtungen für Warmwasserheizungen.

DIN 1979 Technische Vorschriften für Bauleistungen; Zentralheizungs-, Warmwasserbereitungs-, Kühl- und Lüftungsanlagen.

DIN 2404 Kennfarben für Heizungsanlagen.

DIN 4809 Zentrale Warmwasserbereitungsanlagen; Maßnahmen zur Korrosionsverhütung.

DIN 4720 Gußeiserne Gliederheizkörper (Radiatoren): Baumaße, Verwendung.

DIN 4722 Stahlgliederheizkörper.

DIN 4801 Einwandige Warmwasserbereiter mit Deckel aus Flußstahl, Betriebsdruck 6 kg/cm².

DIN 4802 Einwandige Warmwasserbereiter mit Halsstutzen aus Flußstahl, Betriebsdruck 6 kg/cm².

DIN 4803 Doppelwandige Warmwasserbereiter mit Deckel aus Flußstahl. Betriebsdruck für Innenbehälter 6 kg/cm²; für Heizmantel: Wasser 2,5 kg/cm², Dampf 0,5 kg/cm².

DIN 4804 Doppelwandige Warmwasserbereiter mit Halsstutzen aus Flußstahl, Betriebsdruck für Innenbehälter 6 kg/cm².

DIN 2440 Flußstahlrohre: Gewöhnliche Gewinderohre (Gasrohre).

DIN 2441 Flußstahlrohre: Verstärkte Gewinderohre (Dampfrohre).

DIN 2449 Nahtlose Flußstahlrohre (handelsüblich) für ND 1 bis 25.

DIN 2531 Gußeisenflansche für ND 6.

DIN 2532 Gußeisenflansche für DIN 10.

DIN 2555 Glatte Gewindeflansche für Nenndrücke 1 bis 6.

DIN 2564 Leichte Gewindeflansche mit Ansatz für DIN 2,5.

DIN 2565 Gewindeflansche mit Ansatz für ND 6.

DIN 2566 Gewindeflansche mit Ansatz für ND 10 und 16.

DIN 2570 Glatte Flansche für ND 1 bis 6.

DIN 2575 Glatte Walzflansche für ND 1 bis 6.

DIN 2580 Walzflansche mit Ansatz für ND 6.

DIN 2581 Walzflansche mit Ansatz für ND 10.

DIN 2631 Vorschweißflansche für Gasschmelzschweißung und elektrische Schweißung für ND 6.

DIN 2632 Vorschweißflansche für Gasschmelzschweißung und elektrische Schweißung für ND 10.

DIN 2672 Lose Flansche mit Vorschweißbund, autogene Schweißung für ND 6.

DIN 2673 Lose Flansche mit Vorschweißbund, autogene Schweißung für ND 10.

DIN 2690 Flachdichtungen für Flanschen mit ebener Dichtungsfläche für ND 1 bis 40.

DIN 2950 bis DIN 2973 Normen für Tempergußfittings.

DIN 3204 Schieber für Heizungsanlagen.

DIN 3206 Ovalschieber mit Flanschanschluß nach ND 10.

DIN 3302 Durchgangventile für ND 10, Hauptabmessungen.

DIN 3303 Durchgangventile für ND 10, Hauptabmessungen.

DIN 3322 Eckventile für ND 6, Hauptabmessungen.

DIN 3323 Eckventile für ND 10, Hauptabmessungen.

DIN 3701 Manometer, Vakummeter, Skala konzentrisch, 60 und 70 mm Gehäuse-Nenndurchmesser.

DIN 3702 Manometer, Vakummeter, Skala exzentrisch, 60 und 70 mm Gehäuse-Nenndurchmesser.

DIN 3703 Manometer, Vakuummeter, Mano-Vakuummeter, Skala konzentrisch, 80 bis 300 mm Gehäuse-Nenndurchmesser.

Sachverzeichnis.

Seite

Abbrand, oberer 23
Abbrand, unterer 23
Absperrorgane 55
Abwärmeverwertung 158
Amerikanischer Ofen 11
Anemostat 172
Aßmannsches Psychrometer 224
Außentemperaturen 381

Behaglichkeitsmaßstäbe 250
Betriebseigenschaften der Heizsysteme 121

Daltonsches Gesetz 213
Dampffernheizung 136
Dampfstauer 114
Deckenheizung 74
Düse, gleichwertige 304

Effektive Temperatur 259
Einzelwiderstände 301, 364
Eiserne Öfen 8

Fensterlüftung 177
Fernheizung 129
Fernleitungen 132, 137
Fernleitungen, Berechnung 314
Feuchte Luft 213

Gaskessel 17
Gasöfen 15
Gleichwertige Düse 304
Gleichwertiger Durchmesser 364
Gleich- und Gegenstrom 285
Gradtage 229

Heißwasserfernheizung 141
Heißwasserheizung 100
Heizgradtage 229, 270
Heizkörper 41
Heizkörper, Berechnung 282
Heizkraftwerk 158
Hochdruckdampfheizung 114
Hygienische Grundlagen 249

Ideelle Strömungsbilder 190
Irische Öfen 10
i—x-Schaubild für feuchte Luft 216

Kachelöfen 2
Katathermometer 254
Kessel- und Koksraum 28
Kesselheizflächen, Berechnung 281
Kinematische Zähigkeit 297
Klimaanlagen 197
Klimatische Fragen 222

Seite

Klimazentralen 203
Kritische Geschwindigkeit 296

Luftfilter 183
Luftheizung 118, 197
Luftkanäle 188
Luftmenge, erforderliche 167
Luftschacht 179
Lüftungszentrale 204
Luftwäscher 204

Meteorologische Grundlagen 222
Milddampfheizung 115

Phonzahlen 187
Pumpenheizung 70
Psychrometer 224

Reynoldssche Zahl 296
Rohrisolierung 287
Rohrleitungen 47
Rohrnetzberechnungen ...... 311 bis 363

Schachtlüftung 179
Selbstregelung 100
Schornstein .... 12, 32 bis 40
Sicherheitsvorschriften 62
Solarkonstante 245
Sonnenstrahlung 245
Speicherung 154
Stadtheizung 130
Standrohr 105
Stockwerksheizung 69
Strahllüftung 192

Teilstrecke 302
Tichelmannsches Verfahren 151

Vakuumheizung 115
Ventilatoren .... 303 bis 311
Verdrängungsspeicher 149

Wärmeabgabe des Menschen 249
Wärmebedarf, Berechnung 275
Wärmebedarf, jährlicher 268
Wärmepumpe 162
Warmwasserfernheizung 150
Warmwasserheizung 59
Warmwasserversorgung 123
Wechselventile 65
Windangaben 241
Wirtschaftliche Isolierstärke 287
Wirtschaftlicher Rohrdurchmesser .. 137

Zentralen 151
Zentrale Regelung 110, 121

Additional material from

H. Rietschels Lehrbuch der Heiz- und Lüftungstechnik,

ISBN 978-3-662-37404-7, is available at http://extras.springer.com